智能变电站（HE-110-A3-3）
二次系统及智能辅助控制系统
标准化设计图集

国网河北省电力有限公司经济技术研究院
河北汇智电力工程设计有限公司
组编

中国电力出版社
CHINA ELECTRIC POWER PRESS

为提高电气二次专业施工图标准化水平，统一各地区二次回路差异，提升工程设计质效，根据目前 110kV 变电站技术规范要求，编写了本书。

本书共 14 章，分别是总的部分和各主要设备的二次回路标准化设计，对二次系统施工图设计进行了详细说明，对设备材料清册、光/电缆清册进行了统计。

本书可供电力系统各规划设计单位以及从事电力建设工程管理、施工、设备制造、运维检修等人员使用。

图书在版编目（CIP）数据

智能变电站（HE－110－A3－3）二次系统及智能辅助控制系统标准化设计图集 / 国网河北省电力有限公司经济技术研究院，河北汇智电力工程设计有限公司组编．—北京：中国电力出版社，2024.7

ISBN 978-7-5198-8784-1

Ⅰ. ①智…　Ⅱ. ①国…②河…　Ⅲ. ①智能系统–变电所–二次系统–系统设计–图集　Ⅳ. ①TM63-64

中国国家版本馆 CIP 数据核字（2024）第 070069 号

出版发行：中国电力出版社
地　　址：北京市东城区北京站西街 19 号
邮政编码：100005
网　　址：http://www.cepp.sgcc.com.cn
责任编辑：孙　芳（010-63412381）
责任校对：黄　蓓　常燕昆　李　楠
装帧设计：张俊霞
责任印制：吴　迪

印　　刷：固安县铭成印刷有限公司
版　　次：2024 年 7 月第一版
印　　次：2024 年 7 月北京第一次印刷
开　　本：880 毫米×1230 毫米　横 16 开本
印　　张：20.75
字　　数：735 千字
印　　数：0001—1000 册
定　　价：180.00 元

版 权 专 有　侵 权 必 究

本书如有印装质量问题，我社营销中心负责退换

《智能变电站（HE－110－A3－3）二次系统及智能辅助控制系统标准化设计图集》

编　委　会

主　任　冯喜春　陈志永

副主任　葛朝晖　康　勇

委　员　邵　华　杨宏伟　李军阔　武　坤　段　剑　苏　轶　赵　杰　霍春燕　张元波　陶建芳　陶　涛　刘美江　赵占臣　霸文杰

主　编　邢　琳　陈　明

副主编　张　骥　李亮玉　张红梅

参　编　王　朔　何永建　刘　敏　周国强　杜艳芳　吴　涛　陈　丽　班士祺　韩　桢　郑紫尧　高星乐　路　宇　高晓静　葛海涛

张亚玲　张　杰　郝伟向　沈晓玲　宋士磊　石东勇　钱永娟　刘　建　王丽欢　郭朝云　尹　星　吴　鹏　吴海亮　张戊晨

李明富　王亚敏　程　楠　苏佶智　王子刚　贡佳伟　张　帅　胡　源　李　燕　高　铭　赵彭辉　付欢帅　段利锋　刘　璇

彭　婵　郜　帆　任亚宁　董彬政　王雨薇　尹思源　马　聪　郭计元　冯　杰

前　　言

为提高电网二次专业设计水平，统一 110kV 变电站二次施工图设计标准，提高 110kV 变电站设计的规范性和经济性，由国网河北省电力有限公司经济技术研究院牵头，编制完成了《智能变电站（HE－110－A3－3）二次系统及智能辅助控制系统标准化设计图集》（以下简称《图集》），全书包括 14 章，详细全面实现 110－A3－3 方案施工图设计标准化，可以为其他方案 110kV 变电站设计规范化提供有力支撑。

一、《图集》的深度达到施工图深度，对原理图、端子排和光缆回路等进行了标准化设计。

二、结合 110kV 变电站各地市设计差异性，对技术原则进行细化统一，图集中突出体现相关原则。

三、考虑电气二次施工图图纸数量较多，相关线缆工程量统计难以精确，在实际工程中绝大部分标准化设计图集图纸可以通用，保证了施工图出图效率，图集中工程量可以为线缆工程量统计提供参考。

在《图集》编写及审查、校对过程中，得到了国网河北省电力有限公司、国网石家庄供电公司、河北汇智电力工程设计有限公司、保定吉达电力设计有限公司、邯郸慧龙电力设计研究有限公司、邢台电力勘测设计院有限责任公司、石家庄电业设计研究院有限公司、衡水电力设计有限公司、沧州同兴电力设计有限公司、中国电建集团河北省电力勘测设计研究院有限公司、北京恒华伟业科技股份有限公司有关专家的帮助和指导，在此深表感谢。

由于编者水平有限，不妥之处在所难免，敬请读者批评指正。

编　者

2024 年 6 月

目　　录

1 总的部分

1.1 总的部分卷册目录

电气二次　部分　第2卷　第1册　第　分册
卷册名称　二次系统施工说明及设备材料清册
图纸　张　本　说明1本　清册4本
项目经理　专业审核人
主要设计人　卷册负责人

序号	图号	图名	张数	套用原工程名称及卷册检索号，图号
1	HE-110-A3-3-D0201-01	二次系统施工说明	1	
2	HE-110-A3-3-D0202-02	电气二次部分主要设备材料清册	1	
3	HE-110-A3-3-D0202-03	电气二次部分光缆清册	1	
4	HE-110-A3-3-D0202-04	电气二次部分电缆清册	1	
5	HE-110-A3-3-D0202-05	电气二次部分网缆清册	1	

1.2 二次系统施工说明

1.2.1 设计依据

（1）《35kV—110kV无人值班变电所设计规程》（GB 50059—2011）、《变电站总布置设计技术规程》（DL/T 50056—2020）、《高压配电装置设计技术规范》（DL/T 5352—2018）、《火力发电厂与变电所设计防火规范》（GB 50229—2019）、《电力设施抗震设计规范》（GB 50260—2016）。

（2）《国家电网有限公司输变电工程施工图设计内容深度规定　第1部分：110（66）kV智能变电站》（Q/GDW 10381.1—2017）。

（3）《输变电工程建设标准强制性条文实施管理规程》（Q/GDW 10248—2016）。

（4）《输变电工程建设施工安全风险管理规程》（Q/GDW 12152—2021）。

（5）《国家电网有限公司关于印发十八项电网重大反事故措施（修订版）的通知》（国家电网设备〔2018〕797 号）。

（6）《国网基建部关于发布基建新技术应用目录的通知》（基建技术〔2022〕14 号）。

（7）《国网基建部关于发布输变电工程通用设计通用设备目录（2024 年版）的通知》（基建技术〔2023〕71 号）。

（8）《国网基建部关于进一步加强输变电工程设计质量管理的通知》（基建技术〔2020〕4 号）。

（9）《关于印发〈国家电网公司输变电工程质量通病防治工作要求及技术措施〉的通知》（基建技术〔2010〕19 号）。

（10）《国家电网公司输变电工程通用设计——110（66）kV 智能变电站模块化建设分册（2016 年版）》。

（11）《国家电网有限公司输变电工程质量通病防治手册（2020 年版）》。

（12）《国家电网公司输变电工程标准工艺——变电工程电气分册（2022年）》。

1.2.2　建设规模（见表 1－1）

表 1–1　　建 设 规 模 表

项目名称	本 期	远 景
主变压器	2×50MVA	3×50MVA
110kV 出线回路数	2 回	3 回
10kV 出线回路数	24 回	36 回
10kV 电容器组	2×（3+5）Mvar	3×（3+5）Mvar
10kV 接地变压器	2	3

1.2.3　主要设计技术原则

本工程完全按照初步设计审查意见开展施工图设计。

1.2.3.1　二次设备布置

本站按无人值守设计，采用模块化设计方案，全站设置一个公用二次设备室，站控层设备、主变压器间隔层设备、公用二次设备、交直流电源及通信设备布置于二次设备室；110kV 保护、测控装置等就地下放至预制式智能控制柜；10kV 系统的保护、测控、计量设备就地布置在开关柜内。10kV 公用测控屏布置在 10kV 开关室内。二次设备室按终期规模建设，并预留部分备用屏位。

二次设备室内屏柜采用前后开门结构型式，采用尺寸 2260mm×600mm×600mm（高×宽×深），交流柜采用 2260mm×800mm×600mm（高×宽×深），服务器柜采用 2260mm×600mm×900mm（高×宽×深）。

110kV 智能终端合并单元集成装置就地布置于智能控制柜，10kV 智能终端合并单元集成装置就地布置于主进开关柜、隔离柜。

1.2.3.2　变电站自动化系统

1.2.3.2.1　管理模式

（1）变电站按智能化变电站，无人值守设计。

（2）变电站自动化系统采用开放式分层分布式系统，由站控层、间隔层和过程层构成。站控层设备按变电站远景规模配置，间隔层和过程层设备按工程实际规模配置。

（3）变电站自动化系统宜统一组网，信息共享，采用 DL/T 860 通信标准。变电站内信息宜具有共享性和唯一性，保护故障信息、远动信息不重复采集。

（4）保护及故障信息管理功能由变电站自动化系统实现。

（5）全站的防误操作闭锁功能由变电站自动化系统实现。

（6）变电站二次设备采用模块化设计。

（7）本站配置一键顺控功能。

1.2.3.2.2　系统结构

智能变电站自动化系统在逻辑功能上由站控层、间隔层和过程层三层设备组成，采用分层、分布式网络系统实现连接。

全站各层设备和网络按照 IEC 61850 标准统一建立模型，实现不同厂商、不同设备之间的规约互通和互操作。

站控层由主机兼操作员站、综合应用服务器及数据通信网关机等构成，提供站内运行监视控制的人机联系界面，实现间隔层、过程层等设备的管理控制功能，并与调控中心通信。

间隔层由保护、测控、计量等设备构成，在站控层及站控层网络失效的情况下，仍能独立完成间隔层设备的就地功能。

过程层由合并单元、智能终端等构成，完成与一次设备相关的功能，包括运行实时电气量的采集、设备运行状态的监测、控制命令的执行等。

站控层网络：采用百兆星型双网结构。

过程层网络：采用百兆星型单网结构。测控采集、故障录波及网络记录分析报文通过网络方式传输，保护 GOOSE 报文及 SV 报文采用点对点传输，10kV GOOSE 报文通过站控层网络传输。

1.2.3.2.3 站控层设备

（1）配置监控主机 2 台，兼做操作员站、工程师站和数据服务器；

（2）配置智能防误主机 1 台；

（3）配置综合应用服务器 1 台；

（4）Ⅰ区数据通信网关机双套配置，兼做图形网关机；

（5）Ⅱ区数据通信网关机单套配置；

1.2.3.2.4 间隔层设备

（1）110kV 部分。

本期进线两回，采用内桥接线。每回线路配置单套测控装置。

110kV 分段配置充电保护装置 1 套，集成测控功能。

110kV 按段配置母线测控装置，本期配置 2 台。

（2）主变压器。

2 号主变压器配置高压测控装置 1 台，低压测控装置 2 台，本体测控装置 1 台。

3 号主变压器配置高压测控装置 1 台，低压测控装置 1 台，本体测控装置 1 台。

（3）10kV 部分。

本站 10kV 线路、分段、接地变压器和电容器按间隔配置单套的保护测控装置。10kV 母线按段配置单套测控装置。其均安装于相应间隔的高压柜内。

10kV 本期配置 3 台公用测控，接入 10kV 各间隔的断路器、手车、接地开关的微动开关状态及各间隔保护测控告警信号。

（4）公用部分。

配置公用测控装置 3 台，以硬接线方式采集非智能化设备的模拟量和开关量信息。

配置电压并列装置 2 台，布置于 10kV 开关柜内完成相应电压的并列功能。

本站设置网络打印机 1 台，打印全站各装置的保护告警、事件、波形等，取消装置屏上打印机。配置移动打印机 2 台。

1.2.3.2.5 过程层设备

（1）由于本站主变压器保护按照主后一体配置 2 台，所以 110kV 线路、110kV 内桥、主变压器低压侧各配置合并单元智能终端集成装置 2 台，主变压器高压侧配置合并单元智能终端集成装置 1 台，安装在 GIS 汇控柜、主变压器低压侧进线柜内。

（2）110kV 母线配置 2 台合并单元，每台合并单元具备接入 110kV 各段母线电压；每段母线配置 1 台智能终端。安装在 GIS 汇控柜内。

（3）每台主变压器配置 1 套本体智能终端，集成非电量保护功能；每台主变压器配置 2 台合并单元。安装于主变压器本体智能组件柜内。

（4）除主变压器间隔，低压侧其余间隔不配置合并单元或智能终端。

1.2.3.2.6 网络通信设备

（1）交换机选用满足现场运行环境要求的工业交换机，并通过电力工业自动化检测机构的测试，满足 DL/T 860 相关要求。

（2）交换机配置。

站控层网络宜按二次设备室（舱）或按电压等级配置站控层交换机，并相互级联；交换机端口数量应满足应用需求，宜采用 100Mbps 电口。站控层配置 8 台中心交换机。其中，安全Ⅰ区 4 台，安全Ⅱ区 3 台，安全Ⅳ区 1 台。10kV 系统按段配置交换机，本期配置 4 台。

本站设置过程层网络，本期配置 5 台过程层交换机，布置于 110kV 备自投屏。

（3）网络通信介质。

二次设备室内通信联系采用超五类屏蔽双绞线，采样值和保护 GOOSE 等可靠性要求较高的信息传输采用光纤。

双套配置的保护（主变压器保护）的电流、电压，以及 GOOSE 跳闸控制回路等需要增强可靠性的两套系统，采用各自独立的光缆。

室内光缆采用无金属阻燃增强尾纤或软装光缆，室外光缆采用无金属、阻燃、加强芯光缆或铠装光缆。

1.2.3.2.7 网络记录分析系统

本站配置网络记录分析系统 1 套，包括分析仪 1 台，记录仪 2 台。系统应具备对变电站内通信网络上的所有通信过程进行采集、记录、解析等功能，具备对解析结果和记录数据进行展示、统计、分析、输出等功能。所记录的数据应完整、真实、无损，采集接口不得对所监听的网络通信产生任何影响。

1.2.3.2.8 防误方式

本站配置独立的五防主机。就地操作配置就地五防锁具，控制把手采用闭锁罩盒。

1.2.3.2.9 系统功能

根据《智能变电站一体化监控系统功能规范》（Q/GDW 678—2011）和《110（66）kV～220kV 智能变电站设计规范》（Q/GDW 10393—2016）的要求，变电站自动化系统应满足以下功能要求：

（1）数据采集。

实现变电站稳态、动态数据的采集；实现变压器、二次设备和辅助设备运行状态数据的采集；量测数据应带时标、品质信息。

（2）运行监视。

监视范围包括变电站运行信息、一次设备状态信息、二次设备状态信息和辅助应用信息；对主要一次设备、二次运行设备状态进行可视化展示，为运行人员快速、准确地完成操作和事故判断提供技术支持。

（3）操作与控制。

支持变电站和调度中心对站内设备的控制与操作，包括遥控、人工置数、标识牌操作、防误闭锁和解锁等操作；满足安全可靠的要求，所有相关操作应与设备和系统进行关联操作，确保操作与控制的准确可靠；支持操作与控制可视化。

（4）信息综合分析与智能告警。

实现对站内实时、非实时运行数据、辅助应用信息、各种告警及事故信号等综合分析处理；系统和设备应根据对电网的影响程度提供分层、分类的告警信息；按照故障类型提供诊断及故障信息报告。

（5）运行管理。

支持源端维护和模型校核功能，实现全站信息模型的统一；建立站内设备完备的基础信息，为站内其他应用提供基础数据；支持检修流程管理，实现设备检修工作规范化。

（6）辅助应用。

实现对辅助设备运行状态的监视，包括电源、环境、安防、辅助控制等；支持对辅助设备的操作与控制。

（7）信息传输。

信息传输的内容及格式应标准化、规范化；信息传输应满足实时性、可靠性要求；遵循《电力二次系统安全防护总体方案》的要求。

（8）一键顺控功能。

变电站自动化系统应配置一键顺控功能模块，实现变电站内母线、线路、变压器等主要设备倒闸操作的自动顺序控制及防误双校核功能，应符合如下技术要求：

1）变电站一键顺控功能在站端实现，部署于安全Ⅰ区，由站控层设备（监控主机、智能防误主机、Ⅰ区数据通信网关机）、间隔层设备（测控装置）及一次设备传感器共同实施。

2）由监控系统主机内置的一键顺控功能软件实现一键顺控功能，一键顺控数据通信功能由监控系统Ⅰ区数据通信网关机集成，通过Ⅰ区数据通信网关机采用 DL/T 634.5104 通信协议实现调度、集控站对变电站一键顺控功能的调用。执行操作时，监控主机宜通过物理隔离设备与Ⅳ区视频主机实现联动，Ⅳ区视频主机自动推送被操作设备区的安全环境监视画面。

3）配置1套智能防误主机，智能防误功能模块1套部署于监控主机，1套部署于智能防误主机。监控主机的防误逻辑与智能防误主机的防误逻辑应相互独立，两套防误逻辑共同实现防误双校核功能。

4）双确认防误逻辑中，对断路器和隔离开关的位置状态确认应至少包含不同源或不同原理的主辅双重判据。主判据应为断路器和隔离开关的机构辅助开关触点双位置信息，辅助判据宜为设备所在回路的电压和电流遥测信息、带电显示装置反馈的有无电信息或设备状态传感器反馈的位置状态信息。

5）主判据、辅助判据信息原则上接入本间隔过程层设备，经本间隔测控装置上传至监控系统站控层。

6）当间隔配置双套智能终端时，主判据位置信息接入本间隔第一套智能终端。断路器的辅助判据信息接入合并单元或测控装置（采用三相带电显示装置时接入第二套智能终端）。隔离开关、接地开关的辅助判据位置信息接入第二套智能终端，辅助判据位置信息可接入智能终端的双点遥信开入。

7）当间隔配置单套智能终端时，主判据、辅助判据位置信息宜接入本间隔合并单元智能终端集成装置，当本间隔无法接入时，也可接入本间隔保护测控集成装置（户内配电装置）或母线智能终端（户外配电装置）。

8）当间隔不配置智能终端时，主判据位置信息接入本间隔保护测控集成装置；按电压等级配置公用测控装置，统筹考虑接入本间隔的装置告警信息及辅助判据位置信息。

9）10kV 开关柜手车宜采用电动手车。开关柜电动手车双确认主判据采用辅助开关接点位置信息，辅助判据采用微动开关位置信息。

1.2.3.2.10 与其他设备接口

配置智能接口设备 1 台，布置于Ⅰ区数据通信网关机屏，实现与非 DL/T860 标准设备的规约转换。

1.2.3.3 调度自动化

1.2.3.3.1 调度关系

本站位于×××，根据其建设规模和在系统中所处的位置，按照电网实行统一调度分级管理的原则，应由×××地调调度。

本站分别向地调、备调的地县一体化系统传送远动信息，接受并执行调度下达的控制命令。

1.2.3.3.2 远动化范围

（1）遥测。

1）110kV 线路有功功率、无功功率、三相电流；

2）110kV 内桥电流；

3）110、10kV 母线线电压；

4）主变压器各侧（110、10kV）有功功率、无功功率、三相电流；

5）110kV 系统频率；

6）10kV 线路有功功率、无功功率、三相电流；

7）10kV 电容器无功功率、三相电流；

8）站用变压器有功功率、三相电流；

9）10kV 分段电流；

10）主变压器分接头位置信号（以遥测形式传送）。

（2）遥信。

1）全站事故总信号；

2）各间隔事故总信号；

3）GPS 对时报警信号；

4）所有断路器位置信号；

5）所有隔离开关位置信号；

6）主变压器中性点接地开关位置信号；

7）所有保护动作信号及装置故障信号。

（3）遥控。

1）10kV 及以上断路器分、合；

2）电动隔离开关分、合；

3）电动手车摇进、摇出；

4）有载调压主变分接头位置调节。

1.2.3.3.3 远动设备

本站采用计算机监控系统，远动与计算机监控系统的数据共享，配置双远动工作站。远动功能由计算机监控系统实现，系统具有遥测、遥信、遥控、遥调功能及事件顺序记录功能，以及系统时钟同步功能和故障自诊断等功能。实时远动信息由该系统的远动工作站向调度所传送，并满足调度端通信规约的要求。

配置Ⅰ区数据通信网关机 2 台，兼做图形网关机；Ⅱ区通信网关机 1 台。

Ⅰ区数据通信网关机应设置为双主模式，可同时接受不同主站的连接，每台主机应同时接入 2 套调度数据网实时 VPN，每台主机至少能够同时和 16 个主站通道进行通信（地调主调、地调备调）。远动主机应具备现场打印远动定值单功能。

远动数据应同时接入地调主调和地调备调主站系统，各通信链路应采用相同的自动化定值单，遥测和遥调数据采用浮点数格式传输。

1.2.3.3.4 远动信息通道

根据河北省电力公司调控要求，调控中心调度采用双平面方式。变电站远动对调控中心，两种方式均采用 104 规约，通过调度数据网进行网络传输。

1.2.3.3.5 调度数据通信网络接入设备

按照河北南网调度数据专用网的建设要求，本站配置两套调度数据网通道设备，分别接入地调的调度数据网接入网的主备两个网络平面，接入主用平面链路带宽为 6Mbps，接入备用平面链路带宽为 2Mbps。每套调度数据网设备配置路由器 1 台、交换机 2 台，每套调度数据网设备组 1 面屏。

1.2.3.3.6 二次系统安全防护

（1）按照“安全分区、网络专用、横向隔离、纵向认证”的基本原则和二次系统的安全防护应遵循的有关要求，本站二次系统安全防护方案具体如下：

1）控制区（Ⅰ区）和非控制区（Ⅱ区）之间设置硬件防火墙，Ⅱ区和Ⅳ区之间设置正（反）向隔离装置；每套调度数据网通道均设置纵向加密认证装置，控制区和非控制区数据网通道分别设置。

2）站内应部署网络安全监测装置，实现涉网主机设备（包括服务器、工作站、网络设备、安全防护设施等）网络安全的实时监视、告警、分析、恶意代码防范和审计，按照《电力监控系统网络安全监测装置技术规范》（国家电网调〔2017〕1084号）将告警信息接入相应的调控机构。

3）生产控制大区各业务系统应使用符合安全要求的、自主可控的硬件设备和安全操作系统。

（2）智能变电站一体化监控系统安全分区及二次系统安全防护原则如下：

1）安全Ⅰ区的设备包括监控主机、智能防误主机、Ⅰ区数据通信网关机、数据服务器、操作员站、工程师工作站、保护装置、测控装置等。

2）安全Ⅱ区的设备包括综合应用服务器、计划管理终端、Ⅱ区数据通信网关机、变电设备状态监测装置、环境监测、安防、消防等。

3）安全Ⅳ区的设备包括图像监视子系统。

4）安全Ⅰ区设备与安全Ⅱ区设备之间通信应采用防火墙隔离。

5）安全Ⅱ区设备与安全Ⅳ区设备之间通信通过正（反）向隔离装置传送数据。

6）智能变电站一体化监控系统与远方调度（调控）中心进行数据通信应设置纵向加密认证装置。

（3）二次系统安全防护设备配置如下：

配置纵向加密认证装置4台、网络安全监测装置1台、正（反）向隔离装置1套、生产区防火墙2台和信息管理大区防火墙1台。

按照《国家能源局关于印发电力监控系统安全防护总体方案等安全防护方案和评估规范的通知》（国能安全〔2015〕36号）和《国家电网有限公司十八项电网重大反事故措施（修订版）》（国家电网设备〔2018〕979号）要求，本工程在投运前完成系统上线安全评估，并将评估方案及结果报送调控机构备案。安全防护评估机构，应为国家信息安全等级保护工作协调小组办公室备案的、安全可控的测评机构，其评估人员应当经过能源监管机构培训合格，还应当具备国家等级保护测评资质。

1.2.3.3.7 电能计量系统

（1）本站计量点设在10kV出线侧，配置0.5S级智能电能表，采用模拟量输入。

（2）110kV线路、主变压器各侧，配置0.5S级智能电能表，采用支持DL/T 860标准接口的数字式电能表。

（3）10kV电容器、接地变压器配置0.5S级电智能电能表，采用模拟量输入。

（4）站用变压器低压侧配置0.5S级智能电能表，采用模拟量输入。

（5）全站电能表按1+0原则配置。

（6）110kV线路电能表安装于电能量采集器屏内。

（7）主变压器各侧电度表集中组1面屏，10kV线路、电容器、接地变压器电能表布置于开关柜，站用变压器低压侧电能表布置于交流屏内。

（8）全站配置2台电量采集器，电能量采集终端部署在生产控制大区的安全Ⅱ区，对厂站内安装的电能表信息进行采集、处理、存储和传输，实现电能信息数据管理、传输及电能表运行管理等应用功能。

（9）电能量采集终端应支持DL/T 719或等同兼容规约，与主站通信具备不少于4路独立高速以太网或光纤通信口。通信接口采用冗余配置，支持电力调度数据网双接入网的接入，每个网口支持至少8个主站的并发采集，并支持不同主站采用不同的参数配置。

（10）计量用电压互感器级别0.2级，电流互感器级别0.2S级。

1.2.3.4 继电保护配置

1.2.3.4.1 主变压器保护

主变压器配置2套变压器保护装置（主后合一），电量保护采用直采直跳方式。

配置1套非电量保护，集成在本体智能终端内，非电量保护跳主变压器各侧开关采用就地直接电缆跳闸，信息通过本体智能终端上传。

1.2.3.4.2 110kV线路

110kV仅配置测控装置。

1.2.3.4.3 110kV内桥

110kV内桥断路器配置充电保护装置，集成测控功能。保护采样及跳闸通过光缆点对点连接至110kV内桥合并单元智能终端。

其具体功能包括母线充电保护，可长期投入的带延时的过流保护与零序过流保护，延时过流保护，充电保护应经电压闭锁。装置的MMS、SV、GOOSE接口的数量能满足要求。

本期配置1套110kV备自投装置，采用自适用原理，实现线路开关自投或桥开关自投。

1.2.3.4.4　故障录波

本期配置故障录波器1套，按全站终期规模需要记录的SV、GOOSE、直流电压等通道信号总量配置，且留有适量裕度。故障录波器通过网络方式采集SV报文和GOOSE报文。

1.2.3.4.5　保护及故障信息子站

本站不配置独立的保护及故障信息管理子站，功能由变电站自动化系统实现。

1.2.3.4.6　10kV保护

（1）10kV线路、分段、电容器、接地变压器按间隔配置单套保护测控集成装置。

（2）10kV线路保护配置电流速断保护、过流保护、零序保护及三相重合闸。

（3）10kV分段充电过流保护、充电零序过流保护。

（4）10kV电容器配置电流速断保护、过流保护、过压保护、失压保护、不平衡电压保护（3Mvar）、相电压差动保护（5Mvar）。

（5）10kV接地变压器配置电流速断保护、过流保护、零序过流保护、低压侧零序过流保护、过负荷告警、非电量保护。

1.2.3.4.7　自动装置

10kV配置独立的备自投装置，具备进线和分段（内桥）备自投、变压器和分段备自投功能，可根据运行方式灵活整定。

本站低压低频减载装置独立配置，每段110kV母线配置1台，本期配置2台。采用直采直跳方式实现其功能。

1.2.3.5　交直流一体化电源

全站直流、交流、UPS、通信等电源采用集成设计、集成配置、集成监控，其运行工况和信息数据通过集成监控单元展示并通过DL/T 860标准数据格式接入监控系统。

（1）直流电源。

直流电压选用220V。220V直流系统采用单母线接线，配置一组蓄电池组和一套充电装置。蓄电池容量为400Ah的蓄电池（单体2V，104只）。配置1套高频开关电源充电装置，模块$N+1$冗余，每套选用6个20A模块。直流系统采用集中辐射式供电方式。

（2）交流不停电电源系统（UPS）。

全站配置1套7.5kVA的UPS电源，不带电池，后备电源由直流电源提供。

（3）通信电源。

设置1套DC/DC转换模块，接于220V直流母线上，DC/DC转换模块容量配置为6×30A。

（4）交流电源。

站用电380/220V母线采用按站用工作变压器划分的单母线分段接线，两段母线同时供电，分列运行。两段工作母线间不应装设自动投入装置。当任意一台站用工作变压器退出时，站用备用变压器应能自动快速切换至失电的工作母线段继续供电。

交流系统由2面交流进线屏和1面交流馈线屏组成。

1.2.3.6　其他二次系统

1.2.3.6.1　时钟同步系统

变电站配置一套时钟同步系统，主时钟双套配置，支持北斗系统和GPS系统单向标准授时信号，优先采用北斗系统，时钟同步精度和守时精度满足站内所有设备的对时精度要求。站控层设备采用SNTP网络对时方式，间隔层采用电IRIG－B对时方式，过程层设备采用光IRIG－B实现时钟同步。

1.2.3.6.2　智能辅助控制系统

配置1套辅助设备智能监控系统，由综合应用服务器、智能巡视主机、各子系统前端设备及通信设备组成。子系统包含一次设备在线监测子系统、火灾消防子系统、安全防卫子系统、动环子系统、智能锁控子系统、智能巡视子系统等，实现一次设备在线监测、火灾、消防、安全警卫、动力环境的监视及控制、智能锁控、安全环境监视及设备智能巡视等功能。

站控层统一采用DL/T 860通信报文。一次设备在线监测、火灾消防、安全防卫、动环子系统部署于安全Ⅱ区，信息接入综合应用服务器，通过Ⅱ区网关机与运维主站交互信息；智能巡视子系统部署于安全Ⅳ区，信息接入智能巡视主机，通过Ⅳ区网关机与运维主站交互信息。安全Ⅱ区与安全Ⅳ区之间通过正、反向隔离装置互联。

配置1台Ⅳ区视频主机，执行一键顺控操作时，监控主机通过物理隔离设备与Ⅳ区视频主机实现联动，Ⅳ区视频主机自动推送被操作设备区的安全环境监视画面。

1.2.3.6.3　消弧线圈控制系统

本期配置10kV接地变压器及消弧线圈成套装置2套，10kV1母和2母各配置1套。2套消弧线圈的控制器组1面屏，布置在二次设备室内。

控制器与接地变压器、消弧线圈本体等配合，应能正确、可靠地自动控制消弧线圈，使成套装置完成其基本功能并满足技术条件要求。能对控制器及装置主要部件进行自检，当自检发现问题、失电、系统电容电流超过消弧线圈额定补偿电流等异常时应能报警。应能与站内自动化系统进行通信，宜采用DL/T 860通信规约相关要求。

1.2.3.6.4　母线电压互感器二次接地

110kV母线电压互感器二次电压N600在各自的TV智能控制柜内接地。不同母线电压互感器的N600之间不应有电气连接。110kV线路电压互感器在各自所属线路间隔的智能控制柜内接地。10kV母线电压互感器在10kV 2号分段隔离柜一点接地。

1.2.3.6.5　光缆/网线选择

（1）光缆选择。

1）光缆采用缓变型多模光纤。

2）光缆起点、终点为同一对象的多个相关装置时，合用同一根光缆进行连接。

3）至室外光缆采用铠装、阻燃、多模加强芯光缆；室内部分采用阻燃、多模尾缆。

4）多芯光缆芯数不超过24芯，每根光缆至少备用2芯。

5）全站光缆采用预制式光缆。

（2）网线选择。

二次设备室内通信联系采用超五类铠装屏蔽双绞线。

1.2.3.7　二次设备接地

控制电缆的屏蔽层两端可靠接地。

本站设置二次等电位接地网，接地网应满足《国家电网有限公司关于印发十八项电网重大反事故措施（修订版）的通知》（国家电网设备〔2018〕979号）中15.6.2的相关要求。

在二次设备室内暗敷接地干线，在离地板300mm处设置临时接地端子。

1.2.4　二次设备订货情况（见表1－2）

表1－2　　二次设备订货情况

序号	设备名称	制造厂
1	计算机监控系统（五防锁具、网络分析记录仪）	××××××
2	继电保护系统［主变压器、110kV内桥、110kV备自投（备用电源自动投入使用装置）］	××××××
3	智能变电站防误闭锁系统（智能防误主机）	××××××
4	低频低压减载	××××××
5	故障录波器	××××××
6	时钟同步系统	××××××
7	调度数据网交换机、路由器	××××××
8	纵向加密认证装置	××××××
9	专用防火墙	××××××
10	电能量采集器屏、主变压器电能表屏	××××××
11	数字化电能表	××××××
12	三相智能电能表	××××××
13	一体化电源系统	××××××
14	辅助系统综合监控平台	××××××
15	预制光缆（光缆接头盒）	××××××

1.2.5　施工图卷册目录（见表1－3）

表1－3　　施工图卷册目录

序号	卷册编号	卷册名称
1	HE－110－A3－3－D0201	二次系统施工图设计说明及设备材料清册
2	HE－110－A3－3－D0202	公用设备二次线
3	HE－110－A3－3－D0203	变电站自动化系统

续表

序号	卷册编号	卷册名称
4	HE－110－A3－3－D0204	主变压器保护及二次线
5	HE－110－A3－3－D0205	110kV 公用设备控制及测计量二次线
6	HE－110－A3－3－D0206	110kV 线路测控及二次线
7	HE－110－A3－3－D0207	110kV 桥保护测控及二次线
8	HE－110－A3－3－D0208	10kV 二次线
9	HE－110－A3－3－D0209	故障录波系统
10	HE－110－A3－3－D0210	时间同步系统
11	HE－110－A3－3－D0211	一体化电源系统
12	HE－110－A3－3－D0212	智能辅助控制系统
13	HE－110－A3－3－D0213	调度数据网设备
14	HE－110－A3－3－D0214	火灾报警系统二次线

1.2.6 本专业涉及强制性条文（见表 1－4）

编制依据为《电网工程设计技术标准强制性条文汇编》（国网基建部 2021 版），并依据汇编中相关规程规范的条文更新版本进行了调整，本工程涉及 22 条，均已执行。

表 1–4　　本专业涉及强制性条文

序号	强制性条文	执行情况	相关资料
《消防设施通用规范》（GB 55036—2022）			
1	12.0.1　火灾自动报警系统应设置自动和手动触发报警装置，系统应具有火灾自动探测报警或人工辅助报警、控制相关系统设备应急启动并接收其动作反馈信号的功能。	已执行	图纸卷册号：D0214
2	12.0.2　火灾自动报警系统各设备之间应具有兼容的通信接口和通信协议。	已执行	图纸卷册号：D0214
3	12.0.3　火灾报警区域的划分应满足相关受控系统联动控制的工作要求，火灾探测区域的划分应满足确定火灾报警部位的工作要求。	已执行	图纸卷册号：D0214
4	12.0.4　火灾自动报警系统总线上应设置总线短路隔离器，每只总线短路隔离器保护的火灾探测器、手动火灾报警按钮和模块等设备的总数不应大于 32 点。总线在穿越防火分区处应设置总线短路隔离器。	已执行	图纸卷册号：D0214

续表

序号	强制性条文	执行情况	相关资料
5	12.0.5　火灾自动报警系统应设置火灾声、光警报器，火灾声、光警报器应符合下列规定： 1　火灾声、光警报器的设置应满足人员及时接受火警信号的要求，每个报警区域内的火灾警报器的声压级应高于背景噪声 15dB，且不应低于 60dB； 2　在确认火灾后，系统应能启动所有火灾声、光警报器； 3　系统应同时启动、停止所有火灾声警报器工作； 4　具有语音提示功能的火灾声警报器应具有语音同步的功能。	已执行	图纸卷册号：D0214
6	12.0.6　火灾探测器的选择应满足设置场所火灾初期特征参数的探测报警要求。	已执行	图纸卷册号：D0214
7	12.0.7　手动报警按钮的设置应满足人员快速报警的要求，每个防火分区或楼层应至少设置 1 个手动火灾报警按钮。	已执行	图纸卷册号：D0214
8	12.0.8　除消防控制室设置的火灾报警控制器和消防联动控制器外，每台控制器直接连接的火灾探测器、手动报警按钮和模块等设备不应跨越避难层。	已执行	图纸卷册号：D0214
9	12.0.9　集中报警系统和控制中心报警系统应设置消防应急广播。具有消防应急广播功能的多用途公共广播系统，应具有强制切入消防应急广播的功能。	已执行	图纸卷册号：D0214
10	12.0.10　消防控制室内应设置消防专用电话总机和可直接报火警的外线电话，消防专用电话网络应为独立的消防通信系统。	已执行	图纸卷册号：D0214
11	12.0.11　消防联动控制应符合下列规定： 1　需要火灾自动报警系统联动控制的消防设备，其联动触发信号应为两个独立的报警触发装置报警信号的"与"逻辑组合； 2　消防联动控制器应能按设定的控制逻辑向各相关受控设备发出联动控制信号，并接受其联动反馈信号； 3　受控设备接口的特性参数应与消防联动控制器发出的联动控制信号匹配。	已执行	图纸卷册号：D0214
12	12.0.12　联动控制模块严禁设置在配电柜（箱）内，一个报警区域内的模块不应控制其他报警区域的设备。	已执行	图纸卷册号：D0214
13	12.0.13　可燃气体探测报警系统应独立组成，可燃气体探测器不应直接接入火灾报警控制器的报警总线。	已执行	图纸卷册号：D0214
14	12.0.14　电气火灾监控系统应独立组成，电气火灾监控探测器的设置不应影响所在场所供配电系统的正常工作。	已执行	图纸卷册号：D0214
15	12.0.15　火灾自动报警系统应单独布线，相同用途的导线颜色应一致，且系统内不同电压等级、不同电流类别的线路应敷设在不同线管内或同一线槽的不同槽孔内。	已执行	图纸卷册号：D0214

续表

序号	强制性条文	执行情况	相关资料
16	12.0.16 火灾自动报警系统的供电线路、消防联动控制线路应采用燃烧性能不低于 B2 级的耐火铜芯电线电缆，报警总线、消防应急广播和消防专用电话等传输线路应采用燃烧性能不低于B2级的铜芯电线电缆。	已执行	图纸卷册号：D0214
17	12.0.17 火灾自动报警系统中控制与显示类设备的主电源应直接与消防电源连接，不应使用电源插头。	已执行	图纸卷册号：D0214
18	12.0.18 火灾自动报警系统设备的防护等级应满足在设置场所环境条件下正常工作的要求。	已执行	图纸卷册号：D0214
《安全防范工程通用规范》（GB 55029—2022）			
19	3.5.1 入侵和紧急报警系统设计应根据需要防范的风险和现场环境条件等因素，选择相应的设备，设计安装位置和传输路由，具备对隐蔽进入、强行闯入以及撬挖凿等入侵行为的探测与报警功能。	已执行	图纸卷册号：D0212
20	3.5.2 视频监控系统设计应根据视频图像采集、目标识别的需要和现场环境条件等因素，选择相应的设备，具备对监控区域和目标进行视频采集、传输、处理、控制、显示、存储与回放等功能。	已执行	图纸卷册号：D0212
21	3.5.3 出/入口控制系统设计应根据通行对象进/出各受控区的安全管理要求，选择适当类型的识读、控制与执行设备，具备凭证识别查验、进/出授权、控制与管理等功能。	已执行	图纸卷册号：D0212
22	3.5.7 电子巡查系统应能按照预先编制的巡查方案，实现对人员巡查的工作状态进行监督管理，具有巡查路线、巡查时间、巡查人员设置和统计报表等功能。在线式电子巡查系统应能对不符合巡查方案的异常情况及时报警。	已执行	图纸卷册号：D0212

1.2.7 本专业涉及的反事故措施条文

经梳理《国家电网有限公司关于印发十八项电网重大反事故措施（修订版）的通知》（国家电网设备〔2018〕979 号），本工程涉及如表 1－5 所示内容。

表 1－5　　本专业涉及的反事故措施条文

序号	章节	条文内容	执行情况
1	4 防止电气误操作事故	4.2.6 防误装置使用的直流电源应与继电保护、控制回路的电源分开；防误主机的交流电源应是不间断供电电源。	已执行
2	4 防止电气误操作事故	4.2.7 断路器、隔离开关和接地开关电气闭锁回路应直接使用断路器、隔离开关、接地开关的辅助触点，严禁使用重动继电器；操作断路器、隔离开关等设备时，应确保操作设备及其状态正确，并以现场状态为准。	已执行
3	4 防止电气误操作事故	4.2.10 成套 SF_6 组合电器、成套高压开关柜防误功能应齐全、性能良好；新投开关柜应装设具有自检功能的带电显示装置，并与接地开关及柜门实现强制闭锁；配电装置有倒送电源时，间隔网门应装有带电显示装置的强制闭锁。	已执行
4	5 防止变电站全停及重要客户停电事故	5.2.1.1 变电站采用交流供电的通信设备、自动化设备、防误主机交流电源应取自站用交流不间断电源系统。	已执行
5	5 防止变电站全停及重要客户停电事故	5.2.1.2 设计资料中应提供全站交流系统上下级差配置图和各级断路器（熔断器）级差配合参数。	已执行
6	5 防止变电站全停及重要客户停电事故	5.2.1.6 新投运变电站不同站用变压器低压侧至站用电屏的电缆应尽量避免同沟敷设，对无法避免的，则应采取防火隔离措施。	已执行
7	5 防止变电站全停及重要客户停电事故	5.2.1.10 站用交流不间断电源装置交流主输入、交流旁路输入及不间断电源输出均应有工频隔离变压器，直流输入应装设逆止二极管。	已执行
8	5 防止变电站全停及重要客户停电事故	5.2.1.12 站用交流电系统进线端（或站用变压器低压出线侧）应设可操作的熔断器或隔离开关。	已执行
9	5 防止变电站全停及重要客户停电事故	5.3.1.1 设计资料中应提供全站直流系统上下级差配置图和各级断路器（熔断器）级差配合参数。	已执行
10	5 防止变电站全停及重要客户停电事故	5.3.1.4 蓄电池组正极和负极引出电缆不应共用一根电缆，并采用单根多股铜芯阻燃电缆。	已执行
11	5 防止变电站全停及重要客户停电事故	5.3.1.6 一组蓄电池配一套充电装置或两组蓄电池配两套充电装置的直流电源系统，每套充电装置应采用两路交流电源输入，且具备自动投切功能。	已执行
12	5 防止变电站全停及重要客户停电事故	5.3.1.7 采用交直流双电源供电的设备，应具备防止交流窜入直流回路的措施。	已执行
13	5 防止变电站全停及重要客户停电事故	5.3.1.9 直流电源系统馈出网络应采用集中辐射或分层辐射供电方式，分层辐射供电方式应按电压等级设置分电屏，严禁采用环状供电方式。断路器储能电源、隔离开关电机电源、35（10）kV 开关柜顶可采用每段母线辐射供电方式。	已执行
14	5 防止变电站全停及重要客户停电事故	5.3.1.10 变电站内端子箱、机构箱、智能控制柜、汇控柜等屏柜内的交直流接线，不应接在同一段端子排上。	已执行
15	5 防止变电站全停及重要客户停电事故	5.3.1.13 直流断路器不能满足上、下级保护配合要求时，应选用带短路短延时保护特性的直流断路器。	已执行

续表

序号	章节	条文内容	执行情况
16	5 防止变电站全停及重要客户停电事故	5.3.1.14 直流高频模块和通信电源模块应加装独立进线断路器。	已执行
17	5 防止变电站全停及重要客户停电事故	5.3.2.3 交直流回路不得共用一根电缆，控制电缆不应与动力电缆并排铺设。对不满足要求的运行变电站，应采取加装防火隔离措施。	已执行
18	5 防止变电站全停及重要客户停电事故	5.3.2.4 直流电源系统应采用阻燃电缆。两组及以上蓄电池组电缆，应分别铺设在各自独立的通道内，并尽量沿最短路径敷设。在穿越电缆竖井时，两组蓄电池电缆应分别加穿金属套管。对不满足要求的运行变电站，应采取防火隔离措施。	已执行
19	5 防止变电站全停及重要客户停电事故	5.3.2.5 直流电源系统除蓄电池组出口保护电器外，应使用直流专用断路器。蓄电池组出口回路宜采用熔断器，也可采用具有选择性保护的直流断路器。	已执行
20	5 防止变电站全停及重要客户停电事故	5.3.2.6 直流回路隔离电器应装有辅助触点，蓄电池组总出口熔断器应装有报警触点，信号应可靠上传至调控部门。直流电源系统重要故障信号应硬接点输出至监控系统。	已执行
21	9 防止大型变压器（电抗器）损坏事故	9.3.1.1 油灭弧有载分接开关应选用油流速动继电器，不应采用具有气体报警（轻瓦斯）功能的气体继电器；真空灭弧有载分接开关应选用具有油流速动、气体报警（轻瓦斯）功能的气体继电器。新安装的真空灭弧有载分接开关，宜选用具有集气盒的气体继电器。	已执行
22	9 防止大型变压器（电抗器）损坏事故	9.3.2.1 户外布置变压器的气体继电器、油流速动继电器、温度计、油位表应加装防雨罩，并加强与其相连的二次电缆结合部的防雨措施，二次电缆应采取防止雨水顺电缆倒灌的措施（如反水弯）。	已执行
23	10 防止无功补偿装置损坏事故	10.2.1.11 电容器成套装置生产厂家应提供电容器组保护计算方法和保护整定值。	已执行
24	12 防止GIS、开关设备事故	12.1.1.3 开关设备用气体密度继电器应满足以下要求： 12.1.1.3.1 密度继电器与开关设备本体之间的连接方式应满足不拆卸校验密度继电器的要求。 12.1.1.3.2 密度继电器应装设在与被监测气室处于同一运行环境温度的位置。对于严寒地区的设备，其密度继电器应满足环境温度在－40℃～－25℃时准确度不低于2.5级的要求。 12.1.1.3.3 新安装252kV及以上断路器每相应安装独立的密度继电器。 12.1.1.3.4 户外断路器应采取防止密度继电器二次接头受潮的防雨措施。	已执行

续表

序号	章节	条文内容	执行情况
25	12 防止GIS、开关设备事故	12.1.1.4 断路器分闸回路不应采用RC加速设计。已投运断路器分闸回路采用RC加速设计的，应随设备换型进行改造。	已执行
26	12 防止GIS、开关设备事故	12.1.1.5 户外汇控箱或机构箱的防护等级应不低于IP45W，箱体应设置可使箱内空气流通的迷宫式通风口，并具有防腐、防雨、防风、防潮、防尘和防小动物进入的性能。带有智能终端、合并单元的智能控制柜防护等级应不低于IP55。非一体化的汇控箱与机构箱应分别设置温度、湿度控制装置。	已执行
27	12 防止GIS、开关设备事故	12.1.1.6 开关设备二次回路及元器件应满足以下要求： 12.1.1.6.1 温控器（加热器）、继电器等二次元件应取得“3C”认证或通过与“3C”认证同等的性能试验，外壳绝缘材料阻燃等级应满足V－0级，并提供第三方检测报告。时间继电器不应选用气囊式时间继电器。 12.1.1.6.2 断路器出厂试验、交接试验及例行试验中，应进行中间继电器、时间继电器、电压继电器动作特性校验。 12.1.1.6.3 断路器分、合闸控制回路的端子间应有端子隔开，或采取其他有效防误动措施。 12.1.1.6.4 新投的分相弹簧机构断路器的防跳继电器、非全相继电器不应安装在机构箱内，应装在独立的汇控箱内。	已执行
28	12 防止GIS、开关设备事故	12.1.1.9 断路器机构分合闸控制回路不应串接整流模块、熔断器或电阻器。	已执行
29	12 防止GIS、开关设备事故	12.3.1.11 隔离开关与其所配装的接地开关之间应有可靠的机械联锁，机械联锁应有足够的强度。发生电动或手动误操作时，设备应可靠联锁。	已执行
30	12 防止GIS、开关设备事故	12.3.1.12 操动机构内应装设一套能可靠切断电动机电源的过载保护装置。电机电源消失时，控制回路应解除自保持。	已执行
31	12 防止GIS、开关设备事故	12.4.1.1 开关柜应选用LSC2类（具备运行连续性功能）、“五防”功能完备的产品。新投开关柜应装设具有自检功能的带电显示装置，并与接地开关（柜门）实现强制闭锁，带电显示装置应装设在仪表室。	已执行
32	15 防止继电保护事故	15.1.5 当保护采用双重化配置时，其电压切换箱（回路）隔离开关辅助触点应采用单位置输入方式。单套配置保护的电压切换箱（回路）隔离开关辅助触点应采用双位置输入方式。电压切换直流电源与对应保护装置直流电源取自同一段直流母线且共用直流空气开关。	已执行
33	15 防止继电保护事故	15.1.10 线路各侧或主设备差动保护各侧的电流互感器的相关特性宜一致，避免在遇到较大短路电流时因各侧电流互感器的暂态特性不一致导致保护不正确动作。	已执行

续表

序号	章节	条文内容	执行情况
34	15 防止继电保护事故	15.1.16 主设备非电量保护应防水、防振、防油渗漏、密封性好。气体继电器至保护柜的电缆应尽量减少中间转接环节。	已执行
35	15 防止继电保护事故	15.1.19 110（66）kV 及以上电压等级变电站应配置故障录波器。	已执行
36	15 防止继电保护事故	15.1.20 变电站内的故障录波器应能对站用直流系统的各母线段（控制、保护）对地电压进行录波。	已执行
37	15 防止继电保护事故	15.1.21 为保证继电保护相关辅助设备（如交换机、光电转换器等）的供电可靠性，宜采用直流电源供电。因硬件条件限制只能交流供电的，电源应取自站用不间断电源。	已执行
38	15 防止继电保护事故	15.2.2.1 两套保护装置的交流电流应分别取自电流互感器互相独立的绕组；交流电压应分别取自电压互感器互相独立的绕组。对原设计中电压互感器仅有一组二次绕组，且已经投运的变电站，应积极安排电压互感器的更新改造工作，改造完成前，应在开关场的电压互感器端子箱处，利用具有短路跳闸功能的两组分相空气开关将按双重化配置的两套保护装置交流电压回路分开。	已执行
39	15 防止继电保护事故	15.2.8 为提高切除变压器低压侧母线故障的可靠性，宜在变压器的低压侧设置取自不同电流回路的两套电流保护功能。当短路电流大于变压器热稳定电流时，变压器保护切除故障的时间不宜大于 2s。	已执行
40	15 防止继电保护事故	15.2.9 110（66）kV 及以上电压等级的母联、分段断路器应按断路器配置专用的、具备瞬时和延时跳闸功能的过电流保护装置。	已执行
41	15 防止继电保护事故	15.6.2 为提高继电保护装置的抗干扰能力，应采取以下措施：	已执行
42	15 防止继电保护事故	15.6.2.1 在保护室屏柜下层的电缆室（或电缆沟道）内，沿屏柜布置的方向逐排敷设截面积不小于 100mm^2 的铜排（缆），将铜排（缆）的首端、末端分别连接，形成保护室内的等电位地网。该等电位地网应与变电站主地网一点相连，连接点设置在保护室的电缆沟道入口处。为保证连接可靠，等电位地网与主地网的连接应使用 4 根及以上，每根截面积不小于 50mm^2 的铜排（缆）。	已执行
43	15 防止继电保护事故	15.6.2.2 分散布置保护小室（含集装箱式保护小室）的变电站，每个小室均应参照 15.6.2.1 要求设置与主地网一点相连的等电位地网。小室之间若存在相互连接的二次电缆，则小室的等电位地网之间应使用截面积不小于 100mm^2 的铜排（缆）可靠连接，连接点应设在小室等电位地网与变电站主接地网连接处。保护小室等电位地网与控制室、通信室等的地网之间也应按上述要求进行连接。	已执行
44	15 防止继电保护事故	15.6.2.3 微机保护和控制装置的屏柜下部应设有截面积不小于 100mm^2 的铜排（不要求与保护屏绝缘），屏柜内所有装置、电缆屏蔽层、屏柜门体的接地端应用截面积不小于 4mm^2 的多股铜线与其相连，铜排应用截面不小于 50mm^2 的铜缆接至保护室内的等电位接地网。	已执行
45	15 防止继电保护事故	15.6.2.4 直流电源系统绝缘监测装置的平衡桥和检测桥的接地端以及微机型继电保护装置柜屏内的交流供电电源（照明、打印机和调制解调器）的中性线（零线）不应接入保护专用的等电位接地网。	已执行
46	15 防止继电保护事故	15.6.2.5 微机型继电保护装置之间、保护装置至开关场就地端子箱之间以及保护屏至监控设备之间所有二次回路的电缆均应使用屏蔽电缆，电缆的屏蔽层两端接地，严禁使用电缆内的备用芯线替代屏蔽层接地。	已执行
47	15 防止继电保护事故	15.6.2.6 为防止地网中的大电流流经电缆屏蔽层，应在开关场二次电缆沟道内沿二次电缆敷设截面积不小于 100mm^2 的专用铜排（缆）；专用铜排（缆）的一端在开关场的每个就地端子箱处与主地网相连，另一端在保护室的电缆沟道入口处与主地网相连，铜排不要求与电缆支架绝缘。	已执行
48	15 防止继电保护事故	15.6.2.7 接有二次电缆的开关场就地端子箱内（汇控柜、智能控制柜）应设有铜排（不要求与端子箱外壳绝缘），二次电缆屏蔽层、保护装置及辅助装置接地端子、屏柜本体通过铜排接地。铜排截面积应不小于 100mm^2，一般设置在端子箱下部，通过截面积不小于 100mm^2 的铜缆与电缆沟内不小于的 100mm^2 的专用铜排（缆）及变电站主地网相连。	已执行
49	15 防止继电保护事故	15.6.2.8 由一次设备（如变压器、断路器、隔离开关和电流、电压互感器等）直接引出的二次电缆的屏蔽层应使用截面不小于 4mm^2 多股铜质软导线仅在就地端子箱处一点接地，在一次设备的接线盒（箱）处不接地，二次电缆经金属管从一次设备的接线盒（箱）引至电缆沟，并将金属管的上端与一次设备的底座或金属外壳良好焊接，金属管另一端应在距一次设备 3～5m 之外与主接地网焊接。	已执行
50	15 防止继电保护事故	15.6.3 二次回路电缆敷设应符合以下要求：	已执行
51	15 防止继电保护事故	15.6.3.1 合理规划二次电缆的路径，尽可能离开高压母线、避雷器和避雷针的接地点，并联电容器、电容式电压互感器、结合电容及电容式套管等设备；避免或减少迂回以缩短二次电缆的长度；拆除与运行设备无关的电缆。	已执行

续表

序号	章节	条文内容	执行情况
52	15 防止继电保护事故	15.6.3.2 交流电流和交流电压回路、不同交流电压回路、交流和直流回路、强电和弱电回路、来自电压互感器二次的四根引入线和电压互感器开口三角绕组的两根引入线均应使用各自独立的电缆。	已执行
53	15 防止继电保护事故	15.6.4 重视继电保护二次回路的接地问题，并定期检查这些接地点的可靠性和有效性。继电保护二次回路接地应满足以下要求：	已执行
54	15 防止继电保护事故	15.6.4.1 电流互感器或电压互感器的二次回路，均必须且只能有一个接地点。当两个及以上电流（电压）互感器二次回路间有直接电气联系时，其二次回路接地点设置应符合以下要求： （1）便于运行中的检修维护。 （2）互感器或保护设备的故障、异常、停运、检修、更换等均不得造成运行中的互感器二次回路失去接地。	已执行
55	15 防止继电保护事故	15.6.4.2 未在开关场接地的电压互感器二次回路，宜在电压互感器端子箱处将每组二次回路中性点分别经放电间隙或氧化锌阀片接地，其击穿电压峰值应大于 30 ·Imax V（Imax 为电网接地故障时通过变电站的可能最大接地电流有效值，单位为 kA）。应定期检查放电间隙或氧化锌阀片，防止造成电压二次回路出现多点接地。为保证接地可靠，各电压互感器的中性线不得接有可能断开的开关或熔断器等。	已执行
56	15 防止继电保护事故	15.6.4.3 独立的、与其他互感器二次回路没有电气联系的电流互感器二次回路可在开关场一点接地，但应考虑将开关场不同点地电位引至同一保护柜时对二次回路绝缘的影响。	已执行
57	15 防止继电保护事故	15.7.1 智能变电站规划设计时，应注意如下事项：	已执行
58	15 防止继电保护事故	15.7.1.1 智能变电站的保护设计应坚持继电保护“四性”，遵循“直接采样、直接跳闸”“独立分散”“就地化布置”原则，应避免合并单元、智能终端、交换机等任一设备故障时，同时失去多套主保护。	已执行
59	15 防止继电保护事故	15.7.1.2 有扩建需要的智能变电站，在初期设计、施工、验收工作中，交换机、网络报文分析仪、故障录波器、母线保护、公用测控装置、电压合并单元等公用设备需要为扩建设备预留相关接口及通道，避免扩建时公用设备改造增加运行设备风险。	已执行
60	15 防止继电保护事故	15.7.2.2 智能控制柜应具备温度湿度调节功能，附装空调、加热器或其他控温设备，柜内湿度应保持在 90%以下，柜内温度应保持在＋5℃～＋55℃之间。	已执行

续表

序号	章节	条文内容	执行情况
61	16 防止电网调度自动化系统、电力通信网及信息系统事故	16.1.1.5 厂站远动装置、计算机监控系统及其测控单元等自动化设备应采用冗余配置的 UPS 或站内直流电源供电。具备双电源模块的设备，应由不同电源供电。	已执行
62	16 防止电网调度自动化系统、电力通信网及信息系统事故	16.1.1.6 厂站测控装置应接收站内统一授时信号，具有带时标数据采集和处理功能，变化遥测数据上送阈值应满足调度要求，具备时间同步状态监测管理功能。	已执行
63	16 防止电网调度自动化系统、电力通信网及信息系统事故	16.2.1.2 生产控制大区的业务系统与终端的纵向通信应优先采用电力调度数据网等专用数据网络，并采取有效的防护措施；使用无线通信网或非电力调度数据网进行通信的，应当设立安全接入区，并采用安全隔离、访问控制、安全认证及数据加密等安全措施。	已执行

1.2.8 本专业涉及质量通病防治措施

1.2.8.1 “一单一册”执行情况

依据《35～750kV 输变电工程设计质量常见问题清册》（2023 年版），梳理本工程中变电二次专业在施工图设计阶段的常见病内容和防止措施如表 1－6 所示。

表 1－6　本专业涉及质量通病防治措施

序号	问题类型	问题性质	问题名称	问题描述	原因及解决措施
1	技术标准执行问题	一般	缺少直流电源系统空开级差配合计算	设计文件中未标供变电站直流系统上下级差配合参数计算书（表），直流主柜与分柜，分柜与各装置屏柜直流电源空开选择存在级差配合不合理问题，尤其是直流分柜与就地布置的合并单元、智能终端空开配合问题更为突出，存在越级跳闸隐患。未执行《电力直流电源系统设计技术规程》（DL/T 5044—2014）的要求	本工程执行相关技术规范和设计内容深度要求，提交相关计算书和级差配合图纸
2	技术标准执行问题	一般	新建变电站一键顺控“双确认”方案不合理	部分新建工程，一键顺控实施方案隔离开关“双确认”未采用微动开关，投资加大，方案不合理。不满足《35kV～750kV 变电站一键顺控实施方案设计原则》的要求	本工程执行通用设计方案的技术原则，隔离开关“双确认”采用微动开关

续表

序号	问题类型	问题性质	问题名称	问题描述	原因及解决措施
3	设计深度不足问题	严重	电流互感器二次绕组数量、准确级排列不正确	电流互感器二次绕组数量、准确级排列不正确，缩小保护范围，发生故障情况时会扩大停电。违反了《继电保护和安全自动装置技术规程》（GB/T 14285—2006）第 6.2.1.4 条对电流互感器的规定	按《国家电网公司输变电工程通用设计》要求进行配置
4	设计深度不足问题	一般	二次光、电缆工程量偏差较大	未对二次光、电缆长度进行测量，根据设计经验预估工程量，造成工程量偏差较大。不满足《电力工程电缆设计标准》（GB 50217—2018）的要求	本工程严格执行相关技术规范及设计内容深度要求

1.2.8.2 《国家电网公司输变电工程质量通病防治工作要求及技术措施》执行情况

根据基建技术〔2010〕19 号《关于印发〈国家电网公司输变电工程质量通病防治工作要求及技术措施〉的通知》要求，梳理本工程中变电二次专业在施工图设计阶段的质量通病内容和防止措施如下：

（1）屏、柜安装质量通病防治的设计措施。

1）设计应在设备招标文件中明确所有屏柜的色标号以及外形尺寸，明确厂家屏内接线工艺标准。

2）设计单位应规范端子箱、动力箱、机构箱及汇控柜等箱体底座框架与其基础及预埋件的尺寸配合。

3）端子箱箱体应有升高座，满足下有通风孔、上有排气孔的要求；动力电缆与控制电缆之间应有防护隔板。内部加热器的位置应与电缆保持一定距离，且加热器的接线端子应在加热器下方，避免运行时灼伤加热器电缆。端子箱内应采用不锈钢或热镀锌螺栓。

4）断路器机构箱、汇控柜下部基础预留孔大小和位置应合理，以满足电缆布排的工艺要求。

（2）电缆敷设、接线与防火封堵质量通病防治的设计措施：

1）交流动力电缆在普通支架上敷设不宜超过 1 层且应布置在上层。单芯电力电缆应“品”字形敷设。

2）控制室、继电室内电缆较多，为便于施工、运行、维护，防静电地板支架与电缆支架设计要相互配合，宜直接采用带电缆托架的屏柜支架。

3）设在一层的控制室或继电保护小室宜取消防静电地板，采用电缆沟进线。

4）在电缆沟十字交叉口、丁字口处增加电缆托架，以防止电缆落地或过度下坠。

5）监控系统、远动装置、电度表计费屏、故障信息管理子站等装置的工作电源不应接至屏顶交流小母线，应接至 UPS 交流电源。双路电源时，要对每路电源是否独立供电进行核对。

6）双通道保护复用接口柜的两路直流电源应分别取自不同段直流电源。

7）在设备招标文件和工艺设计中，应明确主变压器、油浸电抗器、GIS 和罐式断路器等设备电缆不外露。变压器、油浸电抗器器身敷设的本体电缆、集气管、波纹管、油位计电缆、温度表软管应保证工艺美观。

8）所有屏柜门体接地跨线应统一工艺要求。

9）在电缆竖井中及防静电地板下应设计电缆槽盒，专门布置电源线、网络连线、视频线、电话线、数据线等不易敷设整齐的缆线。

1.2.8.3 《国家电网有限公司输变电工程质量通病防治手册（2020 年版）》执行情况

（1）盘、柜内二次接线工艺不规范。

描述：盘、柜内电缆芯线排列不整齐，备用芯线导体外露，备用芯未引至盘、柜顶部。

措施：按照 GB 50171—2012《电气装置安装工程盘、柜及二次回路接线施工及验收规范》第 6.0.4 条规定“盘、柜内的电缆芯线接线应牢固、排列整齐，并留有适当裕度；备用芯线应引至盘、柜顶部或线槽末端，并应标明备用标识，芯线不得外露”。

（2）盘、柜内接线鼻安装不规范。

描述：盘、柜内个别接地螺栓上所接的接地线鼻未三个及以上。

措施：按照《国家电网公司输变电工程标准工艺（三）工艺标准库（2016 年版）》，二次回路接线 0102040104 要求“每个接地螺栓上所引接的屏蔽接地线鼻不得超过 2 个，每个接地线鼻子不超过 6 根屏蔽线”。

（3）盘、柜基础型钢接地不规范。

描述：盘、柜基础型钢为采用明显接地，接地点少于两点。

措施：按照 GB 50171—2012《电气装置安装工程盘、柜及二次回路接线施工及验收规范》第 7.0.1 条规定“盘、柜基础型钢应有明显且不少于两点的可靠接地”。

（4）保护室等电位地网未按反措设置。

描述：未按反措要求设置保护室等电位地网。

措施：按照《国家电网有限公司十八项电网重大反事故措施（2018 年修订版）及编制说明》第 15.6.2.1 条要求，“在保护室屏柜下层的电缆室（或电缆沟道）内，沿屏柜布置的方向逐排敷设截面积不小于 100mm^2 的铜排（缆），将铜排（缆）的首端、末端分别连接，形成保护室内的等电位地网。该等电位地网应与变电站主地网一点相连，连接点设置在保护室的电缆沟道入口处。为保证连接可靠，等电位地网与主地网的连接应使用 4 根及以上，每根截面积不小于 50mm^2 的铜排（缆）。”

（5）汇控柜内接地铜排接地不规范。

描述：汇控柜、智能控制柜内接地铜排未直接接地。

依据：按照《国家电网有限公司十八项电网重大反事故措施（2018 年修订版）及编制说明》第 15.6.2.6 条要求，“为防止地网中的大电流流经电缆屏蔽层，应在开关场二次电缆沟道内沿二次电缆敷设截面积不小于 100mm^2 的专用铜排（缆）；专用铜排（缆）的一端在开关场的每个就地端子箱处与主地网相连，另一端在保护室的电缆沟道入口处与主地网相连，铜排不要求与电缆支架绝缘”；第 15.6.2.7 条要求“接有二次电缆的开关场就地端子箱内（汇控柜、智能控制柜）应设有铜排（不要求与端子箱外壳绝缘），二次电缆屏蔽层、保护装置及辅助装置接地端子、屏柜本体通过铜排接地。铜排截面积应不小于 100mm^2，一般设置在端子箱下部，通过截面积不小于 100mm^2 的铜缆与电缆沟内不小于的 100mm^2 的专用铜排（缆）及变电站主地网相连。”

（6）电容器端子箱内加热器位置设置不规范。

描述：端子箱内加热器与电缆距离小于 80mm，或加热器的接线端子在加热器上方，或加热除湿元件的电源线未使用耐热绝缘导线。

措施：按照 DL/T 5740—2016《智能变电站施工技术规范》第 5.1.3 条“加热除湿元件应安装在二次设备盘（柜）下部，且与盘（柜）内其他电气元件和二次线缆的距离不宜小于 80mm，若距离无法满足要求，应增加热隔离措施。加热除湿元件的电源线应使用耐热绝缘导线”。

按照《国家电网公司输变电工程标准工艺（三）工艺标准库（2016 年版）》，端子箱安装 0102040102 要求“加热器的接线端子应在加热器下发”。

（7）软光缆（尾揽）弯曲半径不足。

描述：盘、柜内通信软光缆（尾揽）弯曲半径不足，整理、绑扎不规范。

措施：按照 DL/T 5740—2016《智能变电站施工技术规范》第 5.2.3 条“柜内光缆应排列整齐，其弯曲半径不应小于其外径的 15 倍。光缆、尾缆、跳纤应分别绑扎、排列，在固定时不应出现打结、扭绞等情况。光缆、尾缆、跳纤的长度应保留充足的裕度，不应使光纤连接器受到机械应力”。

1.2.9 重大风险作业清单（三级及以上）

根据 Q/GDW 12152—2021《输变电工程建设施工安全风险管理规程》，梳理本工程中变电二次专业在施工图设计阶段的三级及以上重大风险作业，本工程为 1 项。工程建设主要技术方案一览表见表 1－7，工程主要风险作业底数一本账见表 1－8。

表 1－7 工程建设主要技术方案一览表

序号	专业	作业内容	包含部位	工序	风险编号	固有风险高等级	风险可能导致的后果	方案类型	是否需要专家论证	压降措施	压降后的风险等级	备注
1	变电站电气工程	电气调试试验	全站一、二次设备及二次回路	系统稳定控制、系统联调试验	03070109	3	爆炸触电 设备事故 电网事故	一般	否	无	—	

表 1-8　　工程主要风险作业底数一本账

序号	作业部位	作业内容	工序	风险编号	8+2工况内容	建议工法	风险可能导致的后果	风险评定值	风险级别	风险控制关键因素	预控措施
1	全站二次设备及二次回路	电气调试试验	系统稳定控制、系统联调试验	03070109	—	—	爆炸触电设备事故电网事故	126（6×3×7）	3	环境变化、近电作业	① 试验前用万用表测量TA、TV二次回路的完好性，并重点检查TV二次高压保险或空气开关的极差配置和分合情况，必要时对TA二次侧回路就近用短接线进行短接，确保试验数据的正确性。② 在TA、TV、交流电源、直流电源等带电回路进行测试或接线时应使用合格工具，落实好严防TA二次开路以及严防TV反充电的措施。③ 严格执行系统稳定控制、系统联调试验方案。防止私自调整试验步骤和试验条件；认真分析试验过程中试验数据的正确性，防止重复试验。④ 一次设备第一次冲击送电时，现场应由专人监护，并注意安全距离，二次人员待运行稳定后，方可到现场进行相量测试和检查工作。⑤ 由一次设备处引入的测试回路注意采取防止高电压引入的危险，注意检查一次设备接地点和试验设备安全接地，高压试验设备应铺设绝缘垫。⑥ 系统稳定控制装置试验结束后，应认真核对调控中心下达的定值和策略，核对装置运行状态。⑦ 变电站保护室保护屏，通信机房通信屏设备区域工作时，应用红色标志牌区分运行及检修设备，并将检修区域与运行区域进行隔离，二次工作安全措施票执行正确。⑧ 应确认待试验的稳定控制系统（试验系统）与运行系统已完全隔离后方可按开始工作，严防走错间隔及误碰无关带电端子。⑨ 在进行试验接线时应严防TV二次侧短路、TA二次侧开路。⑩ 试验完成后应根据稳定控制系统的正式定值进行认真核对，确保无误。⑪ 试验前，被试设备应接地可靠。试验结束后，临时拆除的一二次接线（或接入的二次线）应及时恢复，并确保接触可靠，防止遗漏导致电网事故。⑫ 通电试验过程中，试验人员不得中途离开。⑬ 电流互感器升流试验时，封闭相应的母差、失灵电流回路。⑭ 完成各项工作、办理交接手续离开即将带电设备后，未经运行人员许可、登记，不得擅自再进行任何检查和检修、安装工作。⑮ 试验工作结束后，将被试验设备恢复原状

注：1. 作业部位变电按构建筑物（事故油池、消防水池）、主设备，线路按塔基描述。
2. 工序对照《输变电工程建设施工安全风险管理规程》。
3. 工程主要风险包括二、三级风险（如机械化组塔），具有内容由《工程建设主要技术方案列表》确定。
4. 工程四级风险由施工项目部在施工图交底前完成添加。

1.2.10　标准工艺应用情况

根据《国家电网公司输变电工程标准工艺——变电工程电气分册（2022年）》，本工程电气二次专业需应用表 1-9 所示的标准工艺应用清单。

表 1-9　　标准工艺应用情况

序号	名称	应用部位
1	第4章第6节　二次系统等电位接地网安装	二次等电位地网安装
2	第4章第7节　屏柜（箱）内接地安装	二次屏、柜安装
3	第5章第1节　屏、柜安装	二次屏、柜安装
4	第5章第2节　端子箱、就地控制柜安装	本体端子箱及GIS智能控制柜安装
5	第5章第3节　二次回路接线	二次回路接线
6	第5章第4节　蓄电池安装	蓄电池组安装
7	第6章第5节　支、桥架上电缆及穿管电缆敷设	控制电缆敷设
8	第6章第7节　控制电缆终端制作及安装	二次回路接线
9	第6章第10节　盘、柜底部封堵施工	二次屏、柜安装
10	第8章第1节　视频监控系统探头安装	视频监控探头安装
11	第8章第2节　视频监控系统主机安装	视频监控主机安装
12	第8章第3节　火灾报警安装	火灾报警安装
13	第8章第4节　温度感应线安装	温度感应线安装

1.2.11 新技术、新设备（新材料）、新工艺在工程中的应用

在本工程设计中，经对《国网基建部关于发布基建新技术应用目录的通知》（基建技术〔2022〕14 号）筛选，二次专业暂无适用的新技术。

1.2.12 机械化施工

（1）屏柜设备。

1）主要设计方案。

屏柜设备主要涵盖低压配电盘、二次屏柜、通信屏柜。

2）关键工序及机械化施工。

采用轮胎式起重机进行卸车、转运。采用室内运输小车或滚杠进行室内运输、就位、安装。

（2）二次电缆。

1）主要设计方案。

二次电缆主要涵盖二次控制电缆、低压电力电缆。

2）关键工序及机械化施工。

采用电缆放线架进行敷设。

1.2.13 施工注意事项

（1）电气施工安装必须符合《电气装置安装工程施工及验收规范》《国家电网公司输变电工程质量通病防治工作要求及技术措施》《国家电网公司输变电工程工艺标准库－变电工程部分》及施工图纸的要求。

（2）设备到货后需核对设备型号及尺寸，核对无误后方可进行安装。

（3）施工时与设备厂家、设计单位密切配合。

（4）请先核对 TA、TV 二次参数与图纸一致后再接线。

（5）国家电网设备〔2018〕979 号《国家电网有限公司关于印发十八项电网重大反事故措施（修订版）的通知》中 5.2.1.6 的要求，新投运变电站不同站用变压器低压侧至站用电屏的电缆应尽量避免同沟敷设，对无法避免的，则应采取防火隔离措施。

（6）各类电缆同侧敷设时，动力电缆应在最上层，控制电缆在中间层，两者之间采用防火措施；通信电缆及光纤等敷设在最下层并放置在专用槽盒内。

根据规范要求，对于消防、报警、应急照明、断路器操作直流电源等重要回路在外部火势作用的一定时间内需维持通电的回路，明敷的电缆应实施耐火防护或选用具有耐火性的电缆。本工程中直流馈线屏馈出电缆和 UPS 电源屏馈出电缆、通信电源屏馈出电缆均采用耐火电缆。

1.3 电气二次部分主要设备材料清册

按照目前 110－A3－3 方案，统计电气二次部分主要设备材料清册见表 1－10。

表 1－10 电气二次部分主要设备材料统计表

序号	设备名称	规格型号	单位	数量	安装位置	备注
一	**智能变电站计算机监控系统（甲供）**					
1	**监控主机兼操作员工作站**		**套**	**1**	二次设备室	
	监控主机兼数据服务器兼操作员站	安装系统软件及管理软件、应用软件，包括分析测试软件、AVQC、小电流接地选线、嵌入式防误闭锁软件、操作票专家系统等	台	2		组屏
	显示器	19″液晶	台	2		
	高级功能及一体化信息软件	顺序控制、智能告警及故障信息综合分析决策、设备状态可视化、支撑经济运行化控制、源端维护等功能	套	2		
	网络打印机		台	1		
	移动打印机		台	2		

续表

序号	设备名称	规格型号	单位	数量	安装位置	备注
	工具软件	系统配置工具、模型校核工具	套	2	二次设备室	按本期规模配置
	电脑钥匙及充电器		套	1		
	五防锁具		套	1		
	柜体及其配件		面	1		
2	**Ⅰ区数据通信网关机柜（每面含）**		**面**	**1**	二次设备室	
	Ⅰ区数据通信主机		台	2		
	站控层Ⅰ区交换机	百兆、24电口、4光口	台	4		
	柜体及其配件		面	1		
3	**综合应用服务器柜**		**面**	**1**	二次设备室	
	综合应用服务器		台	1		
	显示器		台	1		
	正、反向隔离装置		台	2		
	打印机		台	1		
	柜体及其配件		面	1		
4	**Ⅱ区数据通信网关机柜（每面含）**		**面**	**1**	二次设备室	
	Ⅱ区数据通信网关机		台	1		
	站控层Ⅱ区交换机	百兆、24电口、4光口	台	2		
	站控层Ⅱ区交换机	16个百兆口，4个千兆口	台	1		
	Ⅳ区交换机	百兆、24电口、4光口	台	1		
	Ⅱ型网络安全监测装置		台	1		
	Ⅰ/Ⅱ区防火墙		台	2		
	Ⅳ区防火墙		台	1		单独招标
	柜体及其配件		面	1		

序号	设备名称	规格型号	单位	数量	安装位置	备注
5	**公用测控柜（每面含）**		**面**	**1**	二次设备室	
	公用测控装置		台	3		
	柜体及其配件		面	1		
6	**10kV 公用测控柜 1（每面含）**		**面**	**1**	10kV 配电室	
	公用测控装置		台	2		
	柜体及其配件		面	1		
7	**10kV 公用测控柜 2（每面含）**		**面**	**1**	10kV 配电室	
	公用测控装置		台	1		
	柜体及其配件		面	1		
8	**主变压器测控**					
8.1	**3 号主变压器测控柜（每面含）**		**面**	**1**	二次设备室	
	主变压器高压测控装置		台	1		
	主变压器低压测控装置		台	1		
	主变压器本体测控装置		台	1		
	柜体及其配件		面	1		
8.2	**2 号主变压器测控柜（每面含）**		**面**	**1**	二次设备室	
	主变压器高压测控装置		台	1		
	主变压器低压测控装置		台	2		
	主变压器本体测控装置		台	1		
	柜体及其配件		面	1		
9	**网络分析仪屏（每面含）**		**套**	**1**	二次设备室	
	网络报文记录分析装置		台	1		
	网络报文记录分析装置		台	2		
	柜体及其配件		面	1		

续表

序号	设备名称	规格型号	单位	数量	安装位置	备注
10	**110kV 母线测控柜（每面含）**		**面**	**1**	二次设备室	
	110kV 母线测控装置		台	2		
	柜体及其配件		面	1		
11	**110kV 线路测控装置**		**台**	**2**	110kV 进线 GIS 汇控柜	
12	**110kV 桥保护测控装置**		**台**	**1**	110kV 桥 GIS 汇控柜	
13	**10kV 部分**				10kV 开关柜安装，随自动化设备成套	
	10kV 线路保护测控装置		台	24		
	10kV 分段保护测控装置		台	1		
	10kV 备自投装置		台	1		
	10kV 电容器保护测控装置		台	4		
	10kV 接地变保护测控装置		台	2		
	10kV 母线电压并列装置		台	2		
	10kV 母线测控装置		台	3		
	10kV 网络交换机	百兆、24 电口、4 光口	台	4		
14	**通信网线**					
14.1	超五类屏蔽网线	铠装，屏蔽	m	2600		随监控系统成套
14.2	屏蔽双绞线	铠装，屏蔽	m	500		随监控系统成套
14.3	4 芯多模尾缆	非金属铠装、阻燃、层绞	m	1845		随监控系统成套
14.4	8 芯多模尾缆	非金属铠装、阻燃、层绞	m	990		随监控系统成套
14.5	12 芯多模尾缆	非金属铠装、阻燃、层绞	m	80		随监控系统成套
14.6	预制多模光缆					
	12 芯预制多模光缆（非金属铠装、阻燃、层绞）		m	320		
15	预制多模光缆接头盒	24 口（2 个 12 口）	台	9		

续表

序号	设备名称	规格型号	单位	数量	安装位置	备注
二	**防误主机柜（每面含）**		**面**	**1**	二次设备室	**甲供**
	防误主机		台	1		
	防误软件		套	2		
	操作票专家系统软件		套	1		
	柜体及其配件		面	1		
三	**继电保护及安全自动装置**					
1	**主变压器保护柜（每面含）**		**面**	**2**	二次设备室	**甲供**
	主变压器保护装置		台	2		
	柜体及其配件		面	1		
2	**110kV 备自投柜（每面含）**		**面**	**1**	二次设备室	**甲供**
	110kV 备自投装置		台	1		
	过程层交换机	16 个百兆口，4 个千兆口	台	5		随监控系统招标
	柜体及其配件		面	1		
3	**低频低压减载柜（每面含）**		面	1	二次设备室	**甲供**
	低频低压减载装置		台	2		
	柜体及其配件		面	1		
4	**故障录波屏（每面含）**		**套**	**1**	二次设备室	**甲供**
	管理机单元		台	1		
	数据记录单元		台	1		
	工业显示器		台	1		
	柜体及其配件		面	1		

续表

序号	设备名称	规格型号	单位	数量	安装位置	备注
四	**电能量计费**					
1	**电能采集柜（每面含）**		面	**1**	二次设备室	甲供
	电能量远动终端		台	2		
	柜体及其配件		面	1		预留 3 块电能表安装位置
2	**电能表**					甲供
2.1	主变压器低压侧计量					
	数字式三相四线电能表	0.5S 级，57.7V、1A	块	3	主变压器电能表柜	具备 IEC61850 规约
2.2	主变压器高压侧计量				主变压器电能表柜	
	数字式三相四线电能表	0.5S 级，57.7V、1A	块	2		具备 IEC61850 规约
2.3	110kV 线路计量				主变压器电能表柜	
	数字式三相四线电能表	0.5S 级，57.7V、1A	块	2		具备 IEC61850 规约
2.4	10kV 线路计量				10kV 线路开关柜	
	全电子多功能三相四线电能表	0.5S 级，57.7V、1A	块	24		
2.5	10kV 电容器计量				10kV 电容开关器柜	
	全电子多功能三相四线电能表	0.5S 级，57.7V、1A	块	4		
2.6	**10kV 接地变压器计量**				10kV 接地变压器开关柜	
	全电子多功能三相四线电能表	0.5S 级，57.7V、1A	块	2		
3	主变压器电能表屏		面	1	二次设备室	甲供
4	屏蔽双绞线	铠装，屏蔽	m	2500		乙供，包含对时、电能采集
五	**一体化电源系统，甲供**					
1	**站用电源**					
1.1	交流电源柜		面	3		
2	**220V 直流电源**					

续表

序号	设备名称	规格型号	单位	数量	安装位置	备注
2.1	直流充电柜	含 20A 充电模块 6 个、一体化监控装置 1 套	面	1		
2.2	直流馈线柜		面	2		
3	**通信电源**					
3.1	通信电源柜		面	1		
4	**逆变电源**					
4.1	逆变电源柜		面	1		
5	**蓄电池（共含）**					
	阀控铅酸蓄电池	400Ah，2V 单体	个	104		
	蓄电池架及其配件		套	1		
六	**公用系统**					
1	**同步时钟对时系统**		**套**	**1**	二次设备室	**甲供**
1.1	同步时钟对时柜（每面含）		面	1		
	同步主时钟对时装置		台	2		
	同步时钟扩展装置		台	2		
	柜体及其配件		面	1		
2	**智能辅助控制系统（每套含）**		**套**	**1**	二次设备室	
2.1	视频监控子系统		套	1		
2.2	安全防卫子系统		套	1		
2.3	锁控监测子系统		套	1		
2.4	环环境监测子系统		套	1		
2.5	消防信息传输控制单元		套	1		
2.6	其他					
	交换机		台	2		
	液晶显示器		台	2		
	柜体及其配件		面	2		

续表

序号	设备名称	规格型号	单位	数量	安装位置	备注
	智能辅助系统后台主机		台	2		
	视频系统后台主机		台	2		
	智能接口设备		台	1		
	安装辅料	热镀锌管、PVC 管等	套	1		
	铠装阻燃屏蔽电缆		套	1		
七	**调度数据网设备（共含）**					
	路由器		台	2	二次设备室	甲供
	交换机		台	4		甲供
	纵向加密认证装置		台	4		甲供
	柜体及其配件		面	2		乙供
	路由器、交换机、纵向加密认证装置安装及调试费		套	1		
八	**过程层设备**					
1	**110kV GIS 智能控制柜**					随 110kVGIS 设备供应
1.1	**110kV 3 号主变压器线路间隔智能控制柜**		**面**	**1**		
	线路合并单元、智能终端合一装置		台	2		
	柜体及其配件		面	1		
	相应预制电缆及附件		套	1		
1.2	**110kV 2 号主变压器线路间隔智能控制柜**		**面**	**1**		
	线路合并单元、智能终端合一装置		台	2		
	柜体及其配件		面	1		
	相应预制电缆及附件		套	1		
1.3	**110kV 3 号主变压器高压侧及 TV 间隔智能控制柜**		**面**	**1**		
	合并单元		台	1		
	主变压器高压侧合并单元、智能终端合一		台	1		
	智能终端		台	1		

续表

序号	设备名称	规格型号	单位	数量	安装位置	备注
	柜体及其配件		面	1		
	相应预制电缆及附件		套	1		
1.4	**110kV 2 号主变压器高压侧及 TV 间隔智能控制柜**		**面**	**1**		
	合并单元		台	1		
	主变压器高压侧合并单元、智能终端合一装置		台	1		
	智能终端		台	1		
	柜体及其配件		面	1		
	相应预制电缆及附件		套	1		
1.5	**110kV 桥间隔智能控制柜**		**面**	**1**		
	桥合并单元、智能终端合一装置		台	2		
	柜体及其配件		面	1		
	相应预制电缆及附件		套	1		
2	**主变压器本体智能终端柜（每面含）**		**面**	**2**	主变压器区	随主变压器本体供应
	本体智能终端	含非电量保护功能	台	1		
	本体合并单元		台	2		
	柜体及其配件		面	1		
	相应预制电缆及附件		套	1		
3	主变压器低压侧智能终端、合并单元合一装置		台	6	10kV 主变压器进线柜安装	随 10kV 开关柜供应
九	**消弧控制柜**		**面**	**1**		随一次消弧线圈设备供应
二次配件及电力、控制电缆等						
十	端子箱（原色不锈钢）					
1	**XW1－1（改）**		台	**1**		乙供
	检修箱		台	1	主变压器配电装置	
十一	电力和控制电缆及其配件（电缆长度为估计值，以施工图为准）					

续表

序号	设备名称	规格型号	单位	数量	安装位置	备注
1	**电力电缆（金属铠装、阻燃）**		m	1700		甲供
1.1	电力电缆	ZC－YJV22－600/1000－4×185	m	80		
1.2	电力电缆	ZC－YJV22－600/1000－4×70	m	70		
1.3	电力电缆	ZC－YJV22－600/1000－4×35＋1×16	m	400		
1.4	电力电缆	ZC－YJV22－600/1000－4×16＋1×10	m	800		
1.5	电力电缆	NH－YJV22－600/1000－4×35	m	150		耐火
1.6	电力电缆	NH－YJV22－600/1000－2×16	m	150		耐火
1.7	电力电缆	ZC－YJV22－600/1000－1×150	m	50		
2	**控制电缆（金属铠装、铜带屏蔽、阻燃）**		m	11500		甲供
2.1	控制电缆	ZC－KVVP2－22－450/750－7×4	m	500		
2.2	控制电缆	ZCN－KVVP2－22－450/750－4×4	m	3900		耐火
2.3	控制电缆	ZC－KVVP2－22－450/750－4×2.5	m	2300		
2.4	控制电缆	ZC－KVVP2－22－450/750－14×2.5	m	400		
2.5	控制电缆	ZC－KVVP2－22－450/750－10×2.5	m	4400		
3	**光缆槽盒**					乙供
3.1	耐火光缆槽盒	$180\times100mm^2$	m	110		
4	**配件**					乙供
4.1	电缆头	RST－4/2，1kV	个	4		接地变低压侧电缆头
4.2	铜电缆端子	$185mm^2$	个	16		
4.3	铜电缆端子	$150mm^2$	个	4		
5	**2M 同轴电缆**					乙供
	2M 同轴电缆		m	100		

1.4 光缆/尾缆清册（电气二次部分）

光缆/尾缆统计表见表 1－11。

表 1－11　　光缆/尾缆统计表

序号	型号	光缆/尾缆编号	芯数（备用芯）	光缆去向			光缆长度（m）						光缆说明
							铠装多模光缆						
				光缆起点	端口型号	光缆终点	4 芯预制	12 芯预制	24 芯预制	4 芯尾缆	8 芯尾缆	12 芯尾缆	
一	双端预制光缆												
		2B－GL111	12（5）	2 号主变压器本体智能控制柜		2 号主变压器保护柜		45					
		2B－GL112	12（8）	2 号主变压器本体智能控制柜		2 号主变压器保护柜		45					
		2B－GL113	12（10）	2 号主变压器本体智能控制柜		Ⅱ区数据网关机柜		57					
		3B－GL111	12（5）	3 号主变压器本体智能控制柜		3 号主变压器保护柜		55					
		3B－GL112	12（8）	3 号主变压器本体智能控制柜		3 号主变压器保护柜		55					
		3B－GL113	12（10）	3 号主变压器本体智能控制柜		Ⅱ区数据网关机柜		63					
二	尾缆												
		2H－WL111a	8（4）	110kV 2 号线路智能控制柜	LC－LC	110kV 备自投柜					25		
		2H－WL111b	4（2）	110kV 2 号线路智能控制柜	LC－LC	110kV 备自投柜				25			
		2H－WL112	8（5）	110kV 2 号线路智能控制柜	LC－LC	110kV 备自投柜					25		
		2B－WL111	8（5）	110kV 2 号线路智能控制柜	LC－LC	2 号主变压器保护柜					30		
		2B－WL112	8（5）	110kV 2 号线路智能控制柜	LC－LC	2 号主变压器保护柜					30		
		2H－WL114	4（2）	110kV 2 号线路智能控制柜	LC－ST	时间同步系统柜				30			
		2H－WL115	4（3）	110kV 2 号线路智能控制柜	LC－ST	电能量采集器柜				28			
		2HPT－WL114	4（3）	110kV 2 号线路智能控制柜	LC－LC	110kV 2 号主进及TV 智能控制柜				15			
		3HPT－WL114	4（3）	110kV 2 号线路智能控制柜	LC－LC	110kV 3 号主进及TV 智能控制柜				19			
		3H－WL111a	8（4）	110kV 3 号线路智能控制柜	LC－LC	110kV 备自投柜					30		
		3H－WL111b	4（2）	110kV 3 号线路智能控制柜	LC－LC	110kV 备自投柜				30			
		3H－WL112	8（5）	110kV 3 号线路智能控制柜	LC－LC	110kV 备自投柜					30		
		3B－WL111	8（5）	110kV 3 号线路智能控制柜	LC－LC	3 号主变压器保护柜					30		
		3B－WL112	4（3）	110kV 3 号线路智能控制柜	LC－LC	3 号主变压器保护柜				25			

续表

序号	型号	光缆/尾缆编号	芯数（备用芯）	光缆去向			光缆长度（m）						光缆说明
							铠装多模光缆						
				光缆起点	端口型号	光缆终点	4 芯预制	12 芯预制	24 芯预制	4 芯尾缆	8 芯尾缆	12 芯尾缆	
		3H－WL114	4（2）	110kV 3 号线路智能控制柜	LC－ST	时间同步系统柜				25			
		3H－WL115	4（3）	110kV 3 号线路智能控制柜	LC－ST	电能量采集器柜				30			
		2HPT－WL115	4（3）	110kV 3 号线路智能控制柜	LC－LC	110kV 2 号主进及 TV 智能控制柜				19			
		3HPT－WL115	4（3）	110kV 3 号线路智能控制柜	LC－LC	110kV 3 号主进及 TV 智能控制柜				15			
		2HPT－WL111	8（3）	110kV 2 号主进及 TV 智能控制柜	LC－LC	110kV 备自投柜					30		
		2HPT－WL112	4（3）	110kV 2 号主进及 TV 智能控制柜	LC－LC	2 号主变压器保护柜				35			
		2HPT－WL113	4（3）	110kV 2 号主进及 TV 智能控制柜	LC－LC	3 号主变压器保护柜				35			
		DP－WL101	4（2）	110kV 2 号主进及 TV 智能控制柜	LC－LC	低频低压减载柜				30			
		2HPT－WL116	8（5）	110kV 2 号主进及 TV 智能控制柜	LC－ST	时间同步系统柜					29		
		2B－WL141	4（3）	110kV 2 号主进及 TV 智能控制柜	LC－ST	主变压器电能表柜				29			
		3B－WL141	4（3）	110kV 3 号主进及 TV 智能控制柜	LC－ST	主变压器电能表柜				29			
		3HPT－WL111	8（4）	110kV 3 号主进及 TV 智能控制柜	LC－LC	110kV 备自投柜					30		
		3HPT－WL112	4（3）	110kV 3 号主进及 TV 智能控制柜	LC－LC	2 号主变压器保护柜				28			
		3HPT－WL113	4（3）	110kV 3 号主进及 TV 智能控制柜	LC－LC	3 号主变压器保护柜				28			
		3HPT－WL116	8（5）	110kV 3 号主进及 TV 智能控制柜	LC－ST	时间同步系统柜					25		
		HGY－WL101	8（4）	110kV 母线测控屏	LC－LC	110kV 备自投柜					20		
		2HFD－WL111a	8（2）	110kV 2 号内桥智能控制柜	LC－LC	110kV 备自投柜					29		
		2HFD－WL111b	4（2）	110kV 2 号内桥智能控制柜	LC－LC	110kV 备自投柜				30			
		2B－WL113	8（5）	110kV 2 号内桥智能控制柜	LC－LC	2 号主变压器保护柜					35		
		2B－WL114	8（5）	110kV 2 号内桥智能控制柜	LC－LC	2 号主变压器保护柜					35		
		3B－WL113	8（5）	110kV 2 号内桥智能控制柜	LC－LC	3 号主变压器保护柜					33		
		3B－WL114	8（5）	110kV 2 号内桥智能控制柜	LC－LC	3 号主变压器保护柜					33		
		2HFD－WL114	4（2）	110kV 2 号内桥智能控制柜	LC－ST	时间同步系统柜				30			

续表

序号	型号	光缆/尾缆编号	芯数（备用芯）	光缆去向			光缆长度（m）						光缆说明
							铠装多模光缆						
				光缆起点	端口型号	光缆终点	4 芯预制	12 芯预制	24 芯预制	4 芯尾缆	8 芯尾缆	12 芯尾缆	
		2B－WL124	4（2）	110kV 备自投柜	LC－LC	110kV 2 号主进及 TV 智能控制柜				29			
		3B－WL124	4（2）	110kV 备自投柜	LC－LC	110kV 3 号主进及 TV 智能控制柜				25			
		2B－WL101	4（2）	110kV 备自投柜	LC－LC	10kV 2 号主进 A 开关柜				50			
		2B－WL103	4（2）	110kV 备自投柜	LC－LC	10kV 2 号主进 A 隔离柜				50			
		2B－WL106	4（2）	110kV 备自投柜	LC－LC	10kV 2 号主进 B 开关柜				50			
		2B－WL108	4（2）	110kV 备自投柜	LC－LC	10kV 2 号主进 B 隔离柜				53			
		2B－WL121	12（6）	110kV 备自投柜	LC－LC	2 号主变压器保护柜						20	
		2B－WL122	8（4）	110kV 备自投柜	LC－LC	2 号主变压器保护柜					18		
		2B－WL123	12（4）	110kV 备自投柜	LC－LC	2 号主变压器测控柜						20	
		2LFD－WL111	8（4）	110kV 备自投柜	LC－LC	10kV 分段 2 开关柜					58		
		3B－WL101	4（2）	110kV 备自投柜	LC－LC	10kV 3 号主进开关柜				63			
		3B－WL103	4（2）	110kV 备自投柜	LC－LC	10kV 3 号主进隔离柜				59			
		3B－WL121	12（6）	110kV 备自投柜	LC－LC	3 号主变压器保护柜						20	
		3B－WL122	8（4）	110kV 备自投柜	LC－LC	3 号主变压器保护柜					16		
		3B－WL123	12（6）	110kV 备自投柜	LC－LC	3 号主变压器测控柜						20	
		LB－WL101	4（2）	110kV 备自投柜	LC－LC	故障录波柜				18			
		LB－WL102	4（2）	110kV 备自投柜	LC－LC	故障录波柜				18			
		WF－WL101	4（2）	110kV 备自投柜	LC－LC	网络分析柜				18			
		WF－WL102	4（2）	110kV 备自投柜	LC－LC	网络分析柜				18			
		2B－WL115	8（5）	2 号主变压器保护柜	LC－LC	2 号主变压器 10kV 主进分支一开关柜					46		
		2B－WL116	8（5）	2 号主变压器保护柜	LC－LC	2 号主变压器 10kV 主进分支一隔离柜					46		

续表

序号	型号	光缆/尾缆编号	芯数（备用芯）	光缆去向			光缆长度（m）						光缆说明
							铠装多模光缆						
				光缆起点	端口型号	光缆终点	4 芯预制	12 芯预制	24 芯预制	4 芯尾缆	8 芯尾缆	12 芯尾缆	
		2B－WL117	8（5）	2 号主变压器保护柜	LC－LC	2 号主变压器 10kV 主进分支二开关柜					46		
		2B－WL118	8（5）	2 号主变压器保护柜	LC－LC	2 号主变压器 10kV 主进分支二隔离柜					47		
		2B－WL119	4（2）	2 号主变压器保护柜	LC－LC	10kV 2 号分段开关柜				52			
		2B－WL120	4（2）	2 号主变压器保护柜	LC－LC	10kV 2 号分段开关柜				52			
		2B－WL131	8（5）	2 号主变压器保护柜	LC－LC	时间同步系统柜					16		
		3B－WL115	8（5）	3 号主变压器保护柜	LC－LC	3 号主变压器 10kV 主进开关柜					60		
		3B－WL116	8（5）	3 号主变压器保护柜	LC－LC	3 号主变压器 10kV 主进隔离柜					60		
		3B－WL119	4（2）	3 号主变压器保护柜	LC－LC	10kV 2 号分段开关柜				55			
		3B－WL120	4（2）	3 号主变压器保护柜	LC－LC	10kV 2 号分段开关柜				55			
		3B－WL131	8（5）	3 号主变压器保护柜	LC－ST	时间同步系统柜					20		
		2B－WL102	4（3）	10kV 2 号主进分支一开关柜	LC－ST	时间同步系统柜				42			
		2LFD－WL112	8（5）	10kV 2 号主进分支二开关柜	LC－LC	10kV 2 号分段开关柜					33		
		2B－WL107	4（3）	10kV 2 号主进分支一开关柜	LC－ST	时间同步系统柜				42			
		2LFD－WL113	8（5）	10kV 3 号主进开关柜	LC－LC	10kV 2 号分段开关柜					25		
		3B－WL102	4（3）	10kV 3 号主进开关柜	LC－ST	时间同步系统柜				54			
		2B－WL105	4（3）	2 号主变压器 10kV 主进分支一隔离柜	LC－ST	主变压器电能表柜				46			
		2B－WL104	4（3）	2 号主变压器 10kV 主进分支一隔离柜	LC－ST	时间同步系统柜				42			
		2B－GY	4（3）	2 号主变压器 10kV 主进分支二隔离柜	LC－ST	主变压器电能表柜				46			
		2B－WL109	4（3）	2 号主变压器 10kV 主进分支二隔离柜	LC－ST	时间同步系统柜				43			

续表

序号	型号	光缆/尾缆编号	芯数（备用芯）	光缆去向			光缆长度（m）						光缆说明
							铠装多模光缆						
				光缆起点	端口型号	光缆终点	4 芯预制	12 芯预制	24 芯预制	4 芯尾缆	8 芯尾缆	12 芯尾缆	
		3B－WL105	4（3）	3 号主变压器 10kV 主进隔离柜	LC－ST	主变压器电能表柜				57			
		3B－WL104	4（3）	3 号主变压器 10kV 主进隔离柜	LC－ST	时间同步系统柜				53			
		GY－WL103	4（2）	Ⅰ区数据网关机柜		10kV 2A 号电压互感器柜				42			
		GY－WL104	4（2）	Ⅰ区数据网关机柜		10kV 2A 号电压互感器柜				42			
		GY－WL105	4（2）	Ⅰ区数据网关机柜		10kV 3 号电压互感器柜				55			
		GY－WL106	4（2）	Ⅰ区数据网关机柜		10kV 3 号电压互感器柜				55			
		GY－WL107	4（2）	Ⅰ区数据网关机柜		网络分析柜				13			
		GY－WL108	4（2）	Ⅰ区数据网关机柜		网络分析柜				13			
	光缆统计			对应各型号光缆长度（m）			0	320	0	1845	990	80	

1.5 电缆清册（电气二次部分）

电缆长度统计表见表 1－12。

表 1－12　　电缆长度统计表

序号	安装单位名称	电缆编号	电缆型号及截面	电缆起点	电缆终点	电缆长度（m）														备注
						KVVP2－22－600/1000（V）－							ZC－YJV22－1kV－							
						4×4（ZCN）	7×4（ZC）	14×2.5（ZC）	10×2.5（ZC）	4×2.5（ZC）	DJYP2－2×2×0.75	同轴电缆	2×16（NH）	4×35（NH）	4×16＋1×10	4×35＋1×16	1×150	4×70	4×185	
一	公共部分																			
1	公用测控	PYJH－YX－130	KVVP2－22－10×2.5	公用测控柜	低频低压减载柜				30											
		2GY－115	KVVP2－22－10×2.5	公用测控柜	110kV 2 号内桥智能控制柜				35											
		2GY－116	KVVP2－22－10×2.5	公用测控柜	110kV 备自投柜				16											

续表

序号	安装单位名称	电缆编号	电缆型号及截面	电缆起点	电缆终点	电缆长度（m）														备注
						KVVP2－22－600/1000（V）－							ZC－YJV22－1kV－							
						4×4（ZCN）	7×4（ZC）	14×2.5（ZC）	10×2.5（ZC）	4×2.5（ZC）	DJYP2－2×2×0.75	同轴电缆	2×16（NH）	4×35（NH）	4×16+1×10	4×35+1×16	1×150	4×70	4×185	
		2GY－117	KVVP2－22－14×2.5	公用测控柜	110kV 备自投柜			20												
		2GY－118	KVVP2－22－10×2.5	公用测控柜	110kV 母线测控柜				27											
		2GY－130	KVVP2－22－14×2.5	公用测控柜	3 号主变压器测控柜			25												
		2GY－114	KVVP2－22－10×2.5	公用测控柜	10kV ⅡA 母 TV 柜				55											
		HZBJ－130	KVVP2－22－10×2.5	公用测控柜	火灾报警控制器				100											
		1GY－118	KVVP2－22－10×2.5	公用测控柜	10kV 消弧线圈控制柜				50											
		1GY－119	KVVP2－22－10×2.5	公用测控柜	10kV 消弧线圈控制柜				50											
		1GY－120	KVVP2－22－10×2.5	公用测控柜	智能辅助控制柜				28											
		1GY－117	KVVP2－22－10×2.5	公用测控柜	10kV 3 母 TV 柜				65											
		1GY－130	KVVP2－22－14×2.5	公用测控柜	2 号主变压器测控柜			25												
		1GY－116	KVVP2－22－10×2.5	公用测控柜	110kV 电能表及电能采集柜				20											
		1GY－115	KVVP2－22－14×2.5	公用测控柜	时间同步柜			30												
		1GY－114	KVVP2－22－14×2.5	公用测控柜	故障录波器柜			28												
		1GY－113	KVVP2－22－14×2.5	公用测控柜	网络分析柜			28												
		1GY－112	KVVP2－22－14×2.5	公用测控柜	Ⅱ区数据通信网关机柜			25												
		1GY－111	KVVP2－22－14×2.5	公用测控柜	Ⅰ区数据通信网关机柜			25												
		3GY－111	KVVP2－22－10×2.5	公用测控柜	1 号交流进线柜				30											
		3GY－112	KVVP2－22－10×2.5	公用测控柜	2 号交流进线柜				27											
		3GY－113	KVVP2－22－10×2.5	公用测控柜	直流充电柜				22											

续表

序号	安装单位名称	电缆编号	电缆型号及截面	电缆起点	电缆终点	电缆长度（m）															备注
						KVVP2－22－600/1000（V）－							ZC－YJV22－1kV－								
						4×4（ZCN）	7×4（ZC）	14×2.5（ZC）	10×2.5（ZC）	4×2.5（ZC）	DJYP2－2×2×0.75	同轴电缆	2×16（NH）	4×35（NH）	4×16＋1×10	4×35＋1×16	1×150	4×70	4×185		
		3GY－114	KVVP2－22－10×2.5	公用测控柜	直流馈线柜				22												
		3GY－115	KVVP2－22－10×2.5	公用测控柜	UPS 电源柜				24												
2	**电能量采集及110kV 电能表柜**	2H－111	KVVP2－22－10×2.5	电能量采集及 110kV 电能表柜	110kV 2 号线路智能控制柜				30												
		3H－111	KVVP2－22－10×2.5	电能量采集及 110kV 电能表柜	110kV 3 号线路智能控制柜				33												
		WH－01A	DJYP2VP2－22－2×2×0.75	电能量采集及 110kV 电能表柜	主变压器电能表柜						10										
		WH－01B	DJYP2VP2－22－2×2×0.75	电能量采集及 110kV 电能表柜	主变压器电能表柜						10										
		WH－02A	DJYP2VP2－22－2×2×0.75	电能量采集及 110kV 电能表柜	交流进线柜						25										
		WH－02B	DJYP2VP2－22－2×2×0.75	电能量采集及 110kV 电能表柜	交流进线柜						25										
		WH－03A	DJYP2VP2－22－2×2×0.75	电能量采集及 110kV 电能表柜	10kV 线路开关柜 44 号柜						45										
		WH－03B	DJYP2VP2－22－2×2×0.75	电能量采集及 110kV 电能表柜	10kV 线路开关柜 44 号柜						45										
		WH－04A	DJYP2VP2－22－2×2×0.75	电能量采集及 110kV 电能表柜	10kV 线路开关柜 53 号柜						60										
		WH－04B	DJYP2VP2－22－2×2×0.75	电能量采集及 110kV 电能表柜	10kV 线路开关柜 53 号柜						60										
		WH－05A	DJYP2VP2－22－2×2×0.75	电能量采集及 110kV 电能表柜	10kV 2 号接地变压器开关柜 13 号柜						46										

续表

序号	安装单位名称	电缆编号	电缆型号及截面	电缆起点	电缆终点	电缆长度（m）KVVP2－22－600/1000（V）－							ZC－YJV22－1kV－							备注
						4×4（ZCN）	7×4（ZC）	14×2.5（ZC）	10×2.5（ZC）	4×2.5（ZC）	DJYP2－2×2×0.75	同轴电缆	2×16（NH）	4×35（NH）	4×16＋1×10	4×35＋1×16	1×150	4×70	4×185	
		WH－05B	DJYP2VP2－22－2×2×0.75	电能量采集及110kV电能表柜	10kV 2号接地变压器开关柜 13号柜						46									
		WH－06A	DJYP2VP2－22－2×2×0.75	电能量采集及110kV电能表柜	10kV线路开关柜12号柜						52									
		WH－06B	DJYP2VP2－22－2×2×0.75	电能量采集及110kV电能表柜	10kV线路开关柜12号柜						52									
		DNCJ－01A	DJYP2VP2－22－2×2×0.75	10kV 3号接地变压器开关柜 13号柜	10kV线路开关柜14号柜						15									
		DNCJ－01B	DJYP2VP2－22－2×2×0.75	10kV 3号接地变开关柜 13号柜	10kV线路开关柜14号柜						15									
		DNCJ－02A	DJYP2VP2－22－2×2×0.75	10kV线路开关柜 15号柜	10kV线路开关柜14号柜						15									
		DNCJ－02B	DJYP2VP2－22－2×2×0.75	10kV线路开关柜 15号柜	10kV线路开关柜14号柜						15									
		DNCJ－03A	DJYP2VP2－22－2×2×0.75	10kV线路开关柜 15号柜	10kV线路开关柜16号柜						15									
		DNCJ－03B	DJYP2VP2－22－2×2×0.75	10kV线路开关柜 15号柜	10kV线路开关柜16号柜						15									
		DNCJ－04A	DJYP2VP2－22－2×2×0.75	10kV线路开关柜 17号柜	10kV线路开关柜16号柜						15									
		DNCJ－04B	DJYP2VP2－22－2×2×0.75	10kV线路开关柜 17号柜	10kV线路开关柜16号柜						15									

序号	安装单位名称	电缆编号	电缆型号及截面	电缆起点	电缆终点	电缆长度（m）														备注
						KVVP2－22－600/1000（V）－							ZC－YJV22－1kV－							
						4×4（ZCN）	7×4（ZC）	14×2.5（ZC）	10×2.5（ZC）	4×2.5（ZC）	DJYP2－2×2×0.75	同轴电缆	2×16（NH）	4×35（NH）	4×16＋1×10	4×35＋1×16	1×150	4×70	4×185	
		DNCJ－05A	DJYP2VP2－22－2×2×0.75	10kV 线路开关柜 17 号柜	10kV 线路开关柜 18 号柜						15									
		DNCJ－05B	DJYP2VP2－22－2×2×0.75	10kV 线路开关柜 17 号柜	10kV 线路开关柜 18 号柜						15									
		DNCJ－06A	DJYP2VP2－22－2×2×0.75	10kV 线路开关柜 19 号柜	10kV 线路开关柜 18 号柜						15									
		DNCJ－06B	DJYP2VP2－22－2×2×0.75	10kV 线路开关柜 19 号柜	10kV 线路开关柜 18 号柜						15									
		DNCJ－07A	DJYP2VP2－22－2×2×0.75	10kV 线路开关柜 20 号柜	10kV 线路开关柜 21 号柜						15									
		DNCJ－07B	DJYP2VP2－22－2×2×0.75	10kV 线路开关柜 20 号柜	10kV 线路开关柜 21 号柜						15									
		DNCJ－08A	DJYP2VP2－22－2×2×0.75	10kV 线路开关柜 22 号柜	10kV 线路开关柜 21 号柜						15									
		DNCJ－08B	DJYP2VP2－22－2×2×0.75	10kV 线路开关柜 22 号柜	10kV 线路开关柜 21 号柜						15									
		DNCJ－09A	DJYP2VP2－22－2×2×0.75	10kV 线路开关柜 22 号柜	10kV 线路开关柜 23 号柜						16									
		DNCJ－09B	DJYP2VP2－22－2×2×0.75	10kV 线路开关柜 22 号柜	10kV 线路开关柜 23 号柜						16									
		DNCJ－10A	DJYP2VP2－22－2×2×0.75	10kV 线路开关柜 24 号柜	10kV 线路开关柜 23 号柜						15									

续表

序号	安装单位名称	电缆编号	电缆型号及截面	电缆起点	电缆终点	电缆长度（m）														备注
						KVVP2－22－600/1000（V）－						ZC－YJV22－1kV－								
						4×4（ZCN）	7×4（ZC）	14×2.5（ZC）	10×2.5（ZC）	4×2.5（ZC）	DJYP2－2×2×0.75	同轴电缆	2×16（NH）	4×35（NH）	4×16+1×10	4×35+1×16	1×150	4×70	4×185	
		DNCJ－10B	DJYP2VP2－22－2×2×0.75	10kV 线路开关柜 24号柜	10kV 线路开关柜23号柜						15									
		DNCJ－11A	DJYP2VP2－22－2×2×0.75	10kV 线路开关柜 24号柜	5号电容器柜26号柜						15									
		DNCJ－11B	DJYP2VP2－22－2×2×0.75	10kV 线路开关柜 24号柜	5号电容器柜26号柜						15									
		DNCJ－12A	DJYP2VP2－22－2×2×0.75	6号电容器柜 27号柜	5号电容器柜26号柜						15									
		DNCJ－12B	DJYP2VP2－22－2×2×0.75	6号电容器柜 27号柜	5号电容器柜26号柜						15									
		DNCJ－13A	DJYP2VP2－22－2×2×0.75	6号电容器柜 27号柜	10kV 线路开关柜30号柜						15									
		DNCJ－13B	DJYP2VP2－22－2×2×0.75	6号电容器柜 27号柜	10kV 线路开关柜30号柜						15									
		DNCJ－14A	DJYP2VP2－22－2×2×0.75	4号电容器柜 33号柜	10kV 线路开关柜34号柜						15									
		DNCJ－14B	DJYP2VP2－22－2×2×0.75	4号电容器柜 33号柜	10kV 线路开关柜34号柜						15									
		DNCJ－15A	DJYP2VP2－22－2×2×0.75	10kV 线路开关柜 35号柜	10kV 线路开关柜34号柜						15									
		DNCJ－15B	DJYP2VP2－22－2×2×0.75	10kV 线路开关柜 35号柜	10kV 线路开关柜34号柜						15									
		DNCJ－16A	DJYP2VP2－22－2×2×0.75	10kV 线路开关柜 35号柜	10kV 线路开关柜36号柜						15									
		DNCJ－16B	DJYP2VP2－22－2×2×0.75	10kV 线路开关柜 35号柜	10kV 线路开关柜36号柜						15									
		DNCJ－17A	DJYP2VP2－22－2×2×0.75	10kV 线路开关柜 37号柜	10kV 线路开关柜36号柜						15									

续表

序号	安装单位名称	电缆编号	电缆型号及截面	电缆起点	电缆终点	电缆长度（m）														备注
						KVVP2－22－600/1000（V）－							ZC－YJV22－1kV－							
						4×4（ZCN）	7×4（ZC）	14×2.5（ZC）	10×2.5（ZC）	4×2.5（ZC）	DJYP2－2×2×0.75	同轴电缆	2×16（NH）	4×35（NH）	4×16＋1×10	4×35＋1×16	1×150	4×70	4×185	
		DNCJ－17B	DJYP2VP2－22－2×2×0.75	10kV 线路开关柜 37 号柜	10kV 线路开关柜 36 号柜						15									
		DNCJ－18A	DJYP2VP2－22－2×2×0.75	10kV 线路开关柜 37 号柜	10kV 线路开关柜 38 号柜						15									
		DNCJ－18B	DJYP2VP2－22－2×2×0.75	10kV 线路开关柜 37 号柜	10kV 线路开关柜 38 号柜						15									
		DNCJ－19A	DJYP2VP2－22－2×2×0.75	10kV 线路开关柜 40 号柜	10kV 线路开关柜 38 号柜						15									
		DNCJ－19B	DJYP2VP2－22－2×2×0.75	10kV 线路开关柜 40 号柜	10kV 线路开关柜 38 号柜						15									
		DNCJ－20A	DJYP2VP2－22－2×2×0.75	4 号电容器柜 45 号柜	10kV 线路开关柜 47 号柜						15									
		DNCJ－20B	DJYP2VP2－22－2×2×0.75	4 号电容器柜 45 号柜	10kV 线路开关柜 47 号柜						15									
		DNCJ－21A	DJYP2VP2－22－2×2×0.75	10kV 线路开关柜 48 号柜	10kV 线路开关柜 47 号柜						15									
		DNCJ－21B	DJYP2VP2－22－2×2×0.75	10kV 线路开关柜 48 号柜	10kV 线路开关柜 47 号柜						15									
		DNCJ－22A	DJYP2VP2－22－2×2×0.75	10kV 线路开关柜 48 号柜	10kV 线路开关柜 49 号柜						15									
		DNCJ－22B	DJYP2VP2－22－2×2×0.75	10kV 线路开关柜 48 号柜	10kV 线路开关柜 49 号柜						15									
		DNCJ－23A	DJYP2VP2－22－2×2×0.75	10kV 线路开关柜 50 号柜	10kV 线路开关柜 49 号柜						15									
		DNCJ－23B	DJYP2VP2－22－2×2×0.75	10kV 线路开关柜 50 号柜	10kV 线路开关柜 49 号柜						15									

续表

序号	安装单位名称	电缆编号	电缆型号及截面	电缆起点	电缆终点	电缆长度（m）														备注
						KVVP2－22－600/1000（V）－					DJYP2－2×2×0.75	同轴电缆	ZC－YJV22－1kV－							
						4×4（ZCN）	7×4（ZC）	14×2.5（ZC）	10×2.5（ZC）	4×2.5（ZC）			2×16（NH）	4×35（NH）	4×16＋1×10	4×35＋1×16	1×150	4×70	4×185	
		DNCJ－24A	DJYP2VP2－22－2×2×0.75	10kV 线路开关柜 50 号柜	10kV 线路开关柜 51 号柜						15									
		DNCJ－24B	DJYP2VP2－22－2×2×0.75	10kV 线路开关柜 50 号柜	10kV 线路开关柜 51 号柜						15									
		DNCJ－25A	DJYP2VP2－22－2×2×0.75	10kV 线路开关柜 52 号柜	10kV 线路开关柜 51 号柜						15									
		DNCJ－25B	DJYP2VP2－22－2×2×0.75	10kV 线路开关柜 52 号柜	10kV 线路开关柜 51 号柜						15									
		DNCJ－26A	DJYP2VP2－22－2×2×0.75	10kV 线路开关柜 52 号柜	10kV 2 号接地变压器开关柜 53 号柜						15									
		DNCJ－26B	DJYP2VP2－22－2×2×0.75	10kV 线路开关柜 52 号柜	10kV 2 号接地变压器开关柜 53 号柜						15									
3	低频低压减载柜																			
		3YYH－111	KVVP2－22－7×4	低频低压减载柜	110kV 3 号主进及 TV 智能控制柜		33													
		2YYH－111	KVVP2－22－7×4	低频低压减载柜	110kV 2 号主进及 TV 智能控制柜		35													
		DP－111	KVVP2－22－10×2.5	低频低压减载柜	故障录波器屏				25											
		1L－119	KVVP2－22－4×2.5	低频低压减载柜	10kV 线路开关柜（14 号柜）					33										
		2L－119	KVVP2－22－4×2.5	低频低压减载柜	10kV 线路开关柜（15 号柜）					34										
		3L－119	KVVP2－22－4×2.5	低频低压减载柜	10kV 线路开关柜（16 号柜）					34										

续表

序号	安装单位名称	电缆编号	电缆型号及截面	电缆起点	电缆终点	电缆长度（m）														备注
						KVVP2－22－600/1000（V）－							ZC－YJV22－1kV－							
						4×4（ZCN）	7×4（ZC）	14×2.5（ZC）	10×2.5（ZC）	4×2.5（ZC）	DJYP2－2×2×0.75	同轴电缆	2×16（NH）	4×35（NH）	4×16+1×10	4×35+1×16	1×150	4×70	4×185	
		4L－119	KVVP2－22－4×2.5	低频低压减载柜	10kV 线路开关柜（17 号柜）					35										
		5L－119	KVVP2－22－4×2.5	低频低压减载柜	10kV 线路开关柜（18 号柜）					36										
		6L－119	KVVP2－22－4×2.5	低频低压减载柜	10kV 线路开关柜（19 号柜）					37										
		7L－119	KVVP2－22－4×2.5	低频低压减载柜	10kV 线路开关柜（20 号柜）					38										
		8L－119	KVVP2－22－4×2.5	低频低压减载柜	10kV 线路开关柜（21 号柜）					39										
		9L－119	KVVP2－22－4×2.5	低频低压减载柜	10kV 线路开关柜（22 号柜）					30										
		10L－119	KVVP2－22－4×2.5	低频低压减载柜	10kV 线路开关柜（23 号柜）					29										
		11L－119	KVVP2－22－4×2.5	低频低压减载柜	10kV 线路开关柜（24 号柜）					28										
		12L－119	KVVP2－22－4×2.5	低频低压减载柜	10kV 线路开关柜（30 号柜）					27										
		13L－119	KVVP2－22－4×2.5	低频低压减载柜	10kV 线路开关柜（34 号柜）					39										
		14L－119	KVVP2－22－4×2.5	低频低压减载柜	10kV 线路开关柜（35 号柜）					38										
		15L－119	KVVP2－22－4×2.5	低频低压减载柜	10kV 线路开关柜（36 号柜）					37										
		16L－119	KVVP2－22－4×2.5	低频低压减载柜	10kV 线路开关柜（37 号柜）					36										

续表

序号	安装单位名称	电缆编号	电缆型号及截面	电缆起点	电缆终点	电缆长度（m）														备注
						KVVP2－22－600/1000（V）－							ZC－YJV22－1kV－							
						4×4（ZCN）	7×4（ZC）	14×2.5（ZC）	10×2.5（ZC）	4×2.5（ZC）	DJYP2－2×2×0.75	同轴电缆	2×16（NH）	4×35（NH）	4×16＋1×10	4×35＋1×16	1×150	4×70	4×185	
		17L－119	KVVP2－22－4×2.5	低频低压减载柜	10kV 线路开关柜（38 号柜）					35										
		18L－119	KVVP2－22－4×2.5	低频低压减载柜	10kV 线路开关柜（40 号柜）					34										
		19L－119	KVVP2－22－4×2.5	低频低压减载柜	10kV 线路开关柜（47 号柜）					52										
		20L－119	KVVP2－22－4×2.5	低频低压减载柜	10kV 线路开关柜（48 号柜）					51										
		21L－119	KVVP2－22－4×2.5	低频低压减载柜	10kV 线路开关柜（49 号柜）					50										
		22L－119	KVVP2－22－4×2.5	低频低压减载柜	10kV 线路开关柜（50 号柜）					49										
		23L－119	KVVP2－22－4×2.5	低频低压减载柜	10kV 线路开关柜（51 号柜）					48										
		24L－119	KVVP2－22－4×2.5	低频低压减载柜	10kV 线路开关柜（52 号柜）					47										
4	**110kV 母线测控柜**	2HGY－111	KVVP2－22－10×2.5	110kV 母线测控柜	110kV 3 号线路智能控制柜				32											
		2HGY－112	KVVP2－22－10×2.5	110kV 母线测控柜	110kV 3 号主进及 TV 智能控制柜				33											
		1HGY－111	KVVP2－22－10×2.5	110kV 母线测控柜	110kV 2 号线路智能控制柜				35											
		1HGY－112	KVVP2－22－10×2.5	110kV 母线测控柜	110kV 2 号主进及 TV 智能控制柜				36											
5	**时间同步柜**	YD－DS01	DJYP2VP2－22－2×2×0.75	时间同步柜	Ⅰ区数据网关机柜						15									
		YD－DS02	DJYP2VP2－22－2×2×0.75	时间同步柜	Ⅱ区数据网关机柜						16									

续表

序号	安装单位名称	电缆编号	电缆型号及截面	电缆起点	电缆终点	电缆长度（m）														备注
						KVVP2－22－600/1000（V）－							ZC－YJV22－1kV－							
						4×4（ZCN）	7×4（ZC）	14×2.5（ZC）	10×2.5（ZC）	4×2.5（ZC）	DJYP2－2×2×0.75	同轴电缆	2×16（NH）	4×35（NH）	4×16＋1×10	4×35＋1×16	1×150	4×70	4×185	
		GY－DS01	DJYP2VP2－22－2×2×0.75	时间同步柜	公用测控柜						20									
		WF－DS01	DJYP2VP2－22－2×2×0.75	时间同步柜	网络分析柜						12									
		LB－DS01	DJYP2VP2－22－2×2×0.75	时间同步柜	故障录波柜						13									
		DN－DS01	DJYP2VP2－22－2×2×0.75	时间同步柜	电能量采集器柜						19									
		HGY－DS01	DJYP2VP2－22－2×2×0.75	时间同步柜	110kV 母线测控柜						10									
		HFD－DS01	DJYP2VP2－22－2×2×0.75	时间同步柜	110kV 备自投柜						19									
		DP－DS01	DJYP2VP2－22－2×2×0.75	时间同步柜	低频低压减载柜						12									
		ZL－DS01	DJYP2VP2－22－2×2×0.75	时间同步柜	直流充电柜						25									
		2B－DS01	DJYP2VP2－22－2×2×0.75	时间同步柜	2 号主变压器保护柜						13									
		2B－DS02	DJYP2VP2－22－2×2×0.75	时间同步柜	2 号主变压器测控柜						14									
		3B－DS01	DJYP2VP2－22－2×2×0.75	时间同步柜	3 号主变压器保护柜						17									
		3B－DS02	DJYP2VP2－22－2×2×0.75	时间同步柜	3 号主变压器测控柜						16									
		2H－DS01	DJYP2VP2－22－2×2×0.75	时间同步柜	110kV 2 号线路智能控制柜						25									
		3H－DS02	DJYP2VP2－22－2×2×0.75	时间同步柜	110kV 3 号线路智能控制柜						30									
		2HFD－DS01	DJYP2VP2－22－2×2×0.75	时间同步柜	110kV 2 号内桥智能控制柜						28									
		LGY－DS12	DJYP2VP2－22－2×2×0.75	时间同步柜	10kV 公用测控柜 2						28									
		LGY－DS01	DJYP2VP2－22－2×2×0.75	时间同步柜	10kV 公用测控柜 1						28									
		LGY－DS21	DJYP2VP2－22－2×2×0.75	时间同步柜	10kV 2 号接地变压器开关柜 13 号柜						40									

续表

序号	安装单位名称	电缆编号	电缆型号及截面	电缆起点	电缆终点	电缆长度（m）														备注
						KVVP2－22－600/1000（V）－					DJYP2－2×2×0.75	同轴电缆	ZC－YJV22－1kV－							
						4×4（ZCN）	7×4（ZC）	14×2.5（ZC）	10×2.5（ZC）	4×2.5（ZC）			2×16（NH）	4×35（NH）	4×16＋1×10	4×35＋1×16	1×150	4×70	4×185	
		LGY－DS22	DJYP2VP2－22－2×2×0.75	时间同步柜	10kV 线路开关柜 20 号柜						43									
		LGY－DS23	DJYP2VP2－22－2×2×0.75	时间同步柜	10kV 线路开关柜 12 号柜						47									
		LGY－DS24	DJYP2VP2－22－2×2×0.75	时间同步柜	10kV 线路开关柜 8 号柜						51									
		LGY－DS25	DJYP2VP2－22－2×2×0.75	时间同步柜	10kV 2 号分段开关柜 3 号柜						57									
		LGY－DS31	DJYP2VP2－22－2×2×0.75	时间同步柜	10kV 线路开关柜 45 号柜						52									
		LGY－DS32	DJYP2VP2－22－2×2×0.75	时间同步柜	10kV 线路开关柜 47 号柜						48									
		LGY－DS33	DJYP2VP2－22－2×2×0.75	时间同步柜	10kV 线路开关柜 50 号柜						47									
		LGY－DS34	DJYP2VP2－22－2×2×0.75	时间同步柜	10kV 线路开关柜 54 号柜						50									
		LGY－DS35	DJYP2VP2－22－2×2×0.75	时间同步柜	10kV 线路开关柜 61 号柜						50									
		XH－DS01	DJYP2VP2－22－2×2×0.75	时间同步柜	消弧线圈控制柜						25									
		ZNFZ－DS01	DJYP2VP2－22－2×2×0.75	时间同步柜	智能辅助控制系统柜						12									
		DS01－01	DJYP2VP2－22－2×2×0.75	10kV 3 号接地变开关柜 13 号柜	10kV 线路开关柜 14 号柜						15									
		DS01－02	DJYP2VP2－22－2×2×0.75	10kV 线路开关柜 15 号柜	10kV 线路开关柜 14 号柜						15									

续表

序号	安装单位名称	电缆编号	电缆型号及截面	电缆起点	电缆终点	电缆长度（m）														备注
						KVVP2－22－600/1000（V）－							ZC－YJV22－1kV－							
						4×4（ZCN）	7×4（ZC）	14×2.5（ZC）	10×2.5（ZC）	4×2.5（ZC）	DJYP2－2×2×0.75	同轴电缆	2×16（NH）	4×35（NH）	4×16＋1×10	4×35＋1×16	1×150	4×70	4×185	
		DS01－03	DJYP2VP2－22－2×2×0.75	10kV 线路开关柜 15 号柜	10kV 线路开关柜 16 号柜						15									
		DS01－04	DJYP2VP2－22－2×2×0.75	10kV 线路开关柜 17 号柜	10kV 线路开关柜 18 号柜						15									
		DS01－05	DJYP2VP2－22－2×2×0.75	10kV 线路开关柜 19 号柜	10kV 线路开关柜 18 号柜						15									
		DS01－06	DJYP2VP2－22－2×2×0.75	10kV 线路开关柜 19 号柜	10kV 线路开关柜 20 号柜						15									
		DS01－07	DJYP2VP2－22－2×2×0.75	10kV 线路开关柜 22 号柜	10kV 线路开关柜 21 号柜						15									
		DS01－08	DJYP2VP2－22－2×2×0.75	10kV 线路开关柜 23 号柜	10kV 线路开关柜 24 号柜						15									
		DS01－09	DJYP2VP2－22－2×2×0.75	10kV Ⅲ母 TV 柜（25 号柜）	5 号电容器柜 26 号柜						15									
		DS01－10	DJYP2VP2－22－2×2×0.75	6 号电容器柜 27 号柜	5 号电容器柜 26 号柜						15									
		DS01－11	DJYP2VP2－22－2×2×0.75	10kV 线路开关柜 30 号柜	2 号分段开关柜 31 号柜						15									
		DS01－12	DJYP2VP2－22－2×2×0.75	4 号电容器柜 33 号柜	2 号分段开关柜 31 号柜						15									
		DS01－13	DJYP2VP2－22－2×2×0.75	10kV 线路开关柜 34 号柜	10kV 线路开关柜 35 号柜						15									
		DS01－14	DJYP2VP2－22－2×2×0.75	10kV 线路开关柜 36 号柜	10kV 线路开关柜 35 号柜						15									
		DS01－15	DJYP2VP2－22－2×2×0.75	10kV 线路开关柜 36 号柜	10kV 线路开关柜 37 号柜						15									
		DS01－16	DJYP2VP2－22－2×2×0.75	10kV 线路开关柜 38 号柜	10kVⅡB 母 TV 柜（39 号柜）						15									

续表

序号	安装单位名称	电缆编号	电缆型号及截面	电缆起点	电缆终点	电缆长度（m）															备注
						KVVP2－22－600/1000（V）－					DJYP2－2×2×0.75	同轴电缆	ZC－YJV22－1kV－								
						4×4（ZCN）	7×4（ZC）	14×2.5（ZC）	10×2.5（ZC）	4×2.5（ZC）			2×16（NH）	4×35（NH）	4×16＋1×10	4×35＋1×16	1×150	4×70	4×185		
		DS01－17	DJYP2VP2－22－2×2×0.75	10kV 线路开关柜 40 号柜	10kVⅡB 母 TV 柜（39 号柜）						15										
		DS01－18	DJYP2VP2－22－2×2×0.75	10kV 线路开关柜 40 号柜	3 号电容器柜45 号柜						15										
		DS01－19	DJYP2VP2－22－2×2×0.75	10kVⅡA 母 TV 柜（46 号柜）	10kV 线路开关柜 47 号柜						15										
		DS01－20	DJYP2VP2－22－2×2×0.75	10kV 线路开关柜 48 号柜	10kV 线路开关柜 47 号柜						15										
		DS01－21	DJYP2VP2－22－2×2×0.75	10kV 线路开关柜 48 号柜	10kV 线路开关柜 49 号柜						15										
		DS01－22	DJYP2VP2－22－2×2×0.75	10kV 线路开关柜 50 号柜	10kV 线路开关柜 51 号柜						15										
		DS01－23	DJYP2VP2－22－2×2×0.75	10kV 线路开关柜 52 号柜	10kV 线路开关柜 2 号接地变压器柜						15										
		DS01－24	DJYP2VP2－22－2×2×0.75	10kV 线路开关柜 52 号柜	2 号接地变压器柜 53 号柜						15										
6	**调度数据网**																				
		TX011	2M 同轴电缆	调度数据网屏 1	通信综合配线柜							25									
		TX021	2M 同轴电缆	调度数据网屏 1	通信综合配线柜							25									
		TX111	2M 同轴电缆	调度数据网屏 2	通信综合配线柜							25									
		TX221	2M 同轴电缆	调度数据网屏 2	通信综合配线柜							25									
7	**2 号主变压器**	2B－101	KVVP2－22－10×2.5	2 号主变压器测控柜	2 号主变压器保护柜				15												
		2B－102	KVVP2－22－10×2.5	2 号主变压器测控柜	2 号主变压器本体智能控制柜				42												

序号	安装单位名称	电缆编号	电缆型号及截面	电缆起点	电缆终点	电缆长度（m）														备注
						KVVP2－22－600/1000（V）－							ZC－YJV22－1kV－							
						4×4（ZCN）	7×4（ZC）	14×2.5（ZC）	10×2.5（ZC）	4×2.5（ZC）	DJYP2－2×2×0.75	同轴电缆	2×16（NH）	4×35（NH）	4×16＋1×10	4×35＋1×16	1×150	4×70	4×185	
		2B－103	KVVP2－22－10×2.5	2号主变压器测控柜	主变压器电能表柜				19											
		2B－104	KVVP2－22－10×2.5	2号主变压器测控柜	110kV 2号主进及TV智能控制柜				35											
		2B－105	KVVP2－22－4×2.5	110kV 2号主进及TV智能控制柜	10kV 2号主进分支一开关柜					65										
		2B－111	KVVP2－22－4×4	2号主变压器本体智能控制柜	主变压器本体端子箱	30														
		2B－112	KVVP2－22－4×4	2号主变压器本体智能控制柜	主变压器本体端子箱	30														
		2B－113	KVVP2－22－4×4	2号主变压器本体智能控制柜	主变压器本体端子箱	30														
		2B－114	KVVP2－22－14×2.5	2号主变压器本体智能控制柜	主变压器本体端子箱			35												
		2B－115	KVVP2－22－10×2.5	2号主变压器本体智能控制柜	主变压器本体端子箱				30											
		2B－116	KVVP2－22－10×2.5	2号主变压器本体智能控制柜	主变压器本体端子箱				30											
		2B－117	KVVP2－22－10×2.5	2号主变压器本体智能控制柜	主变压器本体端子箱				30											
		2B－118	KVVP2－22－4×2.5	2号主变压器有载调压机构箱	主变压器本体端子箱					30										
		2B－121	KVVP2－22－4×4	2号主变压器本体智能控制柜	中性点隔离开关机构箱	25														
		2B－122	KVVP2－22－4×4	2号主变压器本体智能控制柜	主变压器间隙TA	25														
		2B－123	KVVP2－22－4×4	2号主变压器本体智能控制柜	主变压器间隙TA	25														

续表

序号	安装单位名称	电缆编号	电缆型号及截面	电缆起点	电缆终点	电缆长度（m）														备注
						KVVP2－22－600/1000（V）－							ZC－YJV22－1kV－							
						4×4（ZCN）	7×4（ZC）	14×2.5（ZC）	10×2.5（ZC）	4×2.5（ZC）	DJYP2－2×2×0.75	同轴电缆	2×16（NH）	4×35（NH）	4×16＋1×10	4×35＋1×16	1×150	4×70	4×185	
		2B－124	KVVP2－22－10×2.5	2号主变压器本体智能控制柜	中性点隔离开关机构箱				30											
		2B－125	KVVP2－22－14×2.5	2号主变压器本体智能控制柜	中性点隔离开关机构箱			30												
		2B－126	KVVP2－22－4×4	2号主变压器本体智能控制柜	有载调压机构箱	25														
		2B－127	KVVP2－22－10×2.5	2号主变压器本体智能控制柜	有载调压机构箱				30											
		2B－131A	KVVP2－22－4×2.5	2号主变压器本体智能控制柜	110kV 2号线路智能控制柜					40										
		2B－131B	KVVP2－22－4×2.5	2号主变压器本体智能控制柜	110kV 2号线路智能控制柜					40										
		2B－132A	KVVP2－22－4×2.5	2号主变压器本体智能控制柜	110kV 2号内桥智能控制柜					38										
		2B－132B	KVVP2－22－4×2.5	2号主变压器本体智能控制柜	110kV 2号内桥智能控制柜					38										
		2B－133A	KVVP2－22－4×2.5	2号主变压器本体智能控制柜	10kV 2号主进分支一开关柜					70										
		2B－133B	KVVP2－22－4×2.5	2号主变压器本体智能控制柜	10kV 2号主进分支一隔离柜					70										
		2B－134A	KVVP2－22－4×2.5	2号主变压器本体智能控制柜	10kV 2号主进分支二开关柜					70										
		2B－134B	KVVP2－22－4×2.5	2号主变压器本体智能控制柜	10kV 2号主进分支一隔离柜					70										
		JL－01	YJV22－4×16＋1×10	2号主变压器本体智能控制柜	3号主变压器本体智能控制柜										30					

续表

序号	安装单位名称	电缆编号	电缆型号及截面	电缆起点	电缆终点	电缆长度（m）														备注
						KVVP2－22－600/1000（V）－							ZC－YJV22－1kV－							
						4×4（ZCN）	7×4（ZC）	14×2.5（ZC）	10×2.5（ZC）	4×2.5（ZC）	DJYP2－2×2×0.75	同轴电缆	2×16（NH）	4×35（NH）	4×16＋1×10	4×35＋1×16	1×150	4×70	4×185	
		2B－141	KVVP2－22－4×4	10kV 2号主进分支一开关柜	10kV 2号主进分支一隔离柜	16														
		2B－142	KVVP2－22－4×4	10kV 2号主进分支一开关柜	10kV 2号主进分支一隔离柜	16														
		2B－143	KVVP2－22－10×2.5	10kV 2号主进分支一开关柜	10kV 2号主进分支一隔离柜				20											
		2B－144	KVVP2－22－10×2.5	10kV 2号主进分支一开关柜	10kV 2号主进分支一隔离柜				20											
		2B－145	KVVP2－22－14×2.5	10kV 2号主进分支一开关柜	10kV 2号主进分支一隔离柜			20												
		2B－146	KVVP2－22－10×2.5	10kV 2号主进分支一开关柜	10kV 2号主进分支一隔离柜				20											
		2B－147	KVVP2－22－10×2.5	10kV 2号主进分支一开关柜	10kV 2号主进分支一隔离柜				20											
		2B－148	KVVP2－22－4×4	10kV 2号主进分支一开关柜	10kV 2号主进分支一隔离柜	16														
		2B－149	KVVP2－22－10×2.5	10kV 2号主进分支一开关柜	10kV 2号主进分支一隔离柜				20											
		2B－150	KVVP2－22－4×4	10kV 2号主进分支一隔离柜	10kV 2A号TV柜	18														
		2B－151	KVVP2－22－4×4	10kV 2号主进分支二开关柜	10kV 2号主进分支二隔离柜	16														
		2B－152	KVVP2－22－4×4	10kV 2号主进分支二开关柜	10kV 2号主进分支二隔离柜	16														
		2B－153	KVVP2－22－10×2.5	10kV 2号主进分支二开关柜	10kV 2号主进分支二隔离柜				20											

续表

序号	安装单位名称	电缆编号	电缆型号及截面	电缆起点	电缆终点	电缆长度（m）														备注
						KVVP2－22－600/1000（V）－							ZC－YJV22－1kV－							
						4×4（ZCN）	7×4（ZC）	14×2.5（ZC）	10×2.5（ZC）	4×2.5（ZC）	DJYP2－2×2×0.75	同轴电缆	2×16（NH）	4×35（NH）	4×16＋1×10	4×35＋1×16	1×150	4×70	4×185	
		2B－154	KVVP2－22－10×2.5	10kV 2 号主进分支二开关柜	10kV 2 号主进分支二隔离柜				20											
		2B－155	KVVP2－22－14×2.5	10kV 2 号主进分支二开关柜	10kV 2 号主进分支二隔离柜			25												
		2B－156	KVVP2－22－10×2.5	10kV 2 号主进分支二开关柜	10kV 2 号主进分支二隔离柜				20											
		2B－157	KVVP2－22－10×2.5	10kV 2 号主进分支二开关柜	10kV 2 号主进分支二隔离柜				20											
		2B－158	KVVP2－22－4×4	10kV 2 号主进分支二开关柜	10kV 2 号主进分支二隔离柜	16														
		2B－159	KVVP2－22－10×2.5	10kV 2 号主进分支二开关柜	10kV 2 号主进分支二隔离柜				16											
		2B－160	KVVP2－22－10×2.5	10kV 2 号主进分支二隔离柜	10kV 2 号主进分支一开关柜				16											
		2B－161	KVVP2－22－4×2.5	10kV 2 号主进分支二开关柜	10kV 2 号主进分支一开关柜					20										
8	**3 号主变压器**	3B－101	KVVP2－22－10×2.5	3 号主变压器测控柜	3 号主变压器保护柜				15											
		3B－102	KVVP2－22－10×2.5	3 号主变压器压器测控柜	3 号主变压器本体智能控制柜				58											
		3B－103	KVVP2－22－10×2.5	3 号主变压器测控柜	主变压器电能表柜				15											
		3B－104	KVVP2－22－10×2.5	3 号主变压器测控柜	110kV 3 号主进及 TV 智能控制柜				33											
		3B－105	KVVP2－22－4×2.5	110kV 3 号主进及 TV 智能控制柜	10kV 3 号主进开关柜					60										
		3B－111	KVVP2－22－4×4	3 号主变压器本体智能控制柜	主变压器本体端子箱	30														

续表

序号	安装单位名称	电缆编号	电缆型号及截面	电缆起点	电缆终点	电缆长度（m）														备注
						KVVP2－22－600/1000（V）－							ZC－YJV22－1kV－							
						4×4（ZCN）	7×4（ZC）	14×2.5（ZC）	10×2.5（ZC）	4×2.5（ZC）	DJYP2－2×2×0.75	同轴电缆	2×16（NH）	4×35（NH）	4×16＋1×10	4×35＋1×16	1×150	4×70	4×185	
		3B－112	KVVP2－22－4×4	3号主变压器本体智能控制柜	主变压器本体端子箱	30														
		3B－113	KVVP2－22－4×4	3号主变压器本体智能控制柜	主变压器本体端子箱	30														
		3B－114	KVVP2－22－14×2.5	3号主变压器本体智能控制柜	主变压器本体端子箱			35												
		3B－115	KVVP2－22－10×2.5	3号主变压器本体智能控制柜	主变压器本体端子箱				30											
		3B－116	KVVP2－22－10×2.5	3号主变压器本体智能控制柜	主变压器本体端子箱				30											
		3B－117	KVVP2－22－10×2.5	3号主变压器本体智能控制柜	主变压器本体端子箱				30											
		3B－118	KVVP2－22－4×2.5	3号主变压器有载调压机构箱	主变压器本体端子箱					30										
		3B－121	KVVP2－22－4×4	3号主变压器本体智能控制柜	中性点隔离开关机构箱	25														
		3B－122	KVVP2－22－4×4	3号主变压器本体智能控制柜	主变压器间隙TA	25														
		3B－123	KVVP2－22－4×4	3号主变压器本体智能控制柜	主变压器间隙TA	25														
		3B－124	KVVP2－22－10×2.5	3号主变压器本体智能控制柜	中性点隔离开关机构箱				30											
		3B－125	KVVP2－22－14×2.5	3号主变压器本体智能控制柜	中性点隔离开关机构箱			29												
		3B－126	KVVP2－22－4×4	3号主变压器本体智能控制柜	有载调压机构箱	25														

续表

序号	安装单位名称	电缆编号	电缆型号及截面	电缆起点	电缆终点	电缆长度（m）															备注
						KVVP2－22－600/1000（V）－							ZC－YJV22－1kV－								
						4×4（ZCN）	7×4（ZC）	14×2.5（ZC）	10×2.5（ZC）	4×2.5（ZC）	DJYP2－2×2×0.75	同轴电缆	2×16（NH）	4×35（NH）	4×16＋1×10	4×35＋1×16	1×150	4×70	4×185		
		3B－127	KVVP2－22－10×2.5	3号主变压器本体智能控制柜	有载调压机构箱				30												
		3B－131A	KVVP2－22－4×2.5	3号主变压器本体智能控制柜	110kV 3号线路智能控制柜					60											
		3B－131B	KVVP2－22－4×2.5	3号主变压器本体智能控制柜	110kV 3号线路智能控制柜					60											
		3B－132A	KVVP2－22－4×2.5	3号主变压器本体智能控制柜	110kV 2号内桥智能控制柜					63											
		3B－133B	KVVP2－22－4×2.5	3号主变压器本体智能控制柜	110kV 2号内桥智能控制柜					63											
		3B－133A	KVVP2－22－4×2.5	3号主变压器本体智能控制柜	10kV 3号主进开关柜					90											
		3B－133B	KVVP2－22－4×2.5	3号主变压器本体智能控制柜	10kV 3号主进隔离柜					90											
		3B－141	KVVP2－22－4×4	10kV 3号主进开关柜	10kV 3号主进隔离柜	16															
		3B－142	KVVP2－22－4×4	10kV 3号主进开关柜	10kV 3号主进隔离柜	16															
		3B－143	KVVP2－22－10×2.5	10kV 3号主进开关柜	10kV 3号主进隔离柜				20												
		3B－144	KVVP2－22－10×2.5	10kV 3号主进开关柜	10kV 3号主进隔离柜				20												
		3B－145	KVVP2－22－14×2.5	10kV 3号主进开关柜	10kV 3号主进隔离柜			20													
		3B－146	KVVP2－22－10×2.5	10kV 3号主进开关柜	10kV 3号主进隔离柜				20												

序号	安装单位名称	电缆编号	电缆型号及截面	电缆起点	电缆终点	电缆长度（m）														备注
						KVVP2－22－600/1000（V）－							ZC－YJV22－1kV－							
						4×4（ZCN）	7×4（ZC）	14×2.5（ZC）	10×2.5（ZC）	4×2.5（ZC）	DJYP2－2×2×0.75	同轴电缆	2×16（NH）	4×35（NH）	4×16＋1×10	4×35＋1×16	1×150	4×70	4×185	
		3B－147	KVVP2－22－10×2.5	10kV 3 号主进开关柜	10kV 3 号主进隔离柜				20											
		3B－148	KVVP2－22－4×4	10kV 3 号主进开关柜	10kV 3 号主进隔离柜	16														
		3B－150	KVVP2－22－4×4	10kV 3 号主进隔离柜	10kV 3 号 TV 柜	20														
9	**10kV 公用测控**	3LPT－301	KVVP2－22－7×4	10kV 1 号公用测控屏	10kV 2 号分段隔离柜（32 号柜）		45													
		3ZB－300	KVVP2－22－10×2.5	10kV 1 号公用测控屏	10kV 3 号接地变柜（13 号柜）				39											
		3L1－300	KVVP2－22－10×2.5	10kV 1 号公用测控屏	10kV 线路开关柜（14 号柜）				41											
		3L2－300	KVVP2－22－10×2.5	10kV 1 号公用测控屏	10kV 线路开关柜（15 号柜）				42											
		3L3－300	KVVP2－22－10×2.5	10kV 1 号公用测控屏	10kV 线路开关柜（16 号柜）				40											
		3L4－300	KVVP2－22－10×2.5	10kV 1 号公用测控屏	10kV 线路开关柜（17 号柜）				41											
		3L5－300	KVVP2－22－10×2.5	10kV 1 号公用测控屏	10kV 线路开关柜（18 号柜）				42											
		3L6－300	KVVP2－22－10×2.5	10kV 1 号公用测控屏	10kV 线路开关柜（19 号柜）				42											
		3L7－300	KVVP2－22－10×2.5	10kV 1 号公用测控屏	10kV 线路开关柜（20 号柜）				43											
		3L8－300	KVVP2－22－10×2.5	10kV 1 号公用测控屏	10kV 线路开关柜（21 号柜）				44											

续表

序号	安装单位名称	电缆编号	电缆型号及截面	电缆起点	电缆终点	电缆长度（m）														备注
						KVVP2－22－600/1000（V）－							ZC－YJV22－1kV－							
						4×4（ZCN）	7×4（ZC）	14×2.5（ZC）	10×2.5（ZC）	4×2.5（ZC）	DJYP2－2×2×0.75	同轴电缆	2×16（NH）	4×35（NH）	4×16＋1×10	4×35＋1×16	1×150	4×70	4×185	
		3L9－300	KVVP2－22－10×2.5	10kV 1号公用测控屏	10kV 线路开关柜（22号柜）				45											
		3L10－300	KVVP2－22－10×2.5	10kV 1号公用测控屏	10kV 线路开关柜（23号柜）				46											
		3L11－300	KVVP2－22－10×2.5	10kV 1号公用测控屏	10kV 线路开关柜（24号柜）				47											
		3LPT－300	KVVP2－22－10×2.5	10kV 1号公用测控屏	10kV Ⅲ母 TV柜（25号柜）				48											
		3R1－300	KVVP2－22－10×2.5	10kV 1号公用测控屏	10kV 5号电容器开关柜（26号柜）				49											
		3R2－300	KVVP2－22－10×2.5	10kV 1号公用测控屏	10kV 6号电容器开关柜（27号柜）				50											
		3L12－300	KVVP2－22－10×2.5	10kV 1号公用测控屏	10kV 线路开关柜（30号柜）				51											
		2LFD－300A	KVVP2－22－10×2.5	10kV 1号公用测控屏	10kV 2号分段开关柜（31号柜）				52											
		XH－300	KVVP2－22－10×2.5	10kV 1号公用测控屏	10kV 公用测控屏2				20											
		2ALPT－301	KVVP2－22－7×4	10kV 2号公用测控屏	10kV 1号分段隔离柜（54号柜）		30													
		2BLPT－302	KVVP2－22－7×4	10kV 2号公用测控屏	10kV 2号分段隔离柜（32号柜）		50													
		2R1－300	KVVP2－22－10×2.5	10kV 2号公用测控屏	10kV 3号电容器柜（45号柜）				36											
		2ALPT－300	KVVP2－22－10×2.5	10kV 2号公用测控屏	10kV ⅡA母 TV柜（46号柜）				37											

续表

序号	安装单位名称	电缆编号	电缆型号及截面	电缆起点	电缆终点	电缆长度（m）														备注
						KVVP2－22－600/1000（V）－							ZC－YJV22－1kV－							
						4×4（ZCN）	7×4（ZC）	14×2.5（ZC）	10×2.5（ZC）	4×2.5（ZC）	DJYP2－2×2×0.75	同轴电缆	2×16（NH）	4×35（NH）	4×16＋1×10	4×35＋1×16	1×150	4×70	4×185	
		2L1－300	KVVP2－22－10×2.5	10kV 2 号公用测控屏	10kV 线路开关柜（47 号柜）				38											
		2L2－300	KVVP2－22－10×2.5	10kV 2 号公用测控屏	10kV 线路开关柜（48 号柜）				35											
		2L3－300	KVVP2－22－10×2.5	10kV 2 号公用测控屏	10kV 线路开关柜（49 号柜）				33											
		2L4－300	KVVP2－22－10×2.5	10kV 2 号公用测控屏	10kV 线路开关柜（50 号柜）				34											
		2L5－300	KVVP2－22－10×2.5	10kV 2 号公用测控屏	10kV 线路开关柜（51 号柜）				36											
		2L6－300	KVVP2－22－10×2.5	10kV 2 号公用测控屏	10kV 线路开关柜（52 号柜）				37											
		2ZB－300	KVVP2－22－10×2.5	10kV 2 号公用测控屏	10kV 2 号接地变开关柜（53 号柜）				28											
		1LFD－300B	KVVP2－22－10×2.5	10kV 2 号公用测控屏	10kV 1 号分段隔离柜（54 号柜）				29											
		2LFD－300B	KVVP2－22－10×2.5	10kV 2 号公用测控屏	10kV 2 号分段隔离柜（32 号柜）				52											
		2R2－300	KVVP2－22－10×2.5	10kV 2 号公用测控屏	10kV 4 号电容器开关柜（33 号柜）				53											
		2L7－300	KVVP2－22－10×2.5	10kV 2 号公用测控屏	10kV 线路开关柜（34 号柜）				54											
		2L8－300	KVVP2－22－10×2.5	10kV 2 号公用测控屏	10kV 线路开关柜（35 号柜）				55											
		2L9－300	KVVP2－22－10×2.5	10kV 2 号公用测控屏	10kV 线路开关柜（36 号柜）				53											

续表

序号	安装单位名称	电缆编号	电缆型号及截面	电缆起点	电缆终点	电缆长度（m）													备注
						KVVP2－22－600/1000（V）－							ZC－YJV22－1kV－						
						4×4（ZCN）	7×4（ZC）	14×2.5（ZC）	10×2.5（ZC）	4×2.5（ZC）	DJYP2－2×2×0.75	同轴电缆	2×16（NH）	4×35（NH）	4×16＋1×10	4×35＋1×16	1×150	4×70	4×185	
		2L10－300	KVVP2－22－10×2.5	10kV 2 号公用测控屏	10kV 线路开关柜（37 号柜）				49											
		2L11－300	KVVP2－22－10×2.5	10kV 2 号公用测控屏	10kV 线路开关柜（38 号柜）				48											
		2BLPT－300	KVVP2－22－10×2.5	10kV 2 号公用测控屏	10kVⅡB 母 TV 柜（39 号柜）				48											
		2L12－300	KVVP2－22－10×2.5	10kV 2 号公用测控屏	10kV 线路开关柜（40 号柜）				46											
10	**10kV 电压互感器**	2ALPT－171	KVVP2－22－7×4	10kVⅡA 母 TV 柜 46 号柜	10kV 1 号分段隔离柜 54 号柜		28													
		2ALPT－172	KVVP2－22－4×4	10kVⅡA 母 TV 柜 46 号柜	10kV 1 号分段隔离柜 54 号柜		28													
		2ALPT－173	KVVP2－22－7×4	10kVⅡA 母 TV 柜 46 号柜	10kV 2 号主进分支二隔离柜		28													
		2ALPT－174	KVVP2－22－7×4	10kVⅡA 母 TV 柜 46 号柜	10kV 2 号主进分支二隔离柜		28													
		2ALPT－175	KVVP2－22－7×4	10kVⅡA 母 TV 柜 46 号柜	10kV 2 号主进分支二隔离柜		28													
		2ALPT－176	KVVP2－22－4×4	10kVⅡA 母 TV 柜 46 号柜	10kV 2 号主进分支二隔离柜	23														
		2BLPT－171	KVVP2－22－7×4	10kVⅡB 母 TV 柜 39 号柜	10kV 2 号分段隔离柜 32 号柜		28													
		2BLPT－172	KVVP2－22－4×4	10kVⅡB 母 TV 柜 39 号柜	10kV 2 号分段隔离柜 32 号柜	23														
		2BLPT－173	KVVP2－22－7×4	10kVⅡB 母 TV 柜 39 号柜	10kV 2 号主进分支二隔离柜		23													

续表

序号	安装单位名称	电缆编号	电缆型号及截面	电缆起点	电缆终点	电缆长度（m）														备注
						KVVP2－22－600/1000（V）－							ZC－YJV22－1kV－							
						4×4（ZCN）	7×4（ZC）	14×2.5（ZC）	10×2.5（ZC）	4×2.5（ZC）	DJYP2－2×2×0.75	同轴电缆	2×16（NH）	4×35（NH）	4×16＋1×10	4×35＋1×16	1×150	4×70	4×185	
		2BLPT－174	KVVP2－22－4×4	10kVⅡB母TV柜39号柜	10kV 2号主进分支二隔离柜	18														
		3LPT－171	KVVP2－22－7×4	10kVⅢ母TV柜25号柜	10kV 2号分段隔离柜 32号柜		25													
		3LPT－172	KVVP2－22－4×4	10kVⅢ母TV柜25号柜	10kV 2号分段隔离柜 32号柜	20														
		2PT－177	KVVP2－22－10×2.5	10kV 2号主进分支二隔离柜	10kV 2号公用测控屏				33											
11	**10kV 2号**分段																			
		2LFD－111	KVVP2－22－7×4	10kV 2号分段开关柜	故障录波器屏		60													
		2LFD－112	KVVP2－22－10×2.5	10kV 2号分段开关柜	10kV 2号分段隔离柜				20											
		2LFD－113	KVVP2－22－10×2.5	10kV 2号分段开关柜	10kV 2号分段隔离柜				20											
		2LFD－114	KVVP2－22－10×2.5	10kV 2号分段开关柜	10kV 2号分段隔离柜				20											
		2LFD－115	KVVP2－22－4×2.5	10kV 2号分段开关柜	10kV 2号分段隔离柜					20										
		2LFD－116	KVVP2－22－10×2.5	10kV 2号分段开关柜	10kV 2号分段隔离柜				20											
12	**10kV**电容器	2R1－301	KVVP2－22－4×2.5	10kV 3号电容器开关柜	10kV 3号电容器端子箱					65										
		2R1－302	KVVP2－22－10×2.5	10kV 3号电容器开关柜	10kV 3号电容器端子箱				65											

续表

序号	安装单位名称	电缆编号	电缆型号及截面	电缆起点	电缆终点	电缆长度（m）														备注
						KVVP2－22－600/1000（V）－							ZC－YJV22－1kV－							
						4×4（ZCN）	7×4（ZC）	14×2.5（ZC）	10×2.5（ZC）	4×2.5（ZC）	DJYP2－2×2×0.75	同轴电缆	2×16（NH）	4×35（NH）	4×16＋1×10	4×35＋1×16	1×150	4×70	4×185	
		2R1－303	KVVP2－22－10×2.5	10kV 3 号电容器端子箱	10kV 3 号电容器放电线圈				25											
		2R1－304	KVVP2－22－4×2.5	10kV 3 号电容器端子箱	10kV 3 号电容器隔离开关					20										
		2R1－305	KVVP2－22－4×2.5	10kV 3 号电容器端子箱	10kV 3 号电容器接地开关					20										
		2R2－301	KVVP2－22－10×2.5	10kV 4 号电容器开关柜	10kV 4 号电容器端子箱				65											
		2R2－302	KVVP2－22－10×2.5	10kV 4 号电容器开关柜	10kV 4 号电容器端子箱				65											
		2R2－303	KVVP2－22－10×2.5	10kV 4 号电容器开关柜	10kV 4 号电容器放电线圈				65											
		2R2－304	KVVP2－22－4×2.5	10kV 4 号电容器开关柜	10kV 4 号电容器隔离开关					20										
		2R2－305	KVVP2－22－4×2.5	10kV 4 号电容器开关柜	10kV 4 号电容器接地开关					20										
		3R1－301	KVVP2－22－4×2.5	10kV 5 号电容器开关柜	10kV 5 号电容器端子箱					55										
		3R1－302	KVVP2－22－10×2.5	10kV 5 号电容器开关柜	10kV 5 号电容器端子箱				60											
		3R1－303	KVVP2－22－10×2.5	10kV 5 号电容器端子箱	10kV 5 号电容器放电线圈				24											
		3R1－304	KVVP2－22－4×2.5	10kV 5 号电容器端子箱	10kV 5 号电容器隔离开关					20										
		3R1－305	KVVP2－22－4×2.5	10kV 5 号电容器端子箱	10kV 5 号电容器接地开关					20										

续表

序号	安装单位名称	电缆编号	电缆型号及截面	电缆起点	电缆终点	电缆长度（m）														备注
						KVVP2－22－600/1000（V）－							ZC－YJV22－1kV－							
						4×4（ZCN）	7×4（ZC）	14×2.5（ZC）	10×2.5（ZC）	4×2.5（ZC）	DJYP2－2×2×0.75	同轴电缆	2×16（NH）	4×35（NH）	4×16＋1×10	4×35＋1×16	1×150	4×70	4×185	
		3R2－301	KVVP2－22－10×2.5	10kV 6号电容器开关柜	10kV 6号电容器端子箱				60											
		3R2－302	KVVP2－22－10×2.5	10kV 6号电容器开关柜	10kV 6号电容器端子箱				60											
		3R2－303	KVVP2－22－10×2.5	10kV 6号电容器开关柜	10kV 6号电容器放电线圈				60											
		3R2－304	KVVP2－22－4×2.5	10kV 6号电容器开关柜	10kV 6号电容器隔离开关					20										
		3R2－305	KVVP2－22－4×2.5	10kV 6号电容器开关柜	10kV 6号电容器接地开关					20										
13	**10kV消弧线圈**																			
		2XH－101	KVVP2－22－4×4	消弧线圈控制屏	2号接地变压器组合柜	30														
		2XH－102	KVVP2－22－4×4	消弧线圈控制屏	2号接地变压器组合柜	30														
		2XH－103	KVVP2－22－10×2.5	消弧线圈控制屏	2号接地变压器组合柜				30											
		2XH－104	KVVP2－22－10×2.5	消弧线圈控制屏	2号接地变压器组合柜				30											
		2XH－105	KVVP2－22－10×2.5	消弧线圈控制屏	2号接地变压器组合柜				30											
		2XH－106	KVVP2－22－10×2.5	消弧线圈控制屏	10kV分段开关柜				30											
		2XH－111	KVVP2－22－4×4	2号接地变压器开关柜	2号接地变压器组合柜	30														
		2XH－112	KVVP2－22－10×2.5	2号接地变压器开关柜	10kV 2号公用测控屏				30											
		3XH－101	KVVP2－22－4×4	消弧线圈控制屏	3号接地变压器组合柜	25														

续表

序号	安装单位名称	电缆编号	电缆型号及截面	电缆起点	电缆终点	电缆长度（m）														备注
						KVVP2－22－600/1000（V）－					DJYP2－2×2×0.75	同轴电缆	ZC－YJV22－1kV－							
						4×4（ZCN）	7×4（ZC）	14×2.5（ZC）	10×2.5（ZC）	4×2.5（ZC）			2×16（NH）	4×35（NH）	4×16＋1×10	4×35＋1×16	1×150	4×70	4×185	
		3XH－102	KVVP2－22－4×4	消弧线圈控制屏	3号接地变压器组合柜	25														
		3XH－103	KVVP2－22－10×2.5	消弧线圈控制屏	3号接地变压器组合柜				30											
		3XH－104	KVVP2－22－10×2.5	消弧线圈控制屏	3号接地变压器组合柜				30											
		3XH－105	KVVP2－22－10×2.5	消弧线圈控制屏	3号接地变压器组合柜				30											
		3XH－106	KVVP2－22－10×2.5	消弧线圈控制屏	3号接地变压器组合柜				30											
		3XH－111	KVVP2－22－4×4	2号接地变压器开关柜	3号接地变压器组合柜	35														
		3XH－112	KVVP2－22－10×2.5	2号接地变压器开关柜	10kV 1号公用测控屏				36											
14	智能辅助	1D－111	KVVP2－22－10×2.5	智能辅助控制系统屏	火灾报警装置				100											
		1D－112	KVVP2－22－10×2.5	智能辅助控制系统屏	消防泵房控制屏				100											
		XFCS－01	KVVP2－22－4×4	智能辅助控制系统屏	消防泵房控制屏	100														
		XFGD－01	KVVP2－22－4×4	智能辅助控制系统屏	管道压力传感器	120														
		XFGD－02	KVVP2－22－4×4	智能辅助控制系统屏	消防水池液位传感器	100														
		XFGD－03	KVVP2－22－4×4	智能辅助控制系统屏	消防泵电源传感器1	100														
		XFGD－04	KVVP2－22－4×4	智能辅助控制系统屏	消防泵电源传感器2	100														

序号	安装单位名称	电缆编号	电缆型号及截面	电缆起点	电缆终点	电缆长度（m）														备注
						KVVP2－22－600/1000（V）－							ZC－YJV22－1kV－							
						4×4（ZCN）	7×4（ZC）	14×2.5（ZC）	10×2.5（ZC）	4×2.5（ZC）	DJYP2－2×2×0.75	同轴电缆	2×16（NH）	4×35（NH）	4×16＋1×10	4×35＋1×16	1×150	4×70	4×185	
15	**UPS 电源**	N101	KVVP2－22－4×4	UPS 电源柜	1 号调度数据网柜	25														
		N102	KVVP2－22－4×4	UPS 电源柜	1 号调度数据网柜	25														
		N103	KVVP2－22－4×4	UPS 电源柜	2 号调度数据网柜	25														
		N104	KVVP2－22－4×4	UPS 电源柜	2 号调度数据网柜	25														
		N105	KVVP2－22－4×4	UPS 电源柜	Ⅱ区数据网关机柜	25														
		N106	KVVP2－22－4×4	UPS 电源柜	Ⅱ区数据网关机柜	25														
		N108	KVVP2－22－4×4	UPS 电源柜	网络记录分析柜	25														
		N109	KVVP2－22－4×4	UPS 电源柜	电量采集器柜	25														
		N110	KVVP2－22－4×4	UPS 电源柜	主变压器电能表柜	24														
		N112	KVVP2－22－4×4	UPS 电源柜	智能辅助控制系统柜	22														
		N113	KVVP2－22－4×4	UPS 电源柜	图像监视系统柜	22														
		N119	KVVP2－22－4×4	UPS 电源柜	监控主机柜	22														
		N120	KVVP2－22－4×4	UPS 电源柜	监控主机柜	22														
		N121	KVVP2－22－4×4	UPS 电源柜	综合应用服务器柜	22														
		N122	KVVP2－22－4×4	UPS 电源柜	综合应用服务器柜	22														
		N123	KVVP2－22－4×4	UPS 电源柜	智能防误主机柜	20														
		N124	KVVP2－22－4×4	UPS 电源柜	智能防误主机柜	20														
16	**直流电源**	Z101	KVVP2－22－4×4	1 号直流馈线柜	Ⅰ区数据网关机柜	22														
		Z102	KVVP2－22－4×4	1 号直流馈线柜	Ⅱ区数据网关机柜	21														
		Z103	KVVP2－22－4×4	1 号直流馈线柜	时间同步柜	21														

续表

序号	安装单位名称	电缆编号	电缆型号及截面	电缆起点	电缆终点	电缆长度（m）														备注
						KVVP2－22－600/1000（V）－							ZC－YJV22－1kV－							
						4×4（ZCN）	7×4（ZC）	14×2.5（ZC）	10×2.5（ZC）	4×2.5（ZC）	DJYP2－2×2×0.75	同轴电缆	2×16（NH）	4×35（NH）	4×16+1×10	4×35+1×16	1×150	4×70	4×185	
		Z104	KVVP2－22－4×4	1号直流馈线柜	网络记录分析柜	22														
		Z105	KVVP2－22－4×4	1号直流馈线柜	公用测控柜	18														
		Z107	KVVP2－22－4×4	1号直流馈线柜	2号主变压器保护柜	25														
		Z108	KVVP2－22－4×4	1号直流馈线柜	3号主变压器保护柜	24														
		Z110	KVVP2－22－4×4	1号直流馈线柜	110kV 2号线路智能控制柜	22														
		Z111	KVVP2－22－4×4	1号直流馈线柜	110kV 3号线路智能控制柜	22														
		Z113	KVVP2－22－4×4	1号直流馈线柜	110kV 2号内桥智能控制柜	25														
		Z115	KVVP2－22－4×4	1号直流馈线柜	110kV 2号主进/TV智能控制柜	24														
		Z116	KVVP2－22－4×4	1号直流馈线柜	110kV 3号主进/TV智能控制柜	24														
		Z117	KVVP2－22－4×4	1号直流馈线柜	110kV备自投柜	19														
		Z121	KVVP2－22－4×4	1号直流馈线柜	110kV 2号线路智能控制柜	22														
		Z122	KVVP2－22－4×4	1号直流馈线柜	110kV 3号线路智能控制柜	22														
		Z124	KVVP2－22－4×4	1号直流馈线柜	2号主变压器本体智能控制柜	41														
		Z125	KVVP2－22－4×4	1号直流馈线柜	3号主变压器本体智能控制柜	55														
		Z127	KVVP2－22－4×4	1号直流馈线柜	110kV 2号内桥智能控制柜	25														

续表

序号	安装单位名称	电缆编号	电缆型号及截面	电缆起点	电缆终点	电缆长度（m）														备注
						KVVP2－22－600/1000（V）－							ZC－YJV22－1kV－							
						4×4（ZCN）	7×4（ZC）	14×2.5（ZC）	10×2.5（ZC）	4×2.5（ZC）	DJYP2－2×2×0.75	同轴电缆	2×16（NH）	4×35（NH）	4×16＋1×10	4×35＋1×16	1×150	4×70	4×185	
		Z129	KVVP2－22－4×4	1号直流馈线柜	10kV 2号主进分支一开关柜	46														
		Z130	KVVP2－22－4×4	1号直流馈线柜	10kV 2号主进分支二开关柜	46														
		Z131	KVVP2－22－4×4	1号直流馈线柜	10kV 3号主进开关柜	58														
		Z132	KVVP2－22－4×4	1号直流馈线柜	10kV 1号公用测控柜	28														
		Z133	KVVP2－22－4×4	1号直流馈线柜	10kV 2号公用测控柜	28														
		Z135	KVVP2－22－4×4	1号直流馈线柜	10kV 2号分段开关柜（31号柜）	58														
		Z141	KVVP2－22－4×4	1号直流馈线柜	10kV 2号接地变压器开关柜 53号柜	35														
		Z142	KVVP2－22－4×4	1号直流馈线柜	10kV 2号接地变压器开关柜 53号柜	35														
		Z143	KVVP2－22－4×4	1号直流馈线柜	10kV 3号接地变压器开关柜 13号柜	42														
		Z144	KVVP2－22－4×4	1号直流馈线柜	10kV 3号接地变压器开关柜 13号柜	42														
		Z146	YJV22－2×16	1号直流馈线柜	10kV 3号接地变压器开关柜 13号柜								45							
		Z148	YJV22－2×16	1号直流馈线柜	应急照明箱								35							
		Z201	KVVP2－22－4×4	2号直流馈线柜	Ⅰ区数据网关机柜	22														

序号	安装单位名称	电缆编号	电缆型号及截面	电缆起点	电缆终点	电缆长度（m）														备注
						KVVP2－22－600/1000（V）－							ZC－YJV22－1kV－							
						4×4（ZCN）	7×4（ZC）	14×2.5（ZC）	10×2.5（ZC）	4×2.5（ZC）	DJYP2－2×2×0.75	同轴电缆	2×16（NH）	4×35（NH）	4×16＋1×10	4×35＋1×16	1×150	4×70	4×185	
		Z202	KVVP2－22－4×4	2 号直流馈线柜	Ⅱ区数据网关机柜	21														
		Z203	KVVP2－22－4×4	2 号直流馈线柜	时间同步柜	21														
		Z207	KVVP2－22－4×4	2 号直流馈线柜	2 号主变压器保护柜	25														
		Z208	KVVP2－22－4×4	2 号直流馈线柜	3 号主变压器保护柜	24														
		Z210	KVVP2－22－4×4	2 号直流馈线柜	2 号主变压器测控柜	24														
		Z211	KVVP2－22－4×4	2 号直流馈线柜	3 号主变压器测控柜	23														
		Z212	KVVP2－22－4×4	2 号直流馈线柜	电能采集柜	21														
		Z213	KVVP2－22－4×4	2 号直流馈线柜	主变压器电能表柜	22														
		Z214	KVVP2－22－4×4	2 号直流馈线柜	故障录波柜	23														
		Z215	KVVP2－22－4×4	2 号直流馈线柜	低频低压减载柜	21														
		Z216	KVVP2－22－4×4	2 号直流馈线柜	110kV 母线测控柜	20														
		Z217	KVVP2－22－4×4	2 号直流馈线柜	110kV 备自投柜	19														
		Z219	KVVP2－22－4×4	2 号直流馈线柜	消弧线圈控制柜	18														
		Z221	KVVP2－22－4×4	2 号直流馈线柜	110kV 2 号线路智能控制柜	22														
		Z222	KVVP2－22－4×4	2 号直流馈线柜	110kV 3 号线路智能控制柜	22														
		Z224	KVVP2－22－4×4	2 号直流馈线柜	2 号主变压器本体智能控制柜	41														

序号	安装单位名称	电缆编号	电缆型号及截面	电缆起点	电缆终点	电缆长度（m）														备注
						KVVP2－22－600/1000（V）－							ZC－YJV22－1kV－							
						4×4（ZCN）	7×4（ZC）	14×2.5（ZC）	10×2.5（ZC）	4×2.5（ZC）	DJYP2－2×2×0.75	同轴电缆	2×16（NH）	4×35（NH）	4×16＋1×10	4×35＋1×16	1×150	4×70	4×185	
		Z225	KVVP2－22－4×4	2号直流馈线柜	3号主变压器本体智能控制柜	55														
		Z227	KVVP2－22－4×4	2号直流馈线柜	110kV 2号内桥智能控制柜	25														
		Z229	KVVP2－22－4×4	2号直流馈线柜	10kV 2号主进分支一隔离柜	45														
		Z230	KVVP2－22－4×4	2号直流馈线柜	10kV 2号主进分支二隔离柜	45														
		Z231	KVVP2－22－4×4	2号直流馈线柜	10kV 3号主进隔离柜	57														
		Z232	KVVP2－22－4×4	2号直流馈线柜	10kV 1号公用测控屏	28														
		Z233	KVVP2－22－4×4	2号直流馈线柜	10kV 2号公用测控屏	28														
		Z241	KVVP2－22－4×4	2号直流馈线柜	10kV 线路开关柜40号柜	52														
		Z242	KVVP2－22－4×4	2号直流馈线柜	10kV 线路开关柜40号柜	52														
		Z243	KVVP2－22－4×4	2号直流馈线柜	10kV 线路开关柜24号柜	60														
		Z244	KVVP2－22－4×4	2号直流馈线柜	10kV 线路开关柜24号柜	60														
		Z245	YJV22－2×16	2号直流馈线柜	10kV 2号接地变压器开关柜								35							
		Z246	KVVP2－22－4×4	2号直流馈线柜	10kV 线路开关柜24号柜	60														
		Z247	KVVP2－22－4×4	2号直流馈线柜	10kV 线路开关柜24号柜	60														

续表

序号	安装单位名称	电缆编号	电缆型号及截面	电缆起点	电缆终点	电缆长度（m）														备注
						KVVP2－22－600/1000（V）－						ZC－YJV22－1kV－								
						4×4（ZCN）	7×4（ZC）	14×2.5（ZC）	10×2.5（ZC）	4×2.5（ZC）	DJYP2－2×2×0.75	同轴电缆	2×16（NH）	4×35（NH）	4×16＋1×10	4×35＋1×16	1×150	4×70	4×185	
		Z248	KVVP2－22－4×4	2号直流馈线柜	10kV 3号接地变压器开关柜 13号柜	45														
		Z249	KVVP2－22－4×4	2号直流馈线柜	10kV 3号接地变压器开关柜 13号柜	45														
		ZL－111	KVVP2－22－7×4	直流充电柜	故障录波柜		31													
		Z－01	YJV22－1×150	直流充电柜	蓄电池												25			
		Z－02	YJV22－1×150	直流充电柜	蓄电池												25			
17	**交流电源**	1J	YJV22－4×185	1号交流进线柜	2号接地变压器														30	
		2J	YJV22－4×185	2号交流进线柜	3号接地变压器														50	
		J101	KVVP2－22－4×4	交流馈线柜	智能辅助控制柜															
		J102	KVVP2－22－4×4	交流馈线柜	图像监视系统柜															
		J103	KVVP2－22－4×4	交流馈线柜	消弧线圈控制柜															
		J106	KVVP2－22－4×4	交流馈线柜	2号接地变压器组合柜	30														
		J107	KVVP2－22－4×4	交流馈线柜	3号接地变压器组合柜	30														
		J108	YJV22－4×16＋1×10	交流馈线柜	二次设备室内照明配电箱										30					
		J110	YJV22－2×16	交流馈线柜	事故照明箱								35							
		J113	YJV22－4×16＋1×10	交流馈线柜	2号主变压器本体智能控制柜										40					
		J121	YJV22－4×16＋1×10	交流馈线柜	110kV 2号进线智能控制柜										25					
		J122	YJV22－4×16＋1×10	交流馈线柜	110kV 2号进线智能控制柜										25					

续表

序号	安装单位名称	电缆编号	电缆型号及截面	电缆起点	电缆终点	电缆长度（m）														备注
						KVVP2－22－600/1000（V）－							ZC－YJV22－1kV－							
						4×4（ZCN）	7×4（ZC）	14×2.5（ZC）	10×2.5（ZC）	4×2.5（ZC）	DJYP2－2×2×0.75	同轴电缆	2×16（NH）	4×35（NH）	4×16＋1×10	4×35＋1×16	1×150	4×70	4×185	
		J124	YJV22－4×16＋1×10	交流馈线柜	10kV 3 号接地变压器开关柜										45					
		J125	YJV22－4×16＋1×10	交流馈线柜	10kV 配电室照明配电箱										40					
		J127	YJV22－4×16＋1×10	交流馈线柜	消防泵房动力箱										65					
		J131	YJV22－4×16＋1×10	交流馈线柜	二次设备室动力配电箱										30					
		J132	YJV22－4×35＋1×16	交流馈线柜	10kV 配电室动力配电箱											35				
		J133	YJV22－4×35	交流馈线柜	消防泵电源 1									75						
		J201	YJV22－4×16＋1×10	交流馈线柜	3 号主变压器本体智能控制柜										50					
		J203	KVVP2－22－4×4	交流馈线柜	大门电源	100														
		J208	YJV22－4×16＋1×10	交流馈线柜	室外照明配电箱										65					
		J209	YJV22－4×16＋1×10	交流馈线柜	3 号主变压器高压侧及 TV 间隔智能控制柜										25					
		J210	YJV22－4×16＋1×10	交流馈线柜	3 号主变压器高压侧及 TV 间隔智能控制柜										25					
		J211	YJV22－4×16＋1×10	交流馈线柜	10kV 2 号接地变压器开关柜										45					
		J212	YJV22－4×16＋1×10	交流馈线柜	排污泵 1										65					
		J213	YJV22－4×16＋1×10	交流馈线柜	排污泵 2										65					
		J215	YJV22－4×16＋1×10	交流馈线柜	消防泵房动力箱										65					
		J220	YJV22－4×16＋1×10	交流馈线柜	辅助用房电源										65					

续表

序号	安装单位名称	电缆编号	电缆型号及截面	电缆起点	电缆终点	电缆长度（m）														备注
						KVVP2－22－600/1000（V）－							ZC－YJV22－1kV－							
						4×4（ZCN）	7×4（ZC）	14×2.5（ZC）	10×2.5（ZC）	4×2.5（ZC）	DJYP2－2×2×0.75	同轴电缆	2×16（NH）	4×35（NH）	4×16＋1×10	4×35＋1×16	1×150	4×70	4×185	
		J221	YJV22－4×35＋1×16	交流馈线柜	电容器室检修电源箱 1											80				
		J222	YJV22－4×35＋1×16	交流馈线柜	二次设备室检修电源箱 1											30				
		J223	YJV22－4×35＋1×16	交流馈线柜	10kV 配电室检修电源箱 1											40				
		J224	YJV22－4×35＋1×16	交流馈线柜	110kV GIS 室检修电源箱 1											40				
		J226	YJV22－4×35	交流馈线柜	消防泵电源 2									75						
		J218	YJV22－4×70	交流馈线柜	主变检修电源箱													70		
		1DC－31－01	YJV22－4×35＋1×16	110kV GIS 室检修电源箱 1	110kV GIS 室检修电源箱 2											35				
		1DC－33－01	YJV22－4×35＋1×16	电容器室检修电源箱 2	电容器室检修电源箱 1											30				
		1DC－33－02	YJV22－4×35＋1×16	电容器室检修电源箱 2	电容器室检修电源箱 3											30				
		2DC－32－01	YJV22－4×35＋1×16	二次设备室检修电源箱 2	二次设备室检修电源箱 1											30				
		2DC－33－01	YJV22－4×35＋1×16	10kV 配电室检修电源箱 2	10kV 配电室检修电源箱 1											50				
	电缆统计	电缆数量		对应各型号电缆长度（m）		3875	500	400	4400	2283	2500	100	150	150	800	400	50	70	80	
二	电缆汇总	电缆型号		电缆总长（m）																
	控制电缆	ZC－KVVP2－22－600/1000－7×4		500																

序号	安装单位名称	电缆编号	电缆型号及截面	电缆起点	电缆终点	电缆长度（m）														备注
						KVVP2－22－600/1000（V）－							ZC－YJV22－1kV－							
						4×4（ZCN）	7×4（ZC）	14×2.5（ZC）	10×2.5（ZC）	4×2.5（ZC）	DJYP2－2×2×0.75	同轴电缆	2×16（NH）	4×35（NH）	4×16＋1×10	4×35＋1×16	1×150	4×70	4×185	
		ZCN－KVVP2－22－450/750－4×4（耐火）		3900																
		ZC－KVVP2－22－600/1000－14×2.5		400																
		ZC－KVVP2－22－600/1000－10×2.5		4400																
		ZC－KVVP2－22－600/1000－4×2.5		2300																
		合计		**11500**																
	屏蔽双绞线	DJYP2VP2－22－2×2×0.75（施工单位敷设）		2500																乙供材
	调度数据网用同轴电缆	2M同轴电缆		100																乙供材
	动力电缆	ZC－YJV22－1kV－4×185		80																
		ZC－YJV22－1kV－4×70		70																
		ZC－YJV22－1kV－4×35＋1×16		400																
		ZC－YJV22－1kV－4×16＋1×10		800																
		NB－ZC－YJV22－1kV－4×35		150																
		NB－ZC－YJV22－1kV－2×16		150																
		NB－ZC－YJV22－1kV－1×150		50																
		合计		1700																

1.6 网缆清册（电气二次部分）

网缆统计表见表 1－13。

表 1－13 **网缆统计表**

序号	安装单位名称	网缆编号	网缆型号及截面	网缆起点	网缆终点	网线长度	说明
一	二次线总的部分						
1	Ⅰ区数据通信网关机柜						
		YD－WX001A	铠装超五类以太网线	Ⅰ区数据通信网关机柜交换机 1（1－40n）	Ⅰ区数据通信网关机柜Ⅰ区数据通信网关机 1	2	柜内配线
		YD－WX002A	铠装超五类以太网线	Ⅰ区数据通信网关机柜交换机 1（1－40n）	Ⅰ区数据通信网关机柜Ⅰ区数据通信网关机 2	2	柜内配线
		YD－WX003A	铠装超五类以太网线	Ⅰ区数据通信网关机柜交换机 1（1－40n）	Ⅰ区数据通信网关机柜智能接口设备	2	柜内配线
		YD－WX031A	铠装超五类以太网线	Ⅰ区数据通信网关机柜交换机 1（1－40n）	Ⅱ区数据网关机屏	8	
		JK－WX031A	铠装超五类以太网线	Ⅰ区数据通信网关机柜交换机 1（1－40n）	监控主机屏－监控主机 1	11	
		JK－WX032A	铠装超五类以太网线	Ⅰ区数据通信网关机柜交换机 1（1－40n）	监控主机屏－监控主机 2	11	
		JK－WX033A	铠装超五类以太网线	Ⅰ区数据通信网关机柜交换机 1（1－40n）	综合应用服务屏－打印机	10	
		JK－WX034A	铠装超五类以太网线	Ⅰ区数据通信网关机柜交换机 1（1－40n）	智能防误主机屏－智能防误主机	12	
		GPS－WX031A	铠装超五类以太网线	Ⅰ区数据通信网关机柜交换机 1（1－40n）	时间同步屏—主时钟 1	12	
		GY－WX031A	铠装超五类以太网线	Ⅰ区数据通信网关机柜交换机 1（1－40n）	公用测控屏－1 号公用测控	13	
		GY－WX032A	铠装超五类以太网线	Ⅰ区数据通信网关机柜交换机 1（1－40n）	公用测控屏－2 号公用测控	13	
		GY－WX033A	铠装超五类以太网线	Ⅰ区数据通信网关机柜交换机 1（1－40n）	公用测控屏－3 号公用测控	13	
		HGY－WX031A	铠装超五类以太网线	Ⅰ区数据通信网关机柜交换机 1（1－40n）	110kV 母线测控柜－110kV 1 号母线测控	14	
		HGY－WX032A	铠装超五类以太网线	Ⅰ区数据通信网关机柜交换机 1（1－40n）	110kV 母线测控柜－110kV 2 号母线测控	14	
		2HFD－WX031A	铠装超五类以太网线	Ⅰ区数据通信网关机柜交换机 1（1－40n）	110kV 备自投屏－110kV 2 号备自投装置	12	
		2HFD－WX032A	铠装超五类以太网线	Ⅰ区数据通信网关机柜交换机 1（1－40n）	110kV 2 号内桥智能控制柜－2 号内桥保护测控装置	22	
		ZL－WX031A	铠装超五类以太网线	Ⅰ区数据通信网关机柜交换机 1（1－40n）	直流充电屏－一体化电源总监控器	18	
		DP－WX031A	铠装超五类以太网线	Ⅰ区数据通信网关机柜交换机 1（1－40n）	低频低压减载屏－低频低压减载装置 1	12	
		DP－WX032A	铠装超五类以太网线	Ⅰ区数据通信网关机柜交换机 1（1－40n）	低频低压减载屏－低频低压减载装置 2	12	
		3B－WX031A	铠装超五类以太网线	Ⅰ区数据通信网关机柜交换机 2（2－40n）	3 号主变压器保护屏－3 号主变压器保护装置 1	8	
		3B－WX032A	铠装超五类以太网线	Ⅰ区数据通信网关机柜交换机 2（2－40n）	3 号主变压器保护屏－3 号主变压器保护装置 2	8	

续表

序号	安装单位名称	网缆编号	网缆型号及截面	网缆起点	网缆终点	网线长度	说明
		3B－WX033A	铠装超五类以太网线	Ⅰ区数据通信网关机柜交换机2（2－40n）	3号主变压器测控屏－3号主变压器高压测控装置	9	
		3B－WX034A	铠装超五类以太网线	Ⅰ区数据通信网关机柜交换机2（2－40n）	3号主变压器测控屏－3号主变压器本体测控装置	9	
		3B－WX035A	铠装超五类以太网线	Ⅰ区数据通信网关机柜交换机2（2－40n）	3号主变压器测控屏－3号主变压器低压测控装置	9	
		2B－WX031A	铠装超五类以太网线	Ⅰ区数据通信网关机柜交换机2（2－40n）	2号主变压器保护屏－2号主变压器保护装置1	10	
		2B－WX032A	铠装超五类以太网线	Ⅰ区数据通信网关机柜交换机2（2－40n）	2号主变压器保护屏－2号主变压器保护装置2	10	
		2B－WX033A	铠装超五类以太网线	Ⅰ区数据通信网关机柜交换机2（2－40n）	2号主变压器测控屏－2号主变压器高压测控装置	10	
		2B－WX034A	铠装超五类以太网线	Ⅰ区数据通信网关机柜交换机2（2－40n）	2号主变压器测控屏－2号主变压器本体测控装置	9	
		2B－WX035A	铠装超五类以太网线	Ⅰ区数据通信网关机柜交换机2（2－40n）	2号主变压器测控屏－2号主变压器低压测控装置1	9	
		2B－WX036A	铠装超五类以太网线	Ⅰ区数据通信网关机柜交换机2（2－40n）	2号主变压器测控屏－2号主变压器低压测控装置2	9	
		2H－WX031A	铠装超五类以太网线	Ⅰ区数据通信网关机柜交换机2（2－40n）	110kV 2号线路智能控制柜－2号线路测控装置	23	
		3H－WX031A	铠装超五类以太网线	Ⅰ区数据通信网关机柜交换机2（2－40n）	110kV 3号线路智能控制柜－3号线路测控装置	23	
		XH－WX031A	铠装超五类以太网线	Ⅰ区数据通信网关机柜交换机2（2－40n）	消弧线圈控制屏－1号消弧线圈控制器	21	
		XH－WX032A	铠装超五类以太网线	Ⅰ区数据通信网关机柜交换机2（2－40n）	消弧线圈控制屏－2号消弧线圈控制器	21	
		YD－WX001B	铠装超五类以太网线	Ⅰ区数据通信网关机柜交换机3（3－40n）	Ⅰ区数据通信网关机柜Ⅰ区数据通信网关机1	2	柜内配线
		YD－WX002B	铠装超五类以太网线	Ⅰ区数据通信网关机柜交换机3（3－40n）	Ⅰ区数据通信网关机柜Ⅰ区数据通信网关机2	2	柜内配线
		YD－WX003B	铠装超五类以太网线	Ⅰ区数据通信网关机柜交换机3（3－40n）	Ⅰ区数据通信网关机柜智能接口设备	2	柜内配线
		YD－WX031B	铠装超五类以太网线	Ⅰ区数据通信网关机柜交换机3（3－40n）	Ⅱ区数据网关机屏	8	
		JK－WX031B	铠装超五类以太网线	Ⅰ区数据通信网关机柜交换机3（3－40n）	监控主机屏－监控主机1	11	
		JK－WX032B	铠装超五类以太网线	Ⅰ区数据通信网关机柜交换机3（3－40n）	监控主机屏－监控主机2	11	
		JK－WX033B	铠装超五类以太网线	Ⅰ区数据通信网关机柜交换机3（3－40n）	综合应用服务屏－打印机	10	
		JK－WX034B	铠装超五类以太网线	Ⅰ区数据通信网关机柜交换机3（3－40n）	智能防误主机屏－智能防误主机	12	
		GPS－WX031B	铠装超五类以太网线	Ⅰ区数据通信网关机柜交换机3（3－40n）	时间同步屏—主时钟1	12	

续表

序号	安装单位名称	网缆编号	网缆型号及截面	网缆起点	网缆终点	网线长度	说明
		GY－WX031B	铠装超五类以太网线	Ⅰ区数据通信网关机柜交换机 3（3－40n）	公用测控屏－1 号公用测控	13	
		GY－WX032B	铠装超五类以太网线	Ⅰ区数据通信网关机柜交换机 3（3－40n）	公用测控屏－2 号公用测控	13	
		GY－WX033B	铠装超五类以太网线	Ⅰ区数据通信网关机柜交换机 3（3－40n）	公用测控屏－3 号公用测控	13	
		HGY－WX031B	铠装超五类以太网线	Ⅰ区数据通信网关机柜交换机 3（3－40n）	110kV 母线测控柜－110kV 1 号母线测控	14	
		HGY－WX032B	铠装超五类以太网线	Ⅰ区数据通信网关机柜交换机 3（3－40n）	110kV 母线测控柜－110kV 2 号母线测控	14	
		2HFD－WX031B	铠装超五类以太网线	Ⅰ区数据通信网关机柜交换机 3（3－40n）	110kV 备自投屏－110kV 2 号备自投装置	12	
		2HFD－WX032B	铠装超五类以太网线	Ⅰ区数据通信网关机柜交换机 3（3－40n）	110kV 2 号内桥智能控制柜－2 号内桥保护测控装置	22	
		ZL－WX031B	铠装超五类以太网线	Ⅰ区数据通信网关机柜交换机 3（3－40n）	直流充电屏－一体化电源总监控器	18	
		DP－WX031B	铠装超五类以太网线	Ⅰ区数据通信网关机柜交换机 3（3－40n）	低频低压减载屏－低频低压减载装置 1	12	
		DP－WX032B	铠装超五类以太网线	Ⅰ区数据通信网关机柜交换机 3（3－40n）	低频低压减载屏－低频低压减载装置 2	12	
		3B－WX031B	铠装超五类以太网线	Ⅰ区数据通信网关机柜交换机 4（4－40n）	3 号主变压器保护屏－3 号主变压器保护装置 1	8	
		3B－WX032B	铠装超五类以太网线	Ⅰ区数据通信网关机柜交换机 4（4－40n）	3 号主变压器保护屏－3 号主变压器保护装置 2	8	
		3B－WX033B	铠装超五类以太网线	Ⅰ区数据通信网关机柜交换机 4（4－40n）	3 号主变压器测控屏－3 号主变压器高压测控装置	9	
		3B－WX034B	铠装超五类以太网线	Ⅰ区数据通信网关机柜交换机 4（4－40n）	3 号主变压器测控屏－3 号主变压器本体测控装置	9	
		3B－WX035B	铠装超五类以太网线	Ⅰ区数据通信网关机柜交换机 4（4－40n）	3 号主变压器测控屏－3 号主变压器低压测控装置	9	
		2B－WX031B	铠装超五类以太网线	Ⅰ区数据通信网关机柜交换机 4（4－40n）	2 号主变压器保护屏－2 号主变压器保护装置 1	10	
		2B－WX032B	铠装超五类以太网线	Ⅰ区数据通信网关机柜交换机 4（4－40n）	2 号主变压器保护屏－2 号主变压器保护装置 2	10	
		2B－WX033B	铠装超五类以太网线	Ⅰ区数据通信网关机柜交换机 4（4－40n）	2 号主变压器测控屏－2 号主变压器高压测控装置	10	
		2B－WX034B	铠装超五类以太网线	Ⅰ区数据通信网关机柜交换机 4（4－40n）	2 号主变压器测控屏－2 号主变压器本体测控装置	9	
		2B－WX035B	铠装超五类以太网线	Ⅰ区数据通信网关机柜交换机 4（4－40n）	2 号主变压器测控屏－2 号主变压器低压测控装置 1	9	
		2B－WX036B	铠装超五类以太网线	Ⅰ区数据通信网关机柜交换机 4（4－40n）	2 号主变压器测控屏－2 号主变压器低压测控装置 2	9	
		2H－WX031A	铠装超五类以太网线	Ⅰ区数据通信网关机柜交换机 4（4－40n）	110kV 2 号线路智能控制柜－2 号线路测控装置	23	

续表

序号	安装单位名称	网缆编号	网缆型号及截面	网缆起点	网缆终点	网线长度	说明
		3H－WX031A	铠装超五类以太网线	Ⅰ区数据通信网关机柜交换机 4（4－40n）	110kV 3 号线路智能控制柜－3 号线路测控装置	23	
		XH－WX031B	铠装超五类以太网线	Ⅰ区数据通信网关机柜交换机 4（4－40n）	消弧线圈控制屏－1 号消弧线圈控制器	21	
		XH－WX032B	铠装超五类以太网线	Ⅰ区数据通信网关机柜交换机 4（4－40n）	消弧线圈控制屏－2 号消弧线圈控制器	21	
		SJY1－WX131	铠装超五类以太网线	Ⅰ区数据通信网关机 1	调度数据网屏 1－－实时交换机 JHJ1	8	
		SJY2－WX131	铠装超五类以太网线	Ⅰ区数据通信网关机 1	调度数据网屏 2－－实时交换机 JHJ1	9	
		SJY1－WX132	铠装超五类以太网线	Ⅰ区数据通信网关机 2	调度数据网屏 1－－实时交换机 JHJ1	8	
		SJY2－WX132	铠装超五类以太网线	Ⅰ区数据通信网关机 2	调度数据网屏 2－－实时交换机 JHJ1	9	
2	Ⅱ区数据通信网关机柜						
		YD－WX005A	铠装超五类以太网线	Ⅱ区数据通信网关机柜交换机（1－40n）	Ⅱ区数据通信网关机柜－Ⅱ区数据通信网关机	2	柜内配线
		YD－WX006A	铠装超五类以太网线	Ⅱ区数据通信网关机柜交换机（1－40n）	Ⅱ区数据通信网关机柜－网络安全监测装置	2	柜内配线
		YD－WX007A	铠装超五类以太网线	Ⅱ区数据通信网关机柜交换机（1－40n）	Ⅱ区数据通信网关机柜－安全区防火墙 A	2	柜内配线
		YD－WX041A	铠装超五类以太网线	Ⅱ区数据通信网关机柜交换机（1－40n）	综合应用服务器柜－综合应用服务器	9	
		DN－WX041A	铠装超五类以太网线	Ⅱ区数据通信网关机柜交换机（1－40n）	电能量采集及 110kV 电能表柜－电能量采集器	9	
		LB－WX041A	铠装超五类以太网线	Ⅱ区数据通信网关机柜交换机（1－40n）	故障录波器柜－故障录波器	11	
		ZXGL－WX041	铠装超五类以太网线	Ⅱ区数据通信网关机柜交换机（1－40n）	综合应用服务器柜－正向隔离装置	9	
		FXGL－WX041	铠装超五类以太网线	Ⅱ区数据通信网关机柜交换机（1－40n）	综合应用服务器柜－反向隔离装置	9	
		JK－WX054	铠装超五类以太网线	Ⅱ区数据通信网关机柜交换机（1－40n）	智能辅助控制系统屏—智能辅助系统主机	20	
		JC－WX051	铠装超五类以太网线	Ⅱ区数据通信网关机柜交换机（1－40n）	110kV 3 号主变压器高压侧及 TV 间隔智能控制柜监测终端	30	
		JC－WX052	铠装超五类以太网线	Ⅱ区数据通信网关机柜交换机（1－40n）	110kV 2 号主变压器高压侧及 TV 间隔智能控制柜监测终端	30	
		JC－WX031A	铠装超五类以太网线	Ⅱ区数据通信网关机柜交换机（1－40n）	10kV 分段隔离柜监测终端	50	
		YD－WX005B	铠装超五类以太网线	Ⅱ区数据通信网关机柜交换机（2－40n）	Ⅱ区数据通信网关机柜－Ⅱ区数据通信网关机	2	柜内配线
		YD－WX006B	铠装超五类以太网线	Ⅱ区数据通信网关机柜交换机（2－40n）	Ⅱ区数据通信网关机柜－网络安全监测装置	2	柜内配线

续表

序号	安装单位名称	网缆编号	网缆型号及截面	网缆起点	网缆终点	网线长度	说明
		YD－WX007B	铠装超五类以太网线	Ⅱ区数据通信网关机柜交换机（2－40n）	Ⅱ区数据通信网关机柜－安全区防火墙 A	2	柜内配线
		YD－WX041B	铠装超五类以太网线	Ⅱ区数据通信网关机柜交换机（2－40n）	综合应用服务器柜－综合应用服务器	9	
		DN－WX041B	铠装超五类以太网线	Ⅱ区数据通信网关机柜交换机（2－40n）	电能量采集及 110kV 电能表柜－电能量采集器	9	
		LB－WX041B	铠装超五类以太网线	Ⅱ区数据通信网关机柜交换机（2－40n）	故障录波器柜－故障录波器	11	
		SJY1－WX231	铠装超五类以太网线	Ⅱ区数据通信网关机柜－Ⅱ区数据通信网关机	调度数据网屏 1－－非实时交换机 JHJ2	9	
		SJY2－WX231	铠装超五类以太网线	Ⅱ区数据通信网关机柜－Ⅱ区数据通信网关机	调度数据网屏 2－－非实时交换机 JHJ2	10	
		SJY1－WX232	铠装超五类以太网线	Ⅱ区数据通信网关机柜－安全监测装置	调度数据网屏 1－－非实时交换机 JHJ2	9	
		SJY2－WX232	铠装超五类以太网线	Ⅱ区数据通信网关机柜－安全监测装置	调度数据网屏 2－－非实时交换机 JHJ2	10	
		JK－WX001	铠装超五类以太网线	Ⅱ区数据通信网关机柜交换机（3－40n）	Ⅱ区数据通信网关机－信息管理大区防火墙	2	柜内配线
		JK－WX051	铠装超五类以太网线	Ⅱ区数据通信网关机柜交换机（3－40n）	综合应用服务器屏—正向隔离装置	9	
		JK－WX052	铠装超五类以太网线	Ⅱ区数据通信网关机柜交换机（3－40n）	综合应用服务器屏—反向隔离装置	9	
		JK－WX053	铠装超五类以太网线	Ⅱ区数据通信网关机柜交换机（3－40n）	智能辅助控制系统屏—智能辅助主机	13	
		JK－WX054	铠装超五类以太网线	Ⅱ区数据通信网关机柜交换机（3－40n）	视频监控主机屏—视频监控主机	15	
3	**故障录波器柜**						
		SJW1－WX233	铠装超五类以太网线	故障录波器柜－故障录波器	调度数据网屏 1－非实时交换机	12	
		SJW2－WX233	铠装超五类以太网线	故障录波器柜－故障录波器	调度数据网屏 2－非实时交换机	12	
4	**110kV 电能表及电能采集柜**						
		SJY1－WX233	铠装超五类以太网线	110kV 电能表及电能采集柜－电能量采集器	调度数据网屏 1－非实时交换机	12	
		SJY2－WX233	铠装超五类以太网线	110kV 电能表及电能采集柜－电能量采集器	调度数据网屏 2－非实时交换机	12	
		SJY1－WX234	铠装超五类以太网线	110kV 电能表及电能采集柜－电能量采集器	调度数据网屏 1－非实时交换机	12	
		SJY2－WX234	铠装超五类以太网线	110kV 电能表及电能采集柜－电能量采集器	调度数据网屏 2－非实时交换机	12	
二	**10kV 母线设备二次线**						
1	**10kV 2 号电压互感器柜**						

续表

序号	安装单位名称	网缆编号	网缆型号及截面	网缆起点	网缆终点	网线长度	说明
		2L1－WX031A	铠装超五类以太网线	10kV 2A 号电压互感器柜 A 网交换机（1－40n）	10kV 线路开关柜 47 号柜	18	
		2L2－WX031A	铠装超五类以太网线	10kV 2A 号电压互感器柜 A 网交换机（1－40n）	10kV 线路开关柜 48 号柜	19	
		2L3－WX031A	铠装超五类以太网线	10kV 2A 号电压互感器柜 A 网交换机（1－40n）	10kV 线路开关柜 49 号柜	20	
		2L4－WX031A	铠装超五类以太网线	10kV 2A 号电压互感器柜 A 网交换机（1－40n）	10kV 线路开关柜 50 号柜	21	
		2L5－WX031A	铠装超五类以太网线	10kV 2A 号电压互感器柜 A 网交换机（1－40n）	10kV 线路开关柜 51 号柜	22	
		2L6－WX031A	铠装超五类以太网线	10kV 2A 号电压互感器柜 A 网交换机（1－40n）	10kV 线路开关柜 52 号柜	23	
		2L7－WX031A	铠装超五类以太网线	10kV 2A 号电压互感器柜 A 网交换机（1－40n）	10kV 线路开关柜 34 号柜	24	
		2L8－WX031A	铠装超五类以太网线	10kV 2A 号电压互感器柜 A 网交换机（1－40n）	10kV 线路开关柜 35 号柜	25	
		2L9－WX031A	铠装超五类以太网线	10kV 2A 号电压互感器柜 A 网交换机（1－40n）	10kV 线路开关柜 36 号柜	15	
		2L10－WX031A	铠装超五类以太网线	10kV 2A 号电压互感器柜 A 网交换机（1－40n）	10kV 线路开关柜 37 号柜	16	
		2L11－WX031A	铠装超五类以太网线	10kV 2A 号电压互感器柜 A 网交换机（1－40n）	10kV 线路开关柜 38 号柜	17	
		2L12－WX031A	铠装超五类以太网线	10kV 2A 号电压互感器柜 A 网交换机（1－40n）	10kV 线路开关柜 40 号柜	18	
		2R1－WX031A	铠装超五类以太网线	10kV 2A 号电压互感器柜 A 网交换机（1－40n）	10kV 3 号电容器开关柜 45 号柜	26	
		2R2－WX031A	铠装超五类以太网线	10kV 2A 号电压互感器柜 A 网交换机（1－40n）	10kV 4 号电容器开关柜 33 号柜	27	
		2APT－WX031A	铠装超五类以太网线	10kV 2A 号电压互感器柜 A 网交换机（1－40n）	10kVⅡA 母 TV 柜 46 号柜	19	
		2BPT－WX031A	铠装超五类以太网线	10kV 2A 号电压互感器柜 A 网交换机（1－40n）	10kVⅡB 母 TV 柜 39 号柜	2	
		2ZB－WX031A	铠装超五类以太网线	10kV 2A 号电压互感器柜 A 网交换机（1－40n）	10kV 2 号接地变开关柜 53 号柜	15	
		2L1－WX031B	铠装超五类以太网线	10kV 2A 号电压互感器柜 B 网交换机（1－40n）	10kV 线路开关柜 47 号柜	18	
		2L2－WX031B	铠装超五类以太网线	10kV 2A 号电压互感器柜 B 网交换机（1－40n）	10kV 线路开关柜 48 号柜	19	
		2L3－WX031B	铠装超五类以太网线	10kV 2A 号电压互感器柜 B 网交换机（1－40n）	10kV 线路开关柜 49 号柜	20	
		2L4－WX031B	铠装超五类以太网线	10kV 2A 号电压互感器柜 B 网交换机（1－40n）	10kV 线路开关柜 50 号柜	21	
		2L5－WX031B	铠装超五类以太网线	10kV 2A 号电压互感器柜 B 网交换机（1－40n）	10kV 线路开关柜 51 号柜	22	
		2L6－WX031B	铠装超五类以太网线	10kV 2A 号电压互感器柜 B 网交换机（1－40n）	10kV 线路开关柜 52 号柜	23	
		2L7－WX031B	铠装超五类以太网线	10kV 2A 号电压互感器柜 B 网交换机（1－40n）	10kV 线路开关柜 34 号柜	24	

续表

序号	安装单位名称	网缆编号	网缆型号及截面	网缆起点	网缆终点	网线长度	说明
		2L8－WX031B	铠装超五类以太网线	10kV 2A 号电压互感器柜 B 网交换机（1－40n）	10kV 线路开关柜 35 号柜	25	
		2L9－WX031B	铠装超五类以太网线	10kV 2A 号电压互感器柜 B 网交换机（1－40n）	10kV 线路开关柜 36 号柜	15	
		2L10－WX031B	铠装超五类以太网线	10kV 2A 号电压互感器柜 B 网交换机（1－40n）	10kV 线路开关柜 37 号柜	16	
		2L11－WX031B	铠装超五类以太网线	10kV 2A 号电压互感器柜 B 网交换机（1－40n）	10kV 线路开关柜 38 号柜	17	
		2L12－WX031B	铠装超五类以太网线	10kV 2A 号电压互感器柜 B 网交换机（1－40n）	10kV 线路开关柜 40 号柜	18	
		2R1－WX031B	铠装超五类以太网线	10kV 2A 号电压互感器柜 B 网交换机（1－40n）	10kV 3 号电容器开关柜 45 号柜	26	
		2R2－WX031B	铠装超五类以太网线	10kV 2A 号电压互感器柜 B 网交换机（1－40n）	10kV 4 号电容器开关柜 33 号柜	27	
		2APT－WX031B	铠装超五类以太网线	10kV 2A 号电压互感器柜 B 网交换机（1－40n）	10kVⅡA 母 TV 柜 46 号柜	19	
		2BPT－WX031B	铠装超五类以太网线	10kV 2A 号电压互感器柜 B 网交换机（1－40n）	10kVⅡB 母 TV 柜 39 号柜	2	
		2ZB－WX031B	铠装超五类以太网线	10kV 2A 号电压互感器柜 B 网交换机（1－40n）	10kV 2 号接地变压器开关柜 53 号柜	15	
2	**10kV 3 号电压互感器柜**						
		3L1－WX031A	铠装超五类以太网线	10kV 3 号电压互感器柜 A 网交换机（1－40n）	10kV 线路开关柜 14 号柜	15	
		3L2－WX031A	铠装超五类以太网线	10kV 3 号电压互感器柜 A 网交换机（1－40n）	10kV 线路开关柜 15 号柜	16	
		3L3－WX031A	铠装超五类以太网线	10kV 3 号电压互感器柜 A 网交换机（1－40n）	10kV 线路开关柜 16 号柜	17	
		3L4－WX031A	铠装超五类以太网线	10kV 3 号电压互感器柜 A 网交换机（1－40n）	10kV 线路开关柜 17 号柜	18	
		3L5－WX031A	铠装超五类以太网线	10kV 3 号电压互感器柜 A 网交换机（1－40n）	10kV 线路开关柜 18 号柜	19	
		3L6－WX031A	铠装超五类以太网线	10kV 3 号电压互感器柜 A 网交换机（1－40n）	10kV 线路开关柜 19 号柜	20	
		3L7－WX031A	铠装超五类以太网线	10kV 3 号电压互感器柜 A 网交换机（1－40n）	10kV 线路开关柜 20 号柜	15	
		3L8－WX031A	铠装超五类以太网线	10kV 3 号电压互感器柜 A 网交换机（1－40n）	10kV 线路开关柜 21 号柜	21	
		3L9－WX031A	铠装超五类以太网线	10kV 3 号电压互感器柜 A 网交换机（1－40n）	10kV 线路开关柜 22 号柜	20	
		3L10－WX031A	铠装超五类以太网线	10kV 3 号电压互感器柜 A 网交换机（1－40n）	10kV 线路开关柜 23 号柜	20	
		3L11－WX031A	铠装超五类以太网线	10kV 3 号电压互感器柜 A 网交换机（1－40n）	10kV 线路开关柜 24 号柜	15	
		3L12－WX031A	铠装超五类以太网线	10kV 3 号电压互感器柜 A 网交换机（1－40n）	10kV 线路开关柜 30 号柜	16	
		3R1－WX031A	铠装超五类以太网线	10kV 3 号电压互感器柜 A 网交换机（1－40n）	10kV 5 号电容器开关柜 27 号柜	17	

续表

序号	安装单位名称	网缆编号	网缆型号及截面	网缆起点	网缆终点	网线长度	说明
		3R2－WX031A	铠装超五类以太网线	10kV 3 号电压互感器柜 A 网交换机（1－40n）	10kV 6 号电容器开关柜 26 号柜	18	
		3PT－WX031A	铠装超五类以太网线	10kV 3 号电压互感器柜 A 网交换机（1－40n）	10kVⅢ母 TV 柜 25 号柜	19	
		3ZB－WX031A	铠装超五类以太网线	10kV 3 号电压互感器柜 A 网交换机（1－40n）	10kV 3 号接地变开关柜 13 号柜	20	
		2FD－WX031A	铠装超五类以太网线	10kV 3 号电压互感器柜 A 网交换机（1－40n）	10kV 2 号分段开关柜 31 号柜	15	
		2FD－WX032A	铠装超五类以太网线	10kV 3 号电压互感器柜 A 网交换机（1－40n）	10kV 2 号分段开关柜 31 号柜	21	
		3L1－WX031B	铠装超五类以太网线	10kV 3 号电压互感器柜 B 网交换机（1－40n）	10kV 线路开关柜 14 号柜	15	
		3L2－WX031B	铠装超五类以太网线	10kV 3 号电压互感器柜 B 网交换机（1－40n）	10kV 线路开关柜 15 号柜	16	
		3L3－WX031B	铠装超五类以太网线	10kV 3 号电压互感器柜 B 网交换机（1－40n）	10kV 线路开关柜 16 号柜	17	
		3L4－WX031B	铠装超五类以太网线	10kV 3 号电压互感器柜 B 网交换机（1－40n）	10kV 线路开关柜 17 号柜	18	
		3L5－WX031B	铠装超五类以太网线	10kV 3 号电压互感器柜 B 网交换机（1－40n）	10kV 线路开关柜 18 号柜	19	
		3L6－WX031B	铠装超五类以太网线	10kV 3 号电压互感器柜 B 网交换机（1－40n）	10kV 线路开关柜 19 号柜	20	
		3L7－WX031B	铠装超五类以太网线	10kV 3 号电压互感器柜 B 网交换机（1－40n）	10kV 线路开关柜 20 号柜	15	
		3L8－WX031B	铠装超五类以太网线	10kV 3 号电压互感器柜 B 网交换机（1－40n）	10kV 线路开关柜 21 号柜	21	
		3L9－WX031B	铠装超五类以太网线	10kV 3 号电压互感器柜 B 网交换机（1－40n）	10kV 线路开关柜 22 号柜	20	
		3L10－WX031B	铠装超五类以太网线	10kV 3 号电压互感器柜 B 网交换机（1－40n）	10kV 线路开关柜 23 号柜	20	
		3L11－WX031B	铠装超五类以太网线	10kV 3 号电压互感器柜 B 网交换机（1－40n）	10kV 线路开关柜 24 号柜	15	
		3L12－WX031B	铠装超五类以太网线	10kV 3 号电压互感器柜 B 网交换机（1－40n）	10kV 线路开关柜 30 号柜	18	
		3R1－WX031B	铠装超五类以太网线	10kV 3 号电压互感器柜 B 网交换机（1－40n）	10kV 5 号电容器开关柜 27 号柜	17	
		3R2－WX031B	铠装超五类以太网线	10kV 3 号电压互感器柜 B 网交换机（1－40n）	10kV 6 号电容器开关柜 26 号柜	18	
		3PT－WX031B	铠装超五类以太网线	10kV 3 号电压互感器柜 B 网交换机（1－40n）	10kVⅢ母 TV 柜 25 号柜	19	
		3ZB－WX031B	铠装超五类以太网线	10kV 3 号电压互感器柜 B 网交换机（1－40n）	10kV 3 号接地变压器开关柜 13 号柜	20	
		2FD－WX031B	铠装超五类以太网线	10kV 3 号电压互感器柜 B 网交换机（1－40n）	10kV 2 号分段开关柜 31 号柜	22	
		2FD－WX032B	铠装超五类以太网线	10kV 3 号电压互感器柜 B 网交换机（1－40n）	10kV 2 号分段开关柜 31 号柜	22	
	网缆统计	对应各型号电缆长度（m）				2520	

2 公用设备二次线

2.1 公用设备二次线卷册目录

电气二次　　部分　第2卷　第2册　第　分册

卷册名称　公用设备二次线

图纸25张　本　　说明　本　　清册　本

项目经理　　　　　　专业审核人

主要设计人　　　　　卷册负责人

序号	图号	图名	张数	套用原工程名称及卷册检索号，图号
1	HE-110-A3-3-D0202-01	二次设备室屏位布置图	1	
2	HE-110-A3-3-D0202-02	电能量采集及110kV电能表柜柜面布置图	1	
3	HE-110-A3-3-D0202-03	电能量采集及110kV电能表柜原理图	1	
4	HE-110-A3-3-D0202-04	电能量采集及110kV电能表柜光缆网线连接图	1	
5	HE-110-A3-3-D0202-05	电能量采集及110kV电能表柜端子排图	1	
6	HE-110-A3-3-D0202-06	公用测控柜柜面布置图	1	
7	HE-110-A3-3-D0202-07	公用测控柜电源及对时回路原理图	1	
8	HE-110-A3-3-D0202-08	公用测控柜开入信号接线图一	1	
9	HE-110-A3-3-D0202-09	公用测控柜开入信号接线图二	1	
10	HE-110-A3-3-D0202-10	公用测控柜开入信号接线图三	1	
11	HE-110-A3-3-D0202-11	公用测控柜网线连接图	1	
12	HE-110-A3-3-D0202-12	公用测控柜端子排一	1	

续表

序号	图号	图名	张数	套用原工程名称及卷册检索号，图号
13	HE-110-A3-3-D0202-13	公用测控柜端子排二	1	
14	HE-110-A3-3-D0202-14	公用测控柜端子排三	1	
15	HE-110-A3-3-D0202-15	低频低压减载柜柜面布置图	1	
16	HE-110-A3-3-D0202-16	低频低压减载柜电源及信号回路图	1	
17	HE-110-A3-3-D0202-17	低频低压减载柜出口回路图	1	
18	HE-110-A3-3-D0202-18	低频低压减载柜端子排图一	1	
19	HE-110-A3-3-D0202-19	低频低压减载柜端子排图二	1	
20	HE-110-A3-3-D0202-20	低频低压减载柜网线连接图	1	
21	HE-110-A3-3-D0202-21	主变压器电能表屏屏面布置图	1	
22	HE-110-A3-3-D0202-22	主变压器电能表屏接线图	1	
23	HE-110-A3-3-D0202-23	主变压器电能表屏光缆网线连接图	1	
24	HE-110-A3-3-D0202-24	主变压器电能表屏端子排图	1	

2.2 公用设备二次线标准化施工图

设 计 说 明

1. 本卷册包括二次设备室公用测控，电能表、电量采集系统、低频低压减载二次接线图。
2. 配置公用测控装置3台，布置于二次设备室内，以硬接线方式采集二次设备的空接点信号。
3. 本期配置2台低频低压减载装置，采用SV直接采样，跳闸采用电缆直接跳闸。
4. 本站配置电能量采集器2台，以串口方式采集变电站内所有电能表信息，通过调度数据网非实时交换机上传计量主站。

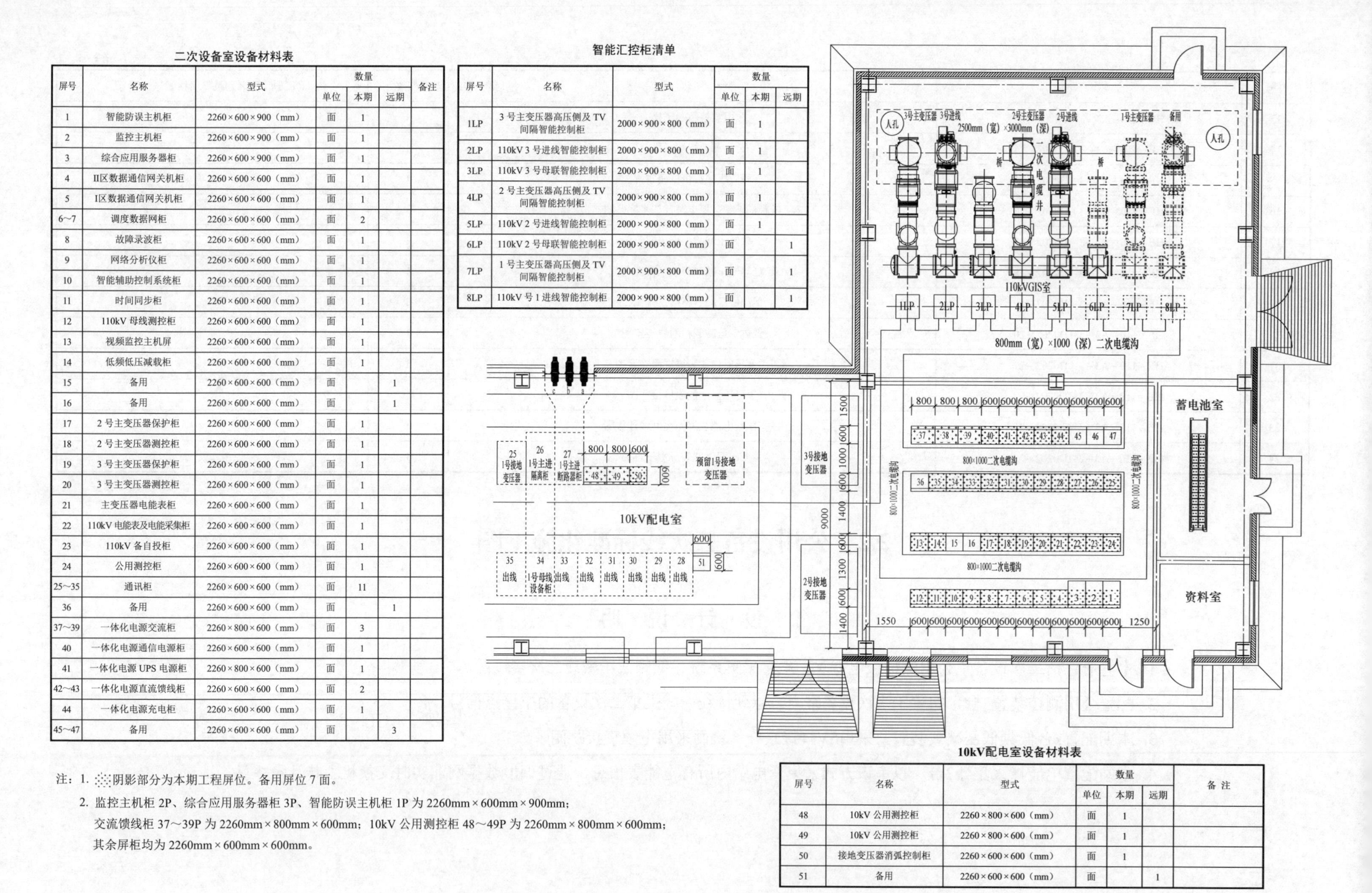

二次设备室设备材料表

屏号	名称	型式	数量			备注
			单位	本期	远期	
1	智能防误主机柜	2260×600×900（mm）	面	1		
2	监控主机柜	2260×600×900（mm）	面	1		
3	综合应用服务器柜	2260×600×900（mm）	面	1		
4	Ⅱ区数据通信网关机柜	2260×600×600（mm）	面	1		
5	Ⅰ区数据通信网关机柜	2260×600×600（mm）	面	1		
6～7	调度数据网柜	2260×600×600（mm）	面	2		
8	故障录波柜	2260×600×600（mm）	面	1		
9	网络分析仪柜	2260×600×600（mm）	面	1		
10	智能辅助控制系统柜	2260×600×600（mm）	面	1		
11	时间同步柜	2260×600×600（mm）	面	1		
12	110kV 母线测控柜	2260×600×600（mm）	面	1		
13	视频监控主机屏	2260×600×600（mm）	面	1		
14	低频低压减载柜	2260×600×600（mm）	面	1		
15	备用	2260×600×600（mm）	面		1	
16	备用	2260×600×600（mm）	面		1	
17	2 号主变压器保护柜	2260×600×600（mm）	面	1		
18	2 号主变压器测控柜	2260×600×600（mm）	面	1		
19	3 号主变压器保护柜	2260×600×600（mm）	面	1		
20	3 号主变压器测控柜	2260×600×600（mm）	面	1		
21	主变压器电能表柜	2260×600×600（mm）	面	1		
22	110kV 电能表及电能采集柜	2260×600×600（mm）	面	1		
23	110kV 备自投柜	2260×600×600（mm）	面	1		
24	公用测控柜	2260×600×600（mm）	面	1		
25～35	通讯柜	2260×600×600（mm）	面	11		
36	备用	2260×600×600（mm）	面		1	
37～39	一体化电源交流柜	2260×800×600（mm）	面	3		
40	一体化电源通信电源柜	2260×600×600（mm）	面	1		
41	一体化电源 UPS 电源柜	2260×800×600（mm）	面	1		
42～43	一体化电源直流馈线柜	2260×600×600（mm）	面	2		
44	一体化电源充电柜	2260×600×600（mm）	面	1		
45～47	备用	2260×600×600（mm）	面		3	

智能汇控柜清单

屏号	名称	型式	数量		
			单位	本期	远期
1LP	3 号主变压器高压侧及 TV 间隔智能控制柜	2000×900×800（mm）	面	1	
2LP	110kV 3 号进线智能控制柜	2000×900×800（mm）	面	1	
3LP	110kV 3 号母联智能控制柜	2000×900×800（mm）	面	1	
4LP	2 号主变压器高压侧及 TV 间隔智能控制柜	2000×900×800（mm）	面	1	
5LP	110kV 2 号进线智能控制柜	2000×900×800（mm）	面	1	
6LP	110kV 2 号母联智能控制柜	2000×900×800（mm）	面		1
7LP	1 号主变压器高压侧及 TV 间隔智能控制柜	2000×900×800（mm）	面		1
8LP	110kV 号 1 进线智能控制柜	2000×900×800（mm）	面		1

10kV配电室设备材料表

屏号	名称	型式	数量			备 注
			单位	本期	远期	
48	10kV 公用测控柜	2260×800×600（mm）	面	1		
49	10kV 公用测控柜	2260×800×600（mm）	面	1		
50	接地变压器消弧控制柜	2260×600×600（mm）	面	1		
51	备用	2260×600×600（mm）	面		1	

注：1. 阴影部分为本期工程屏位。备用屏位 7 面。

2. 监控主机柜 2P、综合应用服务器柜 3P、智能防误主机柜 1P 为 2260mm×600mm×900mm；交流馈线柜 37～39P 为 2260mm×800mm×600mm；10kV 公用测控柜 48～49P 为 2260mm×800mm×600mm；其余屏柜均为 2260mm×600mm×600mm。

图 2-1 HE-110-A3-3-D0202-01 二次设备室屏位布置图

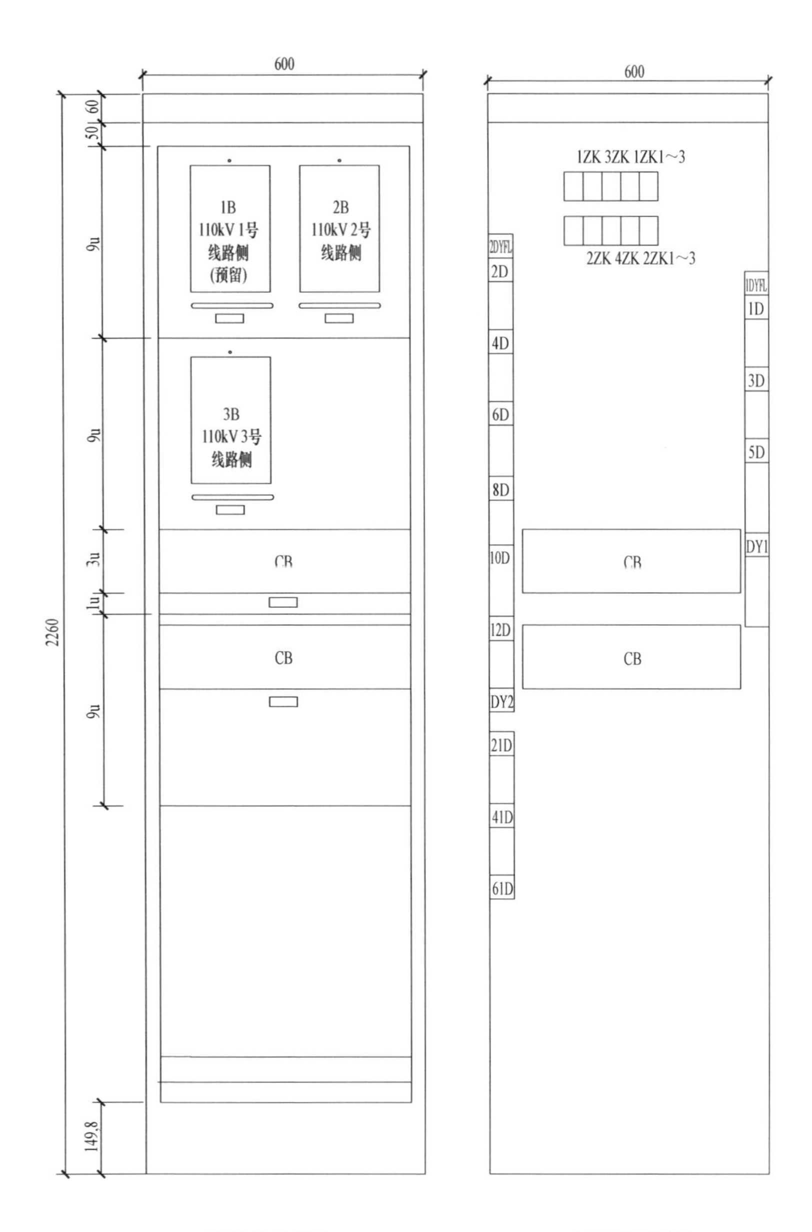

电能量采集屏正视图

电能量采集屏背视图

注：电能表配有挂表架。电能量采集终端至少具备2路RS232端口、8路RS485端口。

设 备 表

编 号	符 号	名 称	型 式	技术特性	数量	备 注
安装单位________				110kV 线路1		
1	1B	三相四线电能表	数字表	3×57.7/100V	1	单表
2						
3						
安装单位________				110kV 线路2		
1	2B	三相四线电能表	数字表	3×57.7/100V	1	单表
2						
3						
安装单位________				110kV 线路3		
1	3B	三相四线电能表	数字表	3×57.7/100V	1	单表
2						
3						

设 备 材 料 表

序号	代号	元件名称	型号规格	数量	备注
1	CB	电能量采集装置		2	
2	1、3ZK	微断	NDB2Z－63 B4/2	2	
3	2、4ZK	微断	NDB1－63 C4/2	2	
4	1DYFL	直流电源防雷	C级 DXH10－FS/2DC220R40	1	
5	2DYFL	交流电源防雷	DXH10－FCS/2R40	1	
6	1B～3B	数字式电能表		3	预留位置
7	1ZK1～3	微断	NDB2Z－63 B4/2+OF2	3	
8	2ZK1～3	微断	NDB1－63 C4/2+OF1	3	
9	1～3GBJ	挂表架		3	

图2－2 HE－110－A3－3－D0202－02 电能量采集及110kV电能表柜柜面布置图

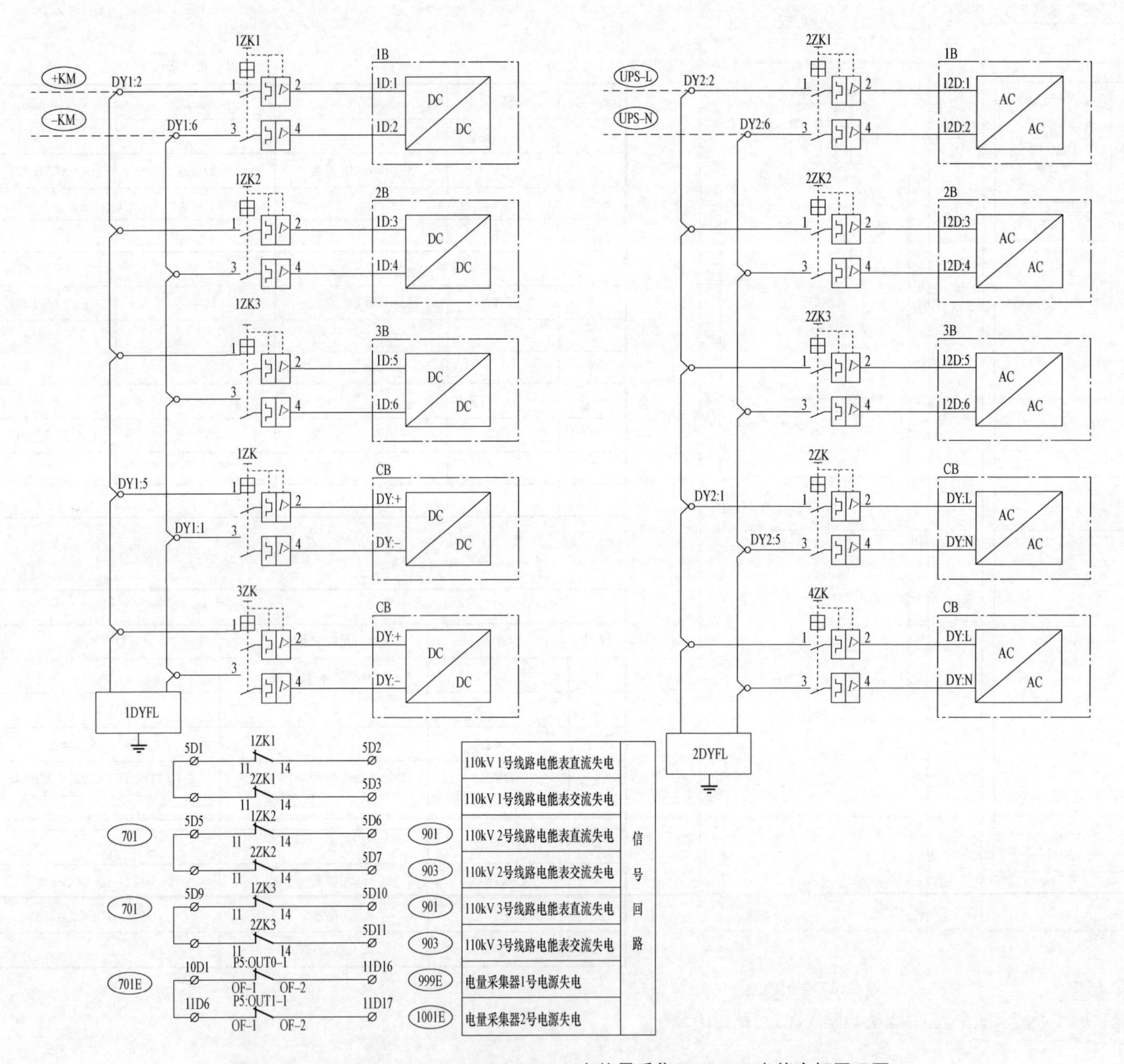

图 2-3 HE-110-A3-3-D0202-03 电能量采集及 110kV 电能表柜原理图

尾缆接线表

<table>
<tr><th rowspan="2">线缆编号</th><th rowspan="2">线缆型号</th><th colspan="3">本柜连接设备</th><th rowspan="2">尾缆芯号</th><th rowspan="2">功能说明</th><th rowspan="2">对侧设备</th></tr>
<tr><th>设备名称</th><th>设备插件/端口号</th><th>设备端口类型</th></tr>
<tr><td></td><td></td><td></td><td></td><td></td><td></td><td></td><td></td></tr>
<tr><td rowspan="4">2H-WL115</td><td rowspan="4">4 芯多模铠装尾缆
LC-ST</td><td>110kV 2 号线路电能表（2B）</td><td>电能表光口 RX</td><td>多模，ST</td><td>1</td><td>110kV 2 号线路电能表直采</td><td rowspan="4">至 110kV 2 号线路智能控制柜集成装置 2</td></tr>
<tr><td></td><td></td><td></td><td>2</td><td>备用</td></tr>
<tr><td></td><td></td><td></td><td>3</td><td>备用</td></tr>
<tr><td></td><td></td><td></td><td>4</td><td>备用</td></tr>
<tr><td></td><td></td><td></td><td></td><td></td><td></td><td></td><td></td></tr>
<tr><td rowspan="4">3H-WL115</td><td rowspan="4">4 芯多模铠装尾缆
LC-ST</td><td>110kV 3 号线路电能表（3B）</td><td>电能表光口 RX</td><td>多模，ST</td><td>1</td><td>110kV 3 号线路电能表直采</td><td rowspan="4">至 110kV 3 号线路智能控制柜集成装置 2</td></tr>
<tr><td></td><td></td><td></td><td>2</td><td>备用</td></tr>
<tr><td></td><td></td><td></td><td>3</td><td>备用</td></tr>
<tr><td></td><td></td><td></td><td>4</td><td>备用</td></tr>
</table>

网线接线表

<table>
<tr><th rowspan="2">线缆编号</th><th rowspan="2">线缆型号</th><th colspan="3">本柜连接设备</th><th rowspan="2">功能说明</th><th rowspan="2">对侧设备</th></tr>
<tr><th>设备名称</th><th>设备插件/端口号</th><th>设备端口类型</th></tr>
<tr><td>SJY1-WX234</td><td>铠装超五类屏蔽网线</td><td>电能量采集器 1</td><td>LAN1 经防雷器</td><td>RJ45</td><td>电能量数据上送</td><td>调度数据网屏 1 非实时交换机</td></tr>
<tr><td>SJY2-WX234</td><td>铠装超五类屏蔽网线</td><td>电能量采集器 1</td><td>LAN2 经防雷器</td><td>RJ45</td><td>电能量数据上送</td><td>调度数据网屏 2 非实时交换机</td></tr>
<tr><td>SJY1-WX233</td><td>铠装超五类屏蔽网线</td><td>电能量采集器 2</td><td>LAN1 经防雷器</td><td>RJ45</td><td>电能量数据上送</td><td>调度数据网屏 1 非实时交换机</td></tr>
<tr><td>SJY2-WX233</td><td>铠装超五类屏蔽网线</td><td>电能量采集器 2</td><td>LAN2 经防雷器</td><td>RJ45</td><td>电能量数据上送</td><td>调度数据网屏 2 非实时交换机</td></tr>
<tr><td>DN-WX041A</td><td>铠装超五类屏蔽网线</td><td>电能量采集器 1</td><td>电以太网口 3</td><td>RJ45</td><td>站控层 A 网</td><td>Ⅱ区数据网关机屏站控层Ⅱ区 A 网交换机</td></tr>
<tr><td>DN-WX041B</td><td>铠装超五类屏蔽网线</td><td>电能量采集器 2</td><td>电以太网口 4</td><td>RJ45</td><td>站控层 B 网</td><td>Ⅱ区数据网关机屏站控层Ⅱ区 B 网交换机</td></tr>
</table>

图 2-4　HE-110-A3-3-D0202-04　电能量采集及 110kV 电能表柜光缆网线连接图

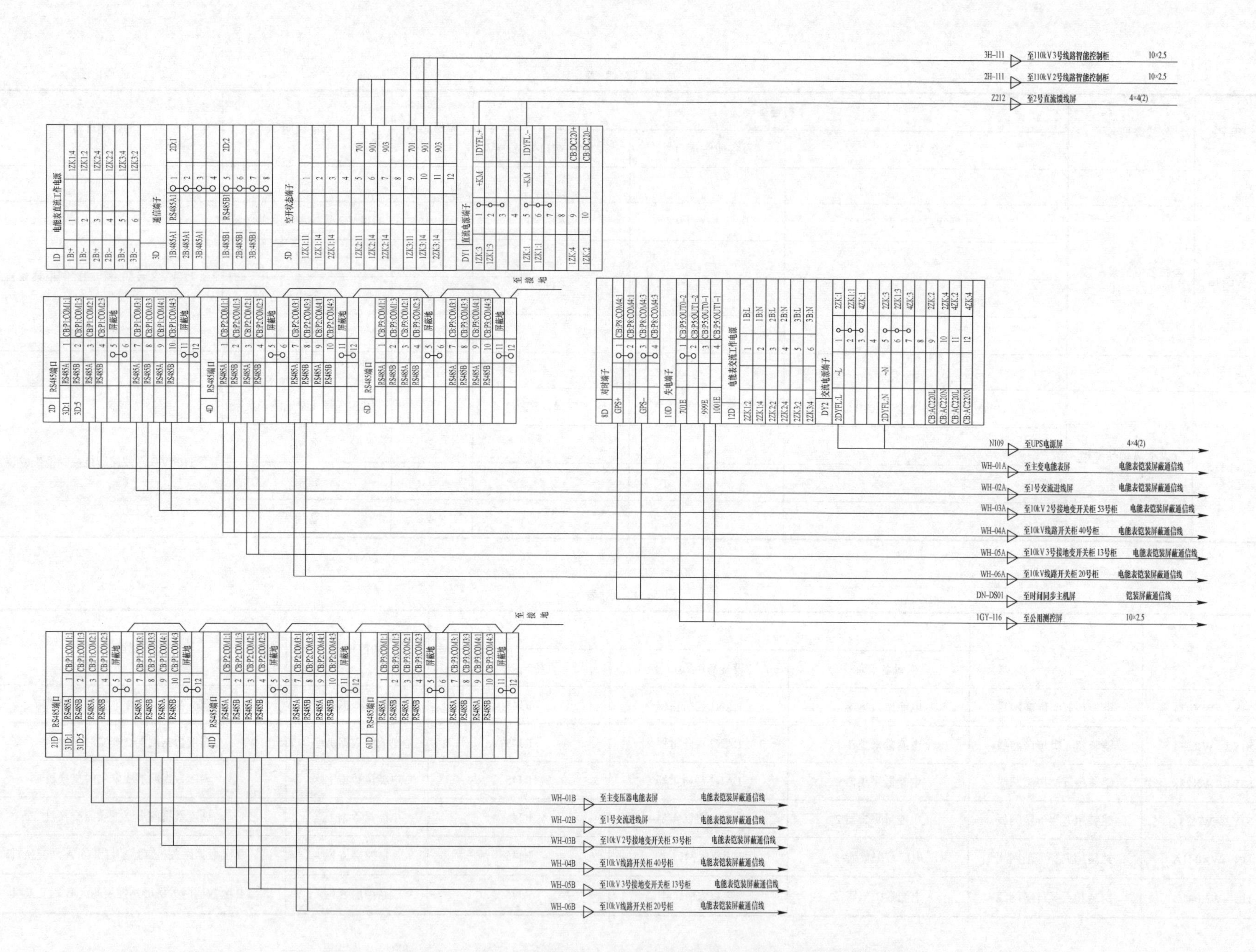

图 2-5 HE-110-A3-3-D0202-05 电能量采集及110kV电能表柜端子排图

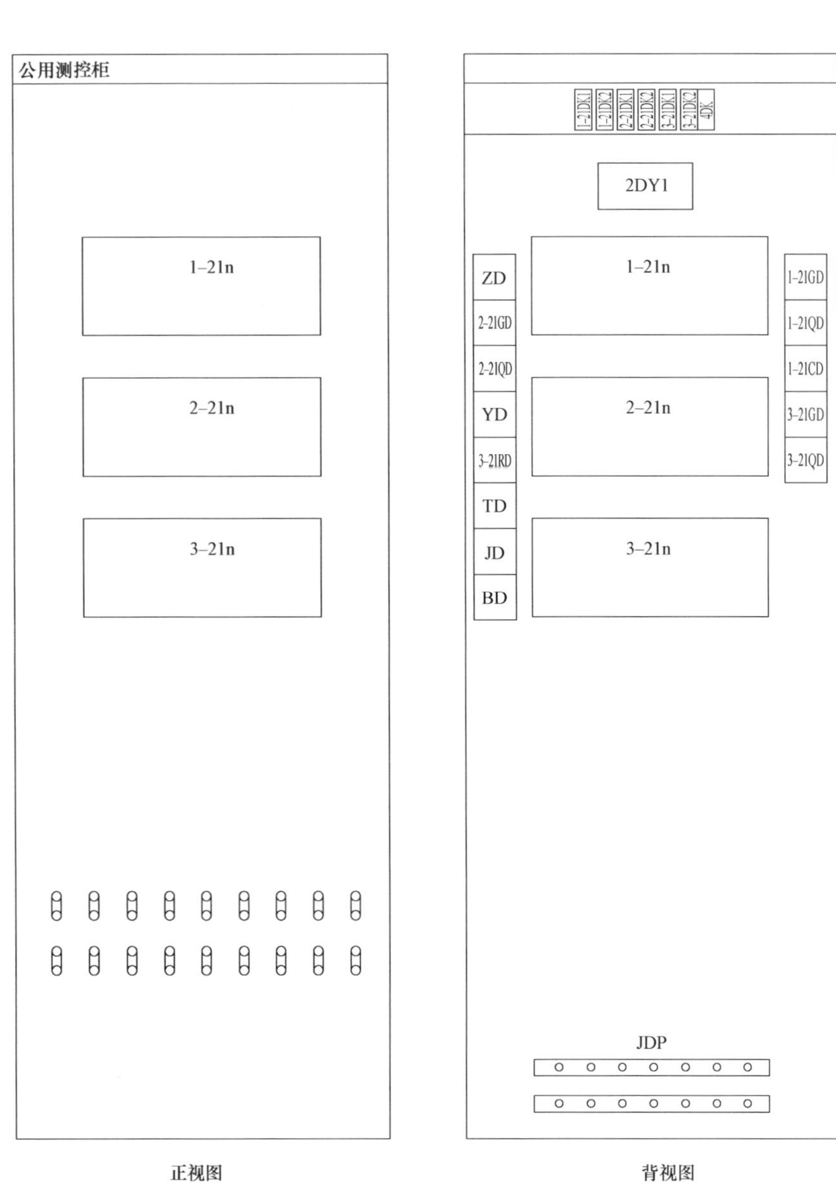

设 备 表

序号	符号	名称	型号	数量	备注
1	1-21n	公用测控装置	SAM-32-G-3-CN	1	
2	2-21n	公用测控装置	SAM-32-G-3-CN	1	
3	3-21n	公用测控装置	SAM-32-G-3-CN	1	
4	DK	直流空气开关	BB2D-63/2P B4A	7	

图 2-6 HE-110-A3-3-D0202-06 公用测控柜柜面布置图

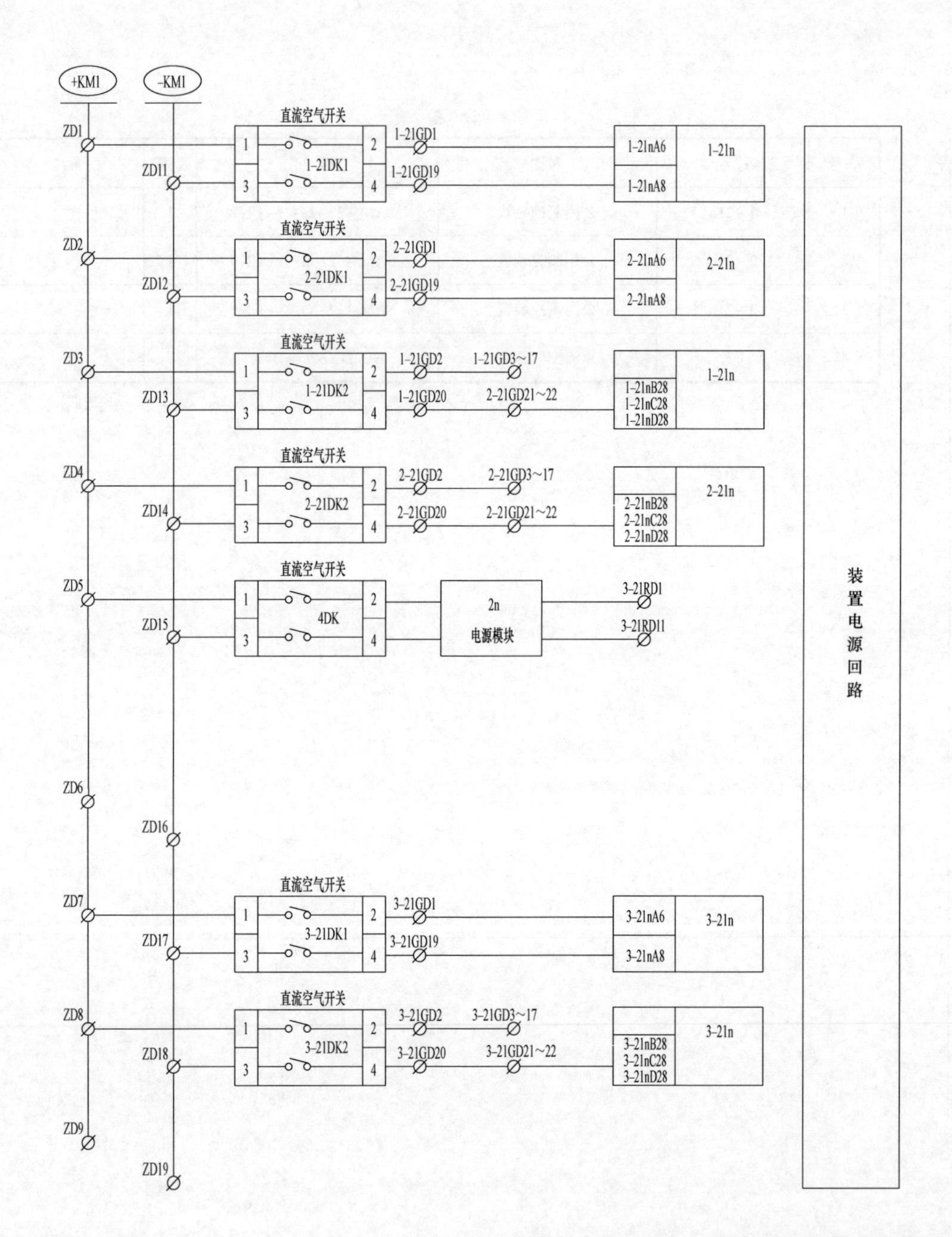

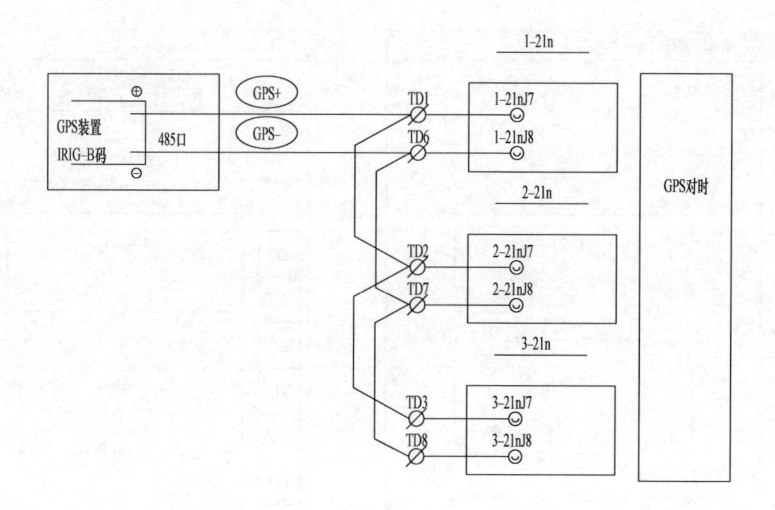

图 2-7 HE-110-A3-3-D0202-07 公用测控柜电源及对时回路原理图

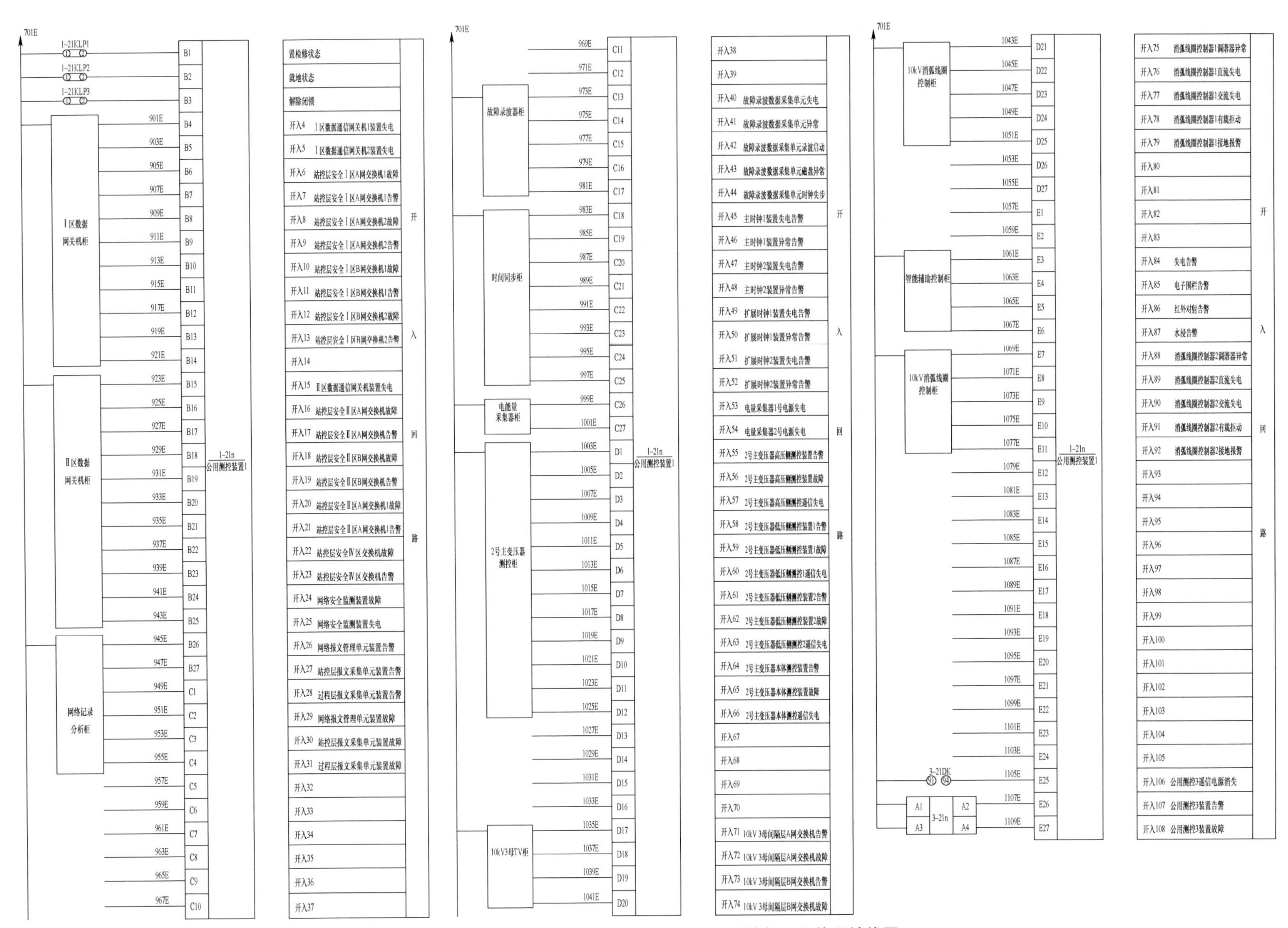

图 2-8 HE-110-A3-3-D0202-08 公用测控柜开入信号接线图一

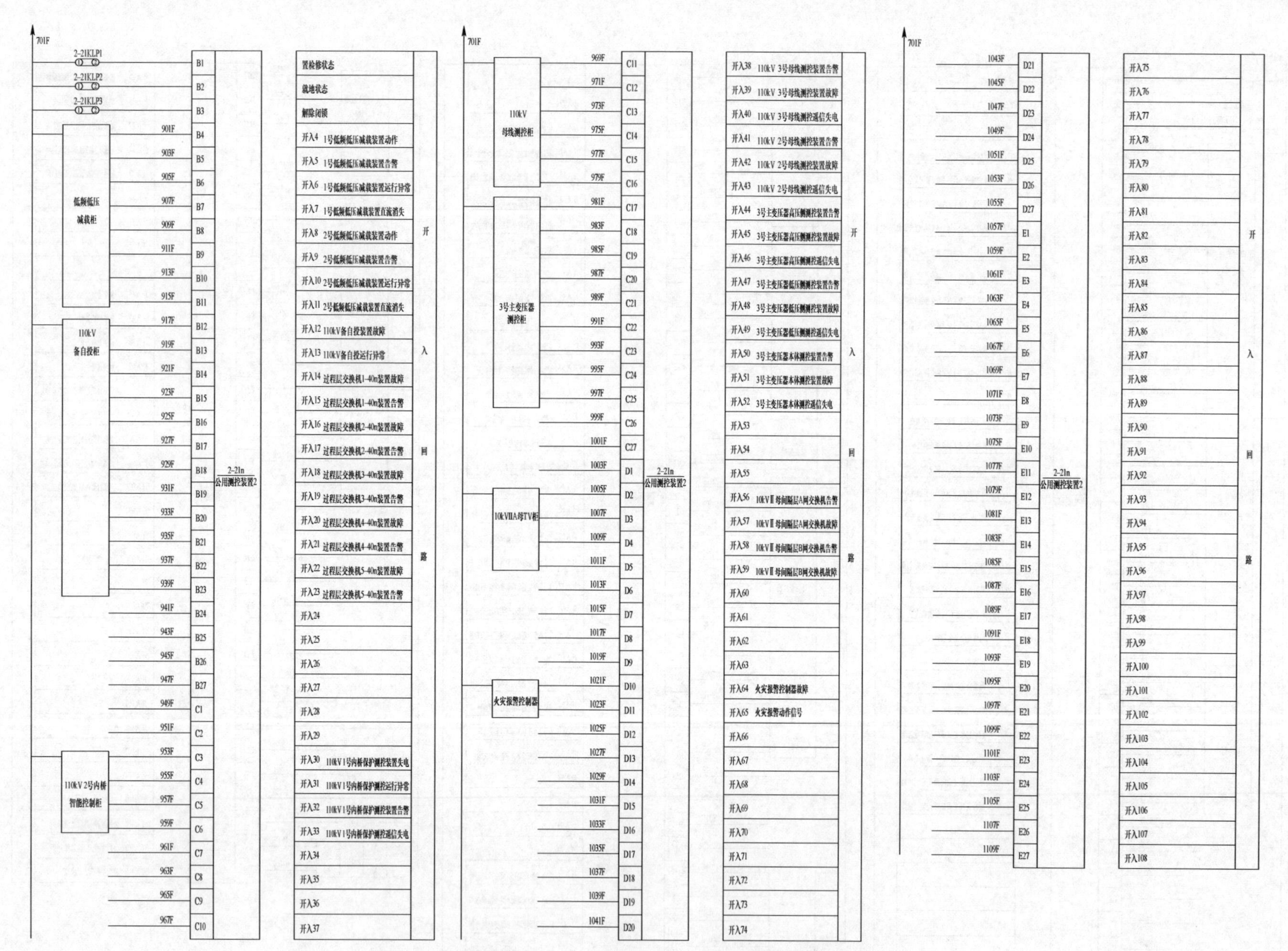

图 2-9　HE-110-A3-3-D0202-09　公用测控柜开入信号接线图二

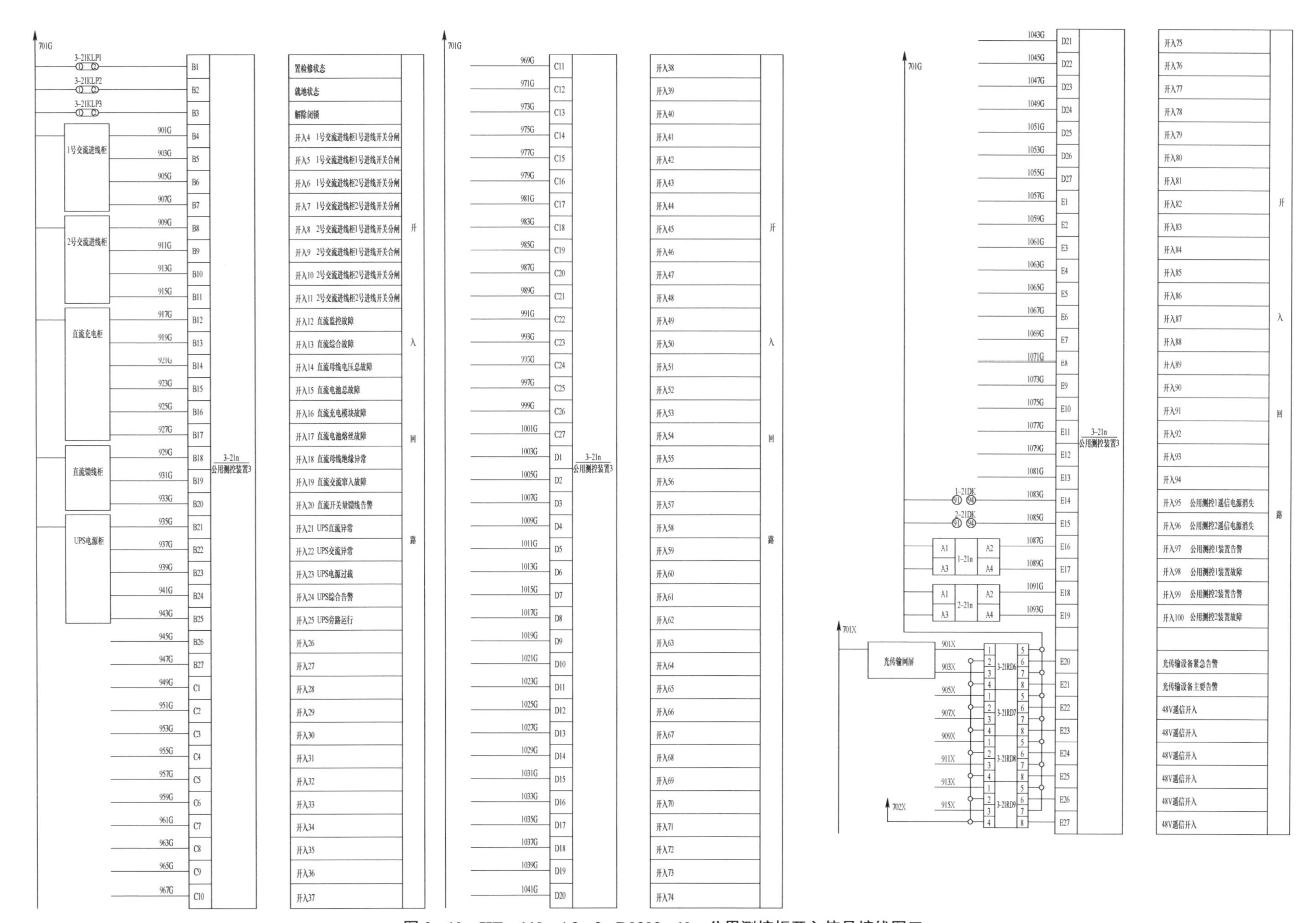

图 2-10　HE-110-A3-3-D0202-10　公用测控柜开入信号接线图三

网 线 接 线 表

线缆编号	线缆型号	本柜连接设备			功能说明	对侧设备
		设备名称	设备插件/端口号	设备端口类型		
GY－WX031A	铠装超五类屏蔽网线	1号公用测控装置（1－21n）	J插件－电以太网口1	RJ45	MMS A网	Ⅰ区数据网关机屏站控层Ⅰ区A网交换机
GY－WX031B	铠装超五类屏蔽网线	1号公用测控装置（1－21n）	J插件－电以太网口2	RJ45	MMS B网	Ⅰ区数据网关机屏站控层Ⅰ区B网交换机
GY－WX032A	铠装超五类屏蔽网线	2号公用测控装置（2－21n）	J插件－电以太网口1	RJ45	MMS A网	Ⅰ区数据网关机屏站控层Ⅰ区A网交换机
GY－WX032B	铠装超五类屏蔽网线	2号公用测控装置（2－21n）	J插件－电以太网口2	RJ45	MMS B网	Ⅰ区数据网关机屏站控层Ⅰ区B网交换机
GY－WX033A	铠装超五类屏蔽网线	3号公用测控装置（3－21n）	J插件－电以太网口1	RJ45	MMS A网	Ⅰ区数据网关机屏站控层Ⅰ区A网交换机
GY－WX033B	铠装超五类屏蔽网线	3号公用测控装置（3－21n）	J插件－电以太网口2	RJ45	MMS B网	Ⅰ区数据网关机屏站控层Ⅰ区B网交换机

图2－11　HE－110－A3－3－D0202－11　公用测控柜网线连接图

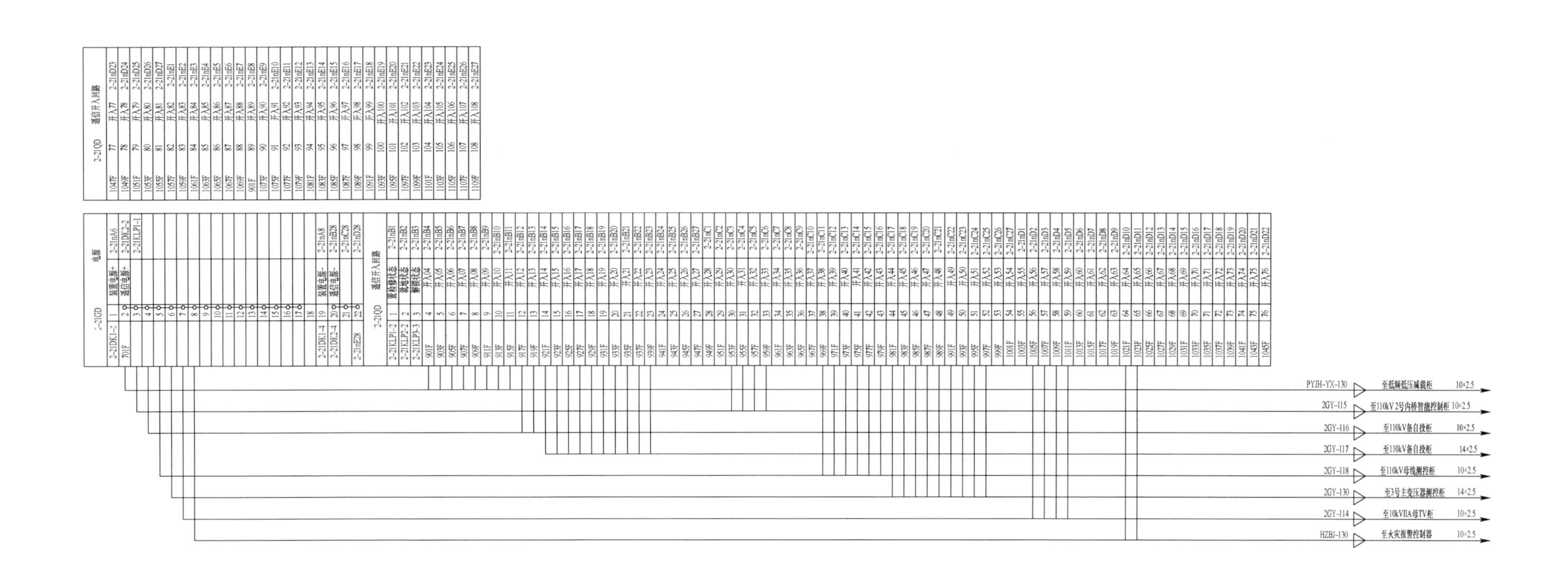

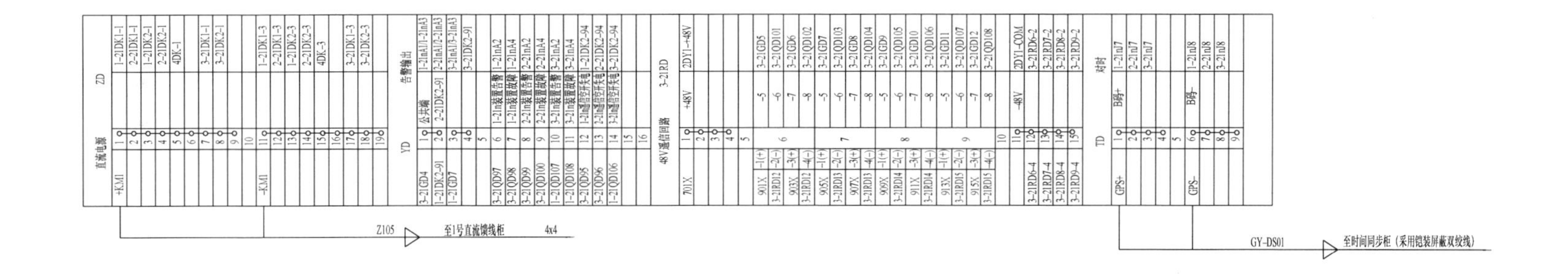

图 2-12　HE-110-A3-3-D0202-12　公用测控柜端子排一

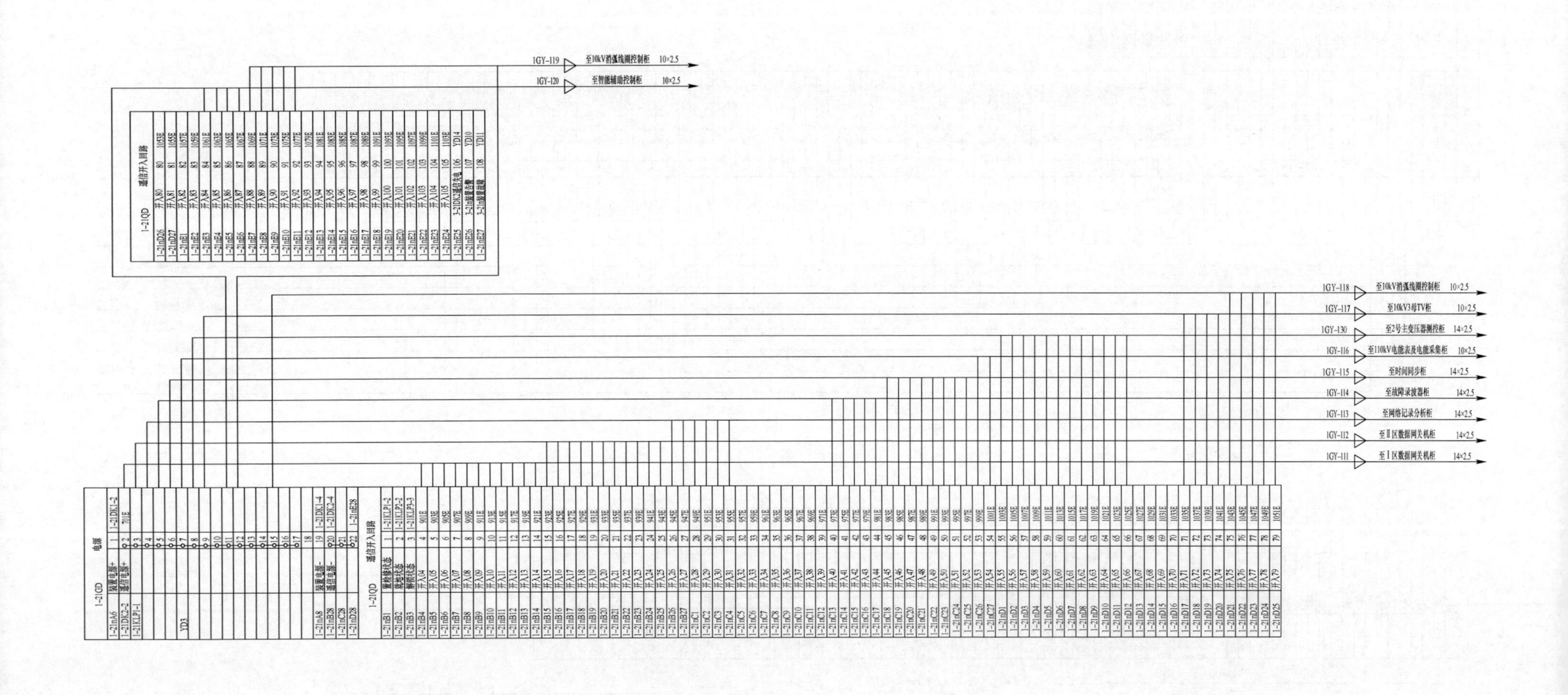

图 2-13 HE-110-A3-3-D0202-13 公用测控柜端子排二

3-21QD	遥信开入回路		
3-21nD23	开入77	77	1047G
3-21nD24	开入78	78	1049G
3-21nD25	开入79	79	1051G
3-21nD26	开入80	80	1053G
3-21nD27	开入81	81	1055G
3-21nE1	开入82	82	1057G
3-21nE2	开入83	83	1059G
3-21nE3	开入84	84	1061G
3-21nE4	开入85	85	1063G
3-21nE5	开入86	86	1065G
3-21nE6	开入87	87	1067G
3-21nE7	开入88	88	1069G
3-21nE8	开入89	89	901G
3-21nE9	开入90	90	1073G
3-21nE10	开入91	91	1075G
3-21nE11	开入92	92	1077G
3-21nE12	开入93	93	1079G
3-21nE13	开入94	94	1081G
3-21nE14	1-21DK2遥信失电	95	YD12
3-21nE15	2-21DK2遥信失电	96	YD13
3-21nE16	1-21n装置告警	97	YD6
3-21nE17	1-21n装置故障	98	YD7
3-21nE18	2-21n装置告警	99	YD8
3-21nE19	2-21n装置故障	100	YD9
3-21nE20	开入101	101	3-21RD6-6
3-21nE21	开入102	102	3-21RD6-8
3-21nE22	开入103	103	3-21RD7-6
3-21nE23	开入104	104	3-21RD7-8
3-21nE24	开入105	105	3-21RD8-6
3-21nE25	开入106	106	3-21RD8-8
3-21nE26	开入107	107	3-21RD9-6
3-21nE27	开入108	108	3-21RD9-8

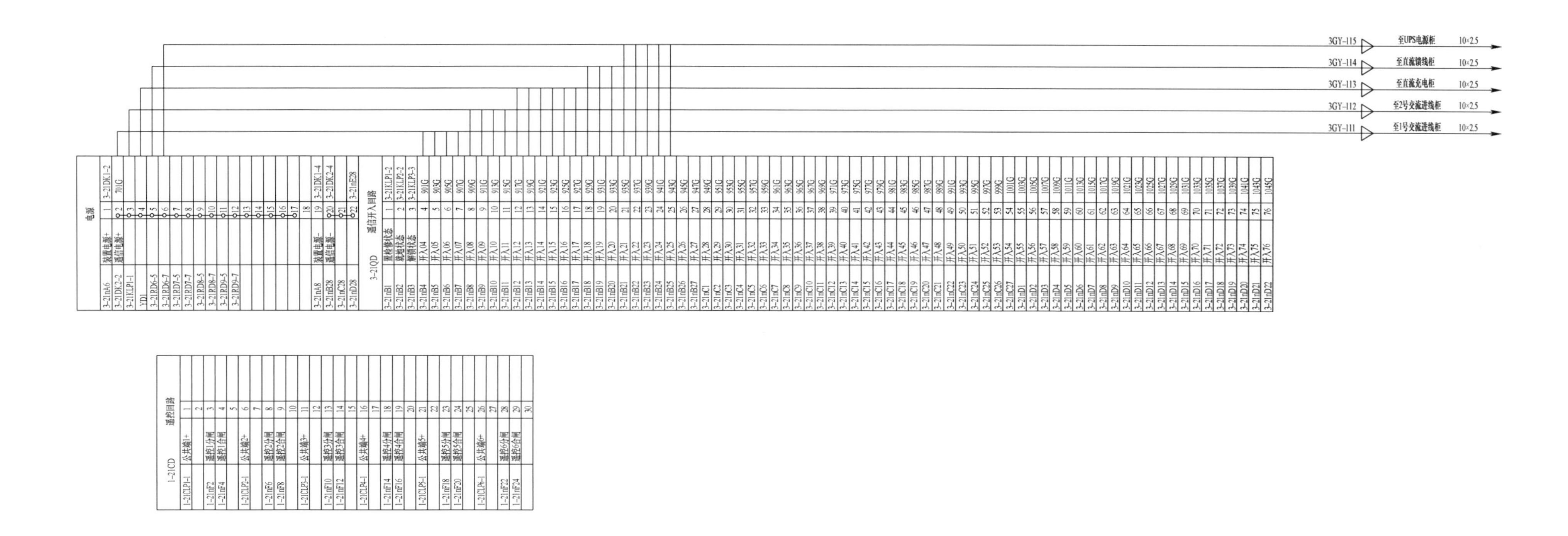

电源			
3-21nA6	装置电源+	1	3-21DK1-2
3-21DK2-2	遥信电源+	2	701G
3-21KLP1-1		3	
YD1		4	
3-21RD6-5		5	
3-21RD6-7		6	
3-21RD7-5		7	
3-21RD7-7		8	
3-21RD8-5		9	
3-21RD8-7		10	
3-21RD9-5		11	
3-21RD9-7		12	
		13	
		14	
		15	
		16	
		17	
		18	
3-21nA8	装置电源-	19	3-21DK1-4
3-21nB28	遥信电源-	20	3-21DK2-4
3-21nC28		21	
3-21nD28		22	3-21nE28
3-21QD	遥信开入回路		
3-21nB1	置检修状态	1	3-21KLP1-2
3-21nB2	就地状态	2	3-21KLP2-2
3-21nB3	解锁状态	3	3-21KLP3-3
3-21nB4	开入04	4	901G
3-21nB5	开入05	5	903G
3-21nB6	开入06	6	905G
3-21nB7	开入07	7	907G
3-21nB8	开入08	8	909G
3-21nB9	开入09	9	911G
3-21nB10	开入10	10	913G
3-21nB11	开入11	11	915G
3-21nB12	开入12	12	917G
3-21nB13	开入13	13	919G
3-21nB14	开入14	14	921G
3-21nB15	开入15	15	923G
3-21nB16	开入16	16	925G
3-21nB17	开入17	17	927G
3-21nB18	开入18	18	929G
3-21nB19	开入19	19	931G
3-21nB20	开入20	20	933G
3-21nB21	开入21	21	935G
3-21nB22	开入22	22	937G
3-21nB23	开入23	23	939G
3-21nB24	开入24	24	941G
3-21nB25	开入25	25	943G
3-21nB26	开入26	26	945G
3-21nB27	开入27	27	947G
3-21nC1	开入28	28	949G
3-21nC2	开入29	29	951G
3-21nC3	开入30	30	953G
3-21nC4	开入31	31	955G
3-21nC5	开入32	32	957G
3-21nC6	开入33	33	959G
3-21nC7	开入34	34	961G
3-21nC8	开入35	35	963G
3-21nC9	开入36	36	965G
3-21nC10	开入37	37	967G
3-21nC11	开入38	38	969G
3-21nC12	开入39	39	971G
3-21nC13	开入40	40	973G
3-21nC14	开入41	41	975G
3-21nC15	开入42	42	977G
3-21nC16	开入43	43	979G
3-21nC17	开入44	44	981G
3-21nC18	开入45	45	983G
3-21nC19	开入46	46	985G
3-21nC20	开入47	47	987G
3-21nC21	开入48	48	989G
3-21nC22	开入49	49	991G
3-21nC23	开入50	50	993G
3-21nC24	开入51	51	995G
3-21nC25	开入52	52	997G
3-21nC26	开入53	53	999G
3-21nC27	开入54	54	1001G
3-21nD1	开入55	55	1003G
3-21nD2	开入56	56	1005G
3-21nD3	开入57	57	1007G
3-21nD4	开入58	58	1009G
3-21nD5	开入59	59	1011G
3-21nD6	开入60	60	1013G
3-21nD7	开入61	61	1015G
3-21nD8	开入62	62	1017G
3-21nD9	开入63	63	1019G
3-21nD10	开入64	64	1021G
3-21nD11	开入65	65	1023G
3-21nD12	开入66	66	1025G
3-21nD13	开入67	67	1027G
3-21nD14	开入68	68	1029G
3-21nD15	开入69	69	1031G
3-21nD16	开入70	70	1033G
3-21nD17	开入71	71	1035G
3-21nD18	开入72	72	1037G
3-21nD19	开入73	73	1039G
3-21nD20	开入74	74	1041G
3-21nD21	开入75	75	1043G
3-21nD22	开入76	76	1045G

1-21CD	遥控回路		
1-21CLP1-1	公共端1+	1	
		2	
1-21nF2	遥控1分闸	3	
1-21nF4	遥控1合闸	4	
		5	
1-21CLP2-1	公共端2+	6	
		7	
1-21nF6	遥控2分闸	8	
1-21nF8	遥控2合闸	9	
		10	
1-21CLP3-1	公共端3+	11	
		12	
1-21nF10	遥控3分闸	13	
1-21nF12	遥控3合闸	14	
		15	
1-21CLP4-1	公共端4+	16	
		17	
1-21nF14	遥控4分闸	18	
1-21nF16	遥控4合闸	19	
		20	
1-21CLP5-1	公共端5+	21	
		22	
1-21nF18	遥控5分闸	23	
1-21nF20	遥控5合闸	24	
		25	
1-21CLP6-1	公共端6+	26	
		27	
1-21nF22	遥控6分闸	28	
1-21nF24	遥控6合闸	29	
		30	

图 2-14　HE-110-A3-3-D0202-14　公用测控柜端子排三

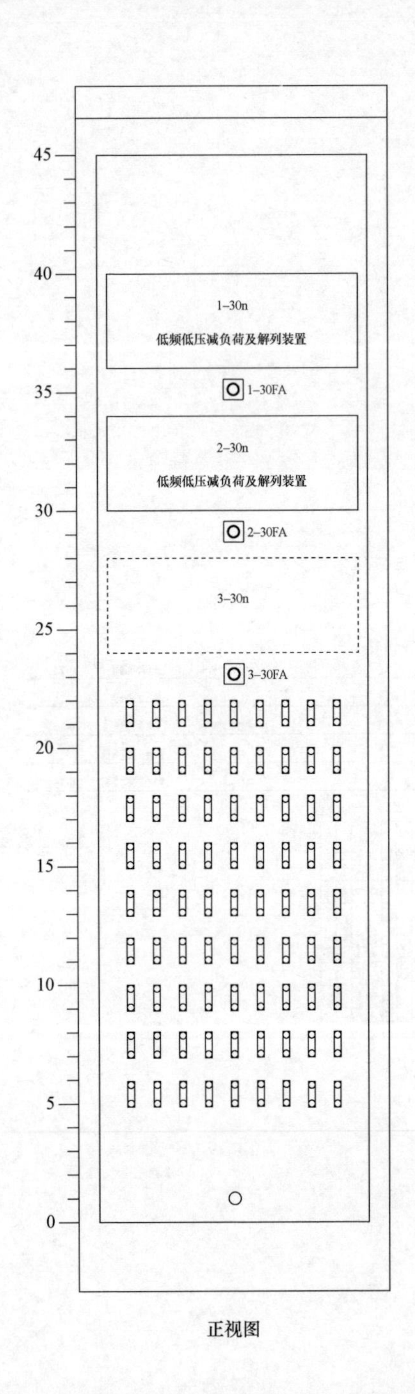

正视图

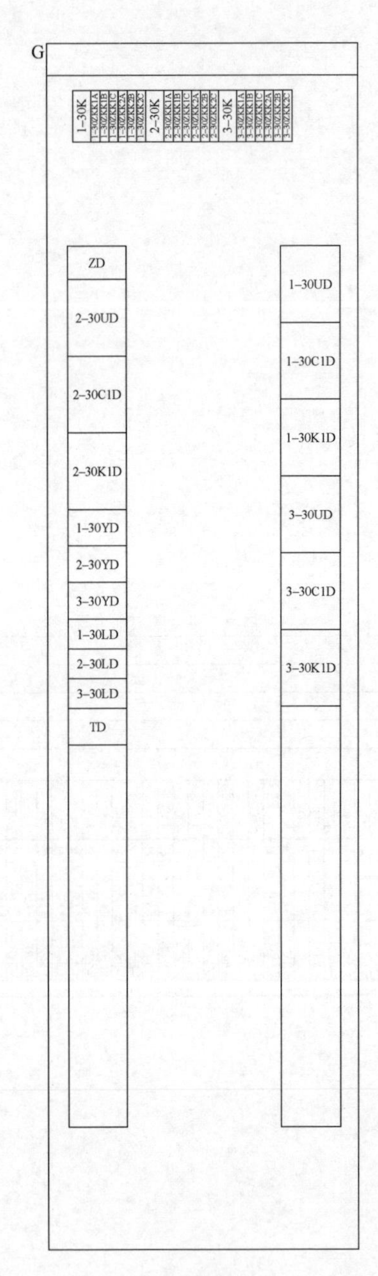

背视图

设 备 表

序号	编号	名称	型号	数量	备注
1	30n	低频低压减负荷及解列装置		2	
2	LP	压板		81	
3	ZK	ABB 双极开关		3	
4					
5					
6					
7					
8					
9					
10					

图 2－15　HE－110－A3－3－D0202－15　低频低压减载柜柜面布置图

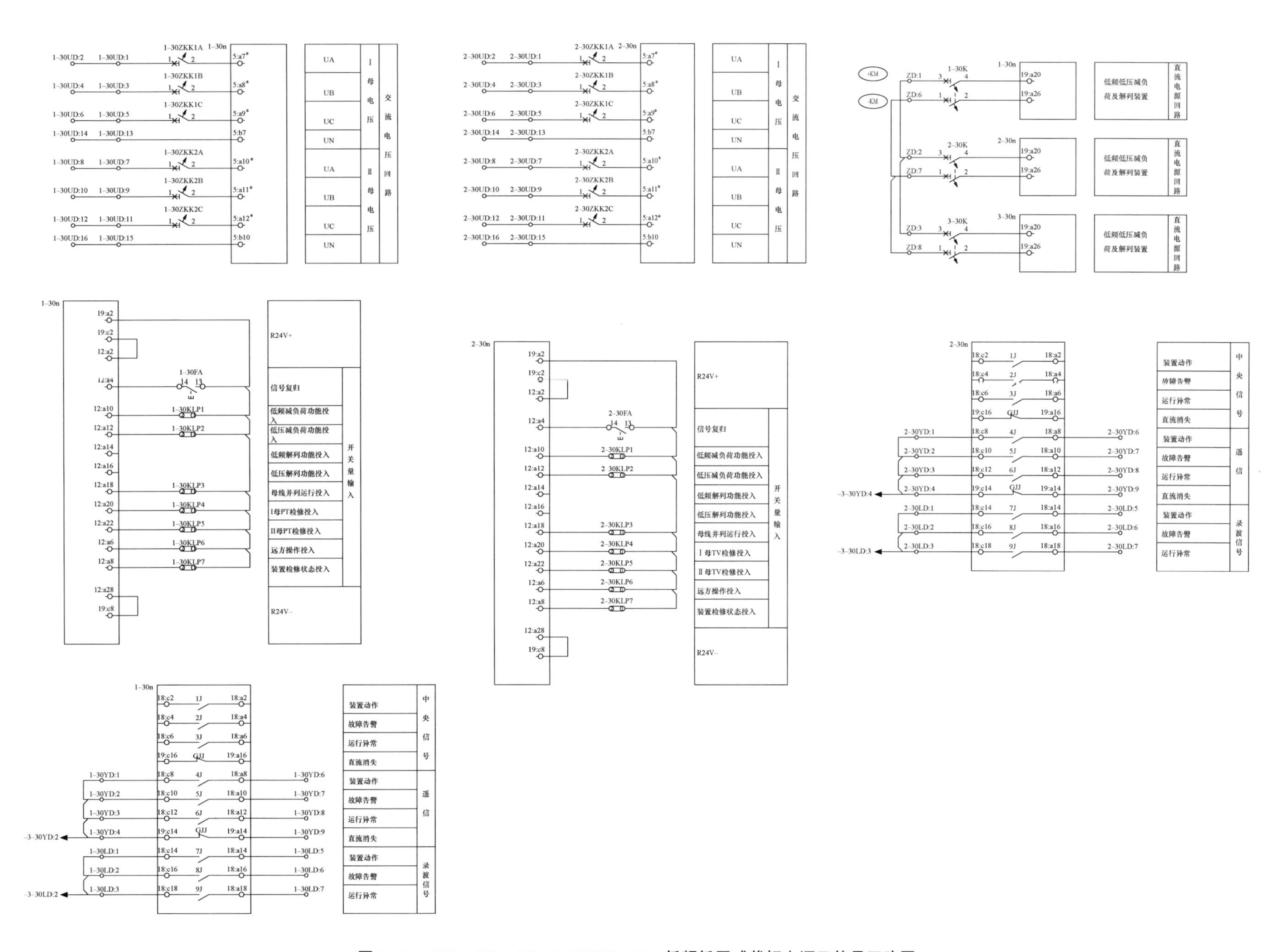

图 2-16　HE-110-A3-3-D0202-16　低频低压减载柜电源及信号回路图

1–30n

1–30n						减负荷出口回路
1–30C1D:1	15:a2	1J	15:c2	1–30CLP1	1–30K1D:1	减负荷出口1
1–30C1D:2	15:a4	2J	15:c4	1–30CLP2	1–30K1D:2	减负荷出口2
1–30C1D:3	15:a6	3J	15:c6	1–30CLP3	1–30K1D:3	减负荷出口3
1–30C1D:4	15:a8	4J	15:c8	1–30CLP4	1–30K1D:4	减负荷出口4
1–30C1D:5	15:a10	5J	15:c10	1–30CLP5	1–30K1D:5	减负荷出口5
1–30C1D:6	15:a12	6J	15:c12	1–30CLP6	1–30K1D:6	减负荷出口6
1–30C1D:7	15:a14	7J	15:c14	1–30CLP7	1–30K1D:7	减负荷出口7
1–30C1D:8	15:a16	8J	15:c16	1–30CLP8	1–30K1D:8	减负荷出口8
1–30C1D:9	15:a18	9J	15:c18	1–30CLP9	1–30K1D:9	减负荷出口9
1–30C1D:10	15:a20	10J	15:c20	1–30CLP10	1–30K1D:10	减负荷出口10
1–30C1D:11	15:a22	11J	15:c22	1–30CLP11	1–30K1D:11	减负荷出口11
1–30C1D:12	15:a24	12J	15:c24	1–30CLP12	1–30K1D:12	减负荷出口12
1–30C1D:13	15:a26	13J	15:c26	1–30CLP13	1–30K1D:13	减负荷出口13
1–30C1D:14	15:a28	14J	15:c28	1–30CLP14	1–30K1D:14	减负荷出口14
1–30C1D:15	15:a30	15J	15:c30	1–30CLP15	1–30K1D:15	减负荷出口15
1–30C1D:16	15:a32	16J	15:c32	1–30CLP16	1–30K1D:16	减负荷出口16

2–30n

2–30n						减负荷出口回路
2–30C1D:1	15:a2	1J	15:c2	2–30CLP1	2–30K1D:1	减负荷出口1
2–30C1D:2	15:a4	2J	15:c4	2–30CLP2	2–30K1D:2	减负荷出口2
2–30C1D:3	15:a6	3J	15:c6	2–30CLP3	2–30K1D:3	减负荷出口3
2–30C1D:4	15:a8	4J	15:c8	2–30CLP4	2–30K1D:4	减负荷出口4
2–30C1D:5	15:a10	5J	15:c10	2–30CLP5	2–30K1D:5	减负荷出口5
2–30C1D:6	15:a12	6J	15:c12	2–30CLP6	2–30K1D:6	减负荷出口6
2–30C1D:7	15:a14	7J	15:c14	2–30CLP7	2–30K1D:7	减负荷出口7
2–30C1D:8	15:a16	8J	15:c16	2–30CLP8	2–30K1D:8	减负荷出口8
2–30C1D:9	15:a18	9J	15:c18	2–30CLP9	2–30K1D:9	减负荷出口9
2–30C1D:10	15:a20	10J	15:c20	2–30CLP10	2–30K1D:10	减负荷出口10
2–30C1D:11	15:a22	11J	15:c22	2–30CLP11	2–30K1D:11	减负荷出口11
2–30C1D:12	15:a24	12J	15:c24	2–30CLP12	2–30K1D:12	减负荷出口12
2–30C1D:13	15:a26	13J	15:c26	2–30CLP13	2–30K1D:13	减负荷出口13
2–30C1D:14	15:a28	14J	15:c28	2–30CLP14	2–30K1D:14	减负荷出口14
2–30C1D:15	15:a30	15J	15:c30	2–30CLP15	2–30K1D:15	减负荷出口15
2–30C1D:16	15:a32	16J	15:c32	2–30CLP16	2–30K1D:16	减负荷出口16

图 2–17　HE–110–A3–3–D0202–17　低频低压减载柜出口回路图

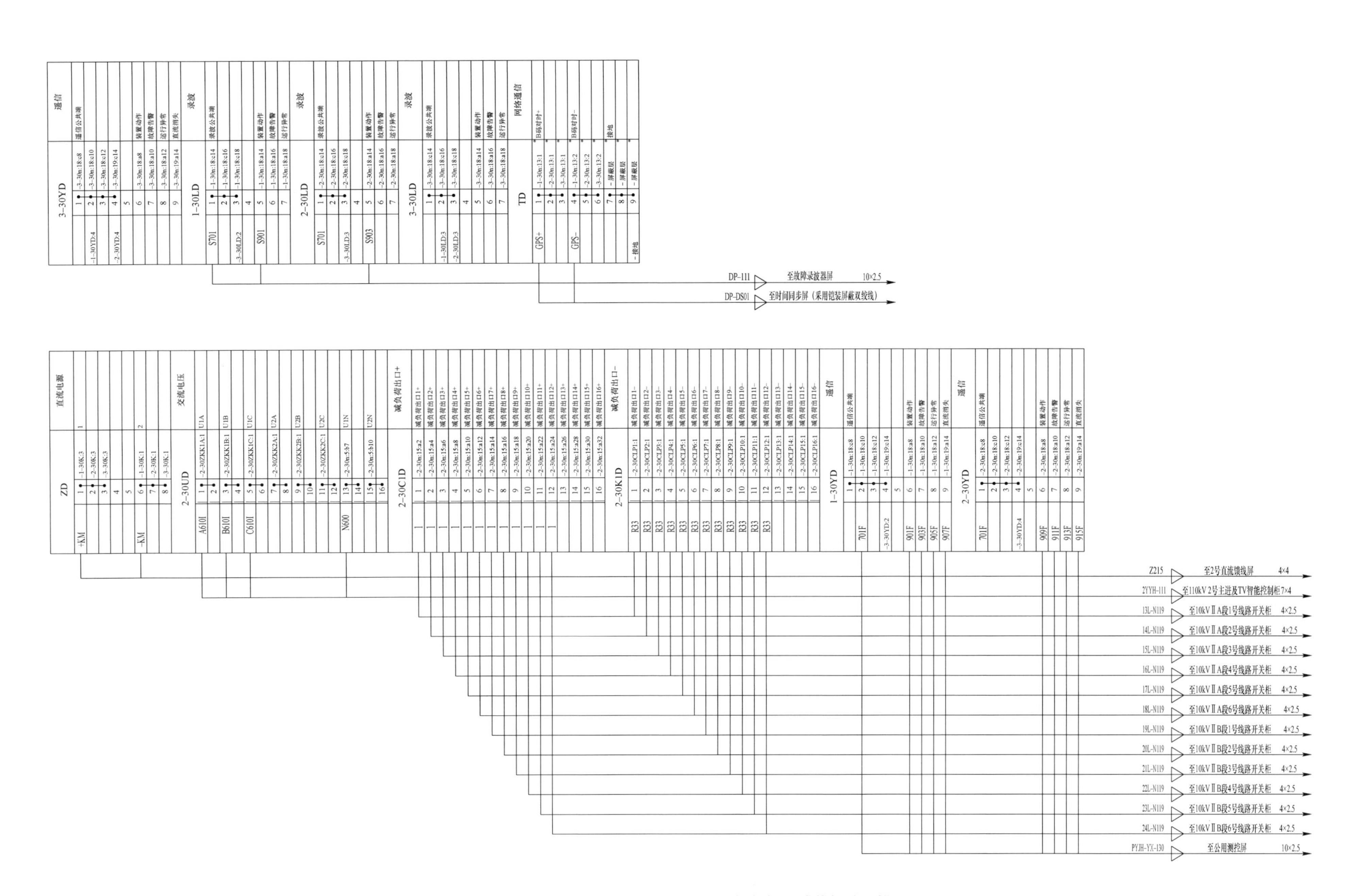

图 2-18　HE-110-A3-3-D0202-18　低频低压减载柜端子排图一

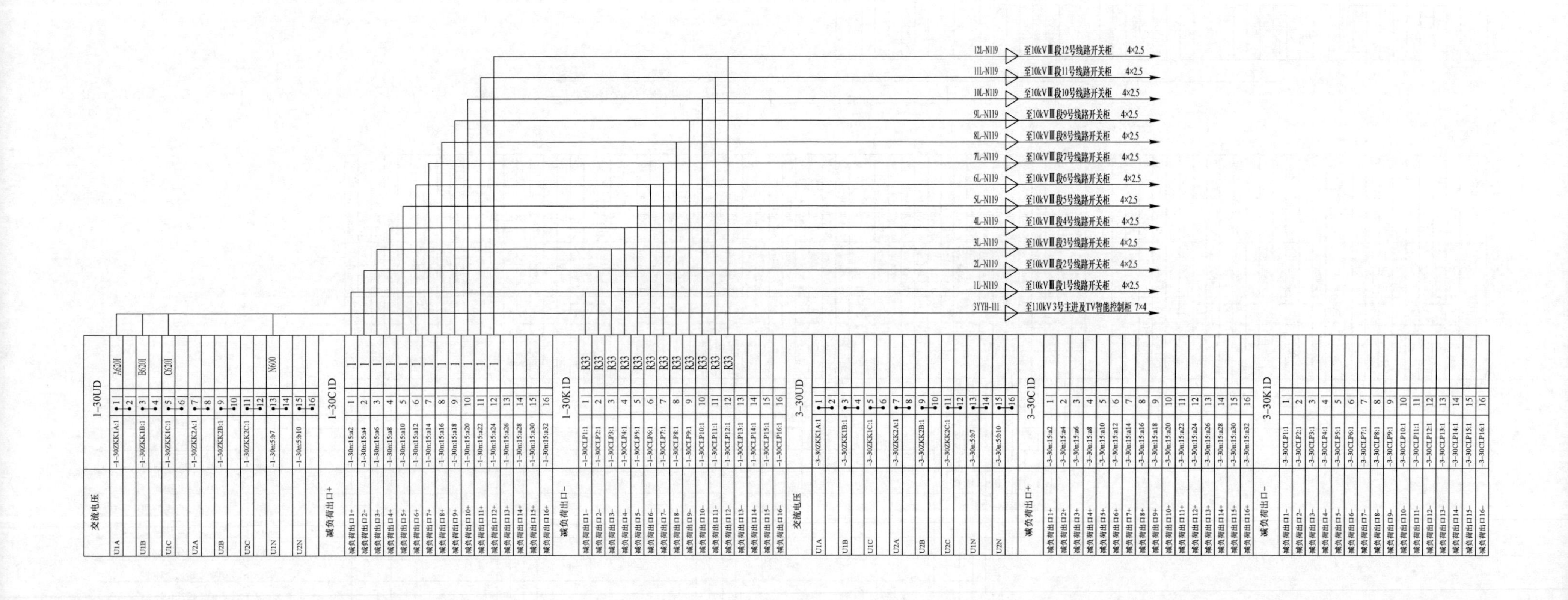

图 2-19　HE-110-A3-3-D0202-19　低频低压减载柜端子排图二

网 线 接 线 表

线缆编号	线缆型号	本柜连接设备			功能说明	对侧设备
		设备名称	设备插件/端口号	设备端口类型		
DP－WX031A	铠装超五类屏蔽网线	1 号低频低压减载装置（1n）	L 插件－电以太网口 1	RJ45	MMS A 网	Ⅰ区数据网关机屏站控层Ⅰ区 A 网交换机
DP－WX031B	铠装超五类屏蔽网线	1 号低频低压减载装置（1n）	L 插件－电以太网口 2	RJ45	MMS B 网	Ⅰ区数据网关机屏站控层Ⅰ区 B 网交换机
DP－WX032A	铠装超五类屏蔽网线	2 号低频低压减载装置（2n）	L 插件－电以太网口 1	RJ45	MMS A 网	Ⅰ区数据网关机屏站控层Ⅰ区 A 网交换机
DP－WX032B	铠装超五类屏蔽网线	2 号低频低压减载装置（2n）	L 插件－电以太网口 2	RJ45	MMS B 网	Ⅰ区数据网关机屏站控层Ⅰ区 B 网交换机

图 2－20　HE－110－A3－3－D0202－20　低频低压减载柜网线连接图

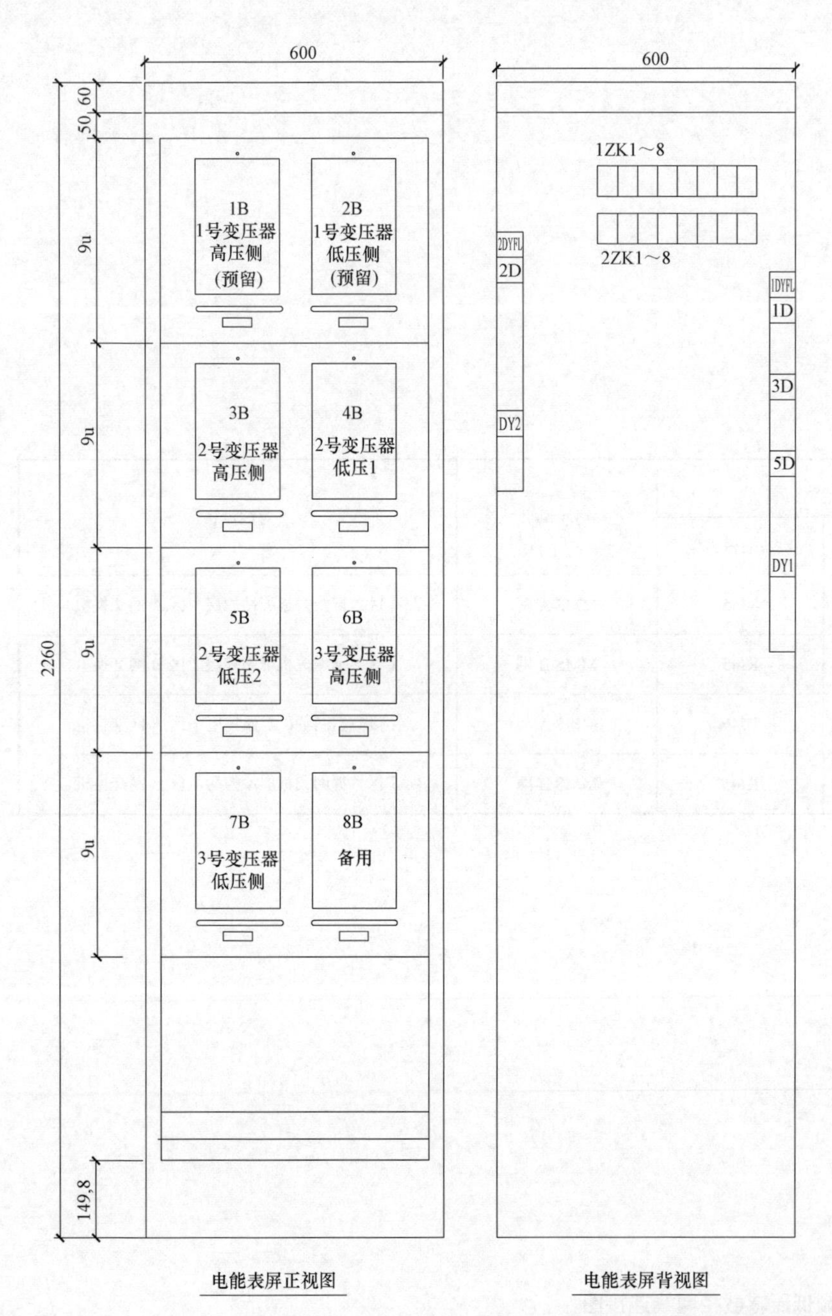

说明：1B、2B为远期1号主变压器预留表位，8B为备用表位。

设备材料表

序号	代号	元件名称	型号规格	数量	备注
1	1DYFL	直流电源防雷	C级 DXH10－FS/2DC220R40	1	
2	2DYFL	交流电源防雷	DXH10－FCS/2R40	1	
3	1B～8B	数字式电能表		5	
4	1ZK1～8	微断	NDB2Z－63 B4/2+OF2	8	
5	2ZK1～8	微断	NDB1－63 C4/2+OF1	8	
6	1～8GBJ	挂表架		8	

图 2－21　HE－110－A3－3－D0202－21　主变压器电能表屏屏面布置图

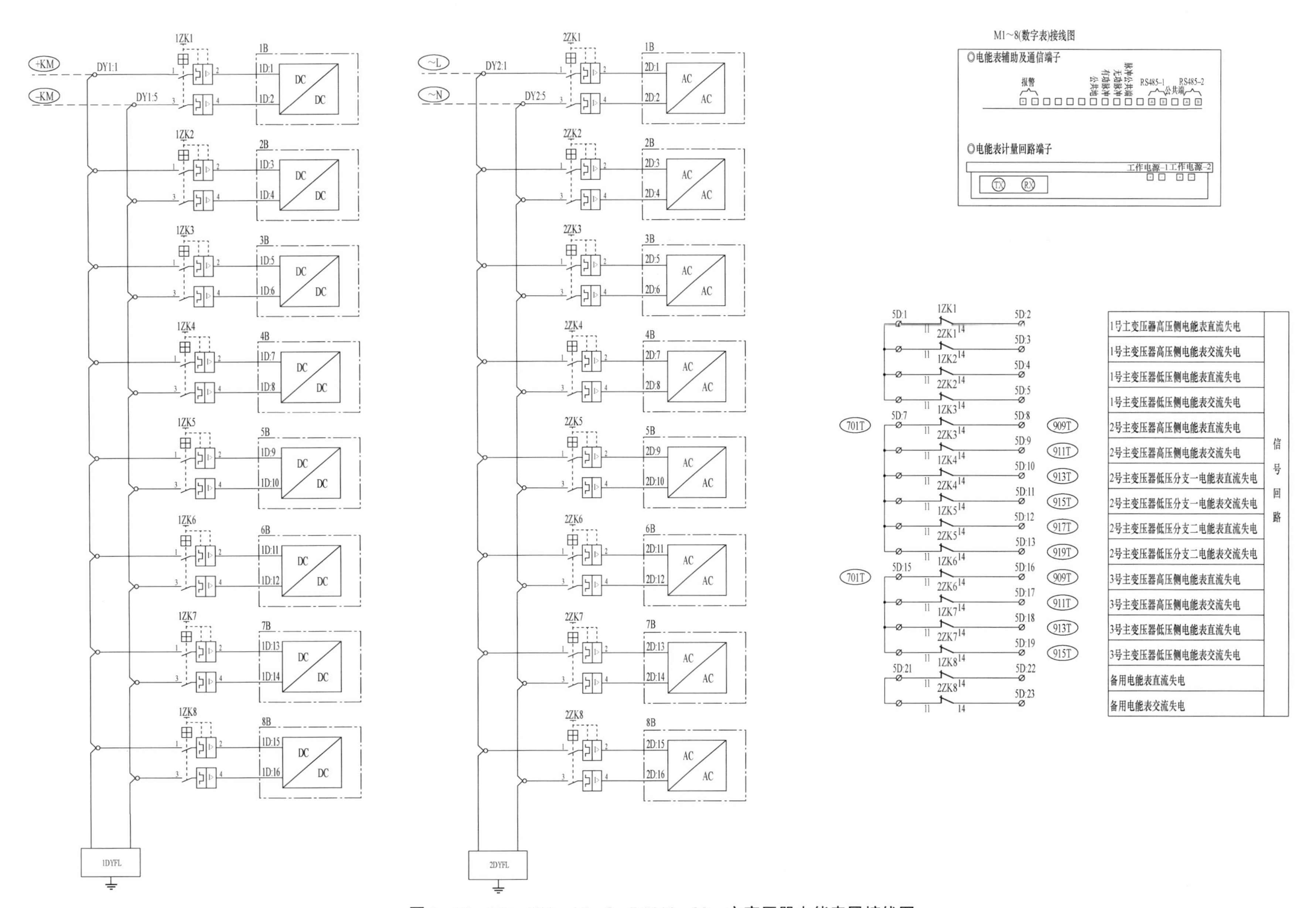

图 2-22　HE-110-A3-3-D0202-22　主变压器电能表屏接线图

尾缆接线表

线缆编号	线缆型号	本柜连接设备			尾缆芯号	功能说明	对侧设备
		设备名称	设备插件/端口号	设备端口类型			
2B－WL141	4芯多模铠装尾缆 LC－ST	2号主变压器高压侧电能表3B	电能表光口RX	多模，ST	1	2号主变压器高压电能表SV直采	110kV 2号主进/TV智能控制柜集成装置1
					2	备用	
					3	备用	
					4	备用	
2B－WL105	4芯多模铠装尾缆 LC－ST	2号主变压器低压分支一电能表4B	电能表光口RX	多模，ST	1	2号主变压器低压1电能表SV直采	10kV 2号主进分支一隔离柜集成装置2
					2	备用	
					3	备用	
					4	备用	
2B－WL110	4芯多模铠装尾缆 LC－ST	2号主变压器低压分支二电能表5B	电能表光口RX	多模，ST	1	2号主变压器低压2电能表SV直采	10kV 2号主进分支二隔离柜集成装置2
					2	备用	
					3	备用	
					4	备用	
3B－WL141	4芯多模铠装尾缆 LC－ST	3号主变压器高压侧电能表6B	电能表光口RX	多模，ST	1	3号主变压器高压电能表SV直采	110kV 3号主进/TV智能控制柜集成装置1
					2	备用	
					3	备用	
					4	备用	
3B－WL105	4芯多模铠装尾缆 LC－ST	3号主变压器高压侧电能表7B	电能表光口RX	多模，ST	1	3号主变压器低压电能表SV直采	10kV 3号主进开关柜集成装置2
					2	备用	
					3	备用	
					4	备用	

图2－23 HE－110－A3－3－D0202－23 主变压器电能表屏光缆网线连接图

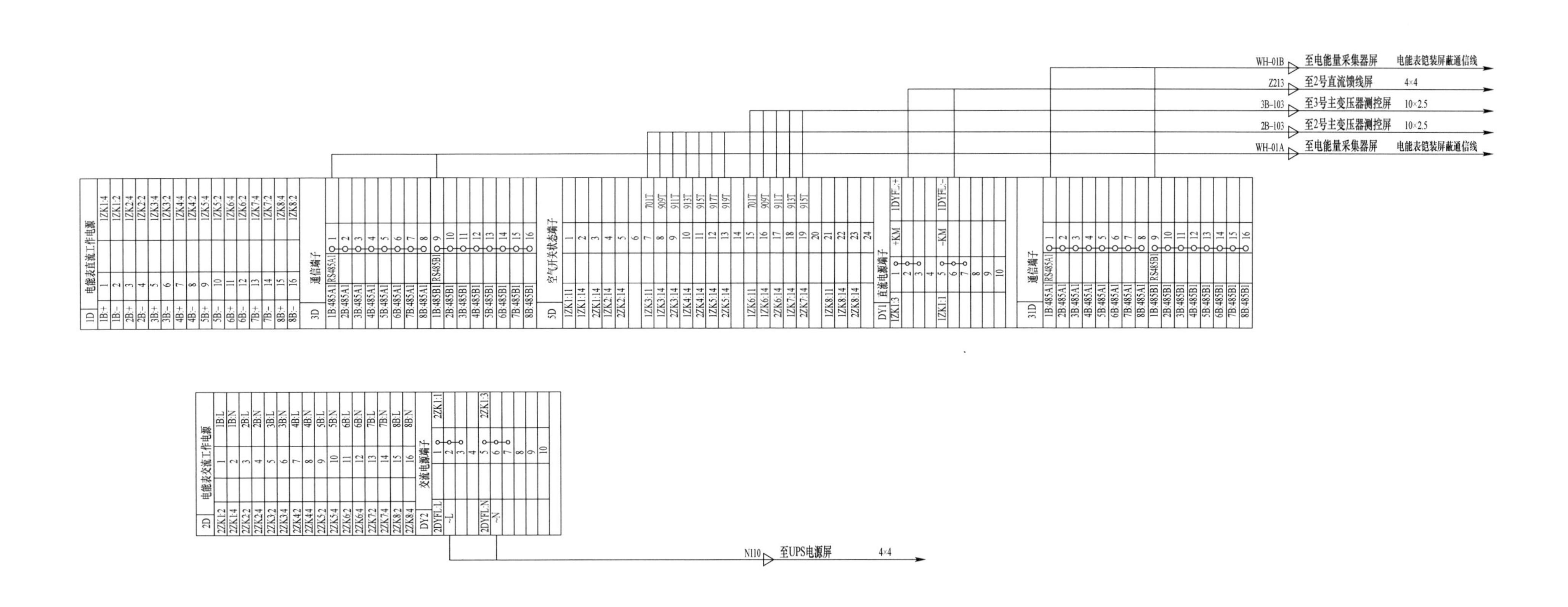

图 2-24 HE-110-A3-3-D0202-24 主变压器电能表屏端子排图

3 变电站自动化系统

3.1 变电站自动化系统卷册目录

电气二次　　部分　第2卷　第3册　第　分册

卷册名称　变电站自动化系统

图纸29张　本　　说明　本　　清册　本

项目经理　　　　　　专业审核人

主要设计人　　　　　卷册负责人

序号	图号	图名	张数	套用原工程名称及卷册检索号，图号
1	HE-110-A3-3-D0203-01	自动化系统网络示意图	1	
2	HE-110-A3-3-D0203-02	全站站控层及间隔层网络结构示意图	1	
3	HE-110-A3-3-D0203-03	全站过程层网络结构示意图	1	
4	HE-110-A3-3-D0203-04	监控主机柜柜面布置图	1	
5	HE-110-A3-3-D0203-05	监控主机柜交流电源回路图	1	
6	HE-110-A3-3-D0203-06	监控主机柜端子排图	1	
7	HE-110-A3-3-D0203-07	综合应用服务器柜柜面布置图	1	
8	HE-110-A3-3-D0203-08	综合应用服务器柜交流电源回路图	1	
9	HE-110-A3-3-D0203-09	综合应用服务器柜端子排图	1	
10	HE-110-A3-3-D0203-10	智能防误主机柜柜面布置图	1	
11	HE-110-A3-3-D0203-11	智能防误主机柜交流电源回路图	1	
12	HE-110-A3-3-D0203-12	智能防误主机柜端子排图	1	

续表

序号	图号	图名	张数	套用原工程名称及卷册检索号，图号
13	HE-110-A3-3-D0203-13	Ⅰ区数据通信网关机柜柜面布置图	1	
14	HE-110-A3-3-D0203-14	Ⅰ区数据通信网关机柜直流电源回路图	1	
15	HE-110-A3-3-D0203-15	Ⅰ区数据通信网关机柜装置信号及对时回路图	1	
16	HE-110-A3-3-D0203-16	Ⅰ区数据通信网关机柜端子排图	1	
17	HE-110-A3-3-D0203-17	Ⅰ区数据通信网关机柜A网光缆网线连接图	2	
18	HE-110-A3-3-D0203-18	Ⅰ区数据通信网关机柜B网光缆网线连接图	1	
19	HE-110-A3-3-D0203-19	Ⅱ区数据通信网关机柜柜面布置图	1	
20	HE-110-A3-3-D0203-20	Ⅱ区数据通信网关机柜交直流电源回路图	1	
21	HE-110-A3-3-D0203-21	Ⅱ区数据通信网关机柜装置信号及对时回路图	1	
22	HE-110-A3-3-D0203-22	Ⅱ区数据通信网关机柜端子排图	1	
23	HE-110-A3-3-D0203-23	Ⅱ区数据通信网关机柜光缆网线连接图一	1	
24	HE-110-A3-3-D0203-24	Ⅱ区数据通信网关机柜光缆网线连接图二	1	
25	HE-110-A3-3-D0203-25	Ⅱ区数据通信网关机柜安全Ⅳ区网线连接图	1	
26	HE-110-A3-3-D0203-26	网络分析屏屏面布置图	1	
27	HE-110-A3-3-D0203-27	网络分析屏尾缆连接图	1	
28	HE-110-A3-3-D0203-28	网络分析屏端子排图	1	

3.2　变电站自动化系统标准化施工图

设　计　说　明

1. 本站按智能变电站设计，采用 DL/T 860 规约，自动化系统由过程层、间隔层、站控层三层设备组成。

（1）站控层采用 100Mbps 双星型网络结构，传输 MMS 报文和 GOOSE 报文。

（2）过程层采用单星型网络，SV 和 GOOSE 共网，保护之间的联闭锁信息、故障录波信息等采用 GOOSE 报文方式实现。

2. 站控层配置监控主机（兼操作员站）2 套，智能防误主机 1 台，Ⅰ区数据通信网关机 2 台，置于安全Ⅰ区；另设有综合应用服务器、Ⅱ区数据通信网关机，置于安全Ⅱ区。安全Ⅰ区和安全Ⅱ区之间设置防火墙。

3. 间隔层配置保护装置、测控装置、网络接口设备等，过程层设备包括智能终端、合并单元、集成装置等。

4. 站控层设备采用 SNTP 对时，间隔层设备采用电 B 码对时，过程层设备采用光 B 码对时。

5. 监控系统网络介质：MMS 网络采用超五类线及光缆，过程层设备间、过程层和间隔层设备间通信采用光缆或尾缆。

6. 配置 1 套智能防误主机，智能防误功能模块 1 套部署于监控主机，1 套部署于智能防误主机。监控主机的防误逻辑与智能防误主机的防误逻辑应相互蚀立，两套防误逻辑共同实现防误双校核功能。

7. 自动化系统的屏柜均布置在二次设备室内。

8. 本站配置一键顺控功能，在站端实现，部署于安全Ⅰ区，由站控层设备（监控主机、智能防误主机、Ⅰ区数据通信网关机）、间隔层设备（测控装置）及一次设备传感器共同实施。具体由监控主机实现相关功能，与智能防误主机之间进行防误逻辑双校核，通过Ⅰ区数据通信网关机采用 DL/T 634.5104 通信协议实现调控/集控站端对变电站一键顺控功能的调用。

9. 断路器、隔离开关五防锁具采用扣盒方式。

10. 监控系统的通络通信线由监控厂家提供并接线，线缆敷设由监控厂家指导施工单位完成。

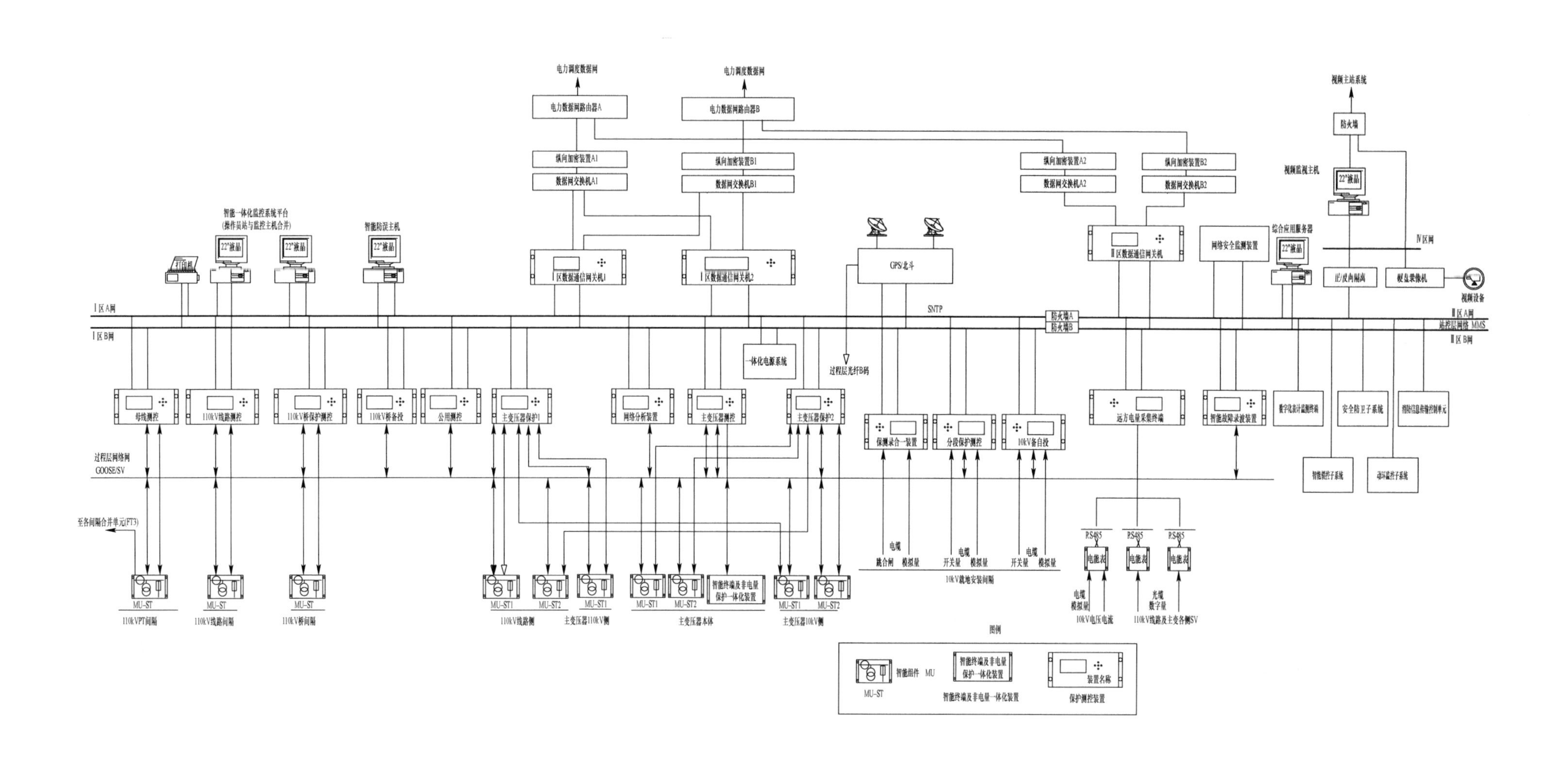

图 3-1 HE-110-A3-3-D0203-01 自动化系统网络示意图

注：配置相同的间隔，本图只绘制其中一个间隔的网络示意图。

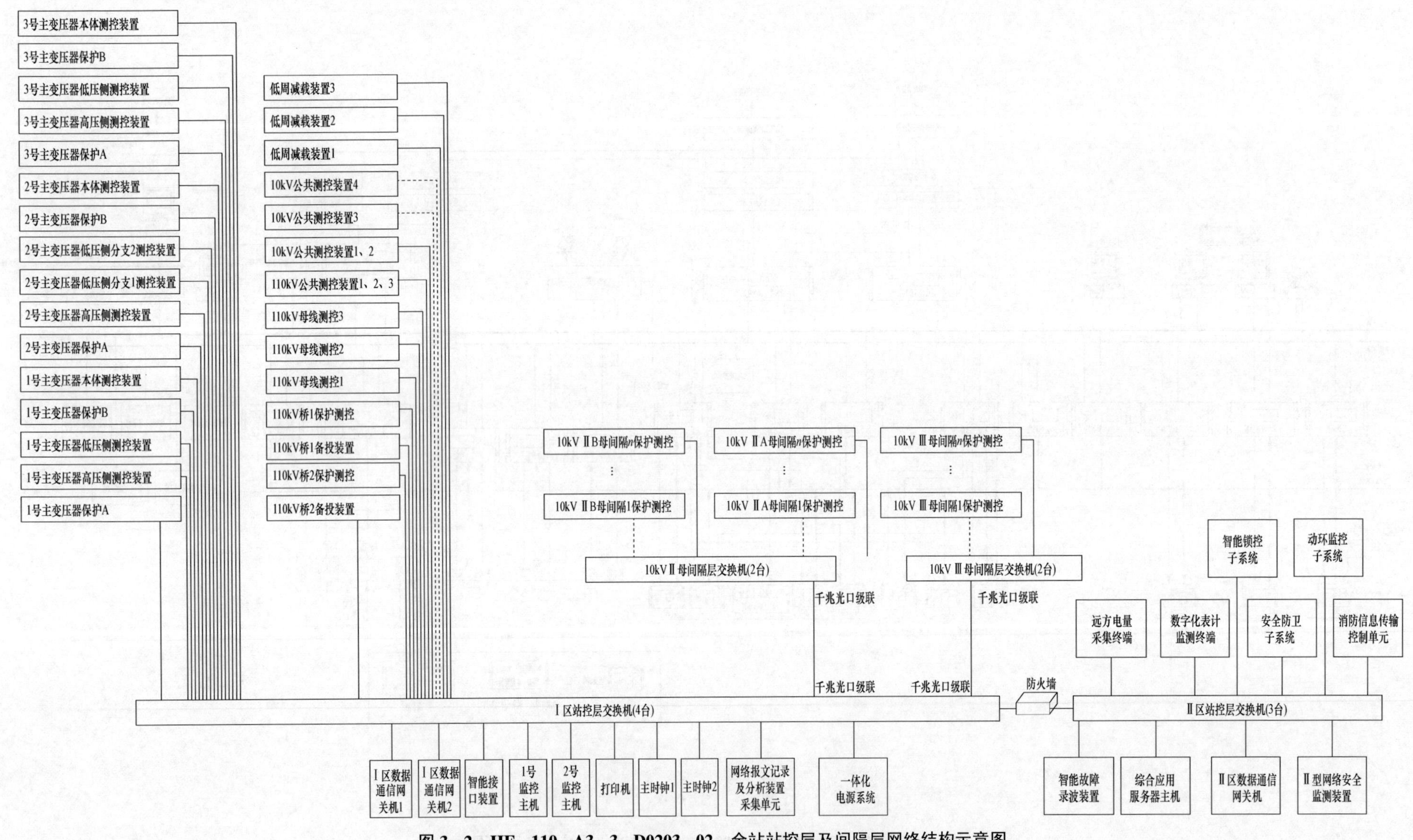

图 3-2 HE-110-A3-3-D0203-02 全站站控层及间隔层网络结构示意图

说明：实线部分为本期新上设备，虚线部分为远期预留设备。

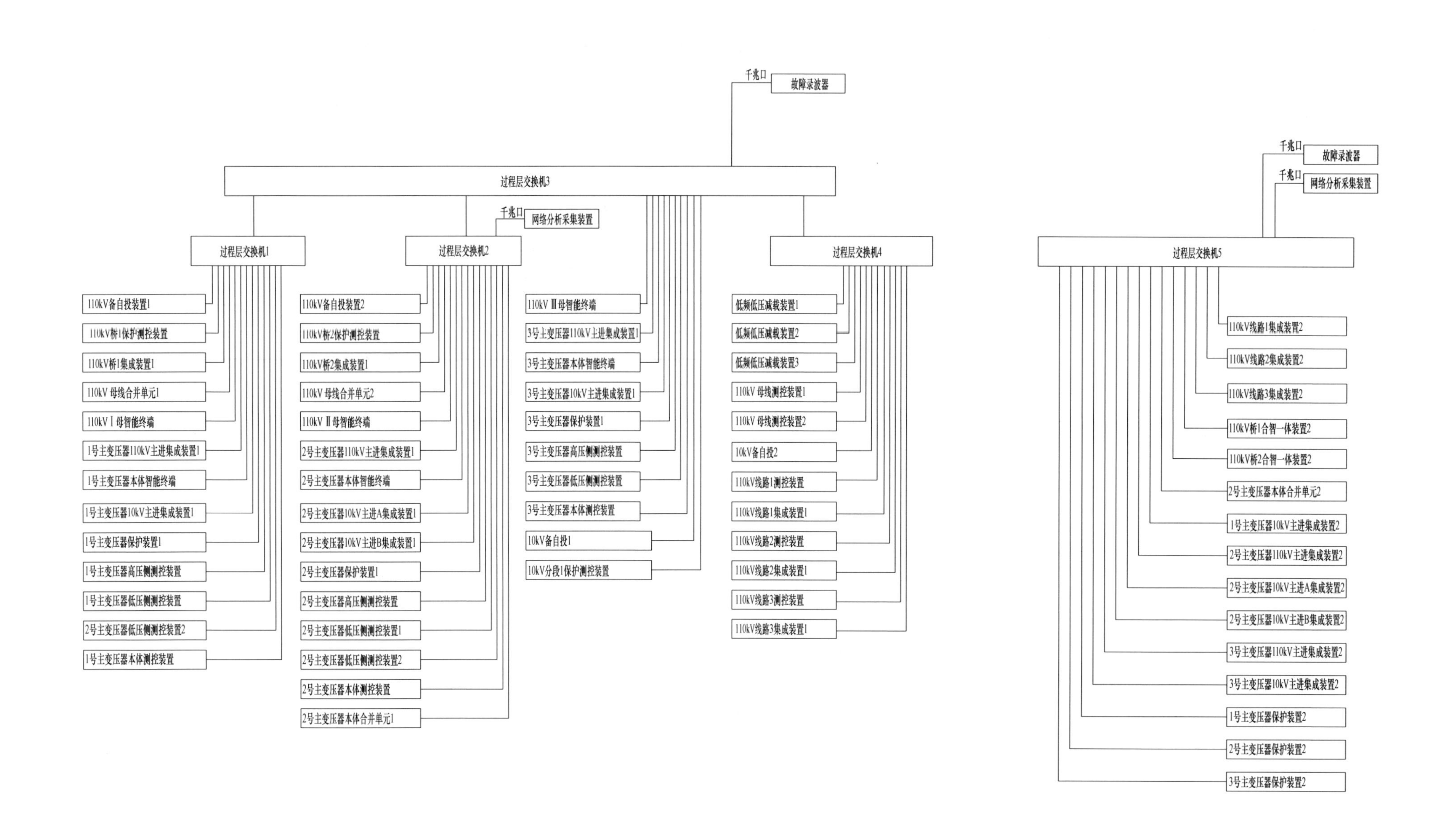

图 3－3　HE－110－A3－3－D0203－03　全站过程层网络结构示意图

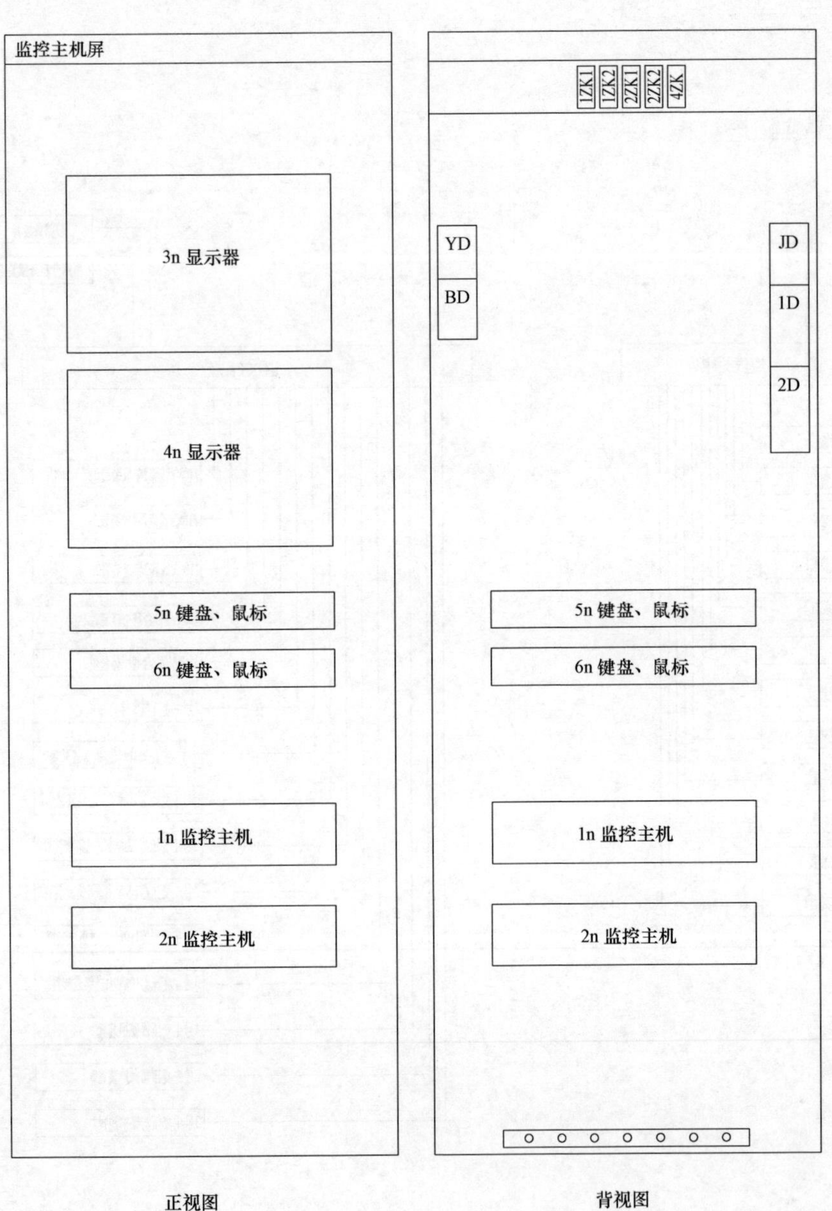

设 备 表

序号	符号	名称	型号	数量	备注
1	1n、2n	监控主机		2	
2	3n、4n	液晶显示器		2	
3	5n、6n	键盘、鼠标		2	
4	1KZCZ	电源插座	PDU	1	
5	1ZK1～2ZK2	交流空气开关	63/2P C16A	4	
6	4ZK	交流空气开关	63/2P C10A	1	
7					
8					
9					
10					

图 3-4　HE-110-A3-3-D0203-04　监控主机柜柜面布置图

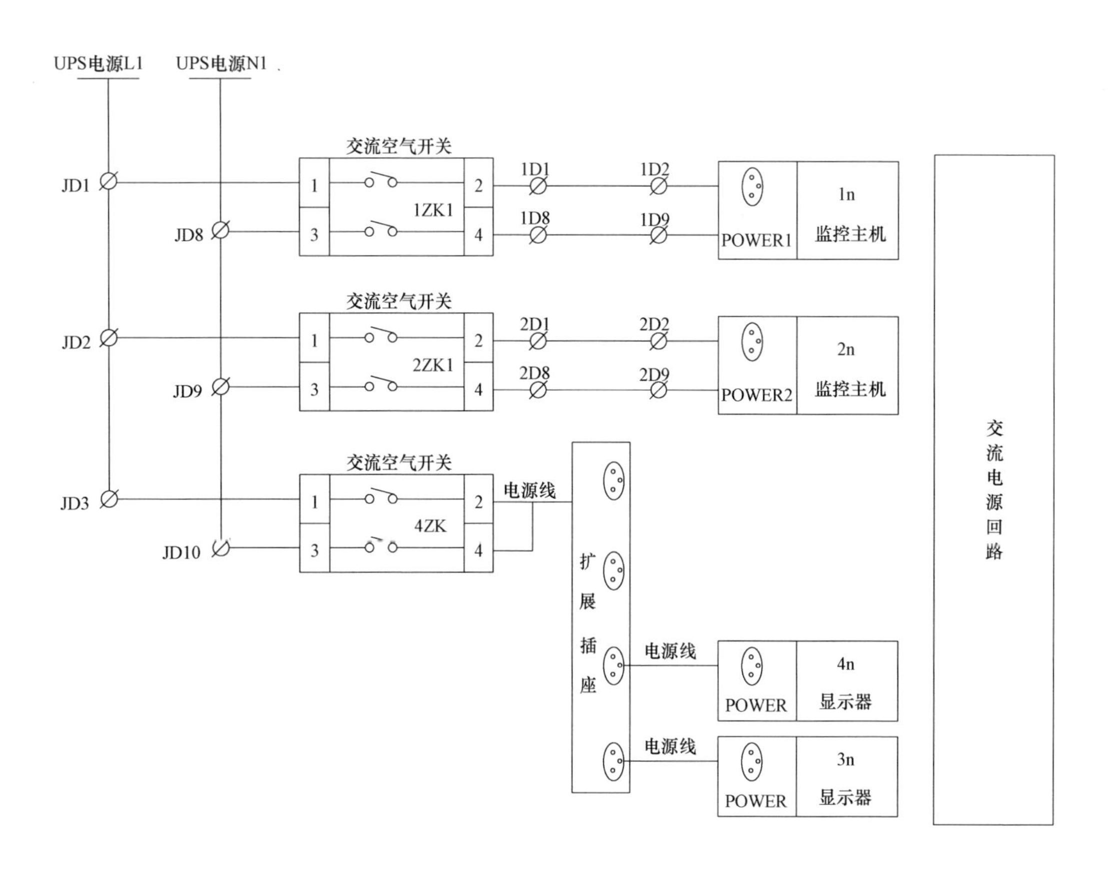

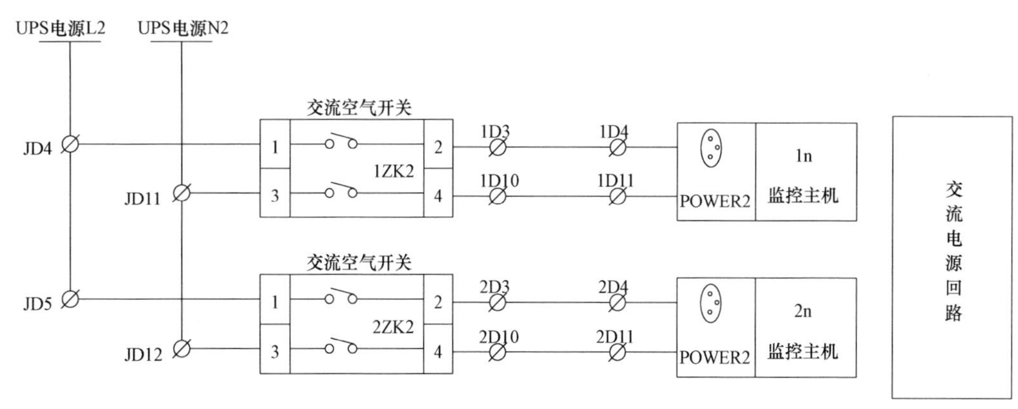

图 3-5 HE-110-A3-3-D0203-05 监控主机柜交流电源回路图

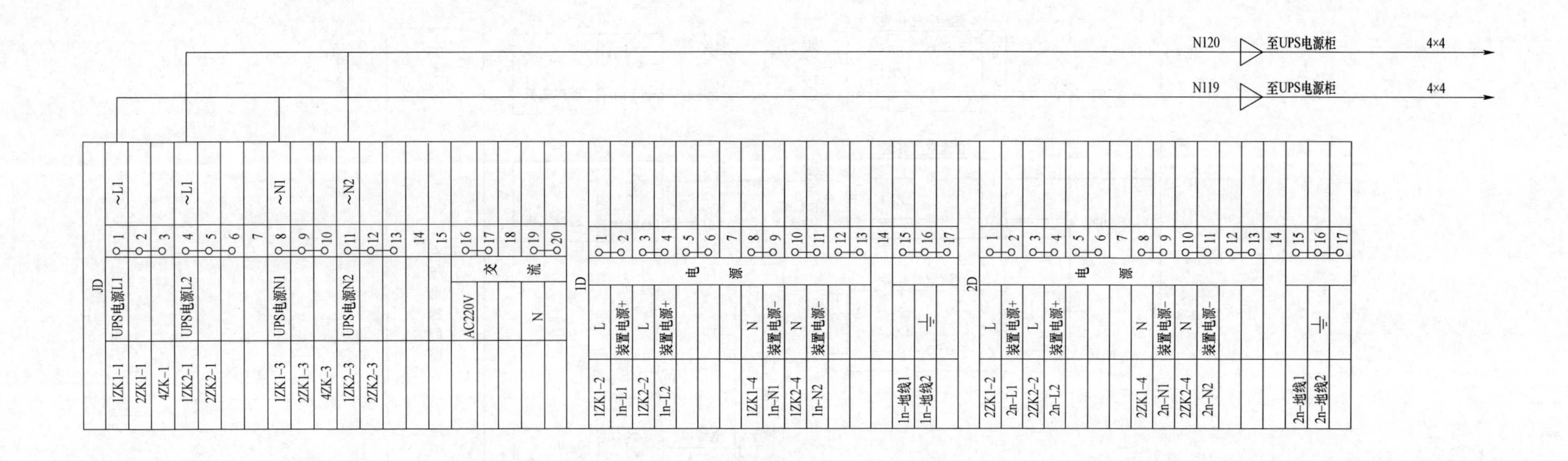

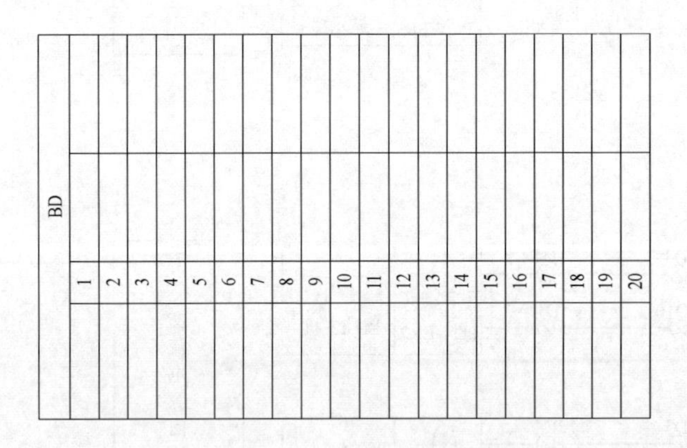

图 3-6 HE-110-A3-3-D0203-06 监控主机柜端子排图

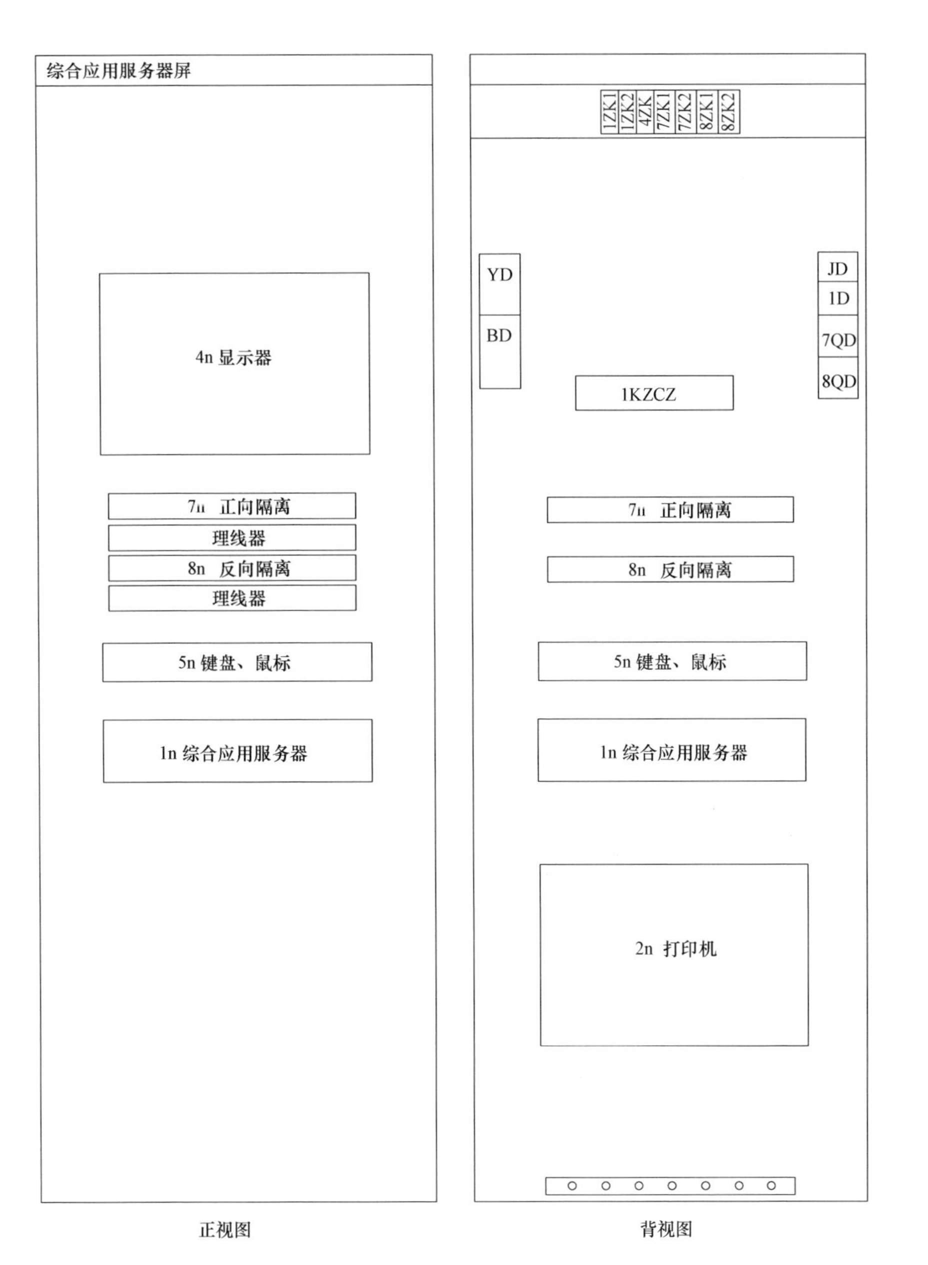

正视图　　背视图

设 备 表

序号	符号	名称	型号	数量	备注
1	1n	综合应用服务器		1	
2	2n	打印机		1	
3	4n	液晶显示器		1	
4	5n	键盘、鼠标		1	
5	7n	正向隔离		1	
6	8n	反向隔离		1	
7	1KZCZ	电源插座	PDU	1	
8	1ZK1、1ZK2	交流空气开关	63/2P C16A	2	
9	4ZK	交流空气开关	63/2P C10A	1	
10	7ZK1～8ZK2	交流空气开关	63/2P C6A	4	
11					
12					
13					
14					
15					

图 3－7　HE－110－A3－3－D0203－07　综合应用服务器柜柜面布置图

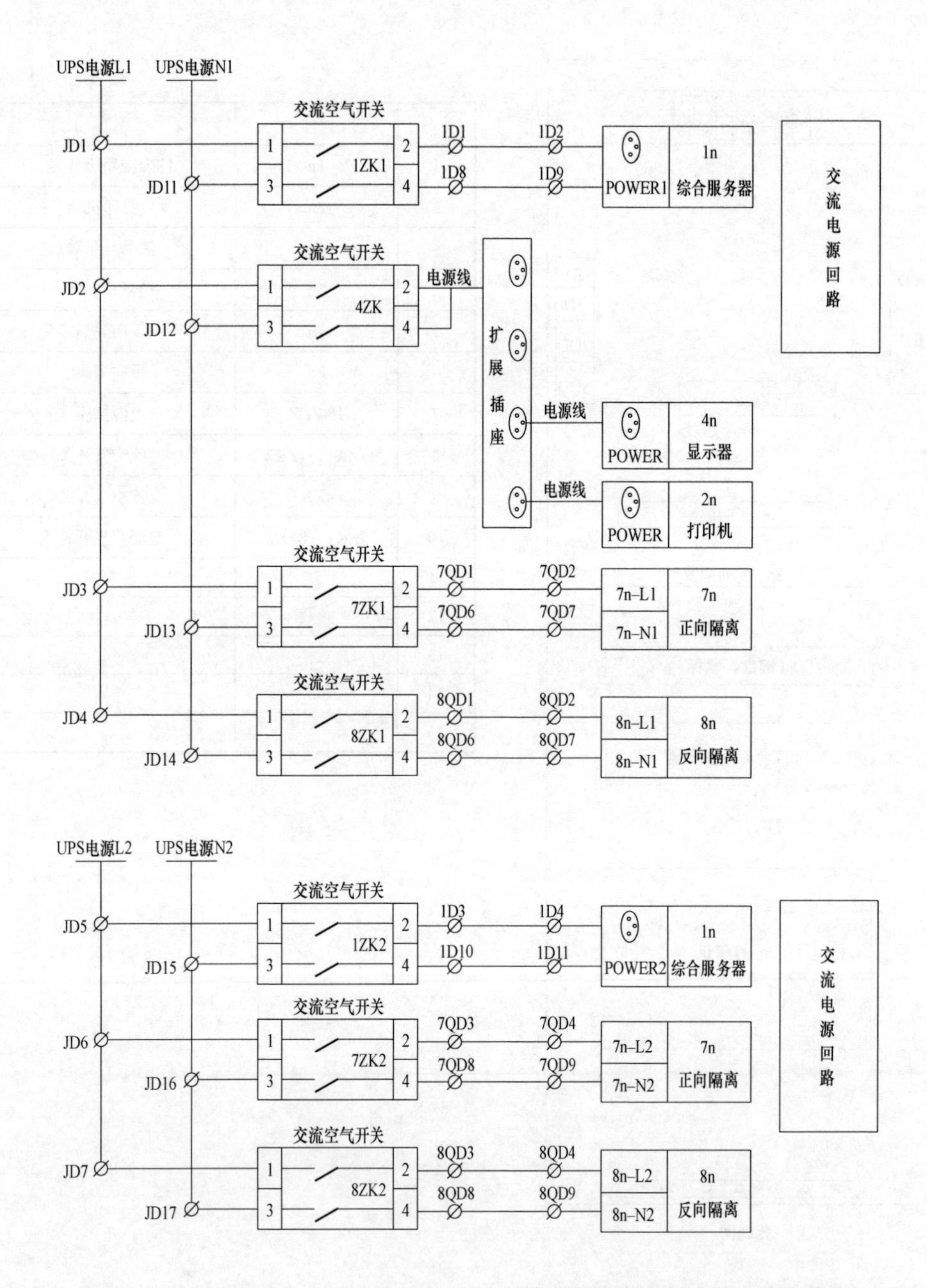

图 3–8 HE–110–A3–3–D0203–08 综合应用服务器柜交流电源回路图

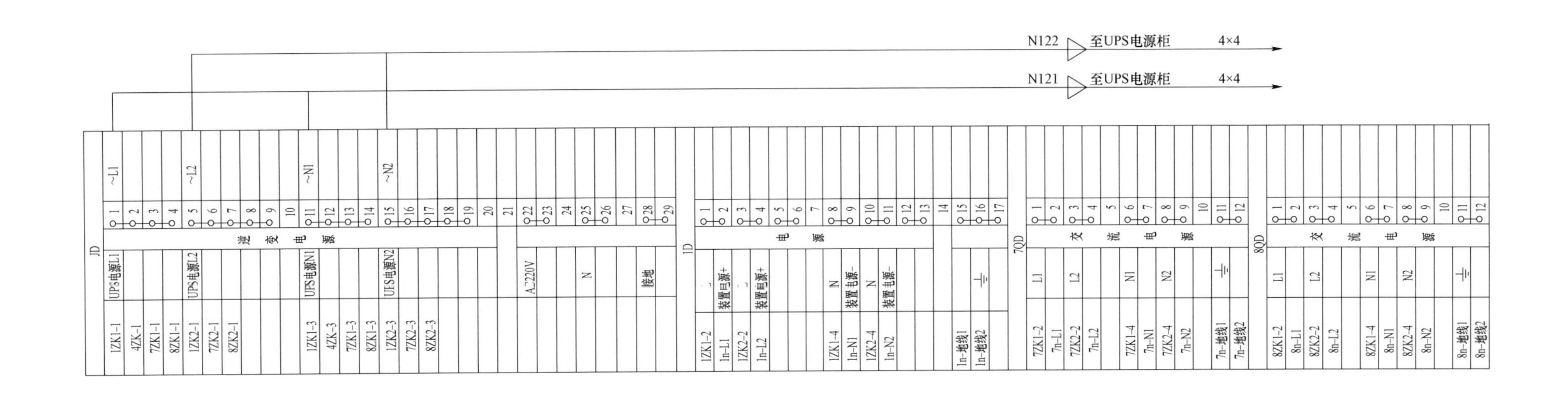

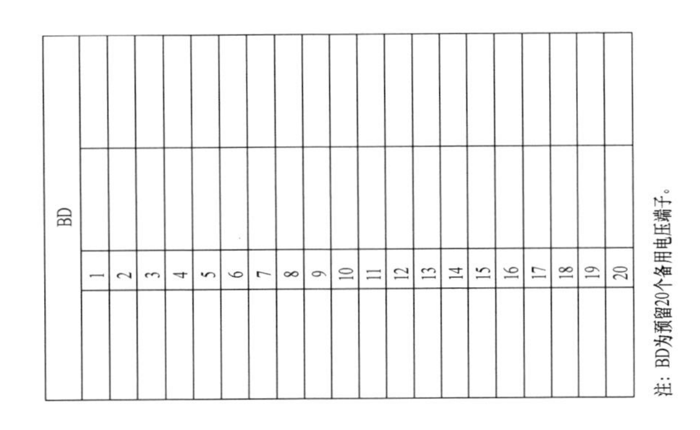

图 3-9 HE-110-A3-3-D0203-09 综合应用服务器柜端子排图

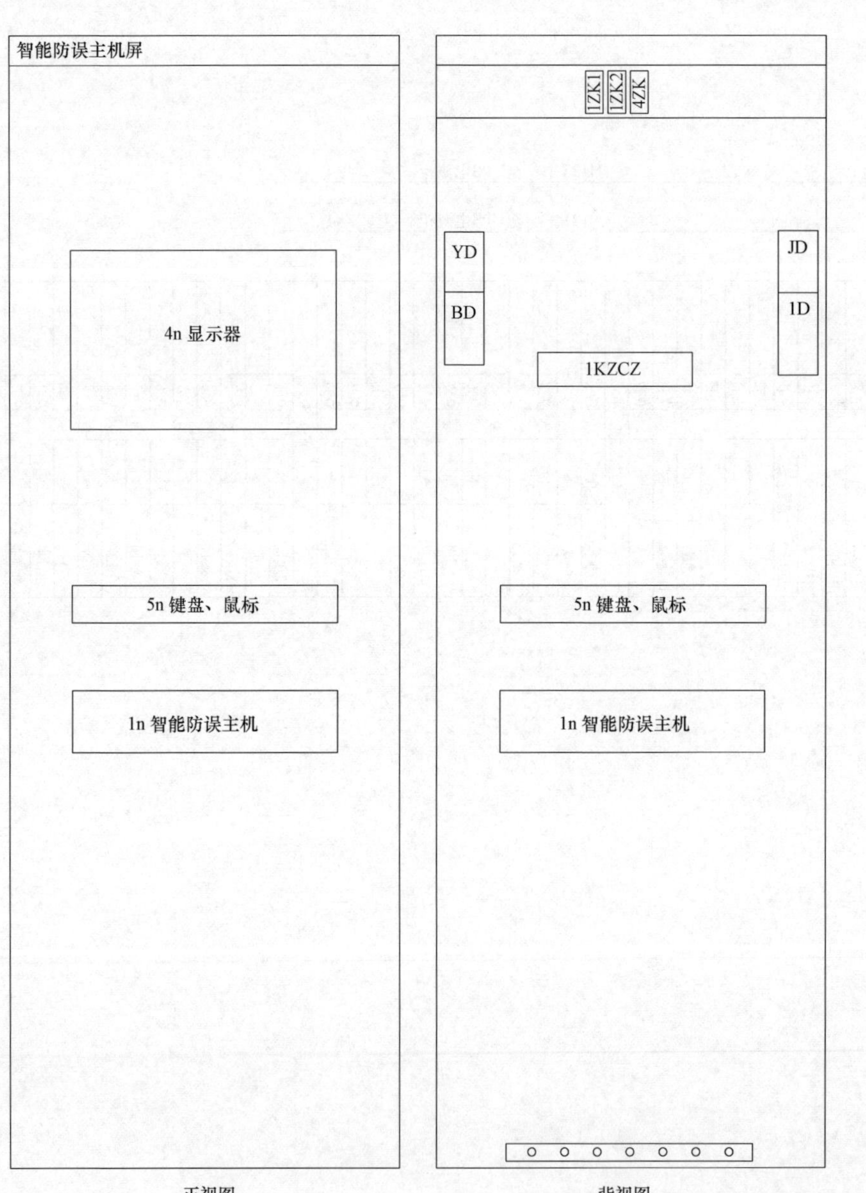

设 备 表

序号	符号	名称	型号	数量	备注
1	1n	智能防误主机		1	
2	4n	液晶显示器		1	
3	5n	键盘、鼠标		1	
4	1KZCZ	电源插座	PDU	1	
5	1ZK1，1ZK2	交流空气开关	63/2P C16A	2	
6	4ZK	交流空气开关	63/2P C10A	1	
7					
8					
9					
10					

图 3-10　HE-110-A3-3-D0203-10　智能防误主机柜柜面布置图

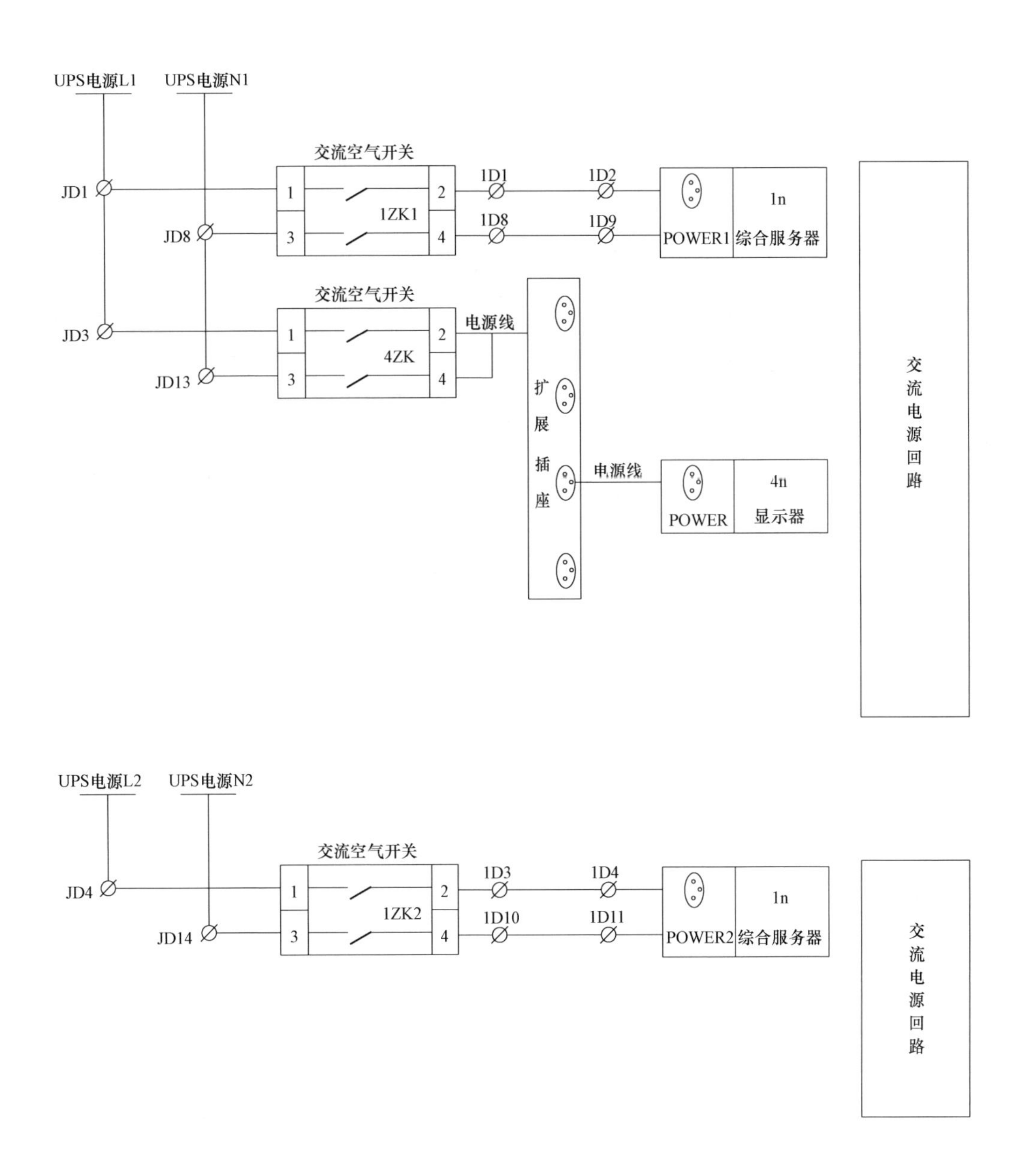

图 3-11　HE-110-A3-3-D0203-11　智能防误主机柜交流电源回路图

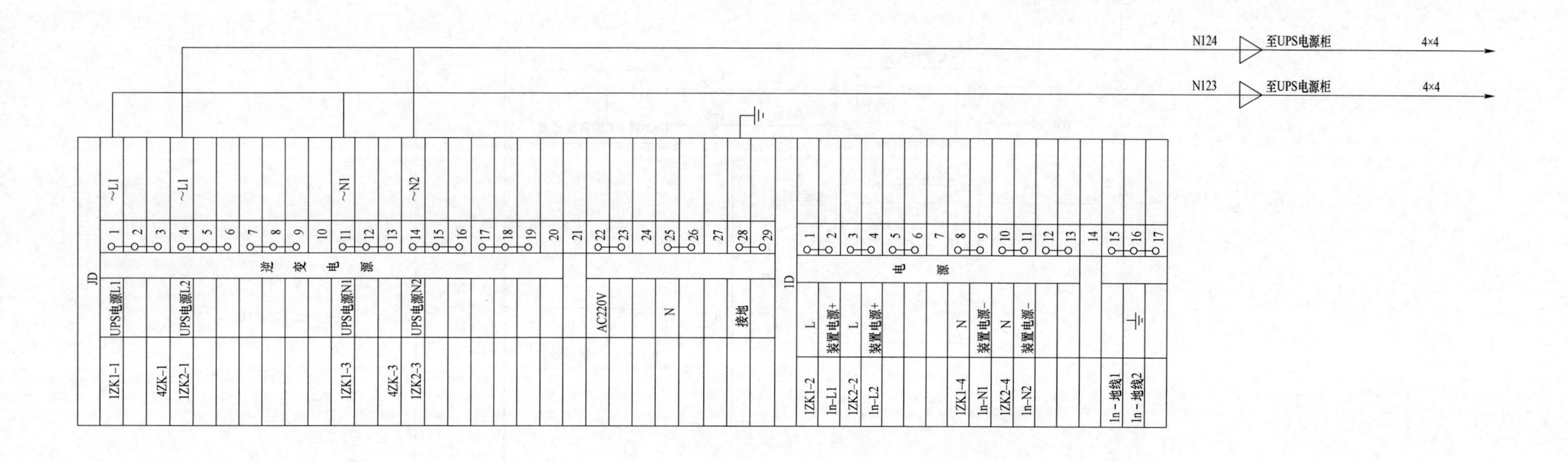

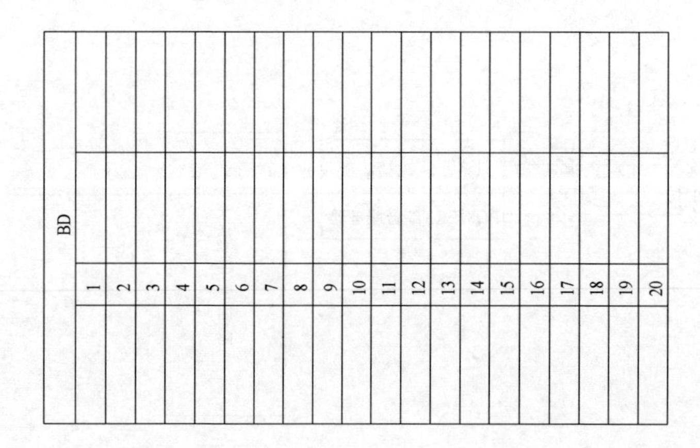

图 3-12　HE-110-A3-3-D0203-12　智能防误主机柜端子排图

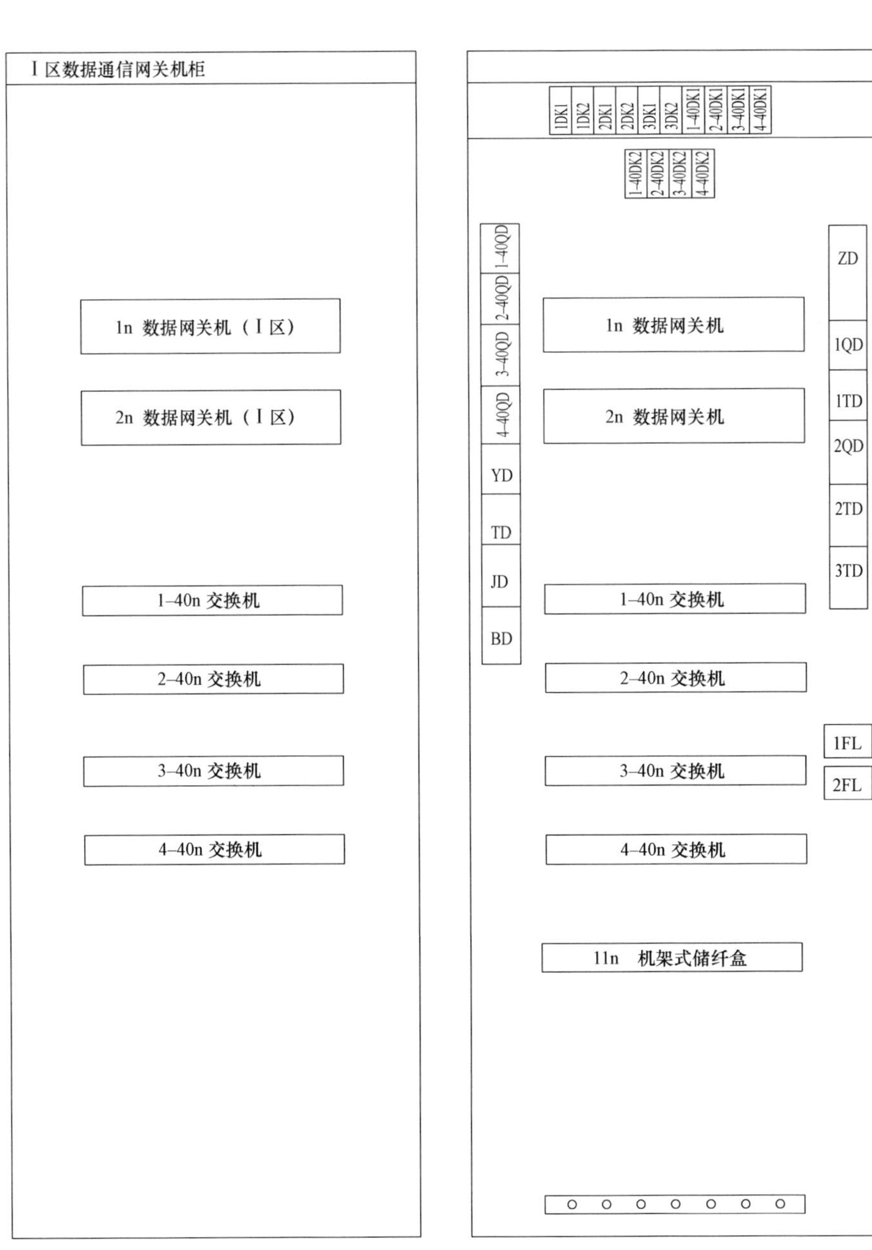

正视图　　背视图

设 备 表

序号	符号	名称	型号	数量	备注
1	1n、2n	Ⅰ区数据网关机		2	
2	40n	Ⅰ区站控层交换机		4	
3	1DK1～3DK2	直流空气开关	63/2P B6A	6	
4	1－40DK1～4－40DK2	直流空气开关	63/2P B4A	8	
5	1～2FL	数字防雷器		2	
6					
7	11n	机架式储纤盒		1	
8					
9					
10					
11					
12					
13					
14					
15					

图 3－13　HE－110－A3－3－D0203－13　Ⅰ区数据通信网关机柜柜面布置图

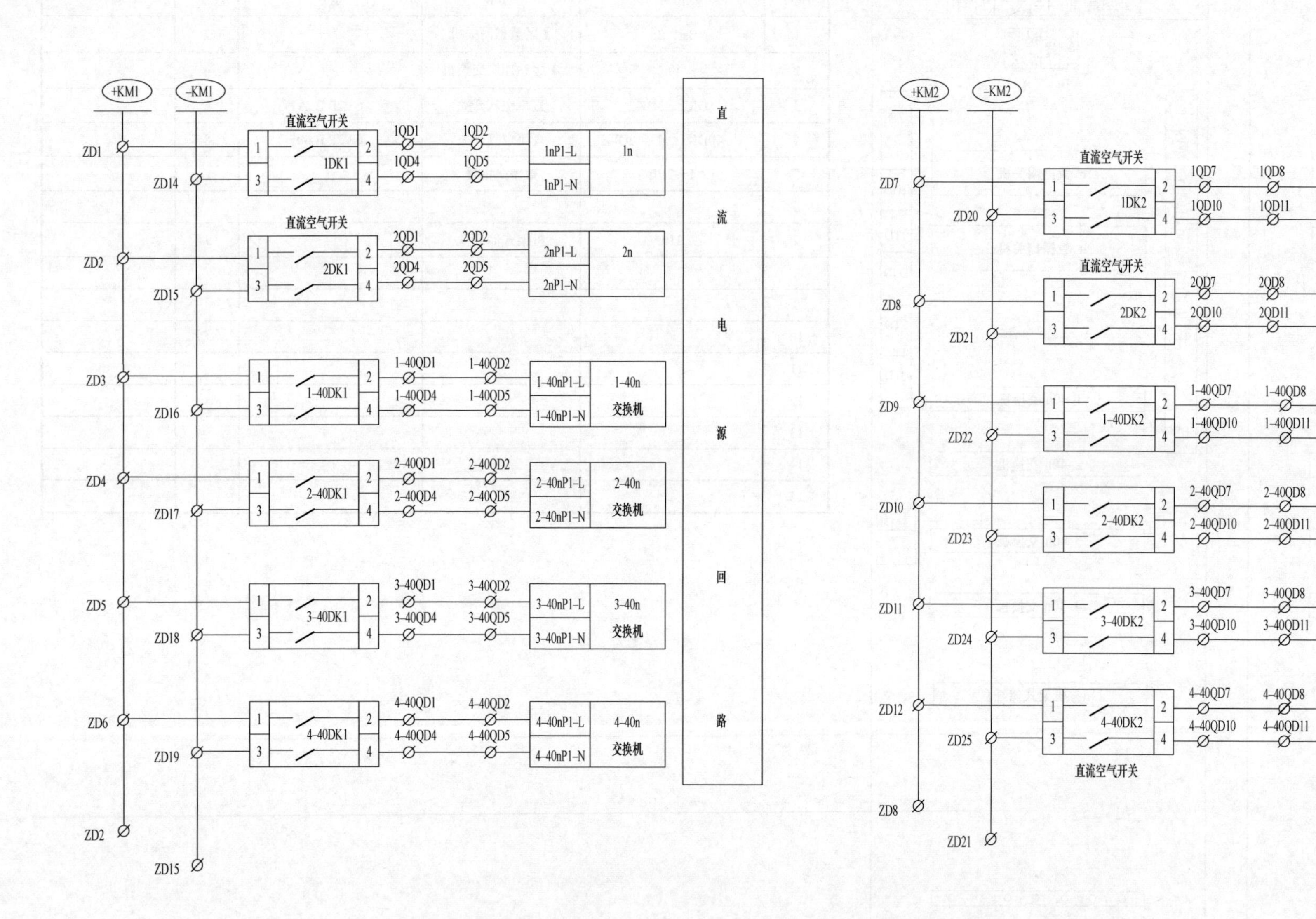

图 3-14　HE-110-A3-3-D0203-14　Ⅰ区数据通信网关机柜直流电源回路图

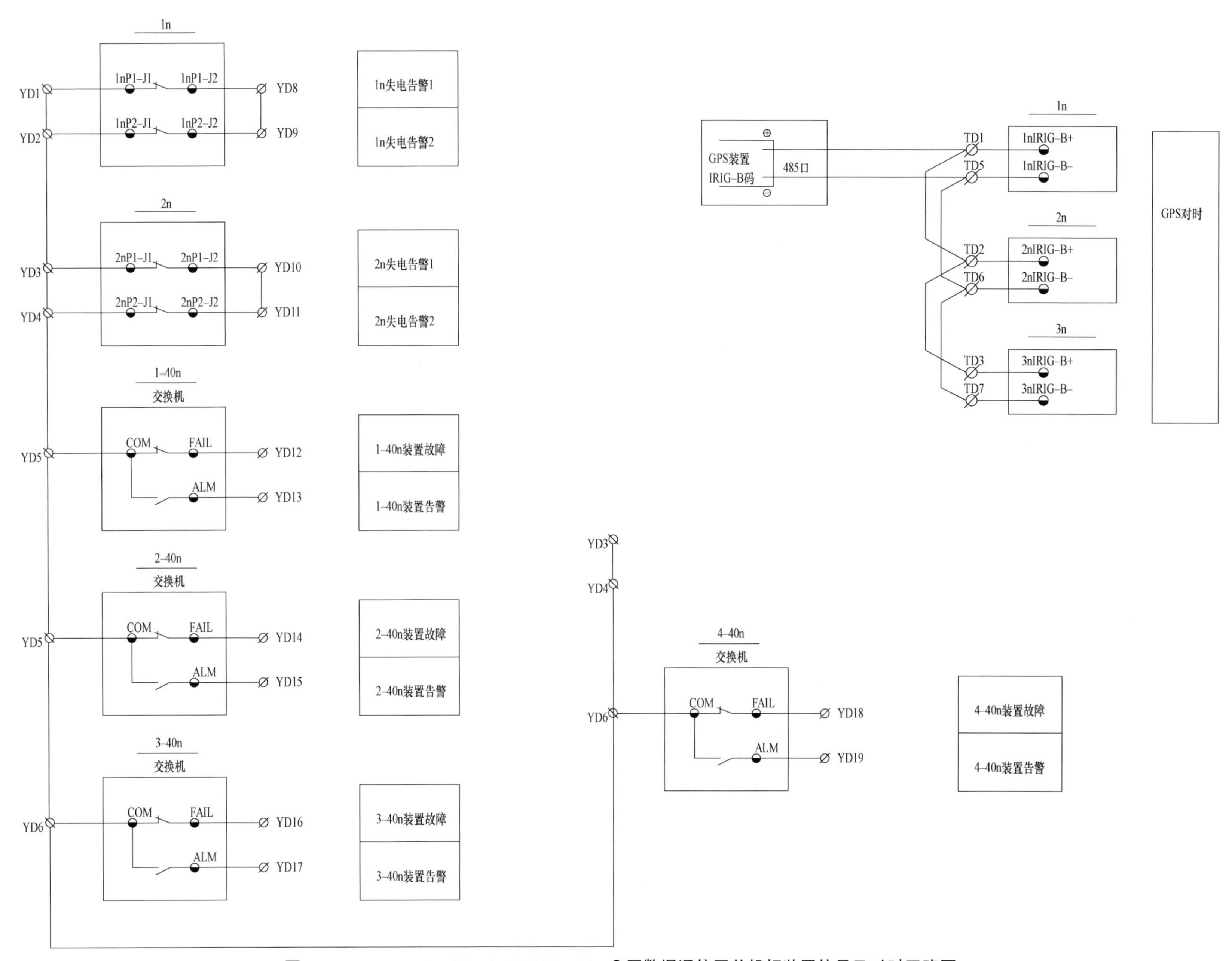

图 3-15　HE-110-A3-3-D0203-15　Ⅰ区数据通信网关机柜装置信号及对时回路图

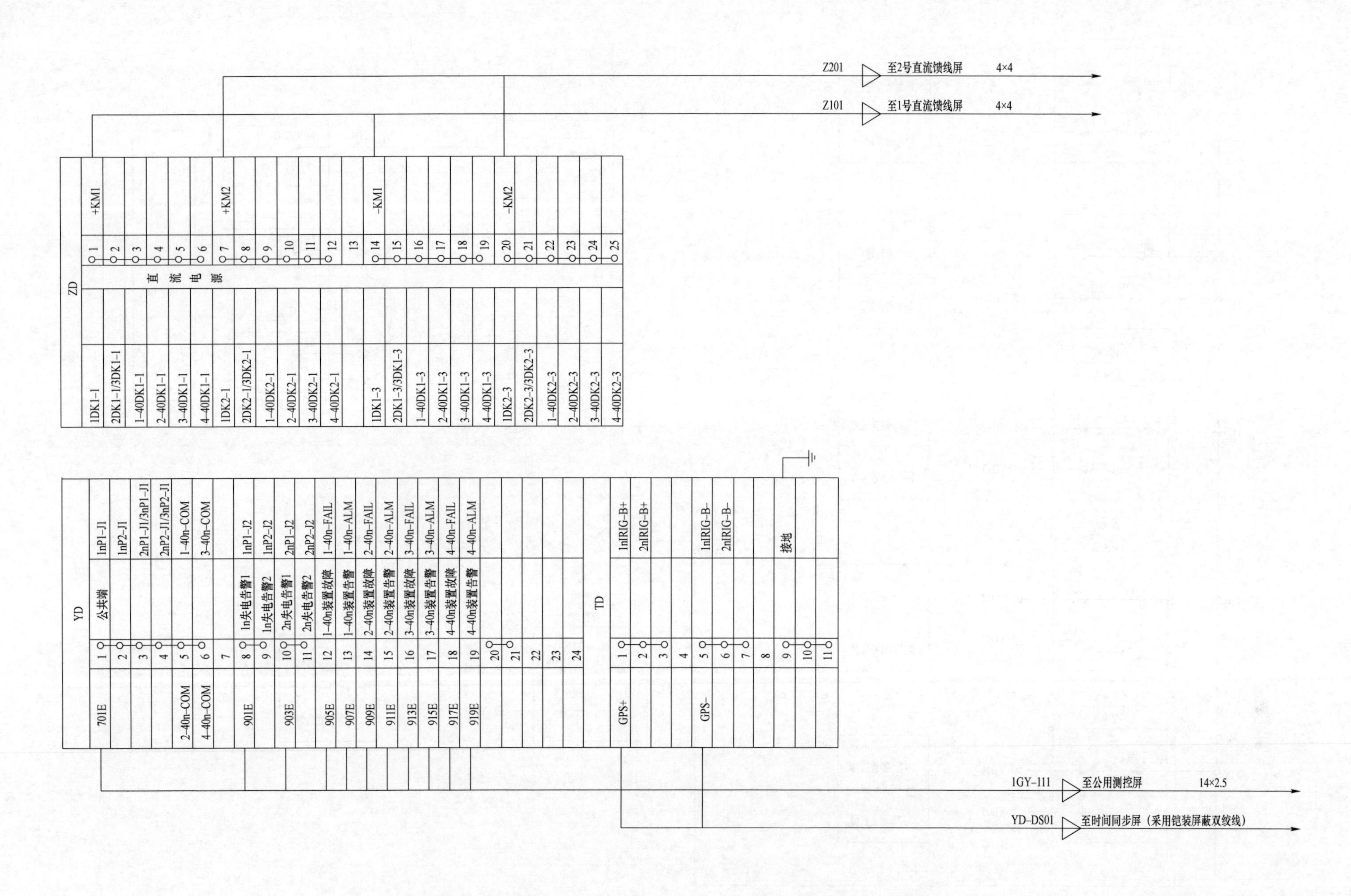

图 3-16　HE-110-A3-3-D0203-16　Ⅰ区数据通信网关机柜端子排图

站控层安全Ⅰ区A网

网 线 接 线 表

线缆编号	线缆型号	连接设备			功能说明	对侧设备
		设备名称	设备插件/端口号	设备端口类型		
YD－WX001A	铠装超五类屏蔽双绞线	站控层安全Ⅰ区A网交换机1（1－40n）	电以太网口1	RJ45	站控层MMS A网	本屏－Ⅰ区数据通信网关机1
YD－WX002A	铠装超五类屏蔽双绞线	站控层安全Ⅰ区A网交换机1（1－40n）	电以太网口2	RJ45	站控层MMS A网	本屏－Ⅰ区数据通信网关机2
YD－WX003A	铠装超五类屏蔽双绞线	站控层安全Ⅰ区A网交换机1（1－40n）	电以太网口3	RJ45	站控层MMS A网	本屏－智能接口设备
YD－WX031A	铠装超五类屏蔽双绞线	站控层安全Ⅰ区A网交换机1（1－40n）	电以太网口4	RJ45	站控层MMS A网	Ⅱ区数据网关机屏－安全区防火墙A
JK－WX031A	铠装超五类屏蔽双绞线	站控层安全Ⅰ区A网交换机1（1－40n）	电以太网口5	RJ45	站控层MMS A网	监控主机屏－监控主机1
JK－WX032A	铠装超五类屏蔽双绞线	站控层安全Ⅰ区A网交换机1（1－40n）	电以太网口6	RJ45	站控层MMS A网	监控主机屏－监控主机2
JK－WX033A	铠装超五类屏蔽双绞线	站控层安全Ⅰ区A网交换机1（1－40n）	电以太网口7	RJ45	站控层MMS A网	综合应用服务屏－打印机
JK－WX034A	铠装超五类屏蔽双绞线	站控层安全Ⅰ区A网交换机1（1－40n）	电以太网口8	RJ45	站控层MMS A网	智能防误主机屏－智能防误主机
GPS－WX031A	铠装超五类屏蔽双绞线	站控层安全Ⅰ区A网交换机1（1－40n）	电以太网口9	RJ45	站控层MMS A网	时间同步屏－主时钟1
GY－WX031A	铠装超五类屏蔽双绞线	站控层安全Ⅰ区A网交换机1（1－40n）	电以太网口10	RJ45	站控层MMS A网	公用测控屏－1号公用测控
GY－WX032A	铠装超五类屏蔽双绞线	站控层安全Ⅰ区A网交换机1（1－40n）	电以太网口11	RJ45	站控层MMS A网	公用测控屏－2号公用测控
GY－WX033A	铠装超五类屏蔽双绞线	站控层安全Ⅰ区A网交换机1（1－40n）	电以太网口12	RJ45	站控层MMS A网	公用测控屏－3号公用测控
HGY－WX031A	铠装超五类屏蔽双绞线	站控层安全Ⅰ区A网交换机1（1－40n）	电以太网口13	RJ45	站控层MMS A网	110kV母线测控柜－110kV母线测控装置1
HGY－WX032A	铠装超五类屏蔽双绞线	站控层安全Ⅰ区A网交换机1（1－40n）	电以太网口14	RJ45	站控层MMS A网	110kV母线测控柜－110kV母线测控装置2
		站控层安全Ⅰ区A网交换机1（1－40n）	电以太网口15	RJ45	站控层MMS A网	
		站控层安全Ⅰ区A网交换机1（1－40n）	电以太网口16	RJ45	站控层MMS A网	
		站控层安全Ⅰ区A网交换机1（1－40n）	电以太网口17	RJ45	站控层MMS A网	
2HFD－WX031A	铠装超五类屏蔽双绞线	站控层安全Ⅰ区A网交换机1（1－40n）	电以太网口18	RJ45	站控层MMS A网	110kV备自投屏－110kV 2号备自投装置
2HFD－WX032A	铠装超五类屏蔽双绞线	站控层安全Ⅰ区A网交换机1（1－40n）	电以太网口19	RJ45	站控层MMS A网	110kV 2号内桥智能控制柜－2号内桥保护测控装置
ZL－WX031A	铠装超五类屏蔽双绞线	站控层安全Ⅰ区A网交换机1（1－40n）	电以太网口20	RJ45	站控层MMS A网	直流充电屏－一体化电源总监控器
DP－WX031A	铠装超五类屏蔽双绞线	站控层安全Ⅰ区A网交换机1（1－40n）	电以太网口21	RJ45	站控层MMS A网	低频低压减载屏－1号低频低压减载装置
DP－WX032A	铠装超五类屏蔽双绞线	站控层安全Ⅰ区A网交换机1（1－40n）	电以太网口22	RJ45	站控层MMS A网	低频低压减载屏－2号低频低压减载装置
		站控层安全Ⅰ区A网交换机1（1－40n）	电以太网口23	RJ45	站控层MMS A网	
		站控层安全Ⅰ区A网交换机1（1－40n）	电以太网口24	RJ45	站控层MMS A网	
3B－WX031A	铠装超五类屏蔽双绞线	站控层安全Ⅰ区A网交换机2（2－40n）	电以太网口1	RJ45	站控层MMS A网	3号主变压器保护屏－3号主变压器保护装置1
3B－WX032A	铠装超五类屏蔽双绞线	站控层安全Ⅰ区A网交换机2（2－40n）	电以太网口2	RJ45	站控层MMS A网	3号主变压器保护屏－3号主变压器保护装置2
3B－WX033A	铠装超五类屏蔽双绞线	站控层安全Ⅰ区A网交换机2（2－40n）	电以太网口3	RJ45	站控层MMS A网	3号主变压器测控屏－3号主变压器高压测控装置
3B－WX034A	铠装超五类屏蔽双绞线	站控层安全Ⅰ区A网交换机2（2－40n）	电以太网口4	RJ45	站控层MMS A网	3号主变压器测控屏－3号主变压器本体测控装置
3B－WX035A	铠装超五类屏蔽双绞线	站控层安全Ⅰ区A网交换机2（2－40n）	电以太网口5	RJ45	站控层MMS A网	3号主变压器测控屏－3号主变压器低压测控装置
2B－WX031A	铠装超五类屏蔽双绞线	站控层安全Ⅰ区A网交换机2（2－40n）	电以太网口6	RJ45	站控层MMS A网	2号主变压器保护屏－2号主变压器保护装置1
2B－WX032A	铠装超五类屏蔽双绞线	站控层安全Ⅰ区A网交换机2（2－40n）	电以太网口7	RJ45	站控层MMS A网	2号主变压器保护屏－2号主变压器保护装置2
2B－WX033A	铠装超五类屏蔽双绞线	站控层安全Ⅰ区A网交换机2（2－40n）	电以太网口8	RJ45	站控层MMS A网	2号主变压器测控屏－2号主变压器高压测控装置
2B－WX034A	铠装超五类屏蔽双绞线	站控层安全Ⅰ区A网交换机2（2－40n）	电以太网口9	RJ45	站控层MMS A网	2号主变压器测控屏－2号主变压器本体测控装置
2B－WX035A	铠装超五类屏蔽双绞线	站控层安全Ⅰ区A网交换机2（2－40n）	电以太网口10	RJ45	站控层MMS A网	2号主变压器测控屏－2号主变压器低压测控装置1
2B－WX036A	铠装超五类屏蔽双绞线	站控层安全Ⅰ区A网交换机2（2－40n）	电以太网口11	RJ45	站控层MMS A网	2号主变压器测控屏－2号主变压器低压测控装置2
		站控层安全Ⅰ区A网交换机2（2－40n）	电以太网口12	RJ45	站控层MMS A网	
		站控层安全Ⅰ区A网交换机2（2－40n）	电以太网口13	RJ45	站控层MMS A网	
		站控层安全Ⅰ区A网交换机2（2－40n）	电以太网口14	RJ45	站控层MMS A网	
		站控层安全Ⅰ区A网交换机2（2－40n）	电以太网口15	RJ45	站控层MMS A网	
		站控层安全Ⅰ区A网交换机2（2－40n）	电以太网口16	RJ45	站控层MMS A网	
		站控层安全Ⅰ区A网交换机2（2－40n）	电以太网口17	RJ45	站控层MMS A网	
2H－WX031A	铠装超五类屏蔽双绞线	站控层安全Ⅰ区A网交换机2（2－40n）	电以太网口18	RJ45	站控层MMS A网	110kV 2号线路智能控制柜－2号线路测控装置
3H－WX031A	铠装超五类屏蔽双绞线	站控层安全Ⅰ区A网交换机2（2－40n）	电以太网口19	RJ45	站控层MMS A网	110kV 3号线路智能控制柜－3号线路测控装置
		站控层安全Ⅰ区A网交换机2（2－40n）	电以太网口20	RJ45	站控层MMS A网	
XH－WX031A	铠装超五类屏蔽双绞线	站控层安全Ⅰ区A网交换机2（2－40n）	电以太网口21	RJ45	站控层MMS A网	消弧线圈控制屏1号消弧线圈控制器
XH－WX032A	铠装超五类屏蔽双绞线	站控层安全Ⅰ区A网交换机2（2－40n）	电以太网口22	RJ45	站控层MMS A网	消弧线圈控制屏－2号消弧线圈控制器
		站控层安全Ⅰ区A网交换机2（2－40n）	电以太网口23	RJ45	站控层MMS A网	
		站控层安全Ⅰ区A网交换机2（2－40n）	电以太网口24	RJ45	站控层MMS A网	

图3－17　HE－110－A3－3－D0203－17　Ⅰ区数据通信网关机柜A网光缆网线连接图（一）

尾缆接线表

线缆编号	线缆型号	本柜连接设备			尾缆芯号	功能说明	对侧设备
		设备名称	设备插件/端口号	设备端口类型			
GY－WL105	4芯多模铠装尾缆 LC－LC	站控层安全Ⅰ区A网交换机1（1－40n）	千兆光口G1 RX收	多模，LC	1	10kV3母间隔层交换机级联	至10kV3号电压互感器柜间隔层A网交换机
		站控层安全Ⅰ区A网交换机1（1－40n）	千兆光口G1 TX发	多模，LC	2	10kV3母间隔层交换机级联	
					3	备用	
					4	备用	
GY－WL103	4芯多模铠装尾缆 LC－LC	站控层安全Ⅰ区A网交换机1（1－40n）	千兆光口G2 RX收	多模，LC	1	10kV2A母间隔层交换机级联	至10kV2A号电压互感器柜间隔层A网交换机
		站控层安全Ⅰ区A网交换机1（1－40n）	千兆光口G2 TX发	多模，LC	2	10kV2A母间隔层交换机级联	
					3	备用	
					4	备用	
GY－WL107	4芯多模铠装尾缆 LC－LC	站控层安全Ⅰ区A网交换机1（2－40n）	千兆光口G1 RX收	多模，LC	1	站控层网络记录	至网络记录分析屏站控层记录单元
		站控层安全Ⅰ区A网交换机1（2－40n）	千兆光口G1 TX发	多模，LC	2	站控层网络记录	
					3	备用	
					4	备用	

网线接线表

线缆编号	线缆型号	本柜连接设备			功能说明	对侧设备
		设备名称	设备插件/端口号	设备端口类型		
SJY1－WX131	铠装超五类屏蔽双绞线	Ⅰ区数据通信网关机1（1n）	电以太网口1	RJ45		调度数据网屏1——实时交换机JHJ1
SJY2－WX131	铠装超五类屏蔽双绞线	Ⅰ区数据通信网关机1（1n）	电以太网口2	RJ45		调度数据网屏2——实时交换机JHJ1
SJY1－WX132	铠装超五类屏蔽双绞线	Ⅰ区数据通信网关机2（2n）	电以太网口1	RJ45		调度数据网屏1——实时交换机JHJ1
SJY2－WX132	铠装超五类屏蔽双绞线	Ⅰ区数据通信网关机2（2n）	电以太网口2	RJ45		调度数据网屏2——实时交换机JHJ1

说明：站控层A网交换机1－40n和2－40n通过千兆光口G4进行级联。

图3－17 HE－110－A3－3－D0203－17 Ⅰ区数据通信网关机柜A网光缆网线连接图（二）

站控层安全Ⅰ区B网

网线接线表

线缆编号	线缆型号	连接设备			功能说明	对侧设备
		设备名称	设备插件/端口号	设备端口类型		
YD－WX001B	铠装超五类屏蔽双绞线	站控层安全Ⅰ区B网交换机1（3－40n）	电以太网口1	RJ45	站控层MMS A网	本屏－Ⅰ区数据通信网关机1
YD－WX002B	铠装超五类屏蔽双绞线	站控层安全Ⅰ区B网交换机1（3－40n）	电以太网口2	RJ45	站控层MMS A网	本屏－Ⅰ区数据通信网关机2
YD－WX003B	铠装超五类屏蔽双绞线	站控层安全Ⅰ区B网交换机1（3－40n）	电以太网口3	RJ45	站控层MMS A网	本屏－智能接口设备
YD－WX031B	铠装超五类屏蔽双绞线	站控层安全Ⅰ区B网交换机1（3－40n）	电以太网口4	RJ45	站控层MMS A网	Ⅱ区数据网关机屏－安全区防火墙A
JK－WX031B	铠装超五类屏蔽双绞线	站控层安全Ⅰ区B网交换机1（3－40n）	电以太网口5	RJ45	站控层MMS A网	监控主机屏－监控主机1
JK－WX032B	铠装超五类屏蔽双绞线	站控层安全Ⅰ区B网交换机1（3－40n）	电以太网口6	RJ45	站控层MMS A网	监控主机屏－监控主机2
JK－WX033B	铠装超五类屏蔽双绞线	站控层安全Ⅰ区B网交换机1（3－40n）	电以太网口7	RJ45	站控层MMS A网	综合应用服务屏－打印机
JK－WX034B	铠装超五类屏蔽双绞线	站控层安全Ⅰ区B网交换机1（3－40n）	电以太网口8	RJ45	站控层MMS A网	智能防误主机屏－智能防误主机
GPS－WX031B	铠装超五类屏蔽双绞线	站控层安全Ⅰ区B网交换机1（3－40n）	电以太网口9	RJ45	站控层MMS A网	时间同步屏—主时钟1
GY－WX031B	铠装超五类屏蔽双绞线	站控层安全Ⅰ区B网交换机1（3－40n）	电以太网口10	RJ45	站控层MMS A网	公用测控屏－1号公用测控
GY－WX032B	铠装超五类屏蔽双绞线	站控层安全Ⅰ区B网交换机1（3－40n）	电以太网口11	RJ45	站控层MMS A网	公用测控屏－2号公用测控
GY－WX033B	铠装超五类屏蔽双绞线	站控层安全Ⅰ区B网交换机1（3－40n）	电以太网口12	RJ45	站控层MMS A网	公用测控屏－3号公用测控
HGY－WX031B	铠装超五类屏蔽双绞线	站控层安全Ⅰ区B网交换机1（3－40n）	电以太网口13	RJ45	站控层MMS A网	110kV母线测控柜－110kV母线测控装置1
HGY－WX032B	铠装超五类屏蔽双绞线	站控层安全Ⅰ区B网交换机1（3－40n）	电以太网口14	RJ45	站控层MMS A网	110kV母线测控柜－110kV母线测控装置2
		站控层安全Ⅰ区B网交换机1（3－40n）	电以太网口15	RJ45	站控层MMS A网	
		站控层安全Ⅰ区B网交换机1（3－40n）	电以太网口16	RJ45	站控层MMS A网	
		站控层安全Ⅰ区B网交换机1（3－40n）	电以太网口17	RJ45	站控层MMS A网	
2HFD－WX031B	铠装超五类屏蔽双绞线	站控层安全Ⅰ区B网交换机1（3－40n）	电以太网口18	RJ45	站控层MMS A网	110kV备自投屏－110kV 2号备自投装置
2HFD－WX032B	铠装超五类屏蔽双绞线	站控层安全Ⅰ区B网交换机1（3－40n）	电以太网口19	RJ45	站控层MMS A网	110kV 2号内桥智能控制柜－2号内桥保护测控装置
ZL－WX031B	铠装超五类屏蔽双绞线	站控层安全Ⅰ区B网交换机1（3－40n）	电以太网口20	RJ45	站控层MMS A网	直流充电屏－一体化电源总监控器
DP－WX031B	铠装超五类屏蔽双绞线	站控层安全Ⅰ区B网交换机1（3－40n）	电以太网口21	RJ45	站控层MMS A网	低频低压减载屏－1号低频低压减载装置
DP－WX032B	铠装超五类屏蔽双绞线	站控层安全Ⅰ区B网交换机1（3－40n）	电以太网口22	RJ45	站控层MMS A网	低频低压减载屏－2号低频低压减载装置
		站控层安全Ⅰ区B网交换机1（3－40n）	电以太网口23	RJ45	站控层MMS A网	
		站控层安全Ⅰ区B网交换机1（3－40n）	电以太网口24	RJ45	站控层MMS A网	
3B－WX031B	铠装超五类屏蔽双绞线	站控层安全Ⅰ区B网交换机2（4－40n）	电以太网口1	RJ45	站控层MMS A网	3号主变压器保护屏－3号主变压器保护装置1
3B－WX032B	铠装超五类屏蔽双绞线	站控层安全Ⅰ区B网交换机2（4－40n）	电以太网口2	RJ45	站控层MMS A网	3号主变压器保护屏－3号主变压器保护装置2
3B－WX033B	铠装超五类屏蔽双绞线	站控层安全Ⅰ区B网交换机2（4－40n）	电以太网口3	RJ45	站控层MMS A网	3号主变压器测控屏－3号主变压器高压测控装置
3B－WX034B	铠装超五类屏蔽双绞线	站控层安全Ⅰ区B网交换机2（4－40n）	电以太网口4	RJ45	站控层MMS A网	3号主变压器测控屏－3号主变压器本体测控装置
3B－WX035B	铠装超五类屏蔽双绞线	站控层安全Ⅰ区B网交换机2（4－40n）	电以太网口5	RJ45	站控层MMS A网	3号主变压器测控屏－3号主变压器低压测控装置
2B－WX031B	铠装超五类屏蔽双绞线	站控层安全Ⅰ区B网交换机2（4－40n）	电以太网口6	RJ45	站控层MMS A网	2号主变压器保护屏－2号主变压器保护装置1
2B－WX032B	铠装超五类屏蔽双绞线	站控层安全Ⅰ区B网交换机2（4－40n）	电以太网口7	RJ45	站控层MMS A网	2号主变压器保护屏－2号主变压器保护装置2
2B－WX033B	铠装超五类屏蔽双绞线	站控层安全Ⅰ区B网交换机2（4－40n）	电以太网口8	RJ45	站控层MMS A网	2号主变压器测控屏－2号主变压器高压测控装置
2B－WX034B	铠装超五类屏蔽双绞线	站控层安全Ⅰ区B网交换机2（4－40n）	电以太网口9	RJ45	站控层MMS A网	2号主变压器测控屏－2号主变压器本体测控装置
2B－WX035B	铠装超五类屏蔽双绞线	站控层安全Ⅰ区B网交换机2（4－40n）	电以太网口10	RJ45	站控层MMS A网	2号主变压器测控屏－2号主变压器低压测控装置1
2B－WX036B	铠装超五类屏蔽双绞线	站控层安全Ⅰ区B网交换机2（4－40n）	电以太网口11	RJ45	站控层MMS A网	2号主变压器测控屏－2号主变压器低压测控装置2
		站控层安全Ⅰ区B网交换机2（4－40n）	电以太网口12	RJ45	站控层MMS A网	
		站控层安全Ⅰ区B网交换机2（4－40n）	电以太网口13	RJ45	站控层MMS A网	
		站控层安全Ⅰ区B网交换机2（4－40n）	电以太网口14	RJ45	站控层MMS A网	
		站控层安全Ⅰ区B网交换机2（4－40n）	电以太网口15	RJ45	站控层MMS A网	
		站控层安全Ⅰ区B网交换机2（4－40n）	电以太网口16	RJ45	站控层MMS A网	
		站控层安全Ⅰ区B网交换机2（4－40n）	电以太网口17	RJ45	站控层MMS A网	
2H－WX031B	铠装超五类屏蔽双绞线	站控层安全Ⅰ区B网交换机2（4－40n）	电以太网口18	RJ45	站控层MMS A网	110kV 2号线路智能控制柜－2号线路测控装置
3H－WX031B	铠装超五类屏蔽双绞线	站控层安全Ⅰ区B网交换机2（4－40n）	电以太网口19	RJ45	站控层MMS A网	110kV 3号线路智能控制柜－3号线路测控装置
		站控层安全Ⅰ区B网交换机2（4－40n）	电以太网口20	RJ45	站控层MMS A网	
XH－WX031B	铠装超五类屏蔽双绞线	站控层安全Ⅰ区B网交换机2（4－40n）	电以太网口21	RJ45	站控层MMS A网	消弧线圈控制屏－1号消弧线圈控制器
XH－WX032B	铠装超五类屏蔽双绞线	站控层安全Ⅰ区B网交换机2（4－40n）	电以太网口22	RJ45	站控层MMS A网	消弧线圈控制屏－2号消弧线圈控制器
		站控层安全Ⅰ区B网交换机2（4－40n）	电以太网口23	RJ45	站控层MMS A网	
		站控层安全Ⅰ区B网交换机2（4－40n）	电以太网口24	RJ45	站控层MMS A网	

尾缆接线表

线缆编号	线缆型号	本柜连接设备			尾缆芯号	功能说明	对侧设备
		设备名称	设备插件/端口号设备	端口类型			
GY－WL106	4芯多模铠装尾缆LC－LC	站控层安全Ⅰ区B网交换机1（3－40n）	千兆光口G1 RX收	多模，LC	1	10kV 3母间隔层交换机级联	至10kV 3号电压互感器柜间隔层B网交换机
		站控层安全Ⅰ区B网交换机1（3－40n）	千兆光口G1 TX发	多模，LC	2	10kV 3母间隔层交换机级联	
					3	备用	
					4	备用	
GY－WL104	4芯多模铠装尾缆LC－LC	站控层安全Ⅰ区B网交换机1（3－40n）	千兆光口G2 RX收	多模，LC	1	10kV 2A母间隔层交换机级联	至10kV 2A号电压互感器柜间隔层B网交换机
		站控层安全Ⅰ区B网交换机1（3－40n）	千兆光口G2 TX发	多模，LC	2	10kV 2A母间隔层交换机级联	
					3	备用	
					4	备用	
GY－WL108	4芯多模铠装尾缆LC－LC	站控层安全Ⅰ区B网交换机1（4－40n）	千兆光口G1 RX收	多模，LC	1	站控层网络记录	至网络记录分析屏站控层记录单元
		站控层安全Ⅰ区B网交换机1（4－40n）	千兆光口G1 TX发	多模，LC	2	站控层网络记录	
					3	备用	
					4	备用	

说明：站控层B网交换机3－40n和4－40n通过千兆光口G4进行级联。

图3－18　HE－110－A3－3－D0203－18　Ⅰ区数据通信网关机柜B网光缆网线连接图

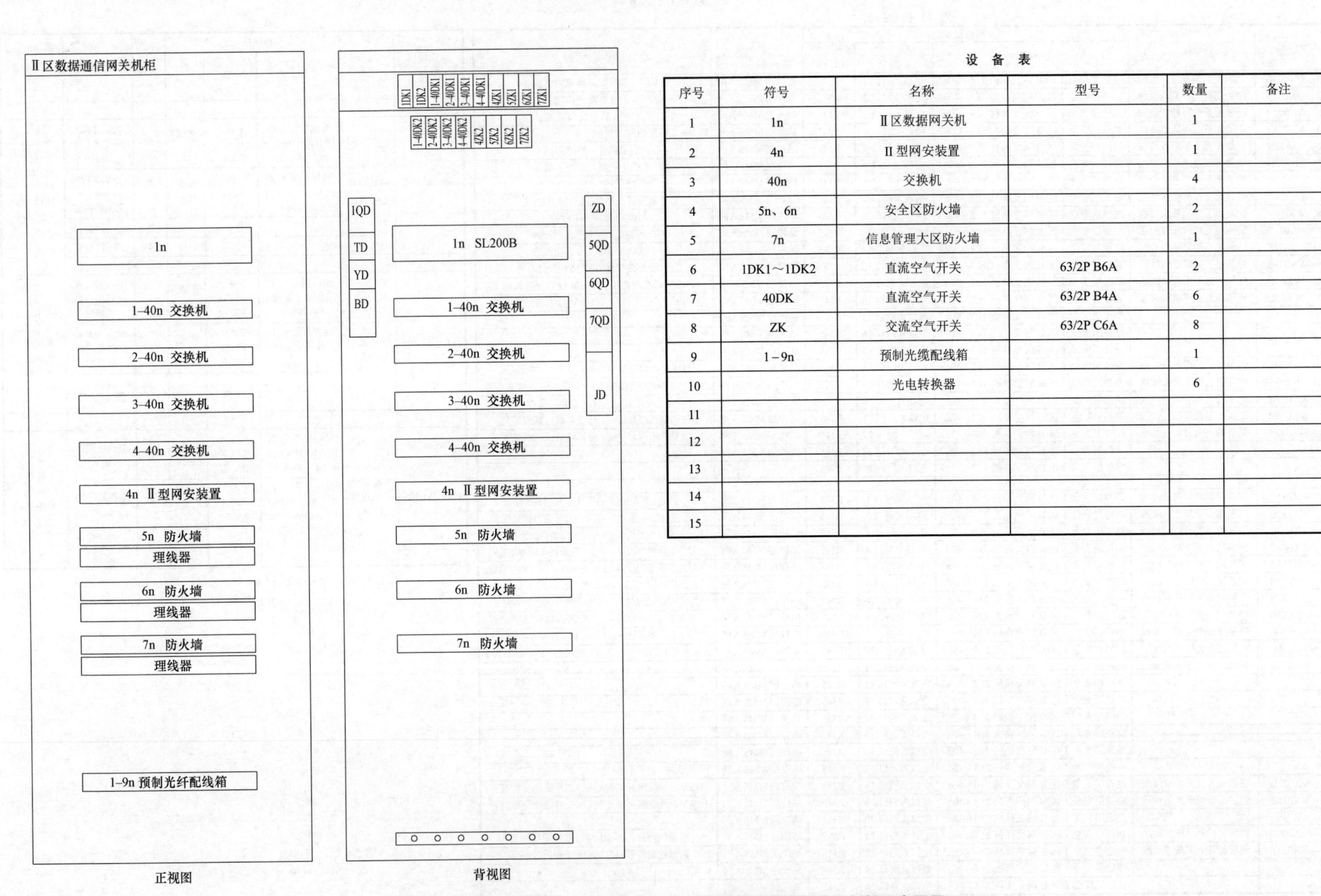

设 备 表

序号	符号	名称	型号	数量	备注
1	1n	Ⅱ区数据网关机		1	
2	4n	Ⅱ型网安装置		1	
3	40n	交换机		4	
4	5n、6n	安全区防火墙		2	
5	7n	信息管理大区防火墙		1	
6	1DK1～1DK2	直流空气开关	63/2P B6A	2	
7	40DK	直流空气开关	63/2P B4A	6	
8	ZK	交流空气开关	63/2P C6A	8	
9	1－9n	预制光缆配线箱		1	
10		光电转换器		6	
11					
12					
13					
14					
15					

图 3－19 HE－110－A3－3－D0203－19 Ⅱ区数据通信网关机柜柜面布置图

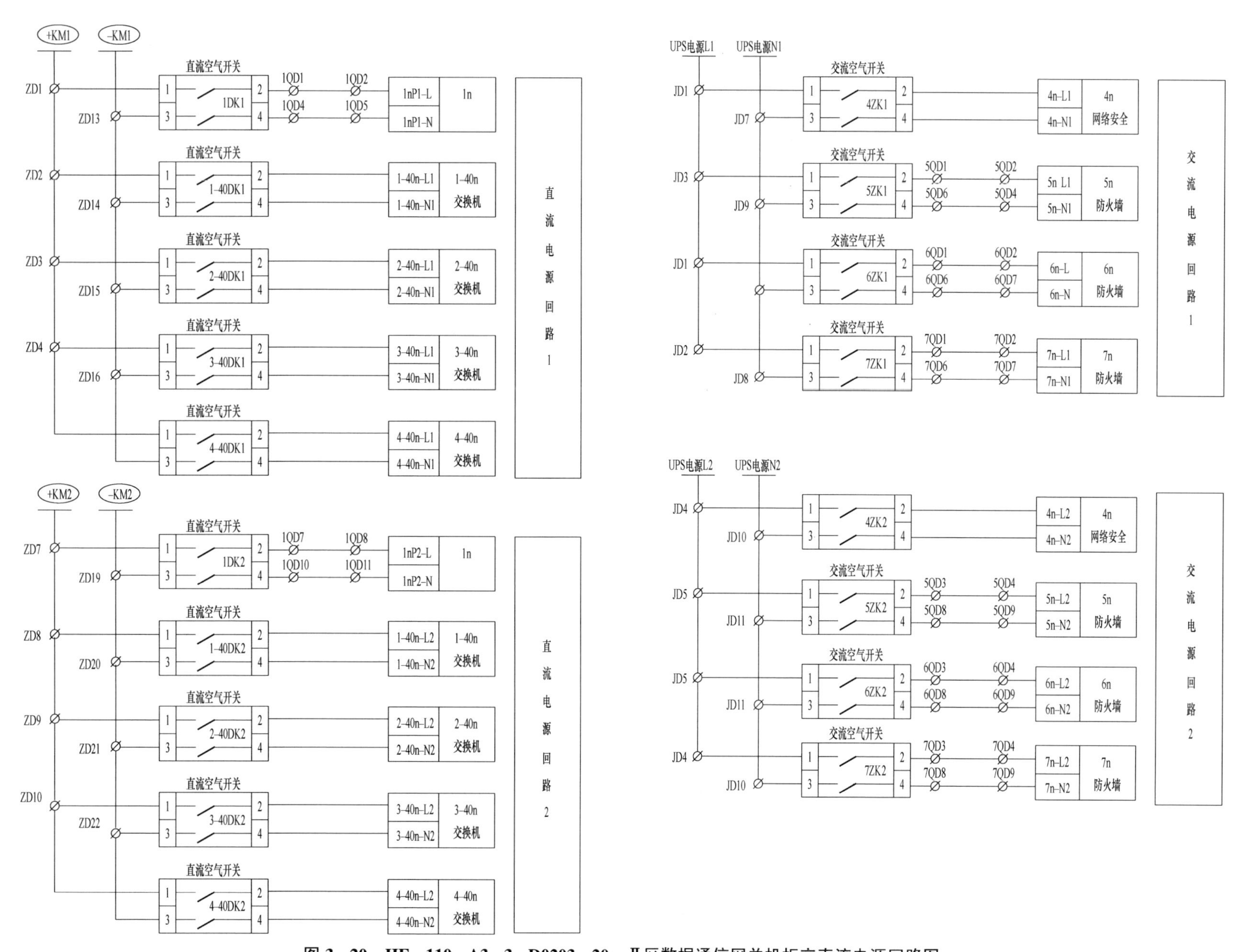

图 3－20　HE－110－A3－3－D0203－20　Ⅱ区数据通信网关机柜交直流电源回路图

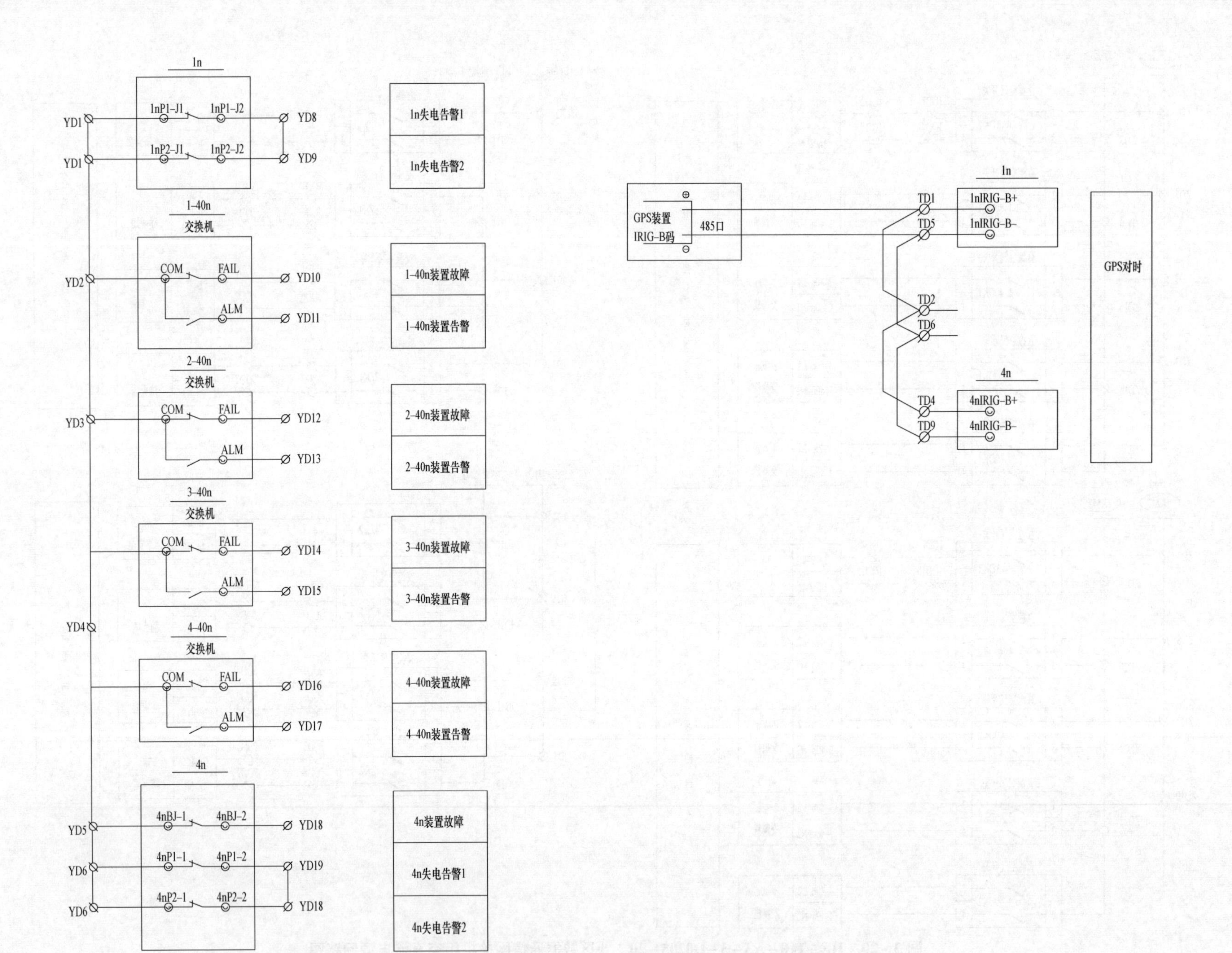

图 3-21　HE-110-A3-3-D0203-21　Ⅱ区数据通信网关机柜装置信号及对时回路图

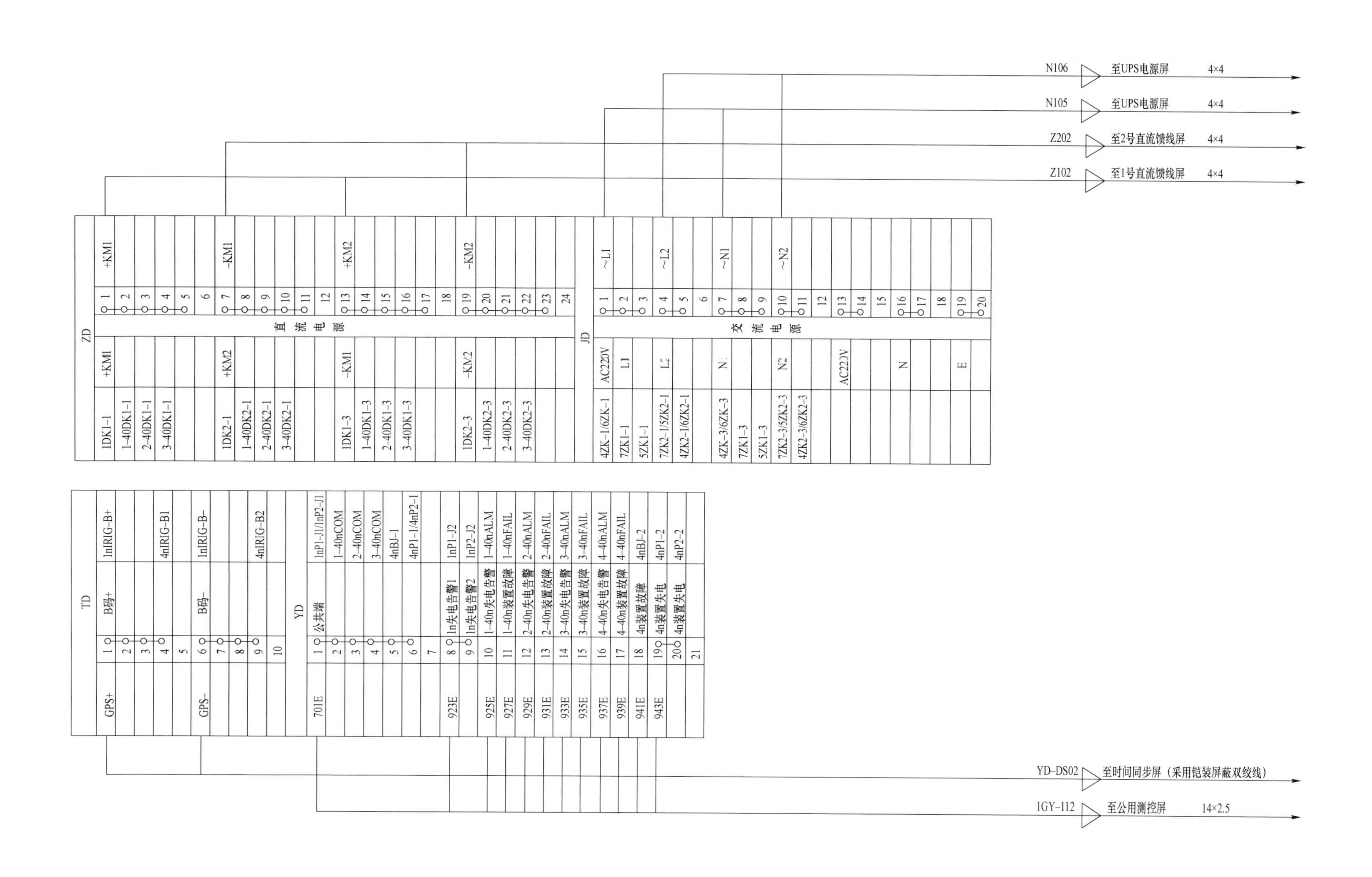

图 3-22　HE-110-A3-3-D0203-22　Ⅱ区数据通信网关机柜端子排图

站控层安全Ⅱ区 A 网

网 线 接 线 表

线缆编号	线缆型号	连接设备			功能说明	对侧设备
		设备名称	设备插件/端口号	设备端口类型		
YD－WX005A	铠装超五类屏蔽双绞线	站控层安全Ⅱ区 A 网交换机（1－40n）	电以太网口 1	RJ45	站控层 MMS A 网	本屏－Ⅱ区数据通信网关机
YD－WX006A	铠装超五类屏蔽双绞线	站控层安全Ⅱ区 A 网交换机（1－40n）	电以太网口 2	RJ45	站控层 MMS A 网	本屏－网络安全监测装置
YD－WX007A	铠装超五类屏蔽双绞线	站控层安全Ⅱ区 A 网交换机（1－40n）	电以太网口 3	RJ45	站控层 MMS A 网	本屏－安全区防火墙 A
YD－WX041A	铠装超五类屏蔽双绞线	站控层安全Ⅱ区 A 网交换机（1－40n）	电以太网口 4	RJ45	站控层 MMS A 网	综合应用服务器柜－综合应用服务器
DN－WX041A	铠装超五类屏蔽双绞线	站控层安全Ⅱ区 A 网交换机（1－40n）	电以太网口 5	RJ45	站控层 MMS A 网	电能量采集屏－电能量采集器
LB－WX041A	铠装超五类屏蔽双绞线	站控层安全Ⅱ区 A 网交换机（1－40n）	电以太网口 6	RJ45	站控层 MMS A 网	故障录波器柜－故障录波器
ZXGL－WX041	铠装超五类屏蔽双绞线	站控层安全Ⅱ区 A 网交换机（1－40n）	电以太网口 7	RJ45	站控层 MMS A 网	综合应用服务器柜－正向隔离装置
FXGL－WX041	铠装超五类屏蔽双绞线	站控层安全Ⅱ区 A 网交换机（1－40n）	电以太网口 8	RJ45	站控层 MMS A 网	综合应用服务器柜－反向隔离装置
JK－WX054	铠装超五类屏蔽双绞线	站控层安全Ⅱ区 A 网交换机（1－40n）	电以太网口 9	RJ45	站控层 MMS A 网	智能辅助控制系统屏—智能辅助系统主机
JC－WX051	铠装超五类屏蔽双绞线	站控层安全Ⅱ区 A 网交换机（1－40n）	电以太网口 10	RJ45	站控层 MMS A 网	110kV 3 号主变高压侧及 TV 间隔智能控制柜监测终端
JC－WX052	铠装超五类屏蔽双绞线	站控层安全Ⅱ区 A 网交换机（1－40n）	电以太网口 11	RJ45	站控层 MMS A 网	110kV 2 号主变高压侧及 TV 间隔智能控制柜监测终端
JC－WX031A	铠装超五类屏蔽双绞线	站控层安全Ⅱ区 A 网交换机（1－40n）	电以太网口 12	RJ45	站控层 MMS A 网	10kV 分段隔离柜监测终端
			电以太网口 13	RJ45	站控层 MMS A 网	
			电以太网口 14	RJ45	站控层 MMS A 网	
			电以太网口 15	RJ45	站控层 MMS A 网	
			电以太网口 16	RJ45	站控层 MMS A 网	
			电以太网口 17	RJ45	站控层 MMS A 网	
			电以太网口 18	RJ45	站控层 MMS A 网	
			电以太网口 19	RJ45	站控层 MMS A 网	
			电以太网口 20	RJ45	站控层 MMS A 网	
			电以太网口 21	RJ45	站控层 MMS A 网	
			电以太网口 22	RJ45	站控层 MMS A 网	
			电以太网口 23	RJ45	站控层 MMS A 网	
			电以太网口 24	RJ45	站控层 MMS A 网	

站控层安全Ⅱ区A网交换机(3-40n)

百兆口 1 2 3 4 5 6 7 8 9 10 11 12 13 14 15 16

千兆口 G1 G2 G3 G4

3-40n

3号主变压器本体智能控制柜监测终端

2号主变压器本体智能控制柜监测终端

站控层安全Ⅱ区A网交换机(1-40n)X2

站控层安全Ⅱ区 B 网

网 线 接 线 表

线缆编号	线缆型号	连接设备			功能说明	对侧设备
		设备名称	设备插件/端口号	设备端口类型		
YD－WX005B	铠装超五类屏蔽双绞线	站控层安全Ⅱ区 B 网交换机（2－40n）	电以太网口 1	RJ45	站控层 MMS B 网	本屏－Ⅱ区数据通信网关机
YD－WX006B	铠装超五类屏蔽双绞线	站控层安全Ⅱ区 B 网交换机（2－40n）	电以太网口 2	RJ45	站控层 MMS B 网	本屏－网络安全监测装置
YD－WX007B	铠装超五类屏蔽双绞线	站控层安全Ⅱ区 B 网交换机（2－40n）	电以太网口 3	RJ45	站控层 MMS B 网	本屏－安全区防火墙 B
YD－WX041B	铠装超五类屏蔽双绞线	站控层安全Ⅱ区 B 网交换机（2－40n）	电以太网口 4	RJ45	站控层 MMS B 网	综合应用服务器柜－综合应用服务器
DN－WX041B	铠装超五类屏蔽双绞线	站控层安全Ⅱ区 B 网交换机（2－40n）	电以太网口 5	RJ45	站控层 MMS B 网	电能量采集柜－电能量采集器
LB－WX041B	铠装超五类屏蔽双绞线	站控层安全Ⅱ区 B 网交换机（2－40n）	电以太网口 6	RJ45	站控层 MMS B 网	故障录波器柜－故障录波器
			电以太网口 7	RJ45	站控层 MMS B 网	
			电以太网口 8	RJ45	站控层 MMS B 网	
			电以太网口 9	RJ45	站控层 MMS B 网	
			电以太网口 10	RJ45	站控层 MMS B 网	
			电以太网口 11	RJ45	站控层 MMS B 网	
			电以太网口 12	RJ45	站控层 MMS B 网	
			电以太网口 13	RJ45	站控层 MMS B 网	
			电以太网口 14	RJ45	站控层 MMS B 网	
			电以太网口 15	RJ45	站控层 MMS B 网	
			电以太网口 16	RJ45	站控层 MMS B 网	
			电以太网口 17	RJ45	站控层 MMS B 网	
			电以太网口 18	RJ45	站控层 MMS B 网	
			电以太网口 19	RJ45	站控层 MMS B 网	
			电以太网口 20	RJ45	站控层 MMS B 网	
			电以太网口 21	RJ45	站控层 MMS B 网	
			电以太网口 22	RJ45	站控层 MMS B 网	
			电以太网口 23	RJ45	站控层 MMS B 网	
			电以太网口 24	RJ45	站控层 MMS B 网	

网 线 接 线 表

线缆编号	线缆型号	本柜连接设备			功能说明	对侧设备
		设备名称	设备插件/端口号	设备端口类型		
SJY1－WX231	铠装超五类屏蔽双绞线	Ⅱ区数据通信网关机（1n）	电以太网口 1	RJ45		调度数据网屏 1－非实时交换机 JHJ2
SJY2－WX231	铠装超五类屏蔽双绞线	Ⅱ区数据通信网关机（1n）	电以太网口 2	RJ45		调度数据网屏 2－非实时交换机 JHJ2
SJY1－WX232	铠装超五类屏蔽双绞线	安全监测装置（4n）	电以太网口 3	RJ45		调度数据网屏 1－非实时交换机 JHJ2
SJY2－WX232	铠装超五类屏蔽双绞线	安全监测装置（4n）	电以太网口 4	RJ45		调度数据网屏 2－非实时交换机 JHJ2

图 3－23　HE－110－A3－3－D0203－23　Ⅱ区数据通信网关机柜光缆网线连接图一

1–9n 预制光纤配线箱

光 缆 接 线 表

光缆编号	光缆规格	光缆芯号	预制光缆配线箱			本柜连接设备			功能说明	对侧设备
			光缆插头编号	纤芯编号	光口类型	设备名称	设备插件/端口号	设备端口类型		
2B–GL113	12 芯多模铠装预制光缆（双端预制）	1	B	1	LC	Ⅱ区 A 网交换机（3–40n）		多模，LC	监测终端 组网	2 号主变压器本体智能控制柜监测终端
		2		2	LC	Ⅱ区 A 网交换机（3–40n）		多模，LC	监测终端 组网	
		3		3	LC					
		4		4	LC					
		5		5	LC					
		6		6	LC					
		7		7	LC					
		8		8	LC					
		9		9	LC					
		10		10	LC					
		11		11	LC					
		12		12	LC					
3B–GL113	12 芯多模铠装预制光缆（双端预制）	1	B	1	LC	Ⅱ区 A 网交换机（3–40n）		多模，LC	监测终端 组网	3 号主变压器本体智能控制柜监测终端
		2		2	LC	Ⅱ区 A 网交换机（3–40n）		多模，LC	监测终端 组网	
		3		3	LC					
		4		4	LC					
		5		5	LC					
		6		6	LC					
		7		7	LC					
		8		8	LC					
		9		9	LC					
		10		10	LC					
		11		11	LC					
		12		12	LC					

1–9n 预制光纤配线箱

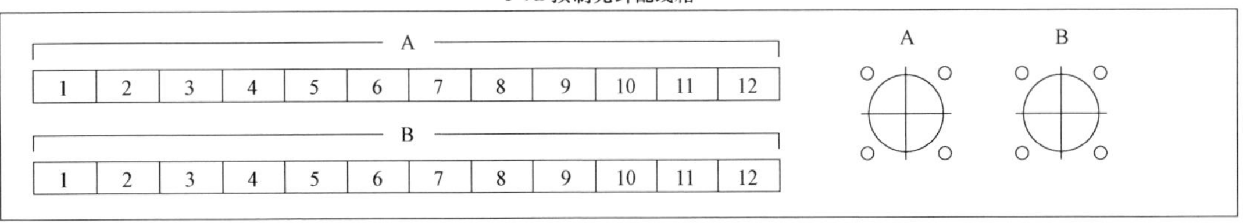

图 3–24 HE–110–A3–3–D0203–24 Ⅱ区数据通信网关机柜光缆网线连接图二

站控层安全Ⅳ区

网 线 接 线 表

线缆编号	线缆型号	连接设备			功能说明	对侧设备
		设备名称	设备插件/端口号	设备端口类型		
JK－WX001	铠装超五类屏蔽双绞线	站控层安全Ⅳ区交换机（3－40n）	电以太网口 1	RJ45	站控层 MMS B 网	本屏—信息管理大区防火墙
JK－WX051	铠装超五类屏蔽双绞线	站控层安全Ⅳ区交换机（3－40n）	电以太网口 2	RJ45	站控层 MMS B 网	综合应用服务器屏—正向隔离装置
JK－WX052	铠装超五类屏蔽双绞线	站控层安全Ⅳ区交换机（3－40n）	电以太网口 3	RJ45	站控层 MMS B 网	综合应用服务器屏—反向隔离装置
JK－WX053	铠装超五类屏蔽双绞线	站控层安全Ⅳ区交换机（3－40n）	电以太网口 4	RJ45	站控层 MMS B 网	视频监控主机屏—视频监控主机
			电以太网口 5	RJ45	站控层 MMS B 网	
			电以太网口 6	RJ45	站控层 MMS B 网	
			电以太网口 7	RJ45	站控层 MMS B 网	
			电以太网口 8	RJ45	站控层 MMS B 网	
			电以太网口 9	RJ45	站控层 MMS B 网	
			电以太网口 10	RJ45	站控层 MMS B 网	
			电以太网口 11	RJ45	站控层 MMS B 网	
			电以太网口 12	RJ45	站控层 MMS B 网	
			电以太网口 13	RJ45	站控层 MMS B 网	
			电以太网口 14	RJ45	站控层 MMS B 网	
			电以太网口 15	RJ45	站控层 MMS B 网	
			电以太网口 16	RJ45	站控层 MMS B 网	
			电以太网口 17	RJ45	站控层 MMS B 网	
			电以太网口 18	RJ45	站控层 MMS B 网	
			电以太网口 19	RJ45	站控层 MMS B 网	
			电以太网口 20	RJ45	站控层 MMS B 网	
			电以太网口 21	RJ45	站控层 MMS B 网	
			电以太网口 22	RJ45	站控层 MMS B 网	
			电以太网口 23	RJ45	站控层 MMS B 网	
			电以太网口 24	RJ45	站控层 MMS B 网	

图 3－25　HE－110－A3－3－D0203－25　Ⅱ区数据通信网关机柜安全Ⅳ区网线连接图

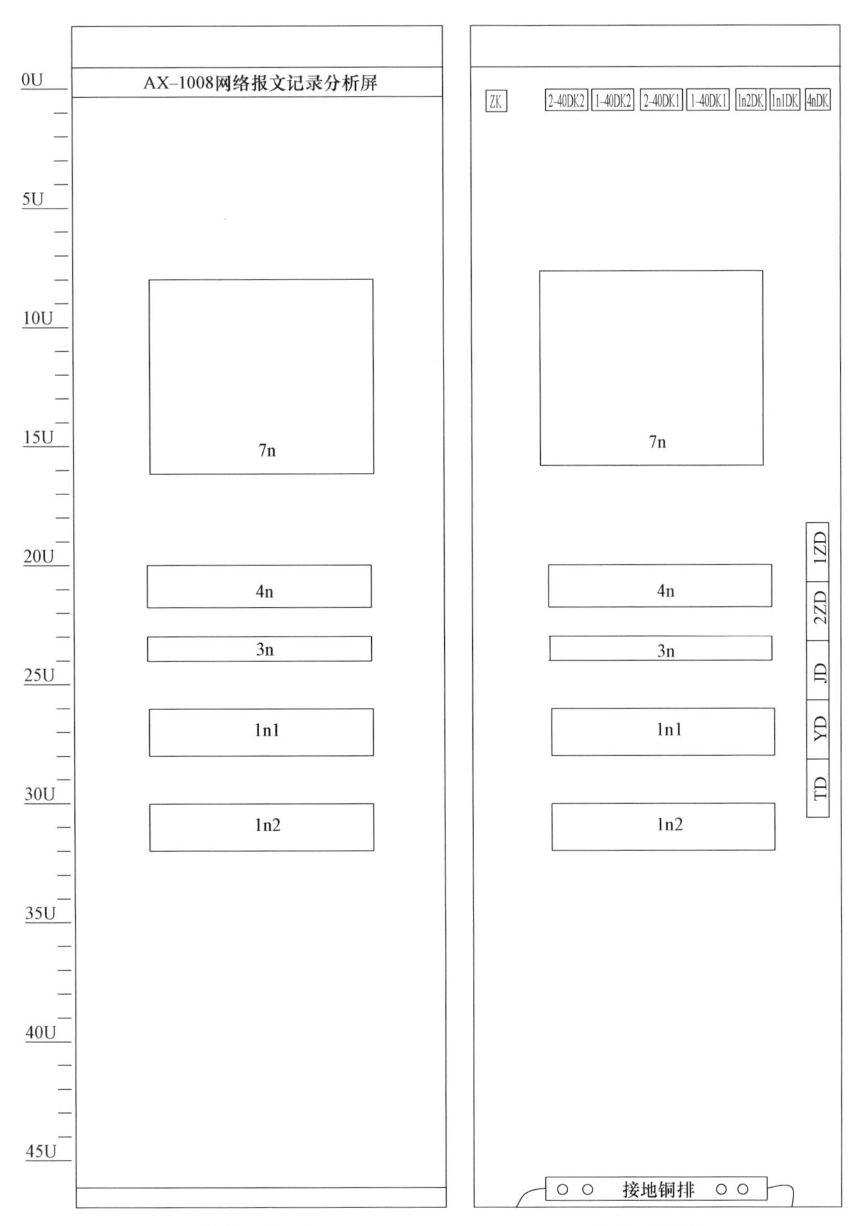

尺寸：2260mm×600mm×600mm（高×宽×深）
颜色：GY09 冰灰橘纹
门轴：右门轴（正视屏体）
其他：前显示后接线，一根铜排（与柜体不绝缘）
技术参数：电源：220V　TA: 1A　TV: 100V　f: 50Hz

材　料　表

序号	代号	元件名称	型号规格	数量	备注
1	1n1，1n2	网络报文记录分析装置采集单元		2	
2	3n	键盘鼠标		1	
3	4n	网络报文记录分析装置管理单元		1	
4	7n	19 寸液晶显示器		1	
5	DK	直流空气开关	B6A/2P	7	
6	ZK	交流空气开关	D6A/2P	1	
7	1ZD	直流端子		20	
8	JD	交流端子		18	
9	YD	遥信端子		20	
10	TD	通信端子		10	
11					
12					
13					
14					
15					
16					
17					
18					

图 3-26　HE-110-A3-3-D0203-26　网络分析屏屏面布置图

尾缆接线表

线缆编号	线缆型号	本柜连接设备			尾缆芯号	功能说明	对侧设备
		设备名称	设备插件/端口号	设备端口类型			
WF-WL101	4芯多模铠装尾缆 LC-LC	过程层网络记录单元（1n2）	千兆光口 LINK7 TX 发	多模，LC	1	过程层网采	至 110kV 备自投屏过程层交换机
		过程层网络记录单元（1n2）	千兆光口 LINK7 RX 收	多模，LC	2	过程层网采	
					3	备用	
					4	备用	
WF-WL102	4芯多模铠装尾缆 LC-LC	过程层网络记录单元（1n2）	千兆光口 LINK8 TX 发	多模，LC	1	过程层网采	至 110kV 备自投屏过程层交换机
		过程层网络记录单元（1n2）	千兆光口 LINK8 TX 发	多模，LC	2	过程层网采	
					3	备用	
					4	备用	

图 3-27　HE-110-A3-3-D0203-27　网络分析屏尾缆连接图

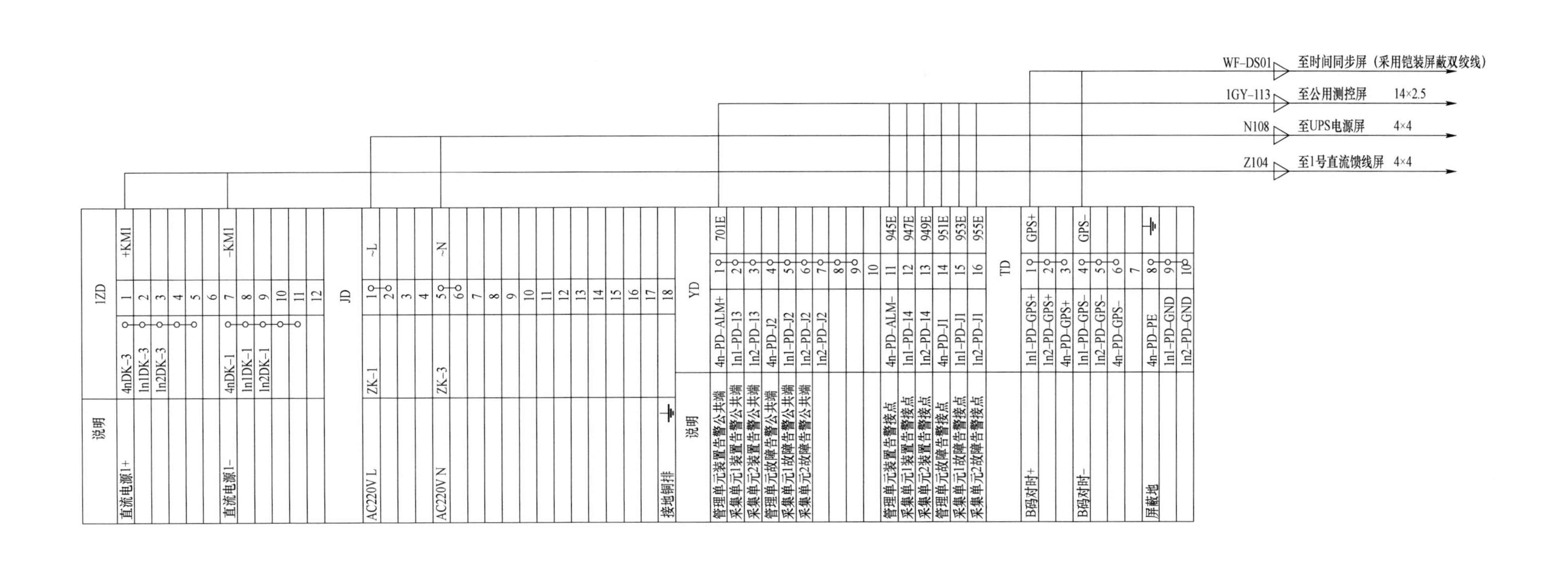

图 3−28 HE−110−A3−3−D0203−28 网络分析屏端子排图

4　主变压器保护及二次线

4.1　主变压器保护及二次线卷册目录

电气二次　　部分　第2卷　第4册　第　分册

卷册名称　主变压器保护及二次线

图纸49张　本　　说明　本　　清册　本

项目经理　　　　　　专业审核人

主要设计人　　　　　卷册负责人

序号	图号	图名	张数	套用原工程名称及卷册检索号，图号
1	HE-110-A3-3-D0204-01	主变压器二次设备配置图	1	
2	HE-110-A3-3-D0204-02	2号主变压器电流电压回路	1	
3	HE-110-A3-3-D0204-03	2号主变压器直流电源回路	1	
4	HE-110-A3-3-D0204-04	2号主变压器测控装置信号回路	1	
5	HE-110-A3-3-D0204-05	2号主变压器过程层SV采样值信息流图	1	
6	HE-110-A3-3-D0204-06	2号主变压器过程层GOOSE信息流图	1	
7	HE-110-A3-3-D0204-07	2号主变压器保护屏光缆连接图	1	
8	HE-110-A3-3-D0204-08	2号主变压器保护屏尾缆网线连接图	2	
9	HE-110-A3-3-D0204-09	2号主变压器测控屏尾缆网线连接图	1	
10	HE-110-A3-3-D0204-10	2号主变压器测控屏端子排图	1	
11	HE-110-A3-3-D0204-11	3号主变压器电流电压回路	1	
12	HE-110-A3-3-D0204-12	3号主变压器直流电源回路	1	
13	HE-110-A3-3-D0204-13	3号主变压器测控装置信号回路	1	
14	HE-110-A3-3-D0204-14	3号主变压器过程层SV采样值信息流图	1	
15	HE-110-A3-3-D0204-15	3号主变压器过程层GOOSE信息流图	1	
16	HE-110-A3-3-D0204-16	3号主变压器保护屏光缆连接图	1	

续表

序号	图号	图名	张数	套用原工程名称及卷册检索号，图号
17	HE－110－A3－3－D0204－17	3号主变压器保护屏尾缆网线连接图	1	
18	HE－110－A3－3－D0204－18	3号主变压器测控屏尾缆网线连接图	1	
19	HE－110－A3－3－D0204－19	3号主变压器测控屏端子排图	1	
20	HE－110－A3－3－D0204－20	2号（3号）主变压器保护屏端子排图	1	
21	HE－110－A3－3－D0204－21	2号（3号）主变压器保护屏屏面布置图	1	
22	HE－110－A3－3－D0204－22	2号主变压器测控屏屏面布置图	1	
23	HE－110－A3－3－D0204－23	3号主变压器测控屏屏面布置图	1	
24	HE－110－A3－3－D0204－24	主变压器本体智能控制柜柜面布置图	1	
25	HE－110－A3－3－D0204－25	110kV主进智能组件控制信号回路	1	
26	HE－110－A3－3－D0204－26	110kV主进及TV智能控制柜光缆连接图	1	
27	HE－110－A3－3－D0204－27	110kV主进及TV间隔端子排图	1	
28	HE－110－A3－3－D0204－28	主变压器本体智能组件控制信号回路	1	
29	HE－110－A3－3－D0204－29	主变压器本体智能控制柜光缆连接图	1	
30	HE－110－A3－3－D0204－30	主变压器本体智能控制柜端子排图	1	
31	HE－110－A3－3－D0204－31	主变压器本体端子箱接线图	1	
32	HE－110－A3－3－D0204－32	主变压器本体端子箱端子排图	1	
33	HE－110－A3－3－D0204－33	主变压器有载调压机构接线图	1	
34	HE－110－A3－3－D0204－34	主变压器中性点隔离开关机构接线图	1	
35	HE－110－A3－3－D0204－35	10kV主进开关柜电流电压回路图（2号主进分支一、3号主进）	1	
36	HE－110－A3－3－D0204－36	10kV主进开关柜电流电压回路图（3号主进分支二）	1	
37	HE－110－A3－3－D0204－37	10kV主进开关柜控制回路图	1	
38	HE－110－A3－3－D0204－38	10kV主进开关柜信号回路图	1	
39	HE－110－A3－3－D0204－39	10kV主进开关柜光缆连接图	1	
40	HE－110－A3－3－D0204－40	10kV主进开关柜端子排图（2号主进分支一、3号主进）	1	
41	HE－110－A3－3－D0204－41	10kV主进开关柜端子排图（2号主进分支二）	1	
42	HE－110－A3－3－D0204－42	10kV主进隔离柜电流电压回路图（2号主进分支一、3号主进）	1	
43	HE－110－A3－3－D0204－43	10kV主进隔离柜电流电压回路图（2号主进分支二）	1	
44	HE－110－A3－3－D0204－44	10kV主进隔离柜控制回路图	1	
45	HE－110－A3－3－D0204－45	10kV主进隔离柜信号回路图	1	
46	HE－110－A3－3－D0204－46	10kV主进隔离柜光缆连接图	1	
47	HE－110－A3－3－D0204－47	10kV主进隔离柜端子排图（2号主进分支一、3号主进）	1	
48	HE－110－A3－3－D0204－48	10kV主进隔离柜端子排图（2号主进分支二）	1	

4.2 主变压器保护及二次线标准化施工图

设 计 说 明

1 设计依据

1.1 初步设计资料

1.2 电气一次主接线图

1.3 电力工程设计有关规程、规定、电力工程设计手册及有关反措规定等

2 使用范围及设备配置

2.1 使用范围

本卷册适用于110kV变电站工程1、2号主变压器保护测控部分。

2.2 设备配置

1）主变压器保护屏配置：

每台主变压器电气量保护按双套设置，主后保护合一，差动及后备保护装置两台。

2）主变压器测控屏装置：

1号主变压器配置高、低、本体测控装置三台。

2号主变压器配置高、低、本体测控装置四台。

主变压器非电量采用本体保护与智能终端合一装置，安装于主变本体智能控制柜内，位于主变本体附近。

主变压器本体智能柜设备配置：本体智能终端兼非电量保护装置1台，本体合并单元2台，有载调压档位控制器1台。

3）智能终端及合并单元配置：

110kV 线路和内桥间隔，采用合并单元、智能终端集成装置，每个间隔双套配置。第1套装置完成第一套变压器保护电流、测计量电流采样、断路器分合闸、刀闸控制。遥信量的传输；第2套装置完成第二套变压器保护电流，断路器分闸的传输。

主变压器低压侧主进，采用合并单元智能终端一体的装置，双套配置。装置1完成第一套变压器保护，测量电流电压采样，断路器分合闸，遥信量的传输；装置2完成第二套变压器保护电流电压采样，断路器分闸2，遥信量的传出。

主变压器本体智能终端含非电量保护功能，完成主变压器本体非电量保护功能，主变压器高压侧中性点刀闸控制，遥信量的传输。

主变压器本体合并单元双套配置，采集主变压器高压侧中性点零序、间隙电流。

4）一次设备在线监测系统：

每台主变压器配置1套监测终端，安装于主变压器本体智能控制柜内，实现主变压器油温及油位监测、铁芯夹件接地电流监测、中性点成套设备避雷器泄漏电流的监测功能。

5）信息传输与跳闸方式：

主变压器保护、测控与各侧智能终端、合并单元的GOOSE采用点对点光缆传输，非电量保护跳闸，采用电缆接至各侧断路器的智能终端。

6）对时方式：

保护采用IRIG－B（DC）码对时，智能终端与合并单元采用光B码对时。

7）网络结构：

站控层：双星形以太网。过程层：单星形以太网。

3 主要设计原则

1）保护电源与操作回路电源分开设置。

2）操作回路在智能终端内，就地布置在汇控柜或开关柜内，使用断路器机构防跳回路，取消操作箱内的防跳回路。

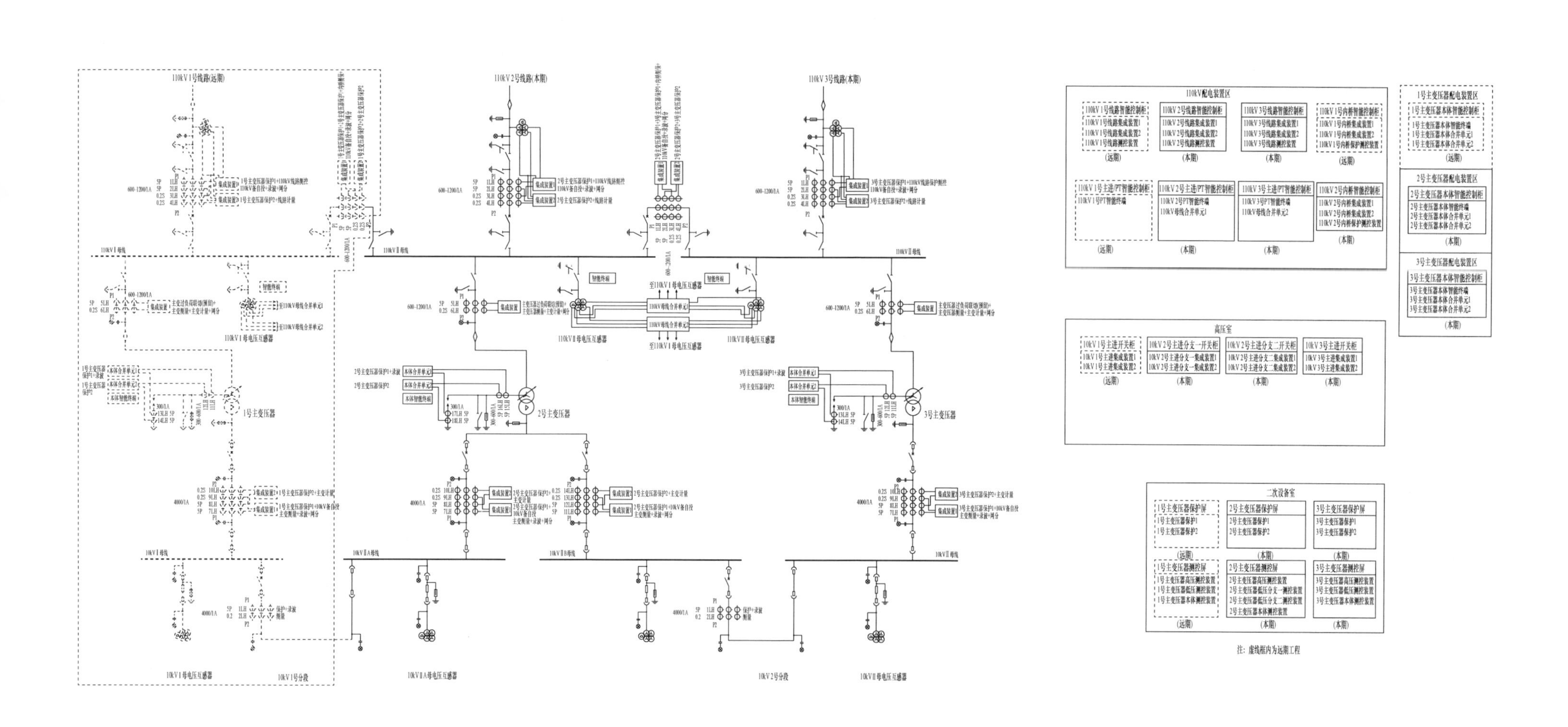

图 4-1 HE-110-A3-3-D0204-01 主变压器二次设备配置图

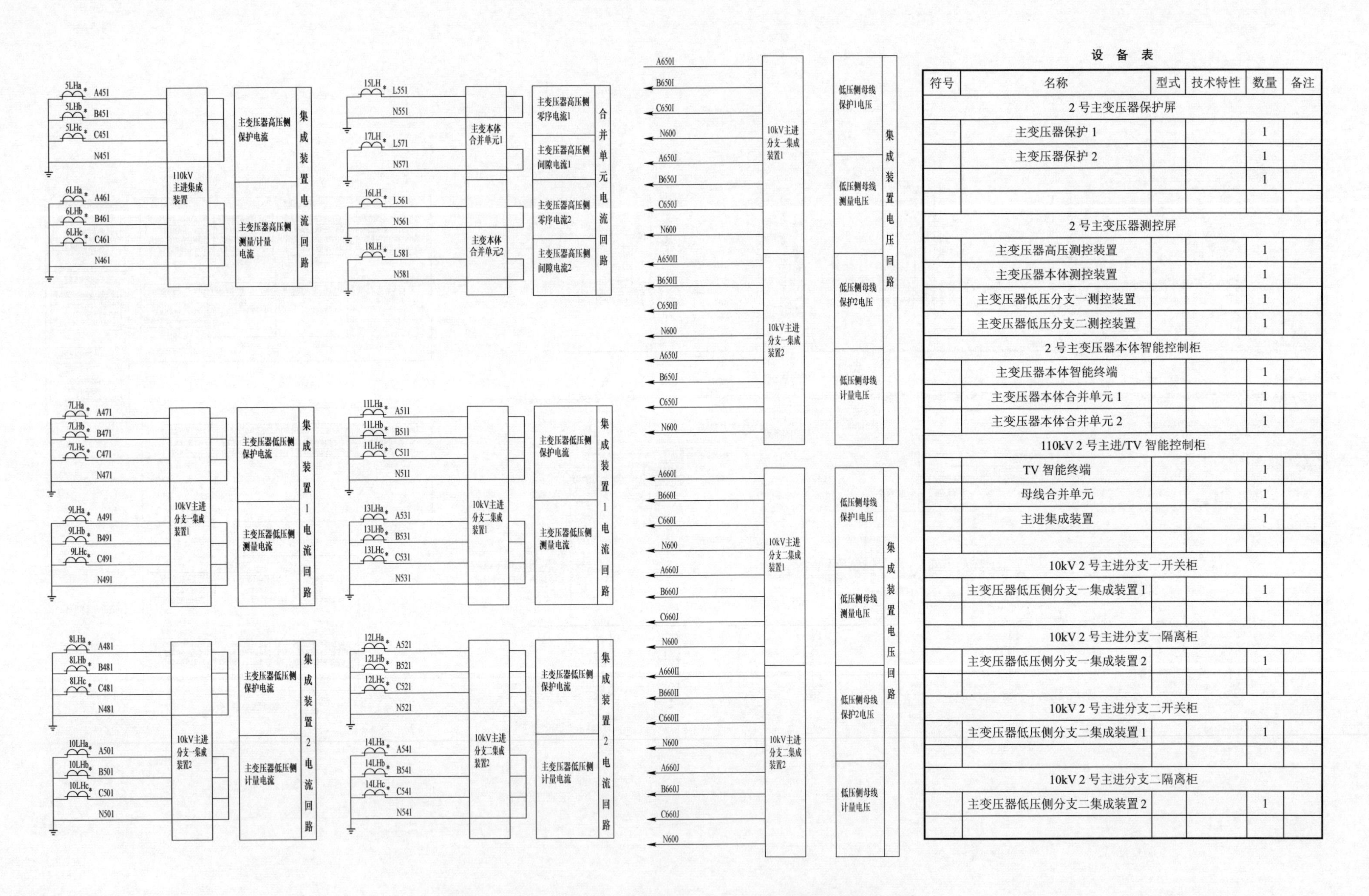

设 备 表

符号	名称	型式	技术特性	数量	备注
2 号主变压器保护屏					
	主变压器保护 1			1	
	主变压器保护 2			1	
				1	
2 号主变压器测控屏					
	主变压器高压测控装置			1	
	主变压器本体测控装置			1	
	主变压器低压分支一测控装置			1	
	主变压器低压分支二测控装置			1	
2 号主变压器本体智能控制柜					
	主变压器本体智能终端			1	
	主变压器本体合并单元 1			1	
	主变压器本体合并单元 2			1	
110kV 2 号主进/TV 智能控制柜					
	TV 智能终端			1	
	母线合并单元			1	
	主进集成装置			1	
10kV 2 号主进分支一开关柜					
	主变压器低压侧分支一集成装置 1			1	
10kV 2 号主进分支一隔离柜					
	主变压器低压侧分支一集成装置 2			1	
10kV 2 号主进分支二开关柜					
	主变压器低压侧分支二集成装置 1			1	
10kV 2 号主进分支二隔离柜					
	主变压器低压侧分支二集成装置 2			1	

图 4－2　HE－110－A3－3－D0204－02　2 号主变压器电流电压回路

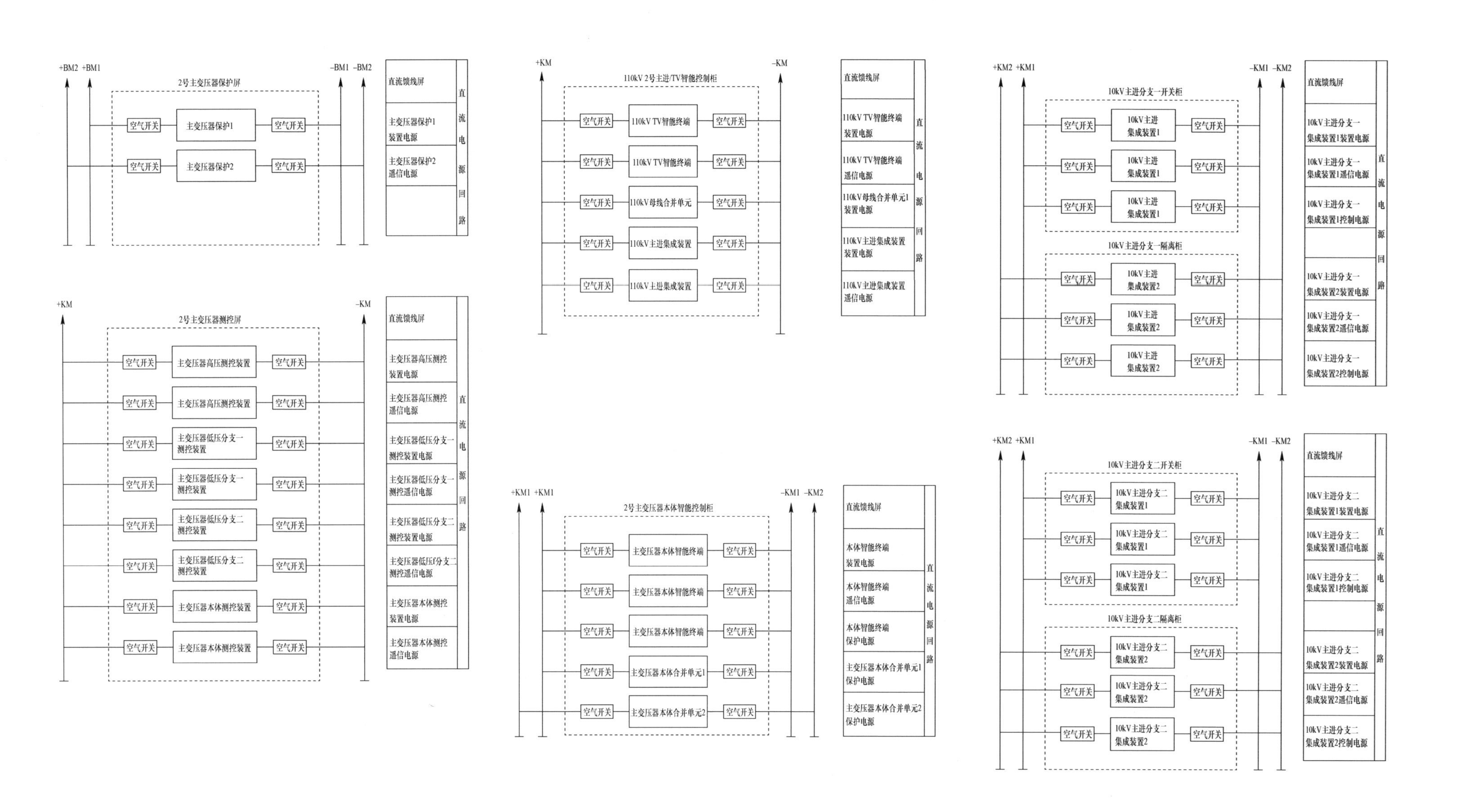

图 4-3　HE-110-A3-3-D0204-03　2 号主变压器直流电源回路

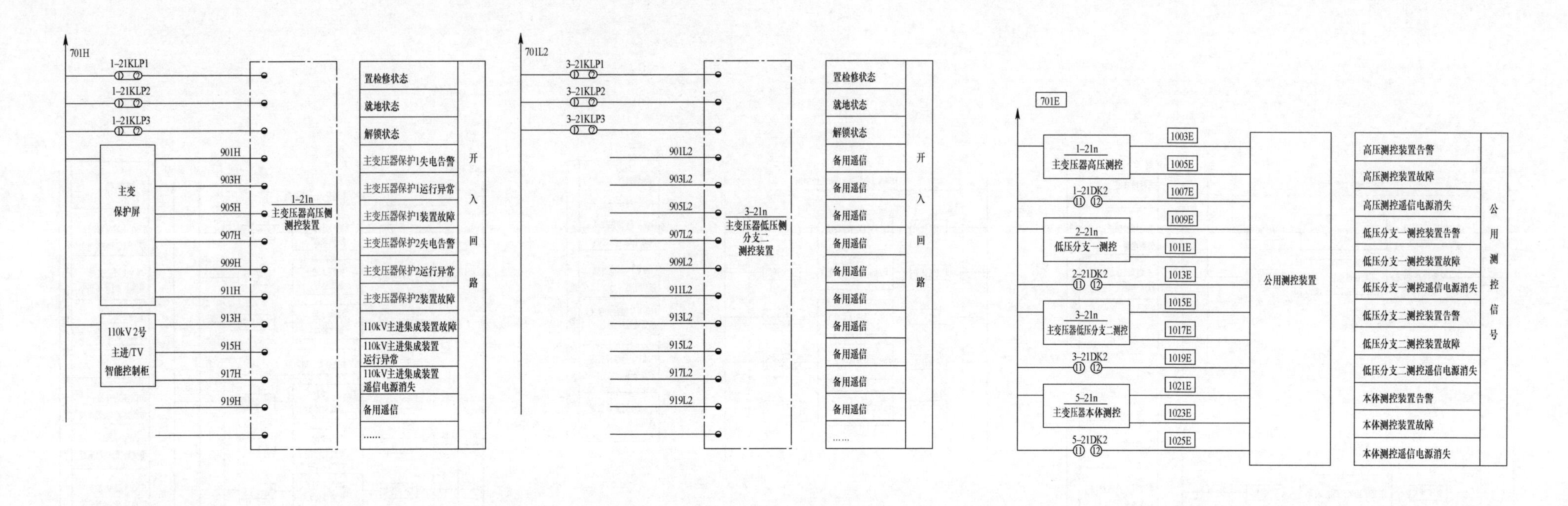

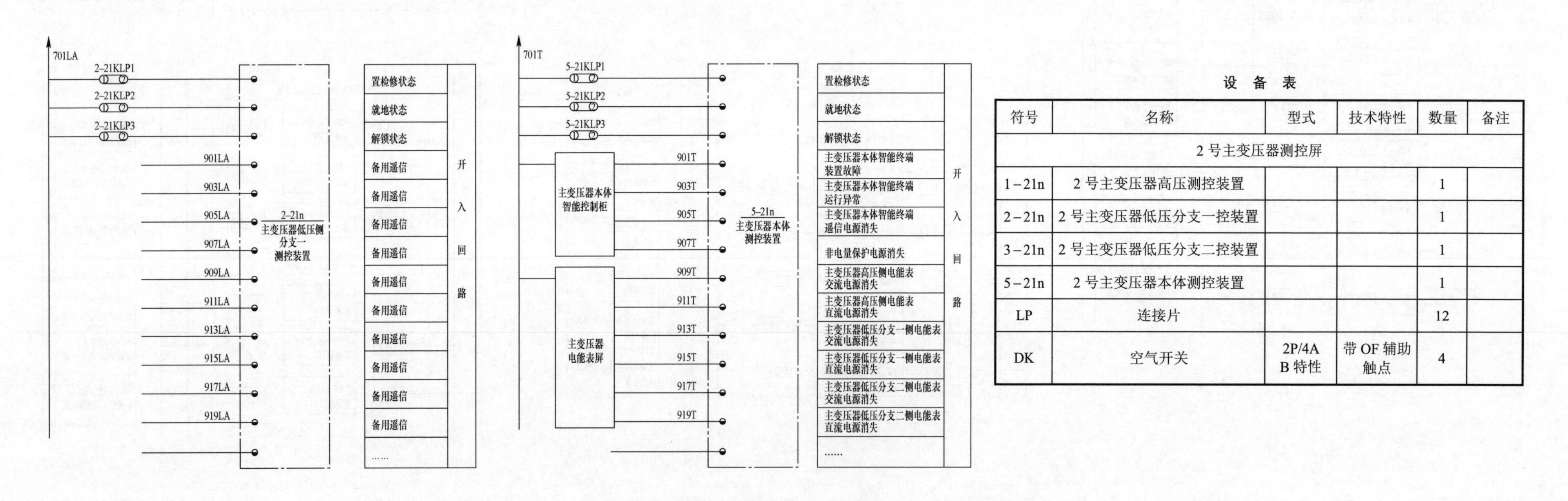

设 备 表

符号	名称	型式	技术特性	数量	备注
	2 号主变压器测控屏				
1-21n	2 号主变压器高压测控装置			1	
2-21n	2 号主变压器低压分支一控装置			1	
3-21n	2 号主变压器低压分支二控装置			1	
5-21n	2 号主变压器本体测控装置			1	
LP	连接片			12	
DK	空气开关	2P/4A B特性	带 OF 辅助触点	4	

图 4-4 HE-110-A3-3-D0204-04 2 号主变压器测控装置信号回路

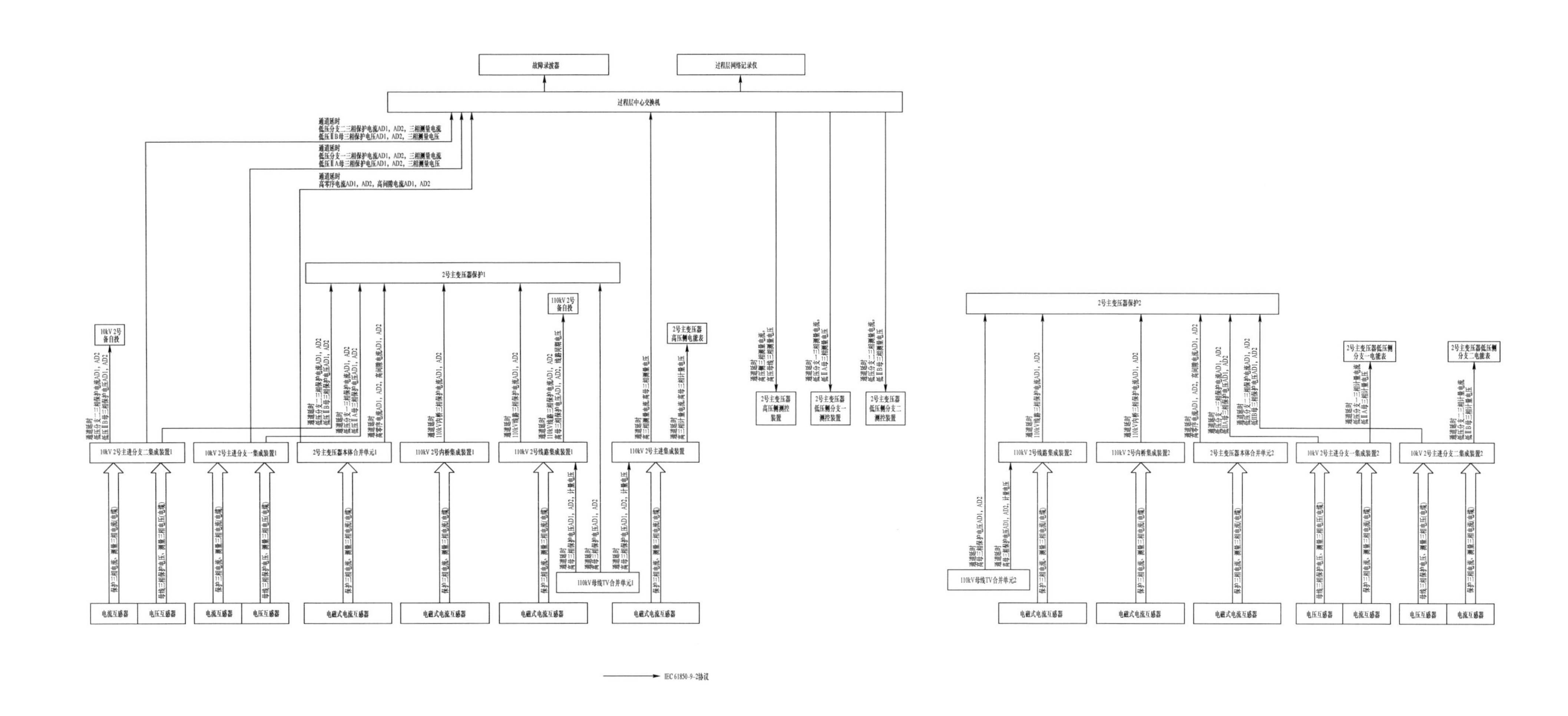

图 4-5 HE-110-A3-3-D0204-05 2号主变压器过程层SV采样值信息流图

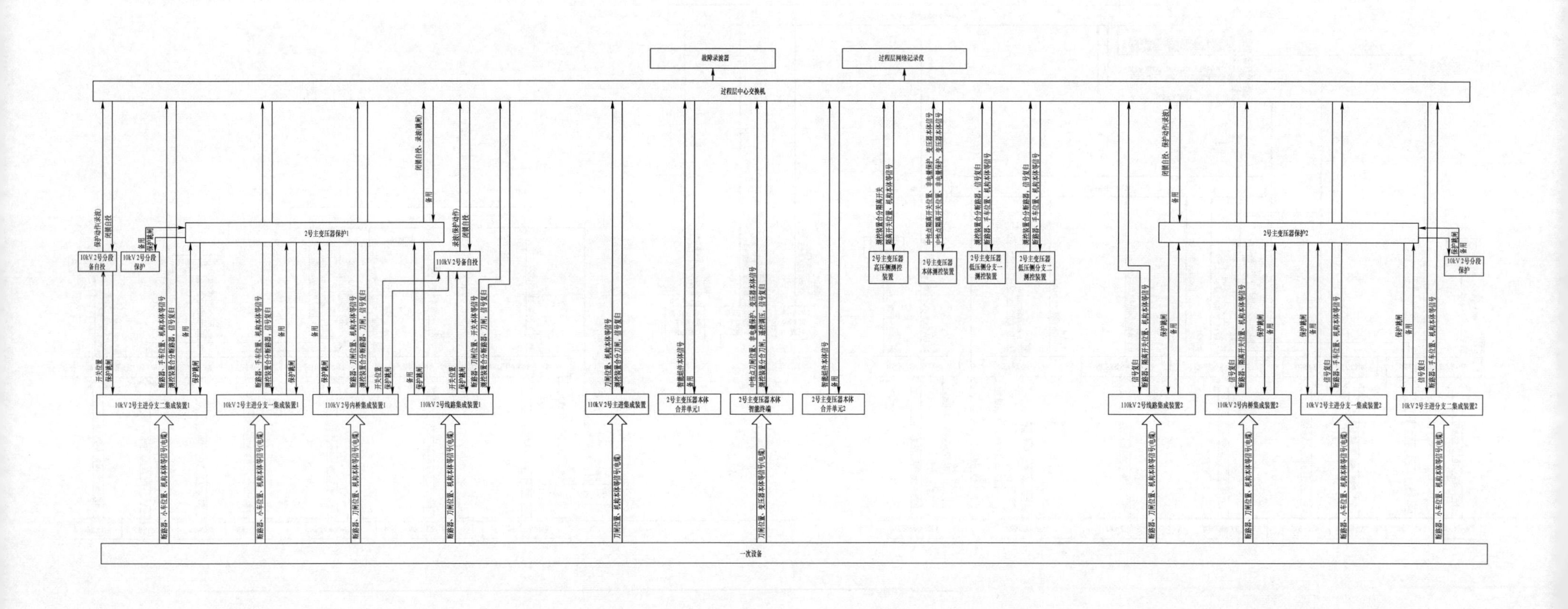

图 4-6　HE-110-A3-3-D0204-06　2号主变压器过程层 GOOSE 信息流图

1-9n 预制光纤配线箱

光缆接线表

光缆编号	光缆规格	光缆芯号	预制光缆配线箱 光缆插头编号	纤芯编号	光口类型	本柜连接设备 设备名称	设备插件/端口号	设备端口类型	功能说明	对侧设备
2B-GL111	12芯多模铠装预制光缆（双端预制）	1	A	1	LC	尾缆至110kV备自投屏		多模，LC	本体智能终端组网	至2号主变压器本体智能控制柜本体智能终端本体合并单元1
		2		2	LC	尾缆至110kV备自投屏		多模，LC	本体智能终端组网	
		3		3	LC	尾缆至110kV备自投屏		多模，LC	本体合并单元1组网	
		4		4	LC	尾缆至110kV备自投屏		多模，LC	本体合并单元1组网	
		5		5	LC	主变压器保护1-1n		多模，LC	主变压器保护1 SV直采	
		6		6	LC					
		7		7	LC	尾缆至时间同步主机屏		多模，ST	本体智能终端光B码对时	
		8		8	LC	尾缆至时间同步主机屏		多模，ST	本体合并单元1光B码对时	
		9		9	LC					
		10		10	LC					
		11		11	LC					
		12		12	LC					
		1	B	1	LC					
		2		2	LC					
		3		3	LC					
		4		4	LC					
		5		5	LC					
		6		6	LC					
		7		7	LC					
		8		8	LC					
		9		9	LC					
		10		10	LC					
		11		11	LC					
		12		12	LC					

1-9n 预制光纤配线箱

光缆接线表

光缆编号	光缆规格	光缆芯号	预制光缆配线箱 光缆插头编号	纤芯编号	光口类型	本柜连接设备 设备名称	设备插件/端口号	设备端口类型	功能说明	对侧设备
2B-GL112	12芯多模铠装预制光缆（双端预制）	1	A	1	LC	尾缆至110kV备自投屏		多模，LC	本体合并单元2组网	至2号主变压器本体智能控制柜本体合并单元2
		2		2	LC	尾缆至110kV备自投屏		多模，LC	本体合并单元2组网	
		3		3	LC	主变压器保护2-1n		多模，LC	主变保护2 SV直采	
		4		4	LC					
		5		5	LC	尾缆至时间同步主机屏		多模，ST	本体合并单元2光B码对时	
		6		6	LC					
		7		7	LC					
		8		8	LC					
		9		9	LC					
		10		10	LC					
		11		11	LC					
		12		12	LC					
		1	B	1	LC					
		2		2	LC					
		3		3	LC					
		4		4	LC					
		5		5	LC					
		6		6	LC					
		7		7	LC					
		8		8	LC					
		9		9	LC					
		10		10	LC					
		11		11	LC					
		12		12	LC					

1-9n 预制光纤配线箱

A
1 2 3 4 5 6 7 8 9 10 11 12
B
1 2 3 4 5 6 7 8 9 10 11 12
A B

2-9n 预制光纤配线箱

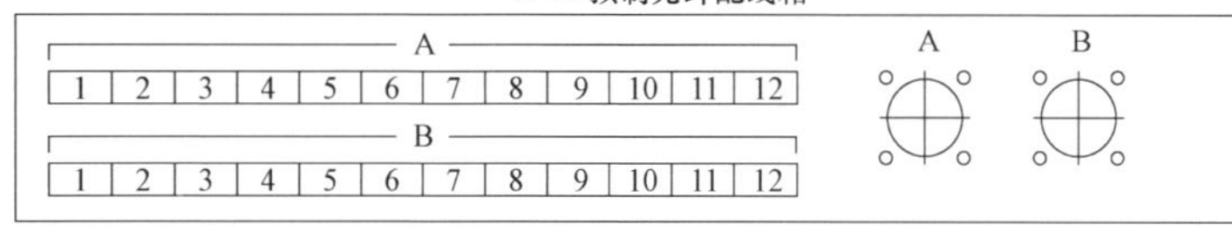

图4-7 HE-110-A3-3-D0204-07 2号主变压器保护屏光缆连接图

尾缆接线表

线缆编号	线缆型号	本柜连接设备			尾缆芯号	功能说明	对侧设备
		设备名称	设备插件/端口号	设备端口类型			
2B-WL111	8芯多模铠装尾缆 LC-LC	主变压器保护1（1-1n）	?插件RX?	多模，LC	1	主变压器保护1 GOOSE直跳	至110kV 2号线路智能控制柜集成装置1
		主变压器保护1（1-1n）	?插件TX?	多模，LC	2	主变压器保护1 GOOSE直跳	
		主变压器保护1（1-1n）	?插件RX?	多模，LC	3	主变压器保护1 SV直采	
					4	备用	
					5	备用	
					6	备用	
					7	备用	
					8	备用	
2B-WL112	8芯多模铠装尾缆 LC-LC	主变压器保护2（2-1n）	?插件RX?	多模，LC	1	主变压器保护2 GOOSE直跳	至110kV 2号线路智能控制柜集成装置2
		主变压器保护2（2-1n）	?插件TX?	多模，LC	2	主变压器保护2 GOOSE直跳	
		主变压器保护2（2-1n）	?插件RX?	多模，LC	3	主变压器保护2 SV直采	
					4	备用	
					5	备用	
					6	备用	
					7	备用	
					8	备用	
2B-WL113	8芯多模铠装尾缆 LC-LC	主变压器保护1（1-1n）	?插件RX?	多模，LC	1	主变压器保护1 GOOSE直跳	至110kV 2号内桥智能控制柜集成装置1
		主变压器保护1（1-1n）	?插件TX?	多模，LC	2	主变压器保护1 GOOSE直跳	
		主变压器保护1（1-1n）	?插件RX?	多模，LC	3	主变压器保护1 SV直采	
					4	备用	
					5	备用	
					6	备用	
					7	备用	
					8	备用	
2B-WL114	8芯多模铠装尾缆 LC-LC	主变压器保护2（2-1n）	?插件RX?	多模，LC	1	主变压器保护2 GOOSE直跳	至110kV 2号内桥智能控制柜集成装置2
		主变压器保护2（2-1n）	?插件TX?	多模，LC	2	主变压器保护2 GOOSE直跳	
		主变压器保护2（2-1n）	?插件RX?	多模，LC	3	主变压器保护2 SV直采	
					4	备用	
					5	备用	
					6	备用	
					7	备用	
					8	备用	
2B-WL119	4芯多模铠装尾缆 LC-LC	主变压器保护1（1-1n）	?插件RX?	多模，LC	1	主变压器保护1 GOOSE直跳	至10kV2号分段开关柜10kV2号分段保护测控
		主变压器保护1（1-1n）	?插件TX?	多模，LC	2	主变压器保护1 GOOSE直跳	
					3	备用	
					4	备用	
2B-WL120	4芯多模铠装尾缆 LC-LC	主变压器保护2（2-1n）	?插件RX?	多模，LC	1	主变压器保护2 GOOSE直跳	至10kV2号分段开关柜10kV2号分段保护测控
		主变压器保护2（2-1n）	?插件TX?	多模，LC	2	主变压器保护2 GOOSE直跳	
					3	备用	
					4	备用	

尾缆接线表

线缆编号	线缆型号	本柜连接设备			尾缆芯号	功能说明	对侧设备
		设备名称	设备插件/端口号	设备端口类型			
2B-WL115	8芯多模铠装尾缆 LC-ST	主变压器保护1（1-1n）		多模，LC	1	主变压器保护1 GOOSE直跳	至10kV主进分支一开关柜集成装置1
		主变压器保护1（1-1n）		多模，LC	2	主变压器保护1 GOOSE直跳	
		主变压器保护1（1-1n）		多模，LC	3	主变压器保护1 SV直采	
					4	备用	
					5	备用	
					6	备用	
					7	备用	
					8	备用	
2B-WL116	8芯多模铠装尾缆 LC-LC	主变压器保护2（2-1n）		多模，LC	1	主变压器保护2 GOOSE直跳	至10kV主进分支一隔离柜集成装置2
		主变压器保护2（2-1n）		多模，LC	2	主变压器保护2 GOOSE直跳	
		主变压器保护2（2-1n）		多模，LC	3	主变压器保护2 SV直采	
					4	备用	
					5	备用	
					6	备用	
					7	备用	
					8	备用	
2B-WL117	8芯多模铠装尾缆 LC-ST	主变压器保护1（1-1n）		多模，LC	1	主变压器保护1 GOOSE直跳	至10kV主进分支二开关柜集成装置1
		主变压器保护1（1-1n）		多模，LC	2	主变压器保护1 GOOSE直跳	
		主变压器保护1（1-1n）		多模，LC	3	主变压器保护1 SV直采	
					4	备用	
					5	备用	
					6	备用	
					7	备用	
					8	备用	
2B-WL118	8芯多模铠装尾缆 LC-LC	主变压器保护2（2-1n）		多模，LC	1	主变压器保护2 GOOSE直跳	至10kV主进分支二隔离柜集成装置2
		主变压器保护2（2-1n）		多模，LC	2	主变压器保护2 GOOSE直跳	
		主变压器保护2（2-1n）		多模，LC	3	主变压器保护2 SV直采	
					4	备用	
					5	备用	
					6	备用	
					7	备用	
					8	备用	
2B-WL131	8芯多模铠装尾缆 LC-ST	预制光纤配线箱1-9n	A07	多模，LC	1	光B码对时	至时间同步主机屏扩展时钟
		预制光纤配线箱1-9n	A08	多模，LC	2	光B码对时	
		预制光纤配线箱2-9n	A05	多模，LC	3	光B码对时	
					4	备用	
					5	备用	
					6	备用	
					7	备用	
					8	备用	
2HPT-WL112	4芯多模铠装尾缆 LC-LC	主变压器保护1（1-1n）	?插件RX?	多模，LC	1	主变压器保护1 SV直采	至110kV 2号主进及TV智能控制柜110kV母线合并单元1
					2	备用	
					3	备用	
					4	备用	
3HPT-WL112	4芯多模铠装尾缆 LC-LC	主变压器保护2（2-1n）	?插件RX?	多模，LC	1	主变压器保护2 SV直采	至110kV 3号主进及TV智能控制柜110kV母线合并单元2
					2	备用	
					3	备用	
					4	备用	

图4-8 HE-110-A3-3-D0204-08 2号主变压器保护屏尾缆网线连接图（一）

尾缆接线表

线缆编号	线缆型号	本柜连接设备			尾缆芯号	功能说明	对侧设备
		设备名称	设备插件/端口号	设备端口类型			
2B－WL121	12芯多模铠装尾缆 LC－LC	预制光纤配线箱1－9n	A01	多模，LC	1	本体智能终端 组网	至110kV备自投屏过程层中心交换机
		预制光纤配线箱1－9n	A02	多模，LC	2	本体智能终端 组网	
		预制光纤配线箱1－9n	A03	多模，LC	3	本体合并单元1 组网	
		预制光纤配线箱1－9n	A04	多模，LC	4	本体合并单元1 组网	
		主变压器保护1（1－1n）		多模，LC	5	主变压器保护1 组网	
		主变压器保护1（1－1n）		多模，LC	6	主变压器保护1 组网	
				多模，LC	7	备用	
				多模，LC	8	备用	
				多模，LC	9	备用	
				多模，LC	10	备用	
				多模，LC	11	备用	
				多模，LC	12	备用	
2B－WL122	8芯多模铠装尾缆 LC－LC	预制光纤配线箱2－9n	A01	多模，LC	1	本体合并单元2 组网	至110kV备自投屏过程层中心交换机
		预制光纤配线箱2－9n	A02	多模，LC	2	本体合并单元2 组网	
		主变压器保护2（2－1n）		多模，LC	3	主变压器保护2 组网	
		主变压器保护2（2－1n）		多模，LC	4	主变压器保护2 组网	
				多模，LC	5	备用	
				多模，LC	6	备用	
				多模，LC	7	备用	
				多模，LC	8	备用	

网线接线表

线缆编号	线缆型号	本柜连接设备			功能说明	对侧设备
		设备名称	设备插件/端口号	设备端口类型		
2B－WX031A	铠装超五类屏蔽双绞线	主变压器保护1（1－1n）	以太网口1	RJ45	MMS A网	Ⅰ区数据网关机屏站控层Ⅰ区A网交换机
2B－WX031B	铠装超五类屏蔽双绞线	主变压器保护1（1－1n）	以太网口2	RJ45	MMS B网	Ⅰ区数据网关机屏站控层Ⅰ区B网交换机
2B－WX032A	铠装超五类屏蔽双绞线	主变压器保护2（2－1n）	以太网口1	RJ45	MMS A网	Ⅰ区数据网关机屏站控层Ⅰ区A网交换机
2B－WX032B	铠装超五类屏蔽双绞线	主变压器保护2（2－1n）	以太网口2	RJ45	MMS B网	Ⅰ区数据网关机屏站控层Ⅰ区B网交换机

图4－8 HE－110－A3－3－D0204－08 2号主变压器保护屏尾缆网线连接图（二）

尾缆接线表

线缆编号	线缆型号	本柜连接设备			尾缆芯号	功能说明	对侧设备
		设备名称	设备插件/端口号	设备端口类型			
2B－WL123	12芯多模铠装尾缆 LC－LC	主变压器高压测控装置（1－21n）		多模，LC	1	主变压器高压测控 组网	至110kV备自投屏过程层中心交换机
		主变压器高压测控装置（1－21n）		多模，LC	2	主变压器高压测控 组网	
		主变压器低压分支一测控（2－21n）		多模，LC	3	主变压器低压分支一测控 组网	
		主变压器低压分支一测控（2－21n）		多模，LC	4	主变压器低压分支一测控 组网	
		主变压器低压分支二测控（3－21n）		多模，LC	5	主变压器低压分支二测控 组网	
		主变压器低压分支二测控（3－21n）		多模，LC	6	主变压器低压分支二测控 组网	
		主变压器本体测控装置（5－21n）		多模，LC	7	主变压器本体测控 组网	
		主变压器本体测控装置（5－21n）		多模，LC	8	主变压器本体测控 组网	
				多模，LC	9	备用	
				多模，LC	10	备用	
				多模，LC	11	备用	
				多模，LC	12	备用	

网线接线表

线缆编号	线缆型号	本柜连接设备			功能说明	对侧设备
		设备名称	设备插件/端口号	设备端口类型		
2B－WX033A	铠装超五类屏蔽双绞线	主变压器高压测控装置（1－21n）	J CPU板电以太网口1	RJ45	MMS A网	Ⅰ区数据网关机屏站控层Ⅰ区A网交换机
2B－WX033B	铠装超五类屏蔽双绞线	主变压器高压测控装置（1－21n）	J CPU板电以太网口2	RJ45	MMS B网	Ⅰ区数据网关机屏站控层Ⅰ区B网交换机
2B－WX034A	铠装超五类屏蔽双绞线	主变压器低压分支一测控装置（2－21n）	J CPU板电以太网口1	RJ45	MMS A网	Ⅰ区数据网关机屏站控层Ⅰ区A网交换机
2B－WX034B	铠装超五类屏蔽双绞线	主变压器低压分支一测控装置（2－21n）	J CPU板电以太网口2	RJ45	MMS B网	Ⅰ区数据网关机屏站控层Ⅰ区B网交换机
2B－WX035A	铠装超五类屏蔽双绞线	主变压器低压分支二测控装置（3－21n）	J CPU板电以太网口1	RJ45	MMS A网	Ⅰ区数据网关机屏站控层Ⅰ区A网交换机
2B－WX035B	铠装超五类屏蔽双绞线	主变压器低压分支二测控装置（3－21n）	J CPU板电以太网口2	RJ45	MMS B网	Ⅰ区数据网关机屏站控层Ⅰ区B网交换机
2B－WX036A	铠装超五类屏蔽双绞线	主变压器本体测控装置（5－21n）	J CPU板电以太网口1	RJ45	MMS A网	Ⅰ区数据网关机屏站控层Ⅰ区A网交换机
2B－WX036B	铠装超五类屏蔽双绞线	主变压器本体测控装置（5－21n）	J CPU板电以太网口2	RJ45	MMS B网	Ⅰ区数据网关机屏站控层Ⅰ区B网交换机

图4－9　HE－110－A3－3－D0204－09　2号主变压器测控屏尾缆网线连接图

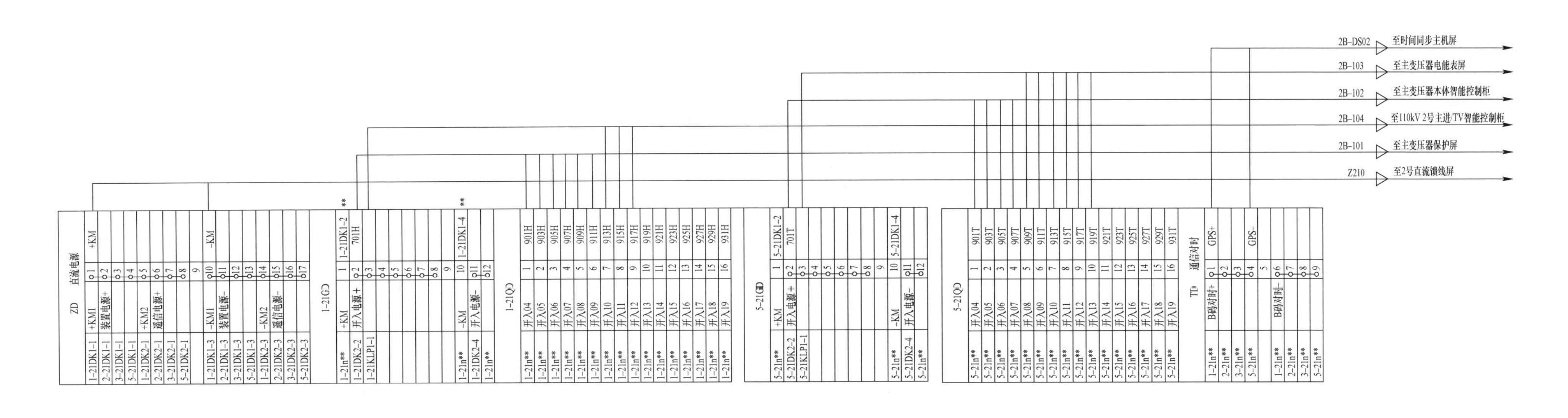

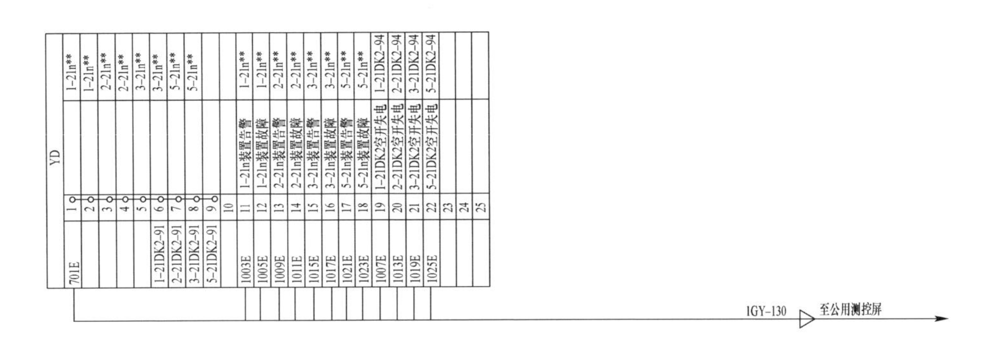

说明：主变压器低压分支一测控（2－21n）和低压分支二测控（3－21n）无外部回路接线，本图不再显示对应端子排。

图 4－10　HE－110－A3－3－D0204－10　2 号主变压器测控屏端子排图

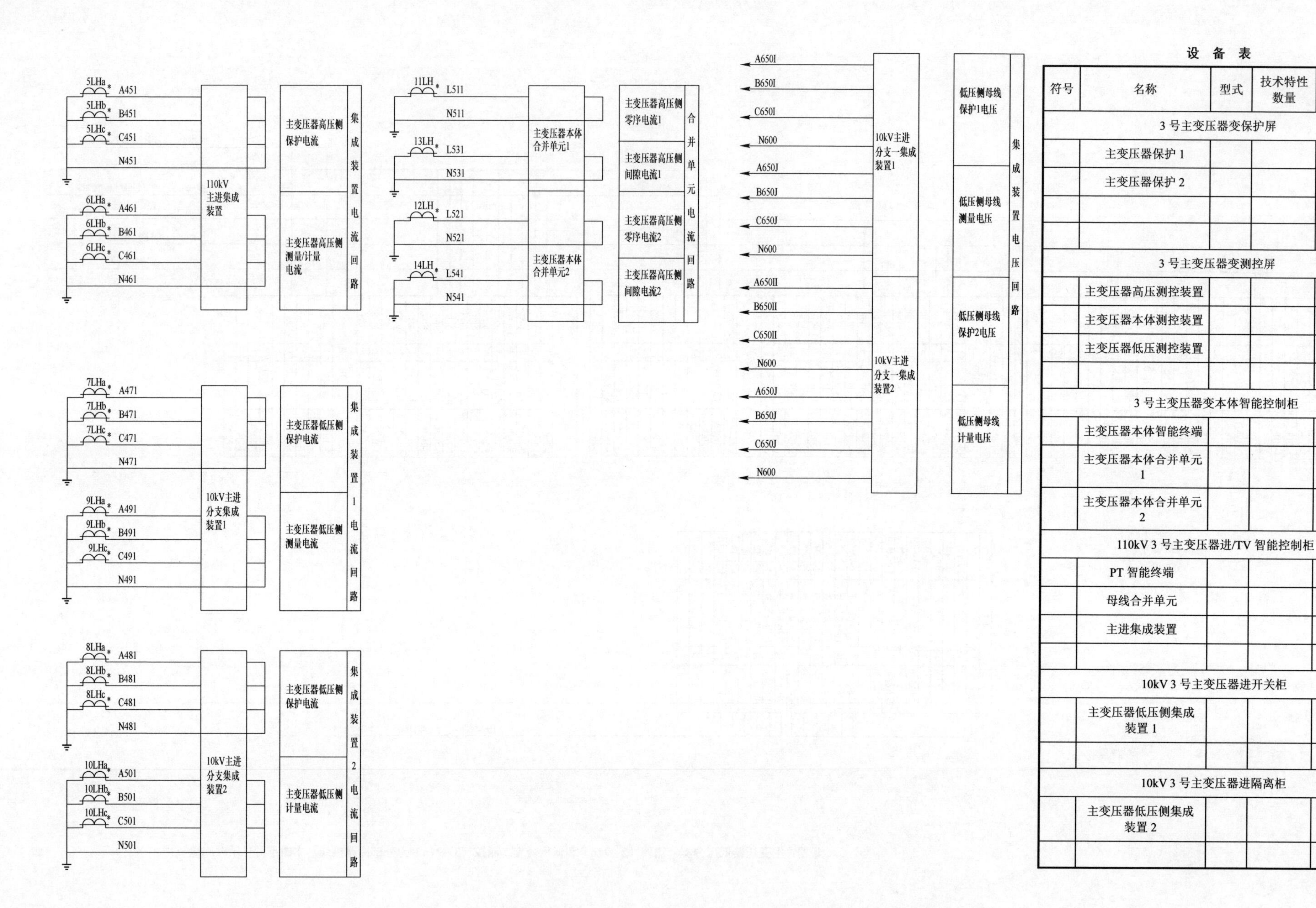

设 备 表

符号	名称	型式	技术特性数量	数量	备注
3号主变压器变保护屏					
	主变压器保护1			1	
	主变压器保护2			1	
				1	
3号主变压器变测控屏					
	主变压器高压测控装置			1	
	主变压器本体测控装置			1	
	主变压器低压测控装置			1	
				1	
3号主变压器变本体智能控制柜					
	主变压器本体智能终端			1	
	主变压器本体合并单元1			1	
	主变压器本体合并单元2			1	
110kV 3号主变压器进/TV智能控制柜					
	PT智能终端			1	
	母线合并单元			1	
	主进集成装置			1	
10kV 3号主变压器进开关柜					
	主变压器低压侧集成装置1			1	
10kV 3号主变压器进隔离柜					
	主变压器低压侧集成装置2			1	

图4-11 HE-110-A3-3-D0204-11 3号主变压器电流电压回路

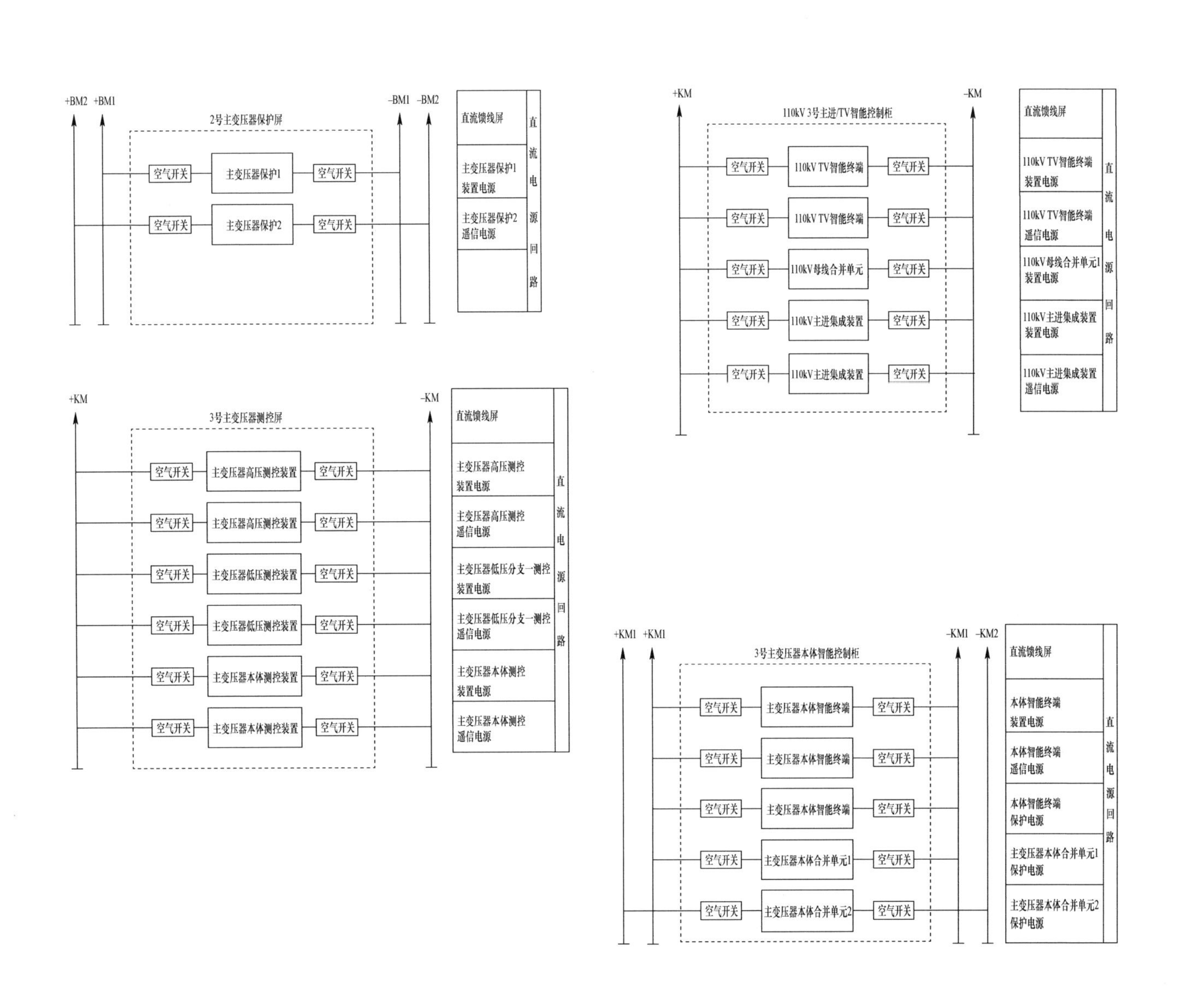

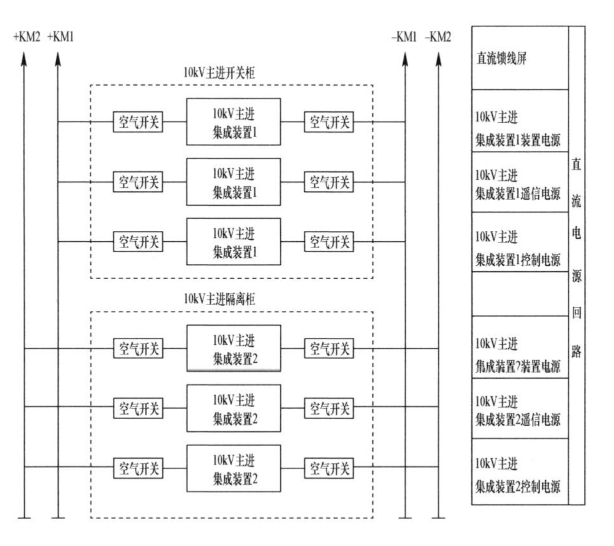

图 4-12 HE-110-A3-3-D0204-12 3号主变压器直流电源回路

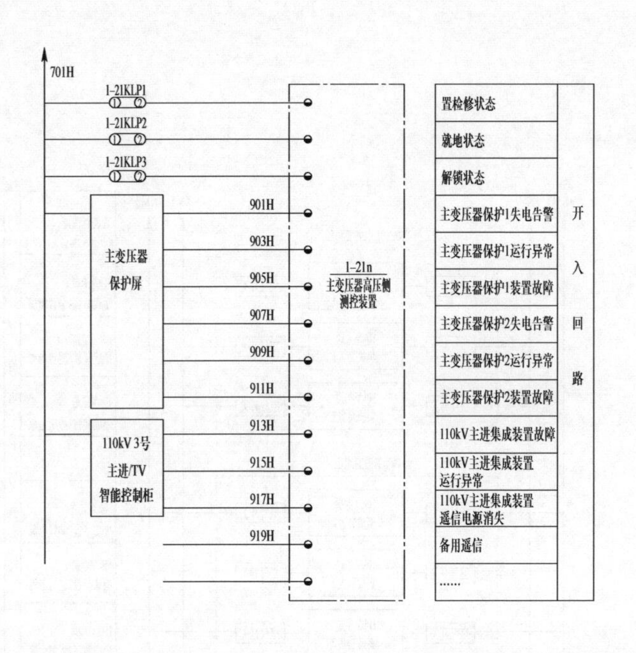

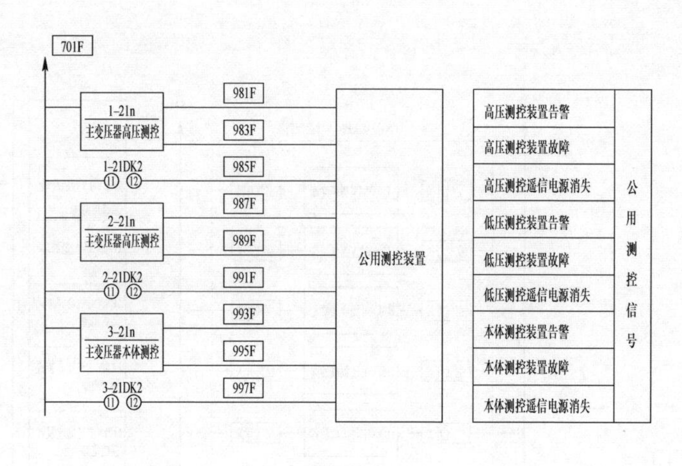

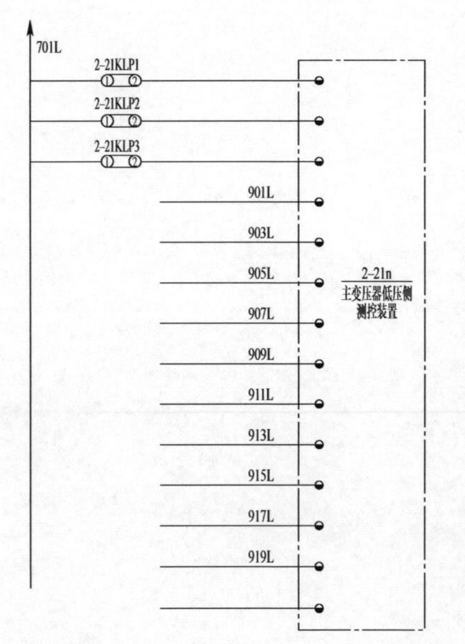

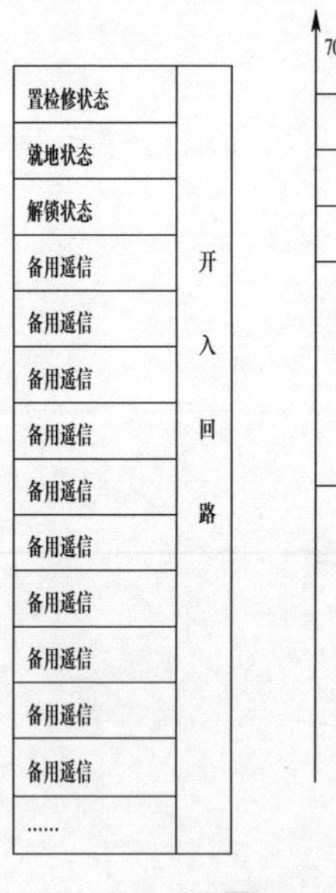

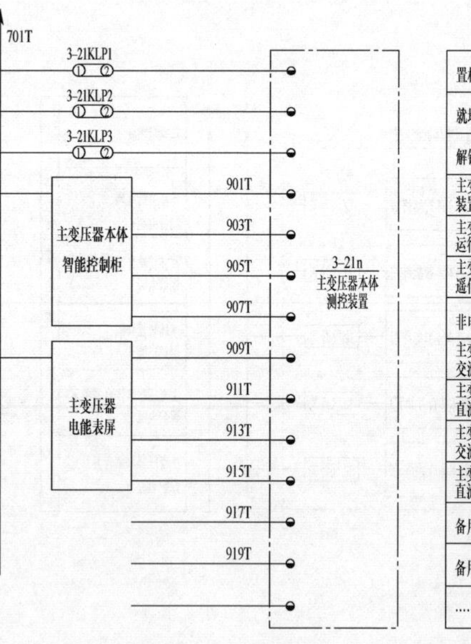

设 备 表

符号	名称	型式	技术特性	数量	备注
3 号主变压器变测控屏					
1－21n	3 号主变压器高压测控装置			1	
2－21n	3 号主变压器低压测控装置			1	
3－21n	3 号主变压器本体测控装置			1	
LP	连接片			9	
DK	空气开关	2P/4A B 特性	带 OF 辅助触点	4	

图 4－13　HE－110－A3－3－D0204－13　3 号主变压器测控装置信号回路

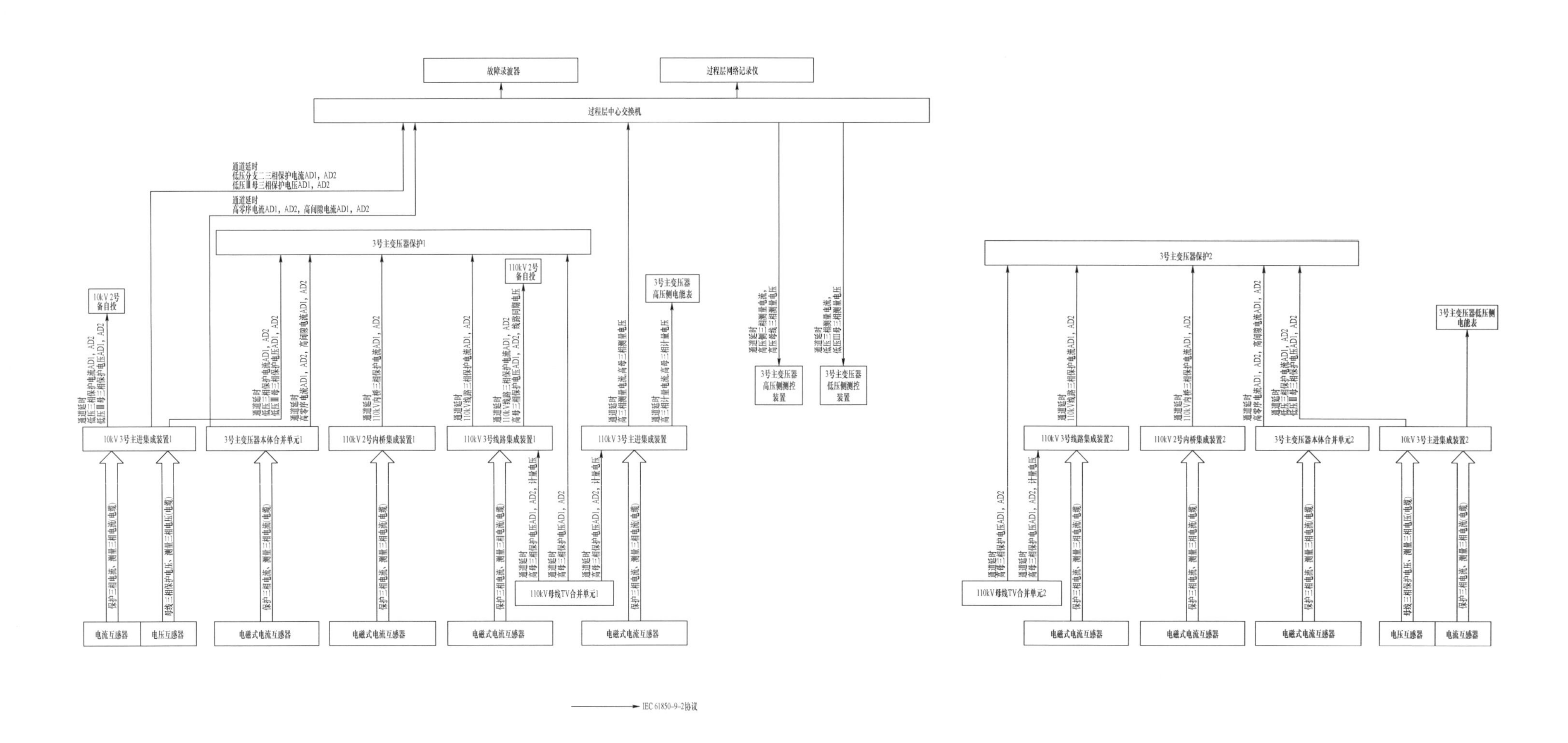

图 4-14　HE-110-A3-3-D0204-14　3 号主变压器过程层 SV 采样值信息流图

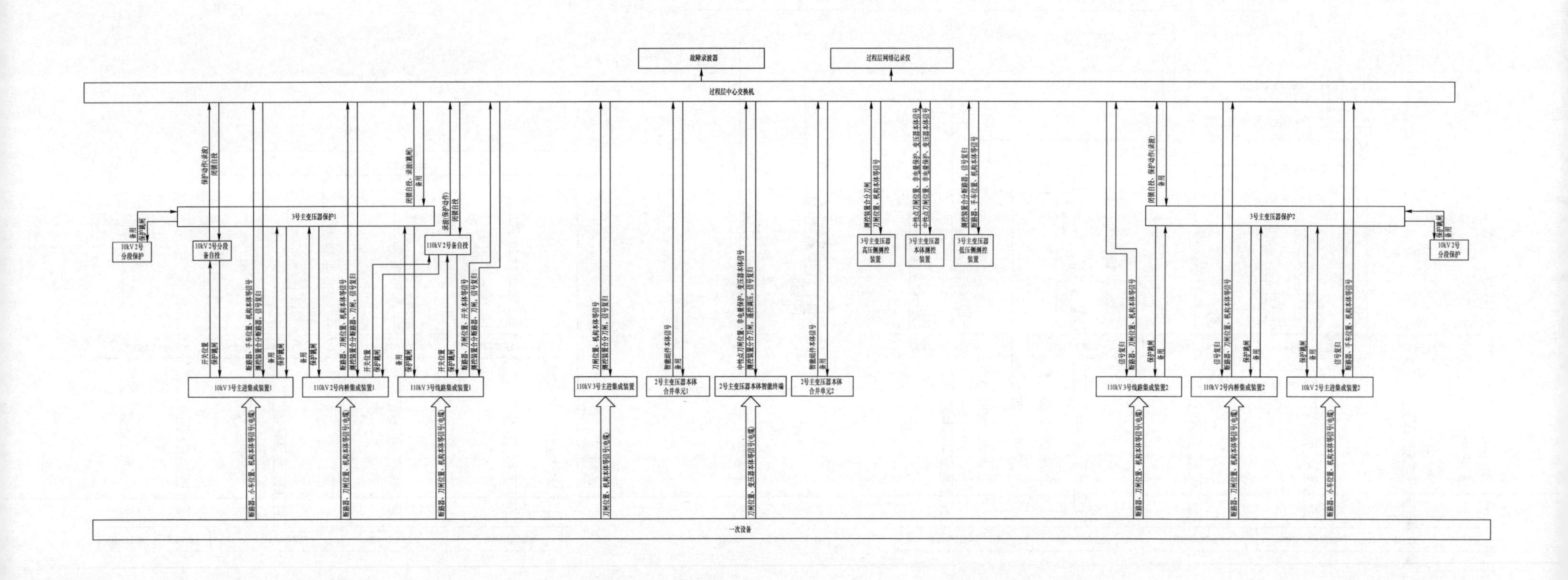

图 4-15　HE-110-A3-3-D0204-15　3 号主变压器过程层 GOOSE 信息流图

光缆接线表

1-9n 预制光纤配线箱

光缆编号	光缆规格	光缆芯号	预制光缆配线箱			本柜连接设备			功能说明	对侧设备
			光缆插头编号	纤芯编号光口	类型	设备名称	设备插件/端口号	设备端口类型		
3B-GL111	12芯多模铠装预制光缆（双端预制）	1	A	1	LC	尾缆至110kV备自投屏		多模，LC	本体智能终端　组网	至3号主变压器变本体智能控制柜 本体智能终端 本体合并单元1
		2		2	LC	尾缆至110kV备自投屏		多模，LC	本体智能终端　组网	
		3		3	LC	尾缆至110kV备自投屏		多模，LC	本体合并单元1　组网	
		4		4	LC	尾缆至110kV备自投屏		多模，LC	本体合并单元1　组网	
		5		5	LC	主变压器保护1-1n		多模，LC	主变保护1　SV直采	
		6		6	LC					
		7		7	LC	尾缆至时间同步主机屏		多模，ST	本体智能终端光B码对时	
		8		8	LC	尾缆至时间同步主机屏		多模，ST	本体合并单元1光B码对时	
		9		9	LC					
		10		10	LC					
		11		11	LC					
		12		12	LC					
		1	B	1	LC					
		2		2	LC					
		3		3	LC					
		4		4	LC					
		5		5	LC					
		6		6	LC					
		7		7	LC					
		8		8	LC					
		9		9	LC					
		10		10	LC					
		11		11	LC					
		12		12	LC					

1-9n 预制光纤配线箱

A: 1 2 3 4 5 6 7 8 9 10 11 12

B: 1 2 3 4 5 6 7 8 9 10 11 12

A　B

光缆接线表

1-9n 预制光纤配线箱

光缆编号	光缆规格	光缆芯号	预制光缆配线箱			本柜连接设备			功能说明	对侧设备
			光缆插头编号	纤芯编号光口	类型	设备名称	设备插件/端口号	设备端口类型		
3B-GL112	12芯多模铠装预制光缆（双端预制）	1	A	1	LC	尾缆至110kV备自投屏		多模，LC	本体合并单元2　组网	至3号主变压器本体智能控制柜 本体合并单元2
		2		2	LC	尾缆至110kV备自投屏		多模，LC	本体合并单元2　组网	
		3		3	LC	主变压器保护2-1n		多模，LC	主变压器保护2　SV直采	
		4		4	LC					
		5		5	LC	尾缆至时间同步主机屏		多模，ST	本体合并单元2　光B码对时	
		6		6	LC					
		7		7	LC					
		8		8	LC					
		9		9	LC					
		10		10	LC					
		11		11	LC					
		12		12	LC					
		1	B	1	LC					
		2		2	LC					
		3		3	LC					
		4		4	LC					
		5		5	LC					
		6		6	LC					
		7		7	LC					
		8		8	LC					
		9		9	LC					
		10		10	LC					
		11		11	LC					
		12		12	LC					

2-9n 预制光纤配线箱

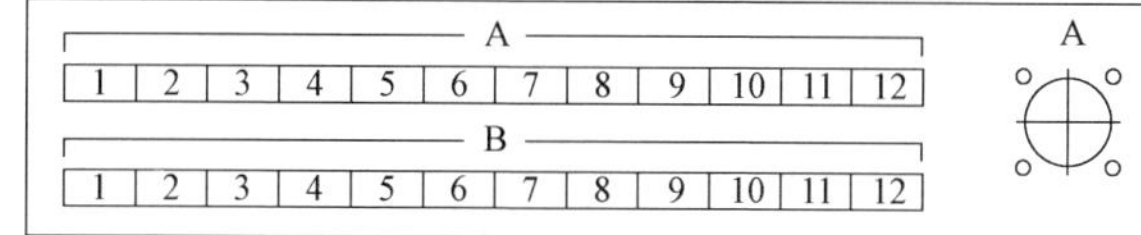

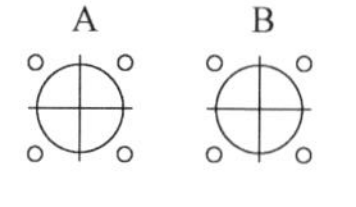

图4-16　HE-110-A3-3-D0204-16　3号主变压器保护屏光缆连接图

尾缆接线表

线缆编号	线缆型号	本柜连接设备			尾缆芯号	功能说明	对侧设备
		设备名称	设备插件/端口号	设备端口类型			
3B－WL111	8芯多模铠装尾缆 LC－LC	主变压器保护1（1－1n）	H插件RX1	多模，LC	1	主变压器保护1 GOOSE直跳	至110kV 3号线路智能控制柜集成装置1
		主变压器保护1（1－1n）	H插件TX1	多模，LC	2	主变压器保护1 GOOSE直跳	
		主变压器保护1（1－1n）	J插件RX1	多模，LC	3	主变压器保护1 SV直采	
					4	备用	
					5	备用	
					6	备用	
					7	备用	
					8	备用	
3B－WL112	8芯多模铠装尾缆 LC－LC	主变压器保护2（2－1n）	H插件RX1	多模，LC	1	主变压器保护2 GOOSE直跳	至110kV 3号线路智能控制柜集成装置2
		主变压器保护2（2－1n）	H插件TX1	多模，LC	2	主变压器保护2 GOOSE直跳	
		主变压器保护2（2－1n）	J插件RX1	多模，LC	3	主变压器保护2 SV直采	
					4	备用	
					5	备用	
					6	备用	
					7	备用	
					8	备用	
3B－WL113	8芯多模铠装尾缆 LC－LC	主变压器保护1（1－1n）	H插件RX2	多模，LC	1	主变压器保护1 GOOSE直跳	至110kV 2号内桥智能控制柜集成装置1
		主变压器保护1（1－1n）	H插件TX2	多模，LC	2	主变压器保护1 GOOSE直跳	
		主变压器保护1（1－1n）	J插件RX2	多模，LC	3	主变压器保护1 SV直采	
					4	备用	
					5	备用	
					6	备用	
					7	备用	
					8	备用	
3B－WL114	8芯多模铠装尾缆 LC－LC	主变压器保护2（2－1n）	H插件RX2	多模，LC	1	主变压器保护2 GOOSE直跳	至110kV 2号内桥智能控制柜集成装置2
		主变压器保护2（2－1n）	H插件TX2	多模，LC	2	主变压器保护2 GOOSE直跳	
		主变压器保护2（2－1n）	J插件RX2	多模，LC	3	主变压器保护2 SV直采	
					4	备用	
					5	备用	
					6	备用	
					7	备用	
					8	备用	
3B－WL119	4芯多模铠装尾缆 LC－LC	主变压器保护1（1－1n）	H插件RX7	多模，LC	1	主变压器保护1 GOOSE直跳	至10kV 2号分段开关柜10kV2#分段保护测控
		主变压器保护1（1－1n）	H插件TX7	多模，LC	2	主变压器保护1 GOOSE直跳	
					3	备用	
					4	备用	
3B－WL120	4芯多模铠装尾缆 LC－LC	主变压器保护2（2－1n）	H插件RX7	多模，LC	1	主变压器保护2 GOOSE直跳	至10kV 2号分段开关柜10kV 2号分段保护测控
		主变压器保护2（2－1n）	H插件TX7	多模，LC	2	主变压器保护2 GOOSE直跳	
					3	备用	
					4	备用	

尾缆接线表

线缆编号	线缆型号	本柜连接设备			尾缆芯号	功能说明	对侧设备
		设备名称	设备插件/端口号	设备端口类			
3B－WL115	8芯多模铠装尾缆 LC－ST	主变压器保护1（1－1n）		多模，LC	1	主变压器保护1 GOOSE直跳	至10kV主进开关柜集成装置1
		主变压器保护1（1－1n）		多模，LC	2	主变压器保护1 GOOSE直跳	
		主变压器保护1（1－1n）		多模，LC	3	主变压器保护1 SV直采	
					4	备用	
					5	备用	
					6	备用	
					7	备用	
					8	备用	
3B－WL116	8芯多模铠装尾缆 LC－LC	主变压器保护2（2－1n）		多模，LC	1	主变压器保护2 GOOSE直跳	至10kV主进隔离柜集成装置2
		主变压器保护2（2－1n）		多模，LC	2	主变压器保护2 GOOSE直跳	
		主变压器保护2（2－1n）		多模，LC	3	主变压器保护2 SV直采	
					4	备用	
					5	备用	
					6	备用	
					7	备用	
					8	备用	
3B－WL131	8芯多模铠装尾缆 LC－ST	预制光纤配线箱1－9n	A07	多模，LC	1	光B码对时	至时间同步主机屏扩展时钟
		预制光纤配线箱1－9n	A08	多模，LC	2	光B码对时	
		预制光纤配线箱2－9n	A05	多模，LC	3	光B码对时	
					4	备用	
					5	备用	
					6	备用	
					7	备用	
					8	备用	
2HPT－WL113	4芯多模铠装尾缆 LC－LC	主变压器保护1（1－1n）	？插件RX?	多模，LC	1	主变压器保护1 SV直采	至110kV 2号主变压器进及PT智能控制柜110kV母线合并单元1
					2	备用	
					3	备用	
					4	备用	
3HPT－WL113	4芯多模铠装尾缆 LC－LC	主变压器保护2（2－1n）	H插件RX?	多模，LC	1	主变压器保护2 SV直采	至110kV 3号主变压器进及PT智能控制柜110kV母线合并单元2
					2	备用	
					3	备用	
					4	备用	

尾缆接线表

线缆编号	线缆型号	本柜连接设备			尾缆芯号	功能说明	对侧设备
		设备名称	设备插件/端口号	设备端口类			
3B－WL121	12芯多模铠装尾缆 LC－LC	预制光纤配线箱1－9n	A01	多模，LC	1	本体智能终端组网	至110kV备自投屏过程层中心交换机
		预制光纤配线箱1－9n	A02	多模，LC	2	本体智能终端组网	
		预制光纤配线箱1－9n	A03	多模，LC	3	本体合并单元1组网	
		预制光纤配线箱1－9n	A04	多模，LC	4	本体合并单元1组网	
		主变压器保护1（1－1n）		多模，LC	5	主变压器保护1组网	
		主变压器保护1（1－1n）		多模，LC	6	主变压器保护1组网	
				多模，LC	7	备用	
				多模，LC	8	备用	
				多模，LC	9	备用	
				多模，LC	10	备用	
				多模，LC	11	备用	
				多模，LC	12	备用	
3B－WL122	8芯多模铠装尾缆 LC－LC	预制光纤配线箱2－9n	A01	多模，LC	1	本体合并单元2组网	至110kV备自投屏过程层中心交换机
		预制光纤配线箱2－9n	A02	多模，LC	2	本体合并单元2组网	
		主变压器保护2（2－1n）		多模，LC	3	主变压器保护2组网	
		主变压器保护2（2－1n）		多模，LC	4	主变压器保护2组网	
				多模，LC	5	备用	
				多模，LC	6	备用	
				多模，LC	7	备用	
				多模，LC	8	备用	

网线接线表

线缆编号	线缆型号	本柜连接设备			功能说明	对侧设备
		设备名称	设备插件/端口号	设备端口类型		
2B－WX031A	铠装超五类屏蔽双绞线	主变压器保护1(1－1n)	以太网口1	RJ45	MMS A网	Ⅰ区数据网关机屏站控层Ⅰ区A网交换机
2B－WX031B	铠装超五类屏蔽双绞线	主变压器保护1(1－1n)	以太网口2	RJ45	MMS B网	Ⅰ区数据网关机屏站控层Ⅰ区B网交换机
2B－WX032A	铠装超五类屏蔽双绞线	主变压器保护2(2－1n)	以太网口1	RJ45	MMS A网	Ⅰ区数据网关机屏站控层Ⅰ区A网交换机
2B－WX032B	铠装超五类屏蔽双绞线	主变压器保护2(2－1n)	以太网口2	RJ45	MMS B网	Ⅰ区数据网关机屏站控层Ⅰ区B网交换机

图4－17 HE－110－A3－3－D0204－17 3号主变压器保护屏尾缆网线连接图

尾 缆 接 线 表

线缆编号	线缆型号	本柜连接设备			尾缆芯号	功能说明	对侧设备
		设备名称	设备插件/端口号	设备端口类型			
3B－WL123	12芯多模铠装尾缆 LC－LC	主变压器高压测控装置（1－21n）		多模，LC	1	主变压器高压测控　组网	至110kV备自投屏过程层中心交换机
		主变压器高压测控装置（1－21n）		多模，LC	2	主变压器高压测控　组网	
		主变压器低压测控（2－21n）		多模，LC	3	主变压器低压测控　组网	
		主变压器低压测控（2－21n）		多模，LC	4	主变压器低压测控　组网	
		主变压器本体测控装置（3－21n）		多模，LC	5	主变压器本体测控　组网	
		主变压器本体测控装置（3－21n）		多模，LC	6	主变压器本体测控　组网	
				多模，LC	7	备用	
				多模，LC	8	备用	
				多模，LC	9	备用	
				多模，LC	10	备用	
				多模，LC	11	备用	
				多模，LC	12	备用	

网 线 接 线 表

线缆编号	线缆型号	本柜连接设备			功能说明	对侧设备
		设备名称	设备插件/端口号	设备端口类型		
3B－WX033A	铠装超五类屏蔽双绞线	主变压器高压测控装置（1－21n）	J　CPU板电以太网口1	RJ45	MMS A网	Ⅰ区数据网关机屏站控层Ⅰ区A网交换机
3B－WX033B	铠装超五类屏蔽双绞线	主变压器高压测控装置（1－21n）	J　CPU板电以太网口2	RJ45	MMS B网	Ⅰ区数据网关机屏站控层Ⅰ区B网交换机
3B－WX034A	铠装超五类屏蔽双绞线	主变压器低压测控装置（2－21n）	J　CPU板电以太网口1	RJ45	MMS A网	Ⅰ区数据网关机屏站控层Ⅰ区A网交换机
3B－WX034B	铠装超五类屏蔽双绞线	主变压器低压测控装置（2－21n）	J　CPU板电以太网口2	RJ45	MMS B网	Ⅰ区数据网关机屏站控层Ⅰ区B网交换机
3B－WX035A	铠装超五类屏蔽双绞线	主变压器本体测控装置（3－21n）	J　CPU板电以太网口1	RJ45	MMS A网	Ⅰ区数据网关机屏站控层Ⅰ区A网交换机
3B－WX035B	铠装超五类屏蔽双绞线	主变压器本体测控装置（3－21n）	J　CPU板电以太网口2	RJ45	MMS B网	Ⅰ区数据网关机屏站控层Ⅰ区B网交换机

图4－18　HE－110－A3－3－D0204－18　3号主变压器测控屏尾缆网线连接图

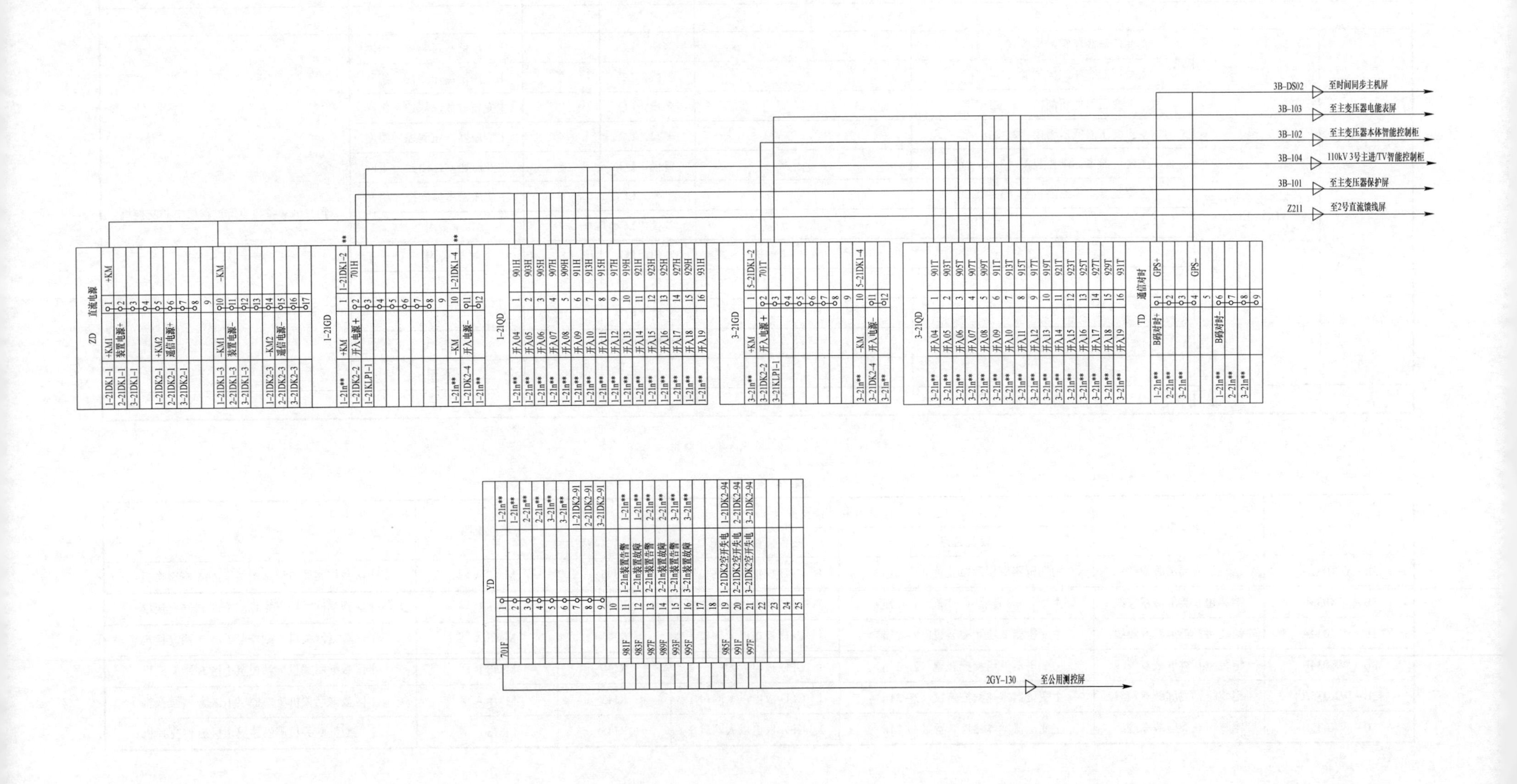

图 4-19　HE-110-A3-3-D0204-19　3 号主变压器测控屏端子排图

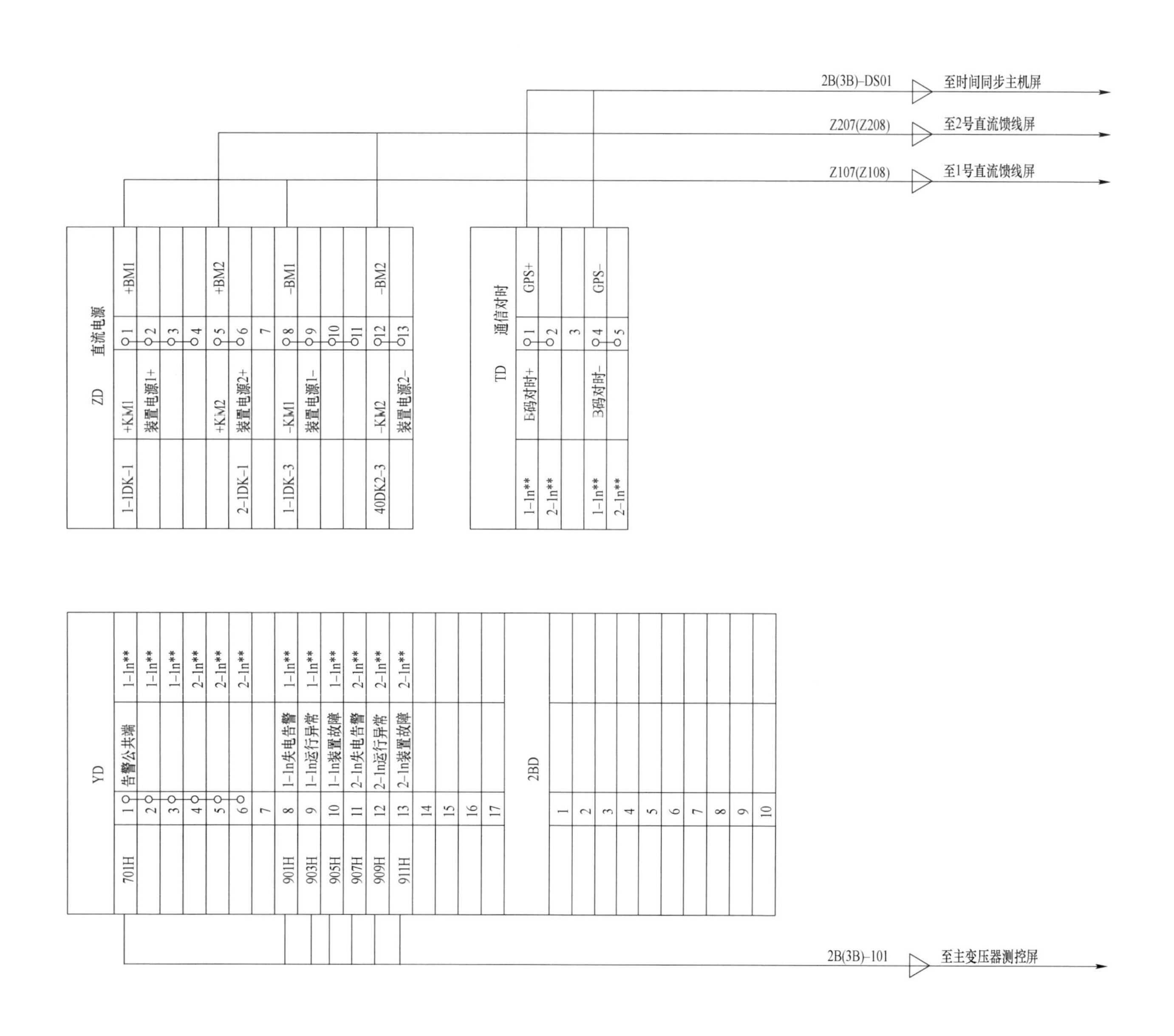

图 4-20 HE-110-A3-3-D0204-20 2号（3号）主变压器保护屏端子排图

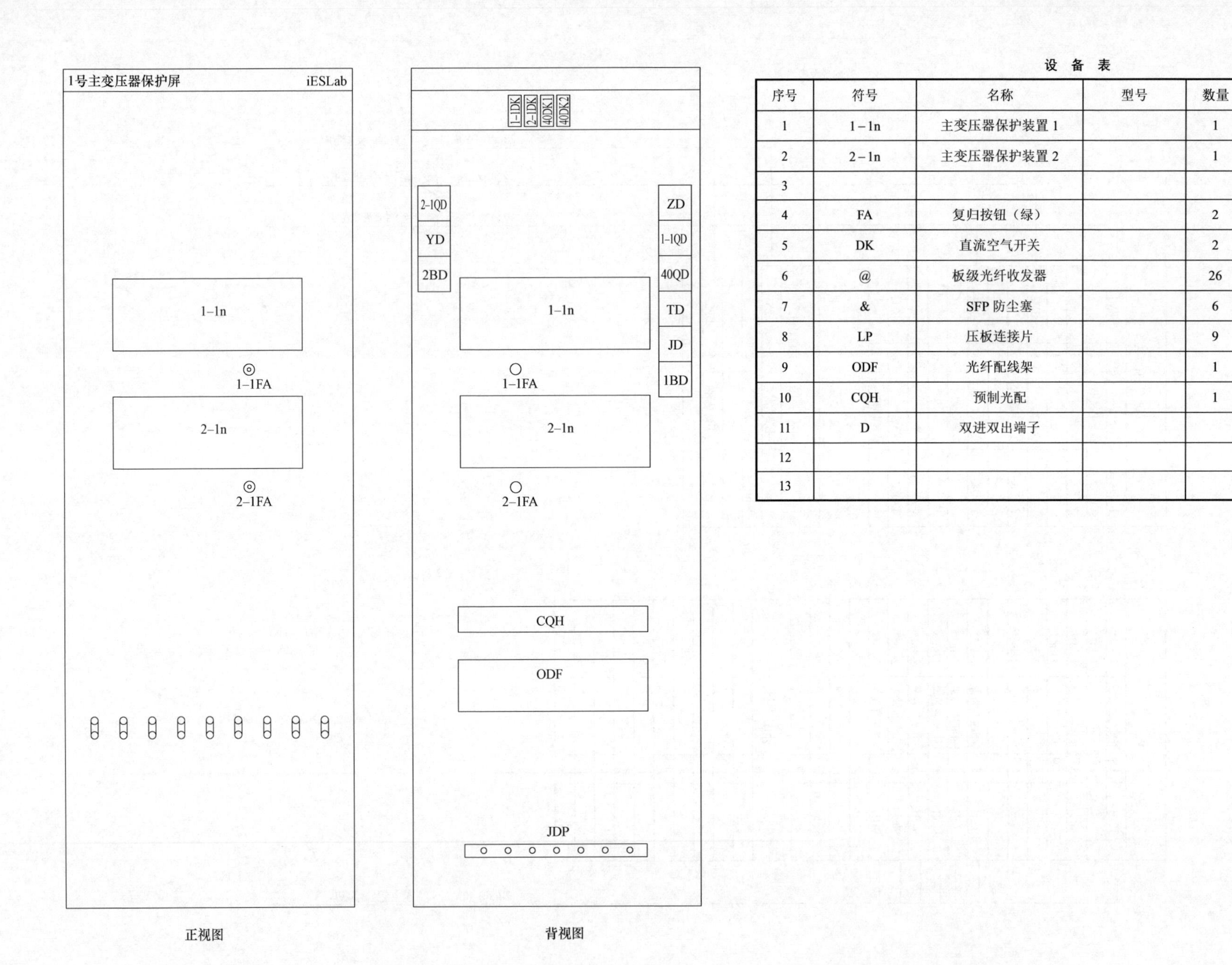

设 备 表

序号	符号	名称	型号	数量	备注
1	1-1n	主变压器保护装置 1		1	
2	2-1n	主变压器保护装置 2		1	
3					
4	FA	复归按钮（绿）		2	
5	DK	直流空气开关		2	装于屏后
6	@	板级光纤收发器		26	数量根据工程需求配置
7	&	SFP 防尘塞		6	数量根据工程需求配置
8	LP	压板连接片		9	
9	ODF	光纤配线架		1	
10	CQH	预制光配		1	
11	D	双进双出端子			
12					
13					

图 4-21　HE-110-A3-3-D0204-21　2 号（3 号）主变压器保护屏屏面布置图

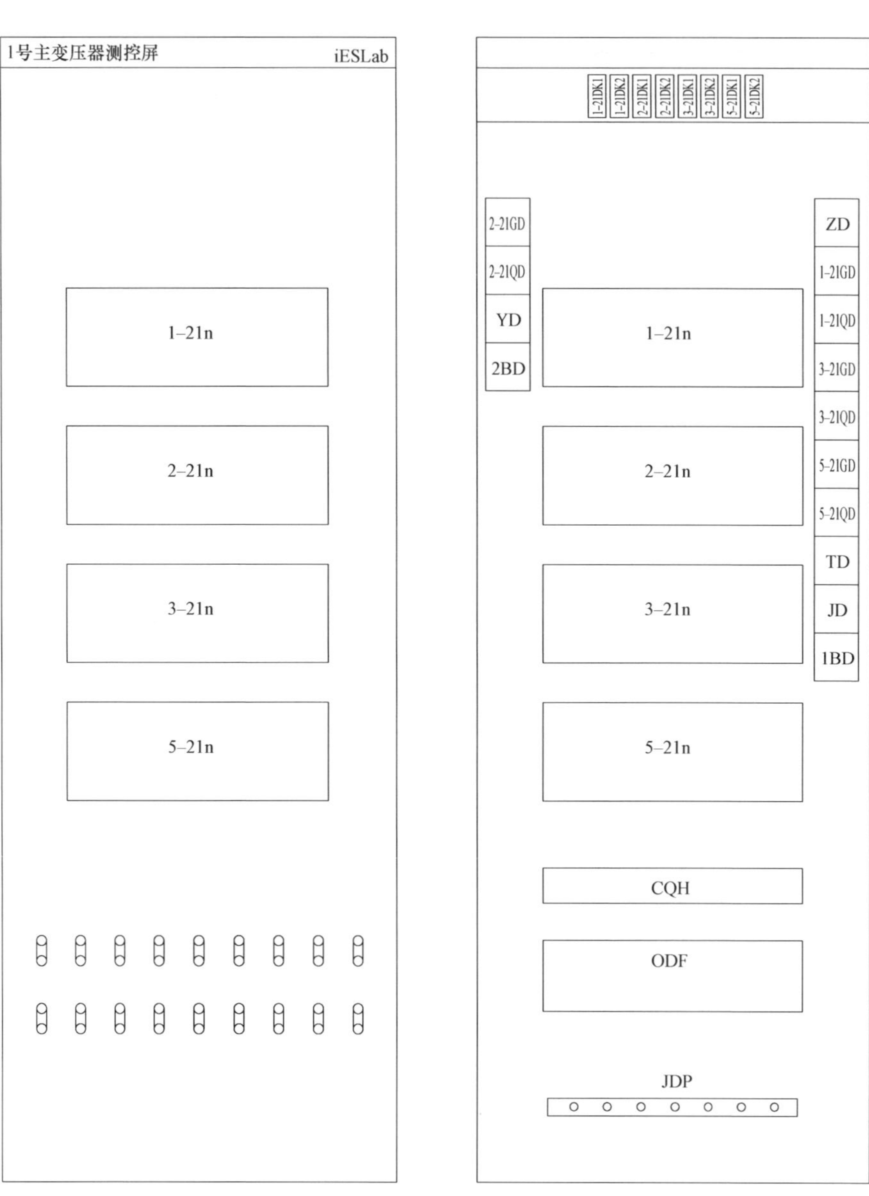

设 备 表

序号	符号	名称	型号	数量	备注
1	1－21n	主变压器高压侧测控装置		1	
2	2－21n	主变压器低压侧分之一测控装置		1	
3	3－21n	主变压器低压侧分之二测控装置		1	
4	5－21n	主变压器本体测控装置		1	
5	DK	直流空气开关		8	装于屏后
6					
7					
8	LP	压板连接片		18	
9	ODF	光纤配线架		1	
10	CQH	预制光配		1	
11	D	双进双出端子			
12		微断报警触点		4	
13					

图 4－22 HE－110－A3－3－D0204－22 2 号主变压器测控屏屏面布置图

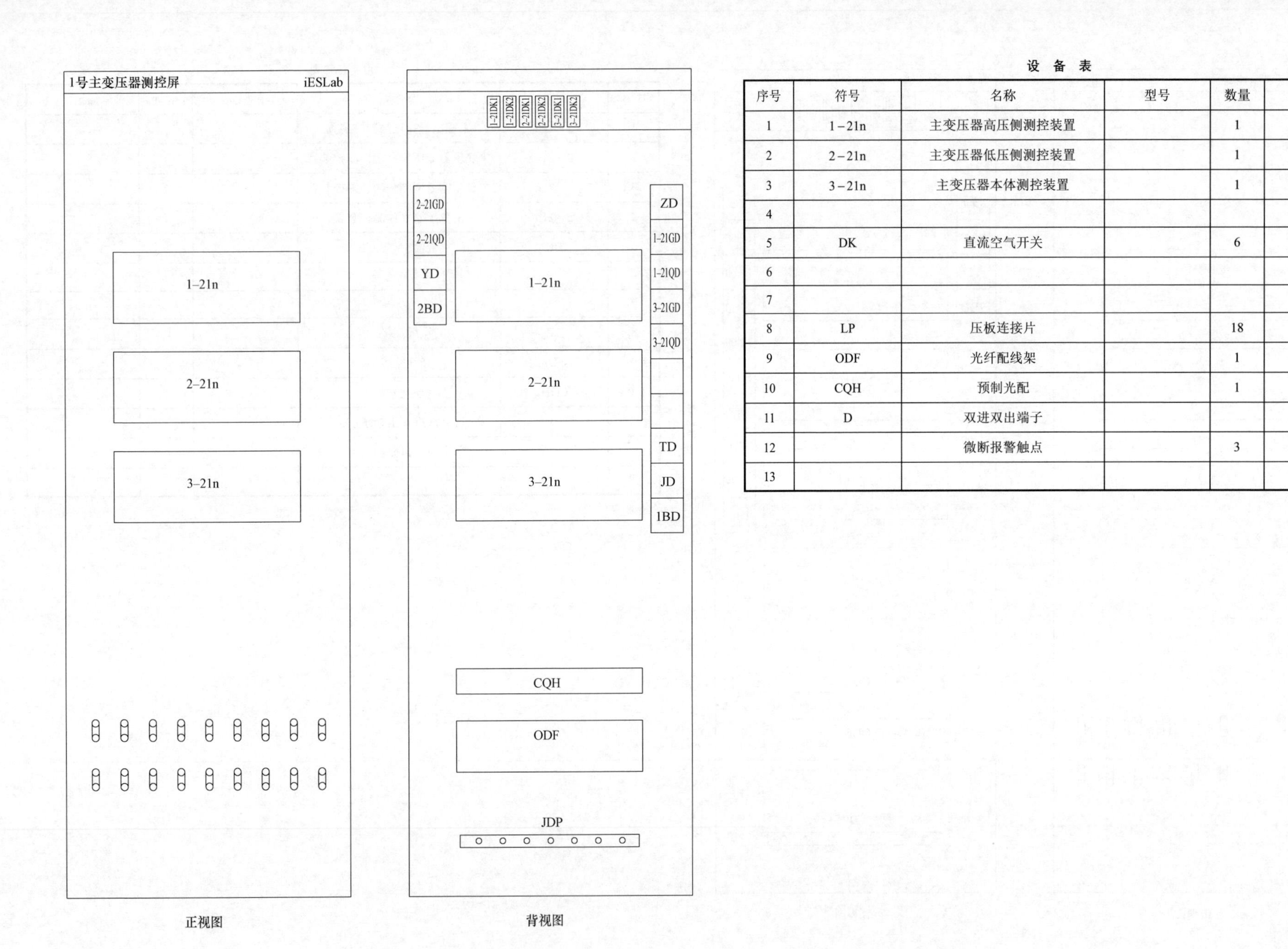

设　备　表

序号	符号	名称	型号	数量	备注
1	1-21n	主变压器高压侧测控装置		1	
2	2-21n	主变压器低压侧测控装置		1	
3	3-21n	主变压器本体测控装置		1	
4					
5	DK	直流空气开关		6	装于屏后
6					
7					
8	LP	压板连接片		18	
9	ODF	光纤配线架		1	
10	CQH	预制光配		1	
11	D	双进双出端子			
12		微断报警触点		3	
13					

图 4-23　HE-110-A3-3-D0204-23　3 号主变压器测控屏屏面布置图

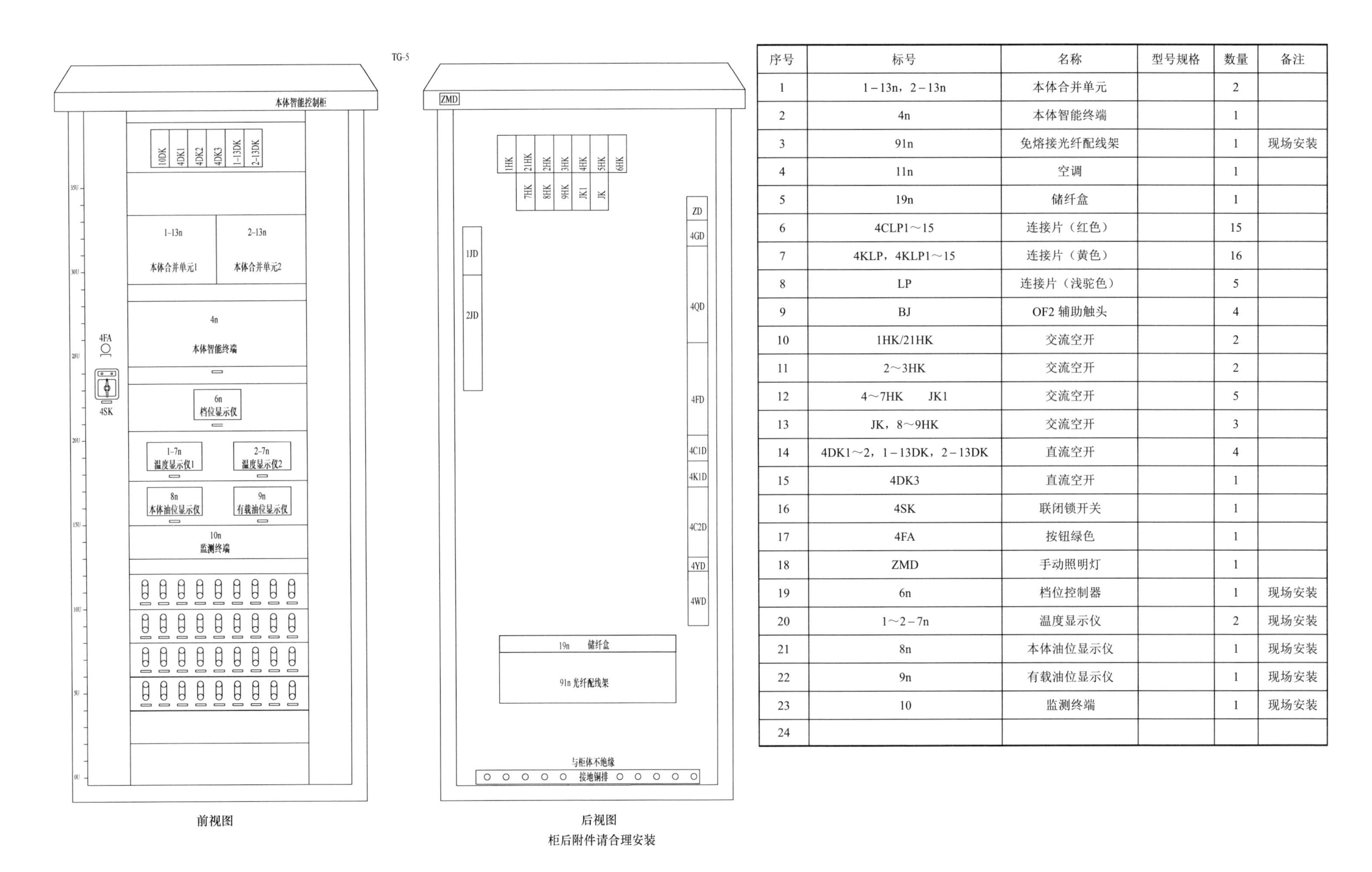

序号	标号	名称	型号规格	数量	备注
1	1－13n，2－13n	本体合并单元		2	
2	4n	本体智能终端		1	
3	91n	免熔接光纤配线架		1	现场安装
4	11n	空调		1	
5	19n	储纤盒		1	
6	4CLP1～15	连接片（红色）		15	
7	4KLP，4KLP1～15	连接片（黄色）		16	
8	LP	连接片（浅驼色）		5	
9	BJ	OF2 辅助触头		4	
10	1HK/21HK	交流空开		2	
11	2～3HK	交流空开		2	
12	4～7HK　　JK1	交流空开		5	
13	JK，8～9HK	交流空开		3	
14	4DK1～2，1－13DK，2－13DK	直流空开		4	
15	4DK3	直流空开		1	
16	4SK	联闭锁开关		1	
17	4FA	按钮绿色		1	
18	ZMD	手动照明灯		1	
19	6n	档位控制器		1	现场安装
20	1～2－7n	温度显示仪		2	现场安装
21	8n	本体油位显示仪		1	现场安装
22	9n	有载油位显示仪		1	现场安装
23	10	监测终端		1	现场安装
24					

图 4－24　HE－110－A3－3－D0204－24　主变压器本体智能控制柜柜面布置图

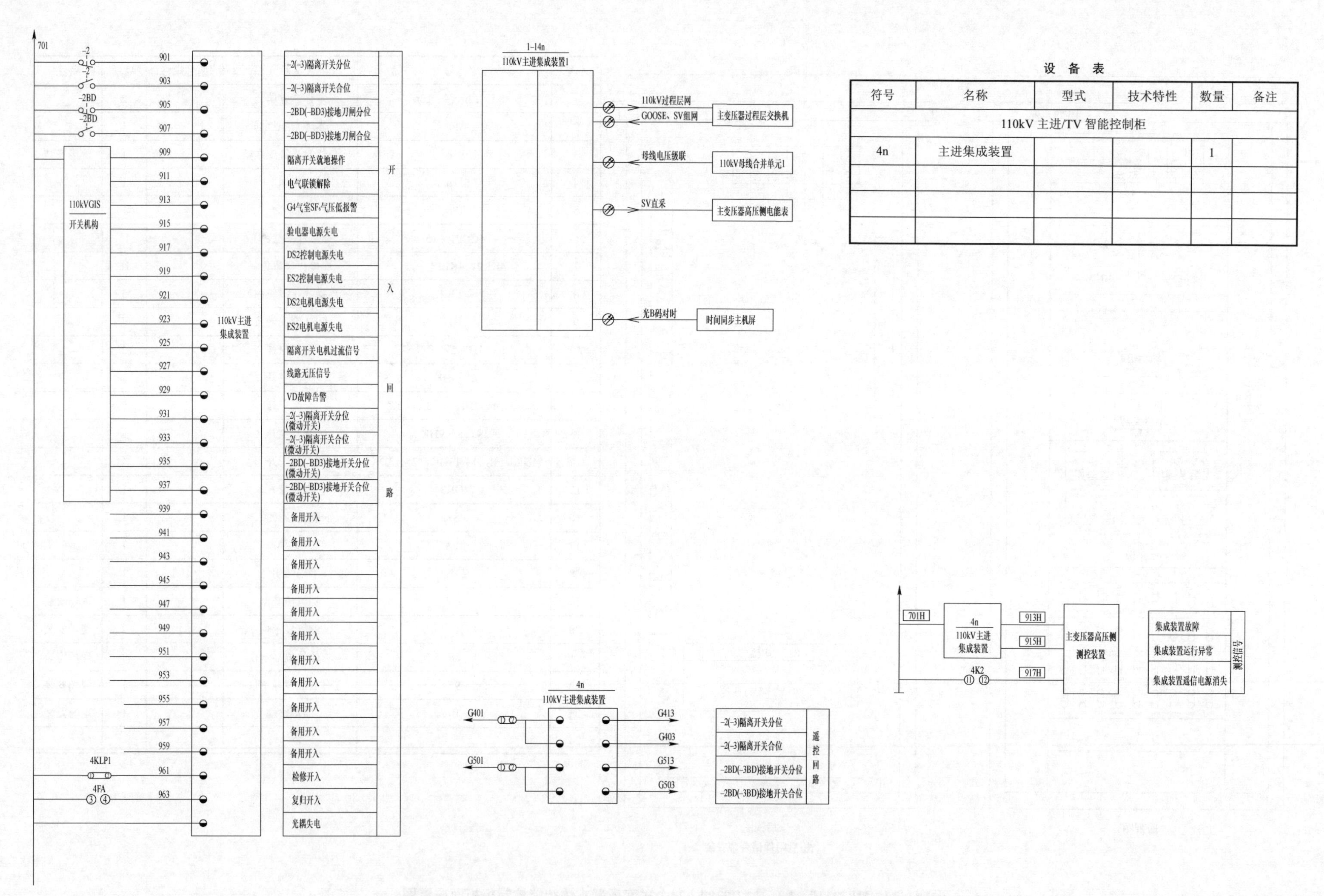

设 备 表

符号	名称	型式	技术特性	数量	备注
110kV 主进/TV 智能控制柜					
4n	主进集成装置			1	

图 4-25 HE-110-A3-3-D0204-25 110kV 主进智能组件控制信号回路

尾缆接线表

线缆编号	线缆型号	本柜连接设备			尾缆芯号	功能说明	对侧设备
		设备名称	设备插件/端口号	设备端口类型			
2B（3B）－WL124	4芯多模铠装尾缆 LC－LC	主进集成装置（4n）		多模，LC	1	主变压器高压侧集成装置 组网	至110kV备自投屏过程层中心交换机
		主进集成装置（4n）		多模，LC	2	主变压器高压侧集成装置 组网	
					3	备用	
					4	备用	
2B（3B）－WL141	4芯多模铠装尾缆 LC－ST	主进集成装置（4n）		多模，LC	1	主变压器高压侧电能表SV直采	至主变压器电能表屏高压侧电能表
					2	备用	
					3	备用	
					4	备用	

图4－26 HE－110－A3－3－D0204－26 110kV主进及TV智能控制柜光缆连接图

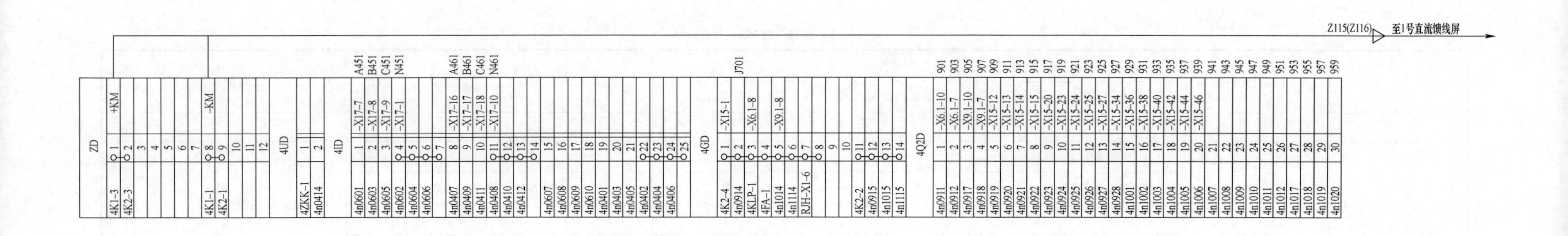

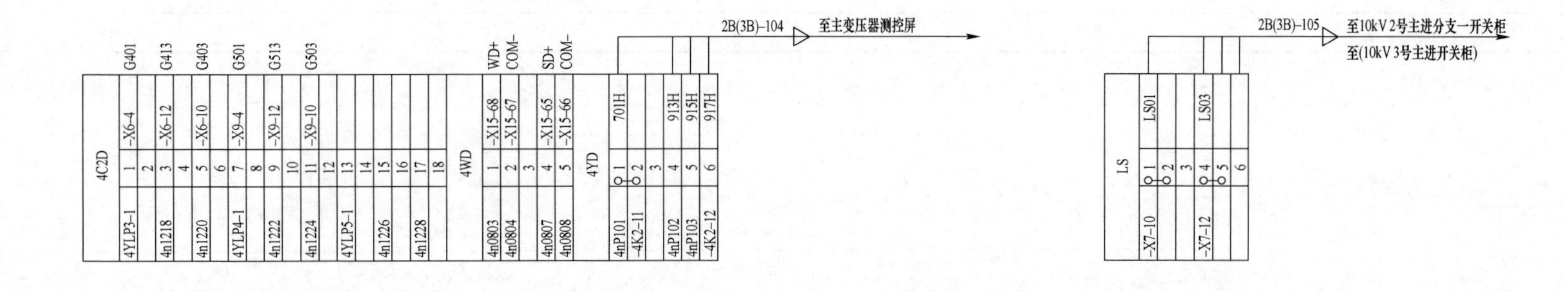

图 4-27　HE-110-A3-3-D0204-27　110kV 主进及 TV 间隔端子排图

设 备 表

符号	名称	型式	技术特性	数量	备注
主变压器本体智能控制柜					
4n	主变压器本体智能终端			1	
1，2－13n	主变压器本体合并单元			2	
10n	监测终端			1	
	数字式温度显示仪			2	
	主变压器本体油位显示仪			1	
	主变压器有载油位显示仪			1	
	主变压器档位显示仪			1	

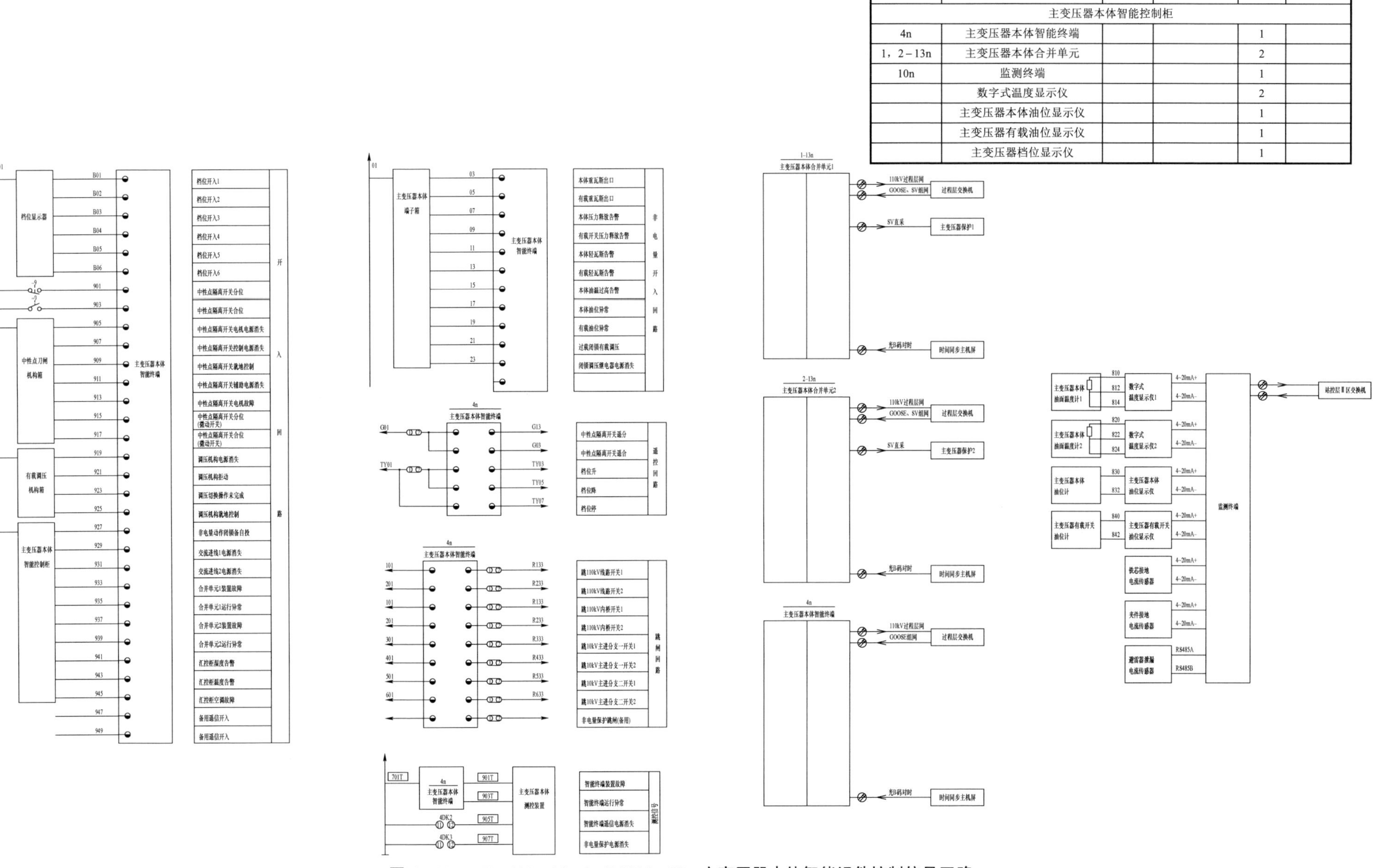

图 4－28　HE－110－A3－3－D0204－28　主变压器本体智能组件控制信号回路

光缆接线表

1-9n 预制光纤配线箱

光缆编号	光缆规格	光缆芯号	预制光缆配线箱			本柜连接设备			功能说明	对侧设备
			光缆插头编号	纤芯编号	光口类型	设备名称	设备插件/端口号	设备端口类型		
2B（3B）-GL111	12芯多模铠装预制光缆（双端预制）	1	A	1	LC	本体智能终端（4n）		多模，LC	本体智能终端　组网	110kV 备自投屏过程层交换机
		2		2	LC	本体智能终端（4n）		多模，LC	本体智能终端　组网	
		3		3	LC	本体合并单元1（1-13n）		多模，LC	本体合并单元1　组网	
		4		4	LC	本体合并单元1（1-13n）		多模，LC	本体合并单元1　组网	
		5		5	LC	本体合并单元1（1-13n）		多模，LC	主变压器保护2　SV 直采	主变压器保护屏主变压器保护1
		6		6	LC					
		7		7	LC	本体智能终端（4n）		多模，ST	本体智能终端光B码对时	时间同步屏主时钟
		8		8	LC	本体合并单元1（1-13n）		多模，ST	本体合并单元1光B码对时	
		9		9	LC					
		10		10	LC					
		11		11	LC					
		12		12	LC					
2B（3B）-GL113	12芯多模铠装预制光缆（双端预制）	1	B	1	LC	监测终端（10n）		多模，LC	监测终端　组网	Ⅱ区数据网关机屏 Ⅱ区A网交换机
		2		2	LC	监测终端（10n）		多模，LC	监测终端　组网	
		3		3	LC					
		4		4	LC					
		5		5	LC					
		6		6	LC					
		7		7	LC					
		8		8	LC					
		9		9	LC					
		10		10	LC					
		11		11	LC					
		12		12	LC					

光缆接线表

2-9n 预制光纤配线箱

光缆编号	光缆规格	光缆芯号	预制光缆配线箱			本柜连接设备			功能说明	对侧设备
			光缆插头编号	纤芯编号	光口类型	设备名称	设备插件/端口号	设备端口类型		
2B（3B）-GL111	12芯多模铠装预制光缆（双端预制）	1	A	1	LC	本体合并单元2（2-13n）		多模，LC	本体合并单元2　组网	110kV 备自投屏过程层交换机
		2		2	LC	本体合并单元2（2-13n）		多模，LC	本体合并单元2　组网	
		3		3	LC	本体合并单元2（2-13n）		多模，LC	主变压器保护2　SV 直采	主变压器保护屏主变压器保护2
		4		4	LC					
		5		5	LC	本体合并单元2（2-13n）		多模，ST	本体合并单元2光B码对时	时间同步屏主时钟
		6		6	LC					
		7		7	LC					
		8		8	LC					
		9		9	LC					
		10		10	LC					
		11		11	LC					
		12		12	LC					
		1	B	1	LC					
		2		2	LC					
		3		3	LC					
		4		4	LC					
		5		5	LC					
		6		6	LC					
		7		7	LC					
		8		8	LC					
		9		9	LC					
		10		10	LC					
		11		11	LC					
		12		12	LC					

1-9n 预制光纤配线箱

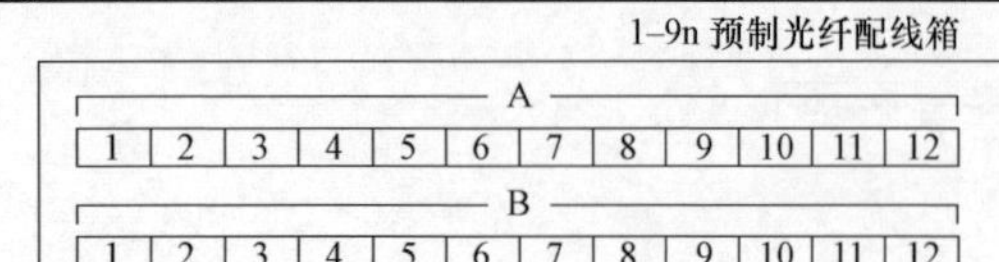

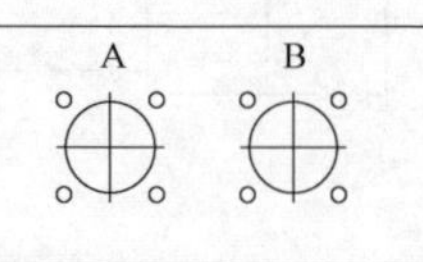

2-9n 预制光纤配线箱

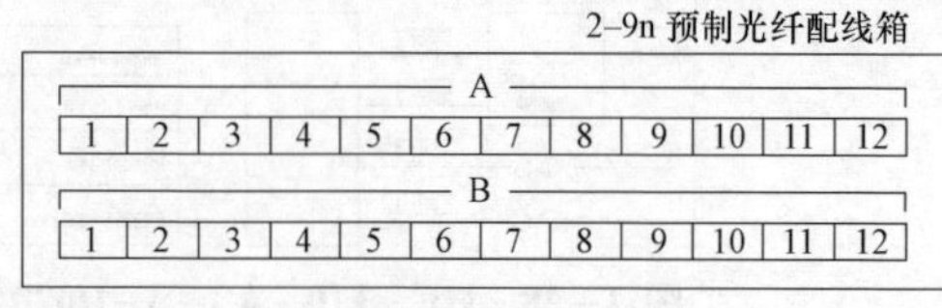

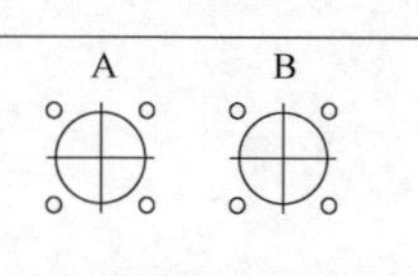

图4-29　HE-110-A3-3-D0204-29　主变压器本体智能控制柜光缆连接图

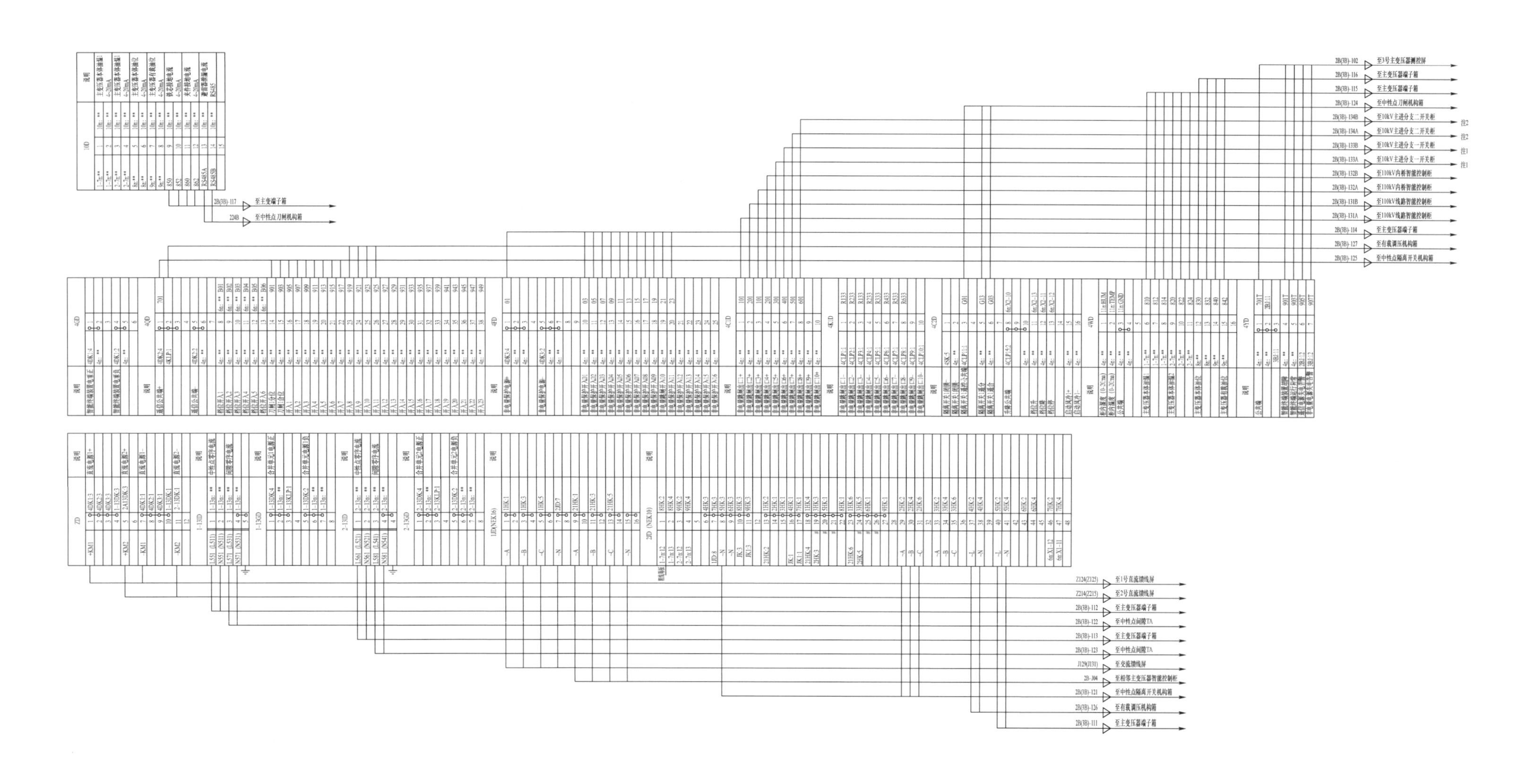

注：1. 此图适用于 2 号主变压器，当用于 3 号主变压器时，电缆去向应为 3 号主变压器进开关柜。

2. 此图适用于 2 号主变压器，当用于 3 号主变压器时取消该电缆。

图 4-30　HE-110-A3-3-D0204-30　主变压器本体智能控制柜端子排图

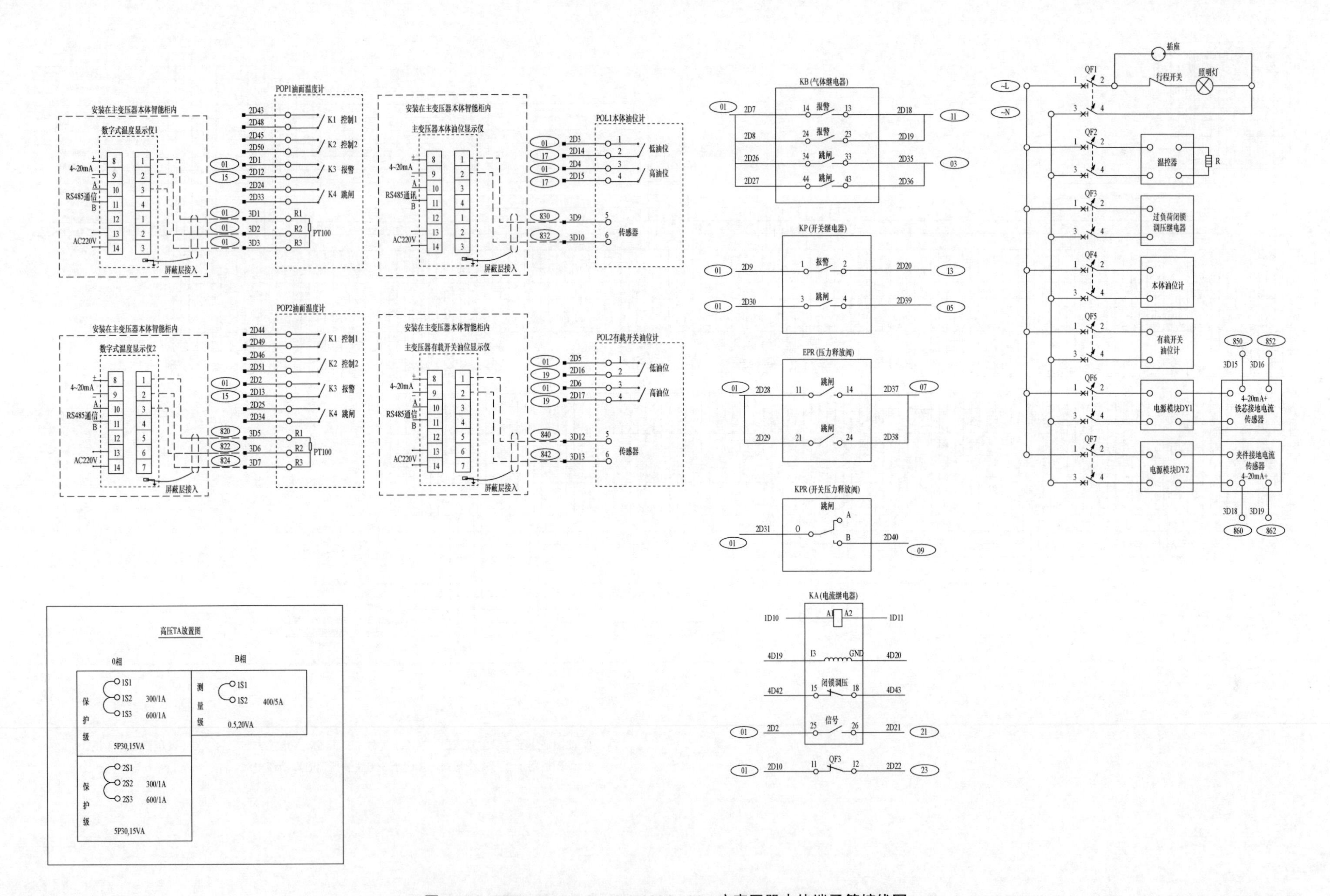

图 4-31　HE-110-A3-3-D0204-31　主变压器本体端子箱接线图

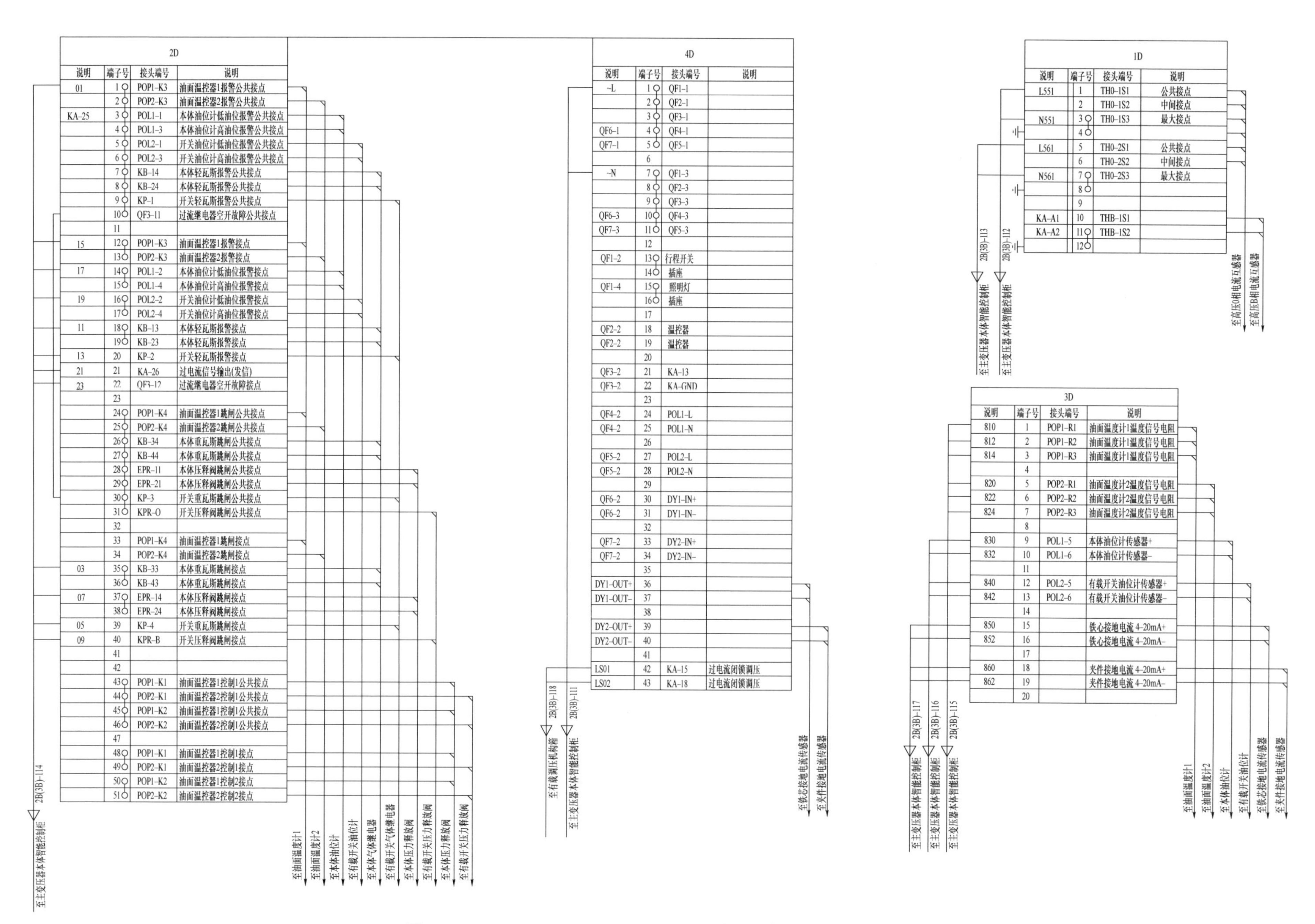

图 4-32　HE-110-A3-3-D0204-32　主变压器本体端子箱端子排图

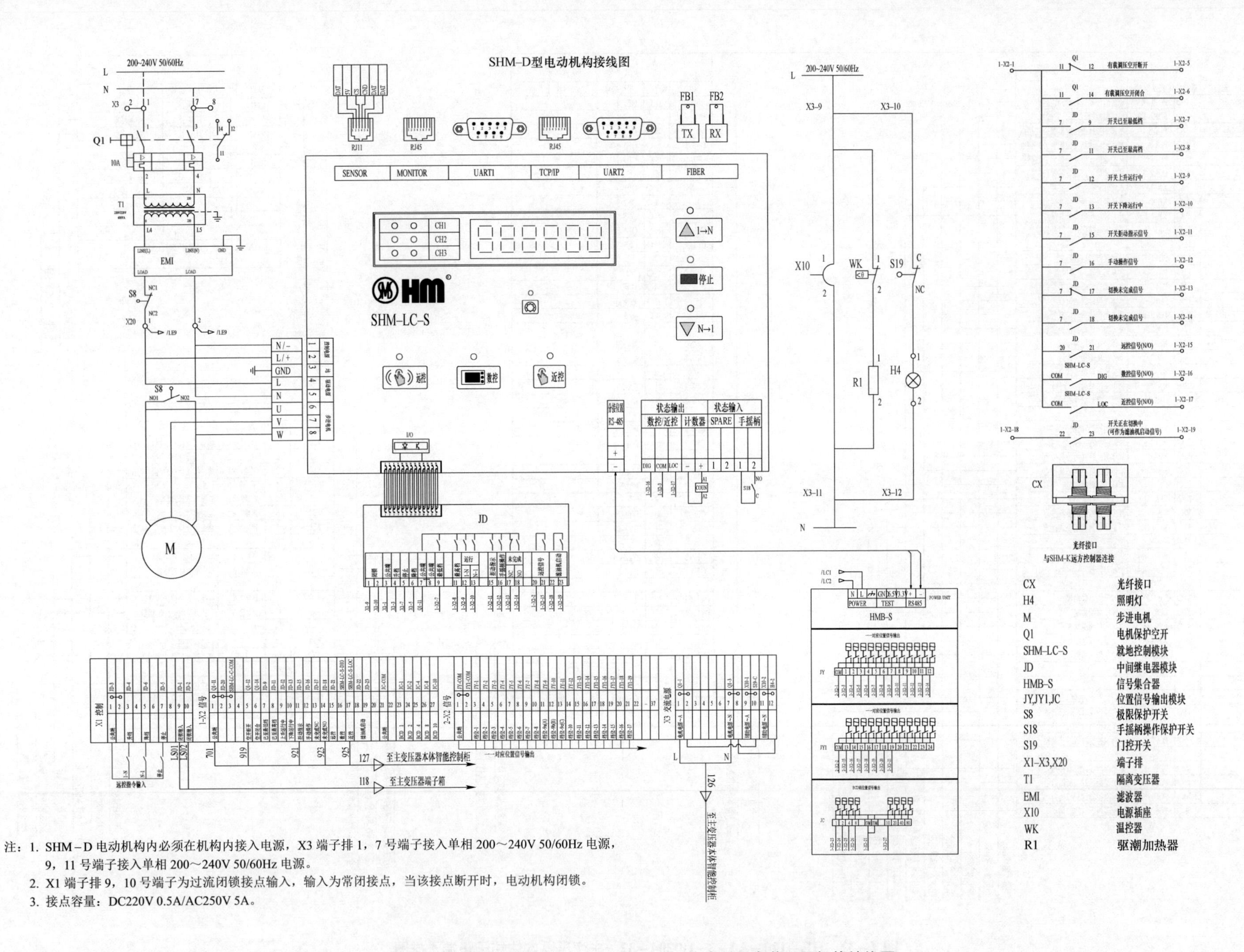

注：1. SHM－D 电动机构内必须在机构内接入电源，X3 端子排 1，7 号端子接入单相 200～240V 50/60Hz 电源，9，11 号端子接入单相 200～240V 50/60Hz 电源。

2. X1 端子排 9，10 号端子为过流闭锁接点输入，输入为常闭接点，当该接点断开时，电动机构闭锁。

3. 接点容量：DC220V 0.5A/AC250V 5A。

图 4－33　HE－110－A3－3－D0204－33　主变压器有载调压机构接线图

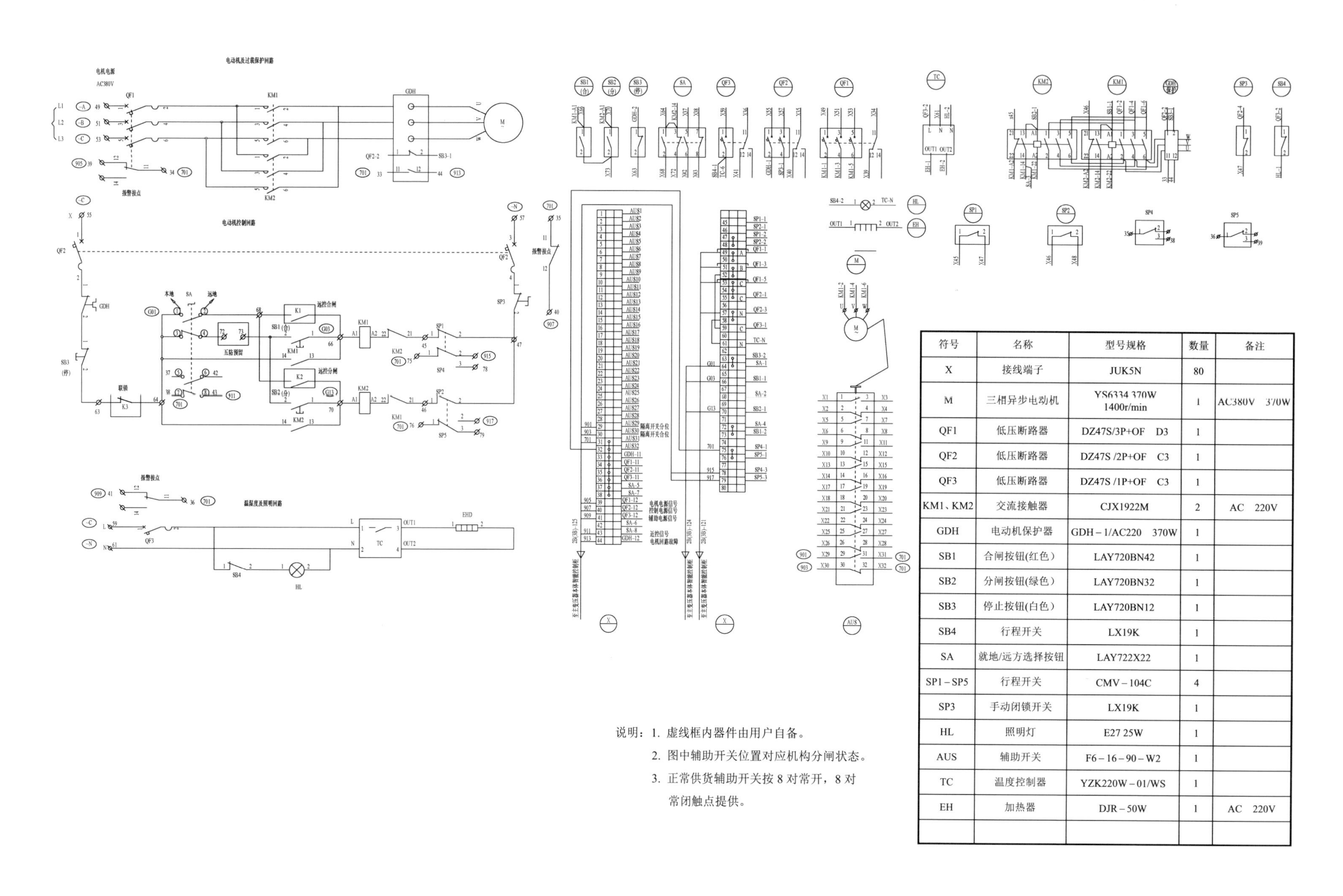

符号	名称	型号规格	数量	备注
X	接线端子	JUK5N	80	
M	三相异步电动机	YS6334 370W 1400r/min	1	AC380V 370W
QF1	低压断路器	DZ47S/3P+OF D3	1	
QF2	低压断路器	DZ47S /2P+OF C3	1	
QF3	低压断路器	DZ47S /1P+OF C3	1	
KM1、KM2	交流接触器	CJX1922M	2	AC 220V
GDH	电动机保护器	GDH－1/AC220 370W	1	
SB1	合闸按钮(红色)	LAY720BN42	1	
SB2	分闸按钮(绿色)	LAY720BN32	1	
SB3	停止按钮(白色)	LAY720BN12	1	
SB4	行程开关	LX19K	1	
SA	就地/远方选择按钮	LAY722X22	1	
SP1－SP5	行程开关	CMV－104C	4	
SP3	手动闭锁开关	LX19K	1	
HL	照明灯	E27 25W	1	
AUS	辅助开关	F6－16－90－W2	1	
TC	温度控制器	YZK220W－01/WS	1	
EH	加热器	DJR－50W	1	AC 220V

说明：1. 虚线框内器件由用户自备。

2. 图中辅助开关位置对应机构分闸状态。

3. 正常供货辅助开关按8对常开，8对常闭触点提供。

图4－34 HE－110－A3－3－D0204－34 主变压器中性点隔离开关机构接线图

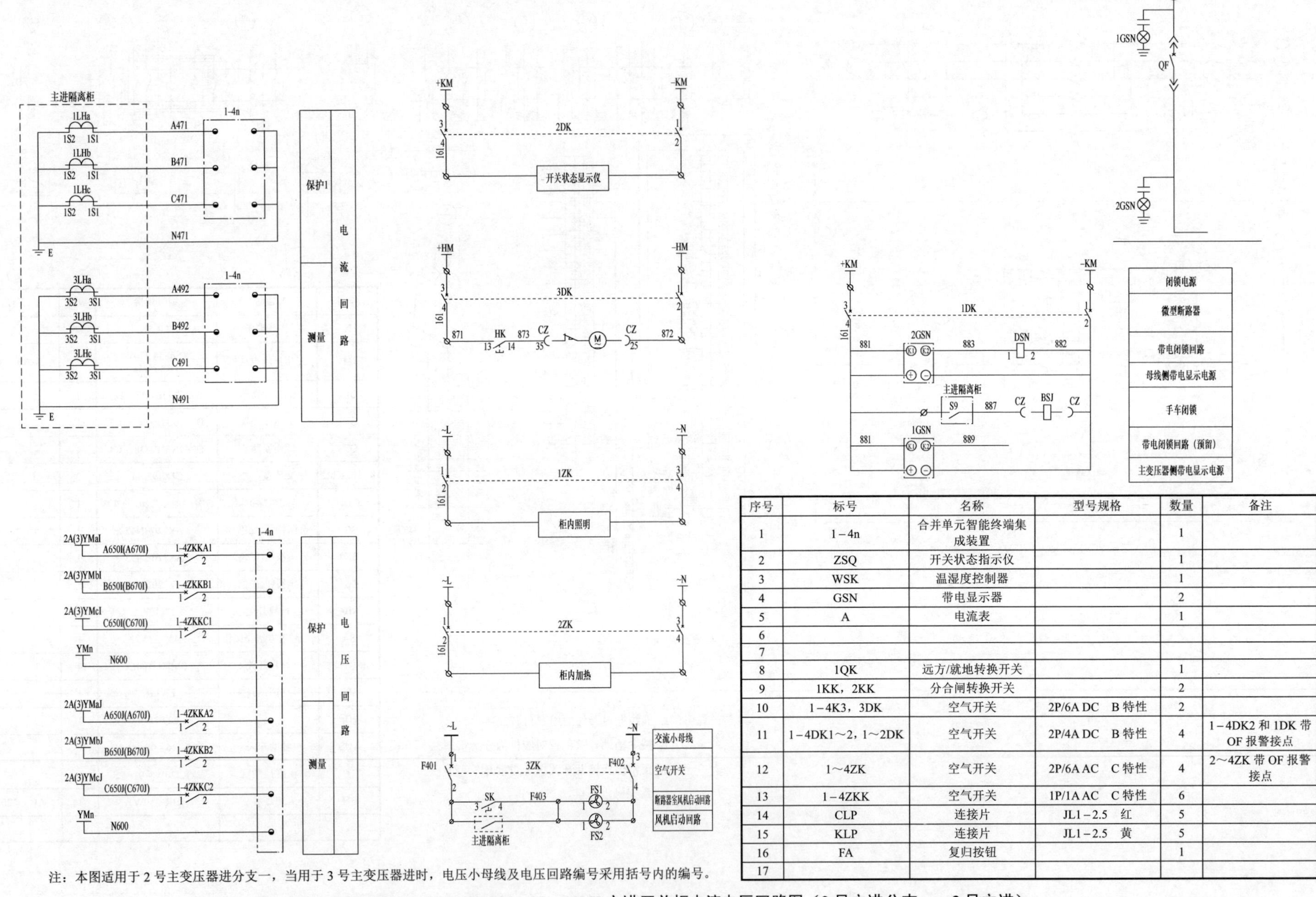

序号	标号	名称	型号规格	数量	备注
1	1－4n	合并单元智能终端集成装置		1	
2	ZSQ	开关状态指示仪		1	
3	WSK	温湿度控制器		1	
4	GSN	带电显示器		2	
5	A	电流表		1	
6					
7					
8	1QK	远方/就地转换开关		1	
9	1KK，2KK	分合闸转换开关		2	
10	1－4K3，3DK	空气开关	2P/6A DC　B 特性	2	
11	1－4DK1～2，1～2DK	空气开关	2P/4A DC　B 特性	4	1－4DK2 和 1DK 带 OF 报警接点
12	1～4ZK	空气开关	2P/6A AC　C 特性	4	2～4ZK 带 OF 报警接点
13	1－4ZKK	空气开关	1P/1A AC　C 特性	6	
14	CLP	连接片	JL1－2.5　红	5	
15	KLP	连接片	JL1－2.5　黄	5	
16	FA	复归按钮		1	
17					

注：本图适用于 2 号主变压器进分支一，当用于 3 号主变压器进时，电压小母线及电压回路编号采用括号内的编号。

图 4－35　HE－110－A3－3－D0204－35　10kV 主进开关柜电流电压回路图（2 号主进分支一、3 号主进）

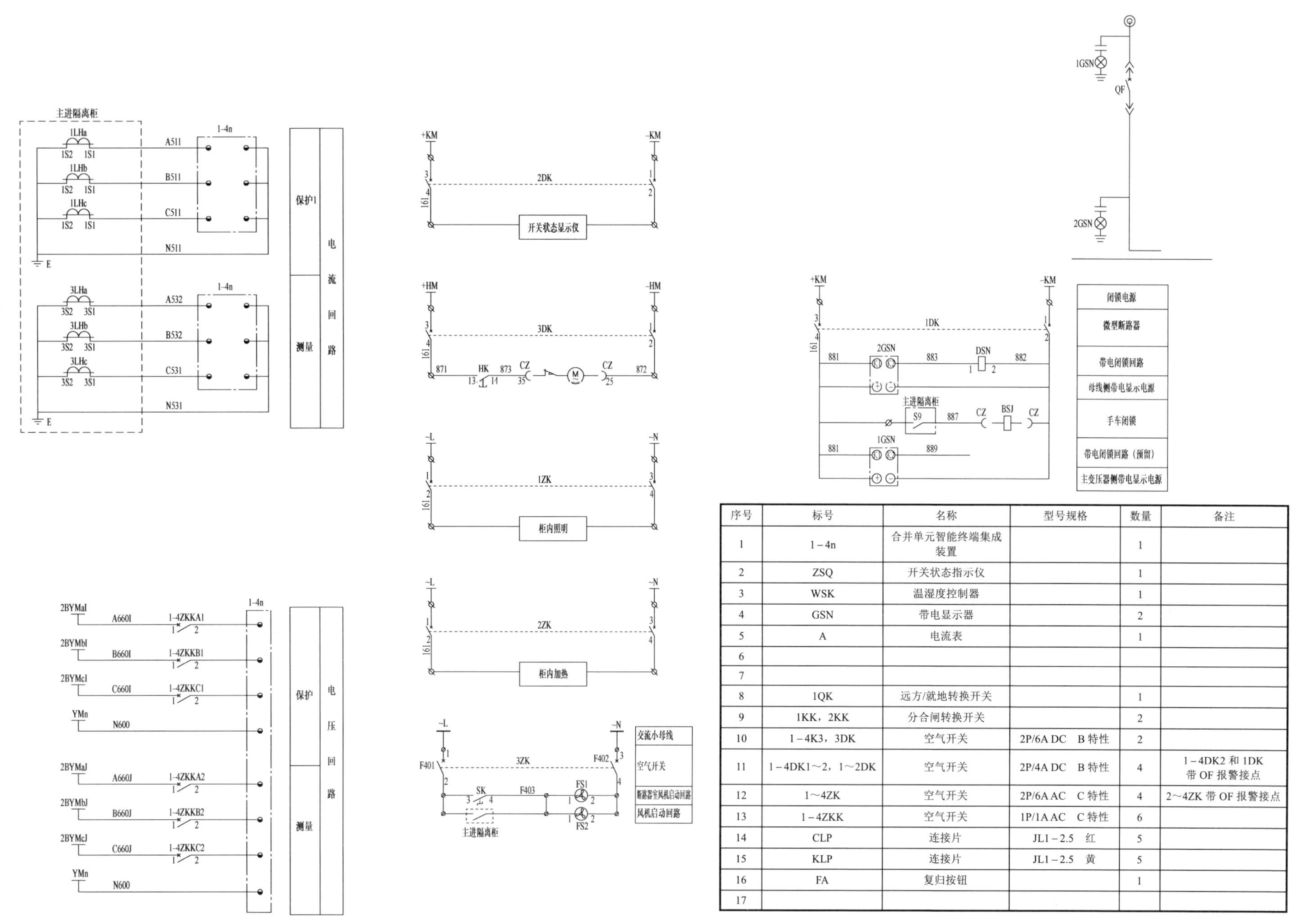

序号	标号	名称	型号规格	数量	备注
1	1－4n	合并单元智能终端集成装置		1	
2	ZSQ	开关状态指示仪		1	
3	WSK	温湿度控制器		1	
4	GSN	带电显示器		2	
5	A	电流表		1	
6					
7					
8	1QK	远方/就地转换开关		1	
9	1KK，2KK	分合闸转换开关		2	
10	1－4K3，3DK	空气开关	2P/6A DC　B 特性	2	
11	1－4DK1～2，1～2DK	空气开关	2P/4A DC　B 特性	4	1－4DK2 和 1DK 带 OF 报警接点
12	1～4ZK	空气开关	2P/6A AC　C 特性	4	2～4ZK 带 OF 报警接点
13	1－4ZKK	空气开关	1P/1A AC　C 特性	6	
14	CLP	连接片	JL1－2.5　红	5	
15	KLP	连接片	JL1－2.5　黄	5	
16	FA	复归按钮		1	
17					

图 4－36　HE－110－A3－3－D0204－36　10kV 主进开关柜电流电压回路图（3 号主进分支二）

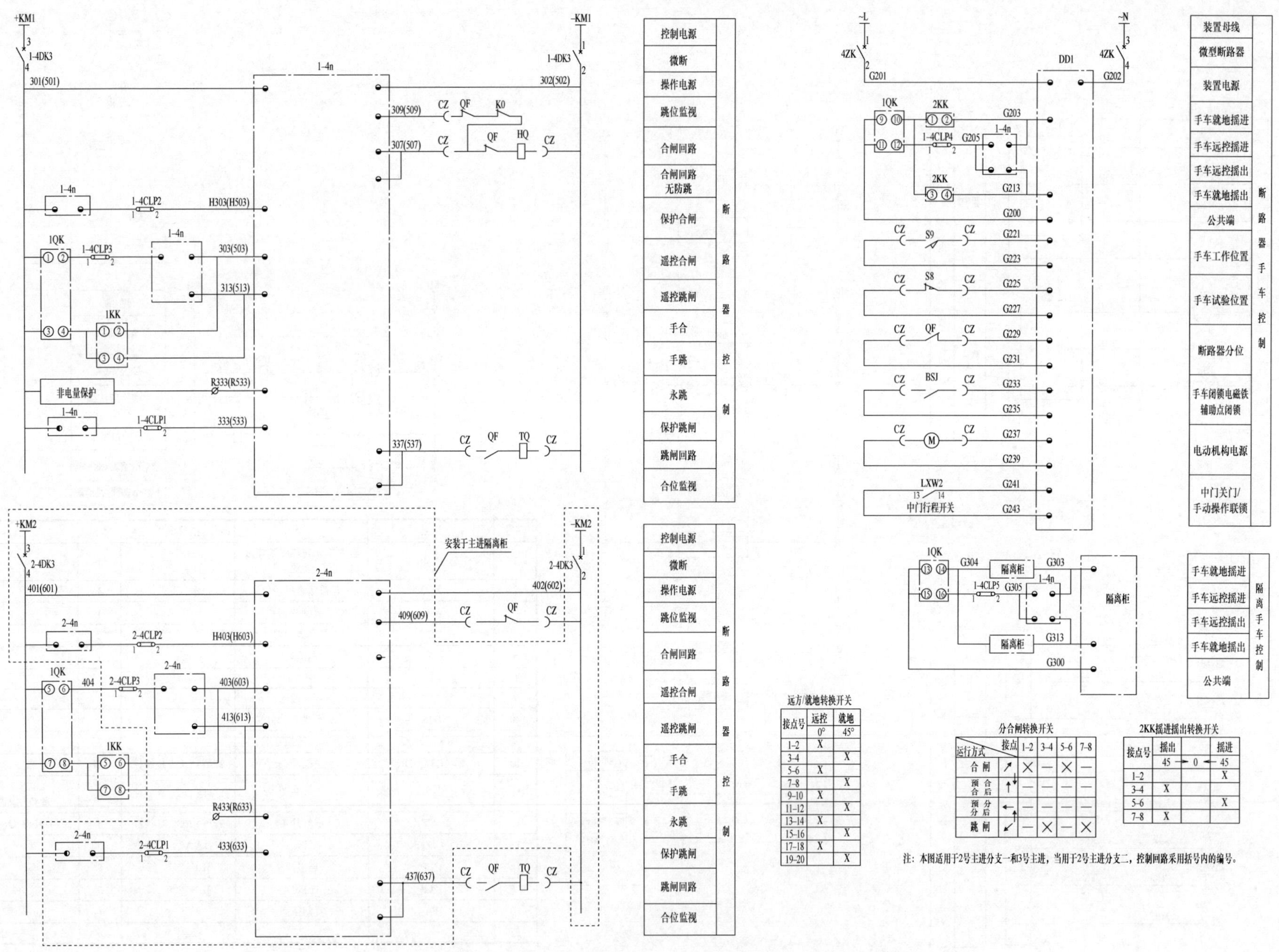

图 4-37　HE-110-A3-3-D0204-37　10kV 主进开关柜控制回路图

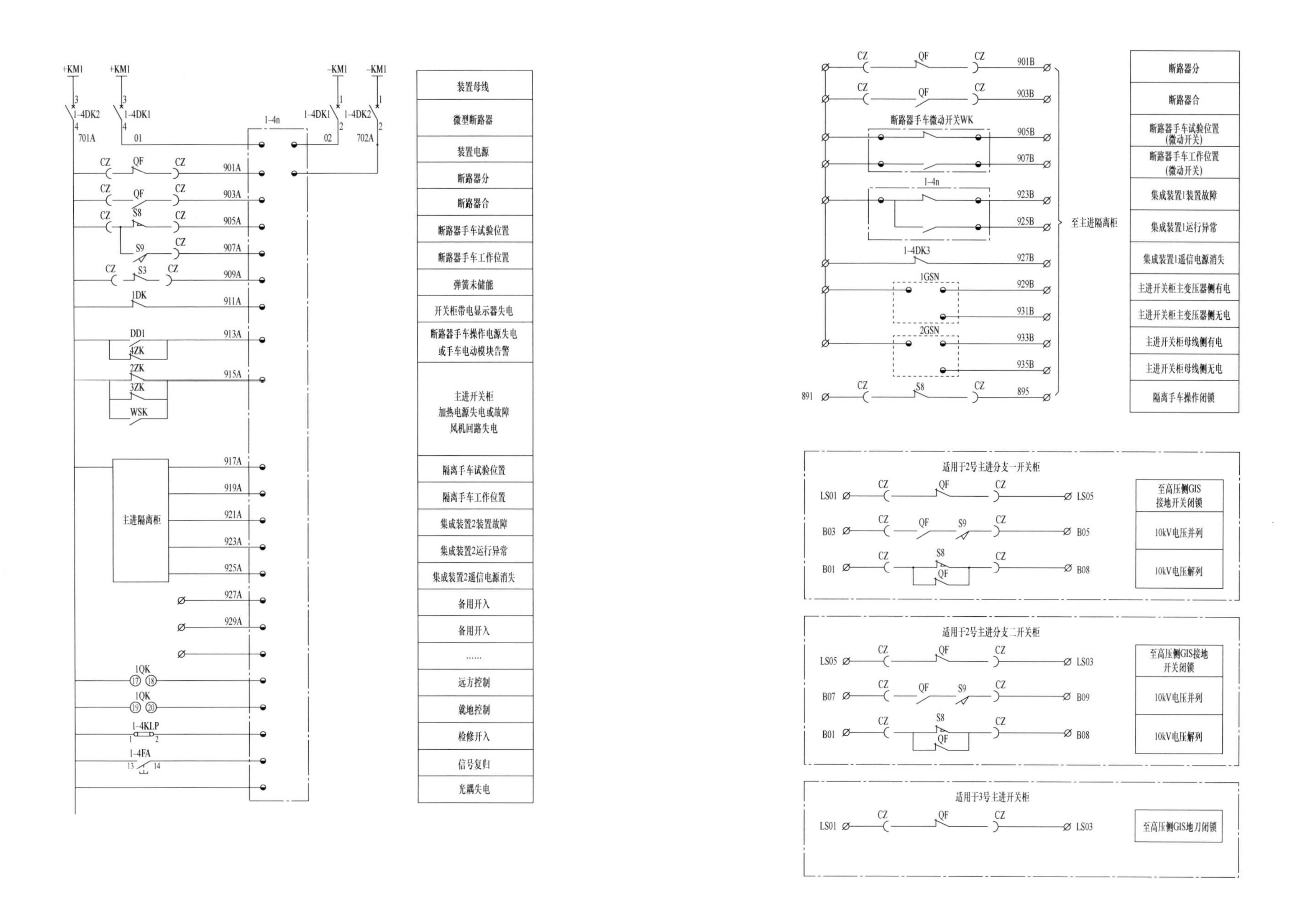

图 4-38 HE-110-A3-3-D0204-38 10kV 主进开关柜信号回路图

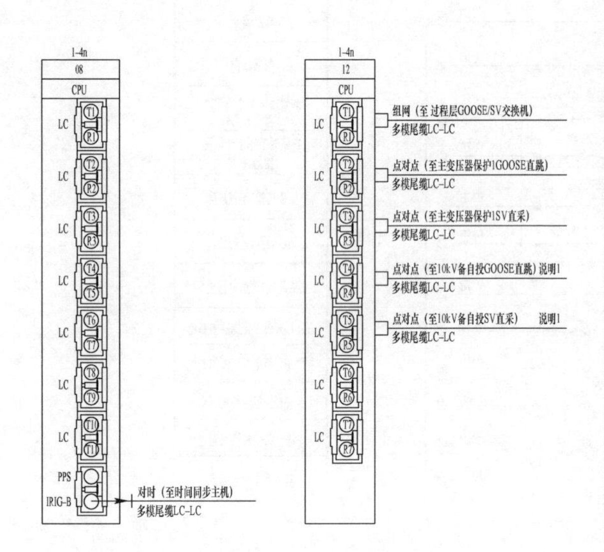

注：该回路适用于2号主变压器主进分支一和3号主变压器主进开关柜。

10kV 2号主变压器进分支一开关柜
尾缆接线表

线缆编号	线缆型号	本柜连接设备			尾缆芯号	功能说明	对侧设备
		设备名称	设备插件/端口号	设备端口类型			
2B－WL101	4芯多模铠装尾缆LC－LC	集成装置1－4n	12插件T1	多模，LC	1	集成装置1 SV/GOOSE组网	110kV备自投屏过程层交换机
		集成装置1－4n	12插件R1	多模，LC	2		
					3	备用	
					4	备用	
2B－WL115	8芯多模铠装尾缆LC－ST	集成装置1－4n	12插件T2	多模，LC	1	主变压器保护1 GOOSE直跳	至主变压器保护屏主变压器保护1
		集成装置1－4n	12插件R2	多模，LC	2		
		集成装置1－4n	12插件T3	多模，LC	3	主变压器保护1 SV直采	
					4	备用	
					5	备用	
					6	备用	
					7	备用	
					8	备用	
2LFD－WL112	8芯多模铠装尾缆LC－LC	集成装置1－4n	12插件T4	多模，LC	1	10kV备自投 GOOSE直跳	至10kV 2号分段开关柜10kV 2号备自投
		集成装置1－4n	12插件R4	多模，LC	2		
		集成装置1－4n	12插件T5	多模，LC	3	10kV备自投 SV直采	
					4	备用	
					5	备用	
					6	备用	
					7	备用	
					8	备用	
2B－WL102	4芯多模铠装尾缆LC－ST	集成装置1－4n	08插件IRIG－B	多模，LC	1	集成装置1 光B码对时	时间同步屏对时装置
				多模，LC	2	备用	
					3	备用	
					4	备用	

10kV 2号主变压器进分支一开关柜
尾缆接线表

线缆编号	线缆型号	本柜连接设备			尾缆芯号	功能说明	对侧设备
		设备名称	设备插件/端口号	设备端口类型			
2B－WL106	4芯多模铠装尾缆LC－LC	集成装置1－4n	12插件T1	多模，LC	1	集成装置1 SV/GOOSE组网	110kV备自投屏过程层交换机
		集成装置1－4n	12插件R1	多模，LC	2		
					3	备用	
					4	备用	
2B WL117	8芯多模铠装尾缆LC－ST	集成装置1－4n	12插件T2	多模，LC	1	主变压器保护1 GOOSE直跳	至主变压器保护屏主变保护1
		集成装置1－4n	12插件R2	多模，LC	2		
		集成装置1－4n	12插件T3	多模，LC	3	主变压器保护1 SV直采	
					4	备用	
					5	备用	
					6	备用	
					7	备用	
					8	备用	
2B－WL107	4芯多模铠装尾缆LC－ST	集成装置1－4n	08插件IRIG－B	多模，LC	1	集成装置1 光B码对时	时间同步屏对时装置
				多模，LC	2	备用	
					3	备用	
					4	备用	

10kV 3号主变压器进开关柜
尾缆接线表

线缆编号	线缆型号	本柜连接设备			尾缆芯号	功能说明	对侧设备
		设备名称	设备插件/端口号	设备端口类型			
3B－WL101	4芯多模铠装尾缆LC－LC	集成装置1－4n	12插件T1	多模，LC	1	集成装置1 SV/GOOSE组网	110kV备自投屏过程层交换机
		集成装置1－4n	12插件R1	多模，LC	2		
					3	备用	
					4	备用	
3B－WL115	8芯多模铠装尾缆LC－ST	集成装置1－4n	12插件T2	多模，LC	1	主变压器保护1 GOOSE直跳	至主变压器保护屏主变压器保护1
		集成装置1－4n	12插件R2	多模，LC	2		
		集成装置1－4n	12插件T3	多模，LC	3	主变压器保护1 SV直采	
					4	备用	
					5	备用	
					6	备用	
					7	备用	
					8	备用	
2LFD－WL113	8芯多模铠装尾缆LC－LC	集成装置1－4n	12插件T4	多模，LC	1	10kV备自投GOOSE直跳	至10kV 2号分段开关柜10kV 2号备自投
		集成装置1－4n	12插件R4	多模，LC	2		
		集成装置1－4n	12插件T5	多模，LC	3	10kV备自投SV直采	
					4	备用	
					5	备用	
					6	备用	
					7	备用	
					8	备用	
3B－WL102	4芯多模铠装尾缆LC－ST	集成装置1－4n	08插件IRIG－B	多模，LC	1	集成装置1 光B码对时	时间同步屏对时装置
				多模，LC	2	备用	
					3	备用	
					4	备用	

图4－39 HE－110－A3－3－D0204－39 10kV主进开关柜光缆连接图

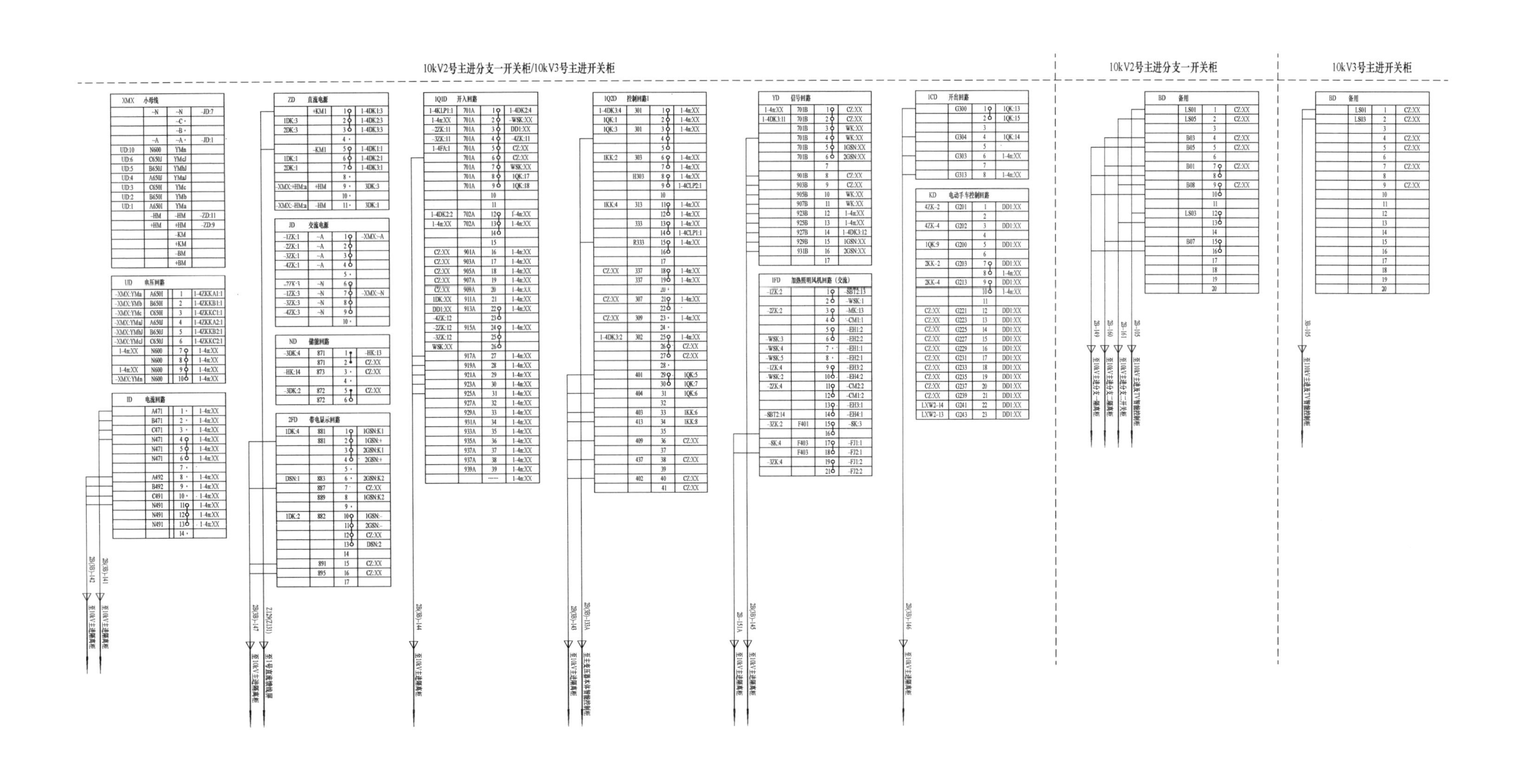

图 4-40 HE-110-A3-3-D0204-40 10kV 主进开关柜端子排图（2 号主进分支一、3 号主进）

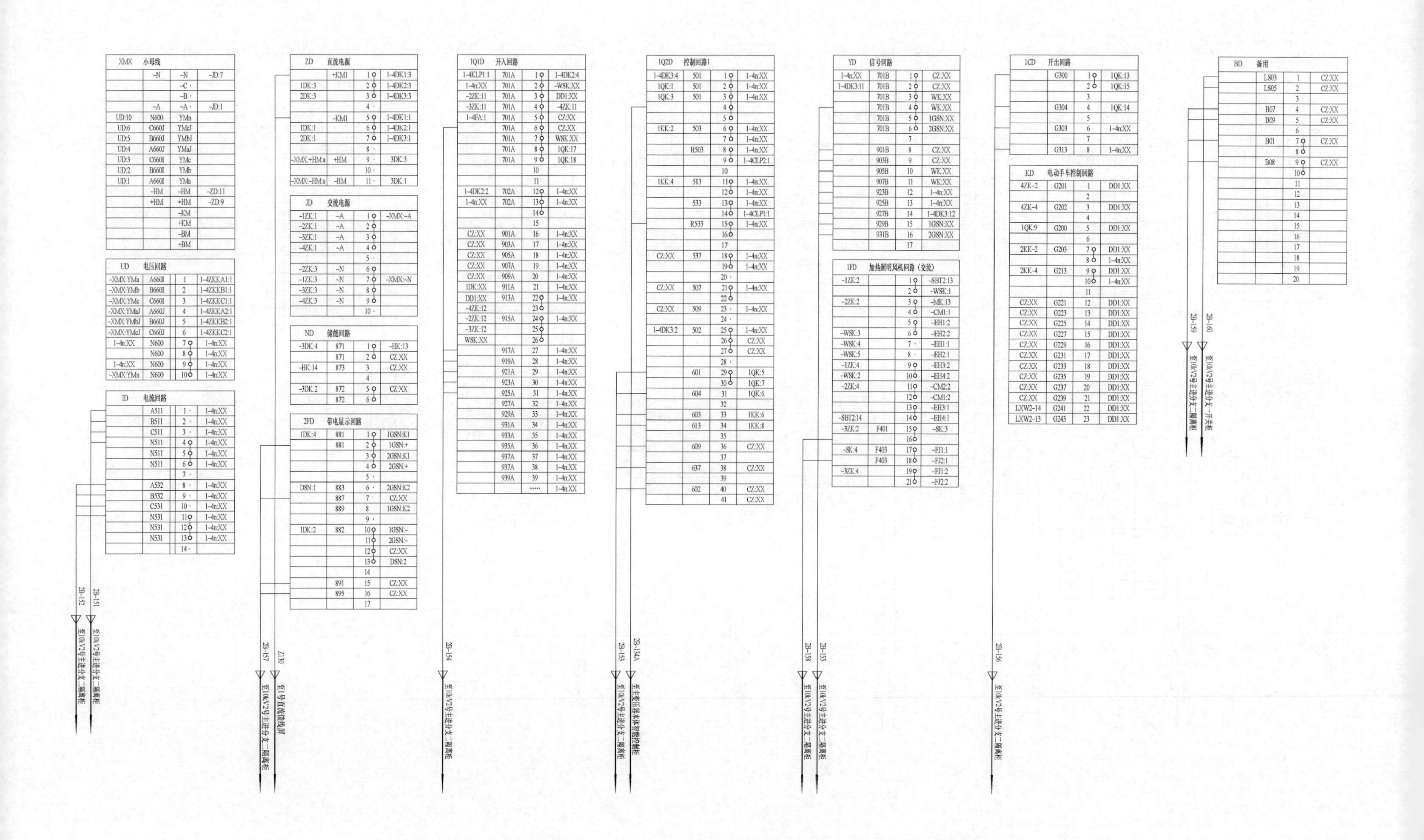

图 4-41　HE-110-A3-3-D0204-41　10kV 主进开关柜端子排图（2 号主进分支二）

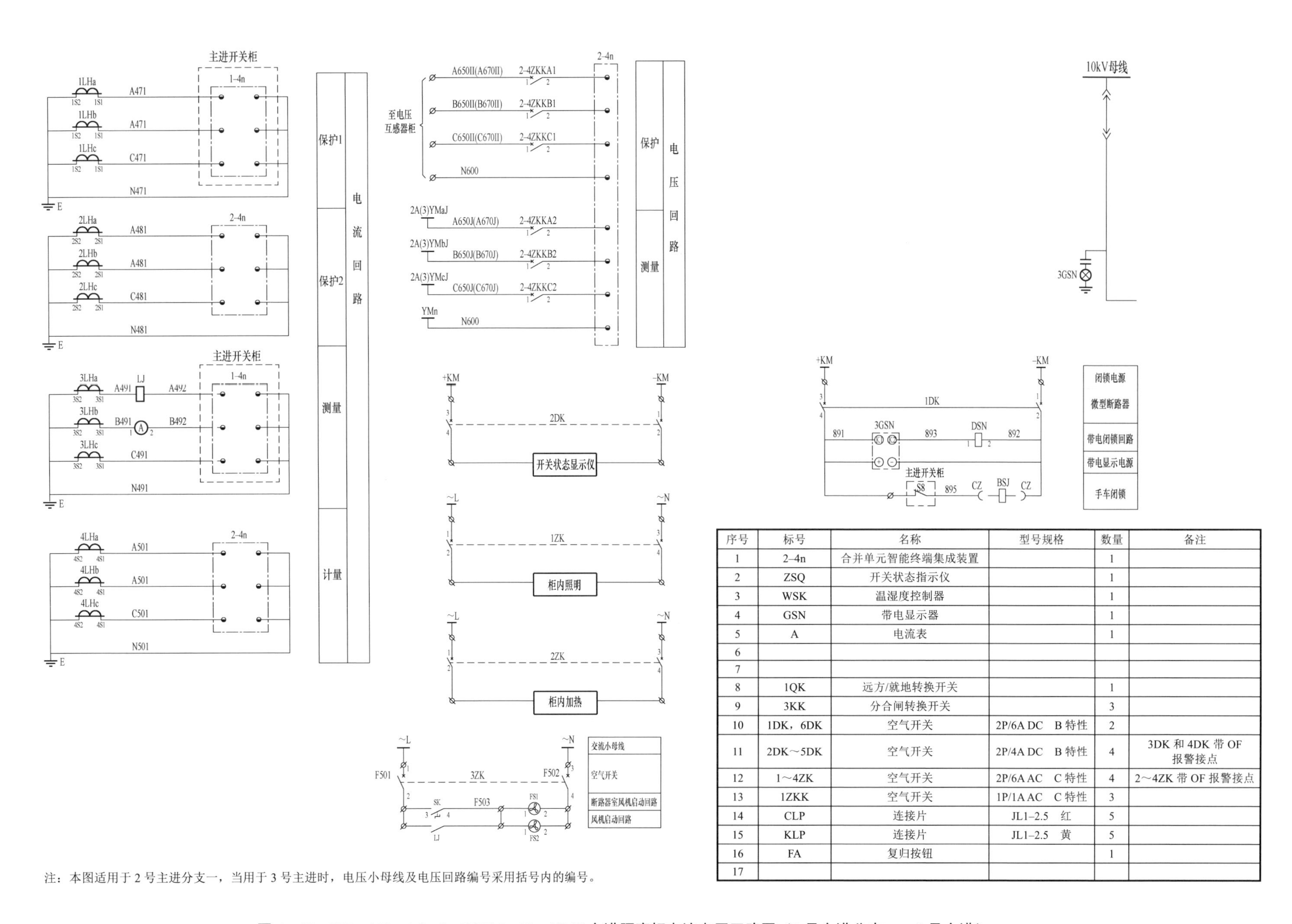

序号	标号	名称	型号规格	数量	备注
1	2–4n	合并单元智能终端集成装置		1	
2	ZSQ	开关状态指示仪		1	
3	WSK	温湿度控制器		1	
4	GSN	带电显示器		1	
5	A	电流表		1	
6					
7					
8	1QK	远方/就地转换开关		1	
9	3KK	分合闸转换开关		3	
10	1DK，6DK	空气开关	2P/6A DC　B 特性	2	
11	2DK～5DK	空气开关	2P/4A DC　B 特性	4	3DK 和 4DK 带 OF 报警接点
12	1～4ZK	空气开关	2P/6A AC　C 特性	4	2～4ZK 带 OF 报警接点
13	1ZKK	空气开关	1P/1A AC　C 特性	3	
14	CLP	连接片	JL1–2.5　红	5	
15	KLP	连接片	JL1–2.5　黄	5	
16	FA	复归按钮		1	
17					

注：本图适用于 2 号主进分支一，当用于 3 号主进时，电压小母线及电压回路编号采用括号内的编号。

图 4–42　HE–110–A3–3–D0204–42　10kV 主进隔离柜电流电压回路图（2 号主进分支一、3 号主进）

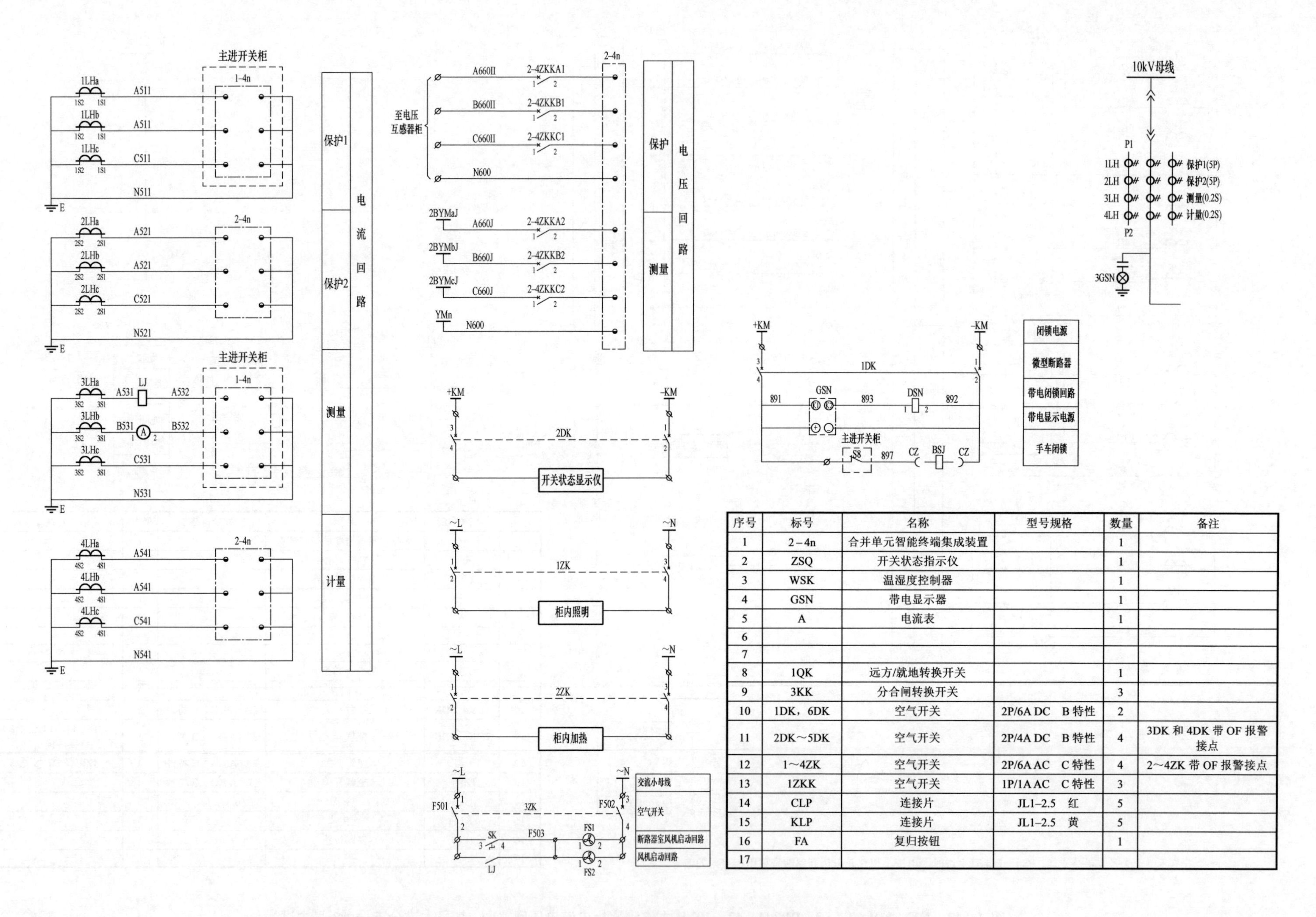

序号	标号	名称	型号规格	数量	备注
1	2－4n	合并单元智能终端集成装置		1	
2	ZSQ	开关状态指示仪		1	
3	WSK	温湿度控制器		1	
4	GSN	带电显示器		1	
5	A	电流表		1	
6					
7					
8	1QK	远方/就地转换开关		1	
9	3KK	分合闸转换开关		3	
10	1DK，6DK	空气开关	2P/6A DC　B特性	2	
11	2DK～5DK	空气开关	2P/4A DC　B特性	4	3DK和4DK带OF报警接点
12	1～4ZK	空气开关	2P/6A AC　C特性	4	2～4ZK带OF报警接点
13	1ZKK	空气开关	1P/1A AC　C特性	3	
14	CLP	连接片	JL1-2.5　红	5	
15	KLP	连接片	JL1-2.5　黄	5	
16	FA	复归按钮		1	
17					

图4－43　HE－110－A3－3－D0204－43　10kV主进隔离柜电流电压回路图（2号主进分支二）

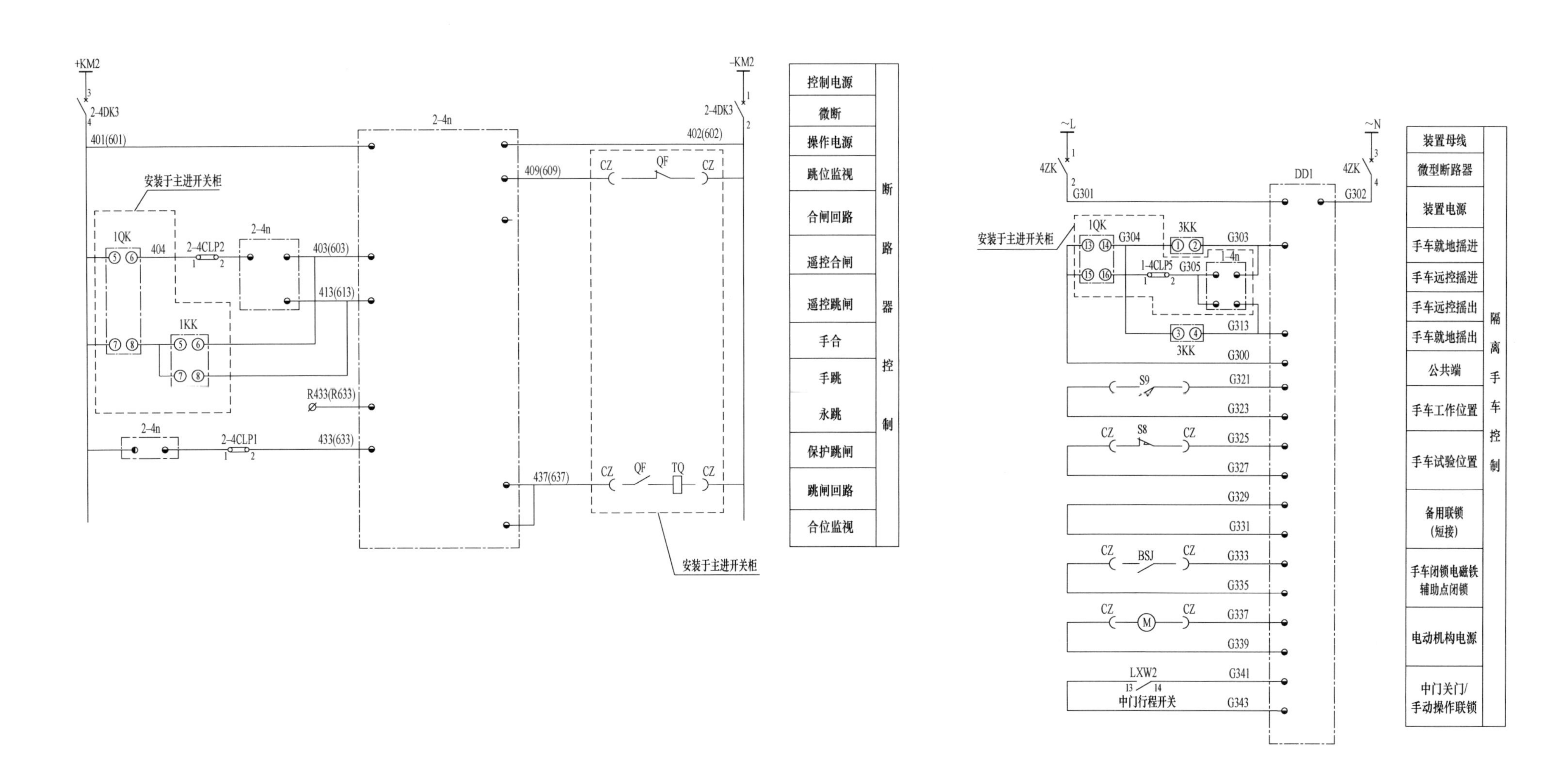

3KK摇进/摇出转换开关

接点号	合闸		分闸
	45 →	0	← 45
1-2			X
3-4	X		
5-6			X
7-8	X		

图 4-44　HE-110-A3-3-D0204-44　10kV 主进隔离柜控制回路图

注：本图适用于 2 号主进分支一和 3 号主进，当用于 2 号主进分支二，控制回路采用括号内的编号。

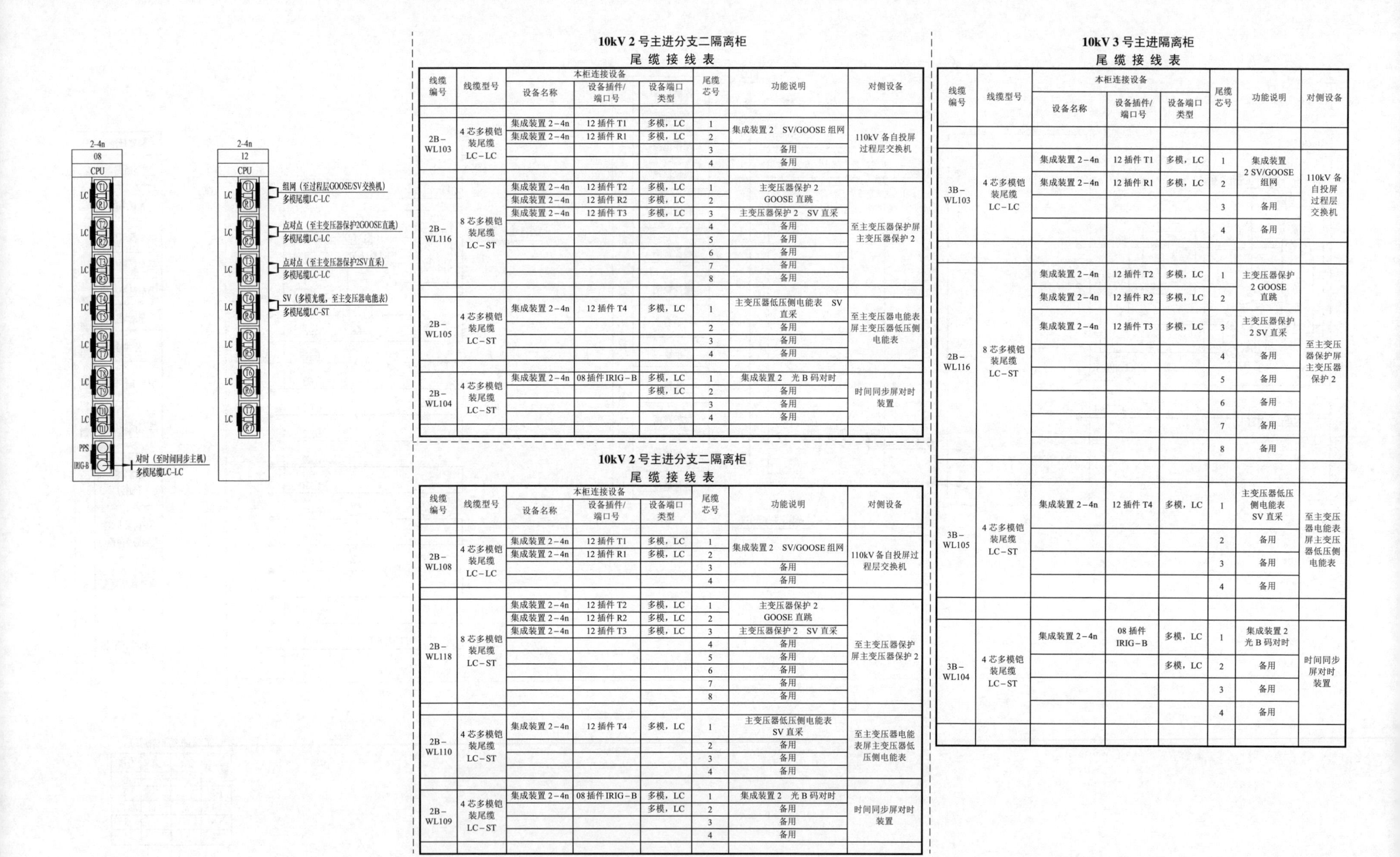

10kV 2 号主进分支二隔离柜
尾 缆 接 线 表

线缆编号	线缆型号	本柜连接设备 设备名称	设备插件/端口号	设备端口类型	尾缆芯号	功能说明	对侧设备
2B－WL103	4 芯多模铠装尾缆 LC－LC	集成装置 2－4n	12 插件 T1	多模，LC	1	集成装置 2 SV/GOOSE 组网	110kV 备自投屏过程层交换机
		集成装置 2－4n	12 插件 R1	多模，LC	2		
					3	备用	
					4	备用	
2B－WL116	8 芯多模铠装尾缆 LC－ST	集成装置 2－4n	12 插件 T2	多模，LC	1	主变压器保护 2 GOOSE 直跳	至主变压器保护屏主变压器保护 2
		集成装置 2－4n	12 插件 R2	多模，LC	2		
		集成装置 2－4n	12 插件 T3	多模，LC	3	主变压器保护 2 SV 直采	
					4	备用	
					5	备用	
					6	备用	
					7	备用	
					8	备用	
2B－WL105	4 芯多模铠装尾缆 LC－ST	集成装置 2－4n	12 插件 T4	多模，LC	1	主变压器低压侧电能表 SV 直采	至主变压器电能表屏主变压器低压侧电能表
					2	备用	
					3	备用	
					4	备用	
2B－WL104	4 芯多模铠装尾缆 LC－ST	集成装置 2－4n	08 插件 IRIG－B	多模，LC	1	集成装置 2 光 B 码对时	时间同步屏对时装置
				多模，LC	2	备用	
					3	备用	
					4	备用	

10kV 2 号主进分支二隔离柜
尾 缆 接 线 表

线缆编号	线缆型号	本柜连接设备 设备名称	设备插件/端口号	设备端口类型	尾缆芯号	功能说明	对侧设备
2B－WL108	4 芯多模铠装尾缆 LC－LC	集成装置 2－4n	12 插件 T1	多模，LC	1	集成装置 2 SV/GOOSE 组网	110kV 备自投屏过程层交换机
		集成装置 2－4n	12 插件 R1	多模，LC	2		
					3	备用	
					4	备用	
2B－WL118	8 芯多模铠装尾缆 LC－ST	集成装置 2－4n	12 插件 T2	多模，LC	1	主变压器保护 2 GOOSE 直跳	至主变压器保护屏主变压器保护 2
		集成装置 2－4n	12 插件 R2	多模，LC	2		
		集成装置 2－4n	12 插件 T3	多模，LC	3	主变压器保护 2 SV 直采	
					4	备用	
					5	备用	
					6	备用	
					7	备用	
					8	备用	
2B－WL110	4 芯多模铠装尾缆 LC－ST	集成装置 2－4n	12 插件 T4	多模，LC	1	主变压器低压侧电能表 SV 直采	至主变压器电能表屏主变压器低压侧电能表
					2	备用	
					3	备用	
					4	备用	
2B－WL109	4 芯多模铠装尾缆 LC－ST	集成装置 2－4n	08 插件 IRIG－B	多模，LC	1	集成装置 2 光 B 码对时	时间同步屏对时装置
				多模，LC	2	备用	
					3	备用	
					4	备用	

10kV 3 号主进隔离柜
尾 缆 接 线 表

线缆编号	线缆型号	本柜连接设备 设备名称	设备插件/端口号	设备端口类型	尾缆芯号	功能说明	对侧设备
3B－WL103	4 芯多模铠装尾缆 LC－LC	集成装置 2－4n	12 插件 T1	多模，LC	1	集成装置 2 SV/GOOSE 组网	110kV 备自投屏过程层交换机
		集成装置 2－4n	12 插件 R1	多模，LC	2		
					3	备用	
					4	备用	
2B－WL116	8 芯多模铠装尾缆 LC－ST	集成装置 2－4n	12 插件 T2	多模，LC	1	主变压器保护 2 GOOSE 直跳	至主变压器保护屏主变压器保护 2
		集成装置 2－4n	12 插件 R2	多模，LC	2		
		集成装置 2－4n	12 插件 T3	多模，LC	3	主变压器保护 2 SV 直采	
					4	备用	
					5	备用	
					6	备用	
					7	备用	
					8	备用	
3B－WL105	4 芯多模铠装尾缆 LC－ST	集成装置 2－4n	12 插件 T4	多模，LC	1	主变压器低压侧电能表 SV 直采	至主变压器电能表屏主变压器低压侧电能表
					2	备用	
					3	备用	
					4	备用	
3B－WL104	4 芯多模铠装尾缆 LC－ST	集成装置 2－4n	08 插件 IRIG－B	多模，LC	1	集成装置 2 光 B 码对时	时间同步屏对时装置
				多模，LC	2	备用	
					3	备用	
					4	备用	

图 4－45　HE－110－A3－3－D0204－45　10kV 主进隔离柜信号回路图

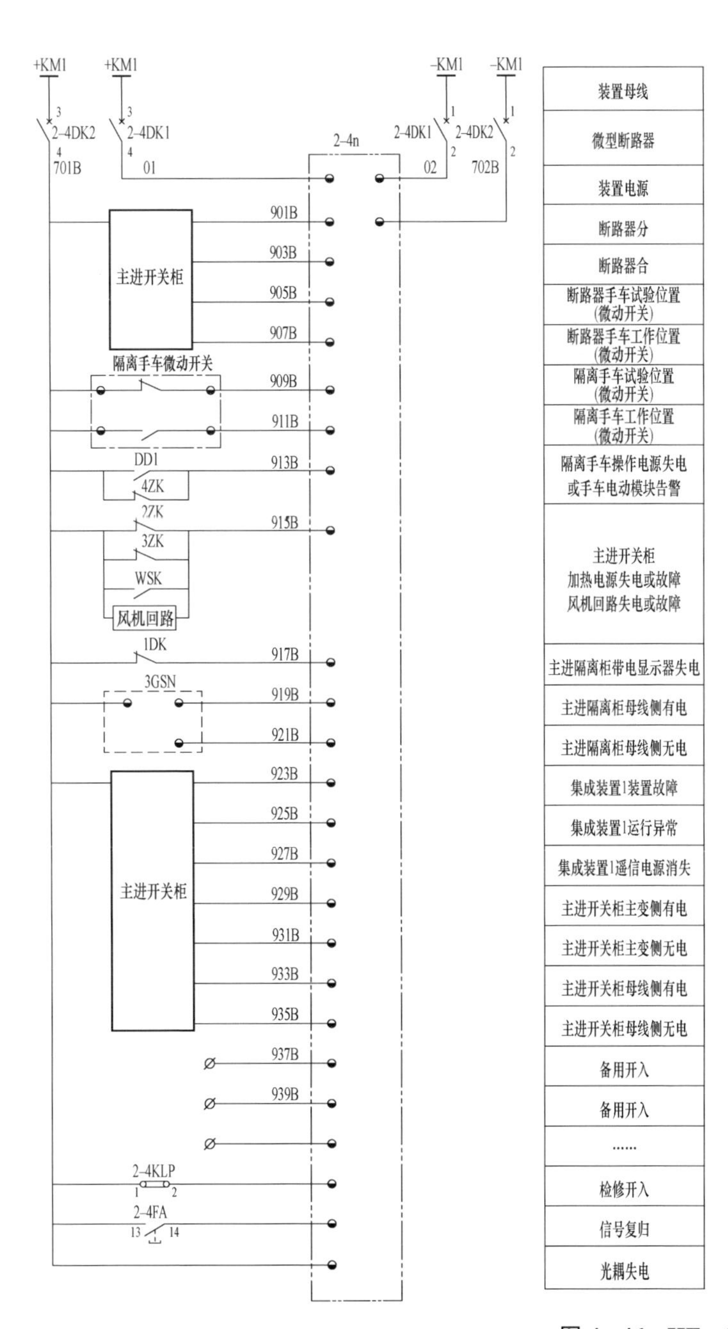

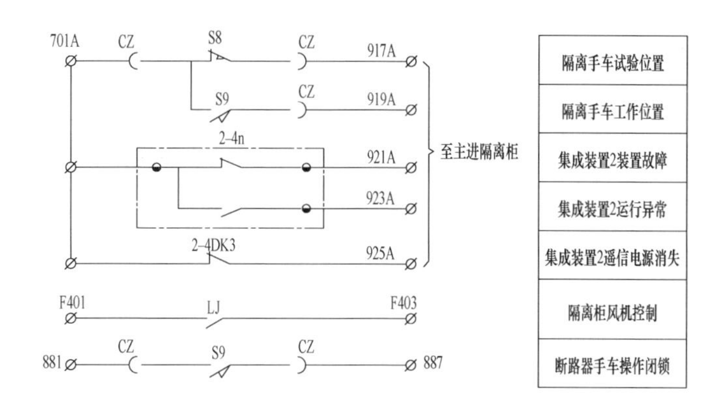

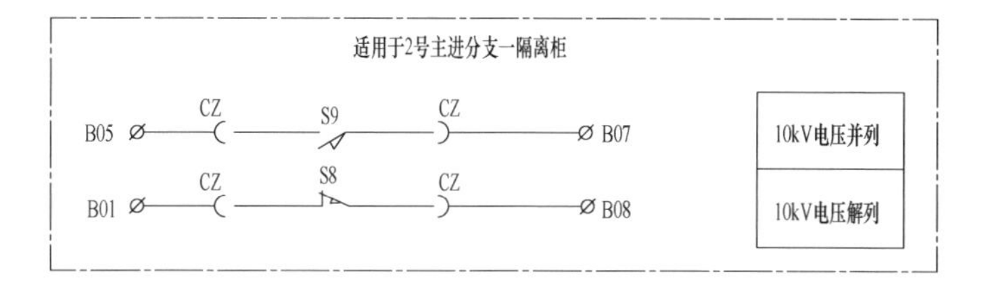

图 4-46　HE-110-A3-3-D0204-46　10kV 主进隔离柜光缆连接图

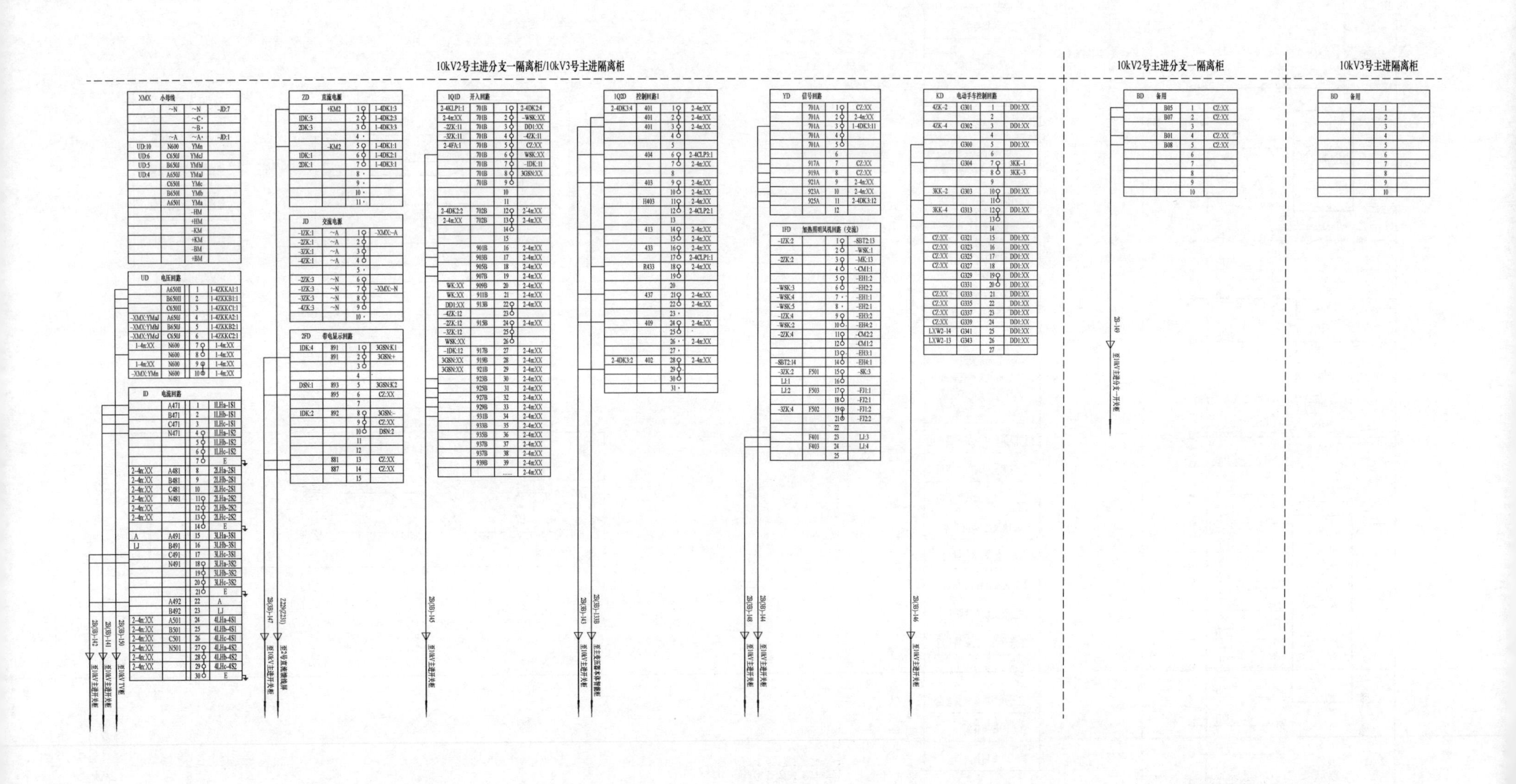

图 4-47　HE-110-A3-3-D0204-47　10kV 主进隔离柜端子排图（2 号主进分支一、3 号主进）

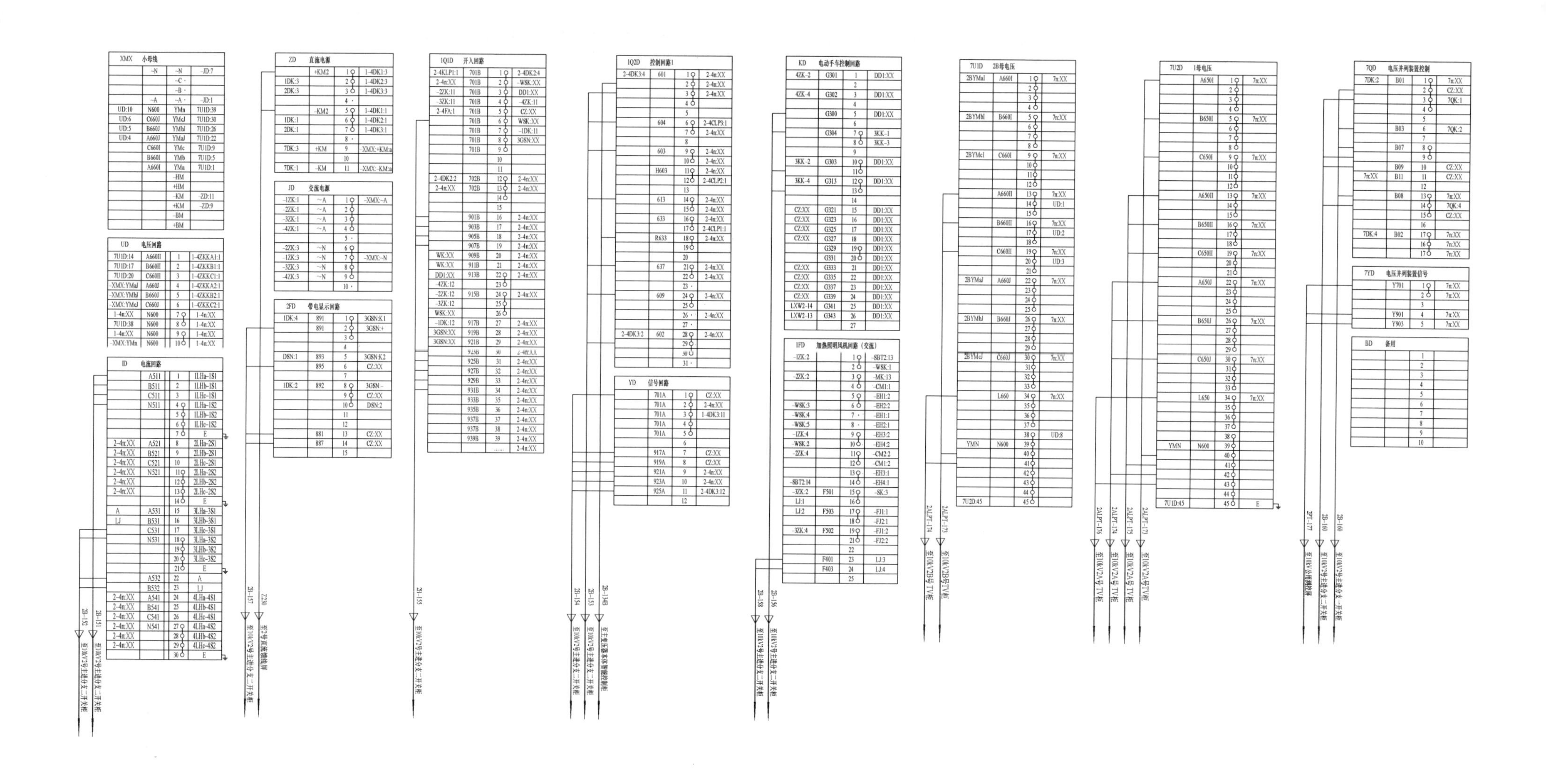

图 4－48　HE－110－A3－3－D0204－48　10kV 主进隔离柜端子排图（2 号主进分支二）

5 110kV 公用设备控制及测计量回路

5.1 110kV 公用设备控制及测计量回路卷册目录

电气二次 部分 第2卷 第5册 第 分册

卷册名称 110kV 公用设备控制及测计量回路

图纸15张 本 说明 本 清册 本

项目经理 专业审核人

主要设计人 卷册负责人

序号	图号	图名	张数	套用原工程名称及卷册检索号，图号
1	HE-110-A3-3-D0205-01	110kV Ⅰ 母线 TV 合并单元电压回路图	1	
2	HE-110-A3-3-D0205-02	110kV Ⅰ 母线 TV 合并单元电压回路图	1	
3	HE-110-A3-3-D0205-03	110kV Ⅱ 母 TV 智能组件控制信号回路	1	
4	HE-110-A3-3-D0205-04	110kV Ⅱ 母 TV 智能组件控制信号回路	1	
5	HE-110-A3-3-D0205-05	110kV 母线测控装置信号回路	1	
6	HE-110-A3-3-D0205-06	110kV 2 号主进及 TV 智能控制柜（TV 部分）尾缆连接图	1	
7	HE-110-A3-3-D0205-07	110kV 3 号主进及 TV 智能控制柜（TV 部分）尾缆连接图	1	
8	HE-110-A3-3-D0205-08	110kV GIS 主接线图	1	
9	HE-110-A3-3-D0205-09	110kV GIS 气室分布图	1	
10	HE-110-A3-3-D0205-10	110kV GIS 交流环网图	1	
11	HE-110-A3-3-D0205-11	110kV 母线测控屏屏位布置图	1	
12	HE-110-A3-3-D0205-12	110kV 母线测控屏直流电源及对时回路图	1	
13	HE-110-A3-3-D0205-13	110kV 母线测控屏尾缆网线连接图	1	
14	HE-110-A3-3-D0205-14	110kV 母线测控屏端子排图	1	

5.2　110kV 公用设备控制及测计量回路标准化施工图

设　计　说　明

1　设计依据

1.1　初步设计资料

1.2　电气一次主接线图

1.3　电力工程设计有关规程、规定、电力工程设计手册及有关反措规定等

2　使用范围及设备配置

2.1　使用范围

本卷图纸适用于 110kV 变电站 110kV 公用设备控制与测计量回路。

2.2　设备配置

1）110kV 母线 TV 间隔配置母线测控装置 2 台，实现 TV 间隔的控制信号和测量功能。

2）过程层设备。

110kV 母线 TV 配置 2 台母线合并单元，每台具备接入 110kV 3 段母线的保护、计量和零序电压。

110kV 电压并列功能由合并单元实现。

110kV 每组母线 TV 配置 1 套智能终端。

3）组柜方案。

110kV 主进/TV 智能控制柜：母线合并单元＋TV 智能终端＋主进合并单元智能终端集成装置×2。

3　主要设计原则

1）母线测控装置采用 110kV 母线 TV 合并单元和智能终端的 SV 和 GOOSE 信息由过程层网络实现。

110kV 母线 TV 合并单元采集 110kV 内桥间隔开关刀闸位置由过程层网络实现。

2）对时及同步。

站控层设备采用 SNTP 协议对时，保护、测控装置采用 RS485 接口的 B 码对时，合并单元和智能终端采用光 B 码对时。

3）110kV 母线电压互感器二次电压 N600 在各自的 TV 智能控制柜内接地。不同母线电压互感器的 N600 之间不应有电气连接。

4　说明：110kV 主进/TV 智能控制柜光缆连接图及端子排图见主变卷册相关图纸

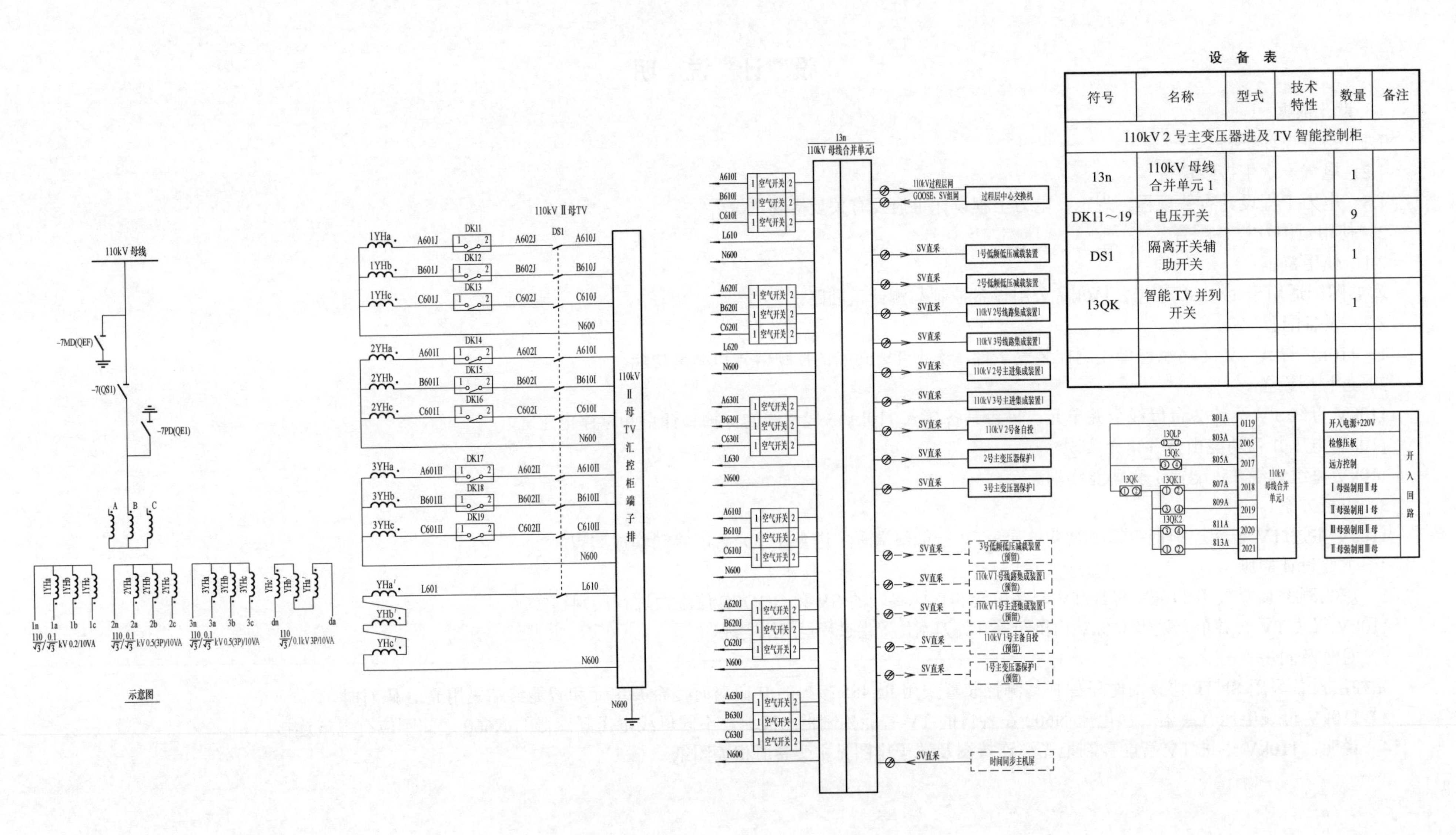

设 备 表

符号	名称	型式	技术特性	数量	备注
110kV 2号主变压器进及TV智能控制柜					
13n	110kV母线合并单元1			1	
DK11～19	电压开关			9	
DS1	隔离开关辅助开关			1	
13QK	智能TV并列开关			1	

图 5-1 HE-110-A3-3-D0205-01 110kVⅠ母线TV合并单元电压回路图

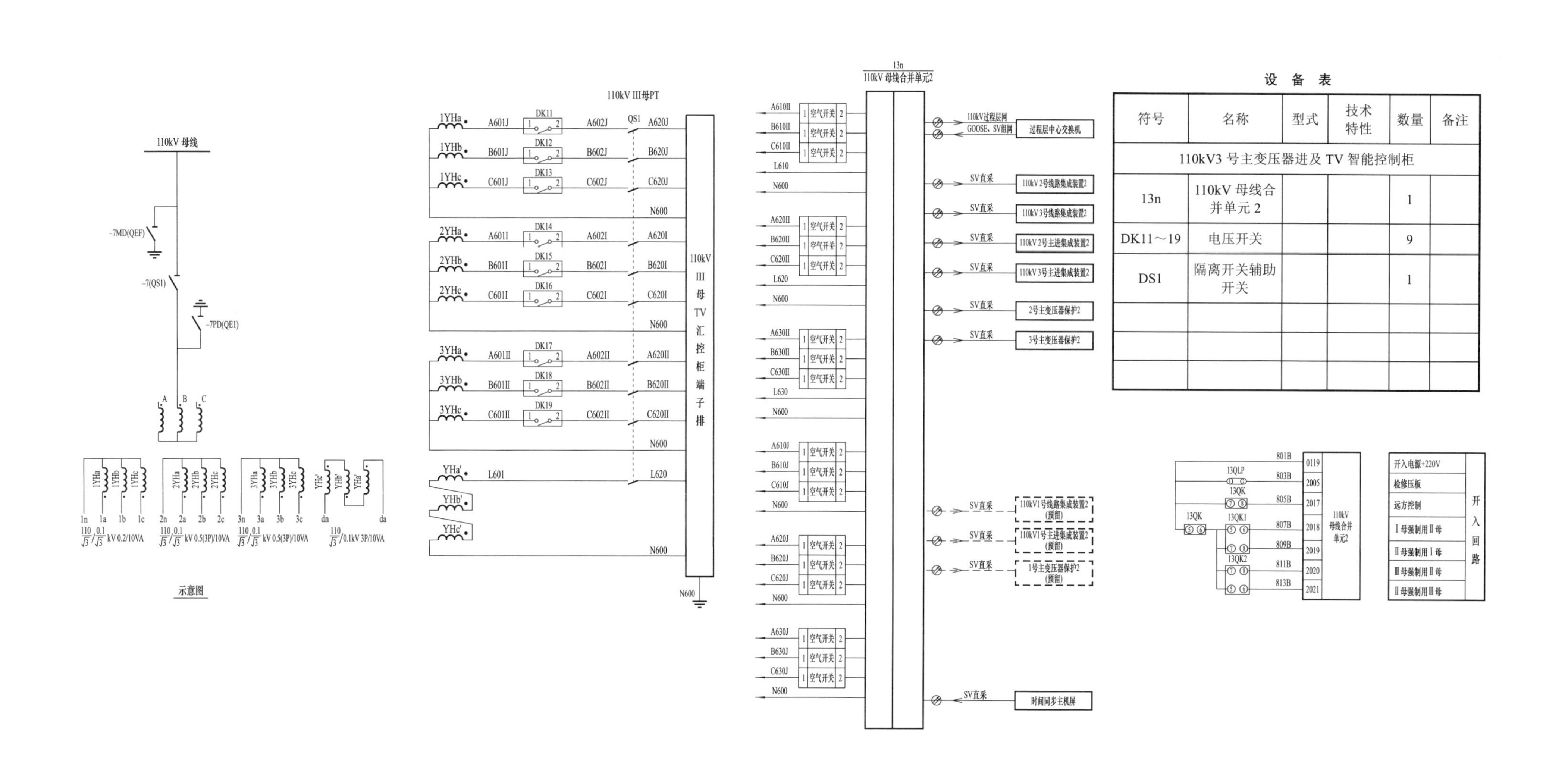

设 备 表

符号	名称	型式	技术特性	数量	备注
110kV3 号主变压器进及 TV 智能控制柜					
13n	110kV 母线合并单元 2			1	
DK11～19	电压开关			9	
DS1	隔离开关辅助开关			1	

图 5-2 HE-110-A3-3-D0205-02 110kVⅠ母线 TV 合并单元电压回路图

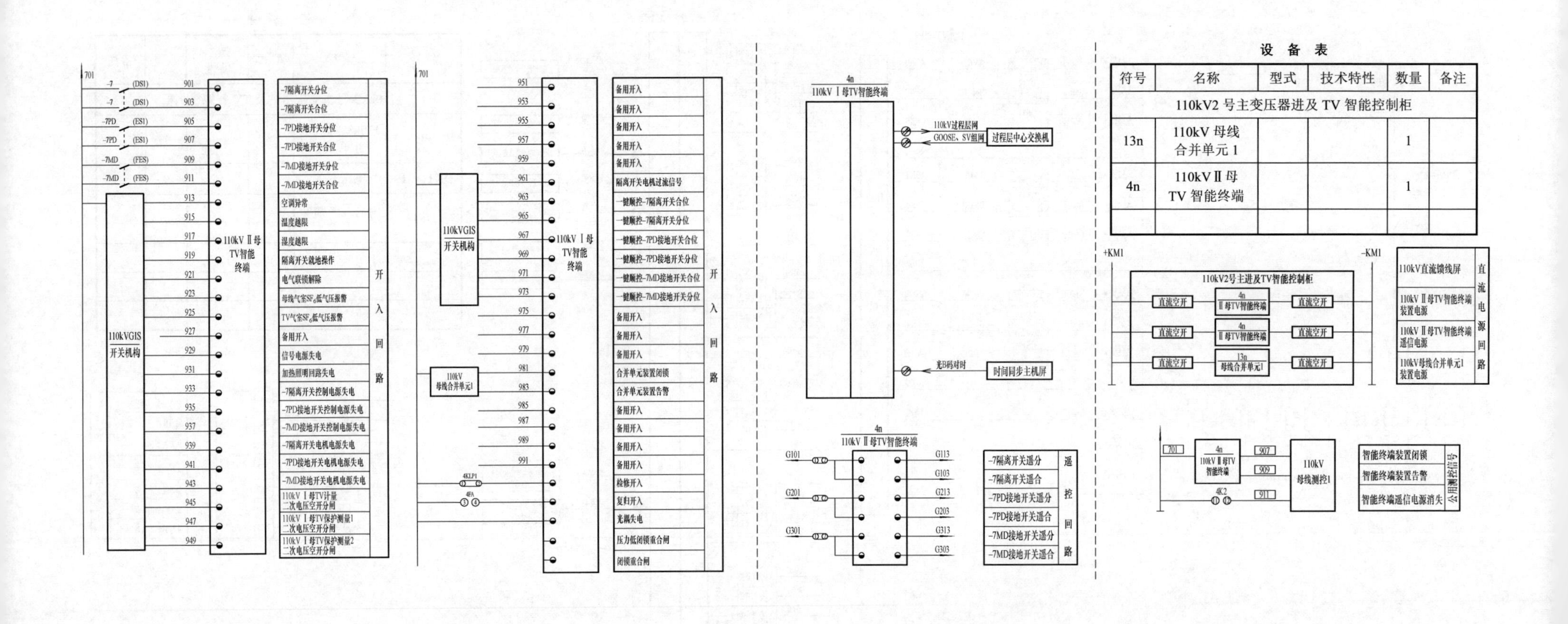

设 备 表

符号	名称	型式	技术特性	数量	备注
110kV2 号主变压器进及 TV 智能控制柜					
13n	110kV 母线合并单元 1			1	
4n	110kVⅡ母 TV 智能终端			1	

图 5-3 HE-110-A3-3-D0205-03 110kVⅡ母 TV 智能组件控制信号回路

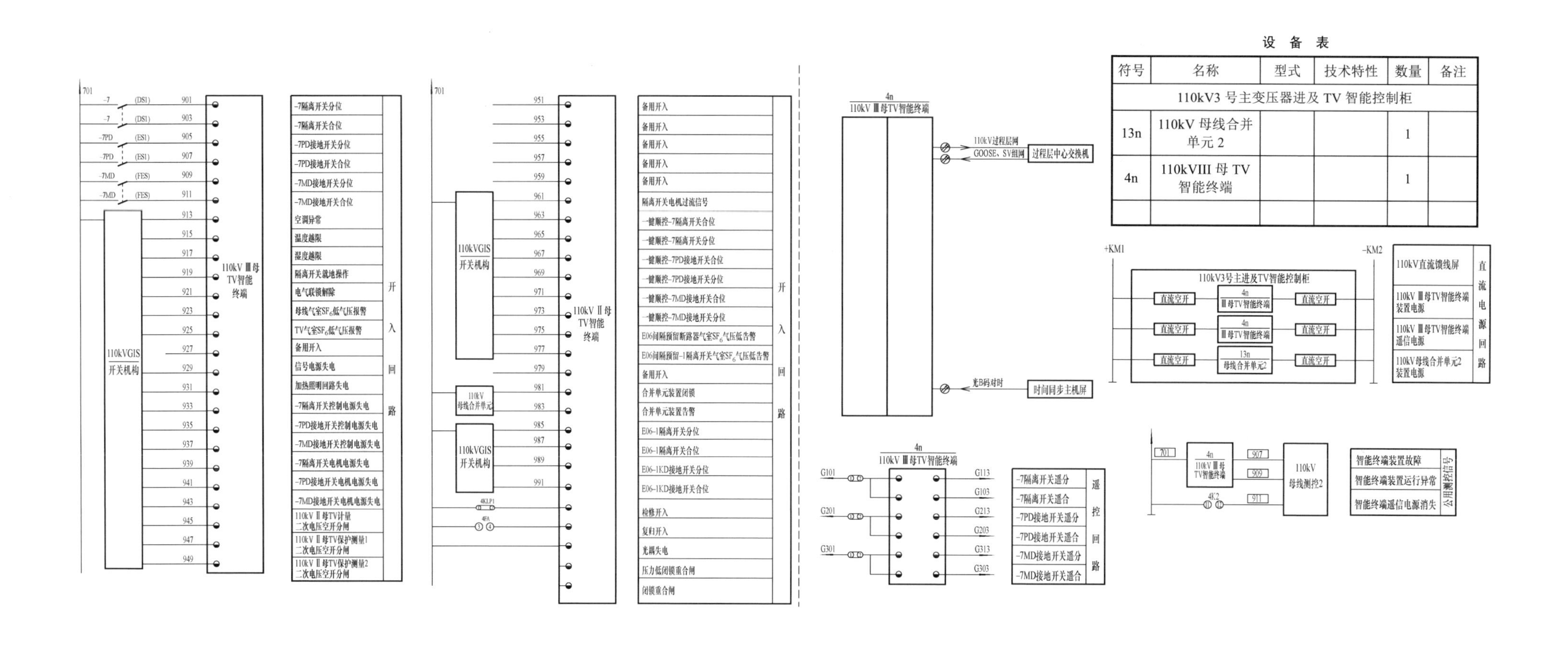

设 备 表

符号	名称	型式	技术特性	数量	备注
110kV3 号主变压器进及 TV 智能控制柜					
13n	110kV 母线合并单元 2			1	
4n	110kVIII 母 TV 智能终端			1	

图 5-4　HE-110-A3-3-D0205-04　110kV Ⅱ 母 TV 智能组件控制信号回路

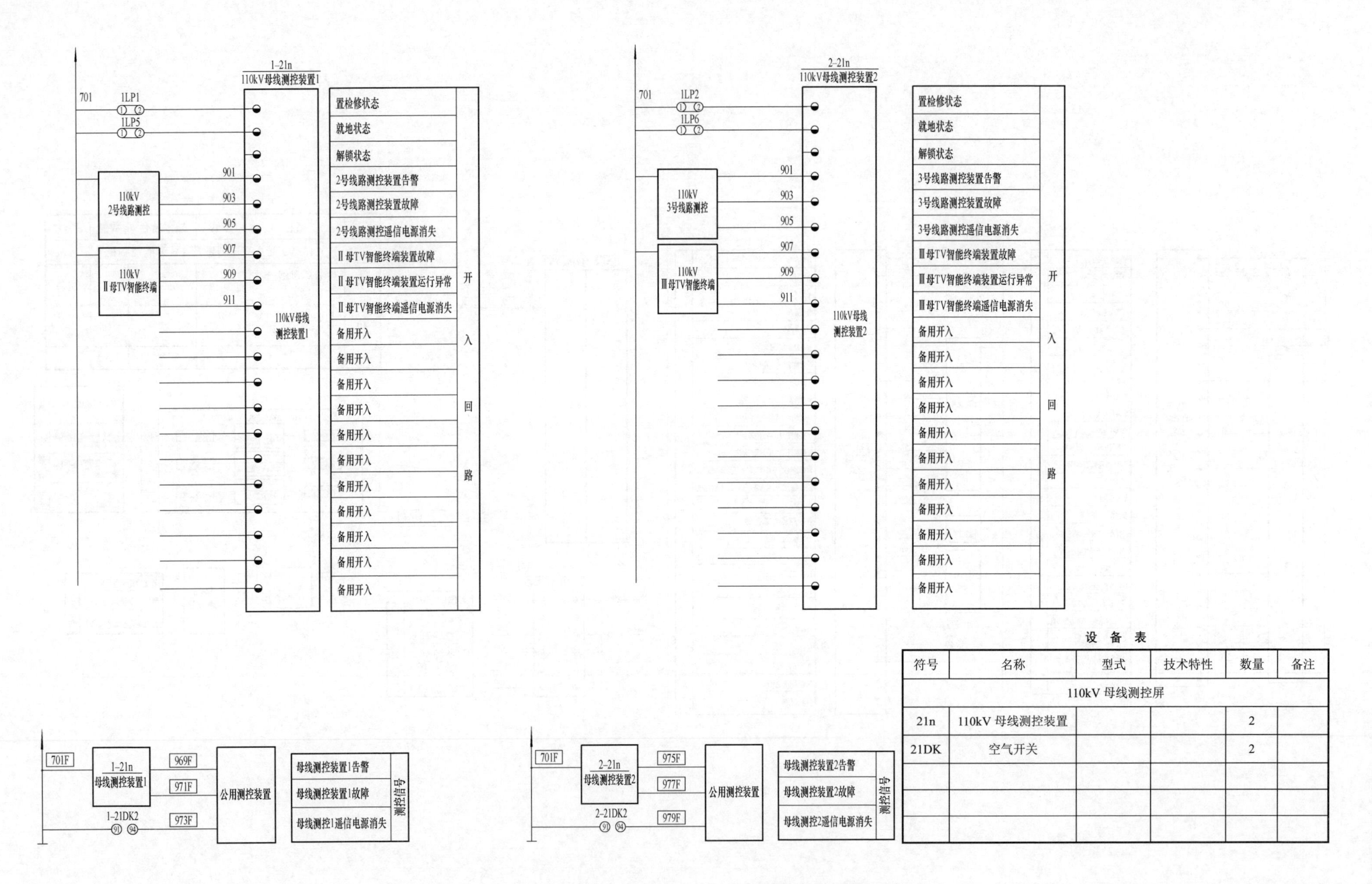

设 备 表

符号	名称	型式	技术特性	数量	备注
110kV 母线测控屏					
21n	110kV 母线测控装置			2	
21DK	空气开关			2	

图 5-5　HE-110-A3-3-D0205-05　110kV 母线测控装置信号回路

尾缆接线表

线缆编号	线缆型号	本柜连接设备			尾缆芯号	功能说明	对侧设备
		设备名称	设备插件/端口号	设备端口类型			
2HPT－WL111	8芯多模铠装尾缆 LC－LC	母线合并单元1（13n）		多模，LC	1	母线合并单元1 SV/GOOSE组网	至110kV备自投屏过程层中心交换机
		母线合并单元1（13n）		多模，LC	2	母线合并单元1 SV/GOOSE组网	
		II母智能终端（4n）		多模，LC	3	II母智能终端GOOSE组网	
		II母智能终端（4n）		多模，LC	4	II母智能终端GOOSE组网	
		母线合并单元1（13n）		多模，LC	5	110kV 2号备自投SV直采	
					6	备用	
					7	备用	
					8	备用	
DP－ WL101	4芯多模铠装尾缆 LC－LC	母线合并单元1（13n）		多模，LC	1	1号低频低压减载SV直采	至低频低压减载屏
		母线合并单元1（13n）		多模，LC	2	2号低频低压减载SV直采	
					3	备用	
					4	备用	
2HPT－WL112	4芯多模铠装尾缆 LC－LC	母线合并单元1（13n）		多模，LC	1	2号主变压器保护1 SV直采	2号主变压器保护屏
					2	备用	
					3	备用	
					4	备用	
2HPT－WL113	4芯多模铠装尾缆 LC－LC	母线合并单元1（13n）		多模，LC	1	3号主变压器保护1 SV直采	3号主变压器保护屏
					2	备用	
					3	备用	
					4	备用	
2HPT－WL114	4芯多模铠装尾缆 LC－LC	母线合并单元1（13n）		多模，LC	1	110kV母线电压SV级联	至110kV 2号线路智能控制柜集成装置1
					2	备用	
					3	备用	
					4	备用	
2HPT－WL115	4芯多模铠装尾缆 LC－LC	母线合并单元1（13n）		多模，LC	1	110kV母线电压SV级联	至110kV 3号线路智能控制柜集成装置1
					2	备用	
					3	备用	
					4	备用	
2HPT－WL116	8芯多模铠装尾缆 LC－ST	母线合并单元1（13n）		多模，LC	1	合并单元1光B码对时	至时间同步系统屏
		I母智能终端（4n）		多模，LC	2	II母智能终端光B码对时	
		110kV 2号主进合智一体		多模，LC	3	110kV 2号主进合智一体光B码对时	
					4	备用	
					5	备用	
					6	备用	
					7	备用	
					8	备用	

图5－6 HE－110－A3－3－D0205－06 110kV 2号主进及TV智能控制柜（TV部分）尾缆连接图

尾缆接线表

线缆编号	线缆型号	本柜连接设备			尾缆芯号	功能说明	对侧设备
		设备名称	设备插件/端口号	设备端口类型			
3HPT－WL111	8芯多模铠装尾缆 LC－LC	母线合并单元2（13n）		多模，LC	1	母线合并单元2 SV/GOOSE组网	至110kV备自投屏 过程层中心交换机
		母线合并单元2（13n）		多模，LC	2	母线合并单元2 SV/GOOSE组网	
		Ⅲ母智能终端（4n）		多模，LC	3	Ⅲ母智能终端GOOSE组网	
		Ⅲ母智能终端（4n）		多模，LC	4	Ⅲ母智能终端GOOSE组网	
				多模，LC	5	备用	
					6	备用	
					7	备用	
					8	备用	
3HPT－WL112	4芯多模铠装尾缆 LC－LC	母线合并单元2（13n）		多模，LC	1	2号主变压器保护2 SV直采	2号主变压器保护屏
					2	备用	
					3	备用	
					4	备用	
3HPT－WL113	4芯多模铠装尾缆 LC－LC	母线合并单元2（13n）		多模，LC	1	3号主变压器保护2 SV直采	3号主变压器保护屏
				多模，LC	2	备用	
					3	备用	
					4	备用	
3HPT－WL114	4芯多模铠装尾缆 LC－LC	母线合并单元2（13n）		多模，LC	1	110kV母线电压SV级联	至110kV 2号线路智能控制柜 集成装置2
					2	备用	
					3	备用	
					4	备用	
3HPT－WL115	4芯多模铠装尾缆 LC－LC	母线合并单元2（13n）		多模，LC	1	110kV母线电压SV级联	至110kV 3号线路智能控制柜 集成装置2
					2	备用	
					3	备用	
					4	备用	
3HPT－WL116	8芯多模铠装尾缆 LC－ST	母线合并单元2（13n）		多模，LC	1	母线合并单元2 光B码对时	至时间同步系统屏
		Ⅲ母智能终端（4n）		多模，LC	2	Ⅲ母智能终端光B码对时	
		110kV 3号主进合智一体		多模，LC	3	110kV 3号主进合智一体光B码对时	
					4	备用	
					5	备用	
					6	备用	
					7	备用	
					8	备用	

图5－7　HE－110－A3－3－D0205－07　110kV 3号主进及TV智能控制柜（TV部分）尾缆连接图

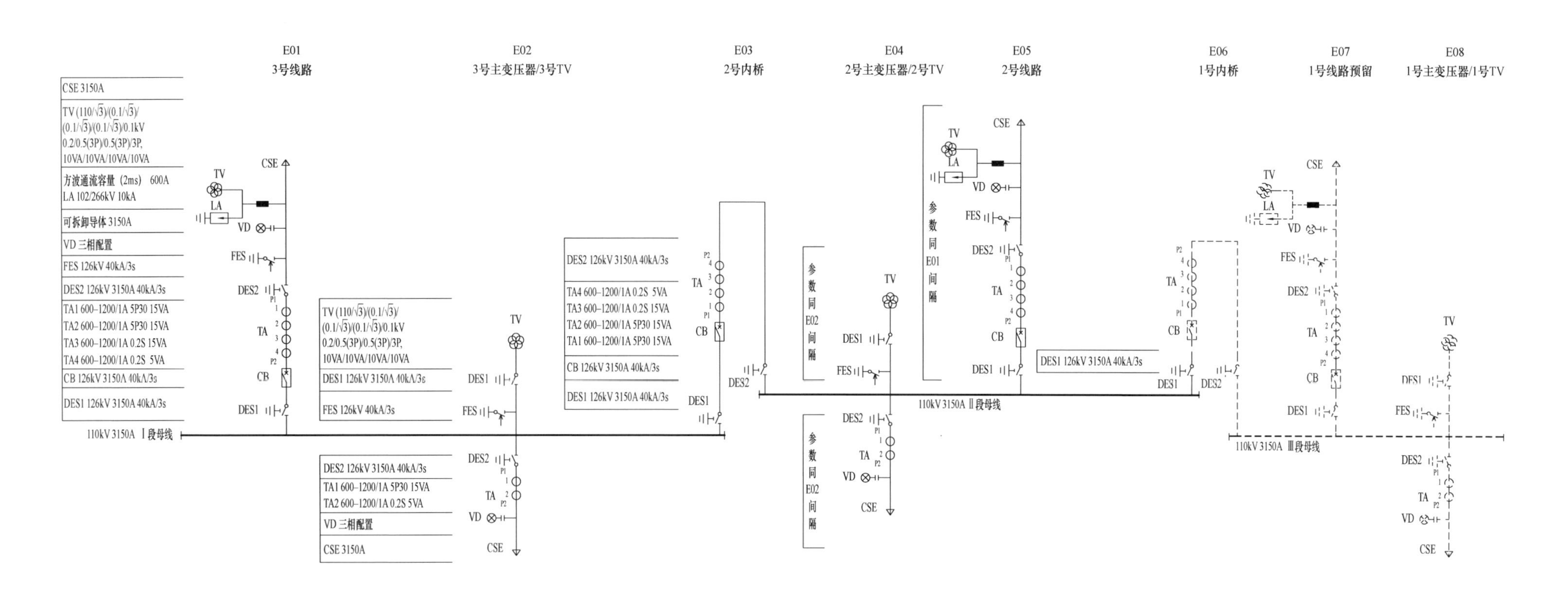

GAS SECTION DIAGRM LEGEND

气体系统图图示与图例说明

SYMBOL 图例示意	DESCRIPTION 相关说明与备注		
	CIRCUIT BREAKER (CB) 断路器		Surge Arrester (LA) 避雷器
	DISCONNECTING AND EARTING SWITCH (DES) 三工位隔离接地开关		BUSHING(AIR–SF$_6$ CONNECTION) 空气套管
	DISCONNECTING SWITCH (DS) 隔离开关		CABLE HEAD 电缆终端
	EARTHING SWITCH(MAINTENANCE ES) 接地开关		BUSHING(OIL–SF$_6$ CONNECTION) 油气套管
	EARTHING SWITCH(HIGH SPEED ES) 快速接地开关		MBUS 主母线
	CURRENT TRANSFORMER (TA) 电流互感器		BUS 母线
	VOLTAGE TRANSFORMER (TV) 电压互感器		LIVE VOLTAGE DISPLAY (VD) 带电显示器
			PRESSURE RELIEF DEVICE 压力释放装置（防爆片）

注：虚线部分为远景工程，实线部分为本期工程。

图 5–8　HE–110–A3–3–D0205–08　110kV GIS 主接线图

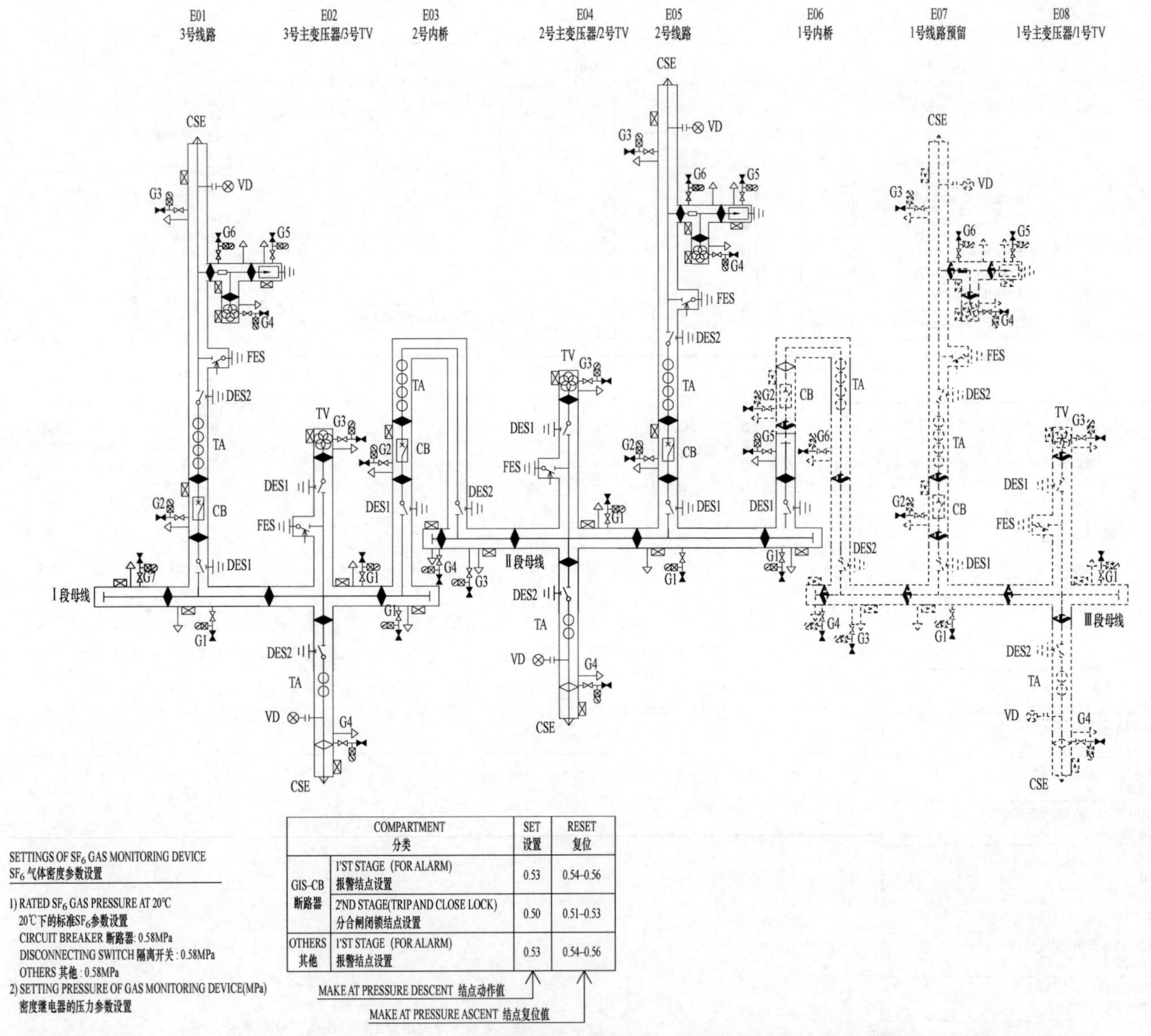

SETTINGS OF SF_6 GAS MONITORING DEVICE
SF_6 气体密度参数设置

1) RATED SF_6 GAS PRESSURE AT 20℃
20℃下的标准SF_6参数设置
CIRCUIT BREAKER 断路器: 0.58MPa
DISCONNECTING SWITCH 隔离开关 : 0.58MPa
OTHERS 其他 : 0.58MPa
2) SETTING PRESSURE OF GAS MONITORING DEVICE(MPa)
密度继电器的压力参数设置

COMPARTMENT 分类		SET 设置	RESET 复位
GIS-CB 断路器	I'ST STAGE (FOR ALARM) 报警结点设置	0.53	0.54-0.56
	2ND STAGE(TRIP AND CLOSE LOCK) 分合闸闭锁结点设置	0.50	0.51-0.53
OTHERS 其他	I'ST STAGE (FOR ALARM) 报警结点设置	0.53	0.54-0.56

MAKE AT PRESSURE DESCENT 结点动作值
MAKE AT PRESSURE ASCENT 结点复位值

GAS SECTION DIAGRM LEGEND
气体系统图图示与图例说明

SYMBOL 图例示意	DESCRIPTION 相关说明与备注
	CIRCUIT BREAKER (CB) 断路器
	DISCONNECTING AND EARTING SWITCH (DES) 三工位隔离接地开关
	DISCONNECTING SWITCH (DS) 隔离开关
	EARTHING SWITCH(MAINTENANCE ES) 接地开关
	EARTHING SWITCH(HIGH SPEED ES) 快速接地开关
	CURRENT TRANSFORMER (CT) 电流互感器
	VOLTAGE TRANSFORMER (TV) 电压互感器
	Surge Arrester (LA) 避雷器
	GAS TIGHT DISC TYPE INSULATOR 气仓隔断的盆式绝缘子
	GAS VANTILATE DISC TYPE INSULATOR 气仓不隔断的盆式绝缘子
	BUSHING(AIR-SF6 CONNECTION) 空气套管
	CABLE HEAD 电缆终端
	BUSHING(OIL-SF6 CONNECTION) 油气套管
	MBUS 主母线
	BUS 母线
	LIVE VOLTAGE DISPLAY (VD) 带电显示器
	PRESSURE RELIEF DEVICE 压力释放装置（防爆片）
	DESICCINT 干燥剂（分子筛）
	STOP VALVE(NORMALLY CLOSED) 截止阀/阀门(常闭形式)
	STOP VALVE(NORMALLY OPEN) 截止阀/阀门(常开形式)
	GAS DENSITY DETECTOR WITH PRESSURE GAUGE 带有压力显示功能的密度继电器
	GAS DENSITY DETECTOR WITH ON LINE MONITORING 带有压力显示与远传功能的密度继电器
	GAS MOISTURE WITH ON LINE MONITORING 气体微水含量在线监测
	DETACHABLE CONDUCTOR 可拆卸导体

图 5－9　HE－110－A3－3－D0205－09　110kV GIS 气室分布图

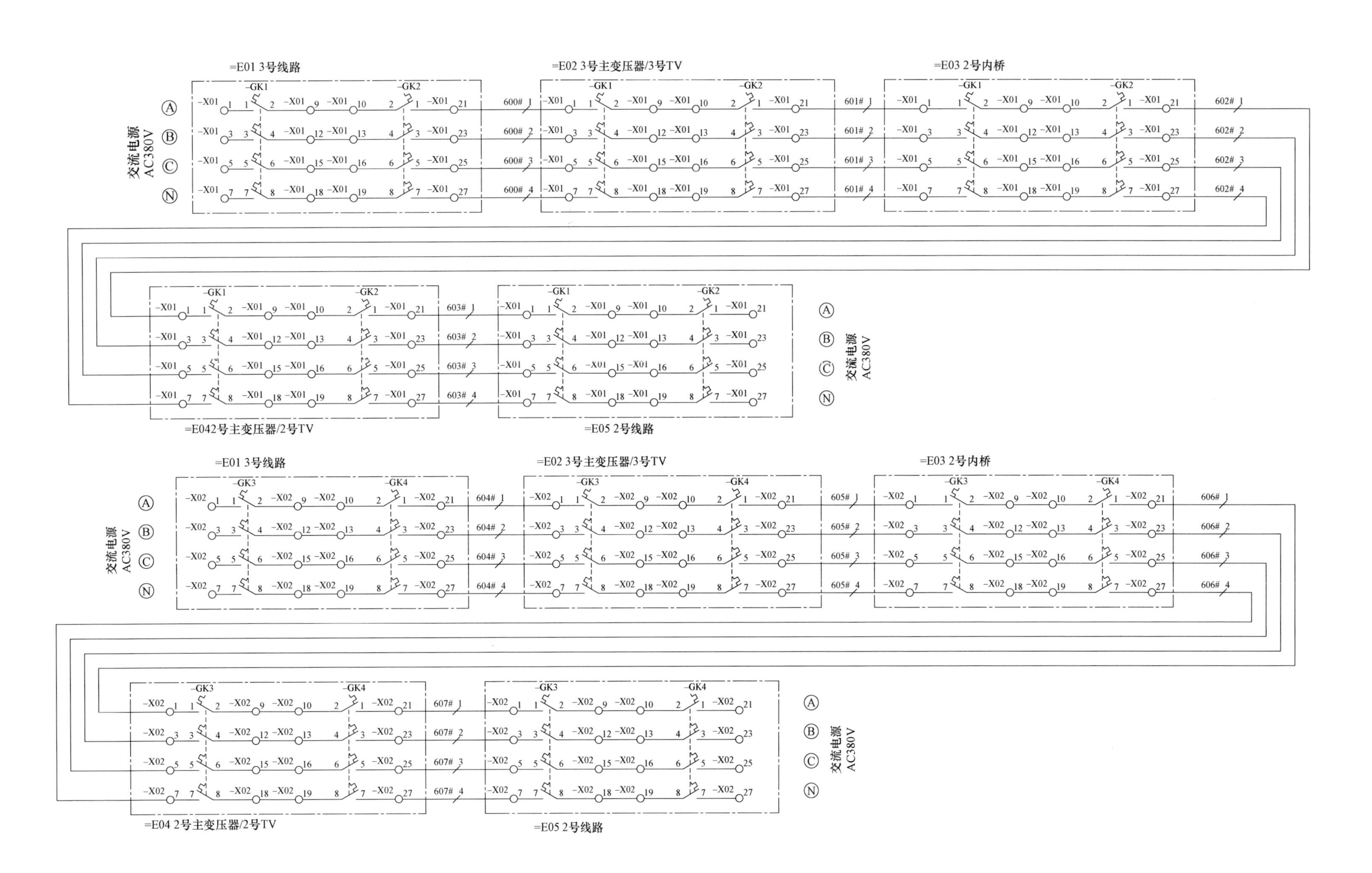

图 5-10　HE-110-A3-3-D0205-10　110kV GIS 交流环网图

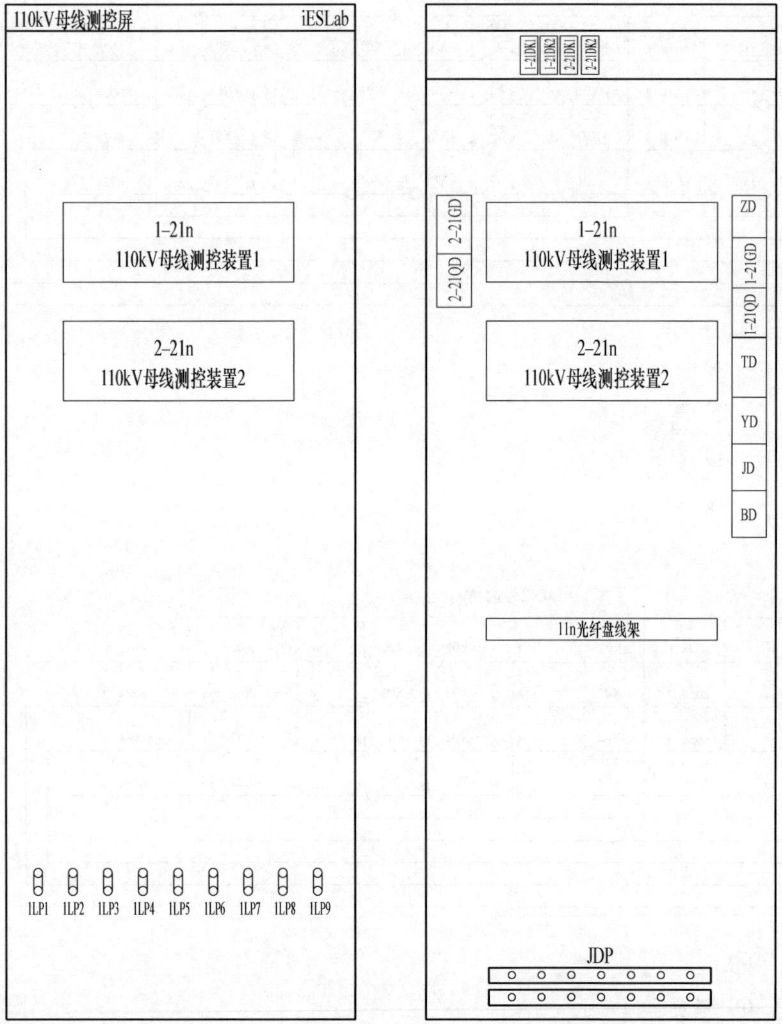

正面　　背面

注：屏体安装一根接地铜排，不绝缘。装置屏蔽地均接入与屏体不绝缘的铜排。
接地线采用 $4mm^2$ 黄绿线；装置电源线采用 $2.5mm^2$，标记为“**”。

设 备 表

序号	符号	名称	型号	数量	备注
1	1－21n	110kV 母线测控装置 1		1	
2	2－21n	110kV 母线测控装置 2		1	
3	11n	光纤盘线架		1	
4					
5	DK	直流空气开关		4	
6	D	普通电压端子			
7	LP	压板		9	
8	@	板级光纤收发器		9	
9		微断报警触点		3	
10					
11					
12					
13					
14					
15					
16					
17					
18					
19					
20					
21					
22					
23					
24					
25					
26					
27		屏体颜色：GY09	尺寸：2260×600×600	1	门轴在右
28					

图 5－11　HE－110－A3－3－D0205－11　110kV 母线测控屏屏位布置图

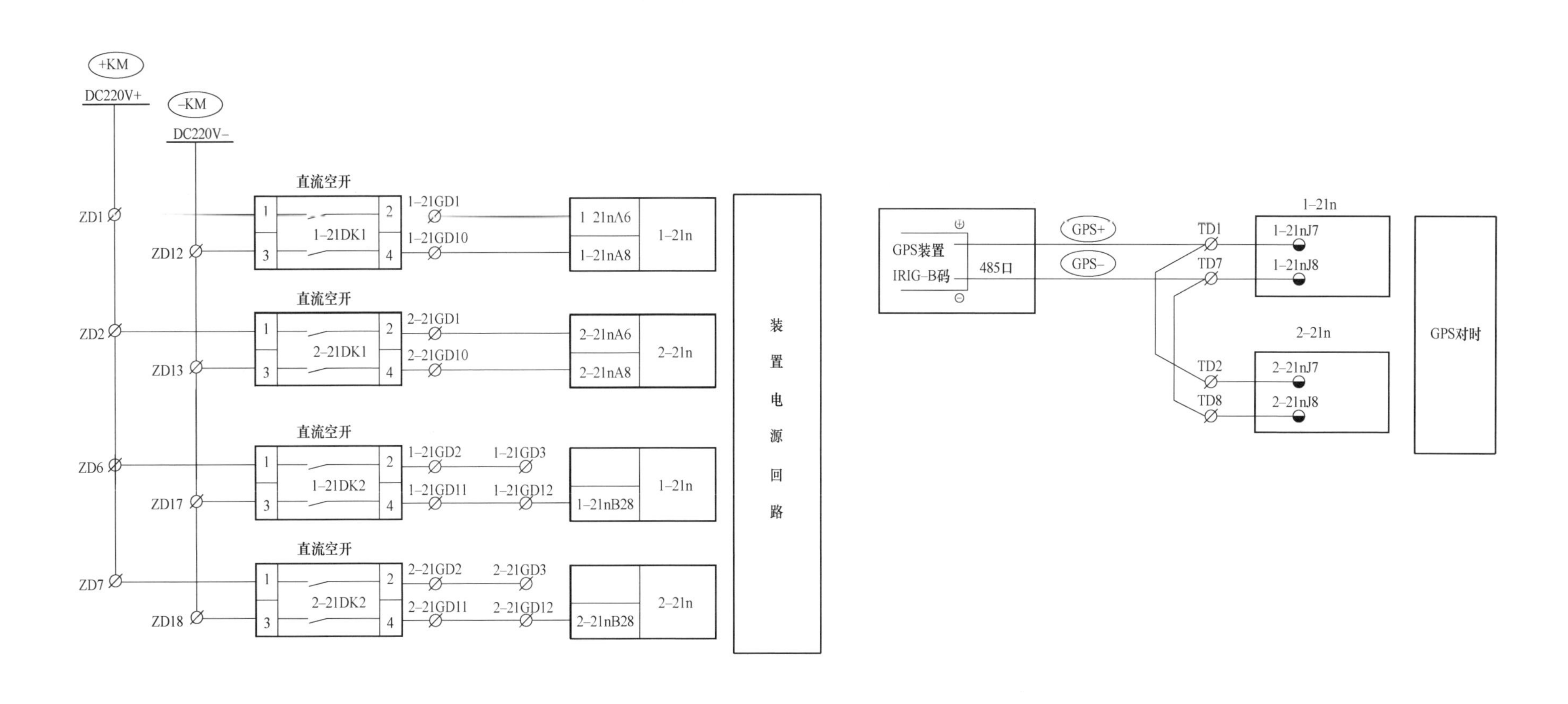

图 5-12 HE-110-A3-3-D0205-12 110kV 母线测控屏直流电源及对时回路图

尾缆接线表

线缆编号	线缆型号	本柜连接设备			尾缆芯号	功能说明	对侧设备
		设备名称	设备插件/端口号	设备端口类型			
HGY－WL101	8芯多模铠装尾缆 LC－LC	母线测控装置1（1－21n）	Q GO/SV板TX4	多模，LC	1	110kV 1号母线测控组网	至110kV备自投屏过程层中心交换机
		母线测控装置1（1－21n）	Q GO/SV板RX4	多模，LC	2	110kV 1号母线测控组网	
		母线测控装置2（2－21n）	Q GO/SV板TX4	多模，LC	3	110kV 2号母线测控组网	
		母线测控装置2（2－21n）	Q GO/SV板RX4	多模，LC	4	110kV 2号母线测控组网	
					5	备用	
					6	备用	
					7	备用	
					8	备用	

网线接线表

线缆编号	线缆型号	本柜连接设备			功能说明	对侧设备
		设备名称	设备插件/端口号	设备端口类型		
HGY－WX031A	铠装超五类屏蔽双绞线	母线测控装置1（1－21n）	以太网口1	RJ45	MMS A网	Ⅰ区数据网关机屏站控层Ⅰ区A网交换机
HGY－WX031B	铠装超五类屏蔽双绞线	母线测控装置1（1－21n）	以太网口2	RJ45	MMS B网	Ⅰ区数据网关机屏站控层Ⅰ区B网交换机
HGY－WX032A	铠装超五类屏蔽双绞线	母线测控装置2（2－21n）	以太网口1	RJ45	MMS A网	Ⅰ区数据网关机屏站控层Ⅰ区A网交换机
HGY－WX032B	铠装超五类屏蔽双绞线	母线测控装置2（2－21n）	以太网口2	RJ45	MMS B网	Ⅰ区数据网关机屏站控层Ⅰ区B网交换机

图5－13　HE－110－A3－3－D0205－13　110kV母线测控屏尾缆网线连接图

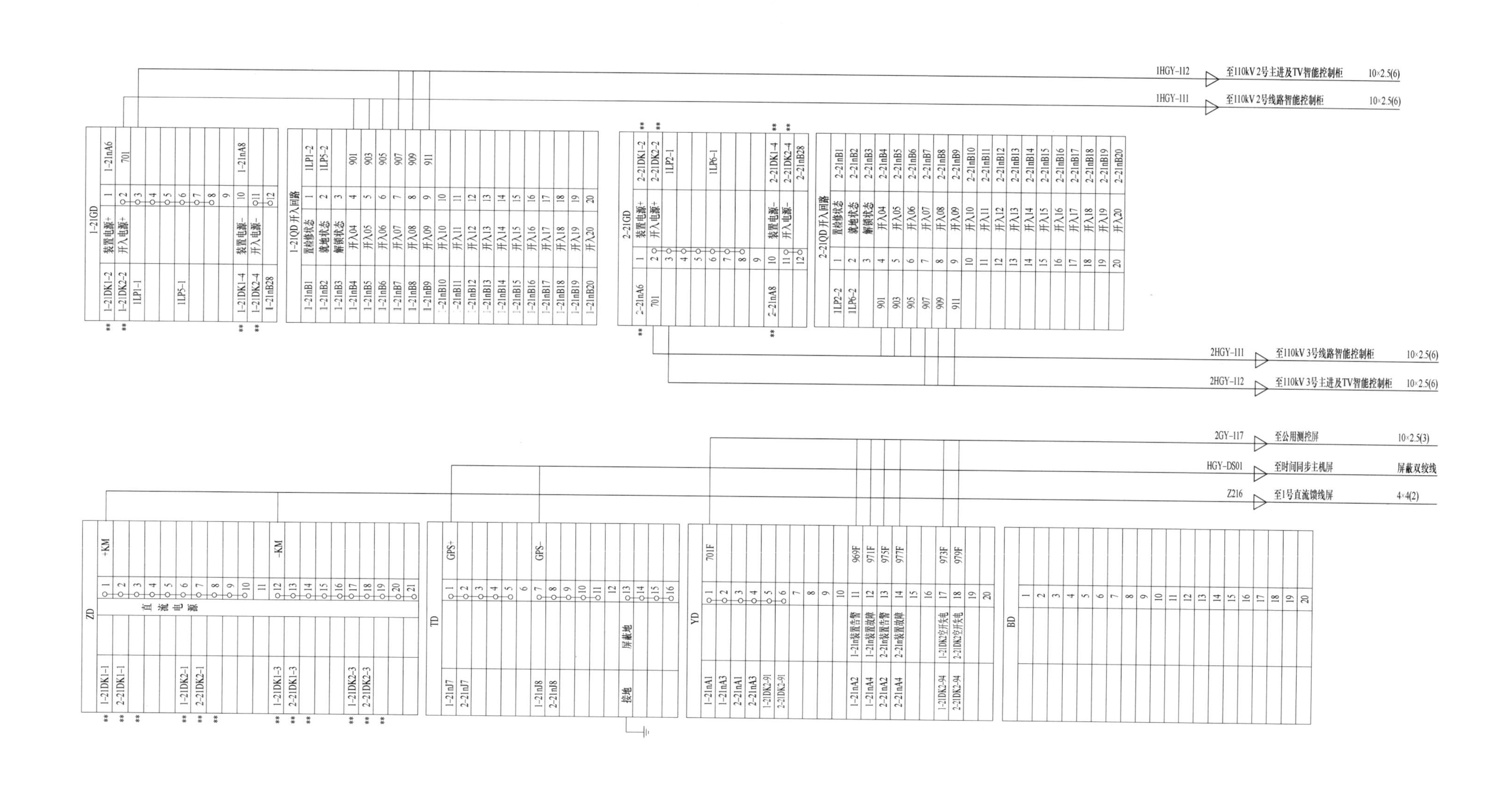

图 5-14 HE-110-A3-3-D0205-14 110kV 母线测控屏端子排图

6 110kV 线路测控及二次线

6.1 110kV 线路测控及二次线卷册目录

电气二次　　部分　第 2 卷　第 6 册　第　分册

卷册名称　110kV 线路测控及二次线

图纸 9 张　本　　说明　本　　清册　本

项目经理　　　　　专业审核人

主要设计人　　　　卷册负责人

序号	图号	图名	张数	套用原工程名称及卷册检索号，图号
1	HE－110－A3－3－D0206－01	110kV 线路电流电压及直流电源回路	1	
2	HE－110－A3－3－D0206－02	110kV 线路控制回路	1	
3	HE－110－A3－3－D0206－03	110kV 线路智能终端信号回路	1	
4	HE－110－A3－3－D0206－04	110kV 线路测控装置信号回路	1	
5	HE－110－A3－3－D0206－05	110kV 线路过程层 SV 采样值信息流图	1	
6	HE－110－A3－3－D0206－06	110kV 线路过程层 GOOSE 信息流图	1	
7	HE－110－A3－3－D0206－07	110kV 线路智能控制柜光缆连接图	1	
8	HE－110－A3－3－D0206－08	110kV 线路间隔 GIS 智能部分端子排图	1	

6.2　110kV 线路测控及二次线标准化施工图

设　计　说　明

1　设计依据

1.1　初步设计资料

1.2　电气一次主接线图

1.3　电力工程设计有关规程、规定、电力工程设计手册及有关反措规定等

2　使用范围及设备配置

2.1　使用范围

本卷图纸适用于 110kV 变电站 110kV 线路间隔保护控制与测计量回路。

2.2　设备配置

1）1 号线路和 2 号线路间隔配置测控装置。

2）过程层设备。

110kV 线路每间隔配置 2 台合并单元智能终端集成装置。

3）110kV 线路电能表。

每回 110kV 线路 1 台 0.5S 级数字输入电能表，安装于电能量采集器屏。

4）组柜方案。

110kV 线路智能控制柜：线路测控+合并单元智能终端集成装置×2。

3　主要设计原则

1）110kV 线路配置三相 TV，线路智能组件的保护电压和计量电压直接取自本间隔的 TV。

2）110kV 线路测控装置 SV 和 GOOSE 信息均通过过程层网络实现。电能表 SV 信息直接采样，上传采用 RS485 口实现。

3）站控层设备采用 SNTP 协议对时，保护、测控装置采用 RS485 接口的 B 码对时，合并单元和智能终端采用光 B 码对时。

4）110kV 线路间隔的防跳功能由机构本体实现。

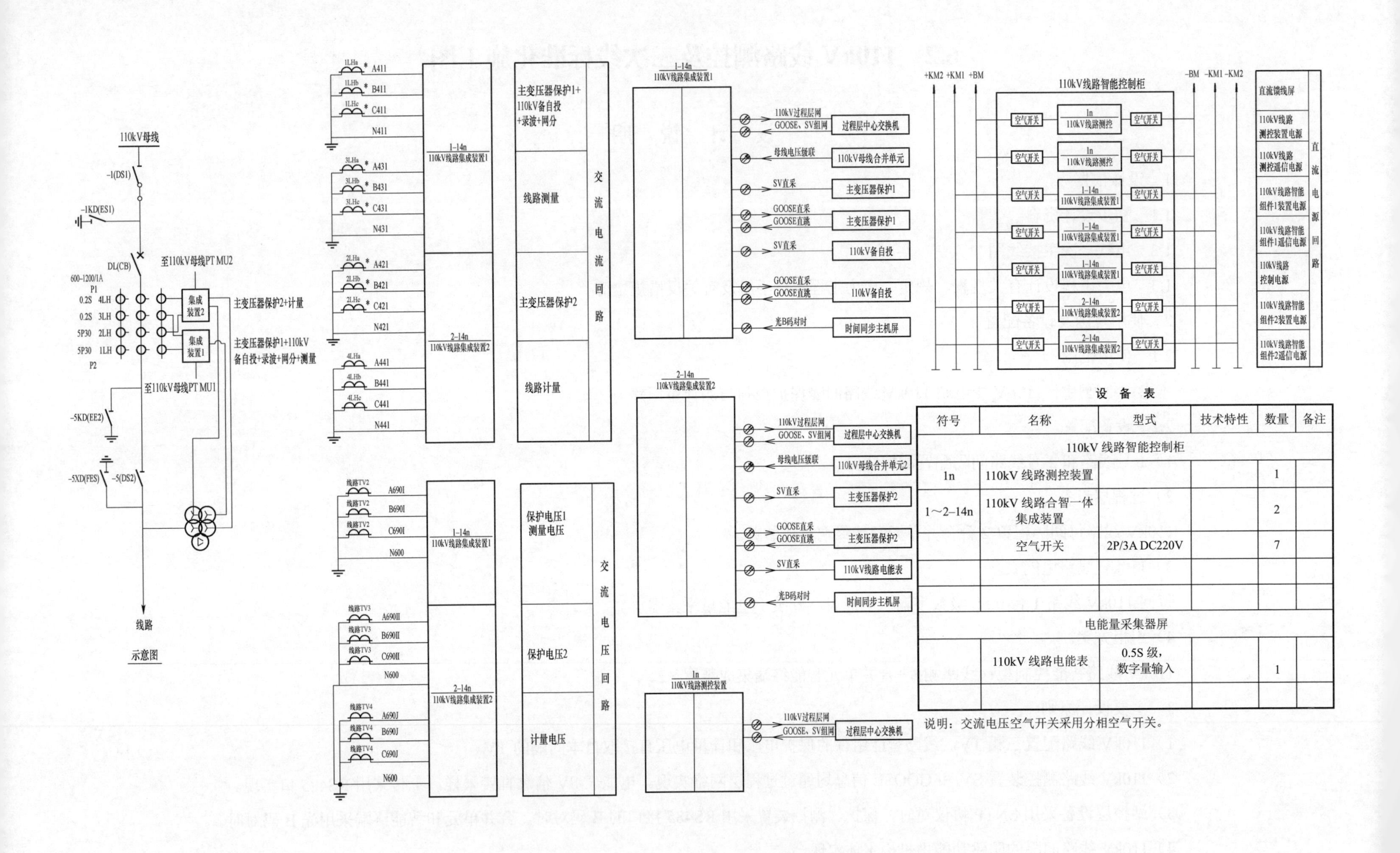

设 备 表

符号	名称	型式	技术特性	数量	备注
110kV 线路智能控制柜					
1n	110kV 线路测控装置			1	
1～2-14n	110kV 线路合智一体集成装置			2	
	空气开关	2P/3A DC220V		7	
电能量采集器屏					
	110kV 线路电能表	0.5S 级，数字量输入		1	

说明：交流电压空气开关采用分相空气开关。

图 6-1 HE-110-A3-3-D0206-01 110kV 线路电流电压及直流电源回路

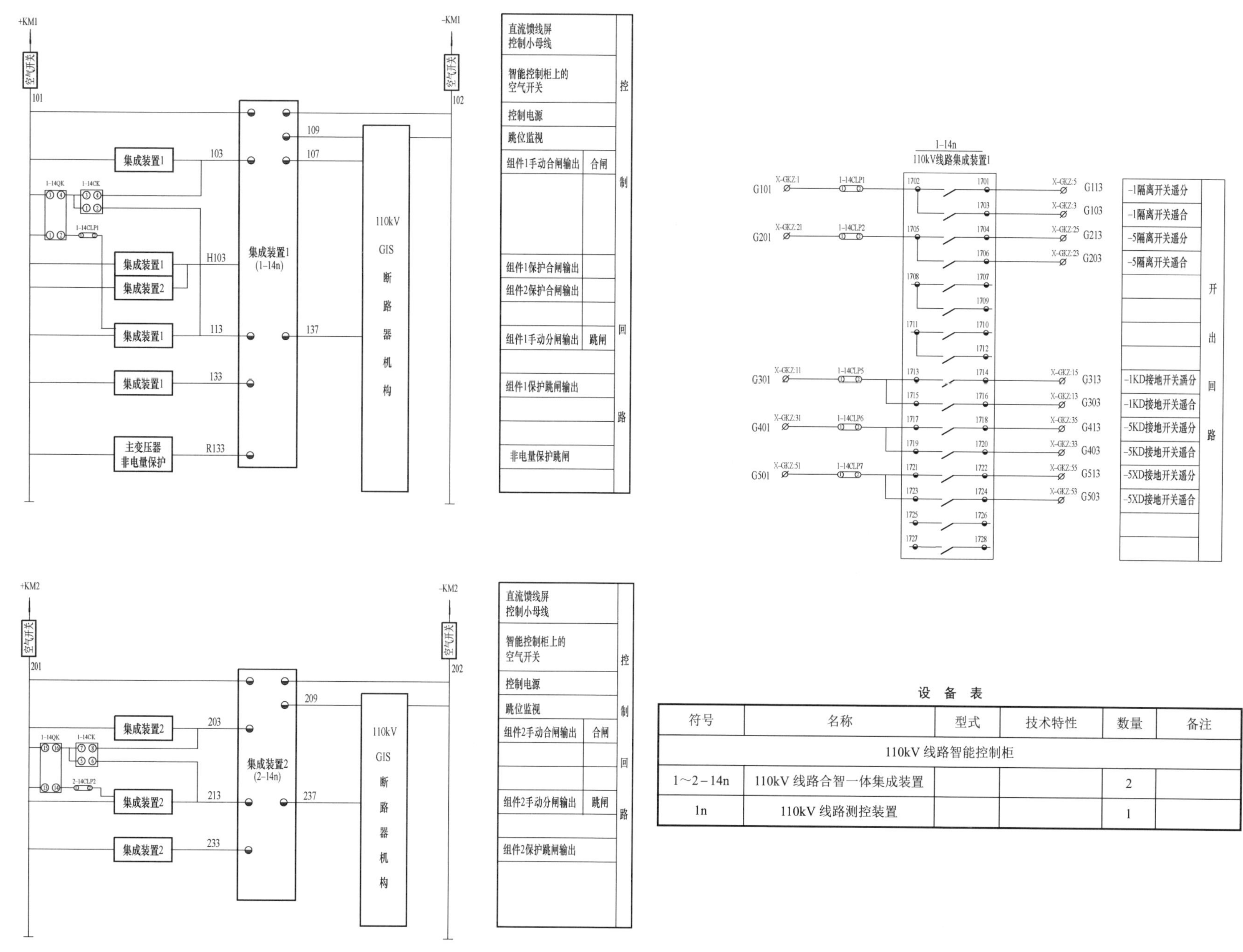

设 备 表

符号	名称	型式	技术特性	数量	备注
	110kV 线路智能控制柜				
1～2-14n	110kV 线路合智一体集成装置			2	
1n	110kV 线路测控装置			1	

图 6-2　HE-110-A3-3-D0206-02　110kV 线路控制回路

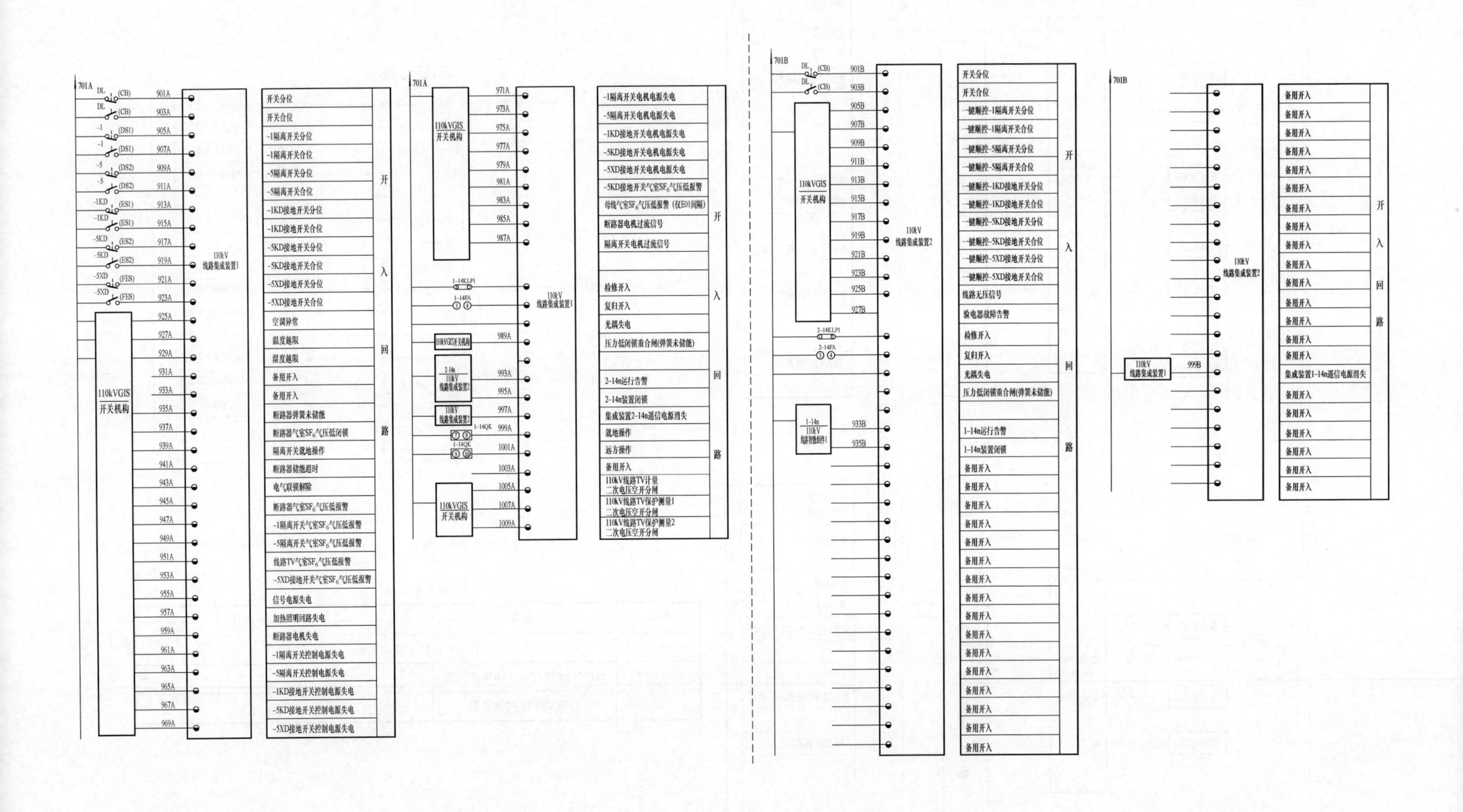

图 6-3　HE-110-A3-3-D0206-03　110kV 线路智能终端信号回路

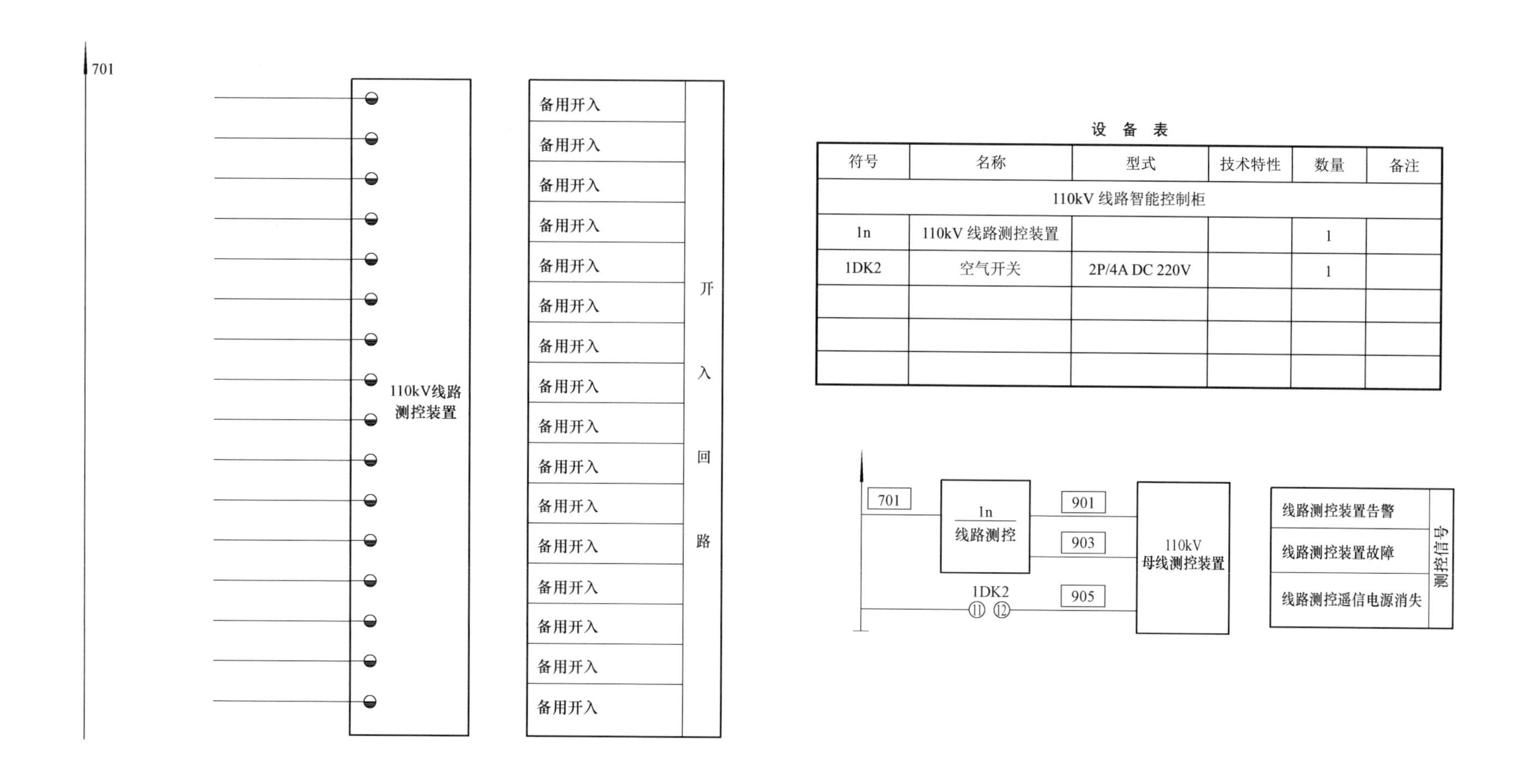

设 备 表

符号	名称	型式	技术特性	数量	备注
110kV 线路智能控制柜					
1n	110kV 线路测控装置			1	
1DK2	空气开关	2P/4A DC 220V		1	

图 6-4 HE-110-A3-3-D0206-04 110kV 线路测控装置信号回路

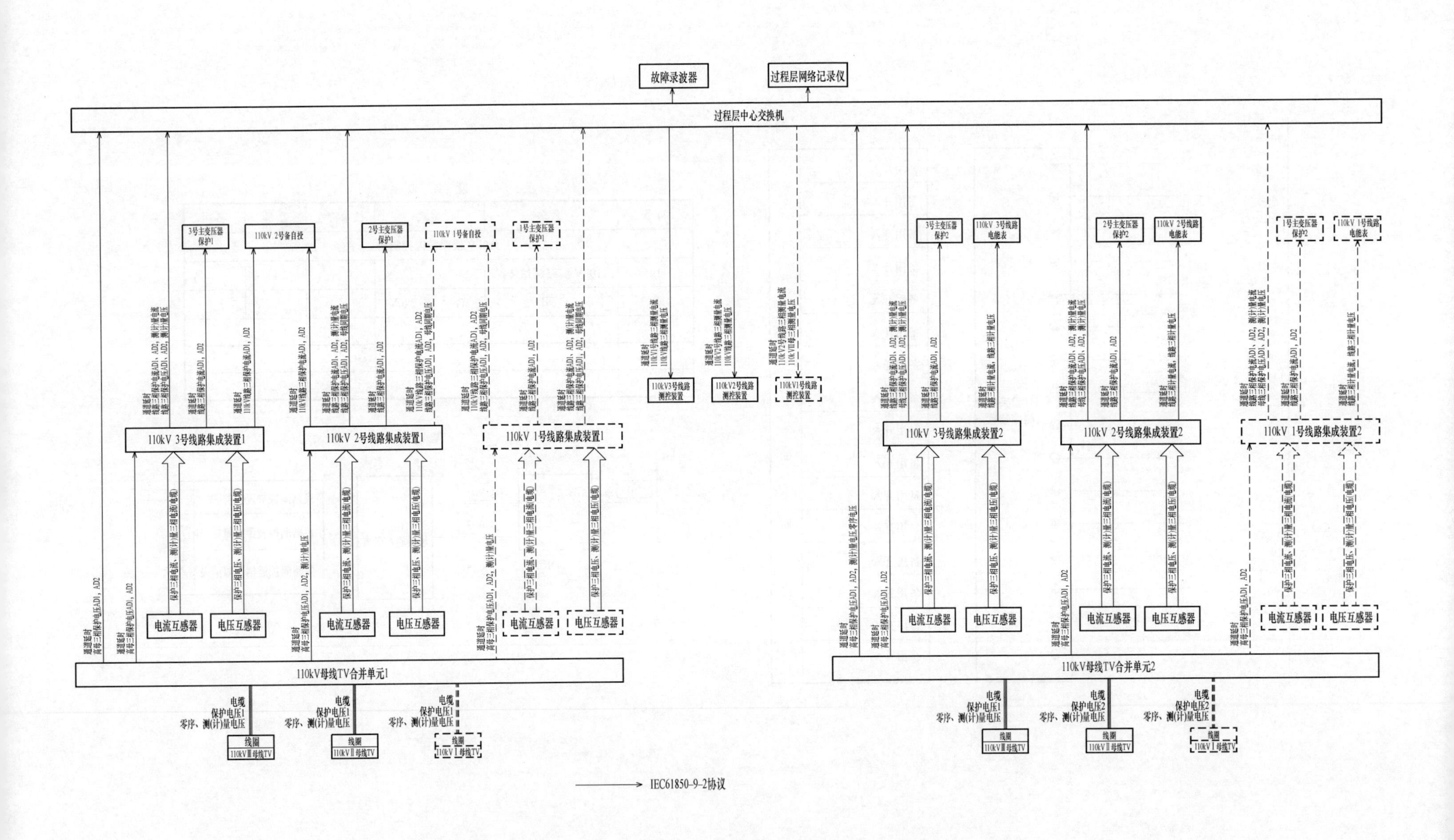

图 6-5 HE-110-A3-3-D0206-05 110kV 线路过程层 SV 采样值信息流图

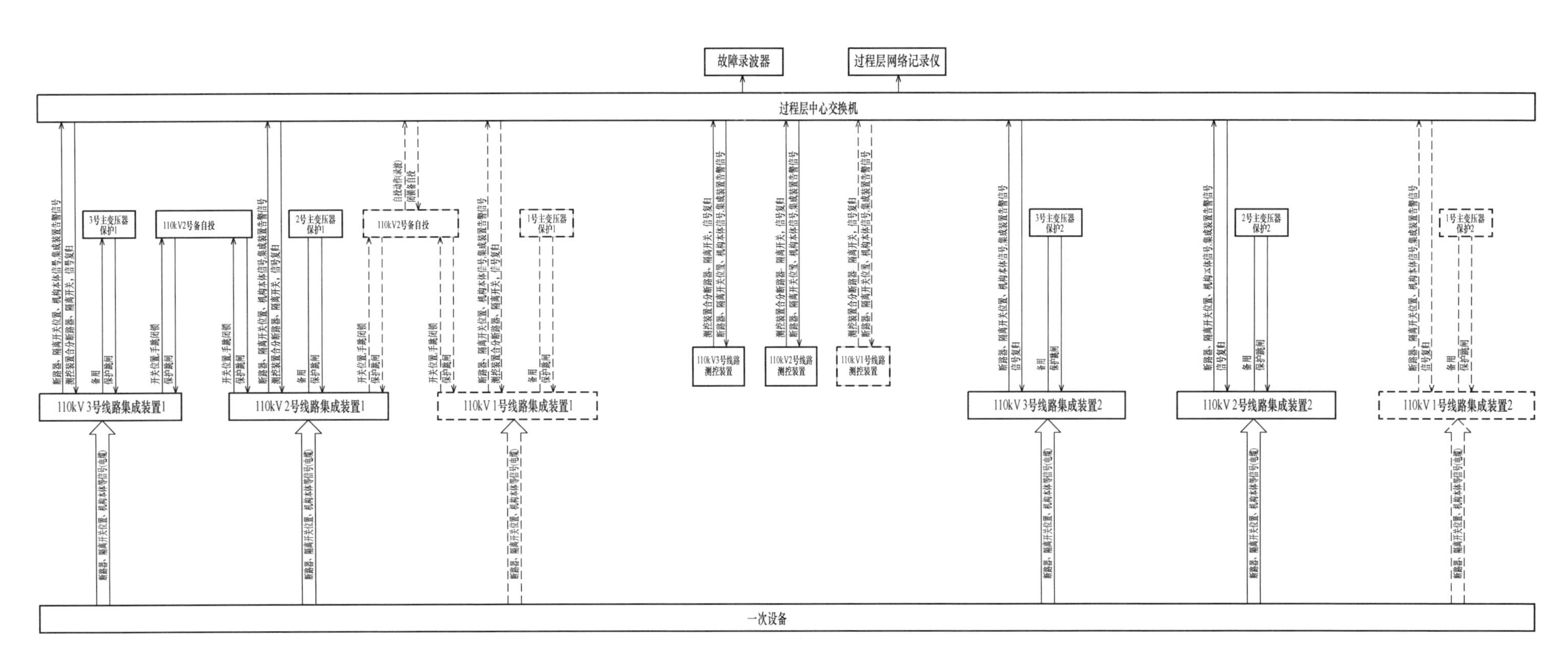

注：主变压器保护与过程层中心交换机之间的GOOSE信息流见第2卷第4册《主变压器过程层GOOSE信息流图》，本图中不再显示。

图 6-6　HE-110-A3-3-D0206-06　110kV 线路过程层 GOOSE 信息流图

尾缆接线表

线缆编号	线缆型号	本柱连接设备			尾缆芯号	功能说明	对侧设备
		设备名称	设备插件/端口号	设备端口类型			
2H（3H）－WL111a	8芯多模铠装尾缆 LC－LC	集成装置1（1－14n）		多模，LC	1	集成装置1 SV/GOOSE组网	至110kV备自投屏过程层中心交换机
		集成装置1（1－14n）		多模，LC	2	集成装置1 SV/GOOSE组网	
		110kV线路测控装置（1n）		多模，LC	3	2号（3号）线路测控组网	
		110kV线路测控装置（1n）		多模，LC	4	2号（3号）线路测控组网	
					5	备用	
					6	备用	
					7	备用	
					8	备用	
2H（3H）－WL112	8芯多模铠装尾缆 LC－LC	集成装置1（1－14n）		多模，LC	1	110kV备自投SV直采	至110kV备投屏110kV备自投2 至110kV备投屏110kV备自投1
		集成装置1（1－14n）		多模，LC	2	110kV备自投GOOSE直采	
		集成装置1（1－14n）		多模，LC	3	110kV备自投GOOSE直采	
				多模，LC	4	备用	
		集成装置1（1－14n）		多模，LC	5	110kV备自投SV直采	
		集成装置1（1－14n）		多模，LC	6	110kV备自投GOOSE直采	
		集成装置1（1－14n）		多模，LC	7	110kV备自投GOOSE直采	
				多模，LC	8	备用	
2B（3B）－WL111	8芯多模铠装尾缆 LC－LC	集成装置1（1－14n）		多模，LC	1	主变压器保护1 SV直采	至主变保护屏主变保护1
		集成装置1（1－14n）		多模，LC	2	主变压器保护1 GOOSE直采	
		集成装置1（1－14n）		多模，LC	3	主变压器保护1 GOOSE直采	
					4	备用	
					5	备用	
					6	备用	
					7	备用	
					8	备用	
2H（3H）－WL114	4芯多模铠装尾缆 LC－ST	集成装置1（1－14n）		多模，LC	1	集成装置1 光B码对时	至时间同步系统屏
		集成装置2（2－14n）		多模，LC	2	集成装置2 光B码对时	
				多模，LC	3	备用	
				多模，LC	4	备用	

尾缆接线表

线缆编号	线缆型号	本柱连接设备			尾缆芯号	功能说明	对侧设备
		设备名称	设备插件/端口号	设备端口类型			
2H（3H）－WL111b	4芯多模铠装尾缆 LC－LC	集成装置2（2－14n）		多模，LC	1	集成装置2 SV/GOOSE组网	至110kV备自投屏过程层中心交换机
		集成装置2（2－14n）		多模，LC	2	集成装置2 SV/GOOSE组网	
				多模，LC	3		
				多模，LC	4		
					5		
					6		
					7		
					8		
2B（3B）－WL112	8芯多模铠装尾缆 LC－LC	集成装置2（2－14n）		多模，LC	1	主变压器保护2 SV直采	至主变保护屏主变保护2
		集成装置2（2－14n）		多模，LC	2	主变压器保护2 GOOSE直采	
		集成装置2（2－14n）		多模，LC	3	主变压器保护2 GOOSE直采	
				多模，LC	4	备用	
				多模，LC	5		
				多模，LC	6		
				多模，LC	7		
				多模，LC	8		
2H（3H）－WL115	4芯多模铠装尾缆 LC－ST	集成装置2（2－14n）		多模，LC	1	110kV线路电能表SV直采	至电能量采集器屏110kV线路电能表
				多模，LC	2	备用	
				多模，LC	3	备用	
				多模，LC	4	备用	

尾缆接线表

线缆编号	线缆型号	本柱连接设备			尾缆芯号	功能说明	对侧设备
		设备名称	设备插件/端口号	设备端口类型			
2HPT－WL114（WL115）	4芯多模铠装尾缆 LC－LC	集成装置1（1－14n）	08插件（CPU）R1	多模，LC	1	110kV母线电压SV级联	至110kV 2号主进及PT智能控制柜母线合并单元1
					2	备用	
					3	备用	
					4	备用	
3HPT－WL114（WL115）	4芯多模铠装尾缆 LC－LC	集成装置2（2－14n）	08插件（CPU）R1	多模，LC	1	110kV母线电压SV级联	至110kV 3号主进及PT智能控制柜母线合并单元2
					2	备用	
					3	备用	
					4	备用	

网线接线表

线缆编号	线缆型号	本柱连接设备			功能说明	对侧设备
		设备名称	设备插件/端口号	设备端口类型		
2H（3H）－WX031A	铠装超五类屏蔽双绞线	线路测控（1n）	以太网口1	RJ45	MMS A网	I区数据网关机屏站控层 I区A网交换机
2H（3H）－WX031B	铠装超五类屏蔽双绞线	线路测控（1n）	以太网口2	RJ45	MMS B网	I区数据网关机屏站控层 I区B网交换机

注：1. 该回路仅适用于110kV 2号线路，且为远期预留。当用于3号线路时改为备用。
2. 括号内的光缆和尾缆编号适用于110kV 3号线路间隔。

图6－7 HE－110－A3－3－D0206－07 110kV线路智能控制柜光缆连接图

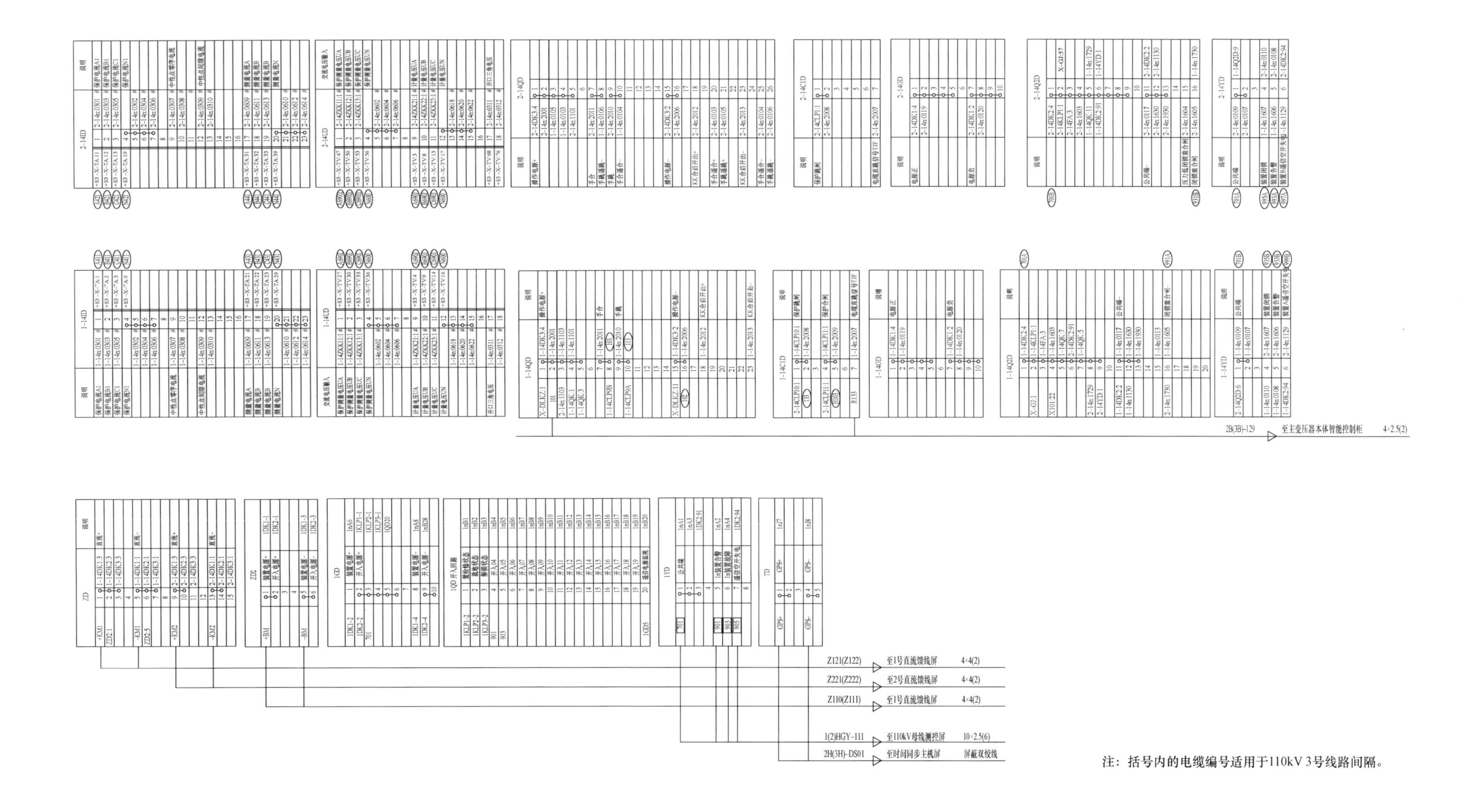

图 6－8　HE－110－A3－3－D0206－08　110kV 线路间隔 GIS 智能部分端子排图

7　110kV 桥保护测控及二次线

7.1　110kV 桥保护测控及二次线卷册目录

电气二次　　部分　第 2 卷　第 7 册　第　分册

卷册名称　110kV 桥保护测控及二次线

图纸 15 张　本　　说明　本　　清册　本

项目经理　　　　　专业审核人

主要设计人　　　　卷册负责人

序号	图号	图名	张数	套用原工程名称及卷册检索号，图号
1	HE-110-A3-3-D0207-01	110kV 内桥电流电压及直流电源回路	1	
2	HE-110-A3-3-D0207-02	110kV 内桥控制回路	1	
3	HE-110-A3-3-D0207-03	110kV 内桥智能终端信号回路	1	
4	HE-110-A3-3-D0207-04	110kV 内桥保护测控装置信号回路	1	
5	HE-110-A3-3-D0207-05	110kV 备自投装置及过程层交换机信号回路	1	
6	HE-110-A3-3-D0207-06	110kV 内桥、公用设备过程层 SV 采样值信息流图	1	
7	HE-110-A3-3-D0207-07	110kV 内桥、公用设备过程层 GOOSE 信息流图	1	
8	HE-110-A3-3-D0207-08	110kV 备自投屏屏面布置图	1	
9	HE-110-A3-3-D0207-09	110kV 备自投屏直流电源及对时回路图	1	
10	HE-110-A3-3-D0207-10	全站过程层交换机端口配置图	1	
11	HE-110-A3-3-D0207-11	110kV 备自投屏尾缆连接图	1	
12	HE-110-A3-3-D0207-12	110kV 备自投屏端子排图	1	
13	HE-110-A3-3-D0207-13	110kV 内桥智能控制柜光缆连接图	1	
14	HE-110-A3-3-D0207-14	110kV 内桥间隔 GIS 智能部分端子排图	1	

7.2　110kV 桥保护测控及二次线标准化施工图

设 计 说 明

1　设计依据

1.1　初步设计资料

1.2　电气一次主接线图

1.3　电力工程设计有关规程、规定、电力工程设计手册及有关反措规定等

2　使用范围及设备配置

2.1　使用范围

本卷图纸适用于 110kV 变电站 110kV 内桥间隔保护控制与测计量回路。

2.2　设备配置

1）110kV 内桥间隔配置 1 台 110kV 内桥保护测控装置；配置 1 台 110kV 备自投装置。

2）过程层设备。

110kV 内桥间隔配置 2 台合并单元智能终端集成装置。

3）组柜方案。

110kV 备自投屏：110kV 1 号备自投+110kV 2 号备自投（预留）+过程层交换机×5。

110kV 内桥智能控制柜：110kV 内桥保护测控 + 合并单元智能终端集成装置×2。

3　主要设计原则

1）110kV 内桥保护测控至桥采用直采直跳。110kV 母线 TV 合并单元采集 110kV 内桥间隔开关刀闸位置由过程层网络实现。

2）对时及同步。

站控层设备采用 SNTP 协议对时，保护、测控装置采用 RS485 接口的 B 码对时，合并单元和智能终端采用光 B 码对时。

3）110kV 内桥间隔的防跳功能由机构本体实现。

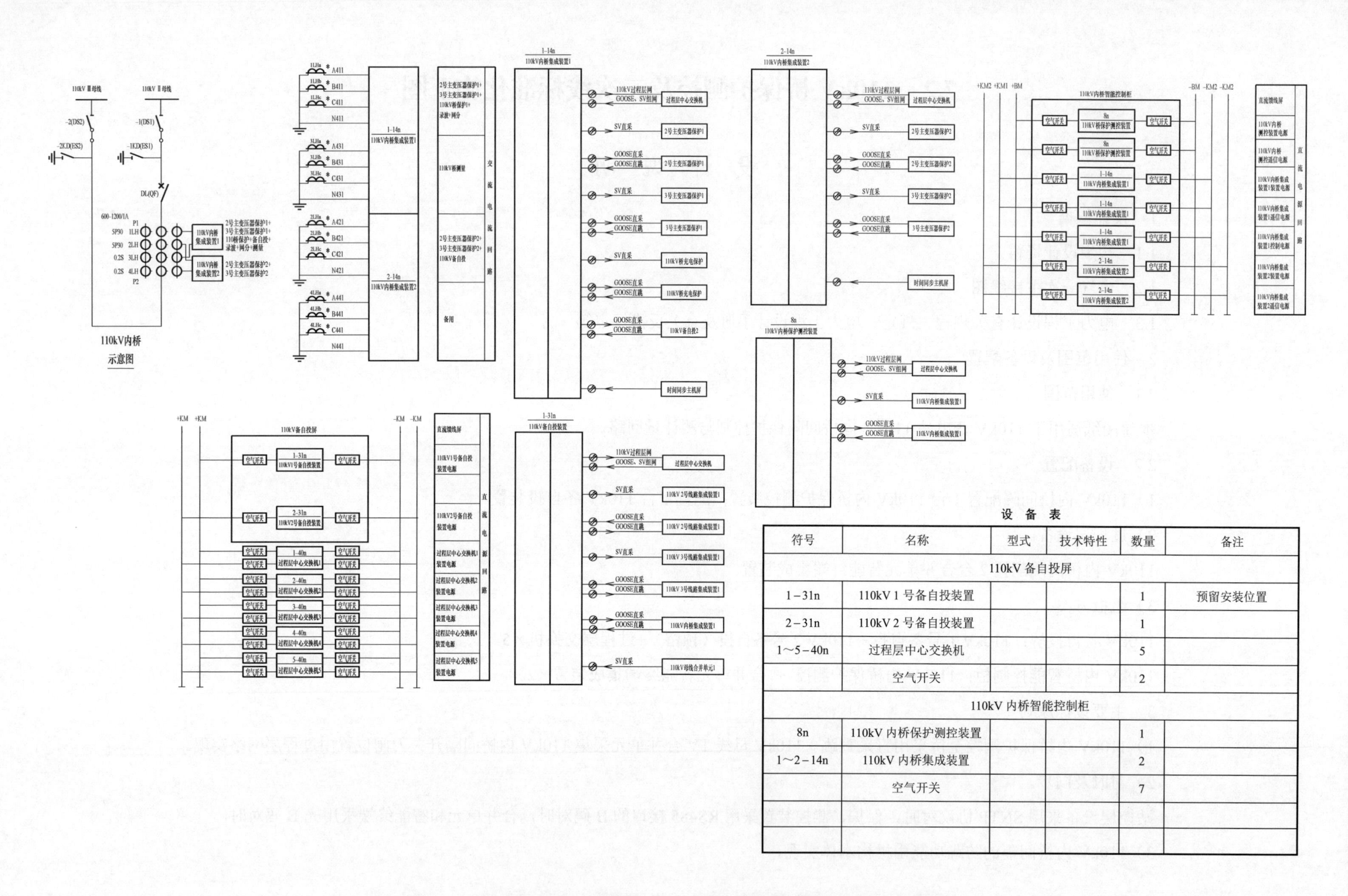

符号	名称	型式	技术特性	数量	备注
110kV 备自投屏					
1－31n	110kV 1 号备自投装置			1	预留安装位置
2－31n	110kV 2 号备自投装置			1	
1～5－40n	过程层中心交换机			5	
	空气开关			2	
110kV 内桥智能控制柜					
8n	110kV 内桥保护测控装置			1	
1～2－14n	110kV 内桥集成装置			2	
	空气开关			7	

图 7－1　HE－110－A3－3－D0207－01　110kV 内桥电流电压及直流电源回路

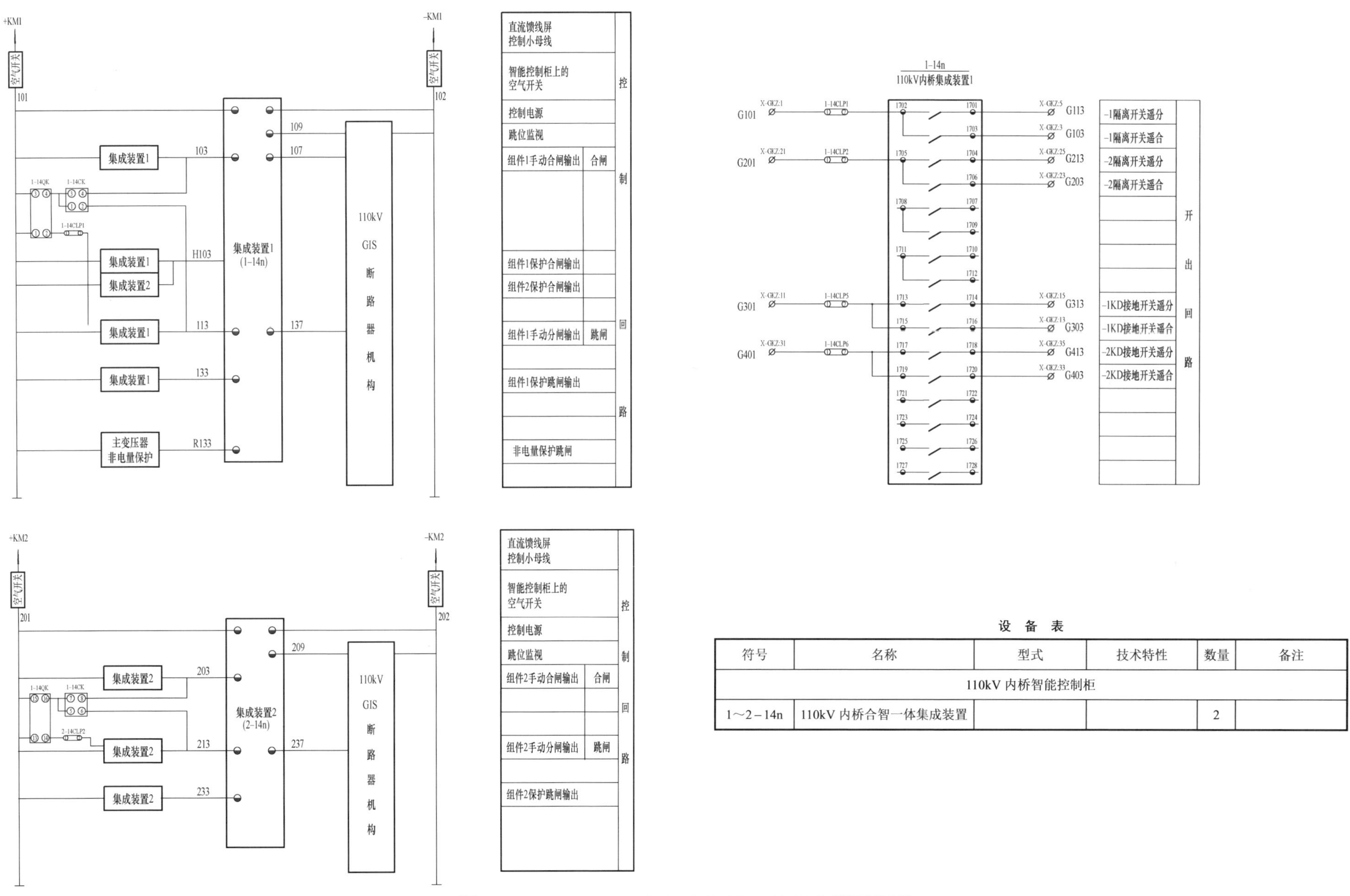

设 备 表

符号	名称	型式	技术特性	数量	备注
110kV 内桥智能控制柜					
1～2－14n	110kV 内桥合智一体集成装置			2	

图 7－2　HE－110－A3－3－D0207－02　110kV 内桥控制回路

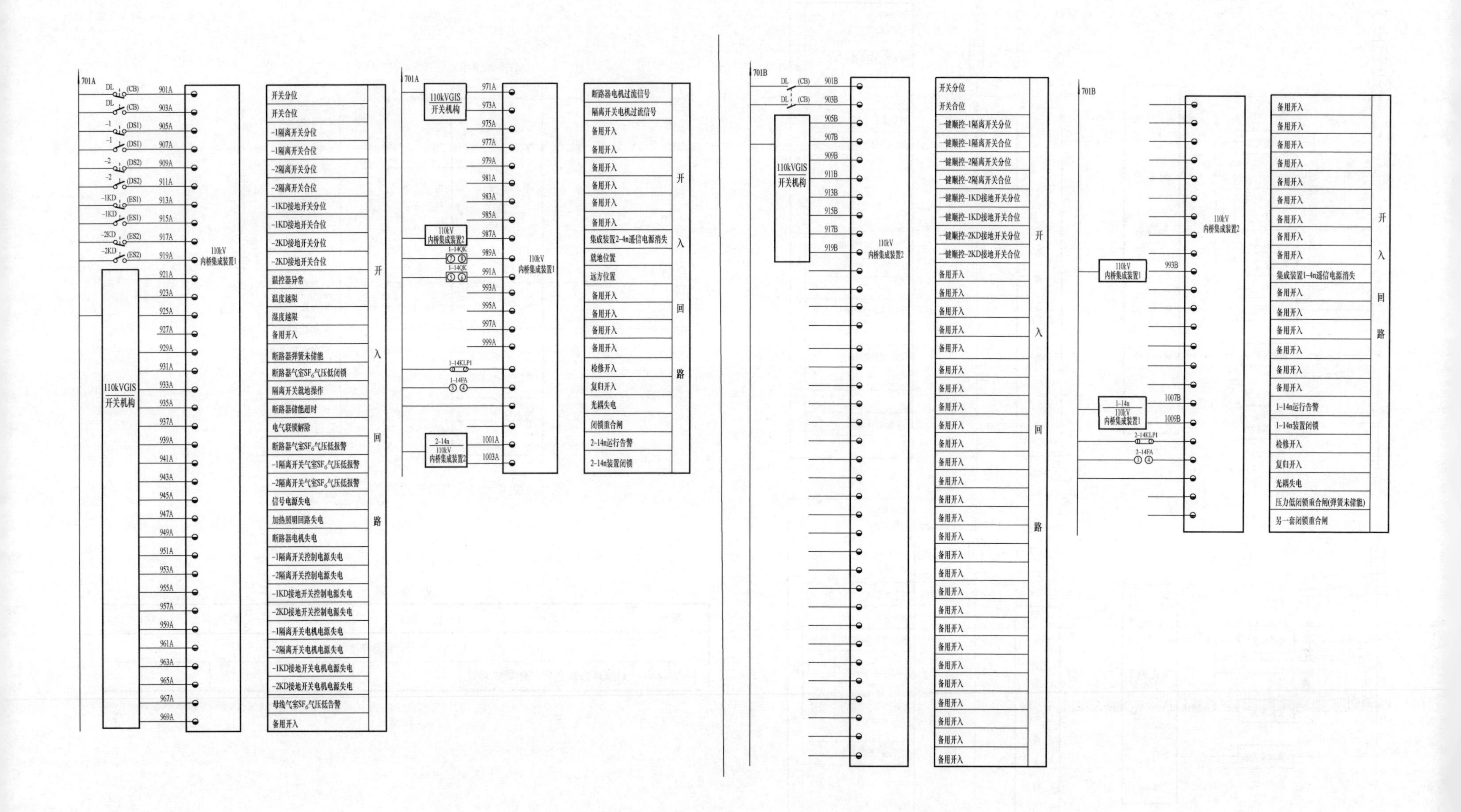

图 7-3 HE-110-A3-3-D0207-03 110kV 内桥智能终端信号回路

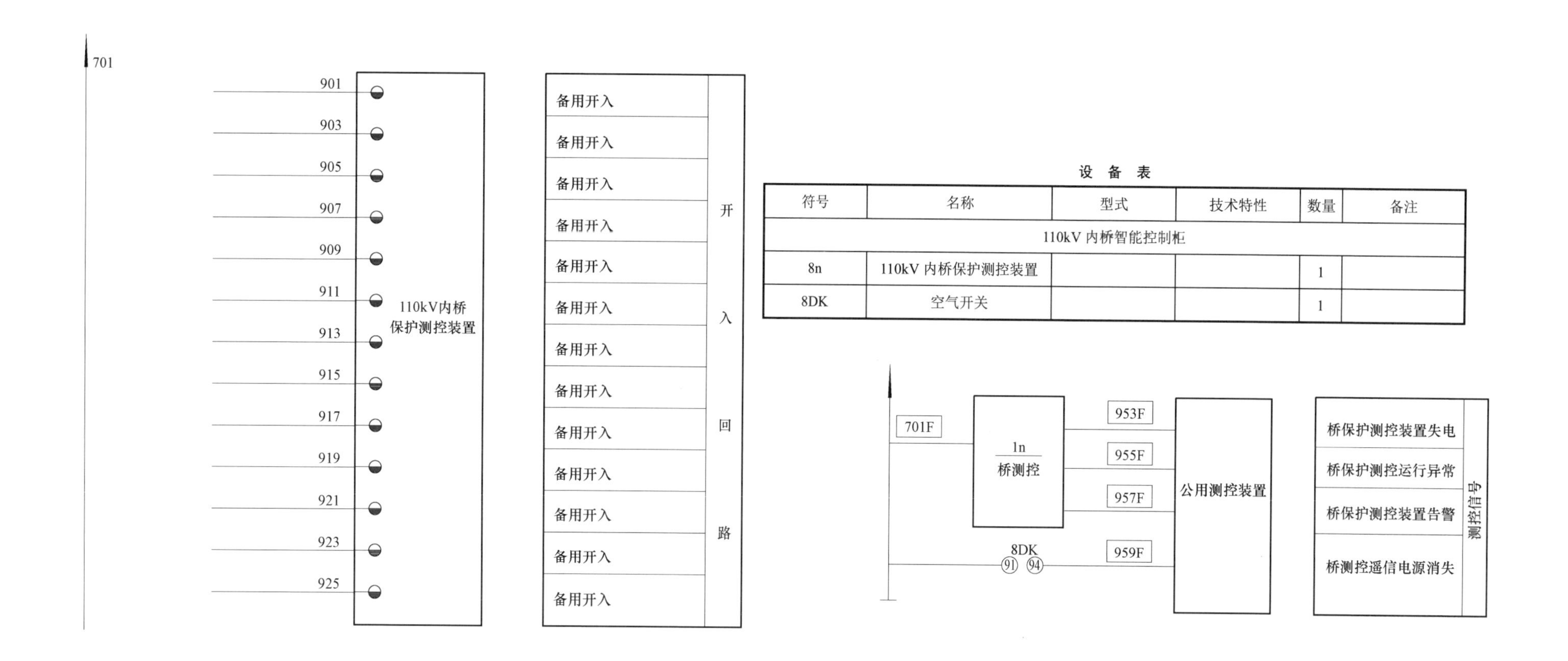

设 备 表

符号	名称	型式	技术特性	数量	备注
110kV 内桥智能控制柜					
8n	110kV 内桥保护测控装置			1	
8DK	空气开关			1	

图 7－4　HE－110－A3－3－D0207－04　110kV 内桥保护测控装置信号回路

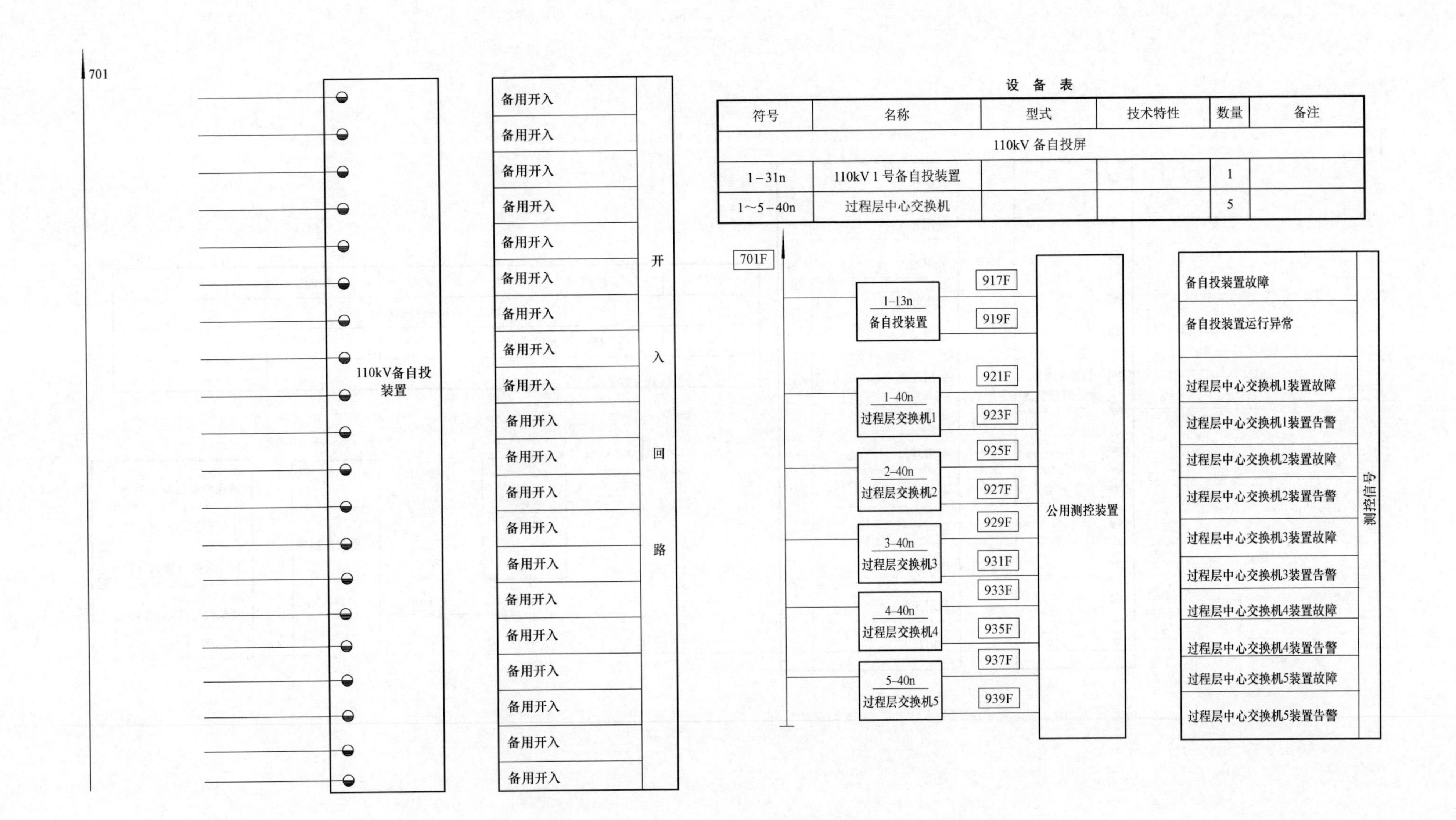

设 备 表

符号	名称	型式	技术特性	数量	备注
110kV 备自投屏					
1-31n	110kV 1 号备自投装置			1	
1～5-40n	过程层中心交换机			5	

图 7-5　HE-110-A3-3-D0207-05　110kV 备自投装置及过程层交换机信号回路

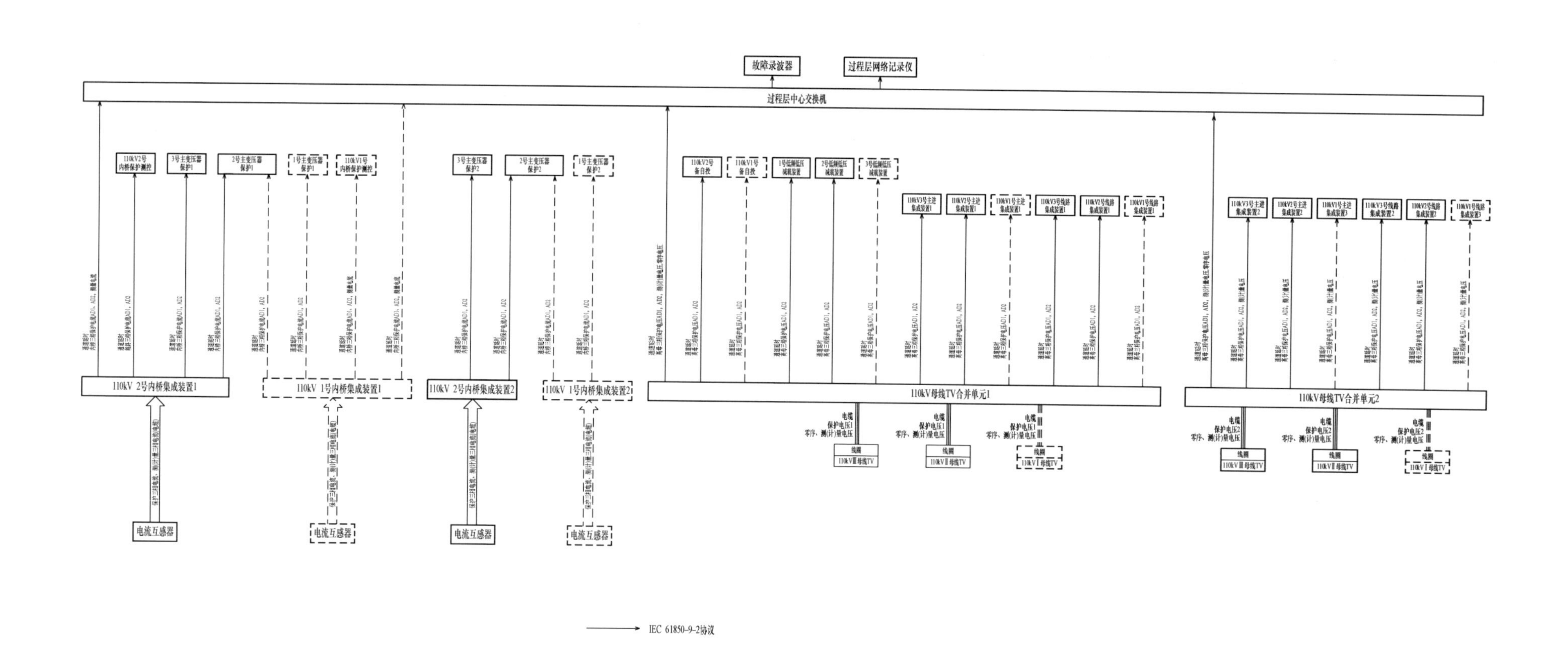

图 7-6　HE-110-A3-3-D0207-06　110kV 内桥、公用设备过程层 SV 采样值信息流图

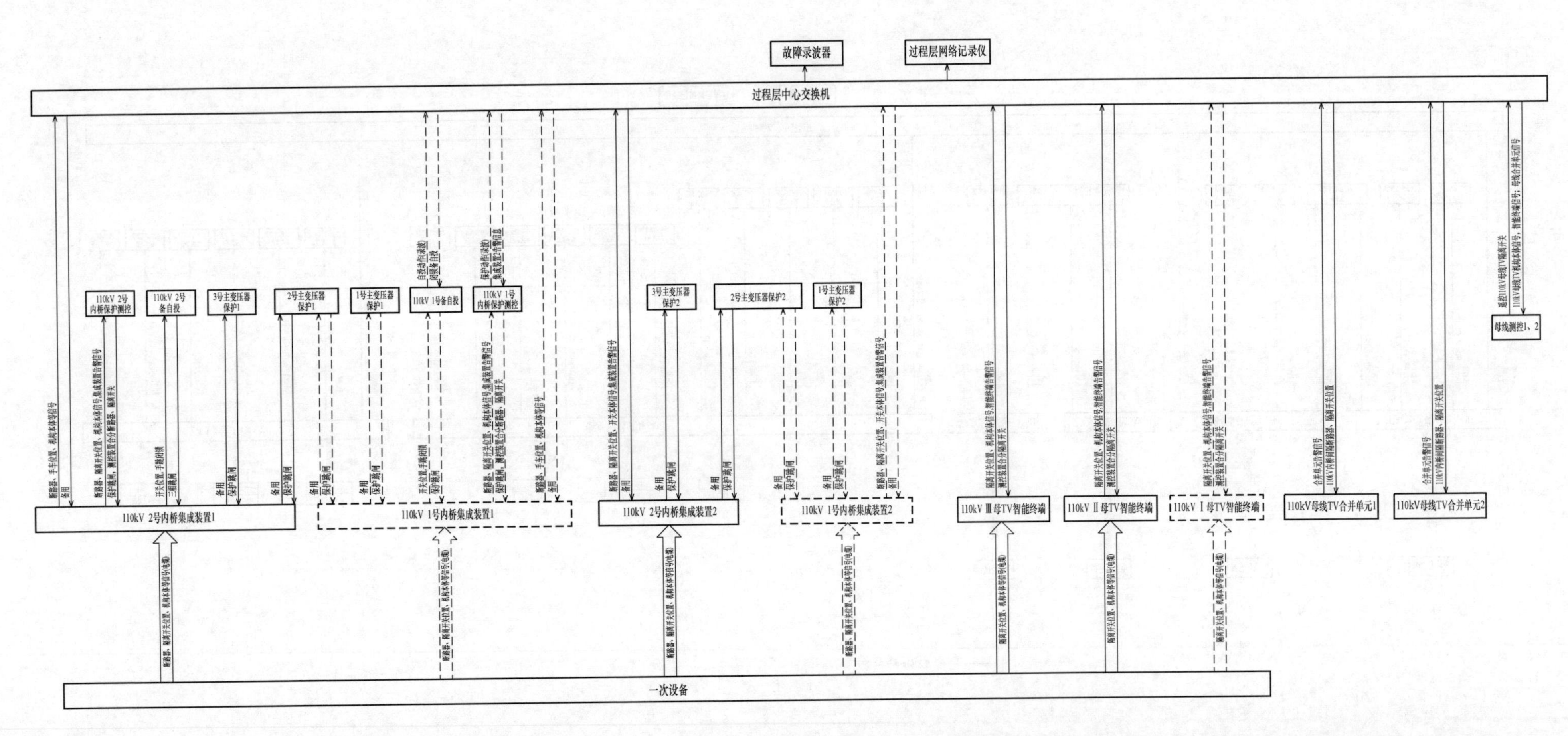

注：主变压器保护与过程层中心交换机之间的GOOSE信息流见第2卷第4册《主变压器过程层GOOSE信息流图》，本图中不再显示。

图 7-7　HE-110-A3-3-D0207-07　110kV 内桥、公用设备过程层 GOOSE 信息流图

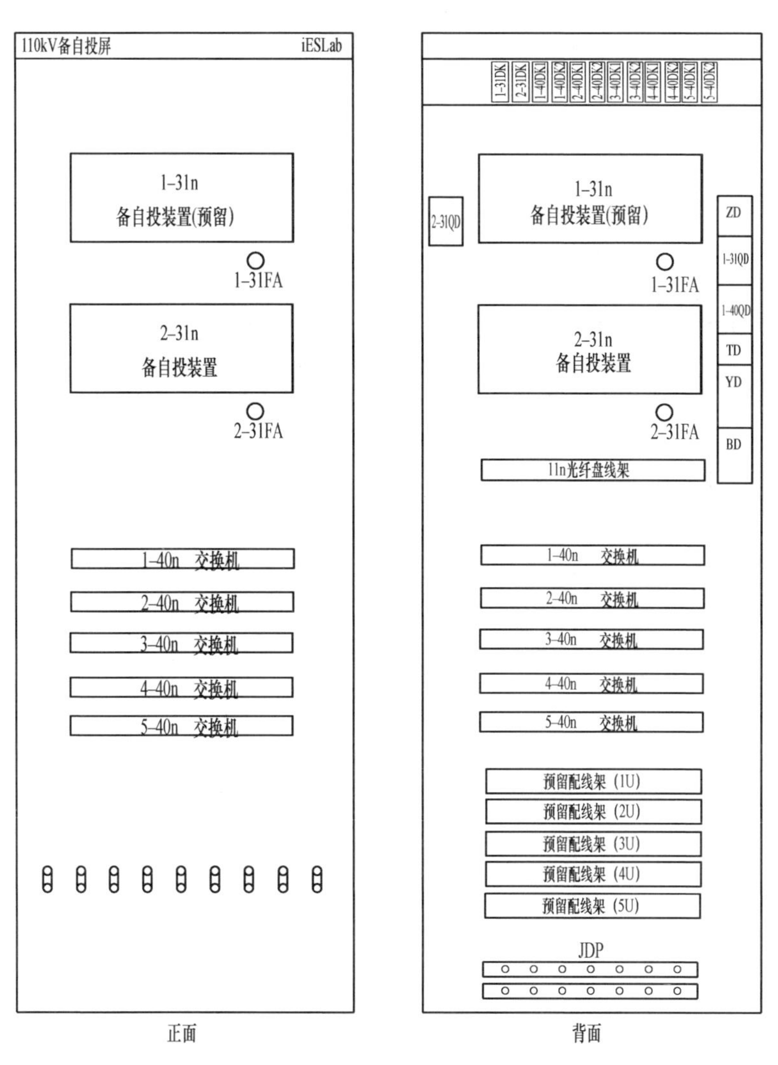

注：屏体安装一根接地铜排，不绝缘。装置屏蔽地均接入与屏体不绝缘的铜排。
接地线采用 4mm² 黄绿线；装置电源线采用 2.5mm²，标记为“**”。

设 备 表

序号	符号	名称	型号	数量	备注
1	1－31n	110kV 备自投装置		1	
2	2－31n	110kV 备自投装置		0	预留接线
3	1～5－40n	交换机		5	16 百兆光，4 千兆光
4	11n	光纤盘线架		1	
5	DK	直流空气开关		12	
6	D	双进双出端子			
7	LP	压板		9	
8	FA	复归按钮（绿）		1	
9		配线架		5	用户提供，现场安装
10	@	板级光纤收发器		13	
11					
12					
13					
14					
15					
16					
17					
18					
19					
20					
21					
22					
23					
24					
25					
26					
27		屏体颜色：GY09	尺寸：2260×600×600		门轴在右
28					

图 7－8 HE－110－A3－3－D0207－08 110kV 备自投屏屏面布置图

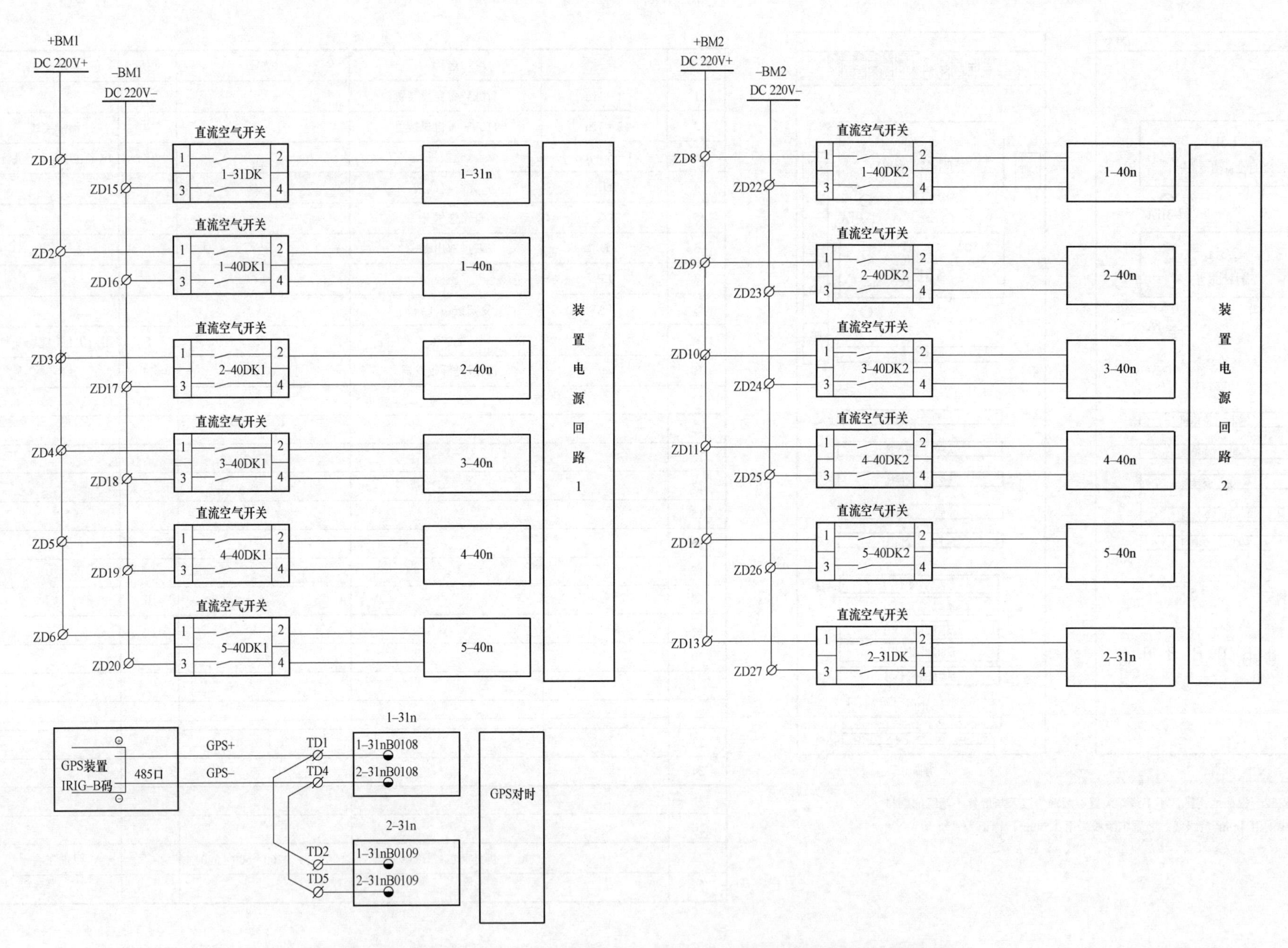

图 7-9　HE-110-A3-3-D0207-09　110kV 备自投屏直流电源及对时回路图

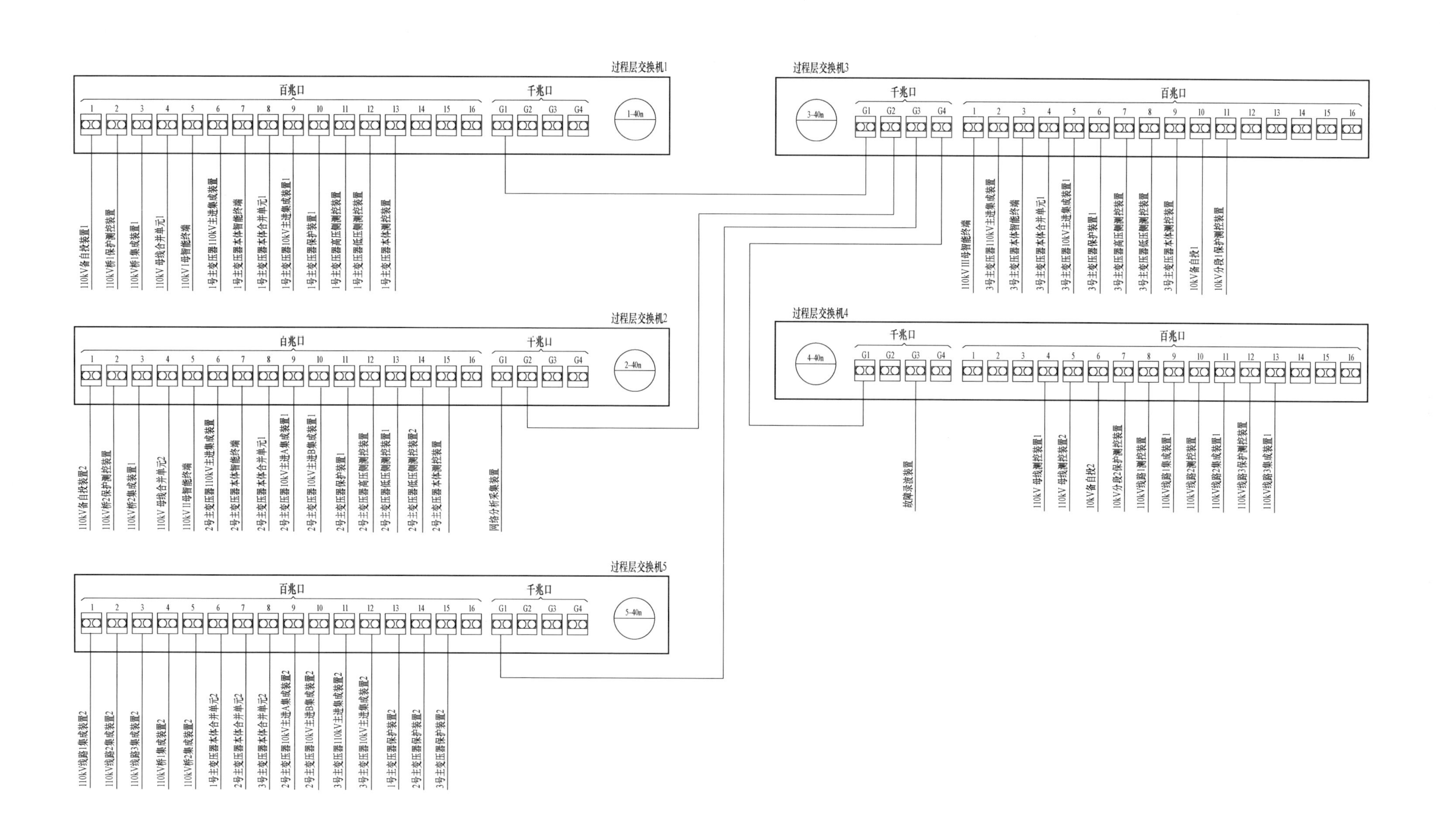

图 7-10　HE-110-A3-3-D0207-10　全站过程层交换机端口配置图

尾缆接线表

线缆编号	线缆型号	本柜连接设备			尾缆芯号	功能说明	对侧设备
		设备名称	设备插件/端口号	设备端口类型			
2H－WL111a	8 芯多模铠装尾缆 LC－LC	本屏过程层交换机 4－40n		多模，LC	1	集成装置 1 SV/GOOSE 组网	至 110kV 2 号线路智能控制柜线路测控、集成装置 1
		本屏过程层交换机 4－40n		多模，LC	2	集成装置 1 SV/GOOSE 组网	
		本屏过程层交换机 4－40n		多模，LC	3	2 号线路测控 组网	
		本屏过程层交换机 4－40n		多模，LC	4	2 号线路测控 组网	
					5	备用	
					6	备用	
					7	备用	
					8	备用	
2H－WL112	8 芯多模铠装尾缆 LC－LC	110kV 1 号备自投（1－31n）		多模，LC	1	110kV 备自投 1 SV 直采	至 110kV 2 号线路智能控制柜集成装置 1
		110kV 1 号备自投（1－31n）		多模，LC	2	110kV 备自投 1 GOOSE 直采	
		110kV 1 号备自投（1－31n）		多模，LC	3	110kV 备自投 1 GOOSE 直采	
					4	备用	
		110kV 2 号备自投（2－31n）		多模，LC	5	110kV 备自投 2 SV 直采（预留）	
		110kV 2 号备自投（2－31n）		多模，LC	6	110kV 备自投 2 GOOSE 直跳（预留）	
		110kV 2 号备自投（2－31n）		多模，LC	7	110kV 备自投 2 GOOSE 直跳（预留）	
					8	备用	
2H－WL111b	4 芯多模铠装尾缆 LC－LC	本屏过程层交换机 5－40n		多模，LC	1	集成装置 2 SV/GOOSE 组网	至 110kV 2 号线路智能控制柜集成装置 2
		本屏过程层交换机 5－40n		多模，LC	2	集成装置 2 SV/GOOSE 组网	
					3	备用	
					4	备用	
3H－WL111a	8 芯多模铠装尾缆 LC－LC	本屏过程层交换机 4－40n		多模，LC	1	集成装置 1 SV/GOOSE 组网	至 110kV 3 号线路智能控制柜集成装置 1、线路测控
		本屏过程层交换机 4－40n		多模，LC	2	集成装置 1 SV/GOOSE 组网	
		本屏过程层交换机 4－40n		多模，LC	3	3 号线路测控 组网	
		本屏过程层交换机 4－40n		多模，LC	4	3 号线路测控 组网	
					5	备用	
					6	备用	
					7	备用	
					8	备用	
3H－WL112	8 芯多模铠装尾缆 LC－LC	110kV 2 号备自投（2－31n）		多模，LC	1	110kV 备自投 SV 直采	至 110kV 3 号线路智能控制柜集成装置 1
		110kV 2 号备自投（2－31n）		多模，LC	2	110kV 备自投 GOOSE 直采	
		110kV 2 号备自投（2－31n）		多模，LC	3	110kV 备自投 GOOSE 直采	
					4	备用	
					5	备用	
					6	备用	
					7	备用	
					8	备用	
3H－WL111b	4 芯多模铠装尾缆 LC－LC	本屏过程层交换机 5－40n		多模，LC	1	集成装置 2 SV/GOOSE 组网	至 110kV 3 号线路智能控制柜集成装置 2
		本屏过程层交换机 5－40n		多模，LC	2	集成装置 2 SV/GOOSE 组网	
					3	备用	
					4	备用	

尾缆接线表

线缆编号	线缆型号	本柜连接设备			尾缆芯号	功能说明	对侧设备
		设备名称	设备插件/端口号	设备端口类型			
2HFD－WL111a	8 芯多模铠装尾缆 LC－LC	本屏过程层交换机（1－40n）		多模，LC	1	集成装置 1 SV/GOOSE 组网	至 110kV 2 号内桥智能控制柜内桥保护测控、集成装置 1
		本屏过程层交换机（1－40n）		多模，LC	2	集成装置 1 SV/GOOSE 组网	
		本屏过程层交换机（1－40n）		多模，LC	3	110kV 2 号内桥保护组网	
		本屏过程层交换机（1－40n）		多模，LC	4	110kV 2 号内桥保护组网	
		110kV 1 号备自投（1－31n）		多模，LC	5	110kV 备自投 GOOSE 直采	
		110kV 1 号备自投（1－31n）		多模，LC	6	110kV 备自投 GOOSE 直采	
					7	备用	
					8	备用	
2HFD－WL111b	4 芯多模铠装尾缆 LC－LC	本屏过程层交换机（5－40n）		多模，LC	1	集成装置 2 SV/GOOSE 组网	至 110kV 2 号内桥智能控制柜集成装置 2
		本屏过程层交换机（5－40n）		多模，LC	2	集成装置 2 SV/GOOSE 组网	
				多模，LC	3	备用	
					4	备用	
2HPT－WL111	8 芯多模铠装尾缆 LC－LC	本屏过程层交换机 2－40n		多模，LC	1	母线合并单元 1 SV/GOOSE 组网	至 110kV 2 号主进及 PT 智能控制柜
		本屏过程层交换机 2－40n		多模，LC	2	母线合并单元 1 SV/GOOSE 组网	
		本屏过程层交换机 2－40n		多模，LC	3	Ⅱ母智能终端 GOOSE 组网	
		本屏过程层交换机 2－40n		多模，LC	4	Ⅱ母智能终端 GOOSE 组网	
		110kV 2 号备自投（2－31n）			5	110kV 2 号备自投 SV 直采	
					6		
					7		
					8		
2B－WL124	4 芯多模铠装尾缆 LC－LC	过程层交换机 1－40n		多模，LC	1	2 号主变压器 110kV 主进集成装置组网	至 110kV 2 号主进及 PT 智能控制柜
		过程层交换机 1－40n		多模，LC	2	2 号主变压器 110kV 主进集成装置组网	
				多模，LC	3		
				多模，LC	4		
3HPT－WL111	8 芯多模铠装尾缆 LC－LC	本屏过程层交换机 1－40n		多模，LC	1	母线合并单元 2 SV/GOOSE 组网	至 110kV 3 号主进及 PT 智能控制柜
		本屏过程层交换机 1－40n		多模，LC	2	母线合并单元 2 SV/GOOSE 组网	
		本屏过程层交换机 1－40n		多模，LC	3	Ⅲ母智能终端 GOOSE 组网	
		本屏过程层交换机 1－40n		多模，LC	4	Ⅲ母智能终端 GOOSE 组网	
				多模，LC	5		
					6	备用	
					7	备用	
					8	备用	
3B－WL124	4 芯多模铠装尾缆 LC－LC	过程层交换机 1－40n		多模，LC	1	3 号主变压器 110kV 主进集成装置组网	至 110kV 3 号主进及 PT 智能控制柜
		过程层交换机 1－40n		多模，LC	2	3 号主变压器 110kV 主进集成装置组网	
				多模，LC	3		
				多模，LC	4		

图 7－11 HE－110－A3－3－D0207－11 110kV 备自投屏尾缆连接图（一）

尾缆接线表

线缆编号	线缆型号	本柜连接设备			尾缆芯号	功能说明	对侧设备
		设备名称	设备插件/端口号	设备端口类型			
2B－WL101	4芯多模铠装尾缆LC－LC	过程层交换机1－40n		多模，LC	1	2号主变压器10kV主进A集成装置1组网	至10kV 2号主进A开关柜
		过程层交换机1－40n		多模，LC	2	2号主变压器10kV主进A集成装置1组网	
				多模，LC	3		
				多模，LC	4		
2B－WL103	4芯多模铠装尾缆LC－LC	过程层交换机1－40n		多模，LC	1	2号主变压器10kV主进A集成装置2组网	至10kV 2号主进A隔离柜
		过程层交换机1－40n		多模，LC	2	2号主变压器10kV主进A集成装置2组网	
				多模，LC	3		
				多模，LC	4		
2B－WL106	4芯多模铠装尾缆LC－LC	过程层交换机1－40n		多模，LC	1	2号主变压器10kV主进B集成装置1组网	至10kV 2号主进B开关柜
		过程层交换机1－40n		多模，LC	2	12号主变压器10kV主进B集成装置1组网	
				多模，LC	3		
				多模，LC	4		
2B－WL108	4芯多模铠装尾缆LC－LC	过程层交换机1－40n		多模，LC	1	2号主变压器10kV主进B集成装置2组网	至10kV 2号主进B隔离柜
		过程层交换机1－40n		多模，LC	2	2号主变压器10kV主进B集成装置2组网	
				多模，LC	3		
				多模，LC	4		
3B－WL101	4芯多模铠装尾缆LC－LC	过程层交换机1－40n		多模，LC	1	3号主变压器10kV主进集成装置1组网	至10kV 3号主进开关柜
		过程层交换机1－40n		多模，LC	2	3号主变压器10kV主进集成装置1组网	
				多模，LC	3		
				多模，LC	4		
3B－WL103	4芯多模铠装尾缆LC－LC	过程层交换机1－40n		多模，LC	1	3号主变压器10kV主进B集成装置2组网	至10kV 3号主进隔离柜
		过程层交换机1－40n		多模，LC	2	3号主变压器10kV主进B集成装置2组网	
				多模，LC	3		
				多模，LC	4		
2LFD－WL111	8芯多模铠装尾缆LC－LC	本屏过程层交换机3－40n		多模，LC	1	10kV备自投2装置组网	至10kV分段2开关柜
		本屏过程层交换机3－40n		多模，LC	2	10kV备自投2装置组网	
		本屏过程层交换机3－40n		多模，LC	3	10kV分段保护测控装置2组网	
		本屏过程层交换机3－40n		多模，LC	4	10kV分段保护测控装置2组网	
					5		
					6		
					7		
					8		

尾缆接线表

线缆编号	线缆型号	本柜连接设备			尾缆芯号	功能说明	对侧设备
		设备名称	设备插件/端口号	设备端口类型			
HGY－WL101	8芯多模铠装尾缆LC－LC	过程层交换机4－40n		多模，LC	1	110kV母线测控装置1组网	至110kV母线测控屏
		过程层交换机4－40n		多模，LC	2	110kV母线测控装置1组网	
		过程层交换机4－40n		多模，LC	3	110kV母线测控装置2组网	
		过程层交换机4－40n		多模，LC	4	110kV母线测控装置2组网	
					5		
					6		
					7		
					8		
2B－WL121	12芯多模铠装尾缆LC LC	过程层交换机1－40n		多模，LC	1	2号主变压器本体智能终端组网	至2号主变压器保护屏
		过程层交换机1－40n		多模，LC	2	2号主变压器本体智能终端组网	
		过程层交换机1－40n		多模，LC	3	2号主变压器本体合并单元1组网	
		过程层交换机1－40n		多模，LC	4	2号主变压器本体合并单元1组网	
		过程层交换机2－40n		多模，LC	5	2号主变压器保护1组网	
		过程层交换机2－40n		多模，LC	6	2号主变压器保护1组网	
					7		
					8		
					9		
					10		
					11		
					12		
2B－WL122	8芯多模铠装尾缆LC－LC	过程层交换机1－40n		多模，LC	1	2号主变压器本体合并单元2组网	至2号主变压器保护屏
		过程层交换机1－40n		多模，LC	2	2号主变压器本体合并单元2组网	
		过程层交换机5－40n		多模，LC	3	2号主变压器保护2组网	
		过程层交换机5－40n		多模，LC	4	2号主变压器保护2组网	
					5		
					6		
					7		
					8		
2B－WL123	12芯多模铠装尾缆LC－LC	过程层交换机2－40n		多模，LC	1	2号主变压器高压测控装置组网	至2号主变压器测控屏
		过程层交换机2－40n		多模，LC	2	2号主变压器高压测控装置组网	
		过程层交换机2－40n		多模，LC	3	2号主变压器低压侧测控装置1组网	
		过程层交换机2－40n		多模，LC	4	2号主变压器低压侧测控装置1组网	
		过程层交换机2－40n		多模，LC	5	2号主变压器低压侧测控装置2组网	
		过程层交换机2－40n		多模，LC	6	2号主变压器低压侧测控装置2组网	
		过程层交换机2－40n		多模，LC	7	2号主变压器本体控装置组网	
		过程层交换机2－40n		多模，LC	8	2号主变压器本体控装置组网	
					9	备用	
					10	备用	
					11	备用	
					12	备用	

图7－12　HE－110－A3－3－D0207－11　110kV备自投屏尾缆连接图（二）

尾缆接线表

线缆编号	线缆型号	本柜连接设备			尾缆芯号	功能说明	对侧设备
		设备名称	设备插件/端口号	设备端口类型			
3B－WL121	12芯多模铠装尾缆LC－LC	过程层交换机1－40n		多模，LC	1	3号主变压器本体智能终端组网	至3号主变压器保护屏
		过程层交换机1－40n		多模，LC	2	3号主变压器本体智能终端组网	
		过程层交换机1－40n		多模，LC	3	3号主变压器本体合并单元1组网	
		过程层交换机1－40n		多模，LC	4	3号主变压器本体合并单元1组网	
		过程层交换机1－40n		多模，LC	5	3号主变压器保护1组网	
		过程层交换机1－40n		多模，LC	6	3号主变压器保护1组网	
					7		
					8		
					9		
					10		
					11		
					12		
3B－WL122	8芯多模铠装尾缆LC－LC	过程层交换机1－40n		多模，LC	1	3号主变压器本体合并单元2组网	至3号主变压器保护屏
		过程层交换机1－40n		多模，LC	2	3号主变压器本体合并单元2组网	
		过程层交换机5－40n		多模，LC	3	3号主变压器保护2组网	
		过程层交换机5－40n		多模，LC	4	3号主变压器保护2组网	
					5		
					6		
					7		
					8		
3B－WL123	12芯多模铠装尾缆LC－LC	过程层交换机1－40n		多模，LC	1	3号主变压器高压测控装置组网	至3号主变压器测控屏
		过程层交换机1－40n		多模，LC	2	3号主变压器高压测控装置组网	
		过程层交换机1－40n		多模，LC	3	3号主变压器低压测控装置组网	
		过程层交换机1－40n		多模，LC	4	3号主变压器低压测控装置组网	
		过程层交换机1－40n		多模，LC	5	3号主变压器本体控装置组网	
		过程层交换机1－40n		多模，LC	6	3号主变压器本体控装置组网	
					7		
					8		
LB－WL101	4芯多模铠装尾缆LC－LC	过程层交换机3－40n		多模，LC	1	故障录波装置网采	至故障录波屏
		过程层交换机3－40n		多模，LC	2	故障录波装置网采	
					3		
					4		
LB－WL102	4芯多模铠装尾缆LC－LC	过程层交换机5－40n		多模，LC	1	故障录波装置网采	至故障录波屏
		过程层交换机5－40n		多模，LC	2	故障录波装置网采	
					3		
					4		
WF－WL101	4芯多模铠装尾缆LC－LC	过程层交换机2－40n		多模，LC	1	网络分析网采	至网络分析屏
		过程层交换机2－40n		多模，LC	2	网络分析网采	
					3	备用	
					4	备用	
WF－WL102	4芯多模铠装尾缆LC－LC	过程层交换机5－40n		多模，LC	1	网络分析网采	至网络分析屏
		过程层交换机5－40n		多模，LC	2	网络分析网采	
					3	备用	
					4	备用	

网线接线表

线缆编号	线缆型号	本柜连接设备			功能说明	对侧设备
		设备名称	设备插件/端口号	设备端口类型		
2HFD－WX031A	铠装超五类屏蔽双绞线	110kV备自投（1－31n）	以太网口1	RJ45	MMS A网	Ⅰ区数据网关机屏站控层Ⅰ区A网交换机
2HFD－WX031B	铠装超五类屏蔽双绞线	110kV备自投（1－31n）	以太网口2	RJ45	MMS B网	Ⅰ区数据网关机屏站控层Ⅰ区B网交换机

图7－13　HE－110－A3－3－D0207－11　110kV备自投屏尾缆连接图（三）

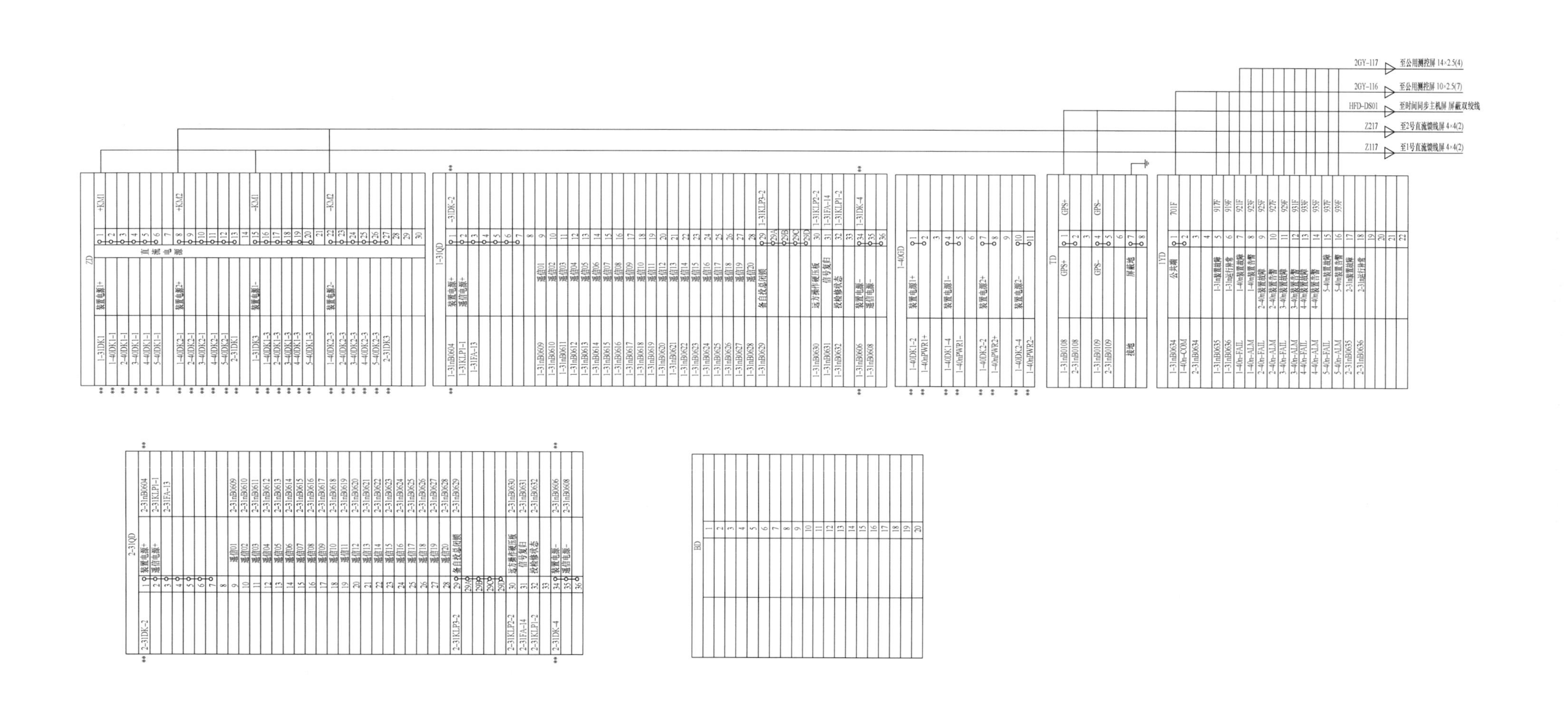

图 7-14　HE-110-A3-3-D0207-12　110kV 备自投屏端子排图

尾缆接线表

线缆编号	线缆型号	本柜连接设备			尾缆芯号	功能说明	对侧设备
		设备名称	设备插件/端口号	设备端口类型			
2HFD-WL111a	8 芯多模铠装尾缆 LC-LC	集成装置 1（1-14n）		多模，LC	1	集成装置 1 SV/GOOSE 组网	至 110kV 备自投屏
		集成装置 1（1-14n）		多模，LC	2	集成装置 1 SV/GOOSE 组网	
		集成装置 1（1-14n）		多模，LC	3	110kV 备自投 GOOSE 直跳	
		集成装置 1（1-14n）		多模，LC	4	110kV 备自投 GOOSE 直跳	
		110kV 桥保护测控装置（8n）		多模，LC	5	110kV 内桥保护 GOOSE 组网	
		110kV 桥保护测控装置（8n）		多模，LC	6	110kV 内桥保护 GOOSE 组网	
					7	备用	
					8	备用	
2B-WL113	8 芯多模铠装尾缆 LC-LC	集成装置 1（1-14n）		多模，LC	1	2 号主变压器保护 1 GOOSE 直跳	至 2 号主变压器保护屏 2 号主变压器保护 1
		集成装置 1（1-14n）		多模，LC	2	2 号主变压器保护 1 GOOSE 直跳	
		集成装置 1（1-14n）		多模，LC	3	2 号主变压器保护 1 SV 直采	
				多模，LC	4	备用	
					5		
					6		
					7		
					8		
3B-WL113	8 芯多模铠装尾缆 LC-LC	集成装置 1（1-14n）		多模，LC	1	3 号主变压器保护 1 GOOSE 直跳	至 3 号主变压器保护屏 3 号主变压器保护 1
		集成装置 1（1-14n）		多模，LC	2	3 号主变压器保护 1 GOOSE 直跳	
		集成装置 1（1-14n）		多模，LC	3	3 号主变压器保护 1 SV 直采	
				多模，LC	4	备用	
					5		
					6		
					7		
					8		
2HFD-WL114	4 芯多模铠装尾缆 LC-ST	集成装置 1（1-14n）		多模，LC	1	集成装置 1 光 B 码对时	至时间同步系统屏
		集成装置 2（2-14n）		多模，LC	2	集成装置 2 光 B 码对时	
				多模，LC	3	备用	
				多模，LC	4	备用	

尾缆接线表

线缆编号	线缆型号	本柜连接设备			尾缆芯号	功能说明	对侧设备
		设备名称	设备插件/端口号	设备端口类型			
2HFD-WL111b	4 芯多模铠装尾缆 LC-LC	集成装置 2（2-14n）		多模，LC	1	集成装置 2 SV/GOOSE 组网	至 110kV 备自投屏
		集成装置 2（2-14n）		多模，LC	2	集成装置 2 SV/GOOSE 组网	
				多模，LC	3		
				多模，LC	4		
2B-WL114	8 芯多模铠装尾缆 LC-LC	集成装置 2（2-14n）		多模，LC	1	2 号主变压器保护 2 GOOSE 直跳	至 2 号主变压器保护屏 2 号主变压器保护 2
		集成装置 2（2-14n）		多模，LC	2	2 号主变压器保护 2 GOOSE 直跳	
		集成装置 2（2-14n）		多模，LC	3	2 号主变压器保护 2 SV 直采	
					4		
					5		
					6		
					7		
					8		
3B-WL114	8 芯多模铠装尾缆 LC-LC	集成装置 2（2-14n）		多模，LC	1	3 号主变压器保护 2 GOOSE 直跳	至 3 号主变压器保护屏 3 号主变压器保护 2
		集成装置 2（2-14n）		多模，LC	2	3 号主变压器保护 2 GOOSE 直跳	
		集成装置 2（2-14n）		多模，LC	3	3 号主变压器保护 2 SV 直采	
					4		
					5		
					6		
					7		
					8		

网线接线表

线缆编号	线缆型号	本柜连接设备			功能说明	对侧设备
		设备名称	设备插件/端口号	设备端口类型		
2HFD-WX032A	铠装超五类屏蔽双绞线	内桥保护测控（8n）	以太网口 1	RJ45	MMS A 网	Ⅰ区数据网关机屏站控层Ⅰ区 A 网交换机
2HFD-WX032B	铠装超五类屏蔽双绞线	内桥保护测控（8n）	以太网口 2	RJ45	MMS B 网	Ⅰ区数据网关机屏站控层Ⅰ区 B 网交换机

图 7-15　HE-110-A3-3-D0207-13　110kV 内桥智能控制柜光缆连接图

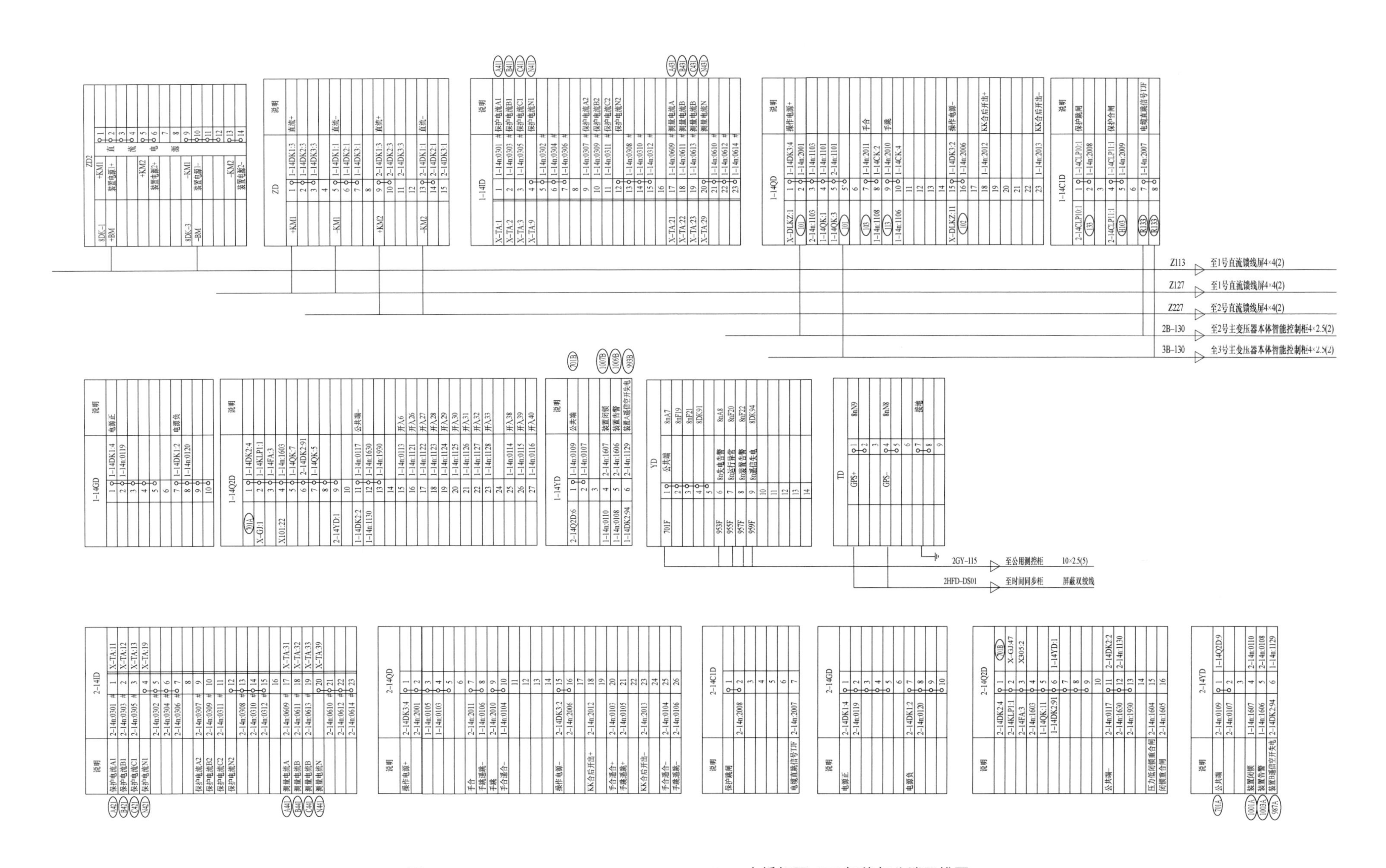

图 7-16　HE-110-A3-3-D0207-14　110kV 内桥间隔 GIS 智能部分端子排图

8　10kV 二 次 线

8.1　10kV 二次线卷册目录

电气二次　　部分　第 2 卷　第 8 册　第　分册

卷册名称　110kV 二次线

图纸 38 张　本　　说明　本　　清册　本

项目经理　　　　　　专业审核人

主要设计人　　　　　卷册负责人

序号	图号	图名	张数	套用原工程名称及卷册检索号，图号
1	HE－110－A3－3－D0208－01	10kV 线路电流电压回路图	1	
2	HE－110－A3－3－D0208－02	10kV 线路控制回路图	1	
3	HE－110－A3－3－D0208－03	10kV 线路信号回路图	1	
4	HE－110－A3－3－D0208－04	10kV 线路开关柜端子排图	1	
5	HE－110－A3－3－D0208－05	10kV 电容器开关柜电流电压回路图	1	
6	HE－110－A3－3－D0208－06	10kV 电容器开关柜控制回路图	1	
7	HE－110－A3－3－D0208－07	10kV 电容器开关柜信号回路图	1	
8	HE－110－A3－3－D0208－08	10kV 电容器开关柜端子排图	1	
9	HE－110－A3－3－D0208－09	10kV 接地变压器开关柜电流电压回路图	1	
10	HE－110－A3－3－D0208－10	10kV 接地变压器开关柜控制回路图	1	
11	HE－110－A3－3－D0208－11	10kV 接地变压器开关柜信号回路图	1	
12	HE－110－A3－3－D0208－12	10kV 接地变压器开关柜端子排图	1	
13	HE－110－A3－3－D0208－13	10kV 分段电流回路图	1	
14	HE－110－A3－3－D0208－14	10kV 分段控制回路图	1	

续表

序号	图号	图名	张数	套用原工程名称及卷册检索号，图号
15	HE－110－A3－3－D0208－15	10kV 分段信号回路图	1	
16	HE－110－A3－3－D0208－16	10kV 分段开关柜端子排图	1	
17	HE－110－A3－3－D0208－17	10kV 分段隔离柜接线图	1	
18	HE－110－A3－3－D0208－18	10kV 电压并列装置接线图	1	
19	HE－110－A3－3－D0208－19	10kV 分段隔离柜端子排图	1	
20	HE－110－A3－3－D0208－20	10kV 电压互感器柜接线图（一）	1	
21	HE－110－A3－3－D0208－21	10kV 电压互感器柜接线图（二）	1	
22	HE－110－A3－3－D0208－22	10kV 电压互感器柜端子排图	1	
23	HE－110－A3－3－D0208－23	10kV 分段开关柜光缆连接图	1	
24	HE－110－A3－3－D0208－24	10kV 2A 号电压互感器柜尾缆网线连接图	1	
25	HE－110－A3－3－D0208－25	10kV 3 号电压互感器柜尾缆网线连接图	1	
26	HE－110－A3－3－D0208－26	10kV 开关柜小母线示意图	1	
27	HE－110－A3－3－D0208－27	10kV 二次设备通信网络联系图	1	
28	HE－110－A3－3－D0208－28	电容器端子箱接线图	1	
29	HE－110－A3－3－D0208－29	10kV 消弧线圈控制屏屏面布置图	1	
30	HE－110－A3－3－D0208－30	10kV 消弧线圈控制屏信号回路图	1	
31	HE－110－A3－3－D0208－31	10kV 消弧线圈控制屏端子排接线图	1	
32	HE－110－A3－3－D0208－32	10kV 消弧线圈组合柜及有载开关信号回路图	1	
33	HE－110－A3－3－D0208－33	10kV 消弧线圈组合柜及有载开关端子排接线图	1	
34	HE－110－A3－3－D0208－34	10kV 公用测控屏屏面布置图	1	
35	HE－110－A3－3－D0208－35	10kV 1 号公用测控屏端子排	1	
36	HE－110－A3－3－D0208－36	10kV 2 号公用测控屏端子排（一）	1	
37	HE－110－A3－3－D0208－37	10kV 2 号公用测控屏端子排（二）	1	

8.2 10kV 二次线标准化施工图

设 计 说 明

1 设计依据

1.1 初步设计资料

1.2 电气一次主接线图

1.3 电力工程设计有关规程、规定、电力工程设计手册及有关反措规定等

2 使用范围及设备配置

2.1 使用范围

本卷册适用于 110kV 变电站新建工程 10kV 二次部分。

2.2 设备配置

1）10kV 线路保护测控装置：三段过流。

2）10kV 电容器保护测控装置：过流、失压及不平衡保护。

3）10kV 分段保护测控装置，备自投装置独立配置。

4）10kV 接地变保护测控装置。

5）10kV 电压并列装置 3 台，安装于 10kV 1 号、2 号分段隔离柜、2 号主进分支二隔离柜。

6）10kV 母线测控装置 3 台，安装于 10kVⅡA、ⅡB 和ⅢPT 柜。

7）间隔层采用双网，配置交换机 4 台，安装于 10kVⅡA 和ⅢPT 柜。

8）配置 10kV 公用测控装置 3 台，分别接入 10kVⅡA、ⅡB 和Ⅲ母线路、电容器、接地变、分段、母线测控手车和接地刀闸的微动开关、保护测控装置故障信号。

9）每个 10kV 主进间隔配置合并单元智能终端集成装置 2 台，分别安装于主进开关柜和隔离柜。

3 主要设计原则

为提高装置的可靠性，便于运行维护，保护电源与操作回路电源开关柜内分开独立。储能电机电源为 DC 220V。保护装置通过以太网连接至以太网交换机，以太网交换机通过以太网连接至远动主机。

防跳回路采用断路器的防跳，取消操作箱内的防跳回路。保护装置采用 IRIG－B 码对时，集成装置采用光 B 码对时。低周减载跳 10kV 线路出线。

主变进线柜和分段柜配置触头测温传感器。

配置监测终端 1 套，安装于 10kV 2 号分段隔离柜，以无线方式采集 10kV 主进柜和分段柜的测温传感器。

4 一键顺控设计原则

本站具备一键顺控功能，开关柜断路器双确认主判据采用位置遥信信息，辅助判据采用遥测信息。电动手车双确认主判据采用辅助开关接点位置信息，辅助判据采用微动开关位置信息。

对于主进间隔，本间隔主判据接入第 1 套智能组件，辅助判据接入第 2 套智能组件。

对于 10kV 线路、电容器、接地变压器、分段、电压互感器间隔，断路器的主、辅助判据接入本间隔保护测控装置，电动手车的主判据接入本间隔保护测控装置，辅助判据接入 10kV 公用测控装置。

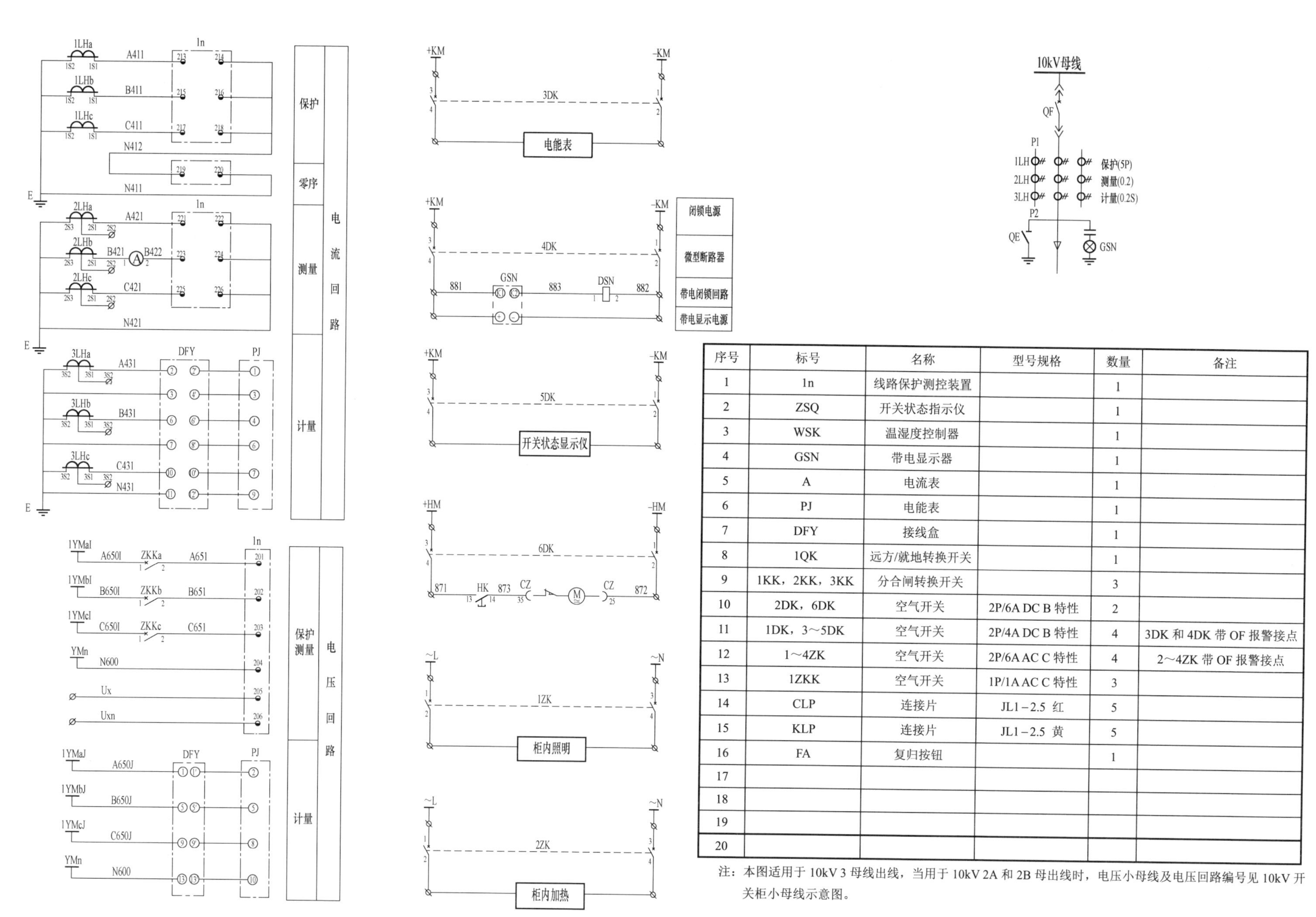

序号	标号	名称	型号规格	数量	备注
1	1n	线路保护测控装置		1	
2	ZSQ	开关状态指示仪		1	
3	WSK	温湿度控制器		1	
4	GSN	带电显示器		1	
5	A	电流表		1	
6	PJ	电能表		1	
7	DFY	接线盒		1	
8	1QK	远方/就地转换开关		1	
9	1KK，2KK，3KK	分合闸转换开关		3	
10	2DK，6DK	空气开关	2P/6A DC B 特性	2	
11	1DK，3～5DK	空气开关	2P/4A DC B 特性	4	3DK 和 4DK 带 OF 报警接点
12	1～4ZK	空气开关	2P/6A AC C 特性	4	2～4ZK 带 OF 报警接点
13	1ZKK	空气开关	1P/1A AC C 特性	3	
14	CLP	连接片	JL1－2.5 红	5	
15	KLP	连接片	JL1－2.5 黄	5	
16	FA	复归按钮		1	
17					
18					
19					
20					

注：本图适用于 10kV 3 母线出线，当用于 10kV 2A 和 2B 母出线时，电压小母线及电压回路编号见 10kV 开关柜小母线示意图。

图 8－1　HE－110－A3－3－D0208－01　10kV 线路电流电压回路图

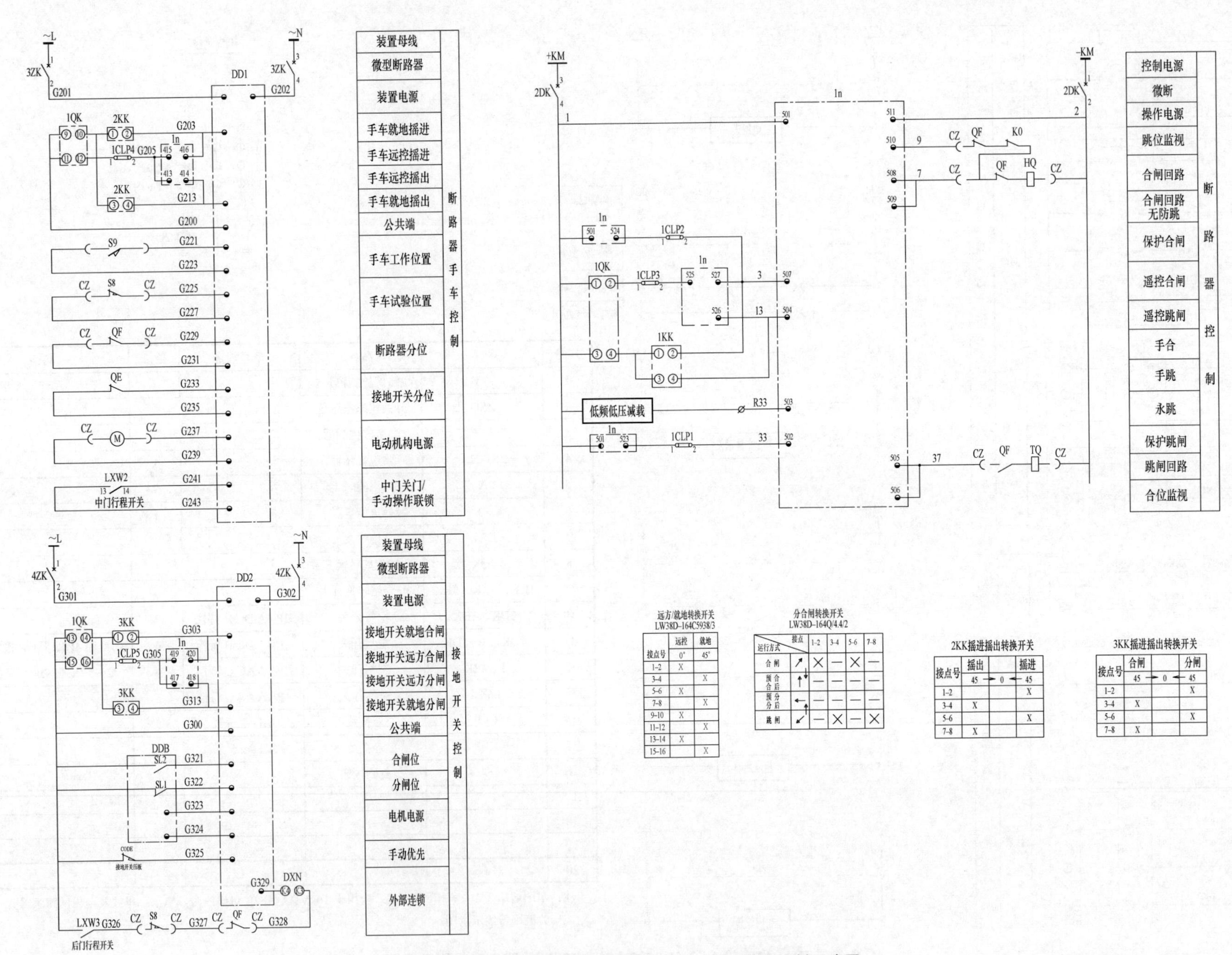

图 8-2 HE-110-A3-3-D0208-02 10kV 线路控制回路图

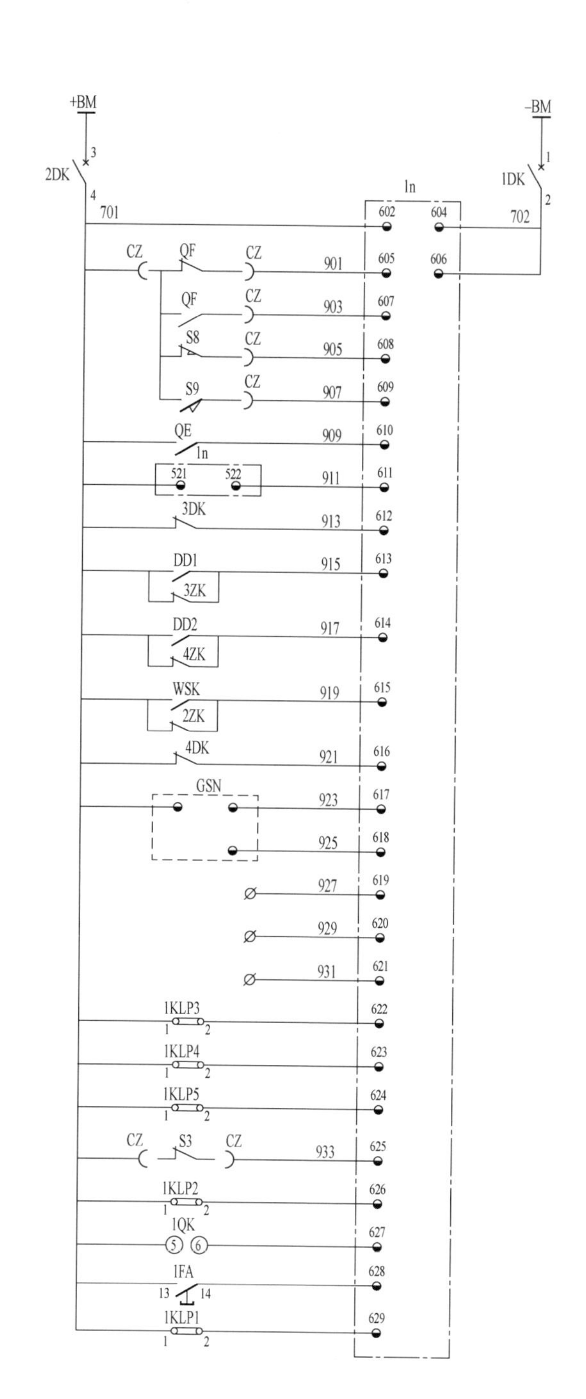

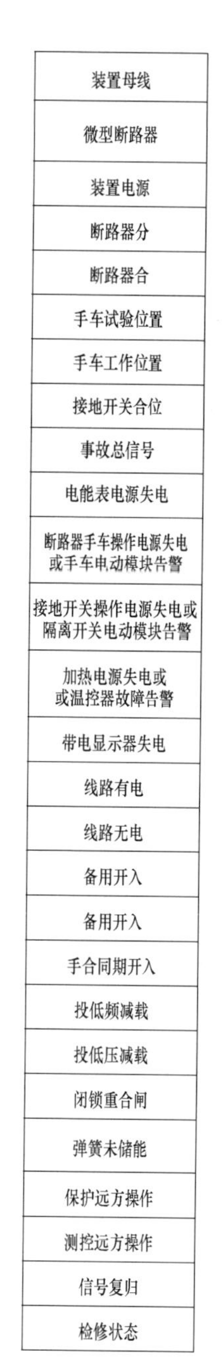

装置母线
微型断路器
装置电源
断路器分
断路器合
手车试验位置
手车工作位置
接地开关合位
事故总信号
电能表电源失电
断路器手车操作电源失电或手车电动模块告警
接地开关操作电源失电或隔离开关电动模块告警
加热电源失电或或温控器故障告警
带电显示器失电
线路有电
线路无电
备用开入
备用开入
手合同期开入
投低频减载
投低压减载
闭锁重合闸
弹簧未储能
保护远方操作
测控远方操作
信号复归
检修状态

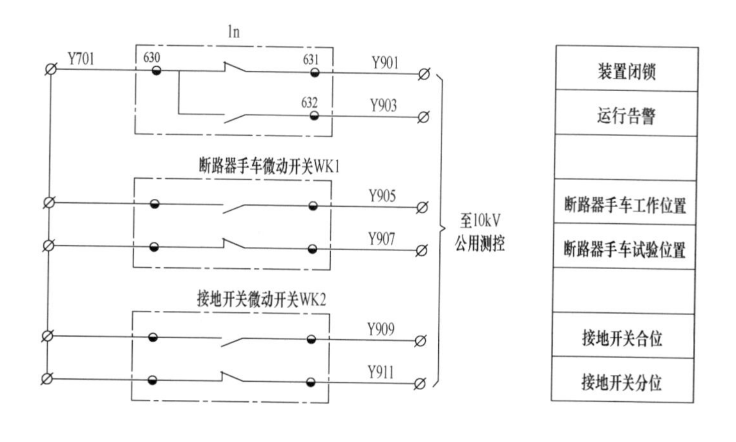

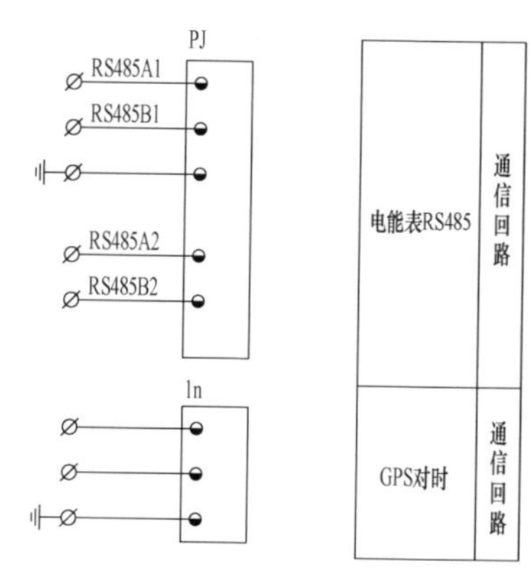

图 8-3 HE-110-A3-3-D0208-03 10kV 线路信号回路图

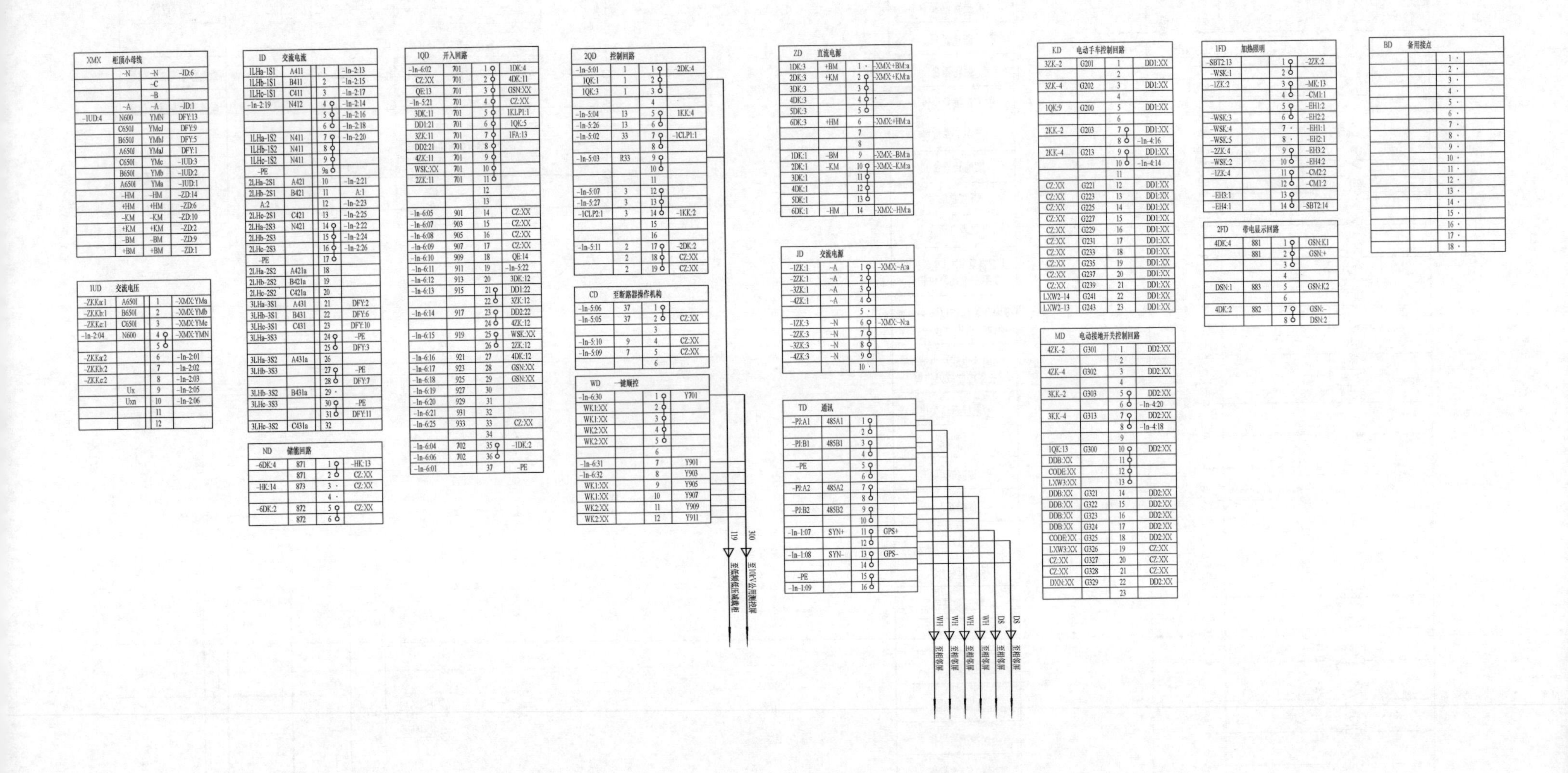

图 8-4　HE-110-A3-3-D0208-04　10kV 线路开关柜端子排图

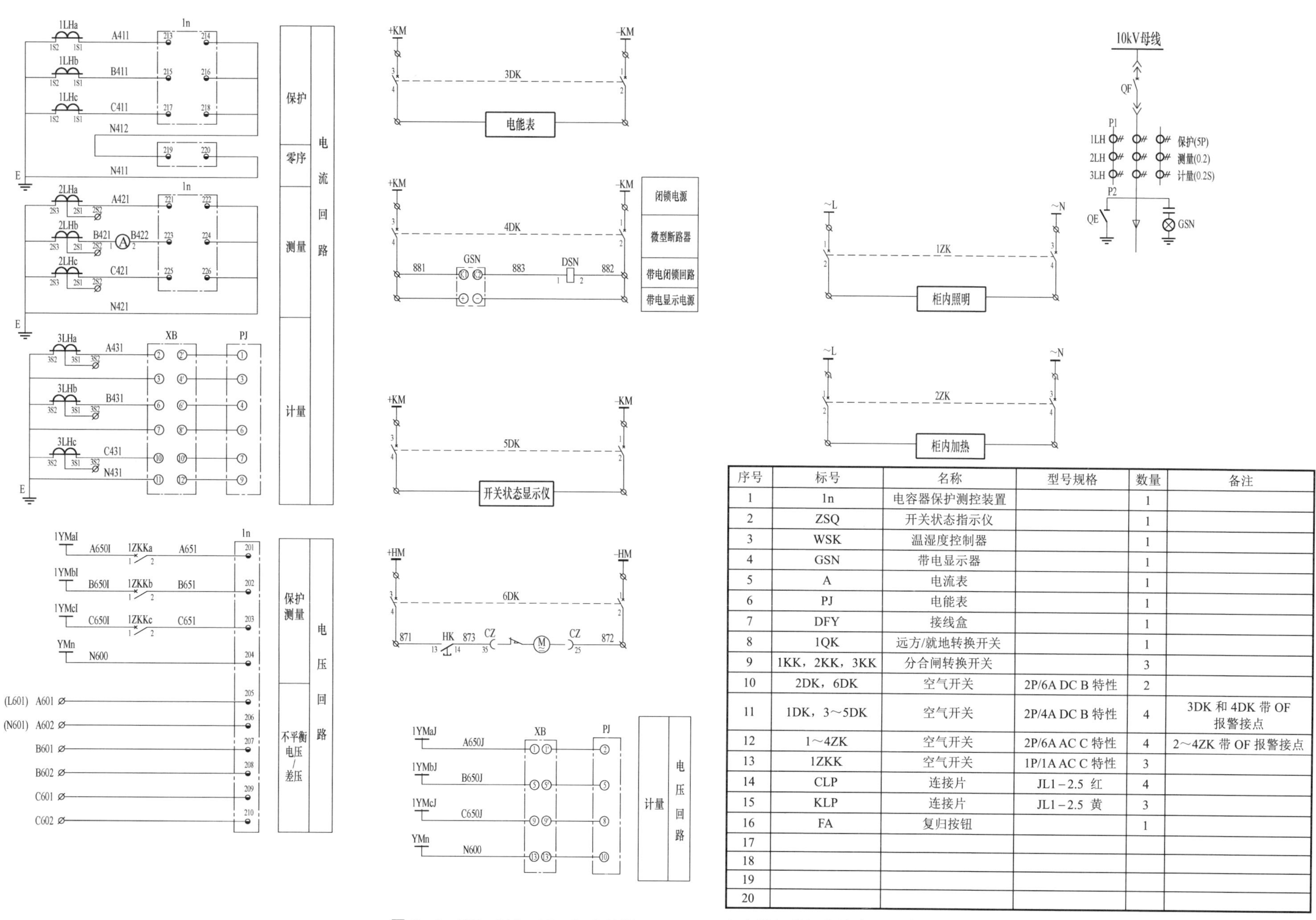

序号	标号	名称	型号规格	数量	备注
1	1n	电容器保护测控装置		1	
2	ZSQ	开关状态指示仪		1	
3	WSK	温湿度控制器		1	
4	GSN	带电显示器		1	
5	A	电流表		1	
6	PJ	电能表		1	
7	DFY	接线盒		1	
8	1QK	远方/就地转换开关		1	
9	1KK，2KK，3KK	分合闸转换开关		3	
10	2DK，6DK	空气开关	2P/6A DC B 特性	2	
11	1DK，3～5DK	空气开关	2P/4A DC B 特性	4	3DK 和 4DK 带 OF 报警接点
12	1～4ZK	空气开关	2P/6A AC C 特性	4	2～4ZK 带 OF 报警接点
13	1ZKK	空气开关	1P/1A AC C 特性	3	
14	CLP	连接片	JL1－2.5 红	4	
15	KLP	连接片	JL1－2.5 黄	3	
16	FA	复归按钮		1	
17					
18					
19					
20					

图 8－5　HE－110－A3－3－D0208－05　10kV 电容器开关柜电流电压回路图

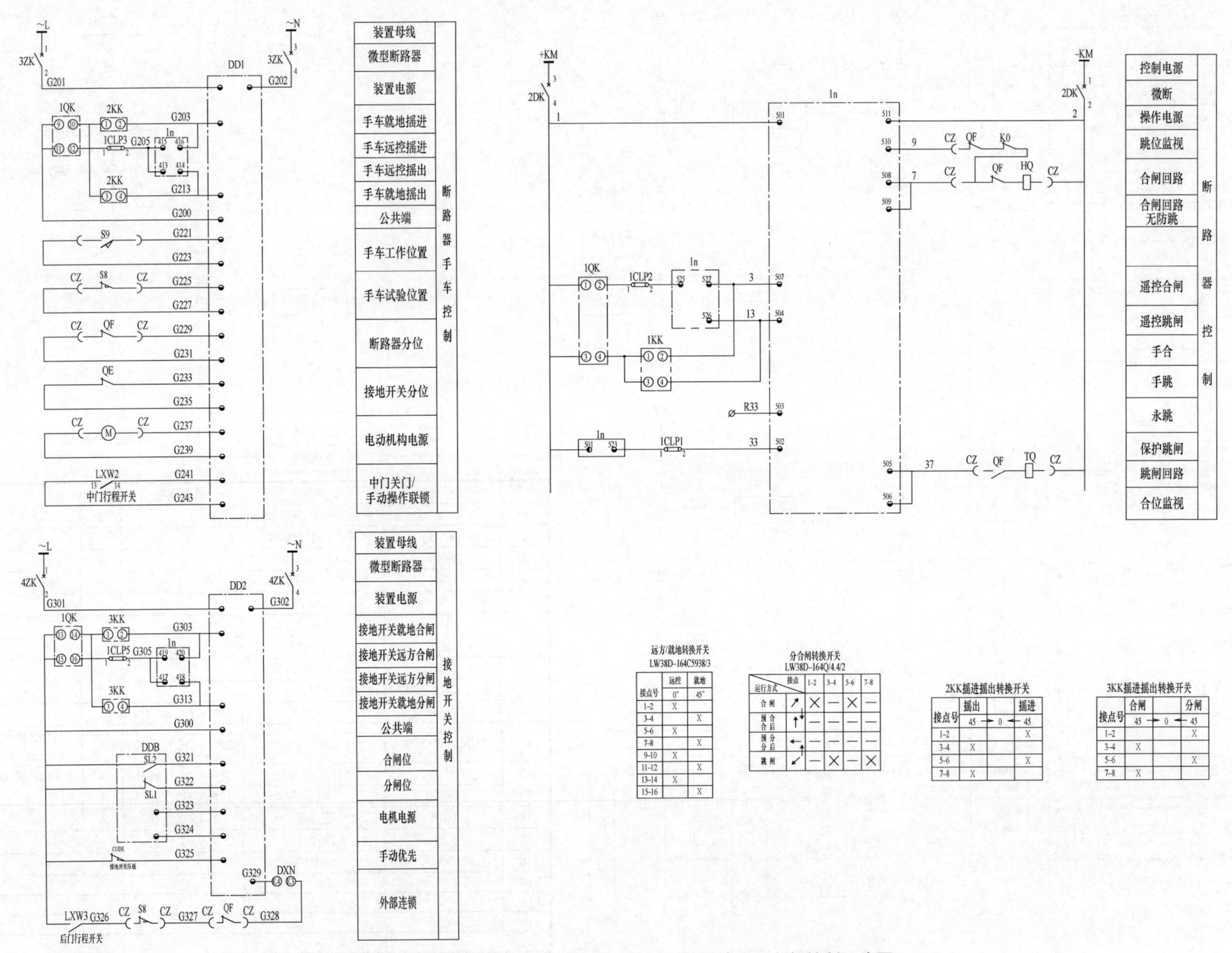

图 8-6 HE-110-A3-3-D0208-06 10kV 电容器开关柜控制回路图

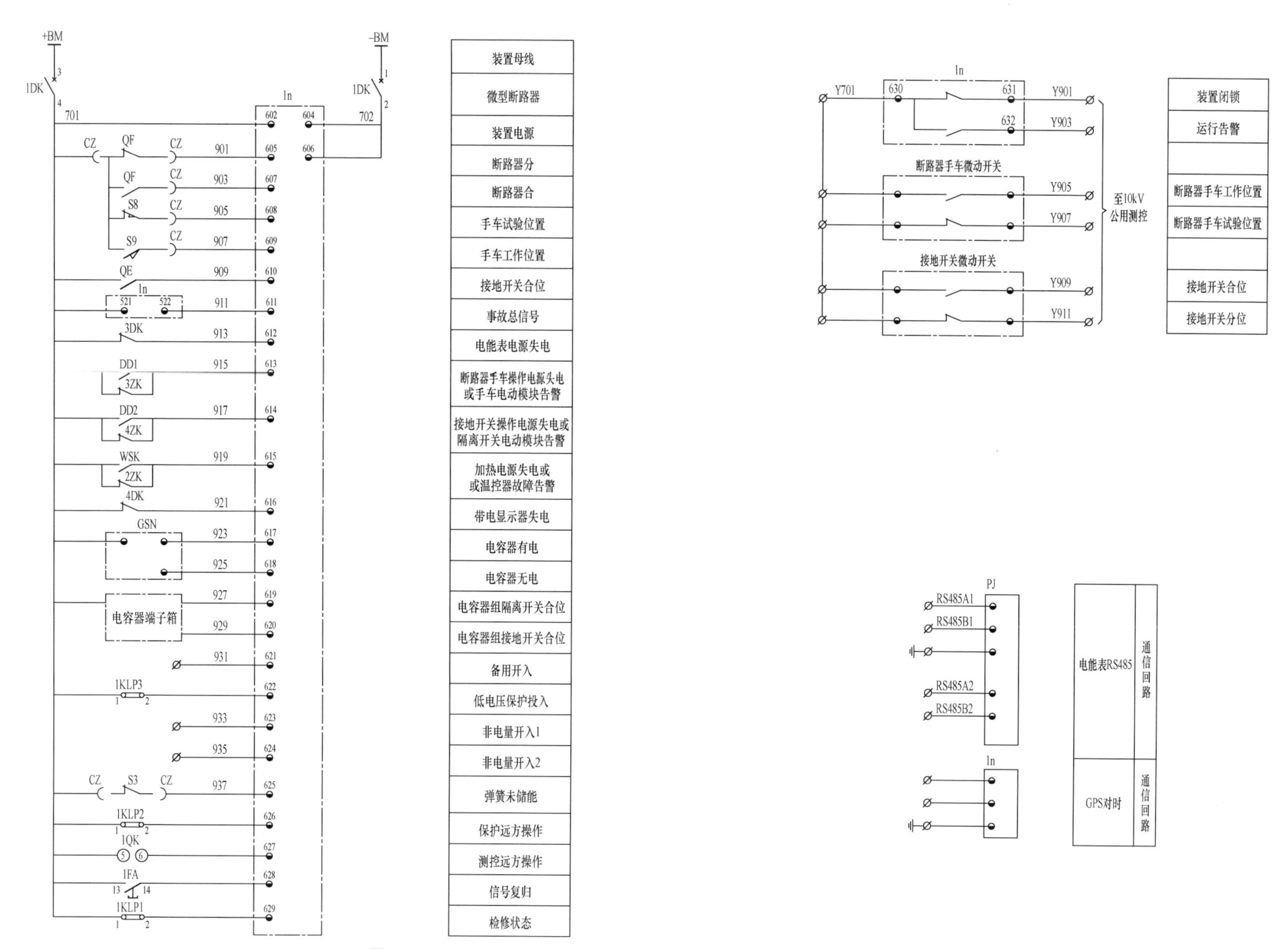

图 8-7 HE-110-A3-3-D0208-07 10kV 电容器开关柜信号回路图

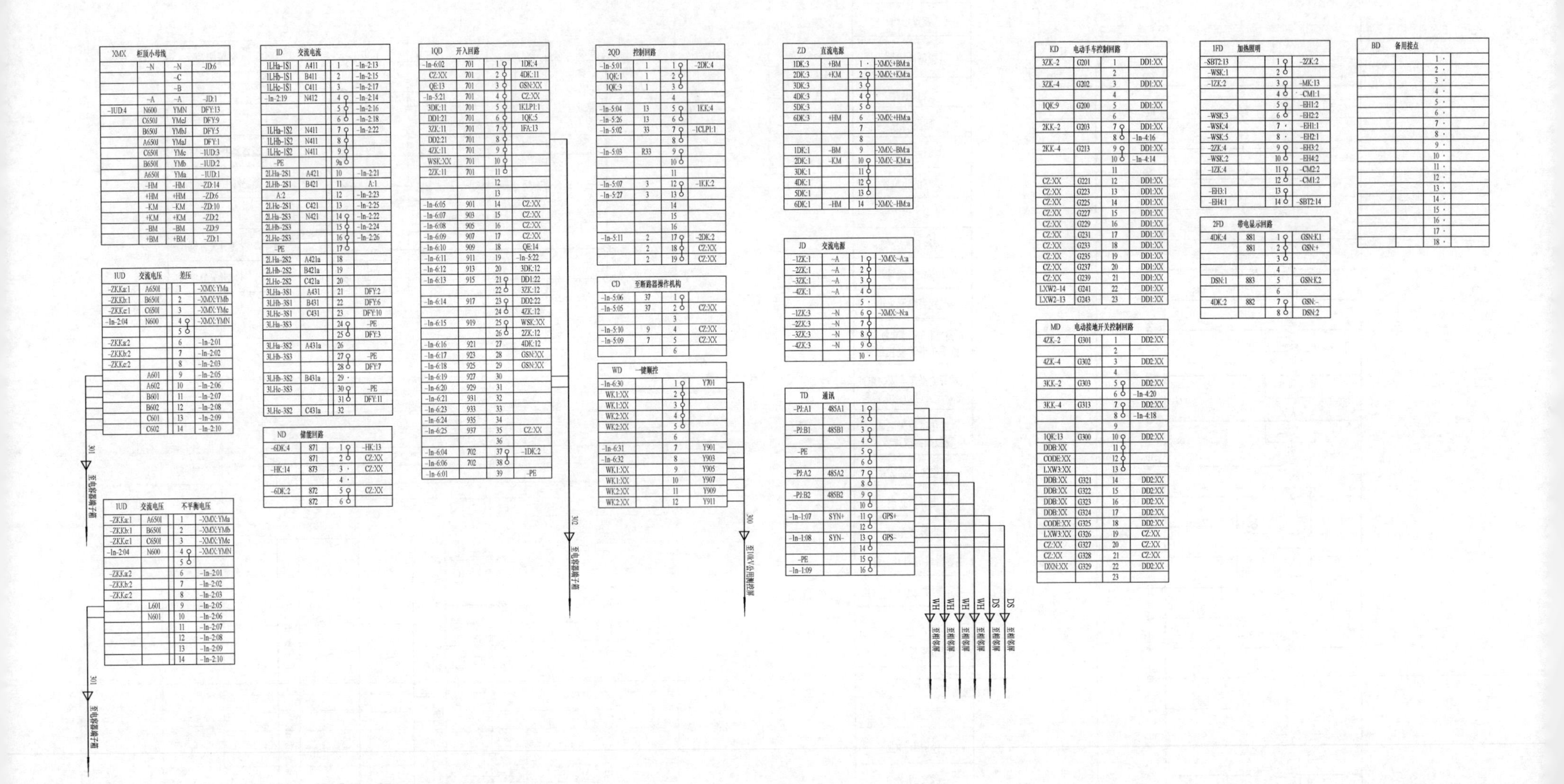

图 8-8　HE-110-A3-3-D0208-08　10kV 电容器开关柜端子排图

注：本图适用于ⅡA 母，当用于ⅡB 母时，电压编号改为：A660I、B660I、C660I，A660J、B660J、C660J；

当用于Ⅲ母时，电压编号改为：A670I、B670I、C670I，A670J、B670J、C670J。

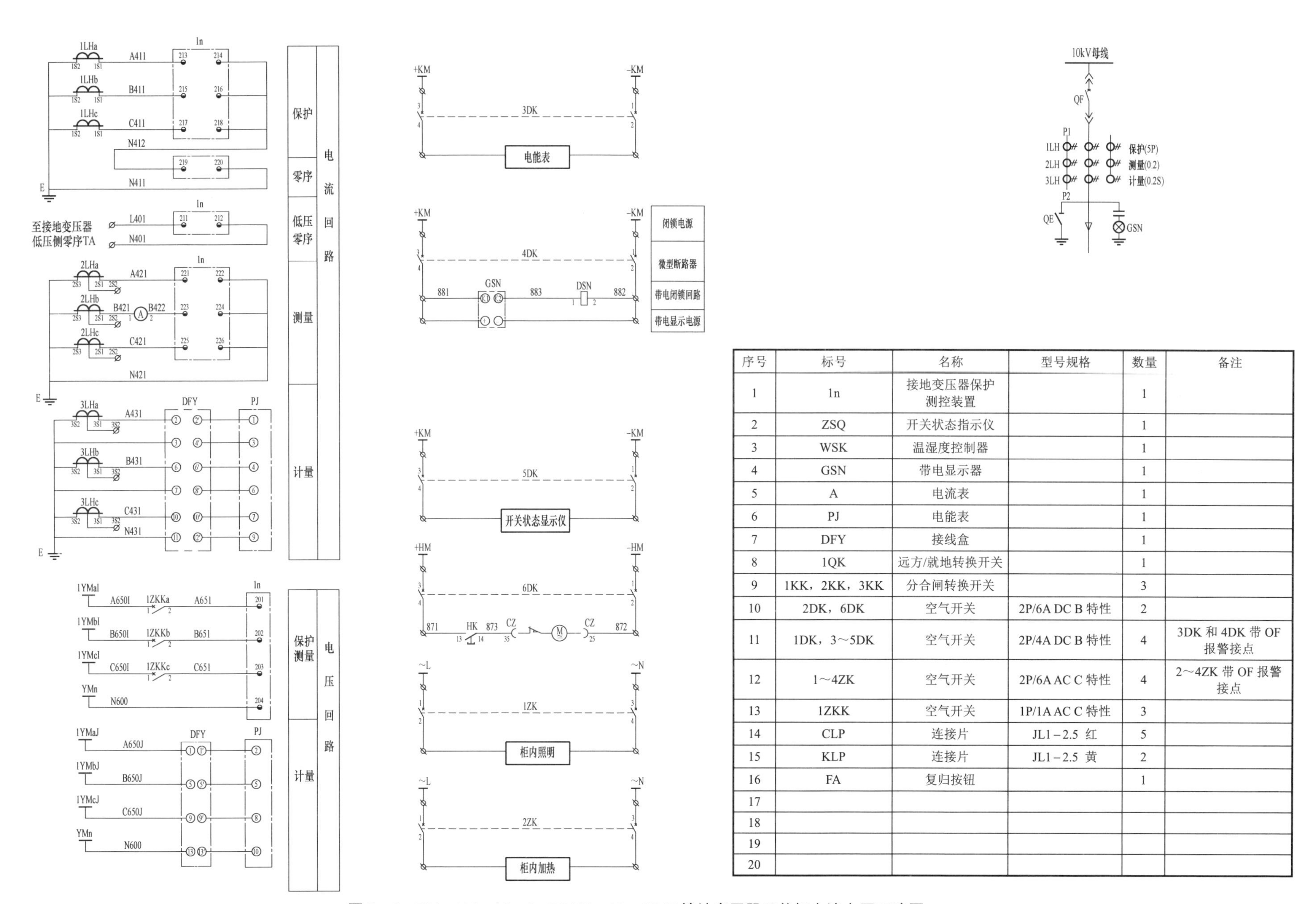

序号	标号	名称	型号规格	数量	备注
1	1n	接地变压器保护测控装置		1	
2	ZSQ	开关状态指示仪		1	
3	WSK	温湿度控制器		1	
4	GSN	带电显示器		1	
5	A	电流表		1	
6	PJ	电能表		1	
7	DFY	接线盒		1	
8	1QK	远方/就地转换开关		1	
9	1KK，2KK，3KK	分合闸转换开关		3	
10	2DK，6DK	空气开关	2P/6A DC B 特性	2	
11	1DK，3～5DK	空气开关	2P/4A DC B 特性	4	3DK 和 4DK 带 OF 报警接点
12	1～4ZK	空气开关	2P/6A AC C 特性	4	2～4ZK 带 OF 报警接点
13	1ZKK	空气开关	1P/1A AC C 特性	3	
14	CLP	连接片	JL1－2.5 红	5	
15	KLP	连接片	JL1－2.5 黄	2	
16	FA	复归按钮		1	
17					
18					
19					
20					

图 8－9　HE－110－A3－3－D0208－09　10kV 接地变压器开关柜电流电压回路图

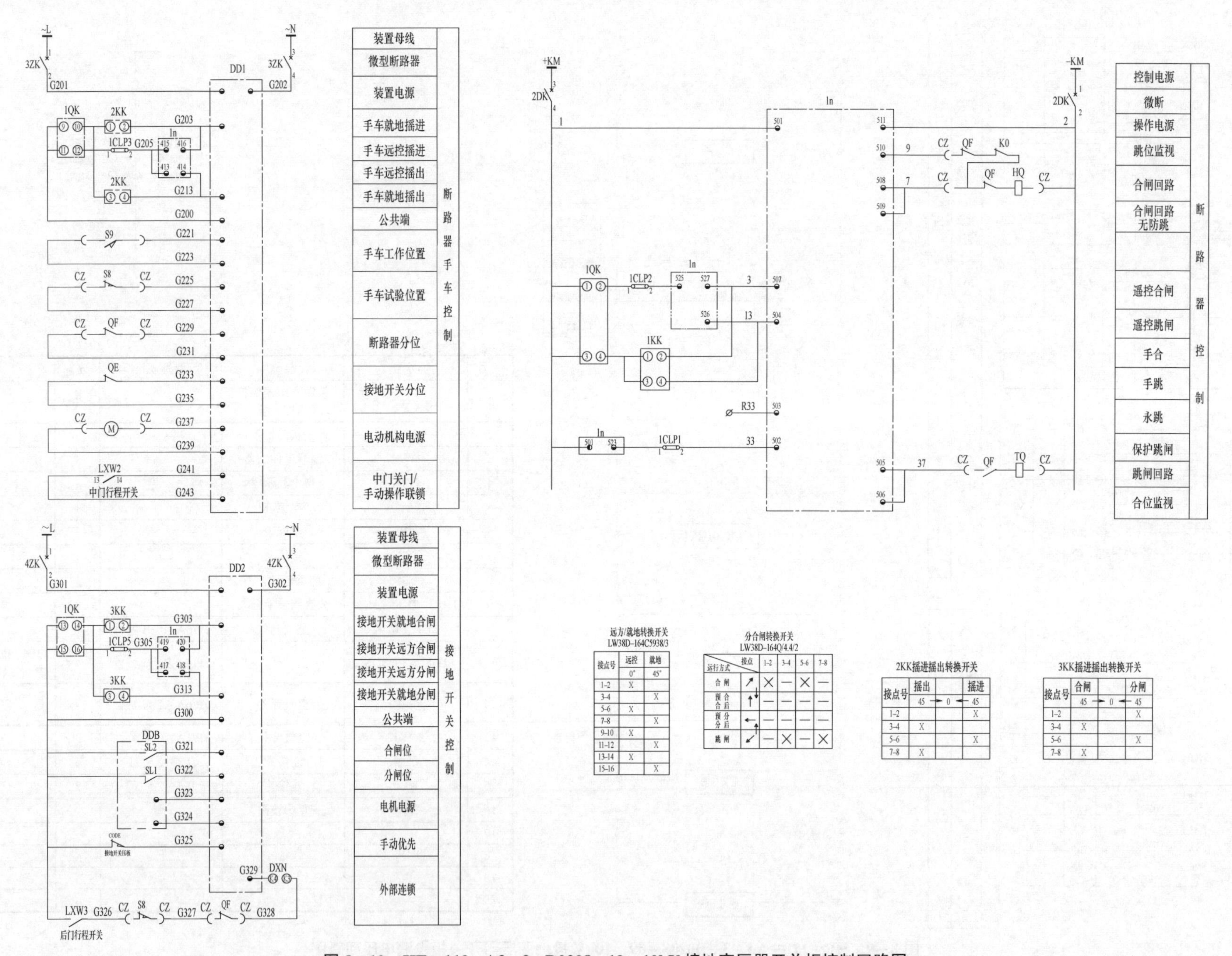

图 8-10　HE-110-A3-3-D0208-10　10kV 接地变压器开关柜控制回路图

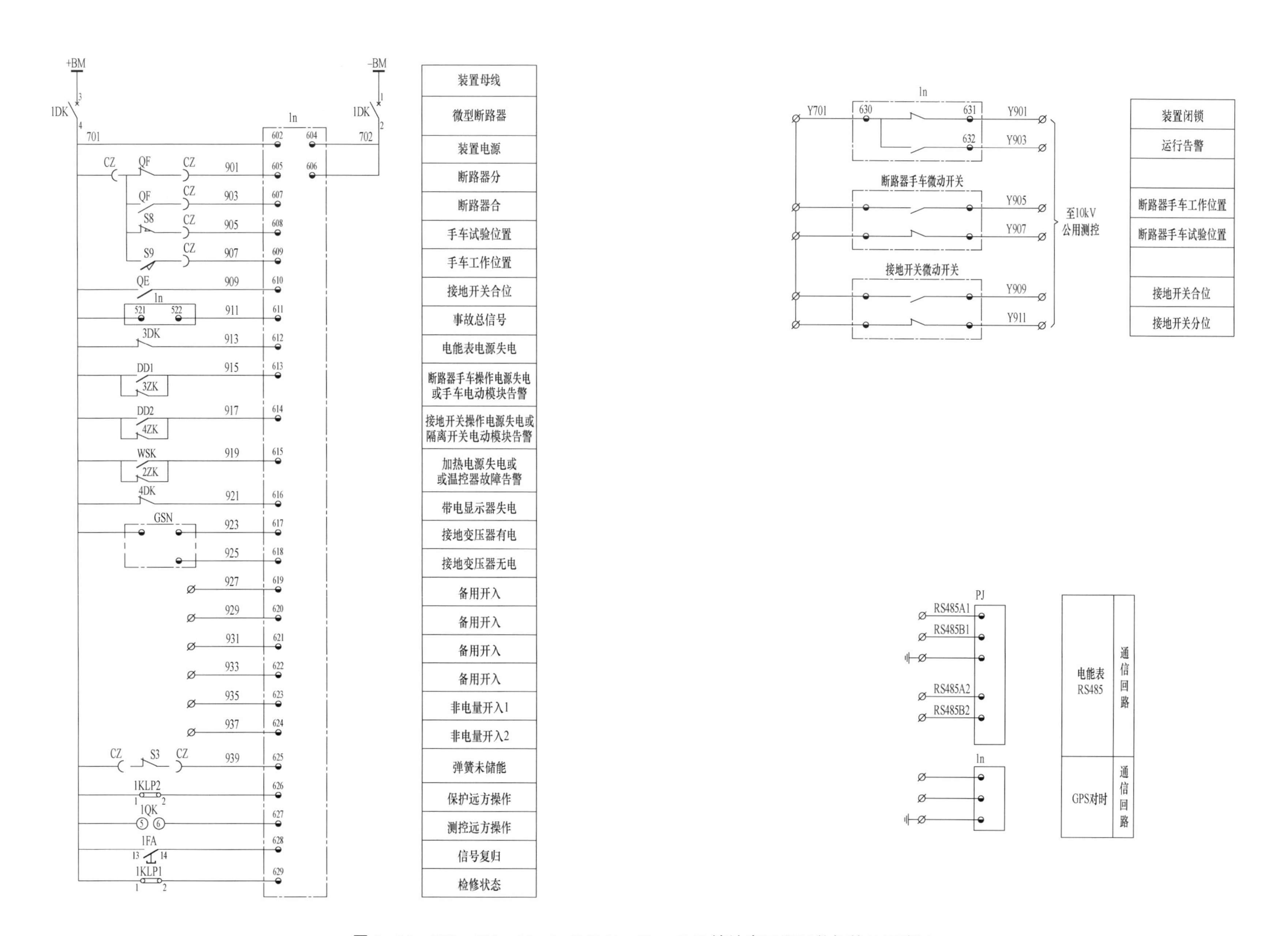

图 8-11　HE-110-A3-3-D0208-11　10kV 接地变压器开关柜信号回路图

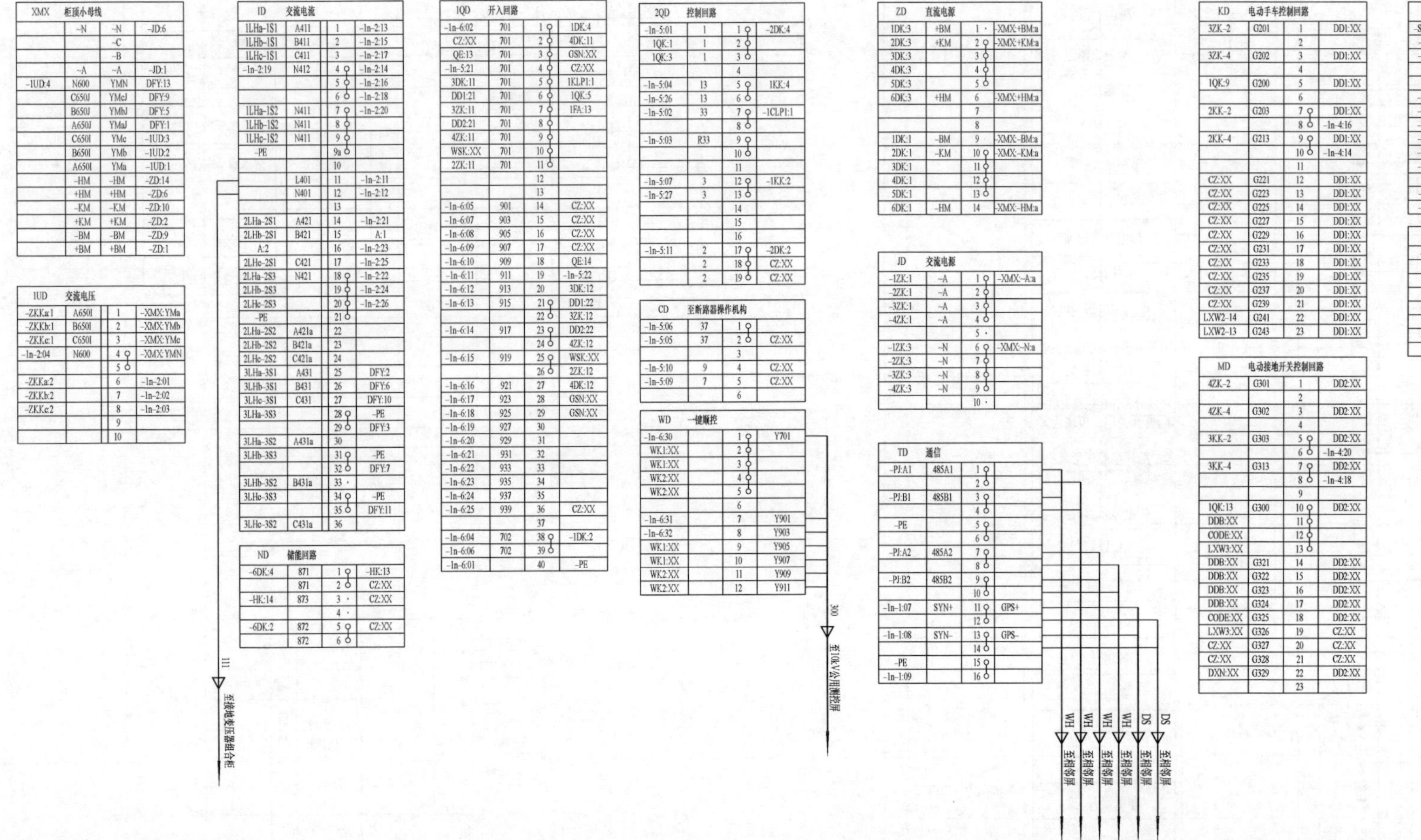

图 8-12　HE-110-A3-3-D0208-12　10kV 接地变压器开关柜端子排图

注：本图适用于ⅡA 母，当用于ⅡB 母时，电压编号改为：A660I、B660I、C660I，A660J、B660J、C660J；

当用于Ⅲ母时，电压编号改为：A670I、B670I、C670I，A670J、B670J、C670J。

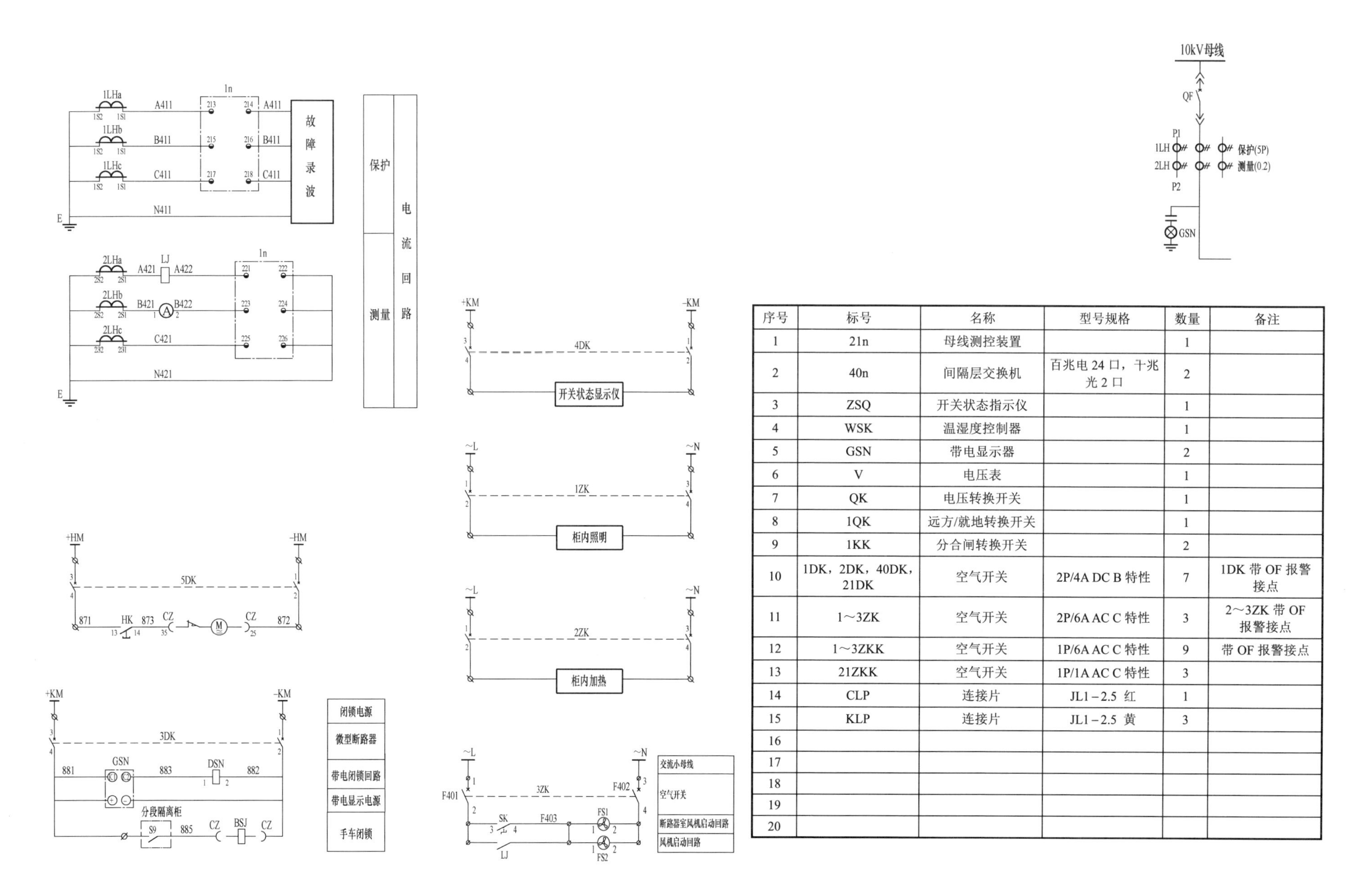

序号	标号	名称	型号规格	数量	备注
1	21n	母线测控装置		1	
2	40n	间隔层交换机	百兆电 24 口，千兆光 2 口	2	
3	ZSQ	开关状态指示仪		1	
4	WSK	温湿度控制器		1	
5	GSN	带电显示器		2	
6	V	电压表		1	
7	QK	电压转换开关		1	
8	1QK	远方/就地转换开关		1	
9	1KK	分合闸转换开关		2	
10	1DK，2DK，40DK，21DK	空气开关	2P/4A DC B 特性	7	1DK 带 OF 报警接点
11	1～3ZK	空气开关	2P/6A AC C 特性	3	2～3ZK 带 OF 报警接点
12	1～3ZKK	空气开关	1P/6A AC C 特性	9	带 OF 报警接点
13	21ZKK	空气开关	1P/1A AC C 特性	3	
14	CLP	连接片	JL1－2.5 红	1	
15	KLP	连接片	JL1－2.5 黄	3	
16					
17					
18					
19					
20					

图 8－13　HE－110－A3－3－D0208－13　10kV 分段电流回路图

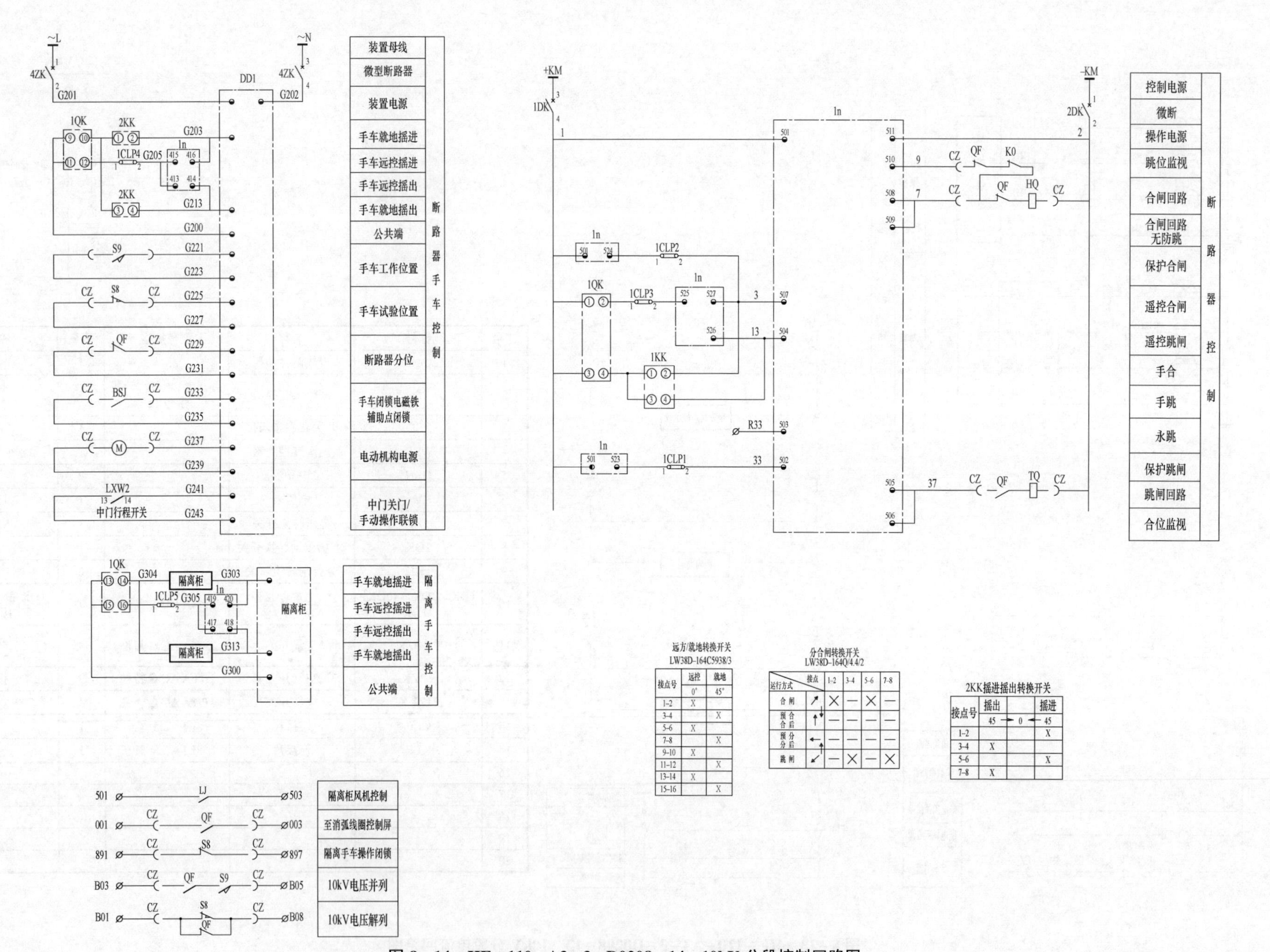

接点号	远控 0°	就地 45°
1-2	X	
3-4		X
5-6	X	
7-8		X
9-10	X	
11-12		X
13-14	X	
15-16		X

接点号	摇出 45	0	摇进 45
1-2			X
3-4	X		
5-6			X
7-8	X		

图 8－14　HE－110－A3－3－D0208－14　10kV 分段控制回路图

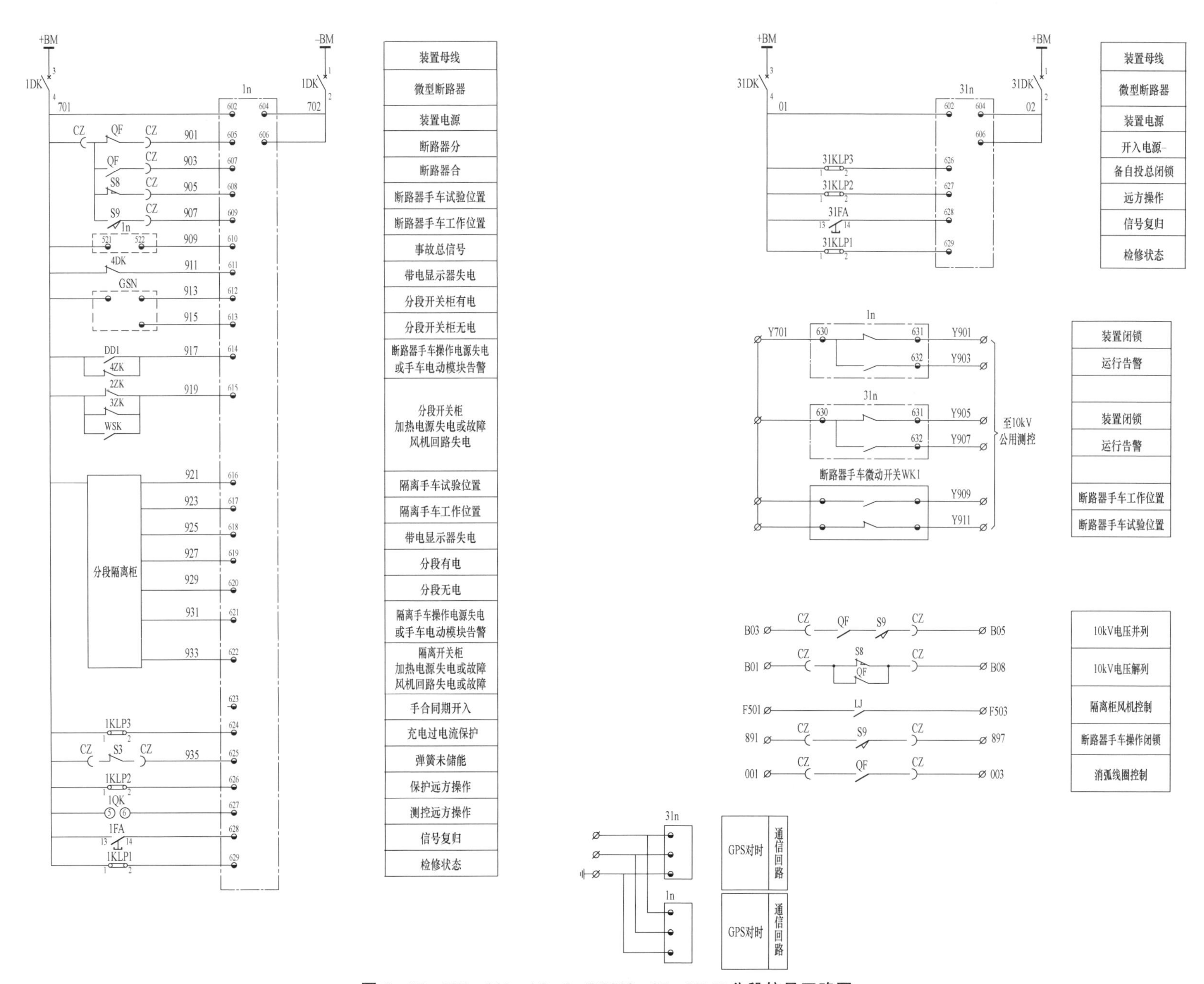

图 8-15 HE-110-A3-3-D0208-15 10kV 分段信号回路图

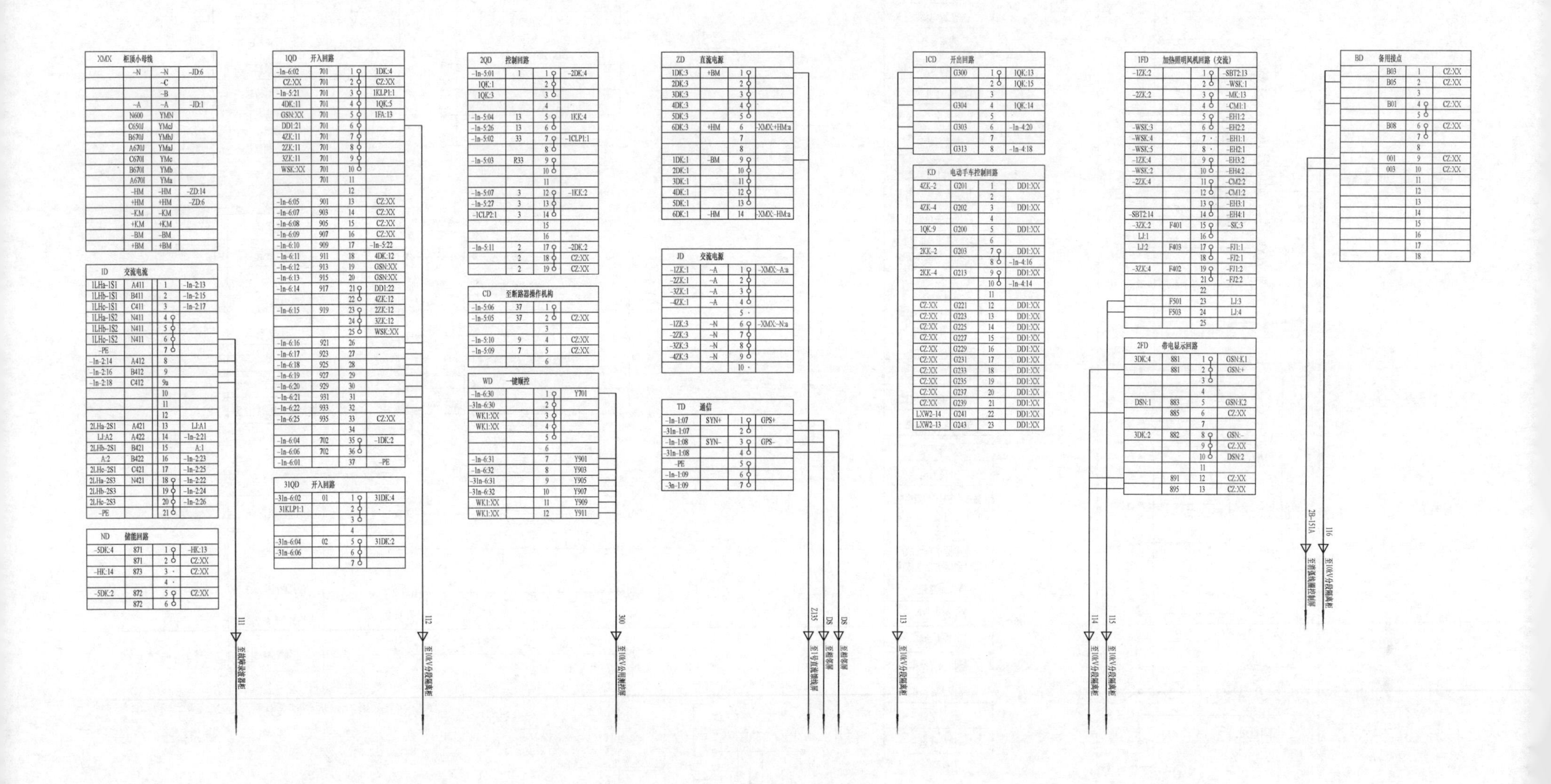

图 8-16 HE-110-A3-3-D0208-16 10kV 分段开关柜端子排图

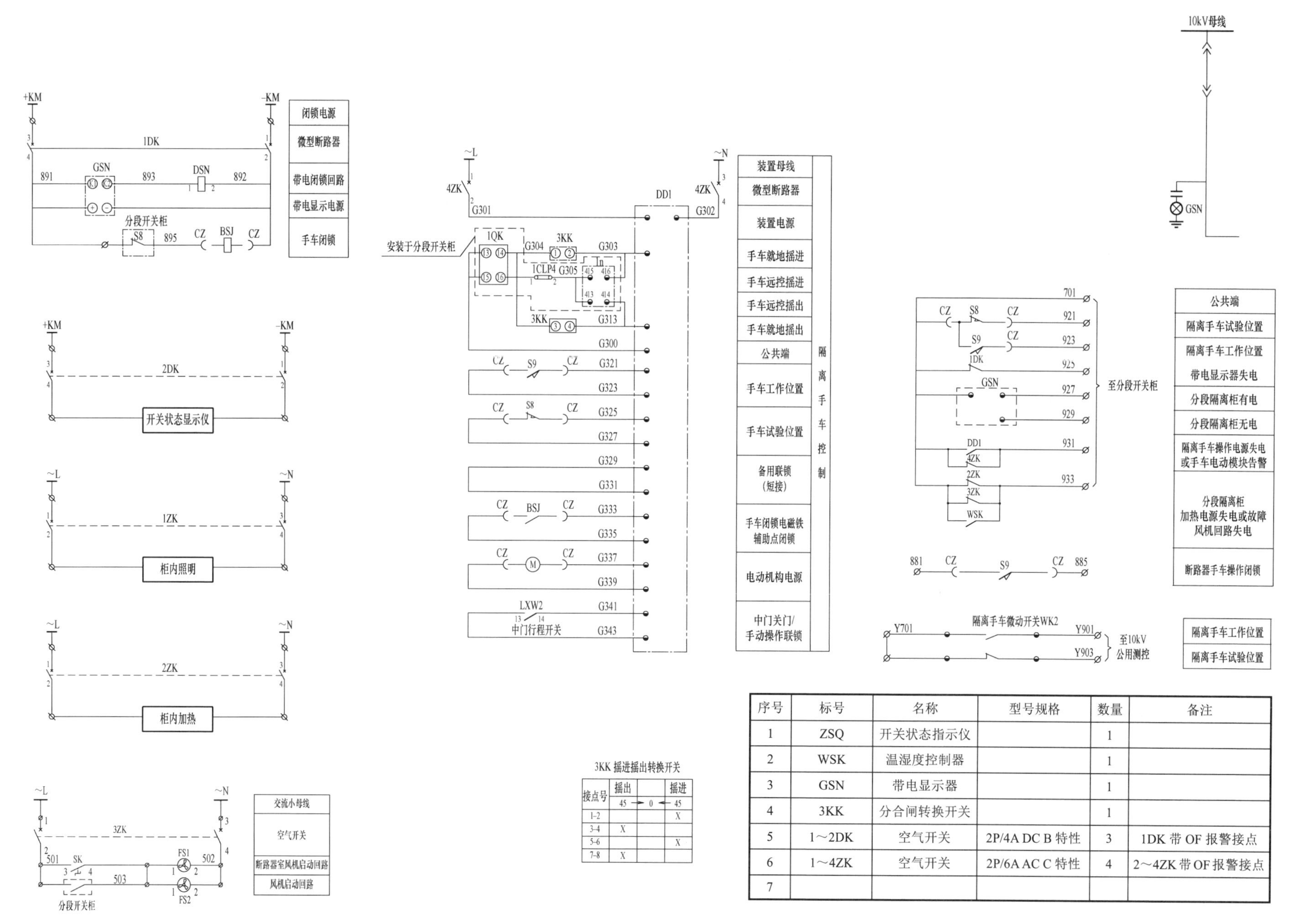

接点号	摇出 45	0	摇进 45
1-2			X
3-4	X		
5-6			X
7-8	X		

序号	标号	名称	型号规格	数量	备注
1	ZSQ	开关状态指示仪		1	
2	WSK	温湿度控制器		1	
3	GSN	带电显示器		1	
4	3KK	分合闸转换开关		1	
5	1～2DK	空气开关	2P/4A DC B 特性	3	1DK 带 OF 报警接点
6	1～4ZK	空气开关	2P/6A AC C 特性	4	2～4ZK 带 OF 报警接点
7					

图 8-17　HE-110-A3-3-D0208-17　10kV 分段隔离柜接线图

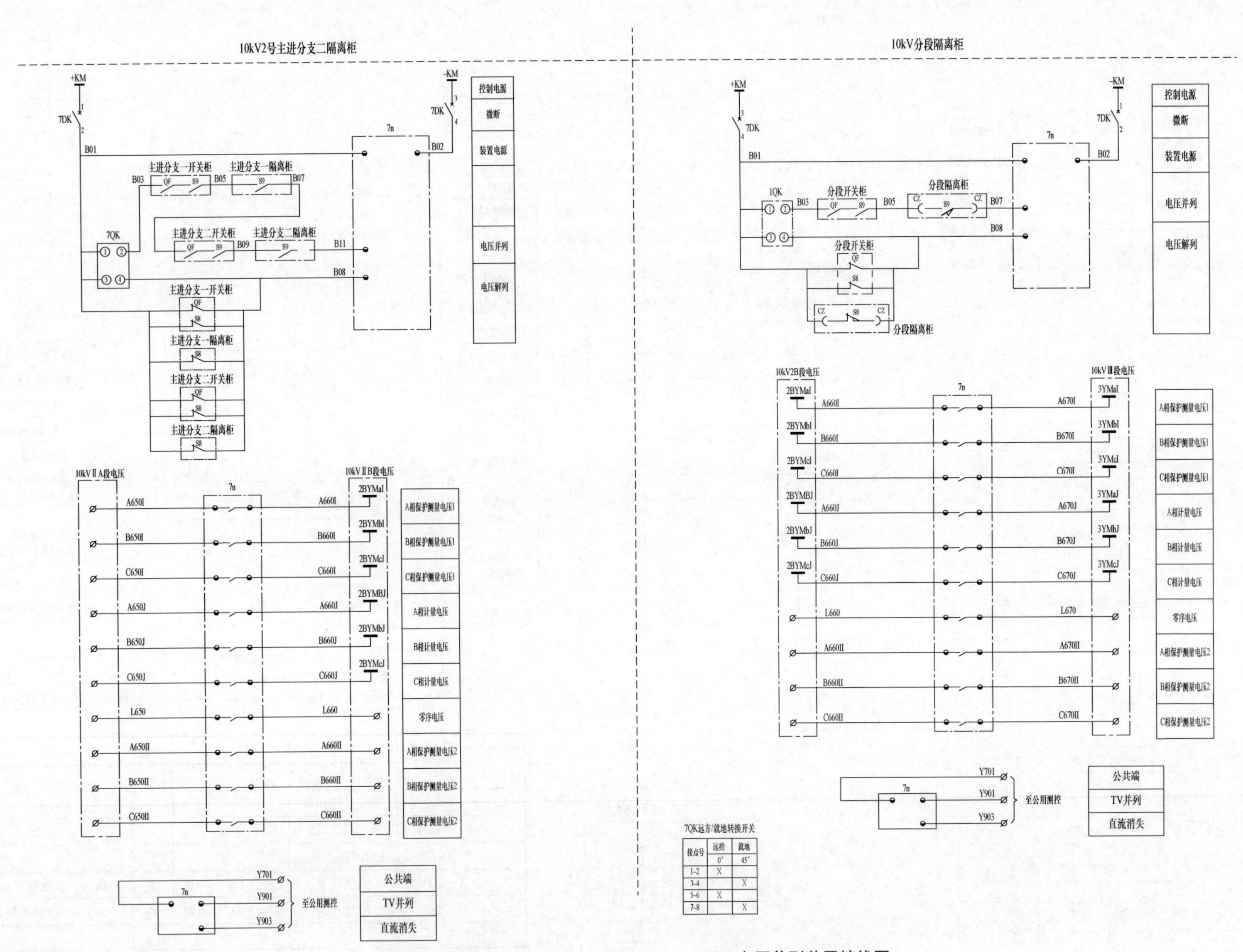

接点号	远控 0°	就地 45°
1-2	X	
3-4		X
5-6	X	
7-8		X

图 8-18　HE-110-A3-3-D0208-18　10kV 电压并列装置接线图

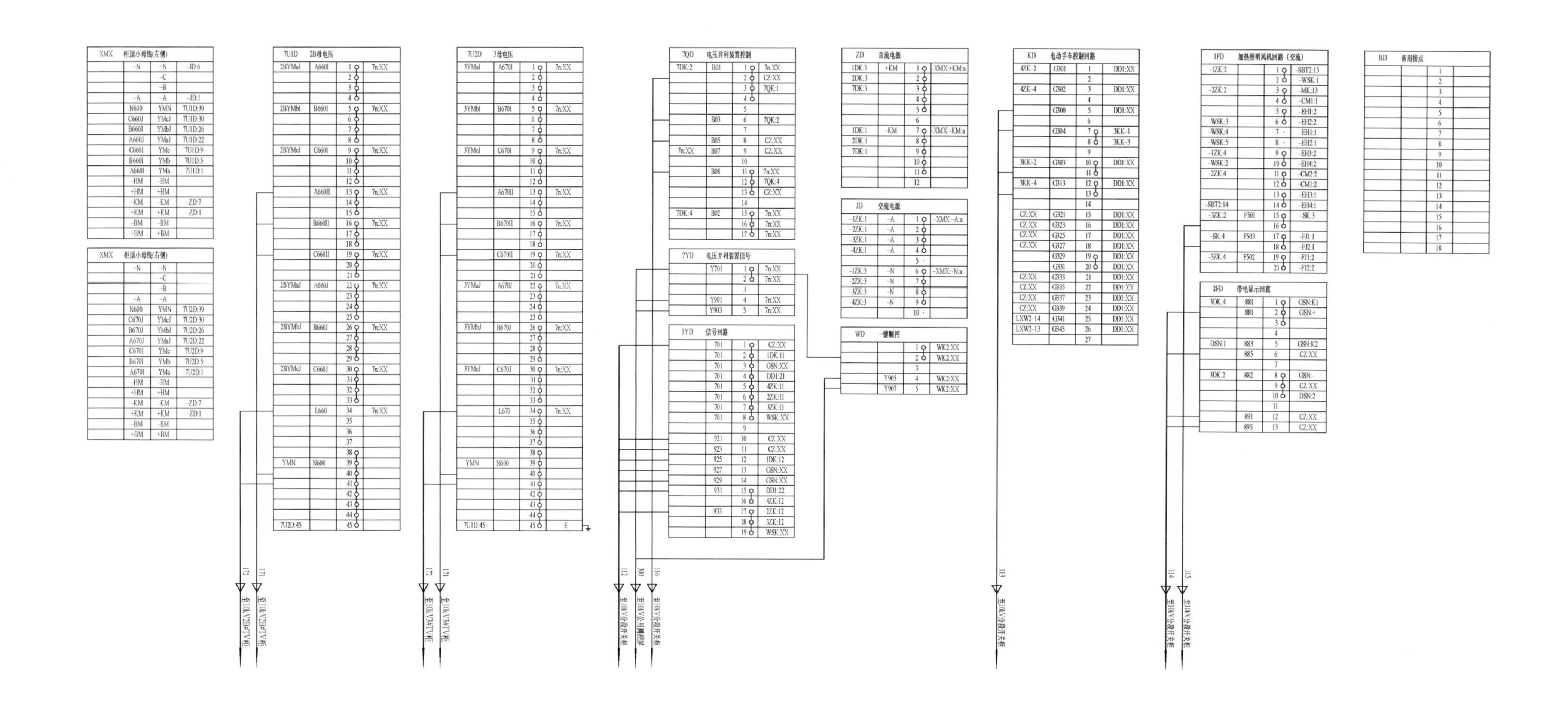

图 8-19　HE-110-A3-3-D0208-19　10kV 分段隔离柜端子排图

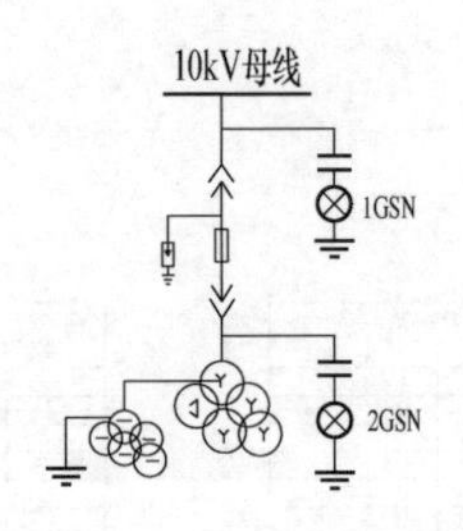

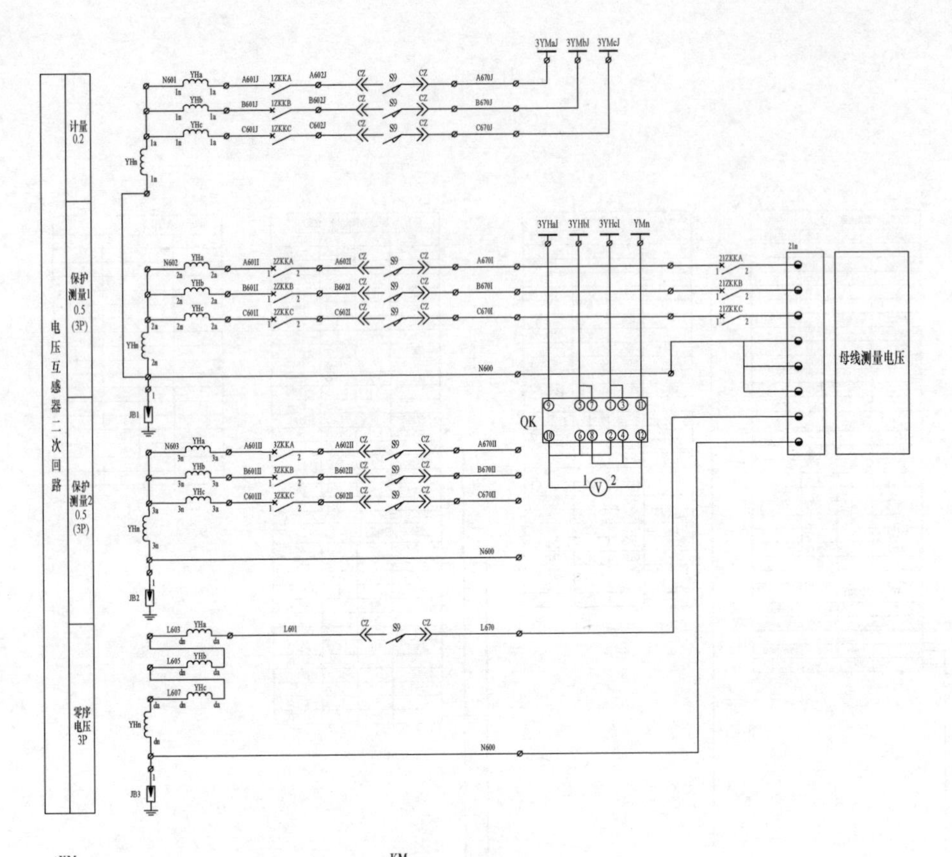

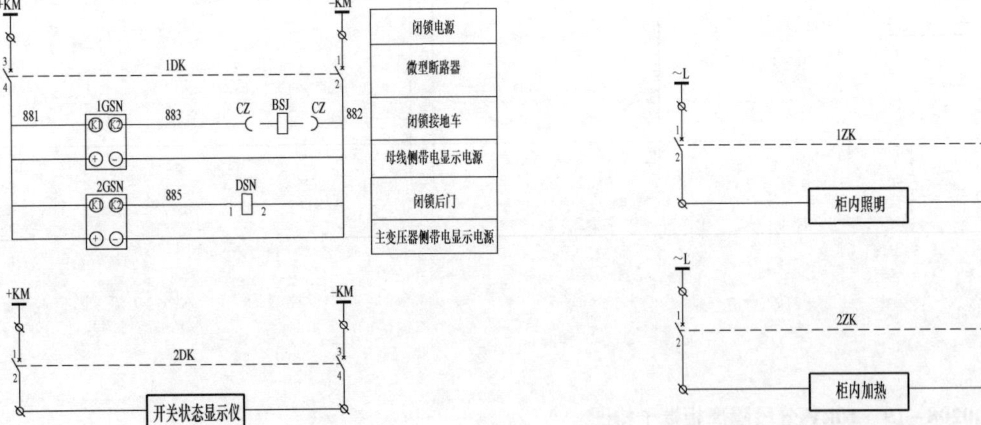

注：本图适用于 10kV 3 母线出线，当用于 10kV 2A 和 2B 母出线时，电压小母线及电压回路编号见 10kV 开关柜小母线示意图。

序号	标号	名称	型号规格	数量	备注
1	1n	分段保护测控装置		1	
2	31n	备自投装置		1	
3	ZSQ	开关状态指示仪		1	
4	WSK	温湿度控制器		1	
5	GSN	带电显示器		1	
6	A	电流表		1	
7	1QK	远方/就地转换开关		1	
8	1KK，2KK	分合闸转换开关		2	
9	2DK，6DK	空气开关	2P/6A DC B 特性	2	
10	1DK，4～5DK	空气开关	2P/4A DC B 特性	3	3DK 带 OF 报警接点
11	1～4ZK	空气开关	2P/6A AC C 特性	4	2～4ZK 带 OF 报警接点
12	CLP	连接片	JL1－2.5 红	5	
13	KLP	连接片	JL1－2.5 黄	6	
14	FA	复归按钮		2	
15	LJ	过电流启动通风继电器		1	
16					
17					
18					
19					
20					

图 8－20　HE－110－A3－3－D0208－20　10kV 电压互感器柜接线图（一）

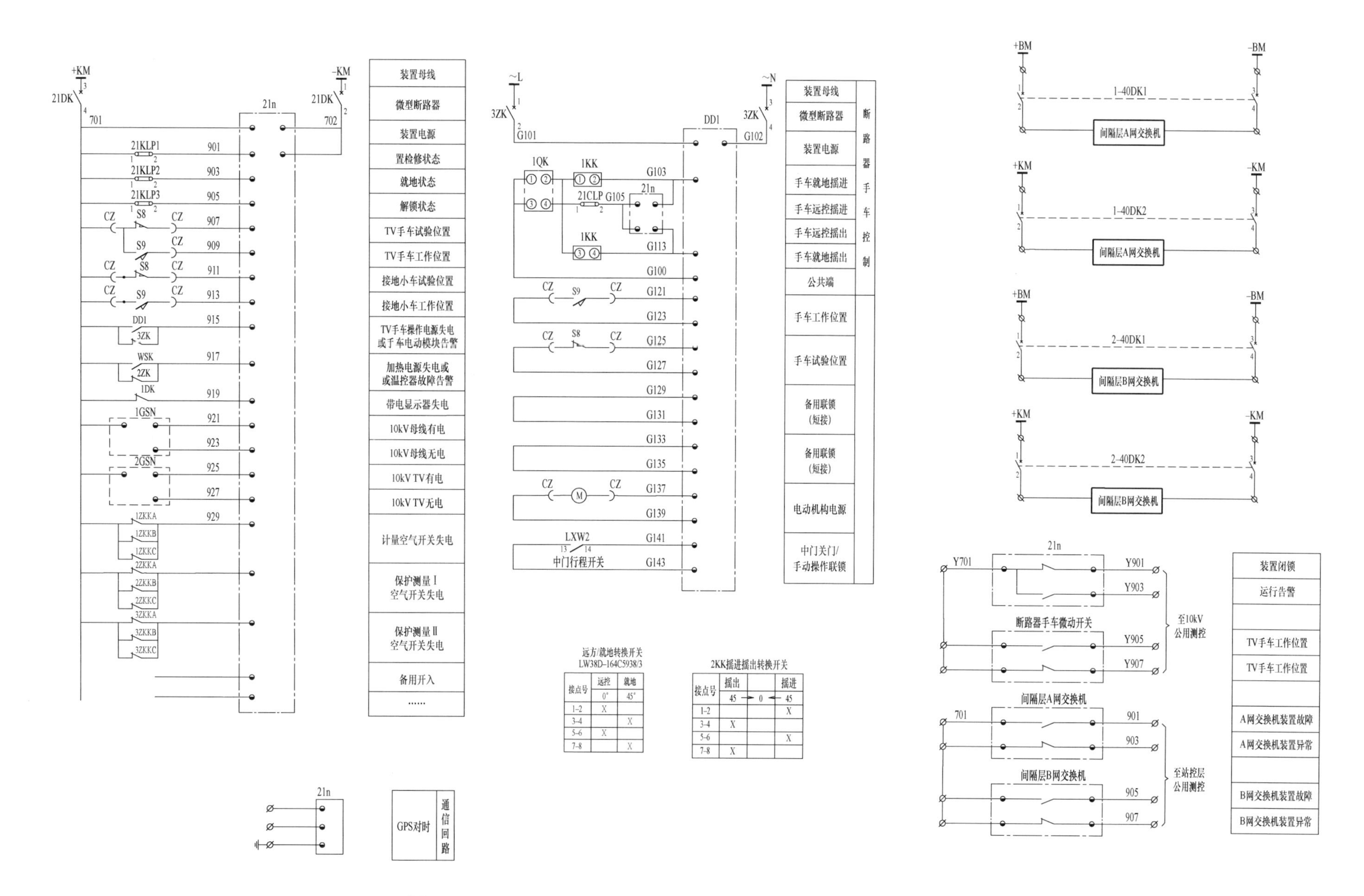

图 8-21　HE-110-A3-3-D0208-21　10kV 电压互感器柜接线图（二）

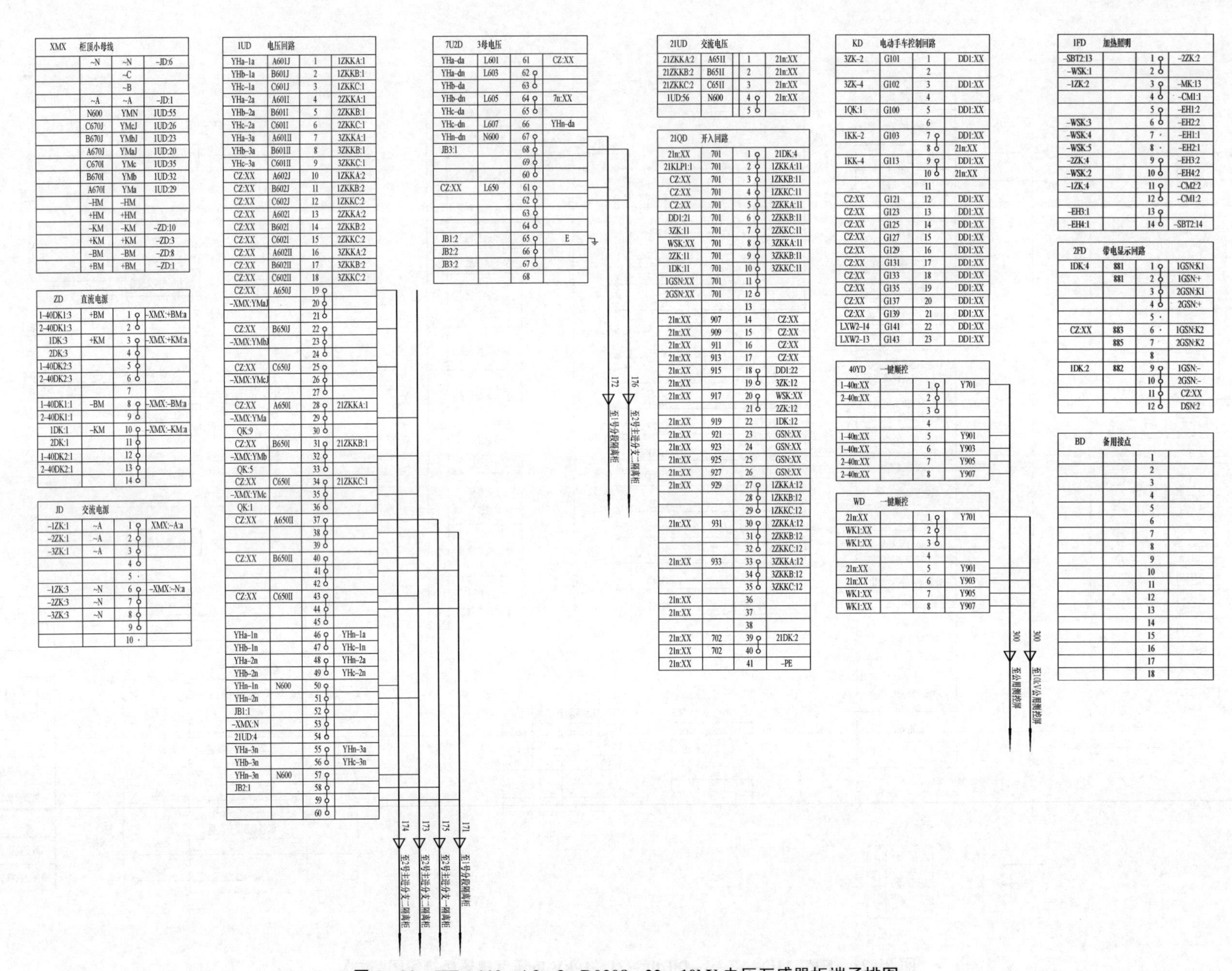

图 8-22 HE-110-A3-3-D0208-22 10kV 电压互感器柜端子排图

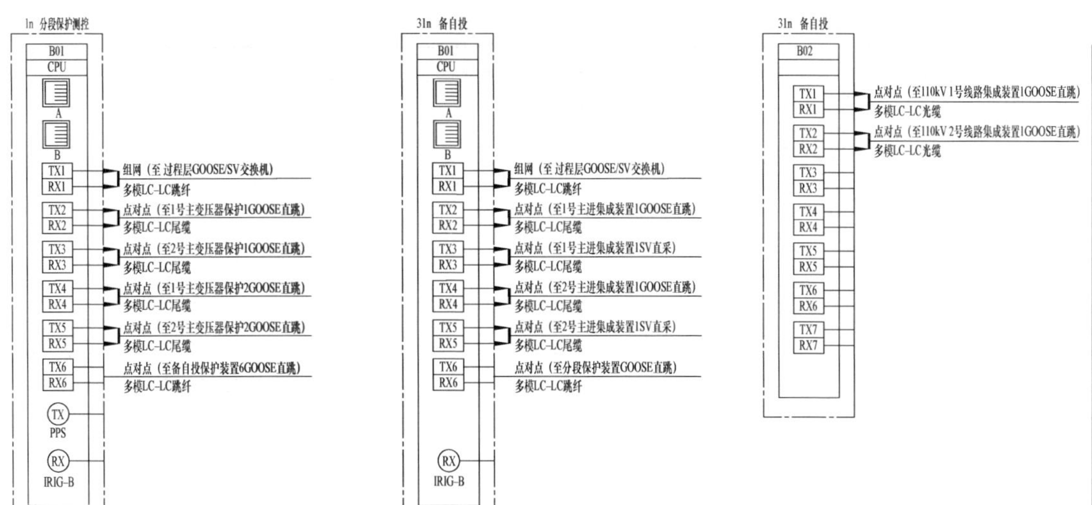

尾缆接线表

线缆编号	线缆型号	本柜连接设备			尾缆芯号	功能说明	对侧设备
		设备名称	设备插件/端口号	设备端口类型			
2LFD－WL111	8芯多模铠装尾缆 LC－LC	分段保护测控（1n）	B01 插件－TX1	多模，LC	1	分段保护 SV/GOOSE 组网	至110kV备自投屏过程层中心交换机
		分段保护测控（1n）	B01 插件－RX1	多模，LC	2		
		备自投装置（31n）	B01 插件－TX1	多模，LC	3	备自投 SV/GOOSE 组网	
		备自投装置（31n）	B01 插件－RX1	多模，LC	4		
					5	备用	
					6	备用	
					7	备用	
					8	备用	
2LFD－WL116	4芯多模铠装尾缆 LC－LC	监测终端（10n）		多模，LC	1	监测终端组网	Ⅱ区数据网关机屏Ⅱ区A网交换机
		监测终端（10n）		多模，LC	2		
					3	备用	
					4	备用	

网线接线表

线缆编号	线缆型号	本柜连接设备			功能说明	对侧设备
		设备名称	设备插件/端口号	设备端口类型		
JC－WX031A	铠装超五类屏蔽双绞线	监测终端（10n）	以太网口1	RJ45	MMS A 网	Ⅱ区数据网关机屏站控层Ⅱ区A网交换机

尾缆接线表

线缆编号	线缆型号	本柜连接设备			尾缆芯号	功能说明	对侧设备
		设备名称	设备插件/端口号	设备端口类型			
2LFD－WL112	8芯多模铠装尾缆 LC－LC	备自投装置（31n）	B01 插件－RX3	多模，LC	1	10kV 备自投 SV 直采	至10kV 2号主进分支二开关柜10kV主进集成装置1
		备自投装置（31n）	B01 插件－RX2	多模，LC	2	10kV 备自投 GOOSE 直跳	
		备自投装置（31n）	B01 插件－TX2	多模，LC	3		
					4	备用	
					5	备用	
					6	备用	
					7	备用	
					8	备用	
2LFD－WL113	8芯多模铠装尾缆 LC－LC	备自投装置（31n）	B01 插件－RX5	多模，LC	1	10kV 备自投 SV 直采	至10kV 3号主进开关柜10kV主进集成装置1
		备自投装置（31n）	B01 插件－RX4	多模，LC	2	10kV 备自投 GOOSE 直跳	
		备自投装置（31n）	B01 插件－TX4	多模，LC	3		
					4	备用	
					5	备用	
					6	备用	
					7	备用	
					8	备用	
2B－WL119	4芯多模铠装尾缆 LC－LC	分段保护测控（1n）		多模，LC	1	2号主变压器保护1 GOOSE 跳闸	至2号主变压器保护屏主变压器保护1
		分段保护测控（1n）		多模，LC	2		
					3	备用	
					4	备用	
2B－WL120	4芯多模铠装尾缆 LC－LC	分段保护测控（1n）		多模，LC	1	2号主变压器保护2 GOOSE 跳闸	至2号主变压器保护屏主变压器保护2
		分段保护测控（1n）		多模，LC	2		
					3	备用	
					4	备用	
3B－WL119	4芯多模铠装尾缆 LC－LC	分段保护测控（1n）		多模，LC	1	3号主变压器保护1 GOOSE 跳闸	至3号主变压器保护屏主变压器保护1
		分段保护测控（1n）		多模，LC	2		
					3	备用	
					4	备用	
3B－WL120	4芯多模铠装尾缆 LC－LC	分段保护测控（1n）		多模，LC	1	3号主变压器保护2 GOOSE 跳闸	至3号主变压器保护屏主变压器保护2
		分段保护测控（1n）		多模，LC	2		
					3	备用	
					4	备用	

设备表

符号	名称	型式	技术特性	数量	备注
10kV 分段开关柜					
1n	10kV 分段保护测控				
31n	10kV 备自投装置				
10n	监测终端				

图 8－23　HE－110－A3－3－D0208－23　10kV 分段开关柜光缆连接图

网线接线表

线缆编号	线缆型号	连接设备			功能说明	对侧设备
		设备名称	设备插件/端口号	设备端口类型		
2L1－WX031A	铠装超五类屏蔽双绞线	10kVⅡ母间隔层A网交换机(1－40n)	电以太网口1	RJ45	站控层MMS A网	10kV线路开关柜 47号柜
2L2－WX031A	铠装超五类屏蔽双绞线	10kVⅡ母间隔层A网交换机(1－40n)	电以太网口2	RJ45	站控层MMS A网	10kV线路开关柜 48号柜
2L3－WX031A	铠装超五类屏蔽双绞线	10kVⅡ母间隔层A网交换机(1－40n)	电以太网口3	RJ45	站控层MMS A网	10kV线路开关柜 49号柜
2L4－WX031A	铠装超五类屏蔽双绞线	10kVⅡ母间隔层A网交换机(1－40n)	电以太网口4	RJ45	站控层MMS A网	10kV线路开关柜 50号柜
2L5－WX031A	铠装超五类屏蔽双绞线	10kVⅡ母间隔层A网交换机(1－40n)	电以太网口5	RJ45	站控层MMS A网	10kV线路开关柜 51号柜
2L6－WX031A	铠装超五类屏蔽双绞线	10kVⅡ母间隔层A网交换机(1－40n)	电以太网口6	RJ45	站控层MMS A网	10kV线路开关柜 52号柜
2L7－WX031A	铠装超五类屏蔽双绞线	10kVⅡ母间隔层A网交换机(1－40n)	电以太网口7	RJ45	站控层MMS A网	10kV线路开关柜 34号柜
2L8－WX031A	铠装超五类屏蔽双绞线	10kVⅡ母间隔层A网交换机(1－40n)	电以太网口8	RJ45	站控层MMS A网	10kV线路开关柜 35号柜
2L9－WX031A	铠装超五类屏蔽双绞线	10kVⅡ母间隔层A网交换机(1－40n)	电以太网口9	RJ45	站控层MMS A网	10kV线路开关柜 36号柜
2L10－WX031A	铠装超五类屏蔽双绞线	10kVⅡ母间隔层A网交换机(1－40n)	电以太网口10	RJ45	站控层MMS A网	10kV线路开关柜 37号柜
2L11－WX031A	铠装超五类屏蔽双绞线	10kVⅡ母间隔层A网交换机(1－40n)	电以太网口11	RJ45	站控层MMS A网	10kV线路开关柜 38号柜
2L12－WX031A	铠装超五类屏蔽双绞线	10kVⅡ母间隔层A网交换机(1－40n)	电以太网口12	RJ45	站控层MMS A网	10kV线路开关柜 40号柜
2R1－WX031A	铠装超五类屏蔽双绞线	10kVⅡ母间隔层A网交换机(1－40n)	电以太网口13	RJ45	站控层MMS A网	10kV 3号电容器开关柜 45号柜
2R1－WX031A	铠装超五类屏蔽双绞线	10kVⅡ母间隔层A网交换机(1－40n)	电以太网口14	RJ45	站控层MMS A网	10kV 4号电容器开关柜 33号柜
2APT－WX031A	铠装超五类屏蔽双绞线	10kVⅡ母间隔层A网交换机(1－40n)	电以太网口15	RJ45	站控层MMS A网	10kVⅡA母TV柜 46号柜
2BPT－WX031A	铠装超五类屏蔽双绞线	10kVⅡ母间隔层A网交换机(1－40n)	电以太网口16	RJ45	站控层MMS A网	10kVⅡB母TV柜 39号柜
2ZB－WX031A	铠装超五类屏蔽双绞线	10kVⅡ母间隔层A网交换机(1－40n)	电以太网口17	RJ45	站控层MMS A网	10kV 2号接地变压器开关柜 53号柜
		10kVⅡ母间隔层A网交换机(1－40n)	电以太网口18	RJ45	站控层MMS A网	
		10kVⅡ母间隔层A网交换机(1－40n)	电以太网口19	RJ45	站控层MMS A网	
		10kVⅡ母间隔层A网交换机(1－40n)	电以太网口20	RJ45	站控层MMS A网	
		10kVⅡ母间隔层A网交换机(1－40n)	电以太网口21	RJ45	站控层MMS A网	
		10kVⅡ母间隔层A网交换机(1－40n)	电以太网口22	RJ45	站控层MMS A网	
		10kVⅡ母间隔层A网交换机(1－40n)	电以太网口23	RJ45	站控层MMS A网	
		10kVⅡ母间隔层A网交换机(1－40n)	电以太网口24	RJ45	站控层MMS A网	

网线接线表

线缆编号	线缆型号	连接设备			功能说明	对侧设备
		设备名称	设备插件/端口号	设备端口类型		
2L1－WX031B	铠装超五类屏蔽双绞线	10kVⅡ母间隔层B网交换机(2－40n)	电以太网口1	RJ45	站控层MMS B网	10kV线路开关柜 47号柜
2L2－WX031B	铠装超五类屏蔽双绞线	10kVⅡ母间隔层B网交换机(2－40n)	电以太网口2	RJ45	站控层MMS B网	10kV线路开关柜 48号柜
2L3－WX031B	铠装超五类屏蔽双绞线	10kVⅡ母间隔层B网交换机(2－40n)	电以太网口3	RJ45	站控层MMS B网	10kV线路开关柜 49号柜
2L4－WX031B	铠装超五类屏蔽双绞线	10kVⅡ母间隔层B网交换机(2－40n)	电以太网口4	RJ45	站控层MMS B网	10kV线路开关柜 50号柜
2L5－WX031B	铠装超五类屏蔽双绞线	10kVⅡ母间隔层B网交换机(2－40n)	电以太网口5	RJ45	站控层MMS B网	10kV线路开关柜 51号柜
2L6－WX031B	铠装超五类屏蔽双绞线	10kVⅡ母间隔层B网交换机(2－40n)	电以太网口6	RJ45	站控层MMS B网	10kV线路开关柜 52号柜
2L7－WX031B	铠装超五类屏蔽双绞线	10kVⅡ母间隔层B网交换机(2－40n)	电以太网口7	RJ45	站控层MMS B网	10kV线路开关柜 34号柜
2L8－WX031B	铠装超五类屏蔽双绞线	10kVⅡ母间隔层B网交换机(2－40n)	电以太网口8	RJ45	站控层MMS B网	10kV线路开关柜 35号柜
2L9－WX031B	铠装超五类屏蔽双绞线	10kVⅡ母间隔层B网交换机(2－40n)	电以太网口9	RJ45	站控层MMS B网	10kV线路开关柜 36号柜
2L10－WX031B	铠装超五类屏蔽双绞线	10kVⅡ母间隔层B网交换机(2－40n)	电以太网口10	RJ45	站控层MMS B网	10kV线路开关柜 37号柜
2L11－WX031B	铠装超五类屏蔽双绞线	10kVⅡ母间隔层B网交换机(2－40n)	电以太网口11	RJ45	站控层MMS B网	10kV线路开关柜 38号柜
2L12－WX031B	铠装超五类屏蔽双绞线	10kVⅡ母间隔层B网交换机(2－40n)	电以太网口12	RJ45	站控层MMS B网	10kV线路开关柜 40号柜
2R1－WX031B	铠装超五类屏蔽双绞线	10kVⅡ母间隔层B网交换机(2－40n)	电以太网口13	RJ45	站控层MMS B网	10kV 3号电容器开关柜 45号柜
2R1－WX031B	铠装超五类屏蔽双绞线	10kVⅡ母间隔层B网交换机(2－40n)	电以太网口14	RJ45	站控层MMS B网	10kV 4号电容器开关柜 33号柜
2APT－WX031B	铠装超五类屏蔽双绞线	10kVⅡ母间隔层B网交换机(2－40n)	电以太网口15	RJ45	站控层MMS B网	10kVⅡA母TV柜 46号柜
2BPT－WX031B	铠装超五类屏蔽双绞线	10kVⅡ母间隔层B网交换机(2－40n)	电以太网口16	RJ45	站控层MMS B网	10kVⅡB母TV柜 39号柜
2ZB－WX031B	铠装超五类屏蔽双绞线	10kVⅡ母间隔层B网交换机(2－40n)	电以太网口17	RJ45	站控层MMS B网	10kV 2号接地变压器开关柜 53号柜
		10kVⅡ母间隔层B网交换机(2－40n)	电以太网口18	RJ45	站控层MMS B网	
		10kVⅡ母间隔层B网交换机(2－40n)	电以太网口19	RJ45	站控层MMS B网	
		10kVⅡ母间隔层B网交换机(2－40n)	电以太网口20	RJ45	站控层MMS B网	
		10kVⅡ母间隔层B网交换机(2－40n)	电以太网口21	RJ45	站控层MMS B网	
		10kVⅡ母间隔层B网交换机(2－40n)	电以太网口22	RJ45	站控层MMS B网	
		10kVⅡ母间隔层B网交换机(2－40n)	电以太网口23	RJ45	站控层MMS B网	
		10kVⅡ母间隔层B网交换机(2－40n)	电以太网口24	RJ45	站控层MMS B网	

尾缆接线表

线缆编号	线缆型号	本柜连接设备			尾缆芯号	功能说明	对侧设备
		设备名称	设备插件/端口号	设备端口类型			
GY－WL 103	4芯多模铠装尾缆LC－LC	Ⅱ母间隔层A网交换机（1－40n）	千兆光口01 TX发	多模，LC	1	间隔层A网交换机级联	至Ⅰ区数据网关机屏站控层安全Ⅰ区A网交换机
		Ⅱ母间隔层A网交换机（1－40n）	千兆光口01 RX收	多模，LC	2	间隔层A网交换机级联	
					3	备用	
					4	备用	
GY－WL 104	4芯多模铠装尾缆LC－LC	Ⅱ母间隔层B网交换机（2－40n）	千兆光口01 TX发	多模，LC	1	间隔层B网交换机级联	至Ⅰ区数据网关机屏站控层安全Ⅰ区B网交换机
		Ⅱ母间隔层B网交换机（2－40n）	千兆光口01 RX收	多模，LC	2	间隔层B网交换机级联	
					3	备用	
					4	备用	

设 备 表

符号	名称	型式	技术特性	数量	备注
		10kV 2A号电压互感器柜			
1-40n	10kV间隔层A网交换机	百兆电24口，千兆光2口		1	
2-40n	10kV间隔层B网交换机	百兆电24口，千兆光2口		1	

交换机（2光24电）

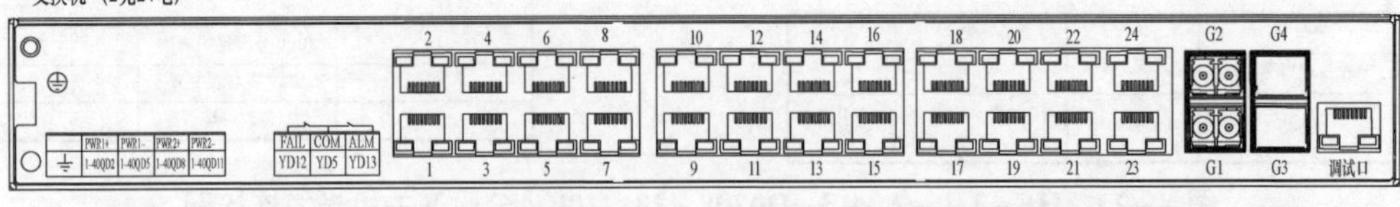

图8－24 HE－110－A3－3－D0208－24 10kV 2A号电压互感器柜尾缆网线连接图

网线接线表

线缆编号	线缆型号	连接设备			功能说明	对侧设备
		设备名称	设备插件/端口号	设备端口类型		
3L1－WX031A	铠装超五类屏蔽双绞线	10kVⅢ母线间隔层 A 网交换机	电以太网口 1	RJ45	站控层 MMS 网	10kV 线路开关柜 14 号柜
3L2－WX031A	铠装超五类屏蔽双绞线	10kVⅢ母线间隔层 A 网交换机	电以太网口 2	RJ45	站控层 MMS 网	10kV 线路开关柜 15 号柜
3L3－WX031A	铠装超五类屏蔽双绞线	10kVⅢ母线间隔层 A 网交换机	电以太网口 3	RJ45	站控层 MMS 网	10kV 线路开关柜 16 号柜
3L4－WX031A	铠装超五类屏蔽双绞线	10kVⅢ母线间隔层 A 网交换机	电以太网口 4	RJ45	站控层 MMS 网	10kV 线路开关柜 17 号柜
3L5－WX031A	铠装超五类屏蔽双绞线	10kVⅢ母线间隔层 A 网交换机	电以太网口 5	RJ45	站控层 MMS 网	10kV 线路开关柜 18 号柜
3L6－WX031A	铠装超五类屏蔽双绞线	10kVⅢ母线间隔层 A 网交换机	电以太网口 6	RJ45	站控层 MMS 网	10kV 线路开关柜 19 号柜
3L7－WX031A	铠装超五类屏蔽双绞线	10kVⅢ母线间隔层 A 网交换机	电以太网口 7	RJ45	站控层 MMS 网	10kV 线路开关柜 20 号柜
3L8－WX031A	铠装超五类屏蔽双绞线	10kVⅢ母线间隔层 A 网交换机	电以太网口 8	RJ45	站控层 MMS 网	10kV 线路开关柜 21 号柜
3L9－WX031A	铠装超五类屏蔽双绞线	10kVⅢ母线间隔层 A 网交换机	电以太网口 9	RJ45	站控层 MMS 网	10kV 线路开关柜 22 号柜
3L10－WX031A	铠装超五类屏蔽双绞线	10kVⅢ母线间隔层 A 网交换机	电以太网口 10	RJ45	站控层 MMS 网	10kV 线路开关柜 23 号柜
3L11－WX031A	铠装超五类屏蔽双绞线	10kVⅢ母线间隔层 A 网交换机	电以太网口 11	RJ45	站控层 MMS 网	10kV 线路开关柜 24 号柜
3L12－WX031A	铠装超五类屏蔽双绞线	10kVⅢ母线间隔层 A 网交换机	电以太网口 12	RJ45	站控层 MMS 网	10kV 线路开关柜 30 号柜
3R1－WX031A	铠装超五类屏蔽双绞线	10kVⅢ母线间隔层 A 网交换机	电以太网口 13	RJ45	站控层 MMS 网	10kV 5 号电容器开关柜 27 号柜
3R2－WX031A	铠装超五类屏蔽双绞线	10kVⅢ母线间隔层 A 网交换机	电以太网口 14	RJ45	站控层 MMS 网	10kV 6 号电容器开关柜 26 号柜
3PT－WX031A	铠装超五类屏蔽双绞线	10kVⅢ母线间隔层 A 网交换机	电以太网口 15	RJ45	站控层 MMS 网	10kVⅢ母 TV 柜 25 号柜
3ZB－WX031A	铠装超五类屏蔽双绞线	10kVⅢ母线间隔层 A 网交换机	电以太网口 16	RJ45	站控层 MMS 网	10kV 3 号接地变压器开关柜 13 号柜
2FD－WX031A	铠装超五类屏蔽双绞线	10kVⅢ母线间隔层 A 网交换机	电以太网口 17	RJ45	站控层 MMS 网	10kV 2 号分段开关柜 31 号柜
2FD－WX032A	铠装超五类屏蔽双绞线	10kVⅢ母线间隔层 A 网交换机	电以太网口 18	RJ45	站控层 MMS 网	10kV 2 号分段开关柜 31 号柜
		10kVⅢ母线间隔层 A 网交换机	电以太网口 19	RJ45	站控层 MMS 网	
		10kVⅢ母线间隔层 A 网交换机	电以太网口 20	RJ45	站控层 MMS 网	
		10kVⅢ母线间隔层 A 网交换机	电以太网口 21	RJ45	站控层 MMS 网	
		10kVⅢ母线间隔层 A 网交换机	电以太网口 22	RJ45	站控层 MMS 网	
		10kVⅢ母线间隔层 A 网交换机	电以太网口 23	RJ45	站控层 MMS 网	
LGY－WX034A	铠装超五类屏蔽双绞线	10kVⅢ母线间隔层 A 网交换机	电以太网口 24	RJ45	站控层 MMS 网	本屏——10kV 公用测控装置 2－21n

网线接线表

线缆编号	线缆型号	连接设备			功能说明	对侧设备
		设备名称	设备插件/端口号	设备端口类型		
3L1－WX031B	铠装超五类屏蔽双绞线	10kVⅢ母线间隔层 B 网交换机	电以太网口 1	RJ45	站控层 MMS 网	10kV 线路开关柜 14 号柜
3L2－WX031B	铠装超五类屏蔽双绞线	10kVⅢ母线间隔层 B 网交换机	电以太网口 2	RJ45	站控层 MMS 网	10kV 线路开关柜 15 号柜
3L3－WX031B	铠装超五类屏蔽双绞线	10kVⅢ母线间隔层 B 网交换机	电以太网口 3	RJ45	站控层 MMS 网	10kV 线路开关柜 16 号柜
3L4－WX031B	铠装超五类屏蔽双绞线	10kVⅢ母线间隔层 B 网交换机	电以太网口 4	RJ45	站控层 MMS 网	10kV 线路开关柜 17 号柜
3L5－WX031B	铠装超五类屏蔽双绞线	10kVⅢ母线间隔层 B 网交换机	电以太网口 5	RJ45	站控层 MMS 网	10kV 线路开关柜 18 号柜
3L6－WX031B	铠装超五类屏蔽双绞线	10kVⅢ母线间隔层 B 网交换机	电以太网口 6	RJ45	站控层 MMS 网	10kV 线路开关柜 19 号柜
3L7－WX031B	铠装超五类屏蔽双绞线	10kVⅢ母线间隔层 B 网交换机	电以太网口 7	RJ45	站控层 MMS 网	10kV 线路开关柜 20 号柜
3L8－WX031B	铠装超五类屏蔽双绞线	10kVⅢ母线间隔层 B 网交换机	电以太网口 8	RJ45	站控层 MMS 网	10kV 线路开关柜 21 号柜
3L9－WX031B	铠装超五类屏蔽双绞线	10kVⅢ母线间隔层 B 网交换机	电以太网口 9	RJ45	站控层 MMS 网	10kV 线路开关柜 22 号柜
3L10－WX031B	铠装超五类屏蔽双绞线	10kVⅢ母线间隔层 B 网交换机	电以太网口 10	RJ45	站控层 MMS 网	10kV 线路开关柜 23 号柜
3L11－WX031A	铠装超五类屏蔽双绞线	10kVⅢ母线间隔层 A 网交换机	电以太网口 11	RJ45	站控层 MMS 网	10kV 线路开关柜 24 号柜
3L12－WX031A	铠装超五类屏蔽双绞线	10kVⅢ母线间隔层 A 网交换机	电以太网口 12	RJ45	站控层 MMS 网	10kV 线路开关柜 30 号柜
3R1－WX031A	铠装超五类屏蔽双绞线	10kVⅢ母线间隔层 A 网交换机	电以太网口 13	RJ45	站控层 MMS 网	10kV 5 号电容器开关柜 27 号柜
3R2－WX031A	铠装超五类屏蔽双绞线	10kVⅢ母线间隔层 A 网交换机	电以太网口 14	RJ45	站控层 MMS 网	10kV 6 号电容器开关柜 26 号柜
3PT－WX031A	铠装超五类屏蔽双绞线	10kVⅢ母线间隔层 A 网交换机	电以太网口 15	RJ45	站控层 MMS 网	10kVⅢ母 TV 柜 25 号柜
3ZB－WX031A	铠装超五类屏蔽双绞线	10kVⅢ母线间隔层 A 网交换机	电以太网口 16	RJ45	站控层 MMS 网	10kV 3 号接地变压器开关柜 13 号柜
2FD－WX031A	铠装超五类屏蔽双绞线	10kVⅢ母线间隔层 A 网交换机	电以太网口 17	RJ45	站控层 MMS 网	10kV 2 号分段开关柜 31 号柜
2FD－WX032A	铠装超五类屏蔽双绞线	10kVⅢ母线间隔层 A 网交换机	电以太网口 18	RJ45	站控层 MMS 网	10kV 2 号分段开关柜 31 号柜
		10kVⅢ母线间隔层 A 网交换机	电以太网口 19	RJ45	站控层 MMS 网	
		10kVⅢ母线间隔层 A 网交换机	电以太网口 20	RJ45	站控层 MMS 网	
		10kVⅢ母线间隔层 A 网交换机	电以太网口 21	RJ45	站控层 MMS 网	
		10kVⅢ母线间隔层 A 网交换机	电以太网口 22	RJ45	站控层 MMS 网	
		10kVⅢ母线间隔层 A 网交换机	电以太网口 23	RJ45	站控层 MMS 网	
LGY－WX034A	铠装超五类屏蔽双绞线	10kVⅢ母线间隔层 A 网交换机	电以太网口 24	RJ45	站控层 MMS 网	本屏——10kV 公用测控装置 2－21n

尾缆接线表

线缆编号	线缆型号	本柜连接设备			尾缆芯号	功能说明	对侧设备
		设备名称	设备插件/端口号	设备端口类型			
GY－WL105	4 芯多模铠装尾缆 LC－LC	Ⅲ母间隔层 A 网交换机（1－40n）	千兆光口 01 TX 发	多模，LC	1	间隔层 A 网交换机级联	至Ⅰ区数据网关机屏站控层安全Ⅰ区 A 网交换机
		Ⅲ母间隔层 A 网交换机（1－40n）	千兆光口 01 RX 收	多模，LC	2	间隔层 A 网交换机级联	
					3	备用	
					4	备用	
GY－WL106	4 芯多模铠装尾缆 LC－LC	Ⅲ母间隔层 B 网交换机（2－40n）	千兆光口 01 TX 发	多模，LC	1	间隔层 B 网交换机级联	至Ⅰ区数据网关机屏站控层安全Ⅰ区 B 网交换机
		Ⅲ母间隔层 B 网交换机（2－40n）	千兆光口 01 RX 收	多模，LC	2	间隔层 B 网交换机级联	
					3	备用	
					4	备用	

设备表

符号	名称	型式	技术特性	数量	备注
10kV 3 号电压互感器柜					
1-40n	10kV 间隔层 A 网交换机	百兆电 24 口，千兆光 2 口		1	
2-40n	10kV 间隔层 B 网交换机	百兆电 24 口，千兆光 2 口		1	

交换机（2光24电）

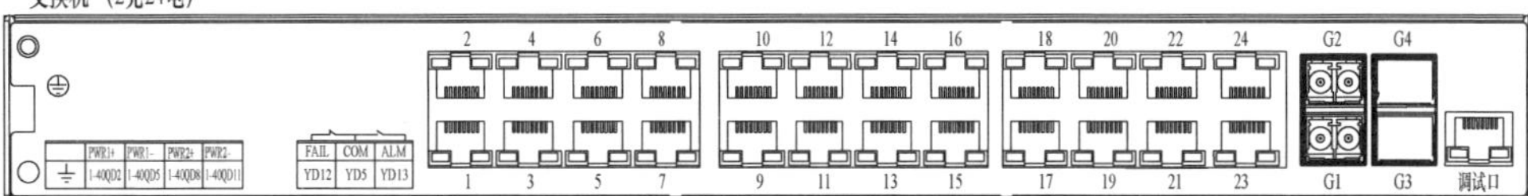

图 8－25 HE－110－A3－3－D0208－25 10kV 3 号电压互感器柜尾缆网线连接图

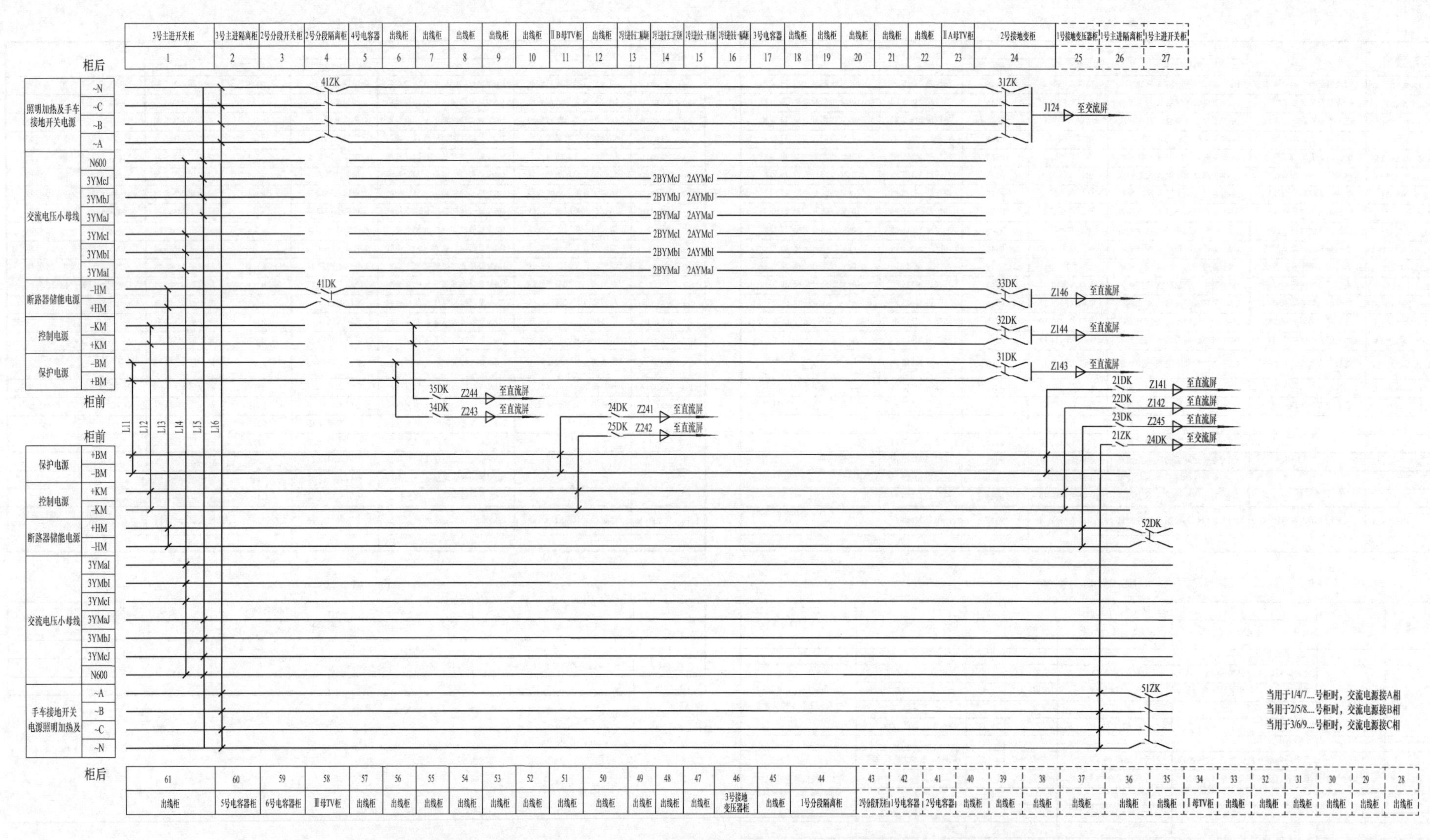

设 备 表

符号	名称	型式	技术特性	数量	备注
DK	隔离开关	C40A 2P		12	开关柜厂家提供
ZK	隔离开关	C63A 4P		4	开关柜厂家提供

图 8-26 HE-110-A3-3-D0208-26 10kV 开关柜小母线示意图

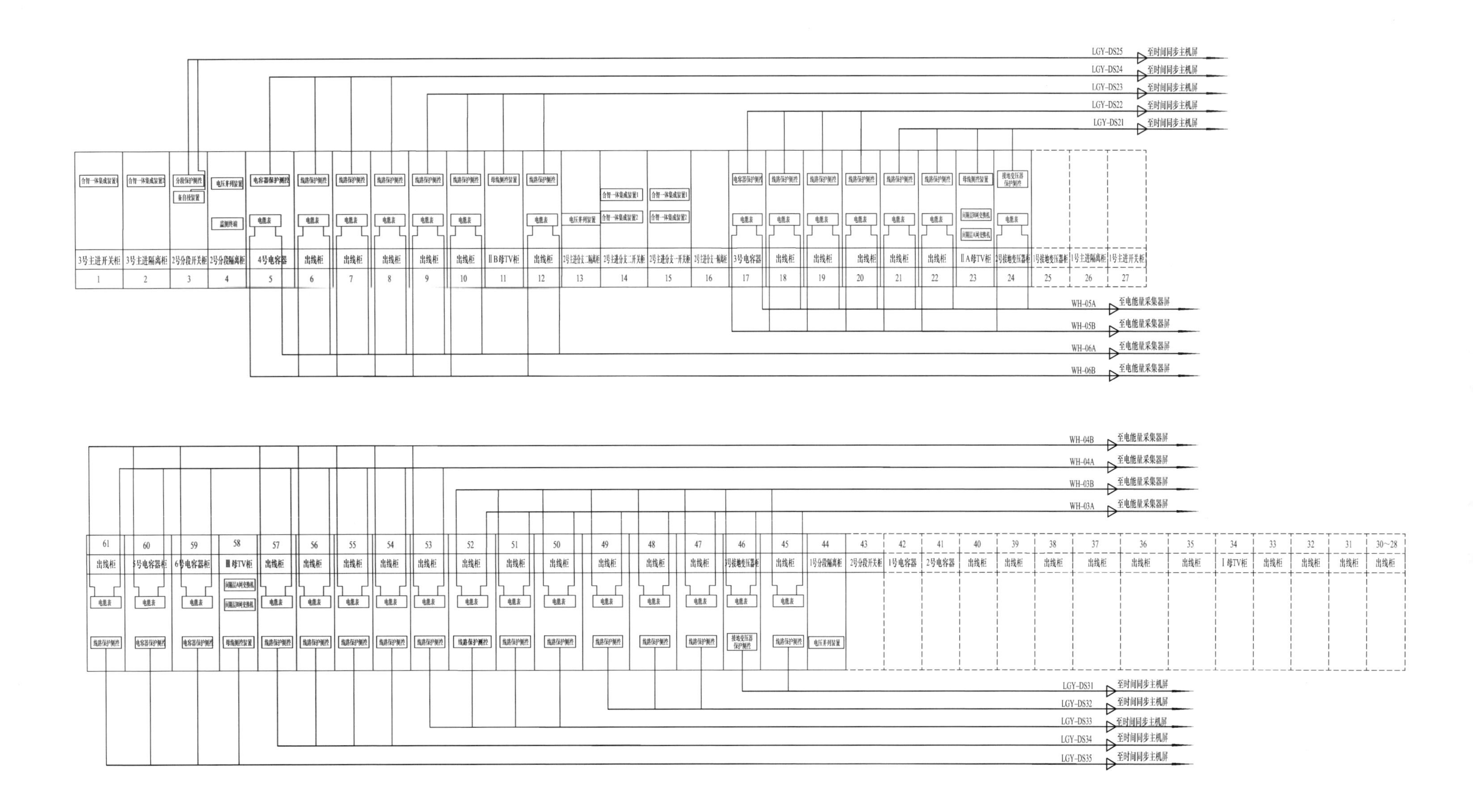

图 8-27　HE-110-A3-3-D0208-27　10kV 二次设备通信网络联系图

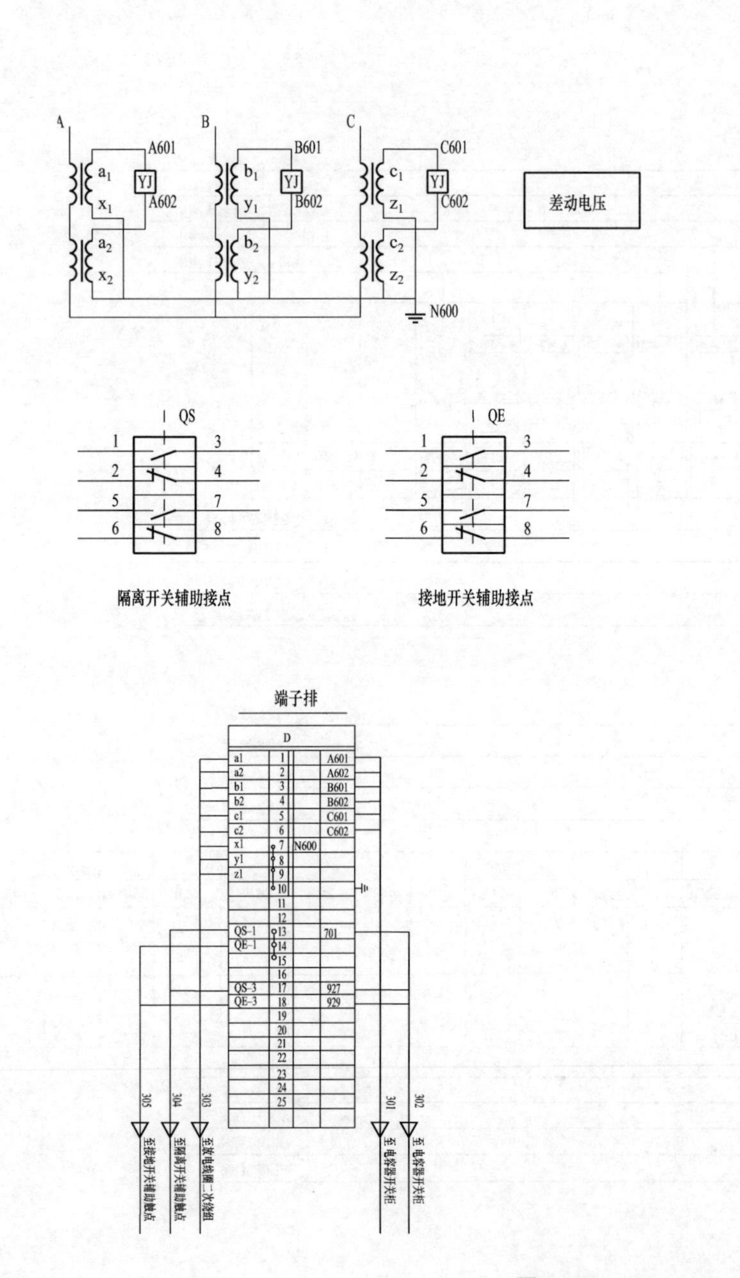

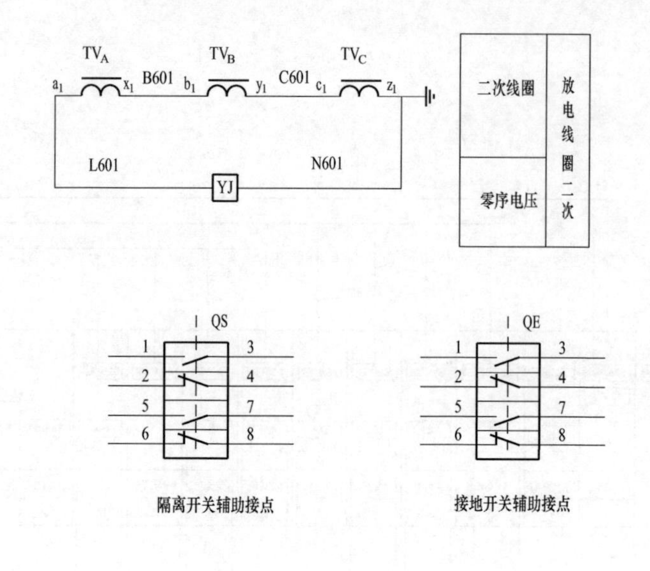

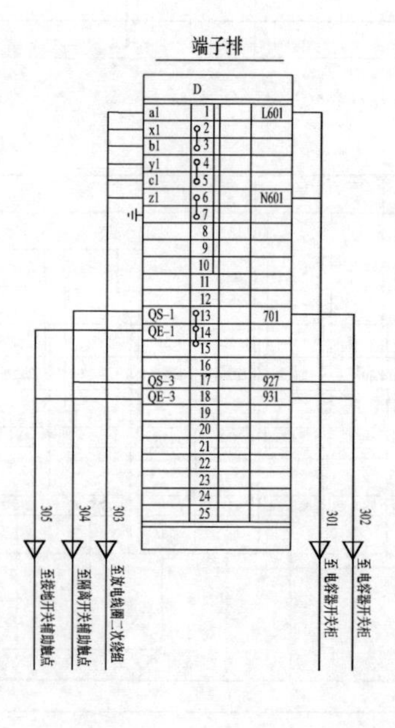

图 8-28　HE-110-A3-3-D0208-28　电容器端子箱接线图

注：电容器容量小于 5Mvar，采用不平衡电压保护；5Mvar 及以上配置相电压差动保护。

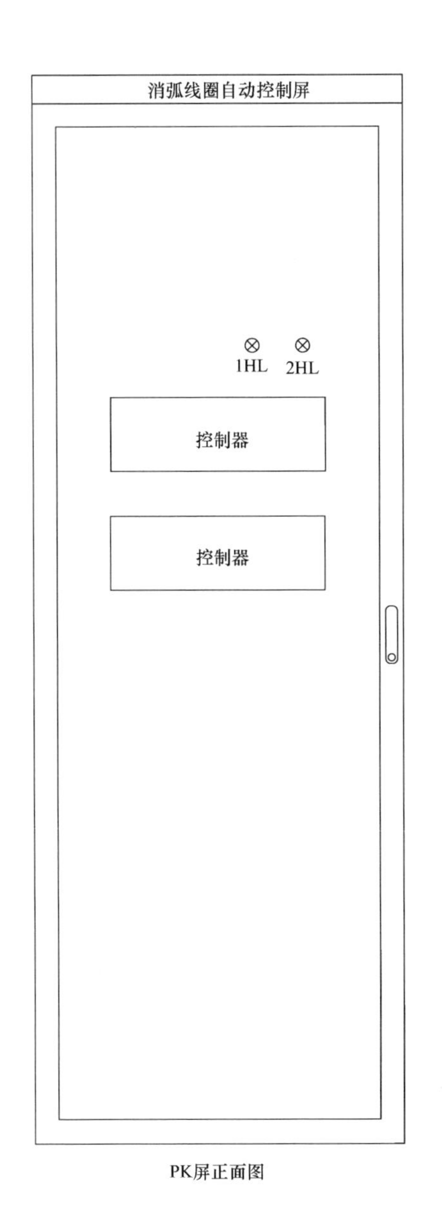

PK屏正面图

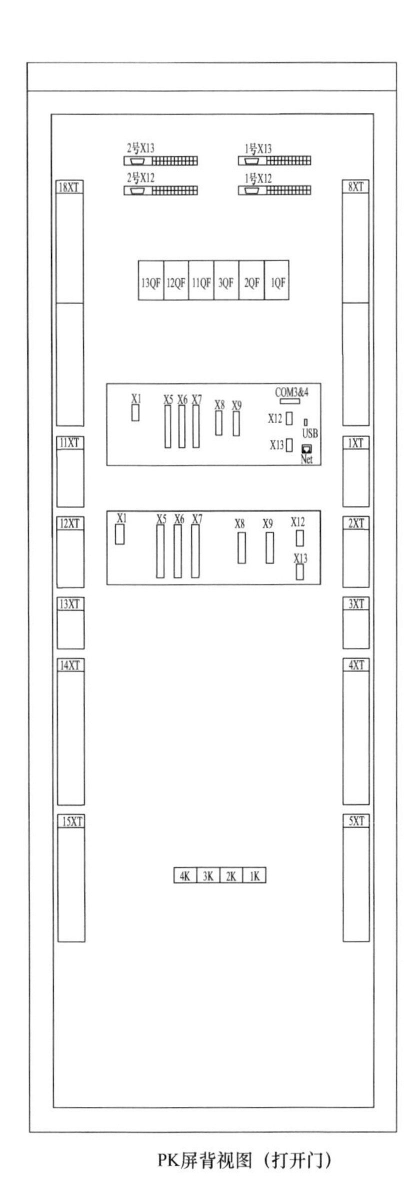

PK屏背视图（打开门）

PK 屏元件名称	
元件代号	元件名称
1HL	1 号交流电源指示
2HL	2 号交流电源指示
3QF	1 号 TV 保护开关
1QF	1 号直流电源开关
2QF	1 号交流电源开关
21QF	智能控制器直流电源开关

序号	符号	名称	型号及规格	单位	数量	备注
控制屏及屏内设备						
1	PK	控制屏		面	1	
2		控制器		台	1	
3		控制器		台	1	
4	1HL，2HL	指示灯	AD17－22 AC220V 红色	只	2	
5	1～5XT	端子排		只	95	
6	11～15XT	端子排		只	95	
7	1QF、11QF	直流电源开关	2A－2P＋OF	只	2	
8	2QF、12QF	交流电源开关	2A－2P＋OF	只	2	
9	3QF、13QF	TV 保护开关	3A－1P	只	2	
10	1～4K	中间继电器		只	4	
11	8XT、18XT	端子排		只	96	选线
12	1 号 X13，1 号 X12	选线端子盒		套	2	
13	2 号 X13，2 号 X12	选线端子盒		套	2	

图 8－29　HE－110－A3－3－D0208－29　10kV 消弧线圈控制屏屏面布置图

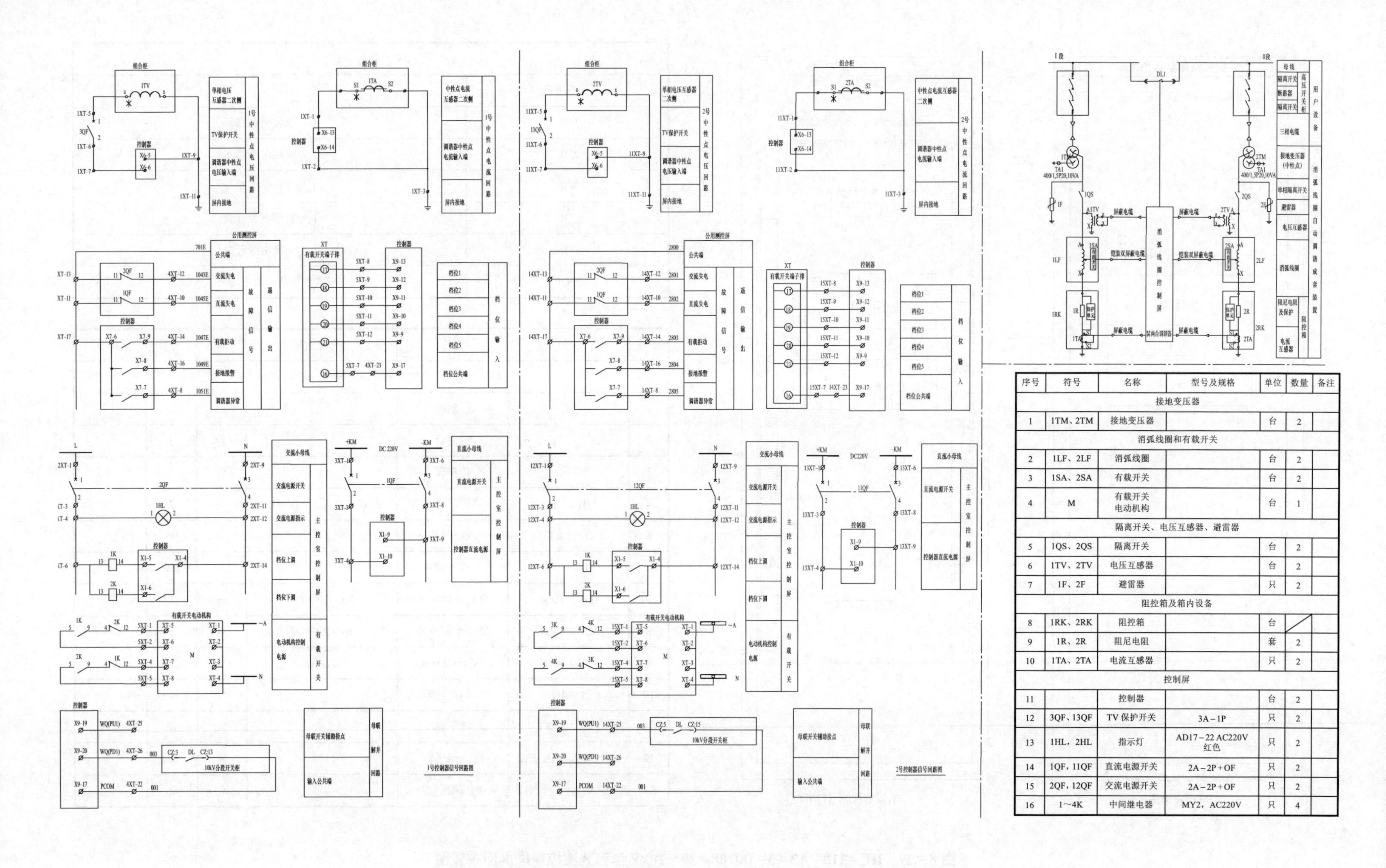

序号	符号	名称	型号及规格	单位	数量	备注
接地变压器						
1	1TM、2TM	接地变压器		台	2	
消弧线圈和有载开关						
2	1LF、2LF	消弧线圈		台	2	
3	1SA、2SA	有载开关		台	2	
4	M	有载开关 电动机构		台	1	
隔离开关、电压互感器、避雷器						
5	1QS、2QS	隔离开关		台	2	
6	1TV、2TV	电压互感器		台	2	
7	1F、2F	避雷器		只	2	
阻控箱及箱内设备						
8	1RK、2RK	阻控箱		台	/	
9	1R、2R	阻尼电阻		套	2	
10	1TA、2TA	电流互感器		只	2	
控制屏						
11		控制器		台	2	
12	3QF、13QF	TV 保护开关	3A－1P	只	2	
13	1HL，2HL	指示灯	AD17－22 AC220V 红色	只	2	
14	1QF，11QF	直流电源开关	2A－2P＋OF	只	2	
15	2QF，12QF	交流电源开关	2A－2P＋OF	只	2	
16	1～4K	中间继电器	MY2，AC220V	只	4	

图 8－30　HE－110－A3－3－D0208－30　10kV 消弧线圈控制屏信号回路图

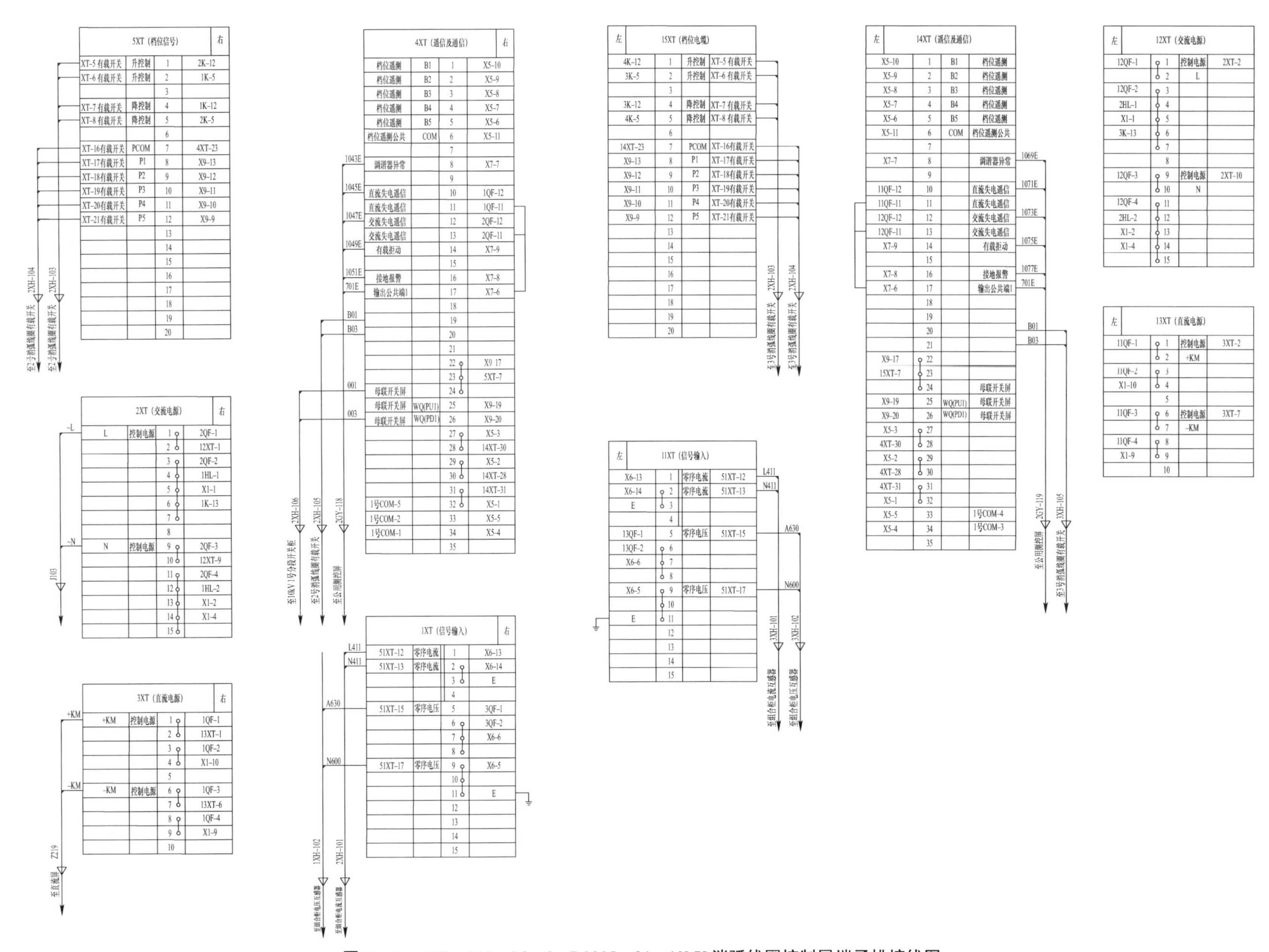

图 8-31　HE-110-A3-3-D0208-31　10kV 消弧线圈控制屏端子排接线图

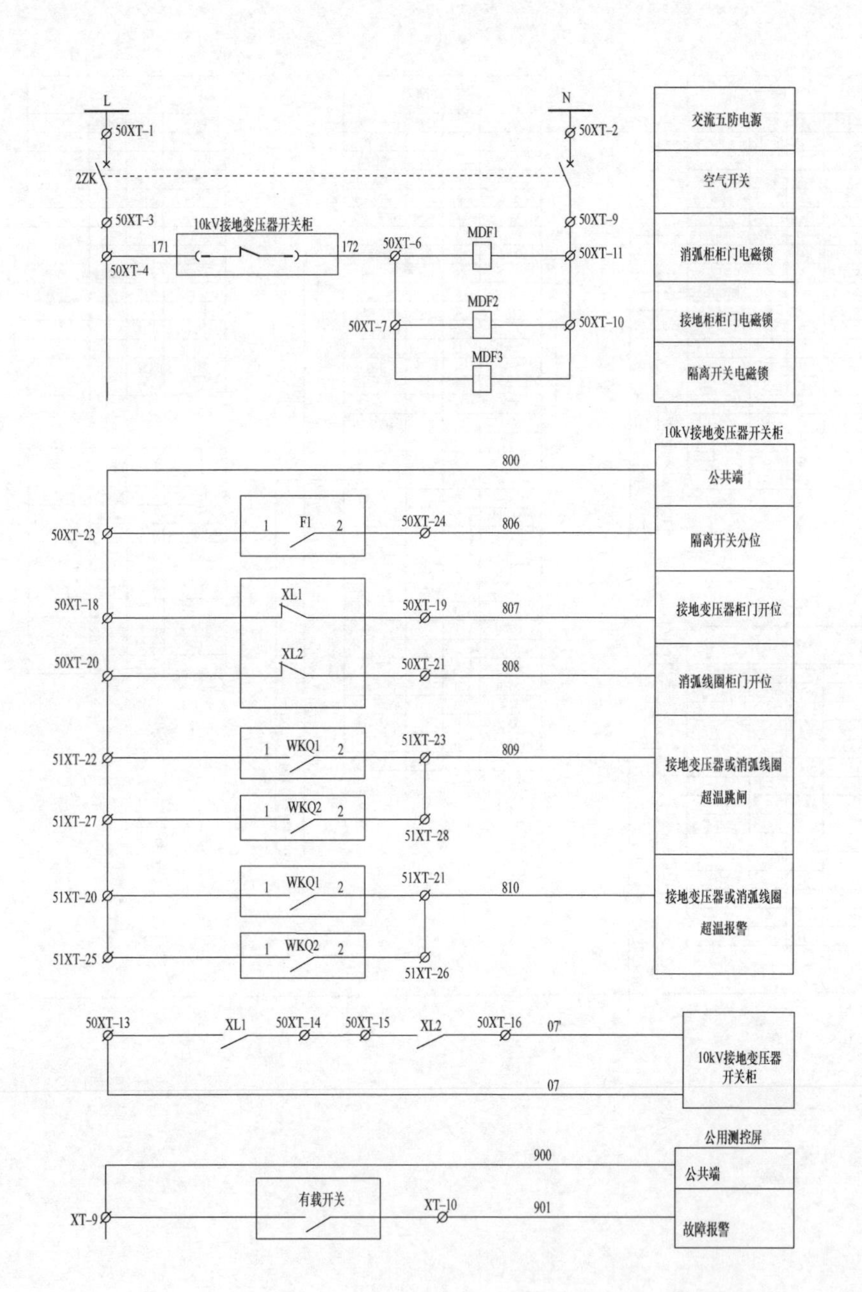

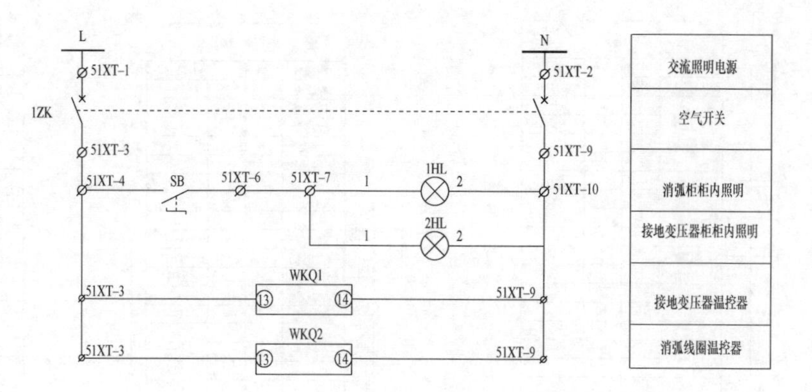

注：本图仅表示了单台接线变压器消弧线圈组合柜的图纸，本期共2台。

序号	符号	名称	型号及规格	单位	数量	备注
1	TV	电压互感器	10/0.1	台	1	
2	TA	电流互感器		只	1	
3	MDF3	隔离开关电磁锁		只	1	
4	MDF2	接地柜柜门电磁锁		只	1	
5	MDF1	消弧柜柜门电磁锁		只	1	
6	XL1，XL2	消弧柜门行程开关		只	2	
7	1HL，2HL	照明灯	25W	只	2	
8	SB	照明开关	LA38－11X2/203	只	1	
9	1ZK	空气开关	10A－2P	只	1	
10	2ZK	空气开关	10A－2P	只	1	
11	F1	隔离开关辅助接点	F1－4	只	1	
12	TA1	电流互感器	200/5A，10P20，20VA	只	1	

图 8－32　HE－110－A3－3－D0208－32　10kV 消弧线圈组合柜及有载开关信号回路图

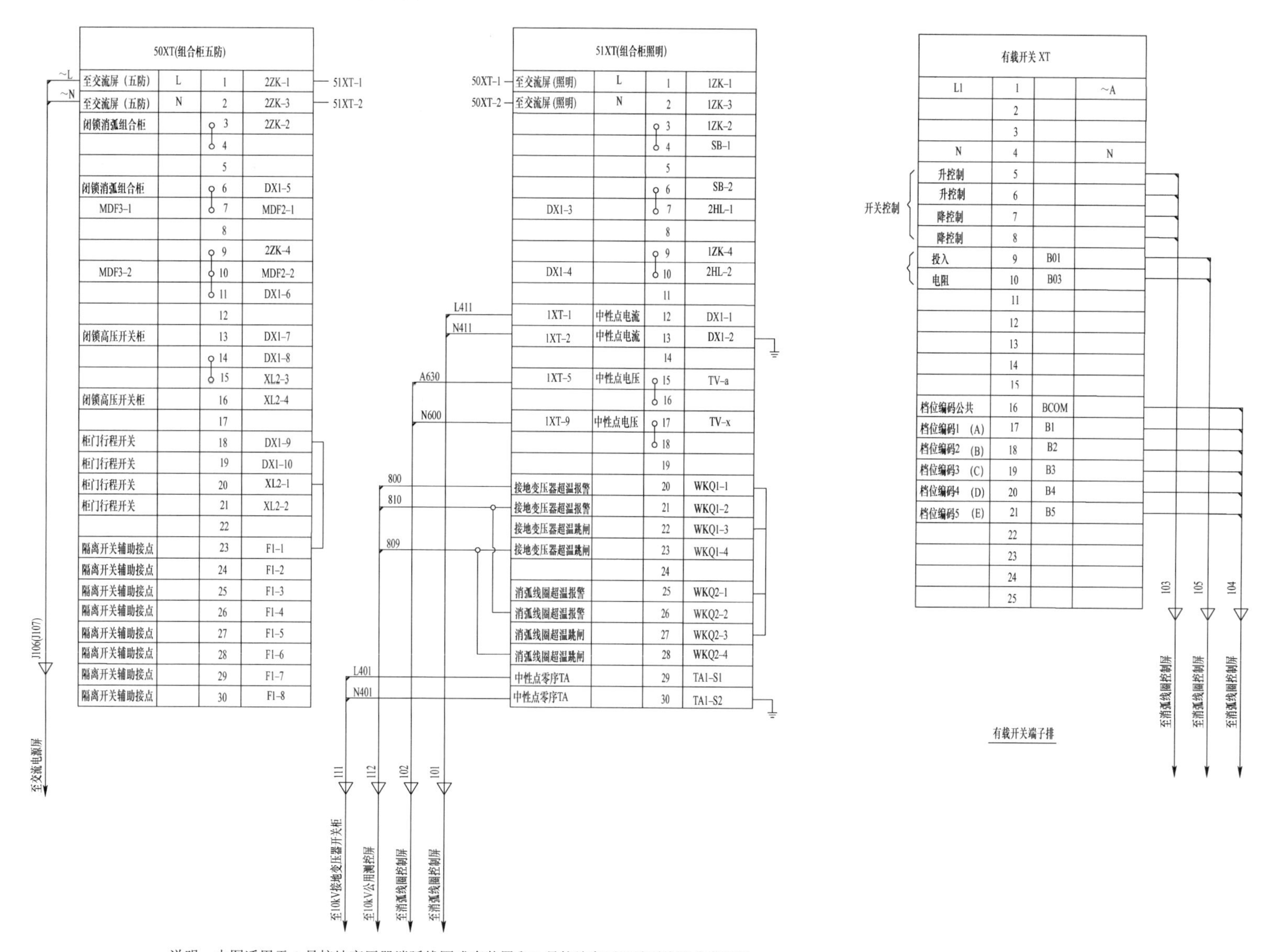

说明：本图适用于 1 号接地变压器消弧线圈成套装置和 2 号接地变压器消弧线圈成套装置。

图中*表示接地变压器消弧线圈成套装置编号：对于 1 号接地变压器消弧线圈成套装置，* = 1；对于 2 号接地变压器消弧线圈成套装置，* = 2。

图 8-33　HE-110-A3-3-D0208-33　10kV 消弧线圈组合柜及有载开关端子排接线图

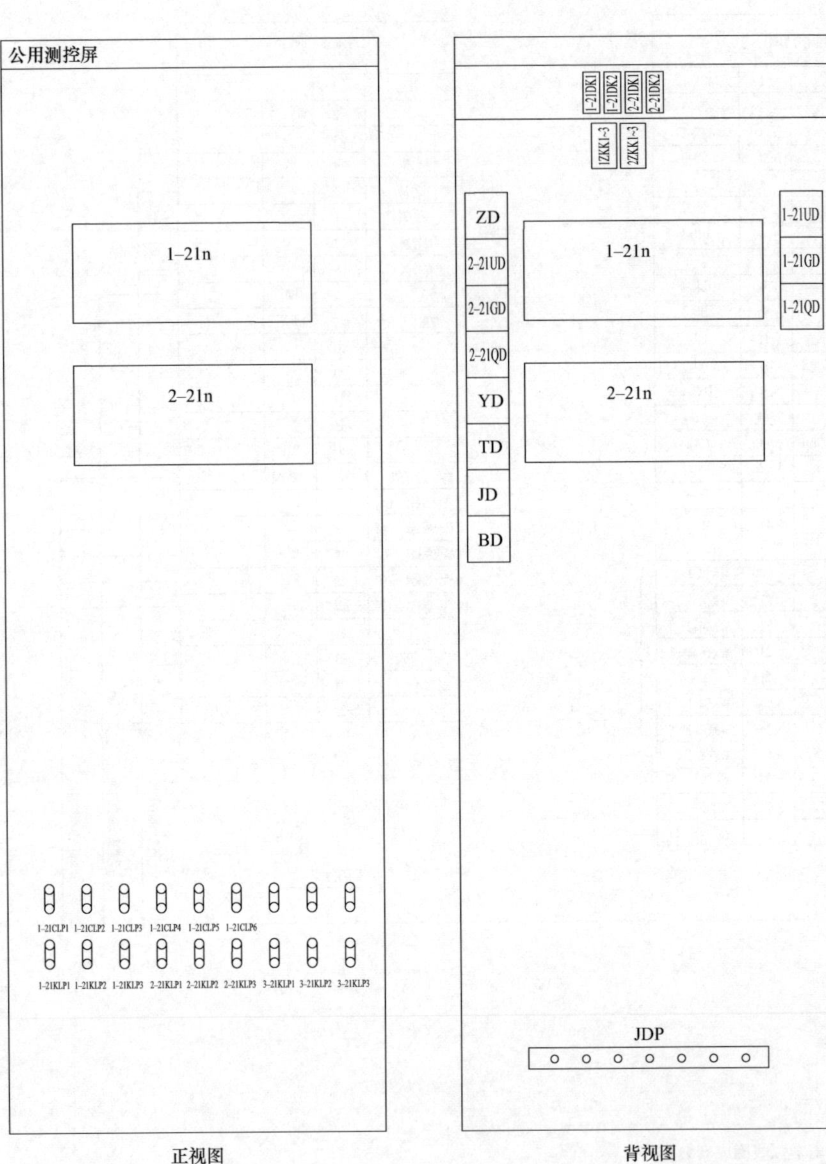

本屏适用于10kV 2号公用测控屏，当用于1号公用测控屏时，1–21n改为备用。

设 备 表

序号	符号	名称	型号	数量	备 注
1	1–21n	公用测控装置		1	
2	2–21n	公用测控装置		1	
3	DK	直流空气开关		4	
4	ZKK	交流空气开关		6	
5	LP	压板		18	
6	D	双进双出端子			
7		微断报警触点		2	
8					
9	屏体	颜色：GY09	2260mm（高）×800mm（宽）×600mm（深）	1	正视屏体，门轴在右
10					
11					
12					

图 8–34　HE–110–A3–3–D0208–34　10kV 公用测控屏屏面布置图

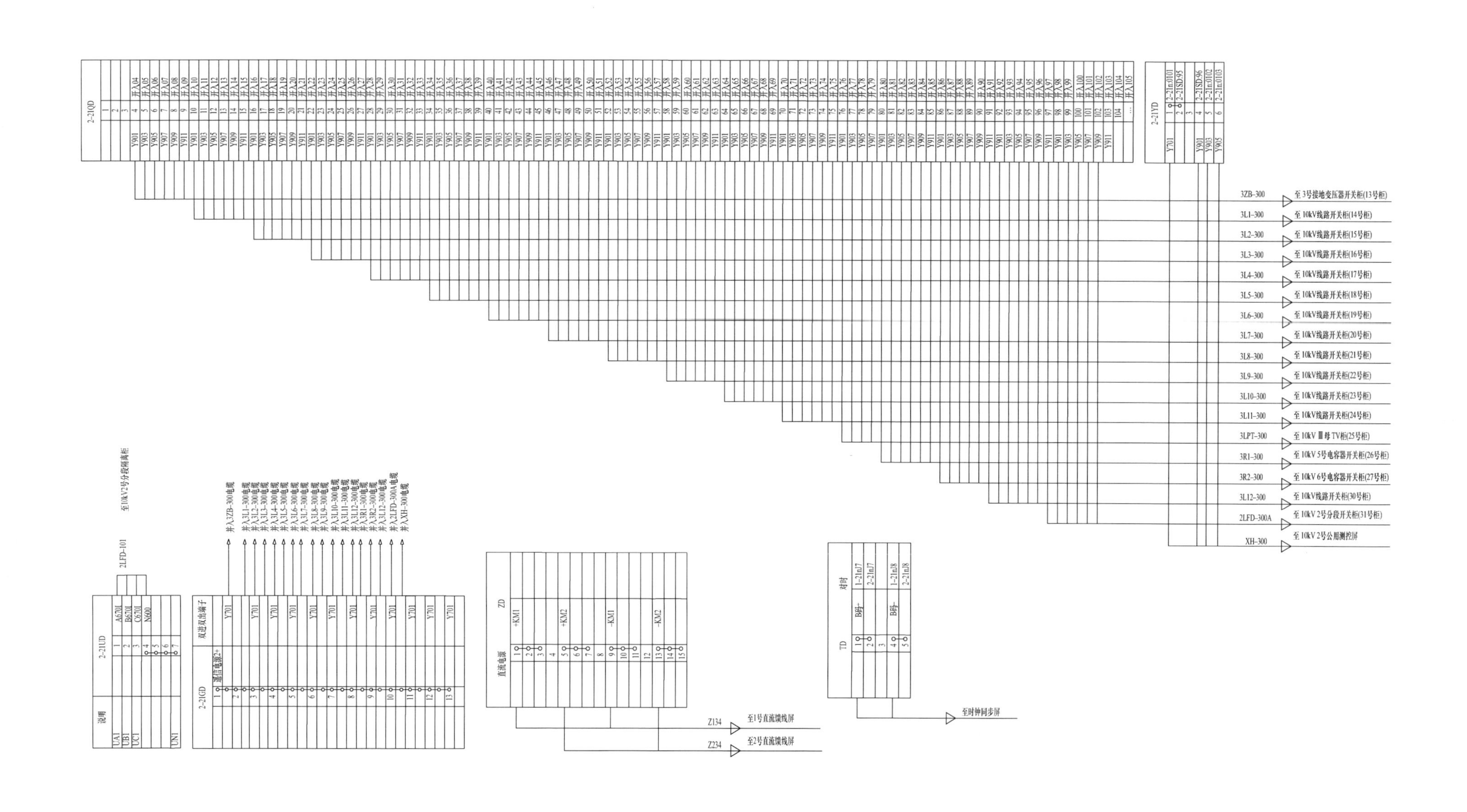

图 8-35　HE-110-A3-3-D0208-35　10kV 1号公用测控屏端子排

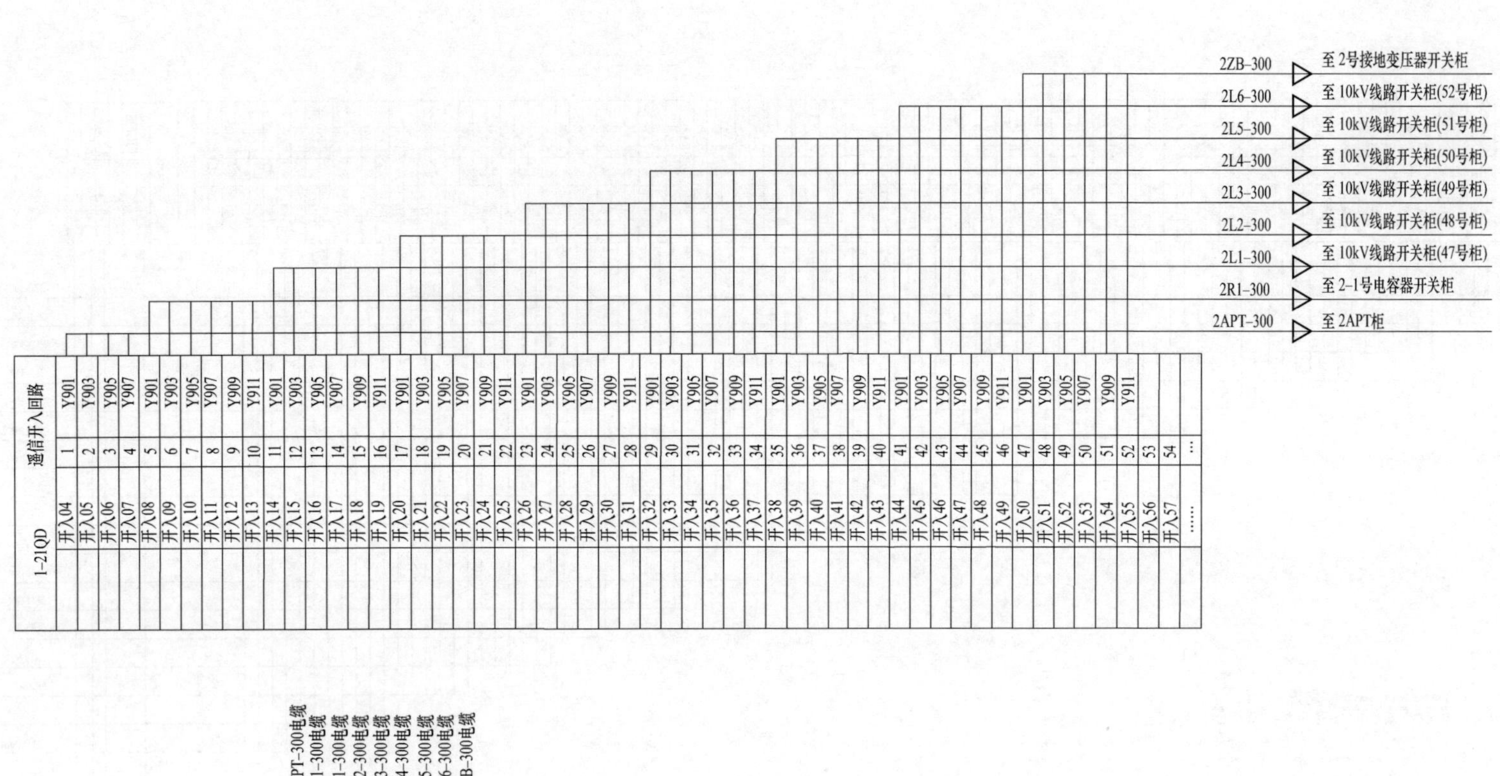

2ZB-300
至2号接地变压器开关柜
2L6-300
至10kV线路开关柜(52号柜)
2L5-300
至10kV线路开关柜(51号柜)
2L4-300
至10kV线路开关柜(50号柜)
2L3-300
至10kV线路开关柜(49号柜)
2L2-300
至10kV线路开关柜(48号柜)
2L1-300
至10kV线路开关柜(47号柜)
2R1-300
至2-1号电容器开关柜
2APT-300
至2APT柜
1-21QD
遥信开入回路

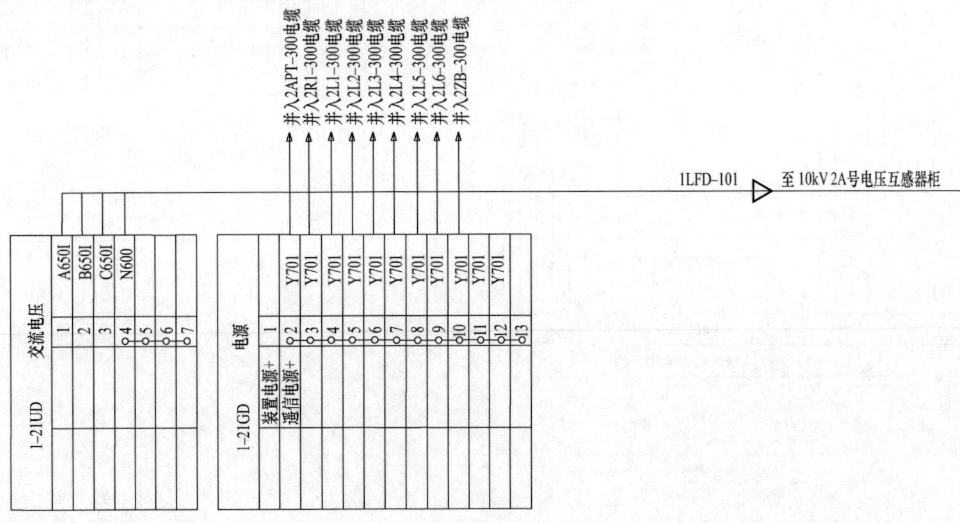

开入2APT-300电缆
开入2R1-300电缆
开入2L1-300电缆
开入2L2-300电缆
开入2L3-300电缆
开入2L4-300电缆
开入2L5-300电缆
开入2L6-300电缆
开入2ZB-300电缆
1LFD-101
至10kV 2A号电压互感器柜
1-21UD
交流电压
A650I
B650I
C650I
N600
1-21GD
电源
装置电源+
遥信电源+
Y701

图 8-36 HE-110-A3-3-D0208-36 10kV 2号公用测控屏端子排（一）

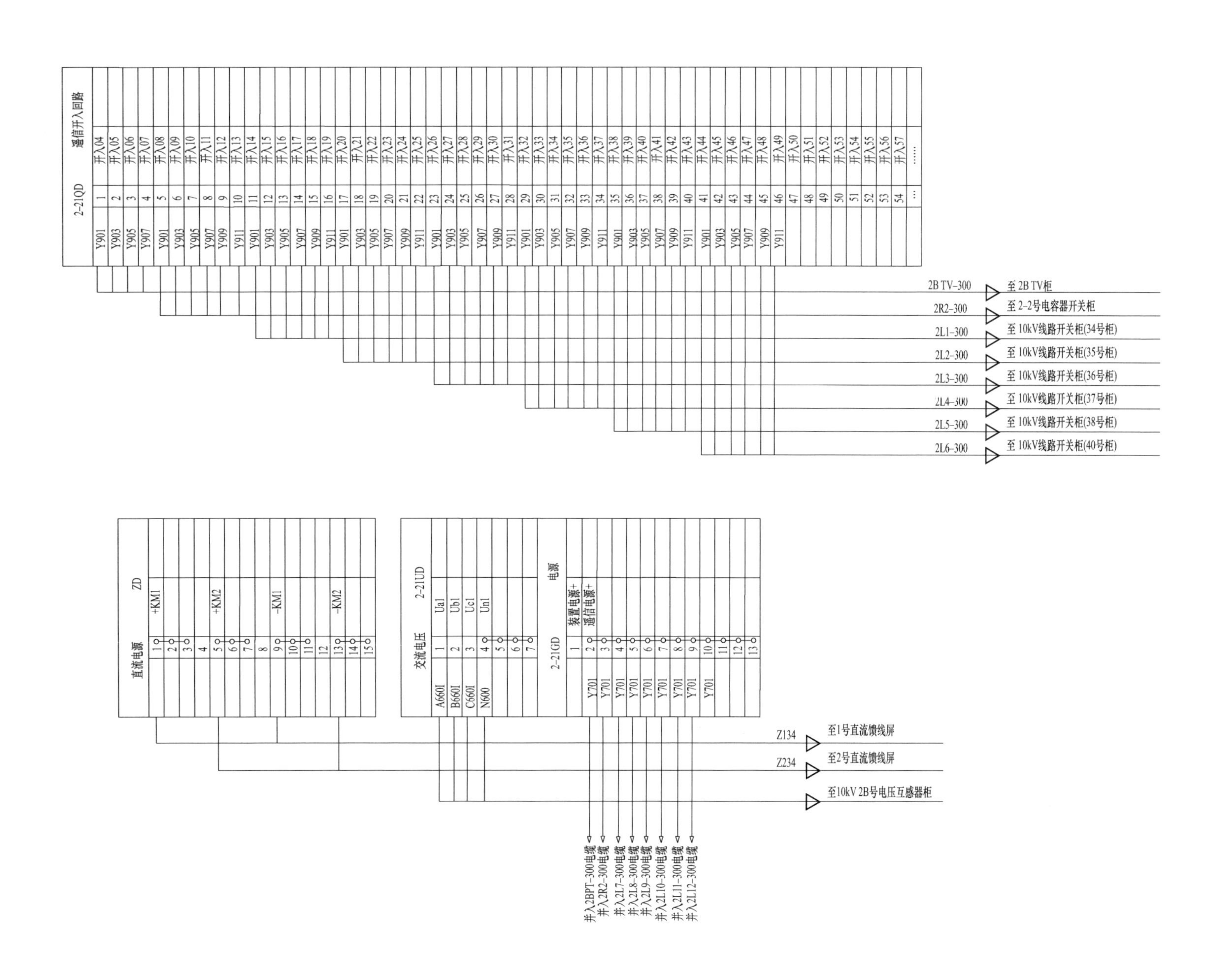

2-21QD
通信开入回路
2B TV-300
至2B TV柜
2R2-300
至2-2号电容器开关柜
2L1-300
至10kV线路开关柜(34号柜)
2L2-300
至10kV线路开关柜(35号柜)
2L3-300
至10kV线路开关柜(36号柜)
2L4-300
至10kV线路开关柜(37号柜)
2L5-300
至10kV线路开关柜(38号柜)
2L6-300
至10kV线路开关柜(40号柜)
直流电源
ZD
+KM1
+KM2
-KM1
-KM2
交流电压
2-21UD
Ua1
Ub1
Uc1
Un1
A660I
B660I
C660I
N600
2-21GD
电源
装置电源+
通信电源+
Z134
至1号直流馈线屏
Z234
至2号直流馈线屏
至10kV 2B号电压互感器柜
并入2BPT-300电缆
并入2R2-300电缆
并入2L7-300电缆
并入2L8-300电缆
并入2L9-300电缆
并入2L10-300电缆
并入2L11-300电缆
并入2L12-300电缆

图 8-37　HE-110-A3-3-D0208-37　10kV 2 号公用测控屏端子排（二）

9 故障录波系统

9.1 故障录波系统卷册目录

电气二次　　部分　第2卷　第9册　第　分册

卷册名称　故障录波系统

图纸5张　本　　说明　本　　清册　本

项目经理　　　　　　专业审核人

主要设计人　　　　　卷册负责人

序号	图号	图名	张数	套用原工程名称及卷册检索号，图号
1	HE－110－A3－3－D0209－01	故障录波屏屏面布置图	1	
2	HE－110－A3－3－D0209－02	故障录波屏直流电源回路图	1	
3	HE－110－A3－3－D0209－03	故障录波屏尾缆网线连接图	1	
4	HE－110－A3－3－D0209－04	故障录波屏端子排图	1	

9.2　故障录波系统标准化施工图

设　计　说　明

1　设计依据

1.1　初步设计资料

1.2　电气一次主接线图

1.3　电力工程设计有关规程、规定、电力工程设计手册及有关反措规定等

2　使用范围及设备配置

2.1　使用范围

故障录波及网络分析系统的原理接线图和端子排图。

2.2　设计说明

1）故障录波器具备 16 路常规交流电流、32 路常规开关量、4 路直流量，SV 模拟量通道 156 路，GOOS 开关量 512 路。

2）故障录波装置及网分装置通过千兆光口接入过程层中心交换机，SV、GOOSE 采样均采用网络方式。

3）故障录波装置通过站控层安全Ⅱ区交换机接入网络安全监测装置。

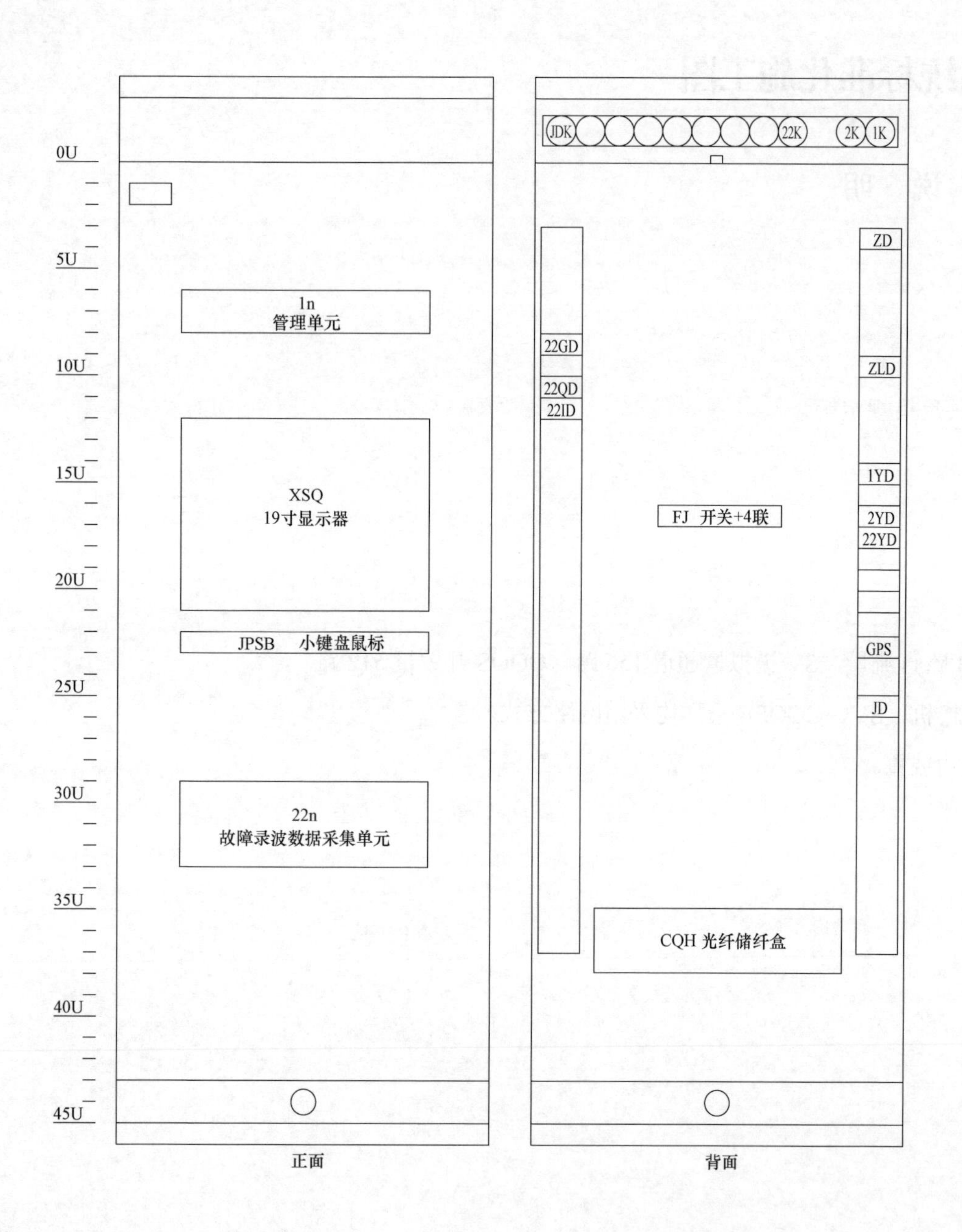

背视左侧安装光纤网格。

尺寸：2260×600×600（高×宽×深）
颜色：CY09 冰灰橘纹
门轴：右门轴（正视屏体）
其他：前显示后接线，一根铜排（与柜体不绝缘）
技术参数：电源：220V　CT：1A　PT：100V　f：50Hz

序号	代号	名称	型号及规格	数量	备注	物料编码
1		屏柜	综自屏柜	1		
2	1n	信息管理装置	DPR－303	1		
3						
4	22n	故障录波数据采集单元	DPR－242B	1		
5	1～2K，22K	直流空气开关	DC 2P B6	3		
6						
7	XSQ	HP 显示器	HP P19A	1		
8	JPSB	小键盘鼠标		1		
9	JDK	电源开关	BM65－63 B16A 2P	1		
10	FJ	插座	NH10801C12	1		
11						
12	CQH	光纤储纤盒	HC－GPX148－ODF48/3U－48	1		

图 9－1　HE－110－A3－3－D0209－01　故障录波屏屏面布置图

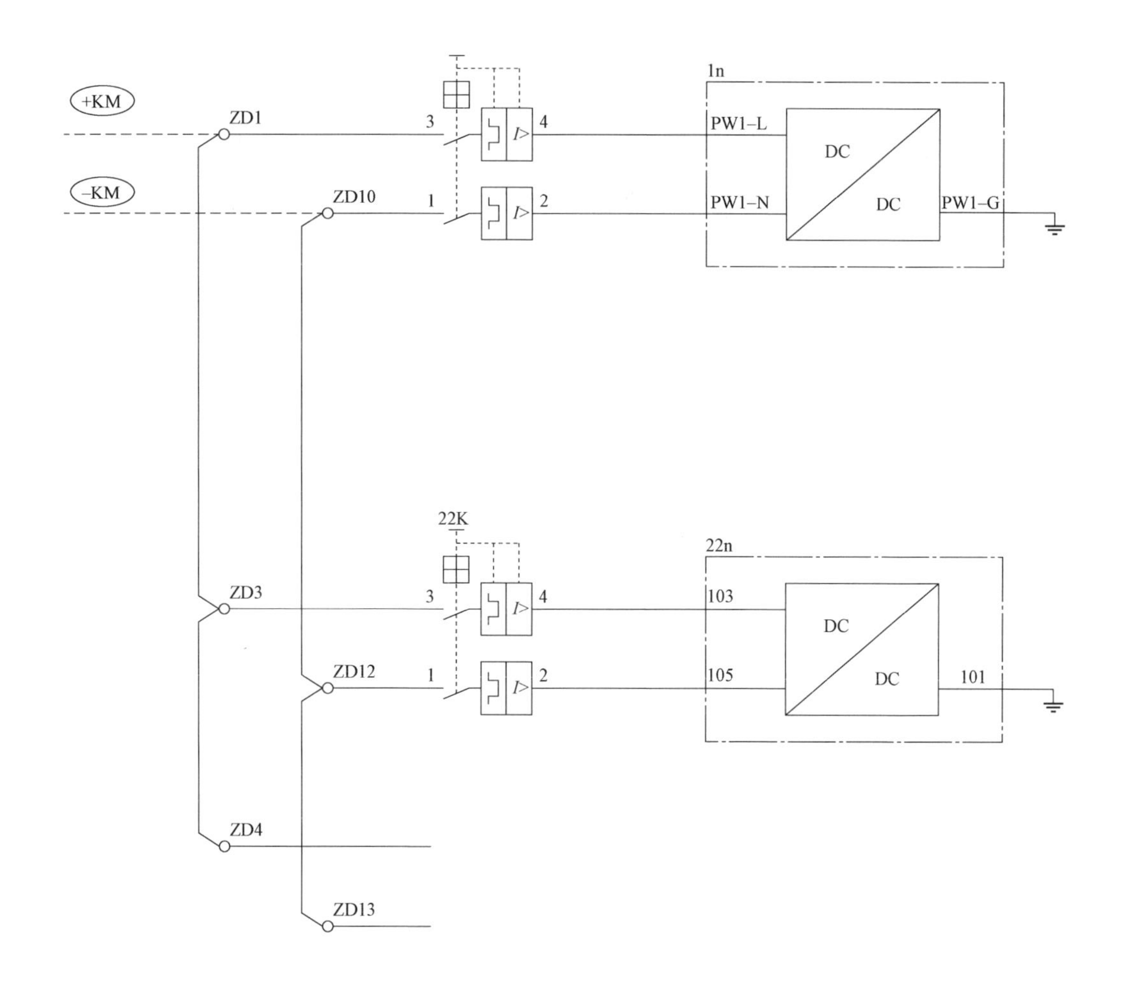

图 9-2 HE-110-A3-3-D0209-02 故障录波屏直流电源回路图

尾缆接线表

线缆编号	线缆型号	本柜连接设备			尾缆芯号	功能说明	对侧设备
		设备名称	设备插件/端口号	设备端口类型			
LB－WL101	4芯多模铠装尾缆 LC－LC	故障录波记录装置	千兆光口 GE0 RX 收	多模，LC	1	故障录波器 组网	至过程层交换机
		故障录波记录装置	千兆光口 GE0 TX 发	多模，LC	2	故障录波器 组网	
					3	备用	
					4	备用	
LB－WL102	4芯多模铠装尾缆 LC－LC	故障录波记录装置	千兆光口 GE1 RX 收	多模，LC	1	故障录波器 组网	至过程层交换机
		故障录波记录装置	千兆光口 GE1 TX 发	多模，LC	2	故障录波器 组网	
					3	备用	
					4	备用	

网线接线表

线缆编号	线缆型号	本柜连接设备			功能说明	对侧设备
		设备名称	设备插件/端口号	设备端口类型		
SJW1－WX233	铠装超五类屏蔽双绞线	故障录波装置	C1－电以太网口 3	RJ45	故障录波网络	调度数据网屏 1－非实时交换机
SJW2－WX233	铠装超五类屏蔽双绞线	故障录波装置	C1－电以太网口 4	RJ45	故障录波网络	调度数据网屏 2－非实时交换机
LB－WX041A	铠装超五类屏蔽双绞线	故障录波装置	C1－电以太网口 5	RJ45	站控层 A 网	Ⅱ区数据网关机屏站控层Ⅱ区 A 网交换机
LB－WX041B	铠装超五类屏蔽双绞线	故障录波装置	C1－电以太网口 6	RJ45	站控层 B 网	Ⅱ区数据网关机屏站控层Ⅱ区 B 网交换机

图 9－3　HE－110－A3－3－D0209－03　故障录波屏尾缆网线连接图

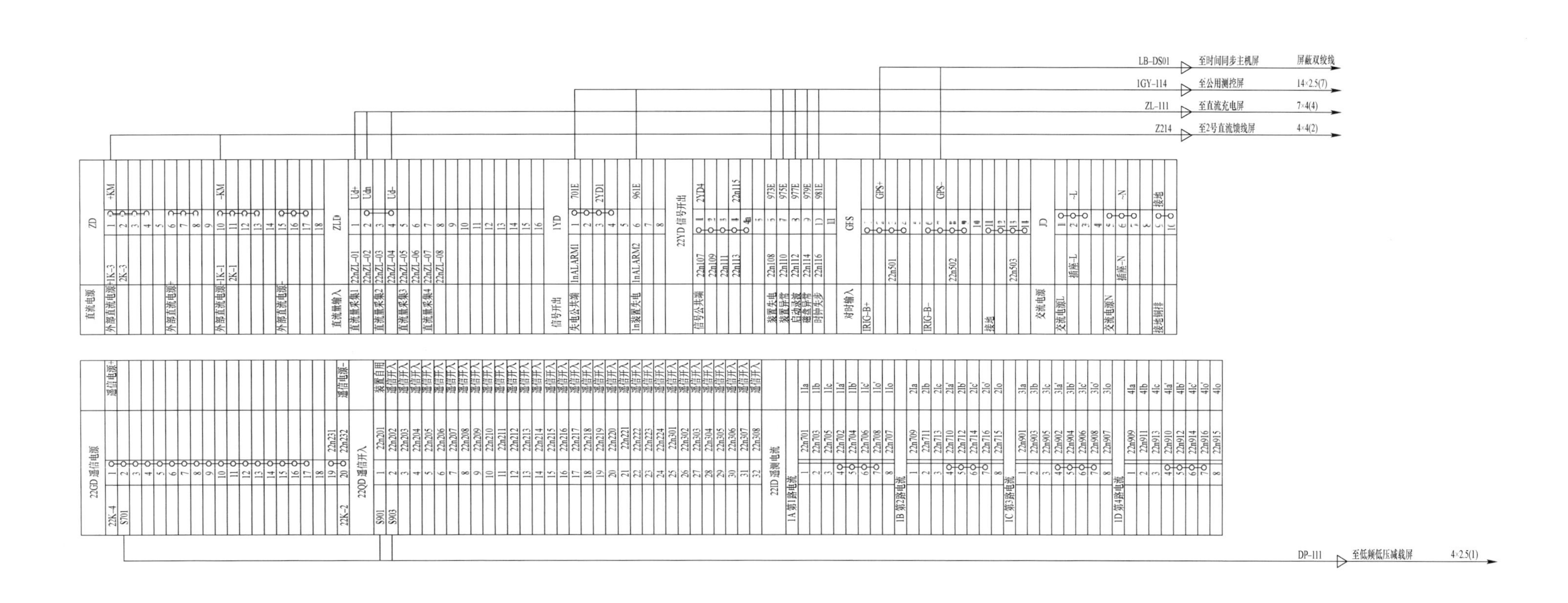

图 9-4　HE-110-A3-3-D0209-04　故障录波屏端子排图

10 时 间 同 步 系 统

10.1 时间同步系统卷册目录

电气二次　部分　第2卷　第10册　第　分册

卷册名称　时间同步系统

图纸5张　本　　说明　本　　清册　本

项目经理　　　　　　专业审核人

主要设计人　　　　　卷册负责人

序号	图号	图名	张数	套用原工程名称及卷册检索号，图号
1	HE－110－A3－3－D0210－01	时间同步屏屏面布置图	1	
2	HE－110－A3－3－D0210－02	时间同步屏直流电源回路图	1	
3	HE－110－A3－3－D0210－03	时间同步屏尾缆及网线连接图	1	
4	HE－110－A3－3－D0210－04	时间同步屏端子排图	1	

10.2　时间同步系统标准化施工图

设　计　说　明

1　设计依据

1.1　初步设计资料

1.2　电气一次主接线图

1.3　电力工程设计有关规程、规定、电力工程设计手册及有关反措规定等

2　使用范围及设备配置

2.1　使用范围

时间同步主机屏的原理接线图和端子排图。

2.2　设计说明

1）本站配置一套公用的时钟同步系统，包括主时钟 2 台，扩展时钟 2 台，组 1 面屏，安装于二次设备室内。同时支持北斗系统和 GPS 系统。

2）每台主时钟配置 GPS 天线和北斗天线各 1 根，天线安装于屋顶，每个天线头间距间隔两米以上。天线要加装防雷器。

3）对时系统提供：4 个 NTP 网口，72 路差分 485B 码，64 路 ST 多模 ST 光口（光波长为 850nm）。

4）站控层设备采用 SNTP 网络对时方式，间隔层设备采用 IRIG－B 码对时方式，过程层设备采用光 B 码对时方式。

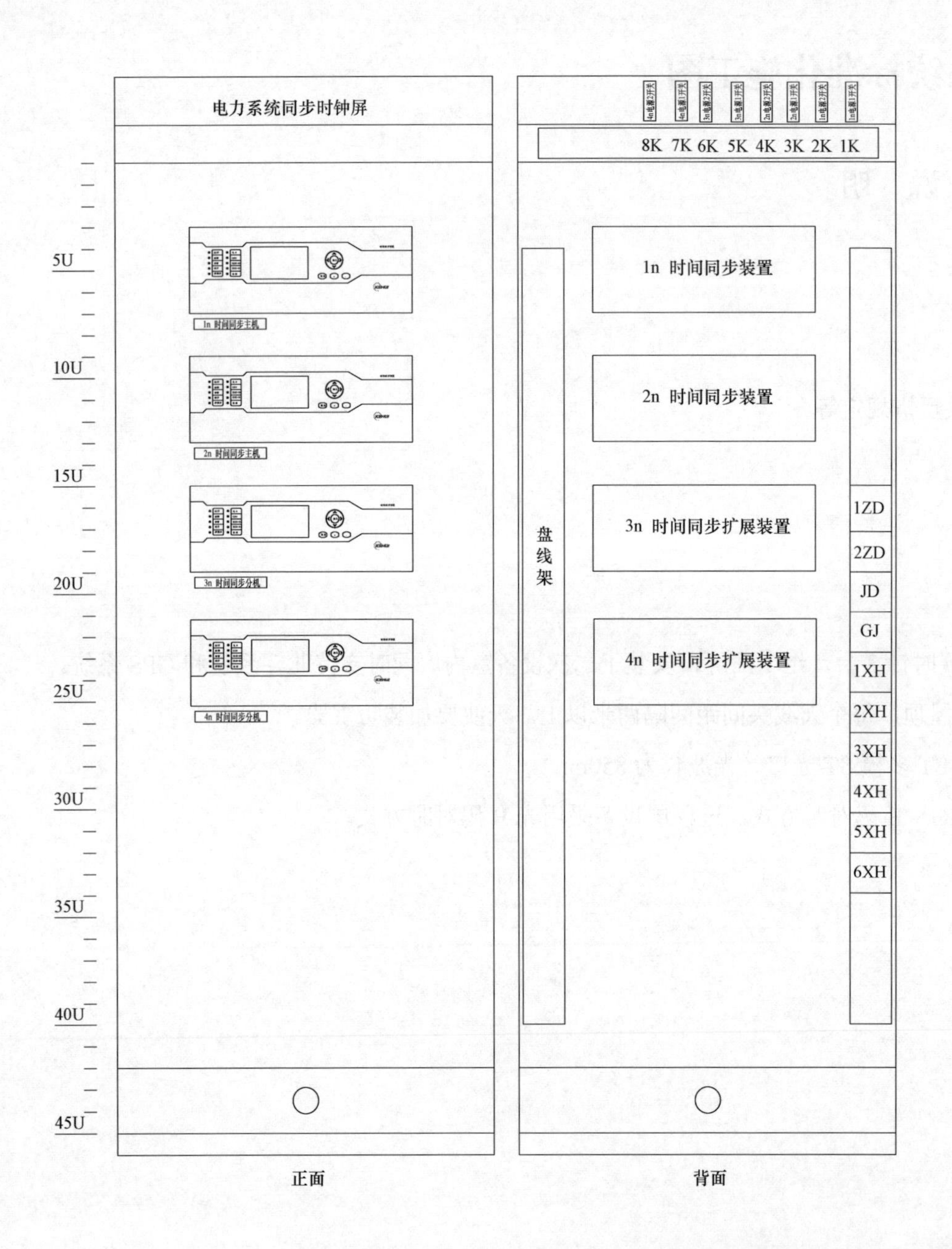

尺寸：2260×600×600（高×宽×深）
颜色：CY09 冰灰橘纹
门轴：右门轴（正视屏体）
其他：前显示后接线，一根铜排（与柜体不绝缘）
技术参数：电源：220V　CT：1A　PT：100V　f：50Hz

序号	代号	名称	型号及规格	数量	备注
1	1～4n	GPS 装置	时间同步装置	4	
2	1～6K	直流电源开关	DC－2P－B6A	8	
		GPS 天线防雷器		2	
		北斗天线防雷器		2	

图 10－1　HE－110－A3－3－D0210－01　时间同步屏屏面布置图

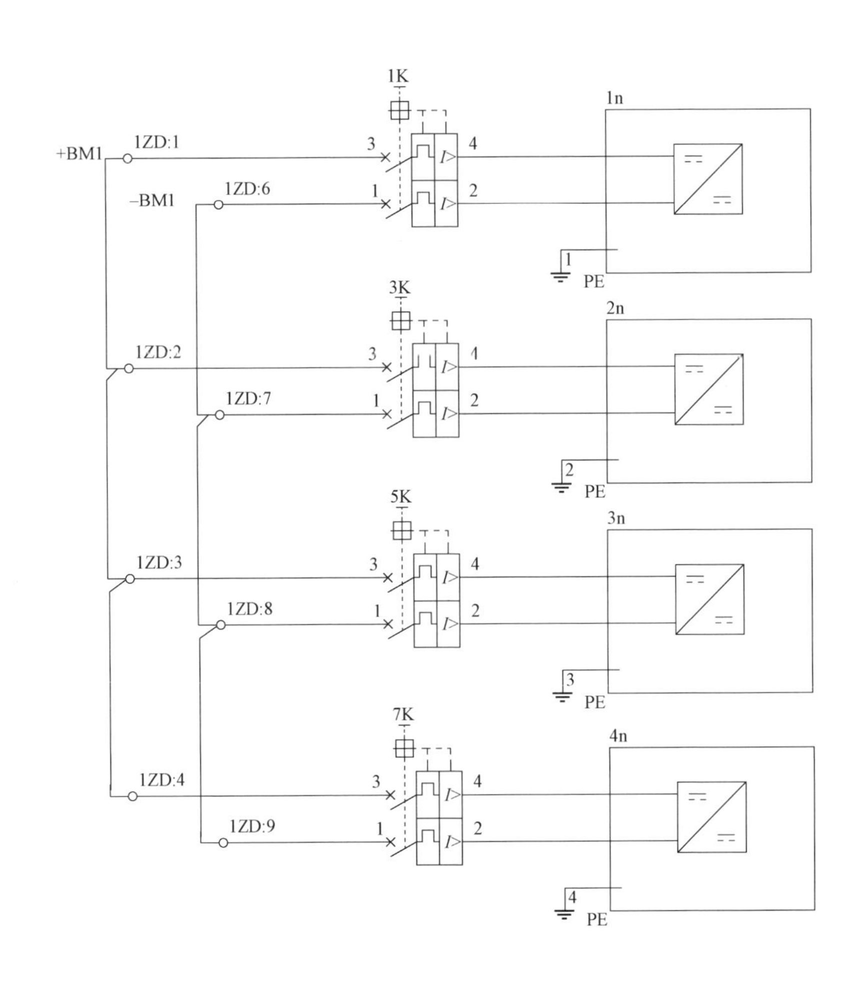

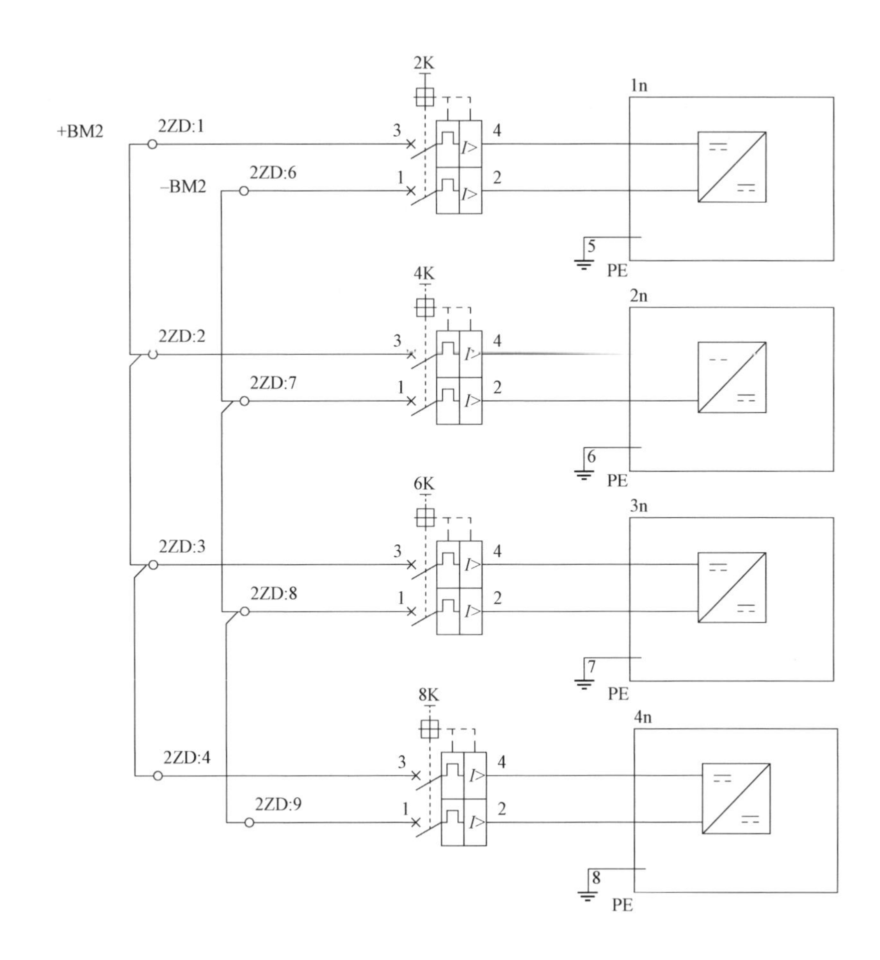

图 10-2　HE-110-A3-3-D0210-02　时间同步屏直流电源回路图

尾缆接线表

线缆编号	线缆型号	本柜连接设备			尾缆芯号	功能说明	对侧设备
		设备名称	设备插件/端口号	设备端口类型			
2H－WL114	4芯多模铠装尾缆LC－ST	扩展时钟（3n）		多模，ST	1	光B码对时	110kV 2号线路智能控制柜 110kV 2号线路集成装置 1110kV 2号线路 集成装置2
		扩展时钟（3n）		多模，ST	2	光B码对时	
					3	备用	
					4	备用	
3H－WL114	4芯多模铠装尾缆LC－ST	扩展时钟（3n）		多模，ST	1	光B码对时	110kV 3号线路智能控制柜 110kV 3号线路集成装置 1110kV 3号线路 集成装置2
		扩展时钟（3n）		多模，ST	2	光B码对时	
					3	备用	
					4	备用	
2HFD－WL114	4芯多模铠装尾缆LC－ST	扩展时钟（3n）		多模，ST	1	光B码对时	110kV 内桥智能控制柜 110kV 内桥集成装置 1110kV 内桥集成装置2
		扩展时钟（3n）		多模，ST	2	光B码对时	
					3	备用	
					4	备用	
2HPT－WL116	8芯多模铠装尾缆LC－ST	扩展时钟（3n）		多模，ST	1	光B码对时	110kV 2号主进及TV智能控制柜 110kV 母线合并单元 1110kV Ⅱ母TV智能终端 110kV 2号主进 集成装置
		扩展时钟（3n）		多模，ST	2	光B码对时	
		扩展时钟（3n）		多模，ST	3	光B码对时	
					4	备用	
					5	备用	
					6	备用	
					7	备用	
					8	备用	
3HPT－WL116	8芯多模铠装尾缆LC－ST	扩展时钟（3n）		多模，ST	1	光B码对时	110kV 3号主进及TV智能控制柜 110kV 母线合并单元 2110kV Ⅲ母TV智能终端 110kV 3号主进 集成装置
		扩展时钟（3n）		多模，ST	2	光B码对时	
		扩展时钟（3n）		多模，ST	3	光B码对时	
					4	备用	
					5	备用	
					6	备用	
					7	备用	
					8	备用	
2B－WL131	8芯多模铠装尾缆LC－ST	扩展时钟（3n）		多模，ST	1	光B码对时	经2号主变压器保护屏至 2号主变压器本体智能终端 2号主变压器本体合并单元1 2号主变压器本体 合并单元2
		扩展时钟（3n）		多模，ST	2	光B码对时	
		扩展时钟（3n）		多模，ST	3	光B码对时	
					4	备用	
					5	备用	
					6	备用	
					7	备用	
					8	备用	
3B－WL131	8芯多模铠装尾缆LC－ST	扩展时钟（3n）		多模，ST	1	光B码对时	经3号主变压器保护屏至 3号主变压器本体智能终端 3号主变压器本体合并单元1 3号主变压器本体 合并单元2
		扩展时钟（3n）		多模，ST	2	光B码对时	
		扩展时钟（3n）		多模，ST	3	光B码对时	
					4	备用	
					5	备用	
					6	备用	
					7	备用	
					8	备用	

尾缆接线表

线缆编号	线缆型号	本柜连接设备			尾缆芯号	功能说明	对侧设备
		设备名称	设备插件/端口号	设备端口类型			
2B－WL102	4芯多模铠装尾缆LC－ST	扩展时钟（4n）		多模，ST	1	光B码对时	10kV 2号主进分支一开关柜 10kV 2号主进合智一体1
					2	备用	
					3	备用	
					4	备用	
2B－WL104	4芯多模铠装尾缆LC－ST	扩展时钟（4n）		多模，ST	1	光B码对时	10kV 2号主进分支一隔离柜 10kV 2号主进合智一体2
					2	备用	
					3	备用	
					4	备用	
2B－WL107	4芯多模铠装尾缆LC－ST	扩展时钟（4n）		多模，ST	1	光B码对时	10kV 2号主进分支二开关柜 10kV 2号主进合智一体1
					2	备用	
					3	备用	
					4	备用	
2B－WL109	4芯多模铠装尾缆LC－ST	扩展时钟（4n）		多模，ST	1	光B码对时	10kV 2号主进分支二隔离柜 10kV 2号主进合智一体2
					2	备用	
					3	备用	
					4	备用	
3B－WL102	4芯多模铠装尾缆LC－ST	扩展时钟（4n）		多模，ST	1	光B码对时	10kV 3号主进开关柜 10kV 2号主进合智一体1
					2	备用	
					3	备用	
					4	备用	
3B－WL104	4芯多模铠装尾缆LC－ST	扩展时钟（4n）		多模，ST	1	光B码对时	10kV 3号主进隔离柜 10kV 2号主进合智一体2
					2	备用	
					3	备用	
					4	备用	

网线接线表

线缆编号	线缆型号	本柜连接设备			功能说明	对侧设备
		设备名称	设备插件/端口号	设备端口类型		
GPS－WX031A	铠装超五类屏蔽双绞线	主时钟（1n）	NEP 插件电以太网口1	RJ45	站控层Ⅰ区A网对时	Ⅰ区数据网关机屏站控层Ⅰ区A网交换机
GPS－WX031B	铠装超五类屏蔽双绞线	主时钟（1n）	NEP 插件电以太网口1	RJ45	站控层Ⅰ区B网对时	Ⅰ区数据网关机屏站控层Ⅰ区B网交换机
GPS－WX032A	铠装超五类屏蔽双绞线	主时钟（2n）	NEP 插件电以太网口1	RJ45	站控层Ⅰ区A网对时	Ⅰ区数据网关机屏站控层Ⅰ区A网交换机
GPS－WX032B	铠装超五类屏蔽双绞线	主时钟（2n）	NEP 插件电以太网口1	RJ45	站控层Ⅰ区B网对时	Ⅰ区数据网关机屏站控层Ⅰ区B网交换机

图10－3　HE－110－A3－3－D0210－03　时间同步屏尾缆及网线连接图

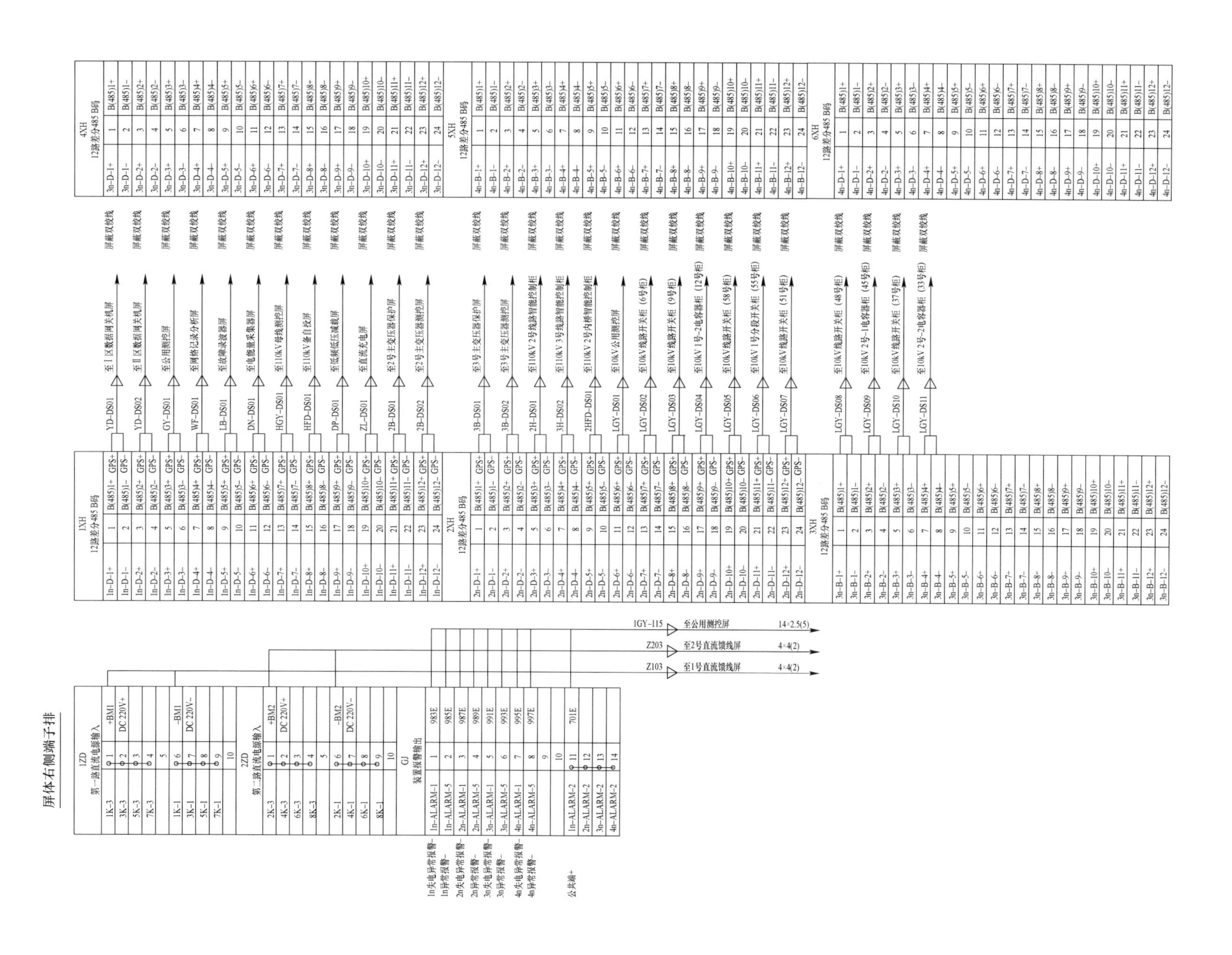

图 10-4　HE-110-A3-3-D0210-04　时间同步屏端子排图

11 一体化电源系统

11.1 一体化电源系统卷册目录

电气二次部分　第2卷　第11册　第　分册
卷册名称　一体化电源系统
图纸17张　本　说明　本　清册　本
项目经理　　　　专业审核人
主要设计人　　　卷册负责人

序号	图号	图名	张数	套用原工程名称及卷册检索号，图号
1	HE－110－A3－3－D0211－01	交直流一体化电源系统接线图	1	
2	HE－110－A3－3－D0211－02	交直流一体化电源通信网络示意图	1	
3	HE－110－A3－3－D0211－03	一体化电源系统屏面布置图	1	
4	HE－110－A3－3－D0211－04	直流系统图	1	
5	HE－110－A3－3－D0211－05	交流系统图	1	
6	HE－110－A3－3－D0211－06	1号直流馈线屏馈线示意图	1	
7	HE－110－A3－3－D0211－07	2号直流馈线屏馈线示意图	1	
8	HE－110－A3－3－D0211－08	通信电源系统图	1	
9	HE－110－A3－3－D0211－09	UPS电源系统图	1	
10	HE－110－A3－3－D0211－10	交流进线屏端子排图	1	
11	HE－110－A3－3－D0211－11	直流充电屏端子排图	1	
12	HE－110－A3－3－D0211－12	直流馈线屏端子排图	1	
13	HE－110－A3－3－D0211－13	通信电源屏端子排图	1	
14	HE－110－A3－3－D0211－14	UPS电源屏端子排图	1	
15	HE－110－A3－3－D0211－15	蓄电池支架布置图	1	
16	HE－110－A3－3－D0211－16	直流系统极差配合表	1	

11.2 一体化电源系统标准化施工图

设 计 说 明

一、一体化电源系统配置方案

本站一体化电源系统主要由直流充电屏 1 面、直流馈线屏 2 面、通信电源屏 1 面、UPS 电源屏 1 面、交流电源屏 3 面，共 8 面屏组成。蓄电池组布置于专用蓄电池室。

二、交流系统

交流站系统采用 TN－S 系统，380/220V 中性点接地系统。站用电系统采用单母线分段接线，配置 2 台 ATS 双电源切换装置，配置相应监控单元及监控模块。

三、直流系统

直流系统采用单母线接线，配 6 台 20A 高频充电模块，一组 400Ah 铅酸阀控蓄电池（2V，104 只）。设备需直流电源由直流馈线屏馈出。

四、通信电源系统

通信电源系统配置 6 台 30A 的 DC/DC 装置，实现对通信设备供电。DC/DC 装置电源取自直流馈线屏。

五、UPS 电源系统

UPS 电源系统配置 1 台 7.5kVA 逆变电源装置。

六、主要设计原则

（1）一体化电源系统配置总监控装置 1 台，通过总线方式与各子电源监控单元通信，各子电源监控单元与装置中各监控模块通信；总监控装置以 DL/T 860 标准协议接入监控系统，实现对一体化电源系统的数据采集和集中管理。

（2）一体化电源系统故障信号空接点发至公用测控装置。

（3）本站 10kV 高压柜按母线段设置直流小母线供电，站内其余设备的直流供电采用辐射状供电方式。

（4）一体化电源屏柜安装在二次设备室内，采用前显示后接线。

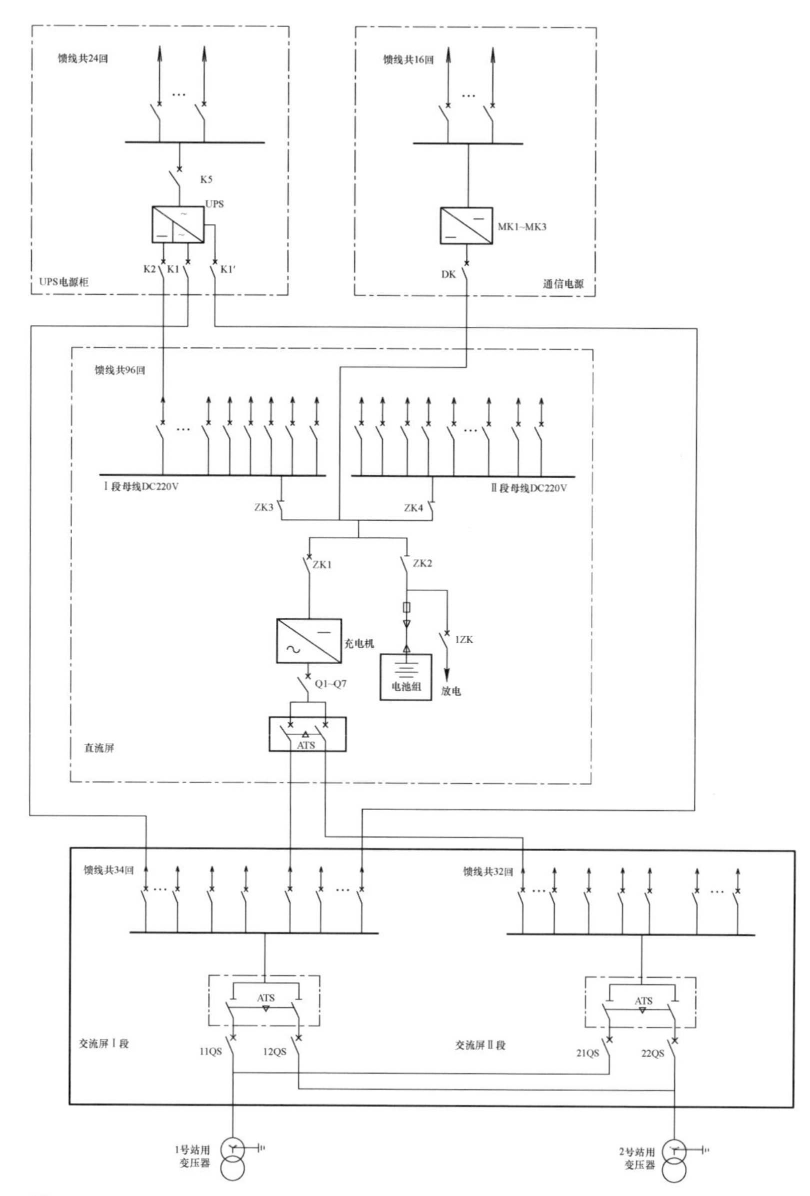

图 11－1 HE－110－A3－3－D0211－01 交直流一体化电源系统接线图

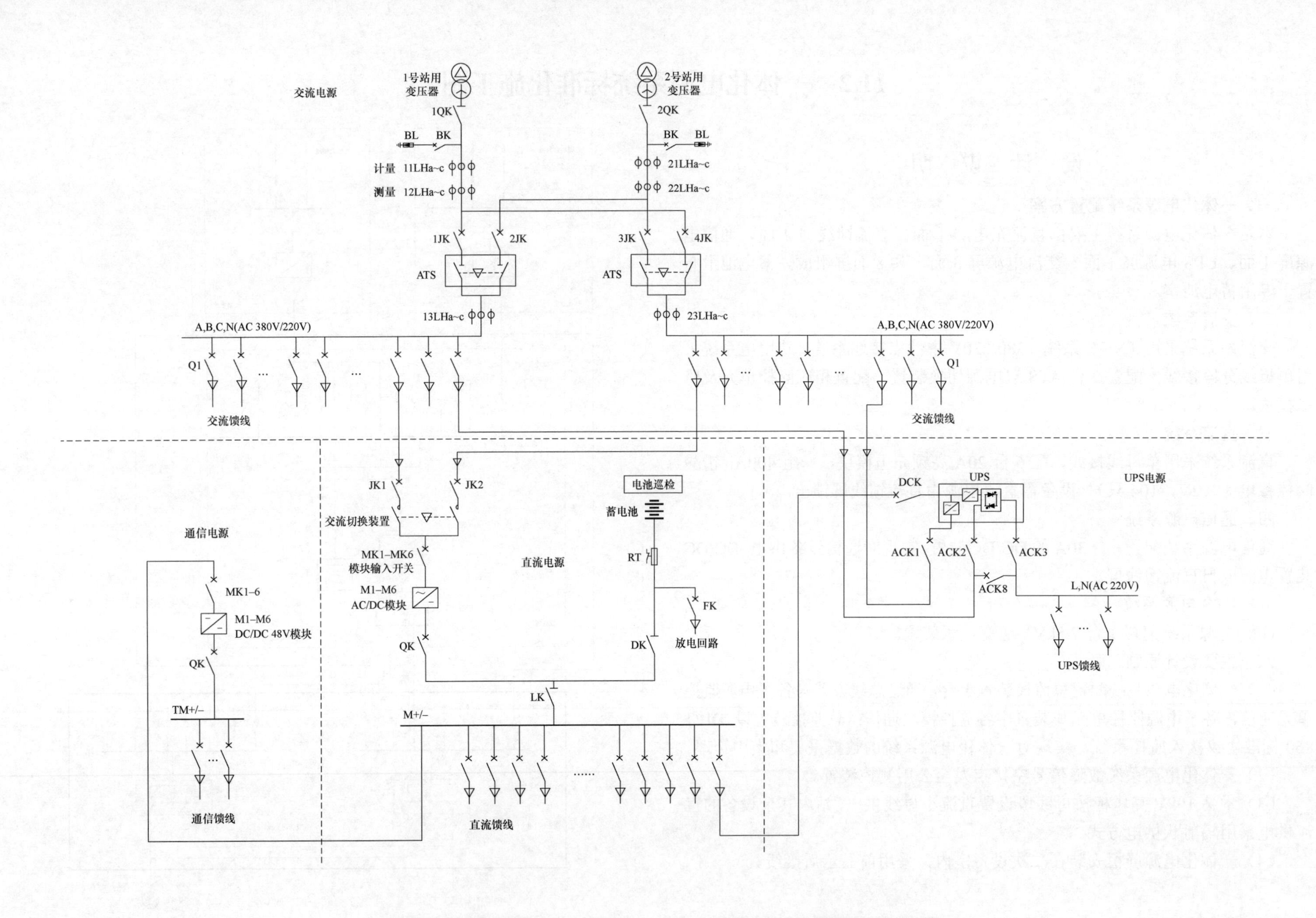

图 11－2　HE－110－A3－3－D0211－02　交直流一体化电源通信网络示意图

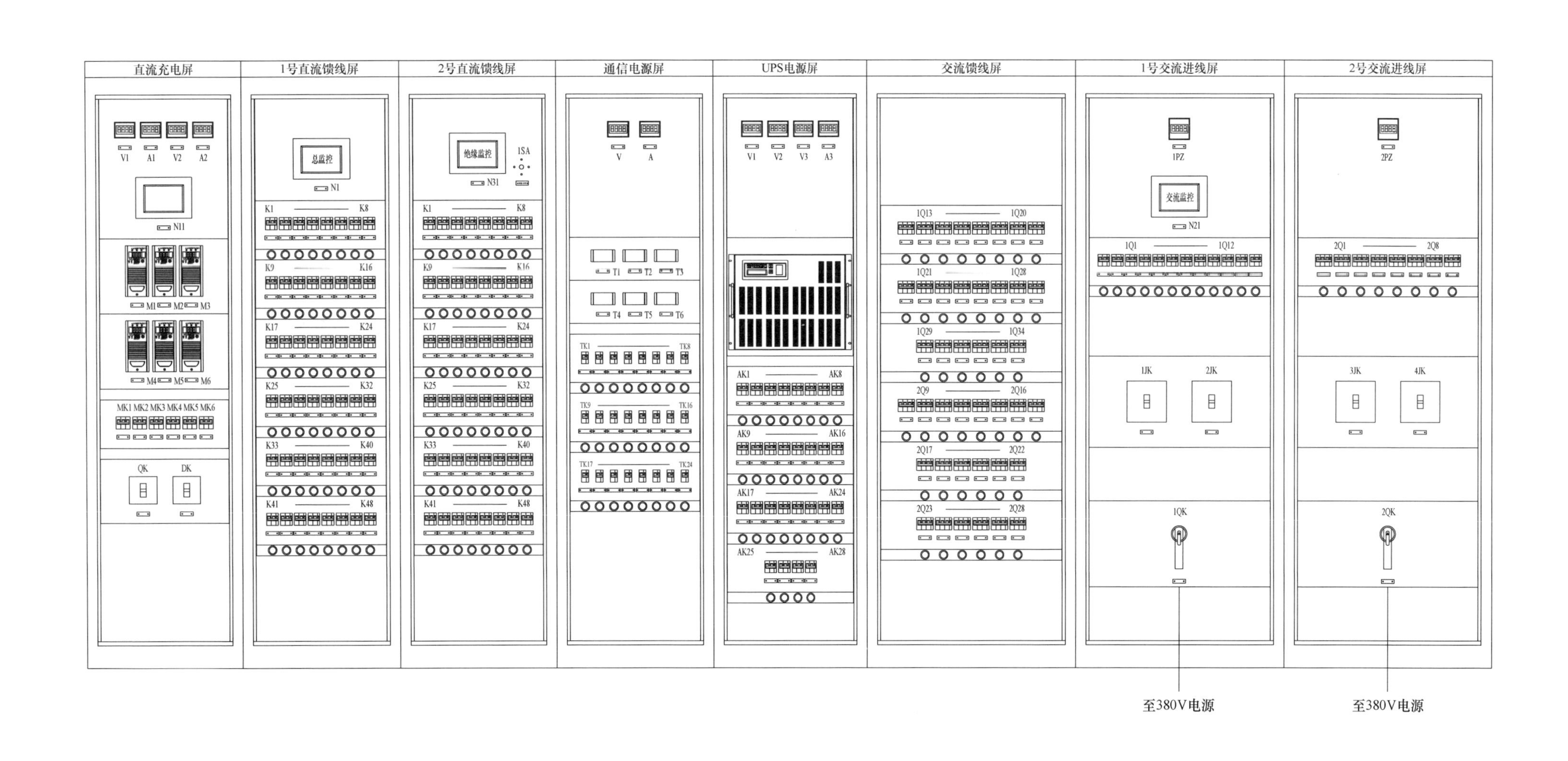

图 11-3　HE-110-A3-3-D0211-03　一体化电源系统屏面布置图

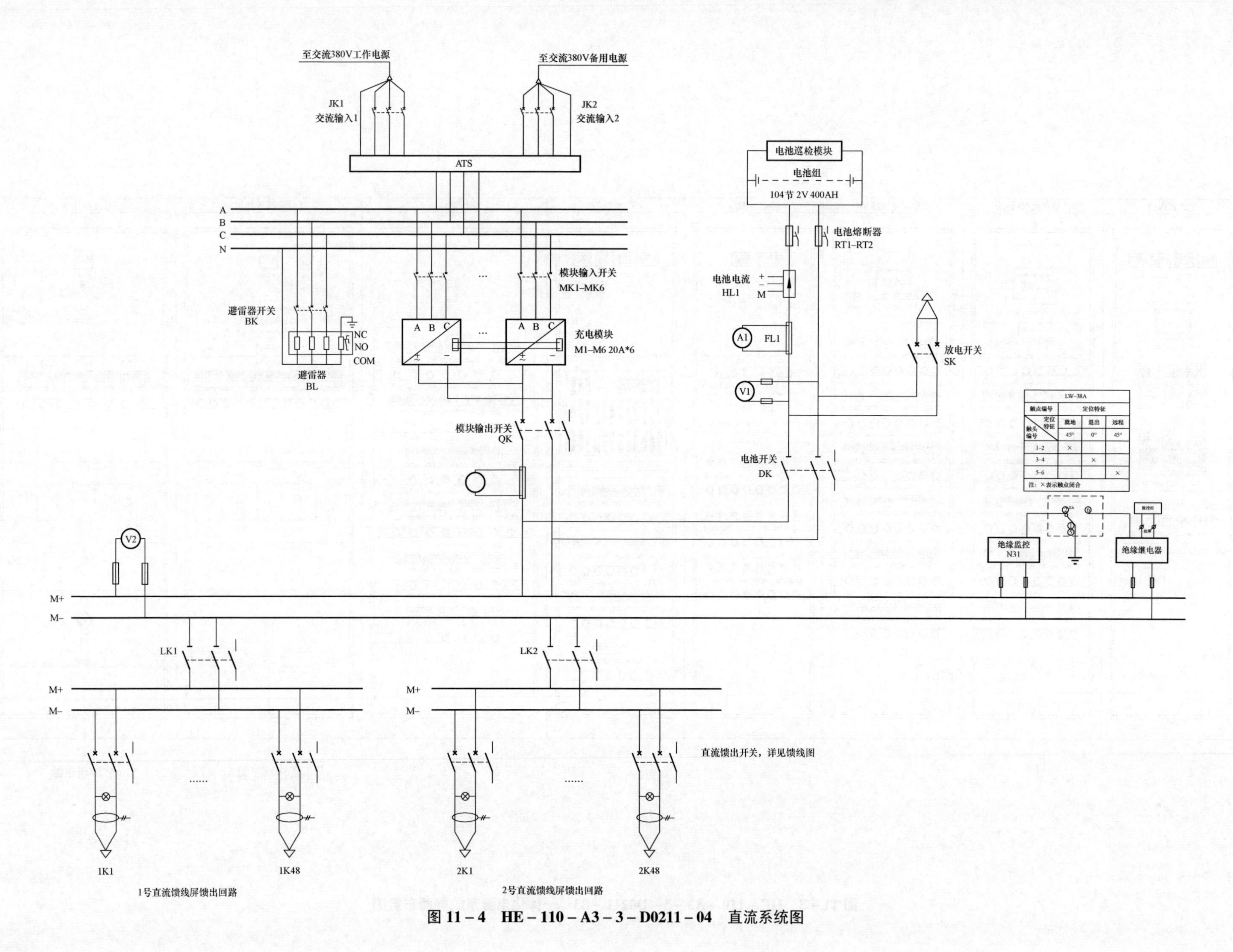

图 11－4　HE－110－A3－3－D0211－04　直流系统图

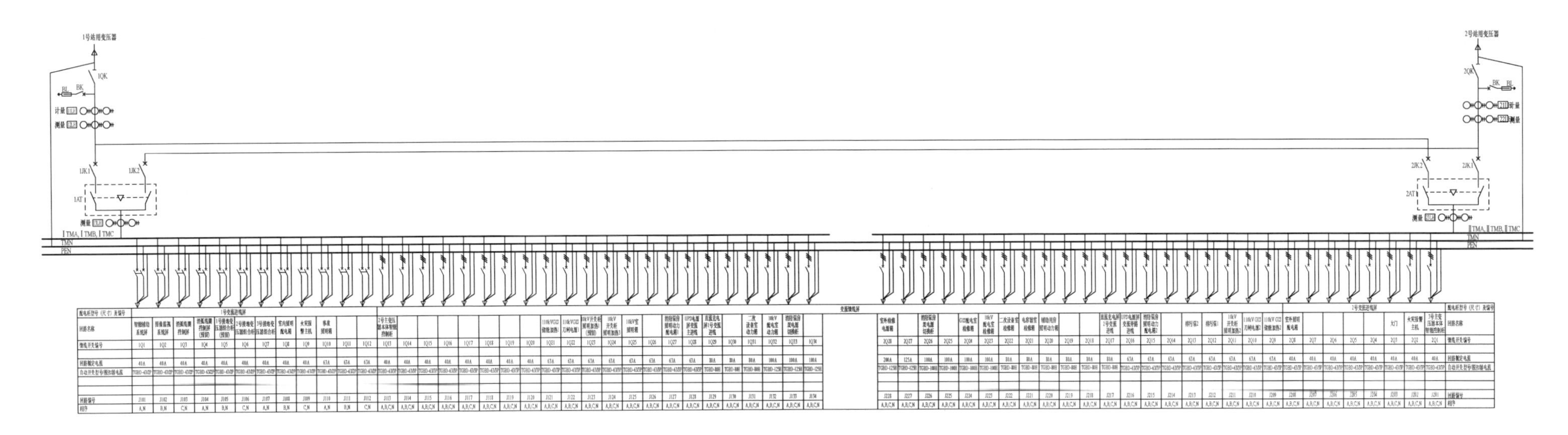

图 11－5　HE－110－A3－3－D0211－05　交流系统图

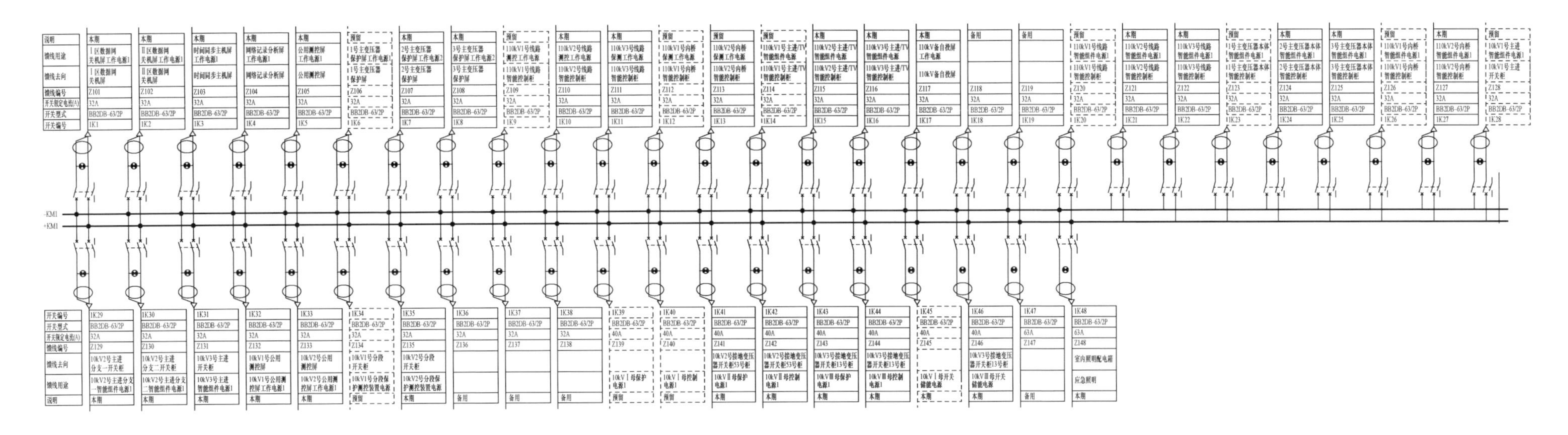

图 11－6　HE－110－A3－3－D0211－06　1 号直流馈线屏馈线示意图

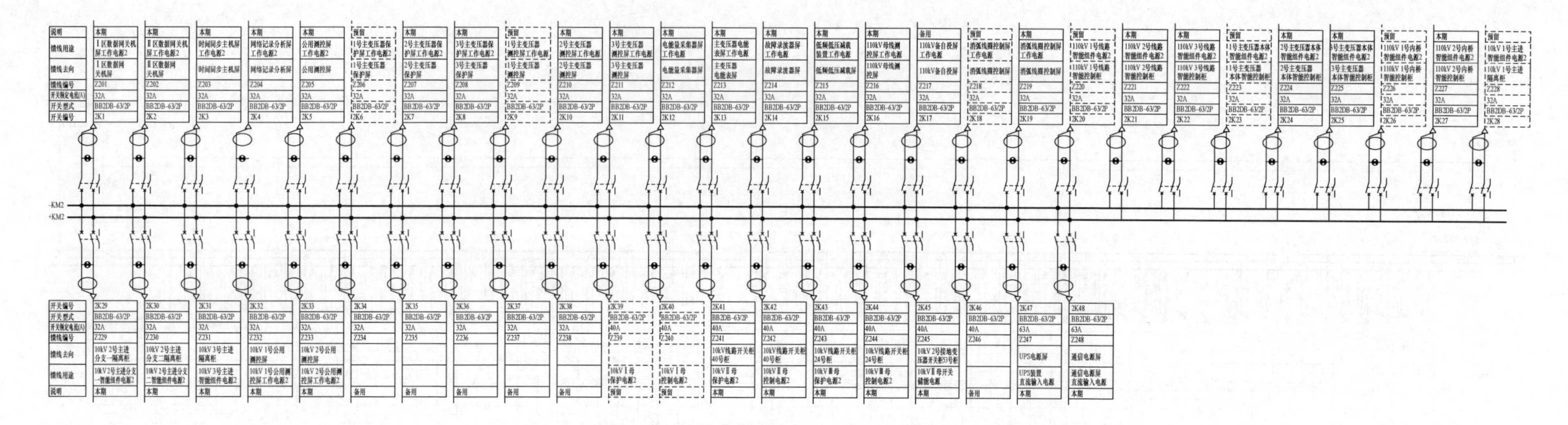

图 11-7　HE-110-A3-3-D0211-07　2号直流馈线屏馈线示意图

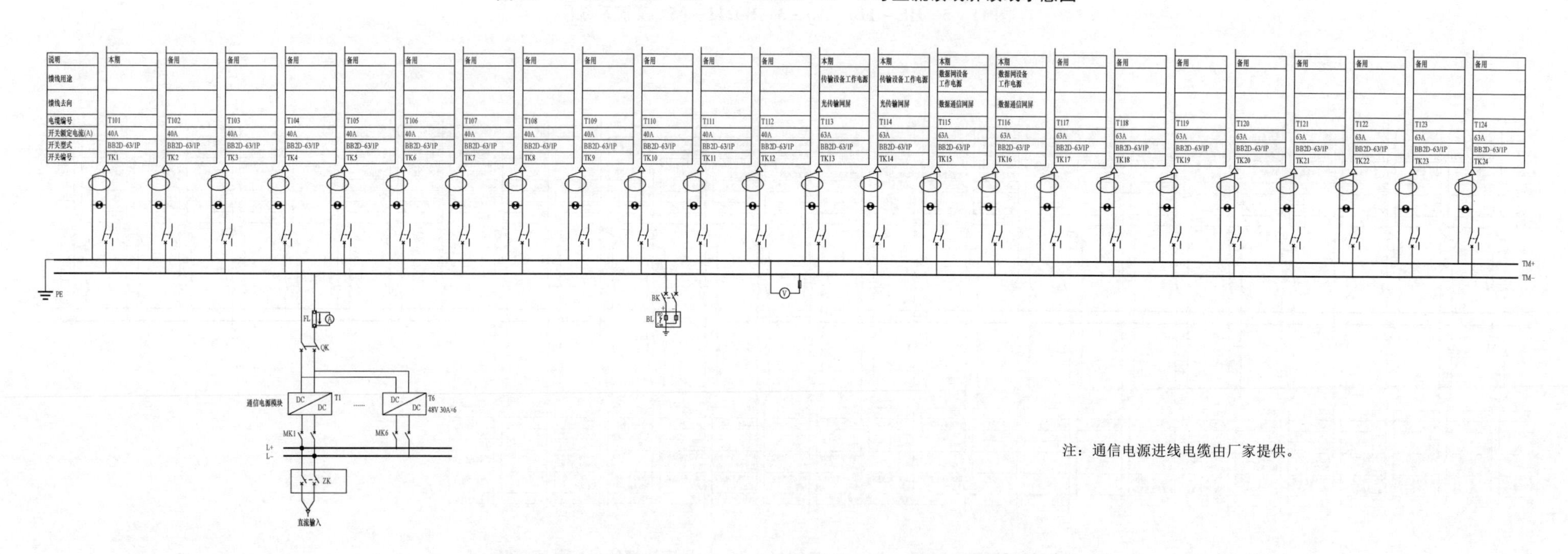

注：通信电源进线电缆由厂家提供。

图 11-8　HE-110-A3-3-D0211-08　通信电源系统图

说明	本期	本期	本期	本期	本期	本期	备用
馈线用途	1号调度数据网屏工作电源1	1号调度数据网屏工作电源2	2号调度数据网屏工作电源1	2号调度数据网屏工作电源2	Ⅱ区数据网关机屏工作电源1	Ⅱ区数据网关机屏工作电源1	消防传输控制单元工作电源
馈线去向	1号调度数据网屏	1号调度数据网屏	2号调度数据网屏	2号调度数据网屏	Ⅱ区数据网关机屏	Ⅱ区数据网关机屏	智能辅助系统屏
电缆编号	N101	N102	N103	N104	N105	N106	N107
开关额定电流(A)	20A	20A	20A	20A	20A	20A	20A
开关型式	BM65-63/2P	BM65-63/2P	BM65-63/2P	BM65-63/2P	BM65-63/2P	BM65-63/2P	BM65-63/2P
开关编号	AK1	AK2	AK3	AK4	AK5	AK6	AK7

说明	本期	本期	本期	本期	本期	备用	备用
馈线用途	网络记录分析屏工作电源	电能量采集器屏工作电源	主变压器电能表屏工作电源	数据网设备工作电源	智能辅助控制系统屏工作电源	图像监视系统屏工作电源	
馈线去向	网络记录分析屏	电量采集器屏	主变压器电能表屏	数据通信网屏	智能辅助控制系统屏	图像监视系统屏	
电缆编号	N108	N109	N110	N111	N112	N113	N114
开关额定电流(A)	20A	20A	20A	20A	20A	20A	20A
开关型式	BM65-63/2P	BM65-63/2P	BM65-63/2P	BM65-63/2P	BM65-63/2P	BM65-63/2P	BM65-63/2P
开关编号	AK8	AK9	AK10	AK11	AK12	AK13	AK14

说明	备用	备用	备用	备用	本期	本期	本期
馈线用途					监控主机屏工作电源1	监控主机屏工作电源2	综合应用服务器屏工作电源1
馈线去向					监控主机屏	监控主机屏	综合应用服务器屏
电缆编号	N115	N116	N117	N118	N119	N120	N121
开关额定电流(A)	20A	20A	20A	20A	40A	40A	40A
开关型式	BM65-63/2P	BM65-63/2P	BM65-63/2P	BM65-63/2P	BM65-63/2P	BM65-63/2P	BM65-63/2P
开关编号	AK15	AK16	AK17	AK18	AK19	AK20	AK21

说明	本期	本期	本期	备用	备用	备用	备用
馈线用途	综合应用服务器屏工作电源2	智能防误主机屏工作电源1	智能防误主机屏工作电源2				
馈线去向	综合应用服务器屏	智能防误主机屏	智能防误主机屏				
电缆编号	N122	N123	N124	N125	N126	N127	N128
开关额定电流(A)	40A	40A	40A	40A	40A	40A	40A
开关型式	BM65-63/2P	BM65-63/2P	BM65-63/2P	BM65-63/2P	BM65-63/2P	BM65-63/2P	BM65-63/2P
开关编号	AK22	AK23	AK24	AK25	AK26	AK27	AK28

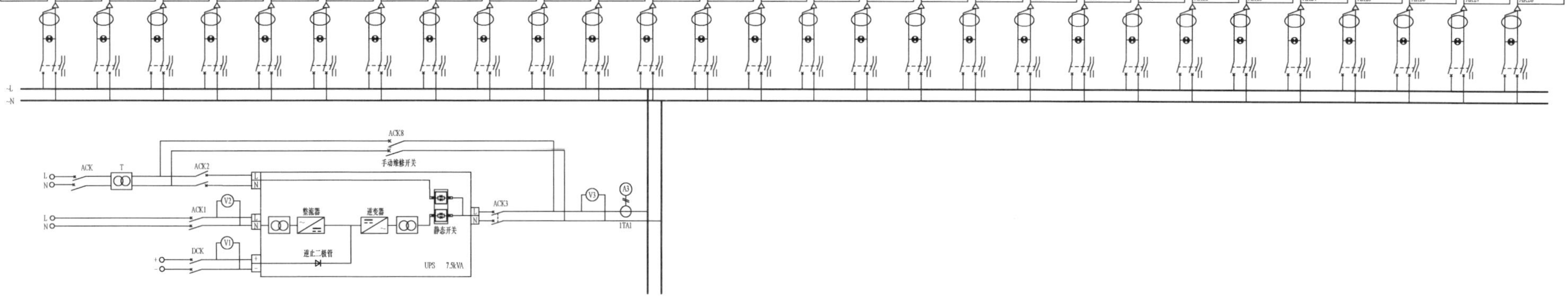

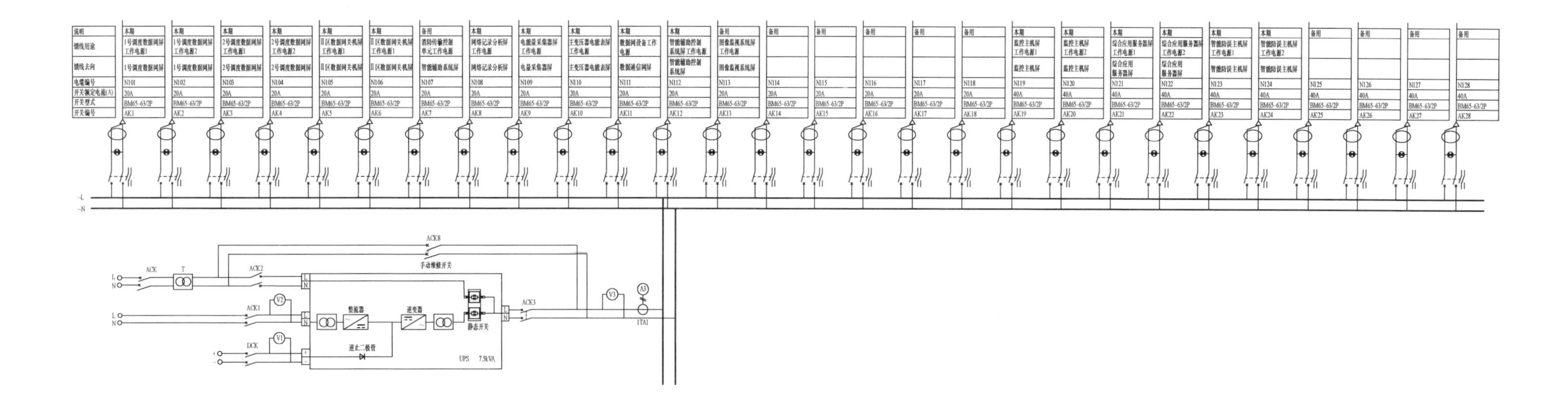

注：1. UPS 工作正常时由交流所用电供电，经整流－逆变－静态开关输出，向负荷供电；当交流所用电源失去时，由站用直流向 UPS 供电；当 UPS 逆变部件故障时，由 UPS 内部静态开关自动切换至由旁路供电，以保证交流母线不失电。

2. 维修旁路开关 ACK8 在 UPS 正常运行时处于断开状态，只有当 UPS 故障需退出系统进行维修时才合上。合 ACK8 前应确保 DCK 和 ACK1 同时处于断开状态，ACK8 合闸后再断开 ACK2 和 ACK3，按此顺序操作可保证退出 UPS 的操作过程中不影响母线的连续供电。

图 11－9　HE－110－A3－3－D0211－09　UPS 电源系统图

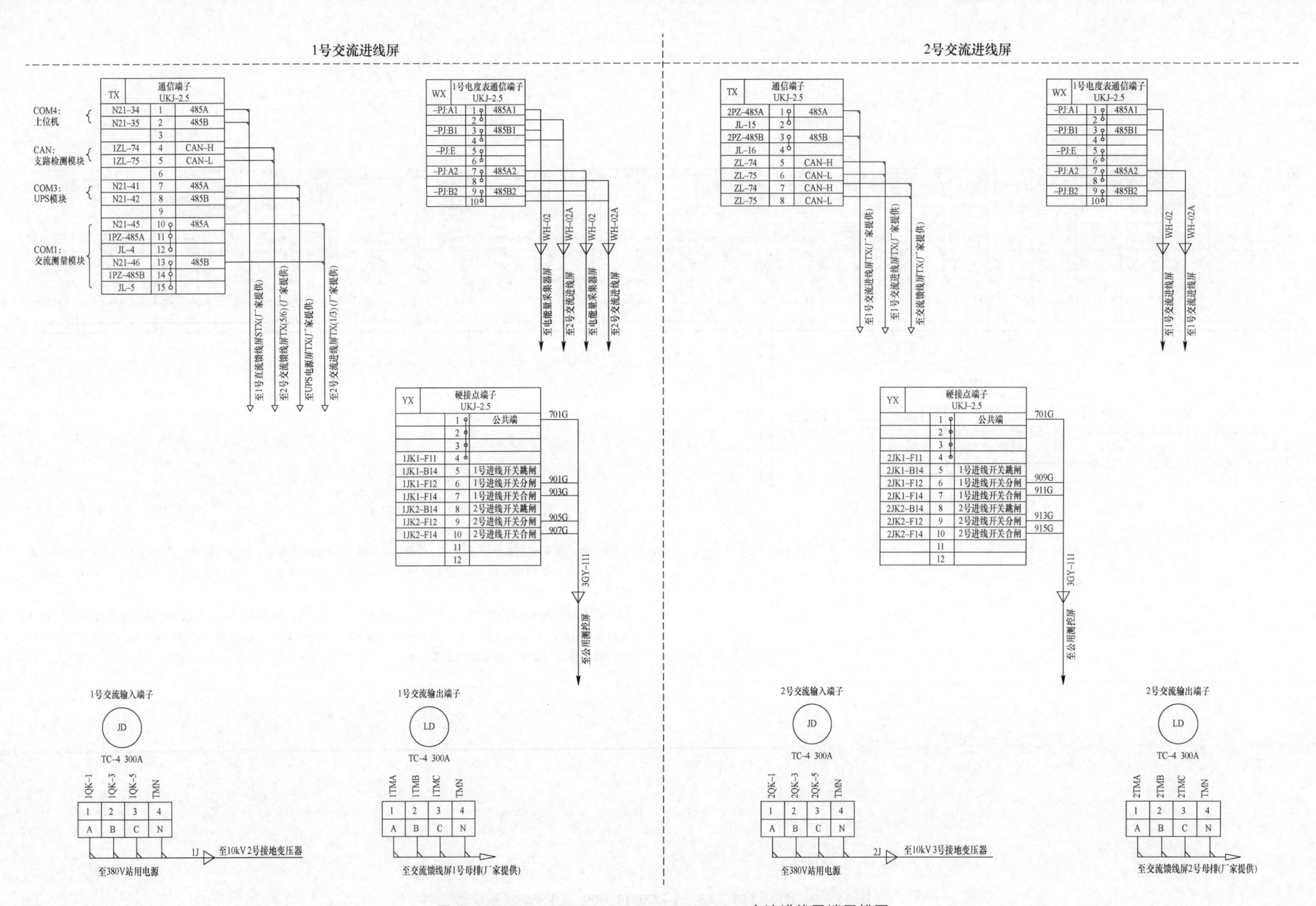

图 11－10　HE－110－A3－3－D0211－10　交流进线屏端子排图

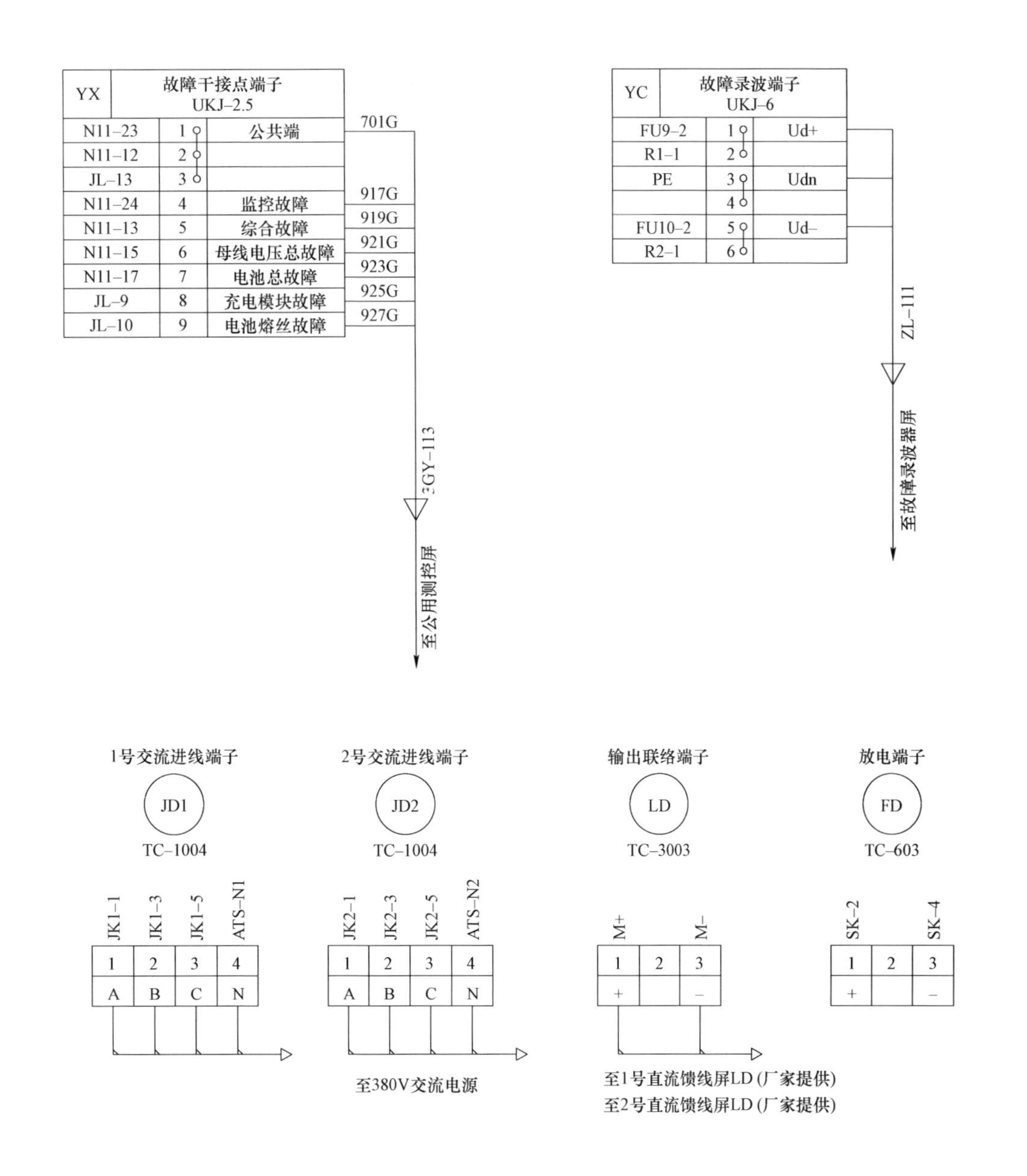

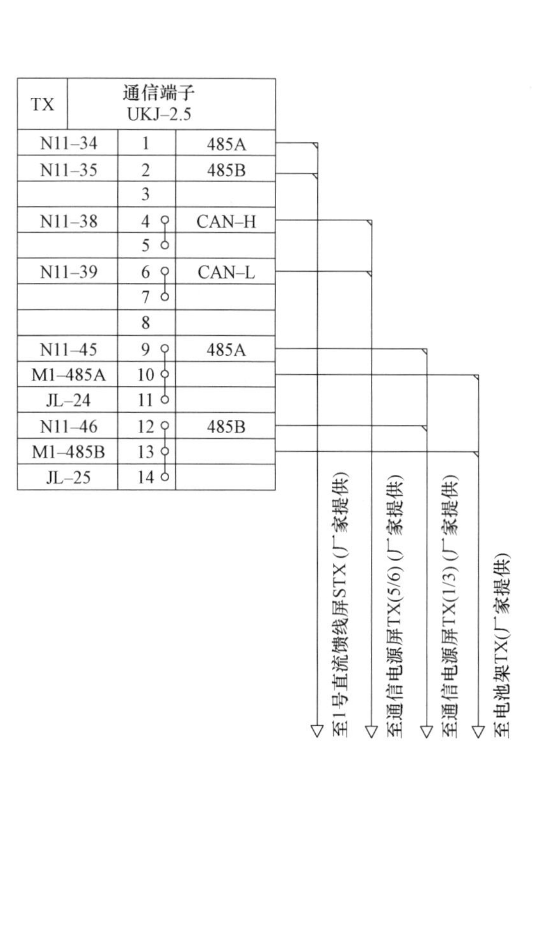

TX
通信端子
UKJ-2.5
N11-34
1
485A
N11-35
2
485B
3
N11-38
4
CAN-H
5
N11-39
6
CAN-L
7
8
N11-45
9
485A
M1-485A
10
JL-24
11
N11-46
12
485B
M1-485B
13
JL-25
14
至1号直流馈线屏STX (厂家提供)
至通信电源屏TX(5/6) (厂家提供)
至通信电源屏TX(1/3) (厂家提供)
至电池架TX(厂家提供)

图 11－11　HE－110－A3－3－D0211－11　直流充电屏端子排图

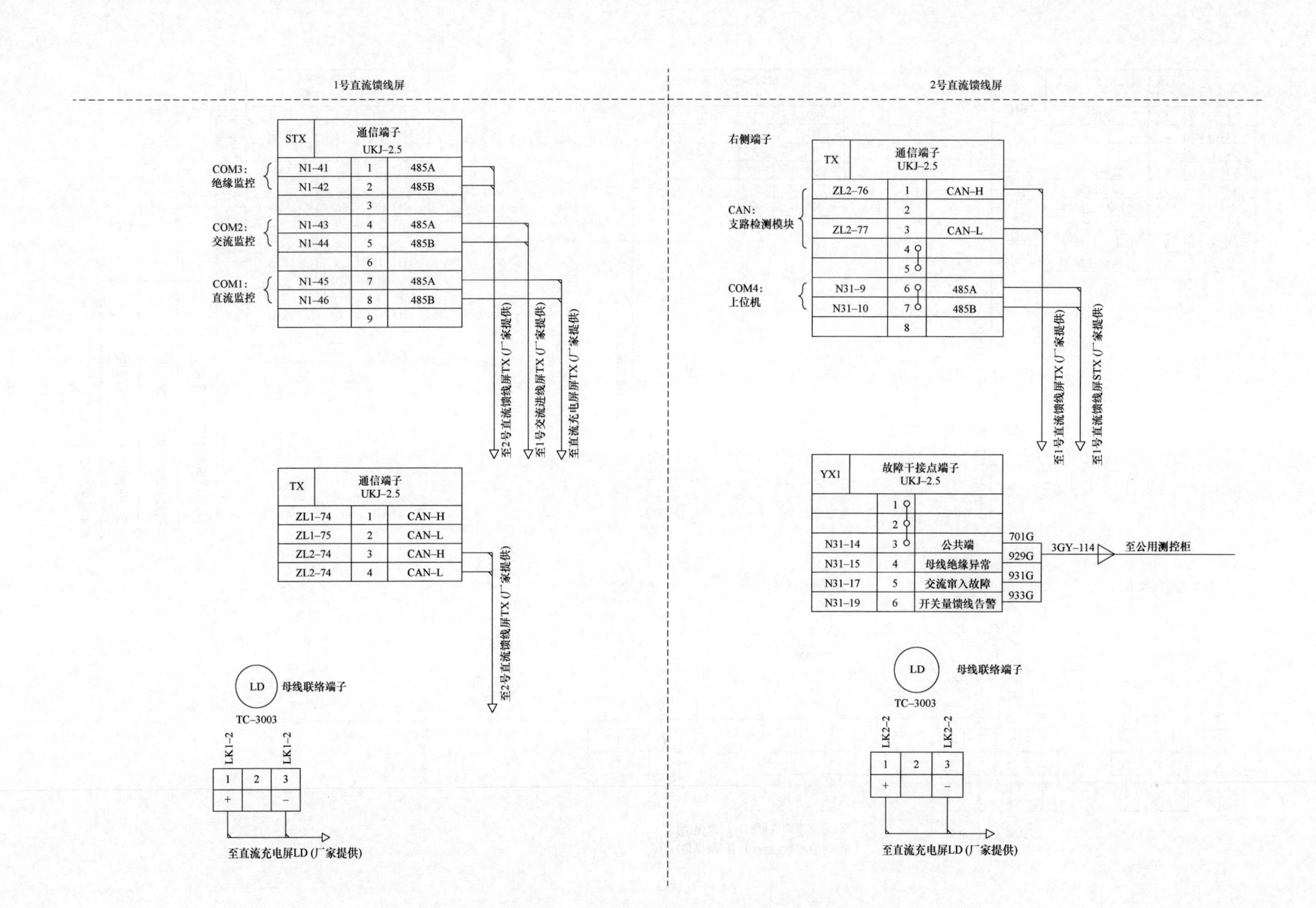

1号直流馈线屏
2号直流馈线屏
STX
通信端子
UKJ–2.5
COM3：
绝缘监控
N1–41
1
485A
N1–42
2
485B
3
COM2：
交流监控
N1–43
4
485A
N1–44
5
485B
6
COM1：
直流监控
N1–45
7
485A
N1–46
8
485B
9
至2号直流馈线屏TX (厂家提供)
至1号交流进线屏TX (厂家提供)
至直流充电屏TX (厂家提供)
TX
通信端子
UKJ–2.5
ZL1–74
1
CAN–H
ZL1–75
2
CAN–L
ZL2–74
3
CAN–H
ZL2–74
4
CAN–L
至2号直流馈线屏TX (厂家提供)
LD
母线联络端子
TC–3003
LK1–2
LK1–2
1
2
3
+
–
至直流充电屏LD (厂家提供)
右侧端子
TX
通信端子
UKJ–2.5
CAN：
支路检测模块
ZL2–76
1
CAN–H
2
ZL2–77
3
CAN–L
4
5
COM4：
上位机
N31–9
6
485A
N31–10
7
485B
8
至1号直流馈线屏TX (厂家提供)
至1号直流馈线屏STX (厂家提供)
YX1
故障干接点端子
UKJ–2.5
1
2
N31–14
3
公共端
701G
N31–15
4
母线绝缘异常
929G
N31–17
5
交流窜入故障
931G
N31–19
6
开关量馈线告警
933G
3GY–114
至公用测控柜
LD
母线联络端子
TC–3003
LK2–2
LK2–2
1
2
3
+
–
至直流充电屏LD (厂家提供)

图 11 – 12　HE – 110 – A3 – 3 – D0211 – 12　直流馈线屏端子排图

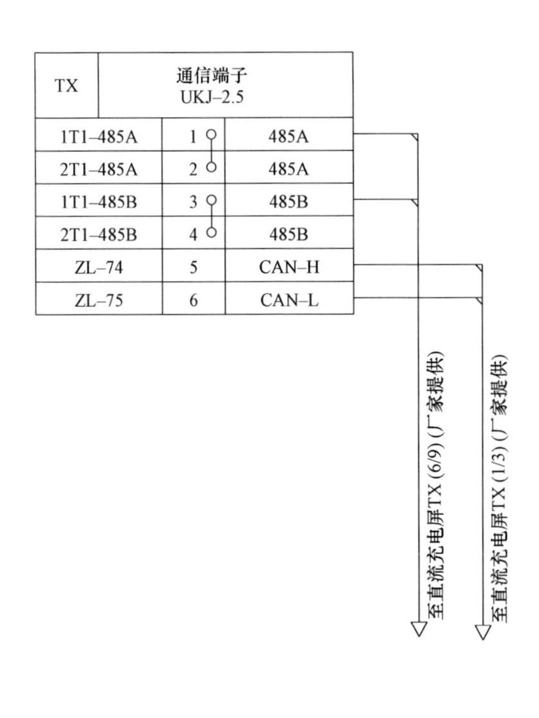

TX
通信端子
UKJ-2.5
1T1-485A
1
485A
2T1-485A
2
485A
1T1-485B
3
485B
2T1-485B
4
485B
ZL-74
5
CAN-H
ZL-75
6
CAN-L
至直流充电屏TX (6/9) (厂家提供)
至直流充电屏TX (1/3) (厂家提供)

图 11-13　HE-110-A3-3-D0211-13
通信电源屏端子排图

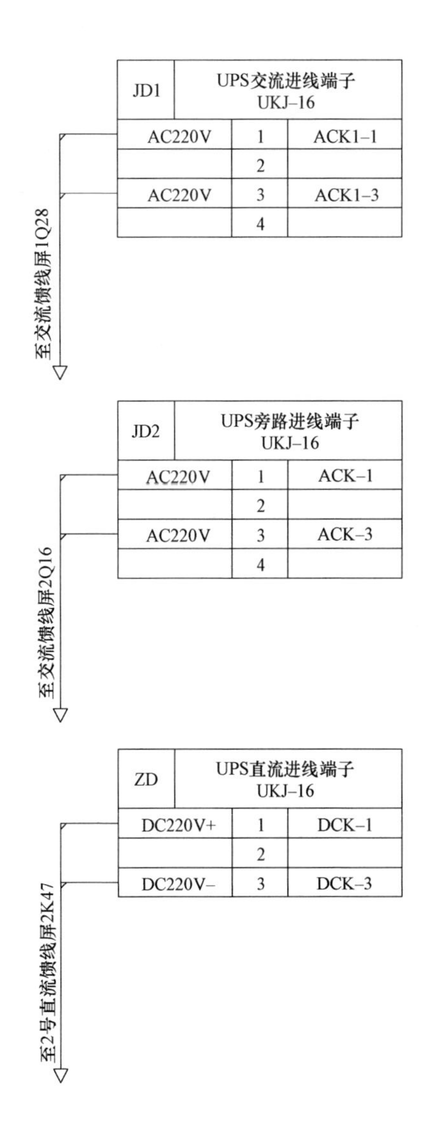

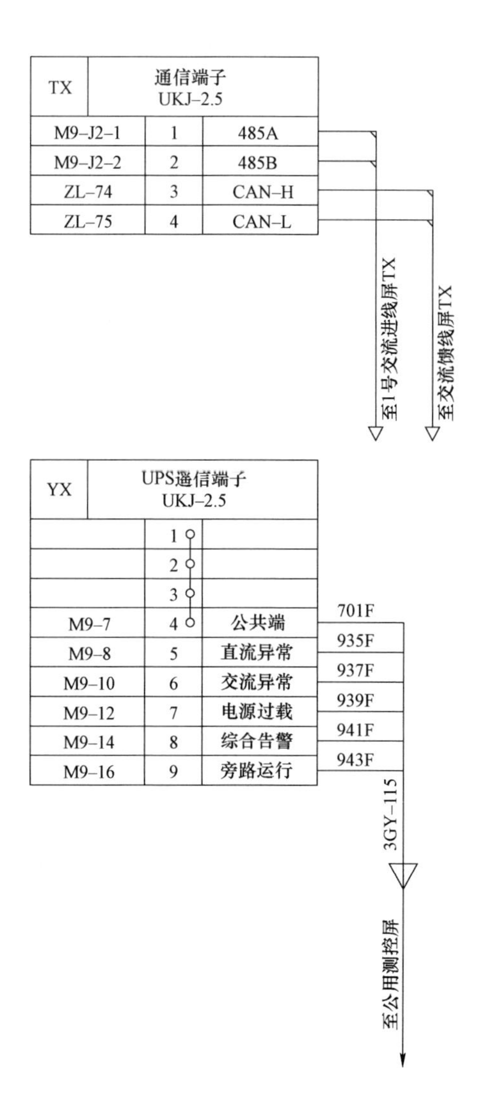

图 11-14　HE-110-A3-3-D0211-14　UPS 电源屏端子排图

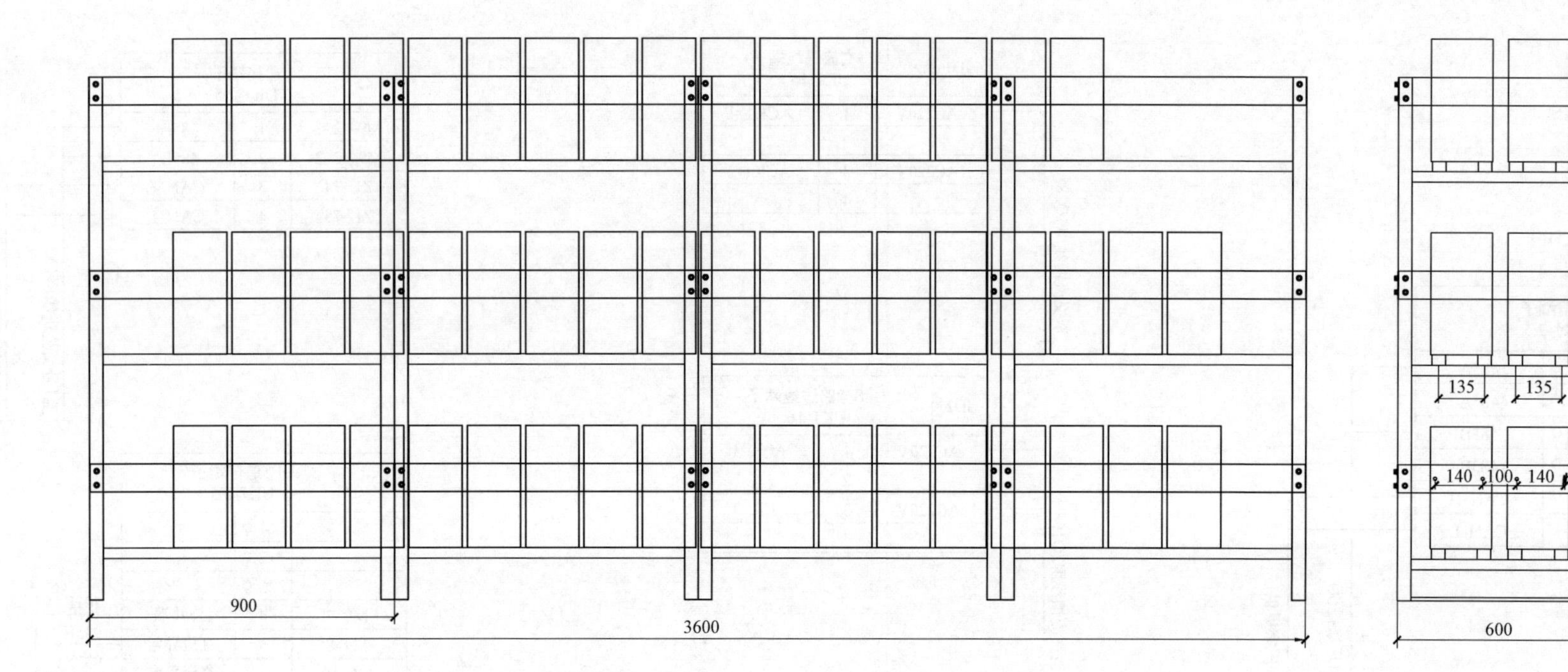

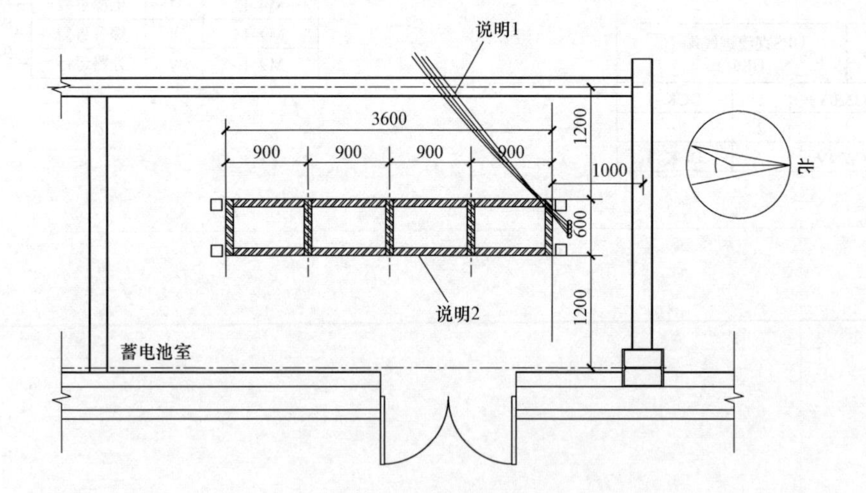

注：1. 预埋4根ϕ50镀锌钢管，一端至二次设备室46P柜底空洞，一端出蓄电池室地面150mm。

2. 预埋8号槽钢，高出地面10mm。

3. 预埋的镀锌钢管外围应涂防酸（碱）油漆，封口处用防酸（碱）应材料封堵。

4. 电池架安装以及电池安装，均应保持电池架的整体水平直线度，单体电池之间的间隙大于等于15mm。

5. 安装电池架时，不应损坏或划伤电池架的表面涂层。

6. 厂家所供蓄电池为成套装置，包括蓄电池及其电池组间联接片、蓄电池钢支架及其联接件、联接螺栓等。蓄电池支架应有明显接地。

7. 安装电池架时，不应损坏或划伤电池架的表面涂层。

图11－15　HE－110－A3－3－D0211－15　蓄电池支架布置图

序号	回路编号	S1	S2	S3	S4	极差是否满足
1	Z101	NT16－400A	1 号直流馈线屏 BB2D－63/2P C32A	Ⅰ区数据网关机屏 4A	—	满足
2	Z102	（熔断器）	1 号直流馈线屏 BB2D－63/2P C32A	Ⅱ区数据网关机屏 6A	—	满足
3	Z103		1 号直流馈线屏 BB2D－63/2P C32A	时间同步主机屏 6A	—	满足
4	Z104		1 号直流馈线屏 BB2D－63/2P C32A	网络记录分析屏 6A	—	满足
5	Z105		1 号直流馈线屏 BB2D－63/2P C32A	公用测控屏 4A	—	满足
6	Z106		1 号直流馈线屏 BB2D－63/2P C32A	—	—	—
7	Z107		1 号直流馈线屏 BB2D－63/2P C32A	2 号主变压器保护屏 4A	—	满足
8	Z108		1 号直流馈线屏 BB2D－63/2P C32A	3 号主变压器保护屏 4A	—	满足
9	Z109		1 号直流馈线屏 BB2D－63/2P C32A	—	—	—
10	Z110		1 号直流馈线屏 BB2D－63/2P C32A	110kV 2 号线路智能控制柜 6A	—	满足
11	Z111		1 号直流馈线屏 BB2D－63/2P C32A	110kV 3 号线路智能控制柜 6A	—	满足
12	Z112		1 号直流馈线屏 BB2D－63/2P C32A	—	—	—
13	Z113		1 号直流馈线屏 BB2D－63/2P C32A	110kV 2 号内桥智能控制柜 6A	—	满足
14	Z114		1 号直流馈线屏 BB2D－63/2P C32A	—	—	—
15	Z115		1 号直流馈线屏 BB2D－63/2P C32A	2 号主变压器本体智能控制柜 6A	—	满足
16	Z116		1 号直流馈线屏 BB2D－63/2P C32A	3 号主变压器本体智能控制柜 6A	—	满足
17	Z117		1 号直流馈线屏 BB2D－63/2P C32A	110kV 备自投屏 4A	—	满足
18	Z118		1 号直流馈线屏 BB2D－63/2P C32A	—	—	—
19	Z119		1 号直流馈线屏 BB2D－63/2P C32A	—	—	—
20	Z120		1 号直流馈线屏 BB2D－63/2P C32A	—	—	—
21	Z121		1 号直流馈线屏 BB2D－63/2P C32A	110kV 2 号线路智能控制柜 6A	—	满足
22	Z122		1 号直流馈线屏 BB2D－63/2P C32A	110kV 3 号线路智能控制柜 6A	—	满足
23	Z123		1 号直流馈线屏 BB2D－63/2P C32A	—	—	—
24	Z124		1 号直流馈线屏 BB2D－63/2P C32A	110kV 2 号主进及 TV 智能控制柜 6A	—	满足
25	Z125		1 号直流馈线屏 BB2D－63/2P C32A	110kV 2 号主进及 TV 智能控制柜 6A	—	满足
26	Z126		1 号直流馈线屏 BB2D－63/2P C32A	—	—	—
27	Z127		1 号直流馈线屏 BB2D－63/2P C32A	110kV 2 号内桥智能控制柜 6A	—	满足
28	Z128		1 号直流馈线屏 BB2D－63/2P C32A	—	—	—
29	Z129		1 号直流馈线屏 BB2D－63/2P C32A	10kV 2 号主进分支一开关柜 6A	—	满足
30	Z130		1 号直流馈线屏 BB2D－63/2P C32A	10kV 2 号主进分支二开关柜 6A	—	满足
31	Z131		1 号直流馈线屏 BB2D－63/2P C32A	10kV 3 号主进开关柜 6A	—	满足
32	Z132		1 号直流馈线屏 BB2D－63/2P C32A	10kV 1 号公用测控屏 4A	—	满足
33	Z133		1 号直流馈线屏 BB2D－63/2P C32A	10kV 2 号公用测控屏 4A	—	满足
34	Z134		1 号直流馈线屏 BB2D－63/2P C32A	—	—	—
35	Z135		1 号直流馈线屏 BB2D－63/2P C32A	10kV 2 号分段开关柜 6A	—	满足
36	Z136		1 号直流馈线屏 BB2D－63/2P C32A	—	—	—
37	Z137		1 号直流馈线屏 BB2D－63/2P C32A	—	—	—
38	Z138		1 号直流馈线屏 BB2D－63/2P C32A	—	—	—
39	Z139		1 号直流馈线屏 BB2DB－63/2P C40A	—	—	—
40	Z140		1 号直流馈线屏 BB2DB－63/2P C40A	10kV 3 号接地变压器开关柜 6A	—	满足
41	Z141		1 号直流馈线屏 BB2DB－63/2P C40A	—	—	—
42	Z142		1 号直流馈线屏 BB2DB－63/2P C40A	10kV 3 号接地变压器开关柜 6A	—	满足
43	Z143		1 号直流馈线屏 BB2DB－63/2P C63A	—	—	—
44	Z144		1 号直流馈线屏 BB2DB－63/2P C63A	—	—	—
45	Z145		1 号直流馈线屏 BB2D－63/2P C63A	—	—	—
46	Z146		1 号直流馈线屏 BB2D－63/2P C63A	—	—	—
47	Z147		1 号直流馈线屏 BB2D－63/2P C63A	—	—	—
48	Z148		1 号直流馈线屏 BB2D－63/2P C63A	室内照明配电箱	—	满足

图 11－16 HE－110－A3－3－D0211－16 直流系统极差配合表（一）

序号	回路编号	S1	S2	S3	S4	极差是否满足
49	Z201		2 号直流馈线屏 BB2D－63/2P C32A	Ⅰ区数据网关机屏 4A	—	满足
50	Z202		2 号直流馈线屏 BB2D－63/2P C32A	Ⅱ区数据网关机屏 6A	—	满足
51	Z203		2 号直流馈线屏 BB2D－63/2P C32A	时间同步主机屏 6A	—	满足
52	Z204		2 号直流馈线屏 BB2D－63/2P C32A	网络记录分析屏 6A	—	满足
53	Z205		2 号直流馈线屏 BB2D－63/2P C32A	公用测控屏 4A	—	满足
54	Z206		2 号直流馈线屏 BB2D－63/2P C32A	—	—	—
55	Z207		2 号直流馈线屏 BB2D－63/2P C32A	2 号主变压器保护屏 4A	—	满足
56	Z208		2 号直流馈线屏 BB2D－63/2P C32A	3 号主变压器保护屏 4A	—	满足
57	Z209		2 号直流馈线屏 BB2D－63/2P C32A	—	—	—
58	Z210		2 号直流馈线屏 BB2D－63/2P C32A	2 号主变压器测控屏 4A	—	满足
59	Z211		2 号直流馈线屏 BB2D－63/2P C32A	3 号主变压器测控屏 4A	—	满足
60	Z212		2 号直流馈线屏 BB2D－63/2P C32A	电能量采集器屏 4A	—	满足
61	Z213		2 号直流馈线屏 BB2D－63/2P C32A	主变压器电能表屏 3A	—	满足
62	Z214		2 号直流馈线屏 BB2D－63/2P C32A	故障录波器屏 6A	—	满足
63	Z215		2 号直流馈线屏 BB2D－63/2P C32A	低频低压减载屏 4A	—	满足
64	Z216		2 号直流馈线屏 BB2D－63/2P C32A	110kV 母线测控屏 4A	—	满足
65	Z217		2 号直流馈线屏 BB2D－63/2P C32A	—	—	—
66	Z218		2 号直流馈线屏 BB2D－63/2P C32A	消弧线圈控制屏 4A	—	满足
67	Z219		2 号直流馈线屏 BB2D－63/2P C32A	—	—	—
68	Z220		2 号直流馈线屏 BB2D－63/2P C32A	—	—	—
69	Z221		2 号直流馈线屏 BB2D－63/2P C32A	110kV 2 号线路智能控制柜 6A	—	满足
70	Z222		2 号直流馈线屏 BB2D－63/2P C32A	110kV 3 号线路智能控制柜 6A	—	满足
71	Z223		2 号直流馈线屏 BB2D－63/2P C32A	—	—	—
72	Z224		2 号直流馈线屏 BB2D－63/2P C32A	110kV 2 号主进及 TV 智能控制柜 6A	—	满足
73	Z225		2 号直流馈线屏 BB2D－63/2P C32A	110kV 2 号主进及 TV 智能控制柜 6A	—	满足
74	Z226		2 号直流馈线屏 BB2D－63/2P C32A	—	—	—
75	Z227		2 号直流馈线屏 BB2D－63/2P C32A	110kV 2 号内桥智能控制柜 6A	—	满足
76	Z228		2 号直流馈线屏 BB2D－63/2P C32A	—	—	—
77	Z229		2 号直流馈线屏 BB2D－63/2P C32A	10kV 2 号主进分支一隔离柜 6A	—	满足
78	Z230		2 号直流馈线屏 BB2D－63/2P C32A	10kV 2 号主进分支二隔离柜 6A	—	满足
79	Z231		2 号直流馈线屏 BB2D－63/2P C32A	10kV 3 号主进隔离柜 6A	—	满足
80	Z232		2 号直流馈线屏 BB2D－63/2P C32A	10kV 1 号公用测控屏 4A	—	满足
81	Z233		2 号直流馈线屏 BB2D－63/2P C32A	10kV 2 号公用测控屏 4A	—	满足
82	Z234		2 号直流馈线屏 BB2D－63/2P C32A	—	—	—
83	Z235		2 号直流馈线屏 BB2D－63/2P C32A	10kV 2 号分段开关柜 6A	—	满足
84	Z236		2 号直流馈线屏 BB2D－63/2P C32A	—	—	—
85	Z237		2 号直流馈线屏 BB2D－63/2P C32A	—	—	—
86	Z238		2 号直流馈线屏 BB2D－63/2P C32A	—	—	—
87	Z239		2 号直流馈线屏 BB2DB－63/2P C40A	10kV 2 号接地变压器开关柜 6A	—	满足
88	Z240		2 号直流馈线屏 BB2DB－63/2P C40A	10kV 2 号接地变压器开关柜 6A	—	满足
89	Z241		2 号直流馈线屏 BB2DB－63/2P C40A	—	—	—
90	Z242		2 号直流馈线屏 BB2DB－63/2P C40A	—	—	—
91	Z243		2 号直流馈线屏 BB2DB－63/2P C63A	—	—	—
92	Z244		2 号直流馈线屏 BB2DB－63/2P C63A	—	—	—
93	Z245		2 号直流馈线屏 BB2D－63/2P C63A	—	—	—
94	Z246		2 号直流馈线屏 BB2D－63/2P C63A	—	—	—
95	Z247		2 号直流馈线屏 BB2D－63/2P C63A	UPS 电源屏 50A	—	满足
96	Z248		2 号直流馈线屏 BB2D－63/2P C63A	通信电源屏 50A	—	满足

图 11－16 HE－110－A3－3－D0211－16 直流系统极差配合表（二）

12 智能辅助控制系统

12.1 智能辅助控制系统卷册目录

电气二次部分　第2卷　第12册　第　分册
卷册名称　智能辅助控制系统
图纸11张　本　说明　本　清册　本
项目经理　　　　专业审核人
主要设计人　　　卷册负责人

序号	图号	图名	张数	套用原工程名称及卷册检索号，图号
1	HE－110－A3－3－D0212－01	环境监测系统预埋示意图	1	
2	HE－110－A3－3－D0212－02	电子围栏安装示意图	1	
3	HE－110－A3－3－D0212－03	围墙、大门预埋管示意图	1	
4	HE－110－A3－3－D0212－04	立杆基础预埋管示意图	1	
5	HE－110－A3－3－D0212－05	门禁预埋管图	1	
6	HE－110－A3－3－D0212－06	智能辅助控制系统配置图	1	
7	HE－110－A3－3－D0212－07	智能辅助控制系统屏平面布置图	1	
8	HE－110－A3－3－D0212－08	智能辅助控制系统屏端子排图	1	
9	HE－110－A3－3－D0212－09	图像监视系统屏布置图	1	
10	HE－110－A3－3－D0212－10	智能辅助埋管图	1	

12.2 智能辅助控制系统标准化施工图

设 计 说 明

一、概述

变电站为半户内变电站，采用《国家电网有限公司35～750kV变电站通用设计、通用设备应用目录（2022年版）》中110－A3－3技术方案。

二、功能说明

全站配置1套智能辅助控制系统，实现视频安全监视、火灾报警、消防、灯光和通风系统的智能联动控制，包括视频智能辅助系统综合监控平台、图像监视及安全警卫子系统、环境监控子系统，具备与火灾报警系统和消防系统的接口。

在视频系统中应采用智能视频分析技术，从而完成对现场特定监视对象的状态分析，并可以把分析的结果（标准信息，图片或视频图像）上送到统一信息平台；通过划定警戒区域，配合安防装置，完成对各种非法入侵和越界行为的警戒和告警。

通过和站内自动化系统，其他辅助子系统的通讯，应能实现用户自定义的设备联动，包括现场设备操作联动，火灾消防，门禁，SF_6监测，环境监测，报警等相关设备联动，并可以根据变电站现场需求，完成自动的闭环控制和告警，如自动启动/关闭空调，自动启动/关闭风机，自动启动/关闭照明系统等。

1. 图像监视及安全警卫子系统

图像监视实现对变电站的各保护小室室内环境，运行设备及室外电气设备的外观，状况进行全天24h实时的监控，同时对变电站内外人员活动进行监视，及时地了解变电站发生的一切情况，保证变电站的安全运行。视频监控系统预留网络接口，可以上传至远端，本地和远端均可以对变电站的前端设备实时监视，实现画面任意切换和控制。

安全警卫包含电子围栏，红外对射设施。主要功能：围墙被强行翻越，系统会同时发出声光报警信号现场报警；大门有人/车出入，则发出铃声通知运行人员；主机本身具有声音和光电报警功能，并配备有报警联动输出接口，可与其他系统实现联动；当设备故障或掉电后，可自动输出联动信号，启动与之相连的其他系统或报警装置，电子围栏主机安装于标准墙柱上，门禁不配置单独主机。各防区声光报警器设置于墙顶，高分贝报警喇叭装于标准墙柱上。

门禁系统主要由门禁控制器，读卡器，电控锁，门磁和电锁电源等组成，通过安装在建筑物的主要出入口，从而实现对出入口的控制，持卡人通过刷卡及密码进入，无卡人员禁止进入。

配置1台Ⅳ区视频主机，执行一键顺控操作时，监控主机通过物理隔离设备与Ⅳ区视频主机实现联动，Ⅳ区视频主机自动推送被操作设备区的安全环境监视画面。

2. 环境监测子系统

配置水位传感器2套，实时监测电缆沟水位的变化情况。

配置温湿度传感器6套，实时监测二次设备室、高压室、GIS室、蓄电池室的环境情况变化情况。

110kV GIS室配置SF_6监测系统一套：SF_6监测主机和报警器壁挂安装在二次设备室的GIS室入口处，便于观测；SF_6探测器按终期规模，数量共12只，布置于GIS设备下方靠近地面放置，在低压电缆沟内将所有SF_6装置串在一起传至SF_6探测器主机。

3. 锁控监测子系统

配置锁具及电子钥匙1套（不含防止电气误操作的锁具）。

4. 一次设备在线监测系统

110kV部分：配置数字化表计监测终端2台、集线器7台，布置于110kV GIS智能控制柜内。

变压器部分：配置数字化表计监测终端2台、集线器4台，布置于主变压器本体智能控制柜内。

10kV部分：配置数字化表计监测终端1台，布置于10kV开关柜内。

三、补充要求

（1）图中各设备位置仅为示意，具体位置可根据现场情况再适当调整与带电设备及导线之间要保证安全距离。

（2）摄像机立杆基础，预埋的PVC管和镀锌钢管由施工单位提供并预埋，预埋管内穿铁丝便于施工安装。摄像机立杆由智能辅助系统厂家提供并施工。

（3）摄像机外壳、摄像机支架、电子围栏、屏柜等设备接地由施工单位统一制作。

（4）所有线缆均采用阻燃型，室内线缆保护管宜暗敷，室外尽量走电缆沟或穿管，沿电缆沟敷设时无需穿管，过道路敷设时需穿镀锌钢管保护。

（5）依据GB/T 7946—2015《脉冲电子围栏及其安装和安全运行》标准：脉冲电子围栏系统应有可靠的接地系统。接地系统不能与任何其他的接地系统连接（如雷电保护系统或者通信接地系统），并应与其他接地系统保持相对的独立接地。接地体应至少埋深1.5m，并埋设在导电性良好的地方，可用接地摇表测量接地电阻值应不大于10Ω。

（6）智能辅助控制系统应具备与火灾自动报警系统联动功能：当出现火警时，应立即停运空调、除湿机和通风设备。

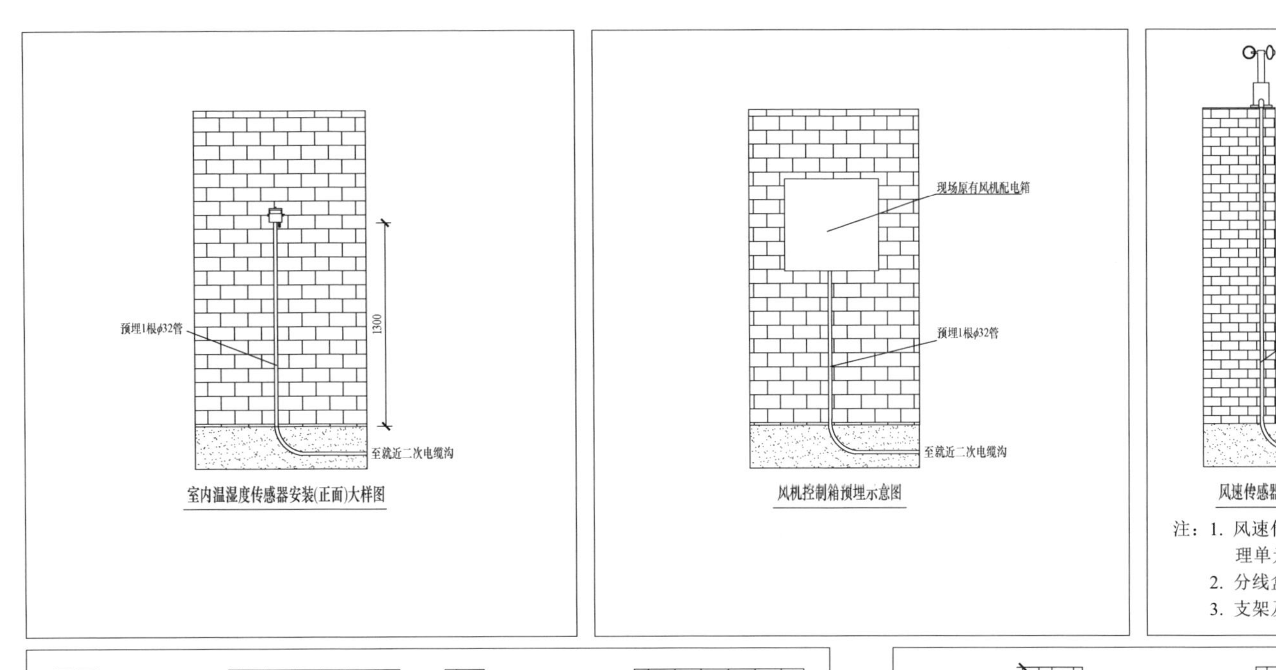

室内温湿度传感器安装(正面)大样图

风机控制箱预埋示意图

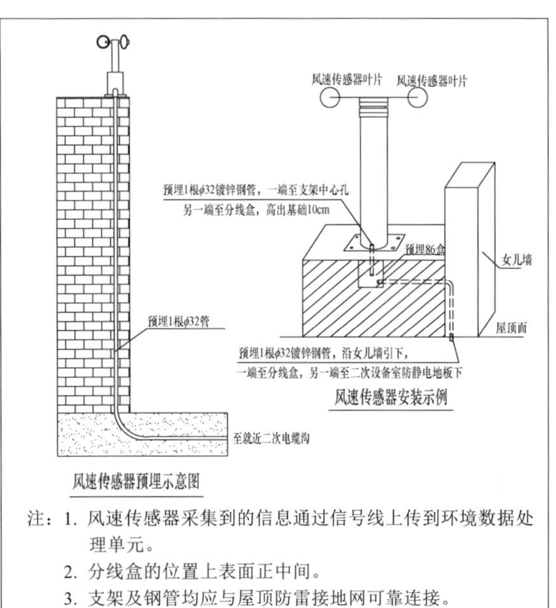

风速传感器安装示例

风速传感器预埋示意图

注：1. 风速传感器采集到的信息通过信号线上传到环境数据处理单元。
2. 分线盒的位置上表面正中间。
3. 支架及钢管均应与屋顶防雷接地网可靠连接。

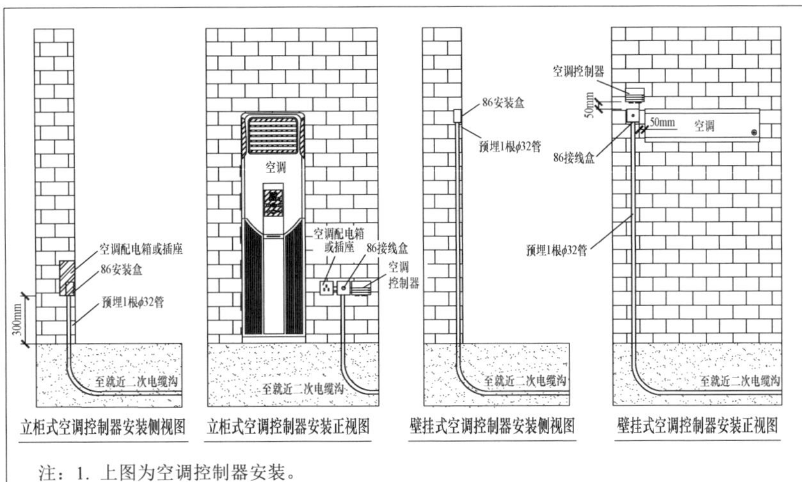

立柜式空调控制器安装侧视图　立柜式空调控制器安装正视图　壁挂式空调控制器安装侧视图　壁挂式空调控制器安装正视图

注：1. 上图为空调控制器安装。
2. 空调控制器壁装（与配电箱等高），从控制器底部端敷设1根ϕ32管，另一端至就近电缆沟；并敷设1根ϕ32管经86安装盒至配电箱。

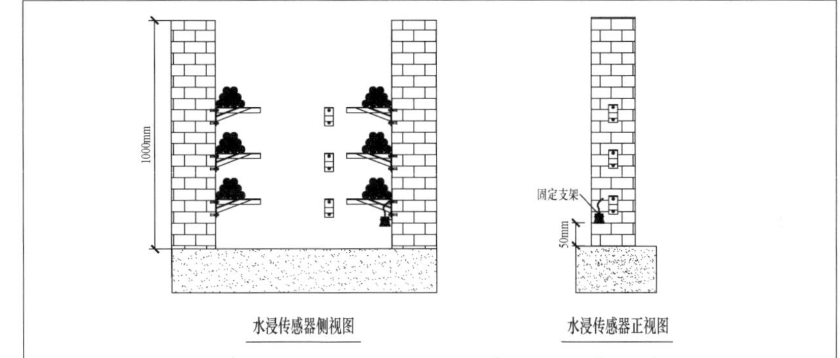

水浸传感器侧视图　水浸传感器正视图

图12－1　HE－110－A3－3－D0212－01　环境监测系统预埋示意图

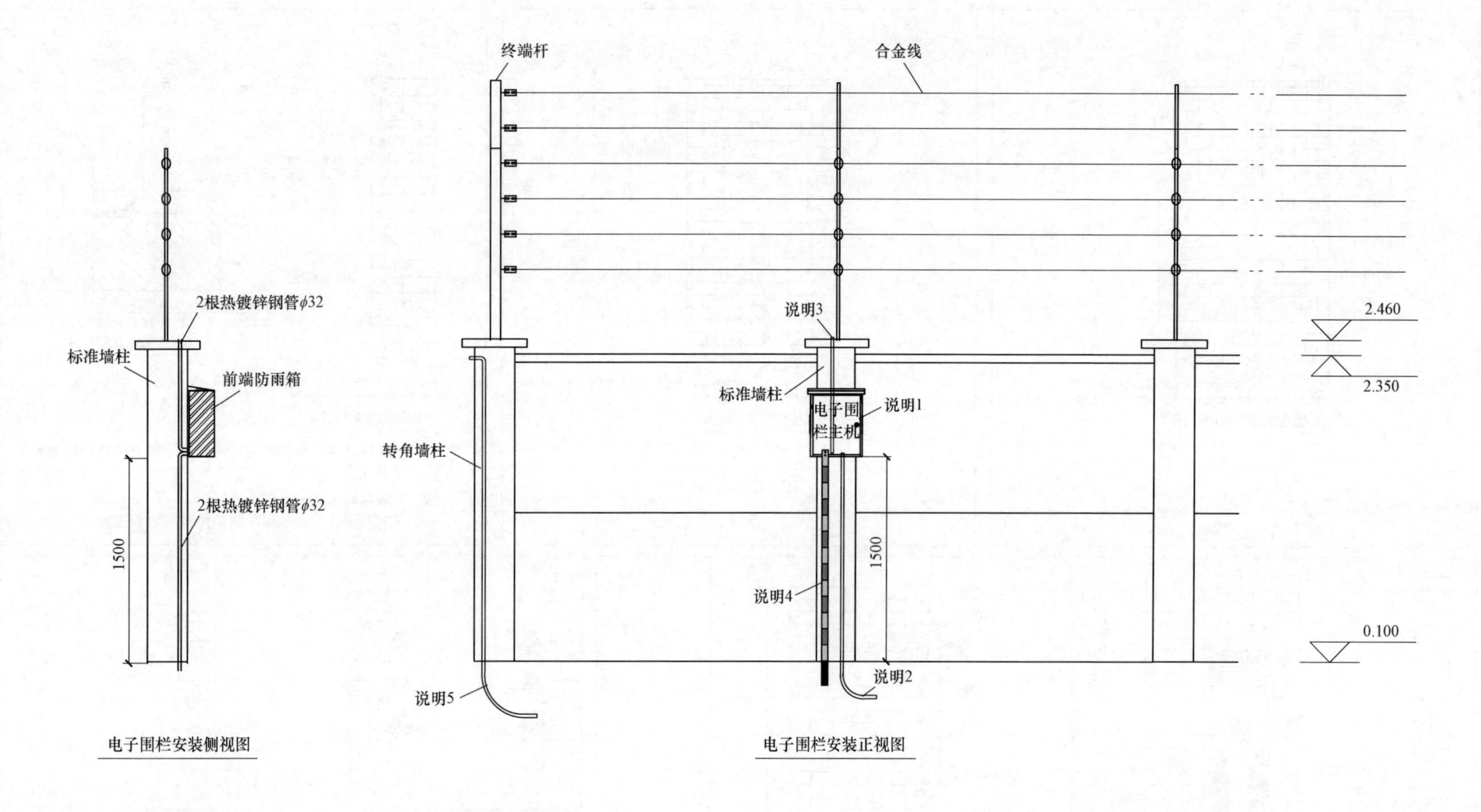

注：1. 电子围栏主机箱尺寸：400mm×500mm×200mm（宽×高×深），箱体底部距地面高 1.5m，主机箱背部标准墙柱上由土建施工人员预留钢板埋件。

2. 土建由主机箱底部距地面高 1.55m 处，向下预埋 2 根ϕ32 镀锌钢管至就近低压电缆沟。

3. 土建由主机箱底部距地面高 1.55m 处，向上预埋 2 根ϕ32 镀锌钢管出墙柱顶部（用于穿电子围栏高压线）。

4. 土建引接地扁钢到电子围栏主机箱下沿上方，下端接地系统不能与任何其他的接地系统连接（如雷电保护系统或者通信接地系统），并应与其他接地系统保持相对的独立接地，接地体应至少埋深 1.5m，并埋设在导电性良好的地方，可用接地摇表测量接地电阻值应不大于 10Ω。

5. 土建由转角墙柱预埋 1 根ϕ32 镀锌钢管，一端至距柱顶 50mm 处破口出（站内侧，高度与墙板压顶平齐），另一端预埋至附近低压电缆沟（用于红外对射安装穿线），由预制围墙厂家在出口下方左右两侧各预留 1 块钢板埋件（用于固定红外对射支架）。

图 12－2　HE－110－A3－3－D0212－02　电子围栏安装示意图

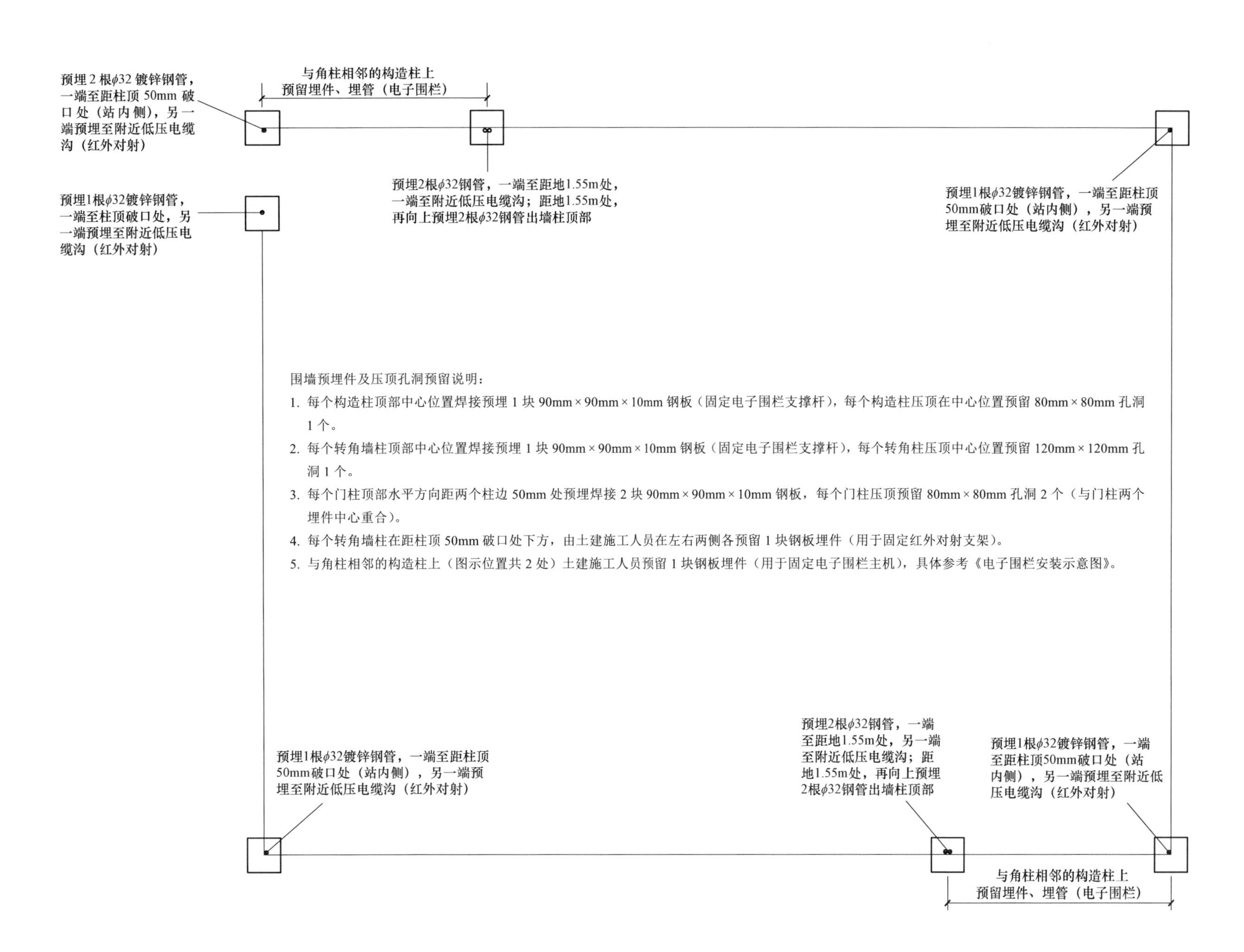

与角柱相邻的构造柱上
预留埋件、埋管（电子围栏）
预埋 2 根ϕ32 镀锌钢管，一端至距柱顶 50mm 破口处（站内侧），另一端预埋至附近低压电缆沟（红外对射）
预埋2根ϕ32钢管，一端至距地1.55m处，一端至附近低压电缆沟；距地1.55m处，再向上预埋2根ϕ32钢管出墙柱顶部
预埋1根ϕ32镀锌钢管，一端至距柱顶50mm破口处（站内侧），另一端预埋至附近低压电缆沟（红外对射）
预埋1根ϕ32镀锌钢管，一端至柱顶破口处，另一端预埋至附近低压电缆沟（红外对射）
围墙预埋件及压顶孔洞预留说明：
1. 每个构造柱顶部中心位置焊接预埋 1 块 90mm × 90mm × 10mm 钢板（固定电子围栏支撑杆），每个构造柱压顶在中心位置预留 80mm × 80mm 孔洞 1 个。
2. 每个转角墙柱顶部中心位置焊接预埋 1 块 90mm × 90mm × 10mm 钢板（固定电子围栏支撑杆），每个转角柱压顶中心位置预留 120mm × 120mm 孔洞 1 个。
3. 每个门柱顶部水平方向距两个柱边 50mm 处预埋焊接 2 块 90mm × 90mm × 10mm 钢板，每个门柱压顶预留 80mm × 80mm 孔洞 2 个（与门柱两个埋件中心重合）。
4. 每个转角墙柱在距柱顶 50mm 破口处下方，由土建施工人员在左右两侧各预留 1 块钢板埋件（用于固定红外对射支架）。
5. 与角柱相邻的构造柱上（图示位置共 2 处）土建施工人员预留 1 块钢板埋件（用于固定电子围栏主机），具体参考《电子围栏安装示意图》。
预埋1根ϕ32镀锌钢管，一端至距柱顶50mm破口处（站内侧），另一端预埋至附近低压电缆沟（红外对射）
预埋2根ϕ32钢管，一端至距地1.55m处，另一端至附近低压电缆沟；距地1.55m处，再向上预埋2根ϕ32钢管出墙柱顶部
预埋1根ϕ32镀锌钢管，一端至距柱顶50mm破口处（站内侧），另一端预埋至附近低压电缆沟（红外对射）
与角柱相邻的构造柱上
预留埋件、埋管（电子围栏）

图 12 – 3　HE – 110 – A3 – 3 – D0212 – 03　围墙、大门预埋管示意图

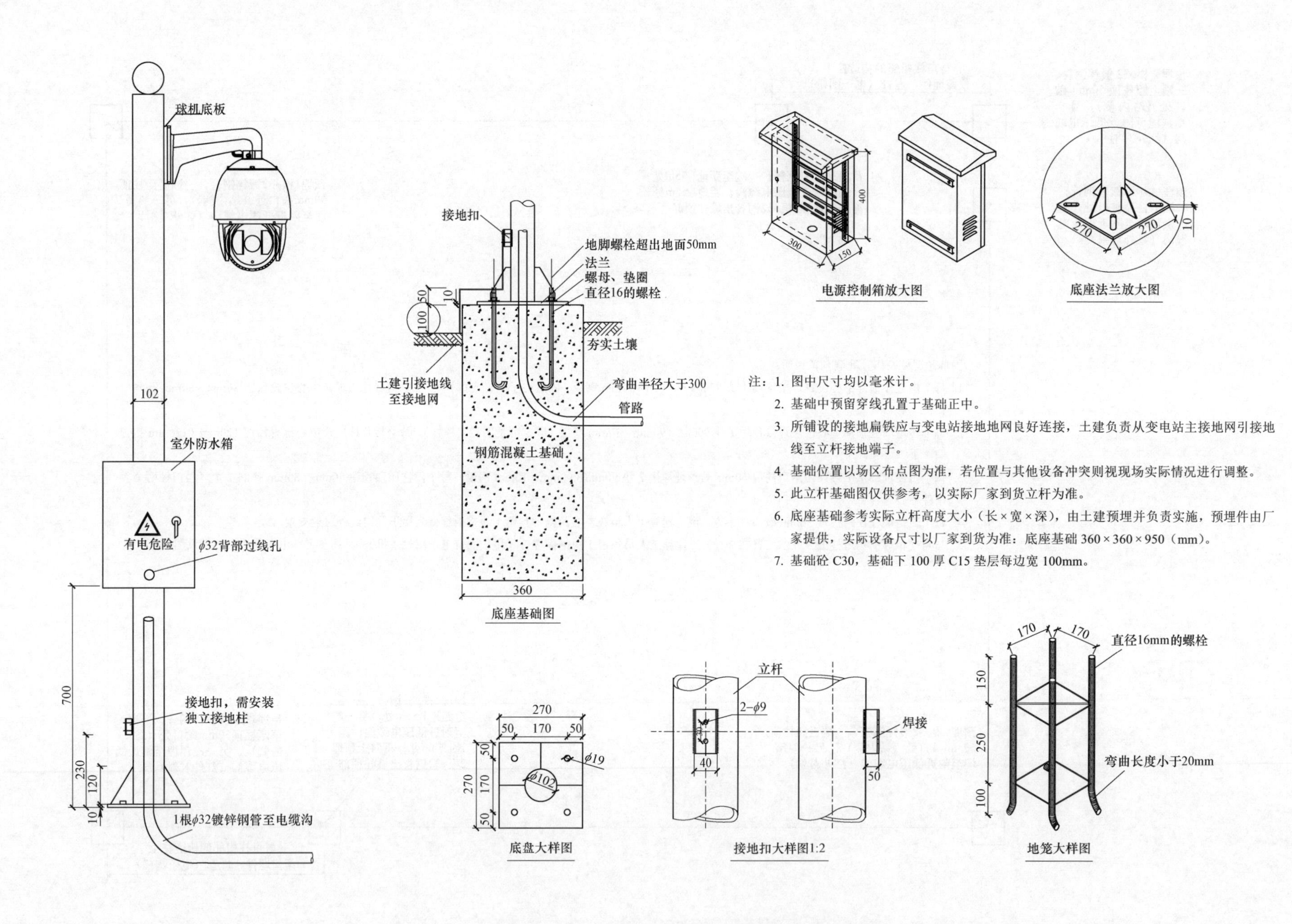

球机底板
102
室外防水箱
有电危险
ϕ32背部过线孔
700
接地扣，需安装
独立接地柱
230
120
10
1根ϕ32镀锌钢管至电缆沟
接地扣
地脚螺栓超出地面50mm
法兰
螺母、垫圈
直径16的螺栓
50
10
100
夯实土壤
土建引接地线
至接地网
弯曲半径大于300
管路
钢筋混凝土基础
360
底座基础图
400
300
150
电源控制箱放大图
270
270
10
底座法兰放大图
注：1. 图中尺寸均以毫米计。
2. 基础中预留穿线孔置于基础正中。
3. 所铺设的接地扁铁应与变电站接地地网良好连接，土建负责从变电站主接地网引接地线至立杆接地端子。
4. 基础位置以场区布点图为准，若位置与其他设备冲突则视现场实际情况进行调整。
5. 此立杆基础图仅供参考，以实际厂家到货立杆为准。
6. 底座基础参考实际立杆高度大小（长×宽×深），由土建预埋并负责实施，预埋件由厂家提供，实际设备尺寸以厂家到货为准：底座基础 360×360×950（mm）。
7. 基础砼 C30，基础下 100 厚 C15 垫层每边宽 100mm。
270
50
170
50
ϕ19
ϕ102
底盘大样图
立杆
2−ϕ9
焊接
40
50
接地扣大样图1:2
170
170
直径16mm的螺栓
150
250
100
弯曲长度小于20mm
地笼大样图

图 12 – 4 HE – 110 – A3 – 3 – D0212 – 04 立杆基础预埋管示意图

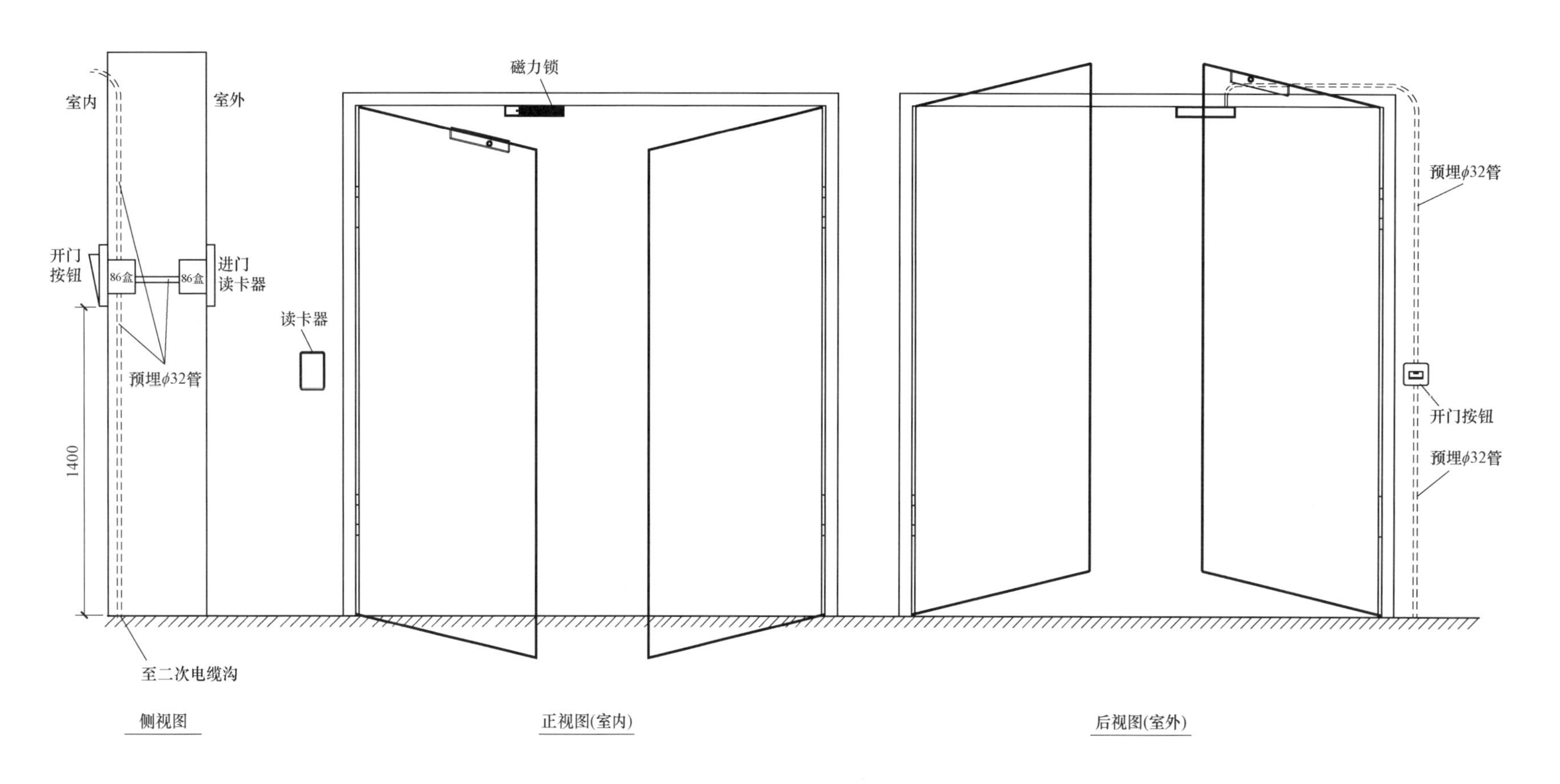

注：1. 所有预埋管管内预留钢丝引线，两头做好标注；预埋 D32 管到就近低压电缆沟。

2. 门禁系统前端设备由读卡器、开门按钮及电磁锁三部分组成；读卡器、开门按钮底沿距地 1.4m 高。

3. 电磁锁（电源部分）安装在门框上方；电磁锁埋管出口在门上过梁底部中间位置，管口朝下，不是在墙壁上。

4. 读卡器及开门按钮安装门的位置（左边或右边）可根据现场需求做改动。

图 12－5　HE－110－A3－3－D0212－05　门禁预埋管图

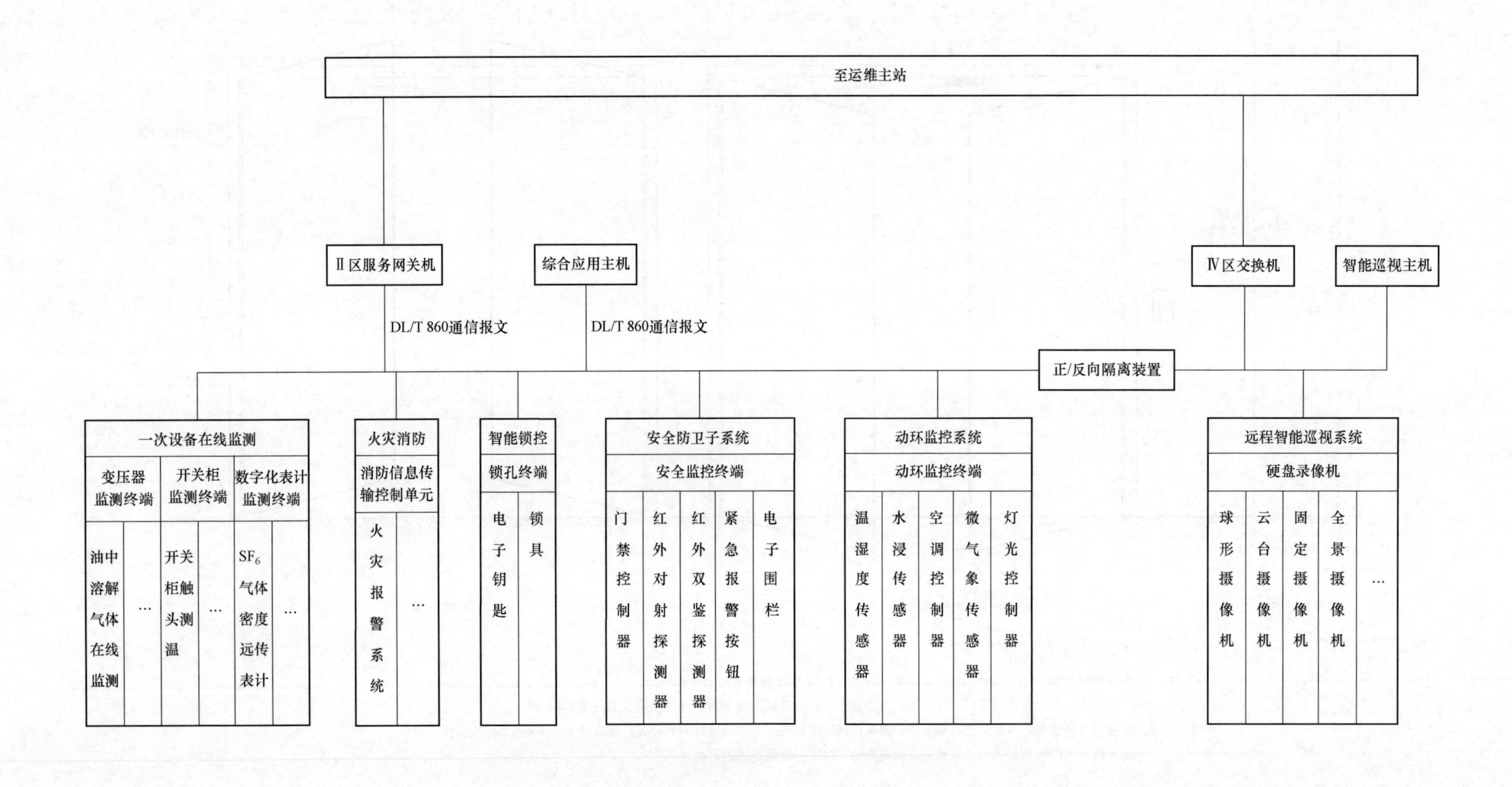

图 12－6　HE－110－A3－3－D0212－06　智能辅助控制系统配置图

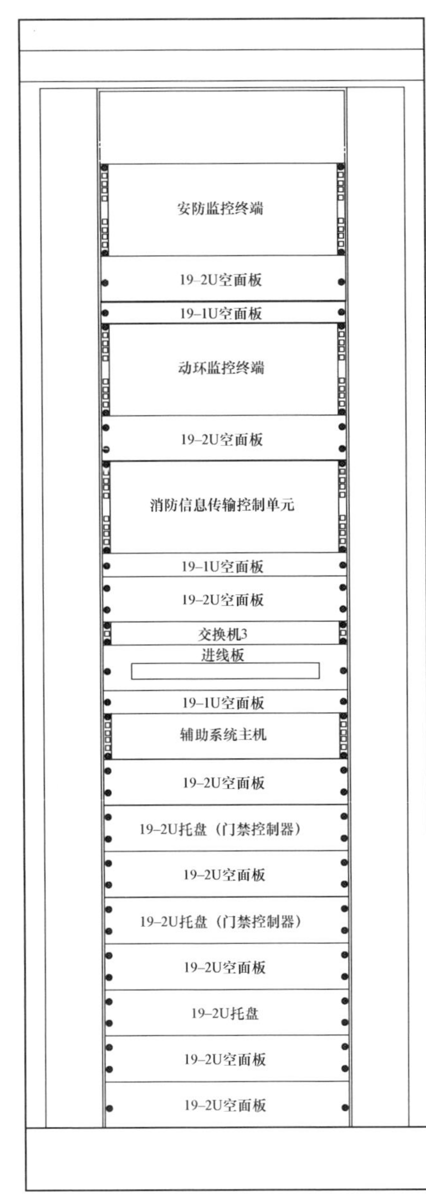

（智能辅助控制系统柜正视图）

设 备 表

序号	符号	名称	型号	数量	备注
1		安防监控终端		1	
2		动环监控终端		1	
3		消防信息传输控制单元		1	
4		辅助系统主机		1	
5		交换机		1	

图 12－7 HE－110－A3－3－D0212－07 智能辅助控制系统屏平面布置图

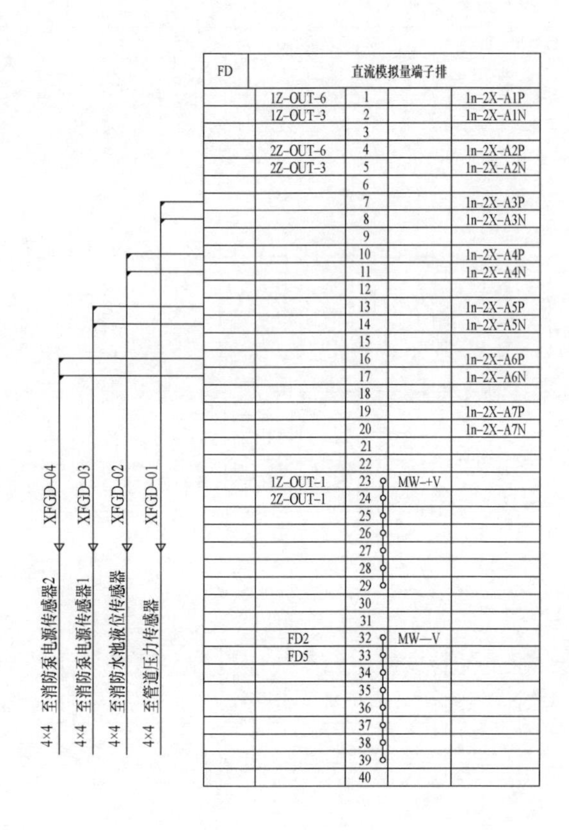

FD
直流模拟量端子排
1Z-OUT-6 1 1n-2X-A1P
1Z-OUT-3 2 1n-2X-A1N
2Z-OUT-6 4 1n-2X-A2P
2Z-OUT-3 5 1n-2X-A2N
7 1n-2X-A3P
8 1n-2X-A3N
10 1n-2X-A4P
11 1n-2X-A4N
13 1n-2X-A5P
14 1n-2X-A5N
16 1n-2X-A6P
17 1n-2X-A6N
19 1n-2X-A7P
20 1n-2X-A7N
1Z-OUT-1 23 MW-+V
2Z-OUT-1 24
FD2 32 MW-V
FD5 33
XFGD-04
XFGD-03
XFGD-02
XFGD-01
4×4 至消防泵电源传感器2
4×4 至消防泵电源传感器1
4×4 至消防水池液位传感器
4×4 至管道压力传感器

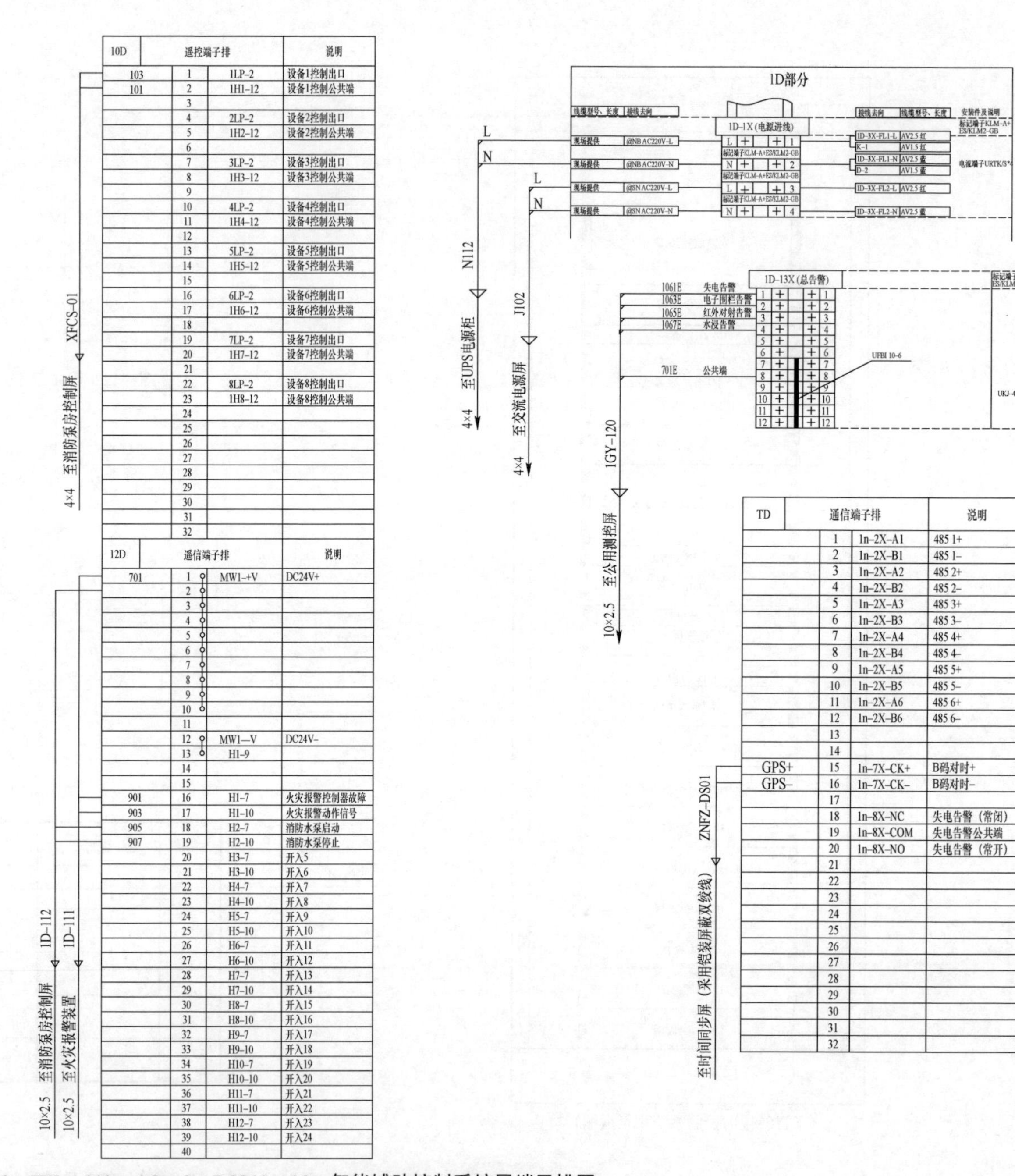

10D
遥控端子排
说明
103 1 1LP-2 设备1控制出口
101 2 1H1-12 设备1控制公共端
4 2LP-2 设备2控制出口
5 1H2-12 设备2控制公共端
7 3LP-2 设备3控制出口
8 1H3-12 设备3控制公共端
10 4LP-2 设备4控制出口
11 1H4-12 设备4控制公共端
13 5LP-2 设备5控制出口
14 1H5-12 设备5控制公共端
16 6LP-2 设备6控制出口
17 1H6-12 设备6控制公共端
19 7LP-2 设备7控制出口
20 1H7-12 设备7控制公共端
22 8LP-2 设备8控制出口
23 1H8-12 设备8控制公共端
XFCS-01
4×4 至消防泵房控制屏
12D
通信端子排
说明
701 1 MW1-+V DC24V+
12 MW1--V DC24V-
13 H1-9
901 16 H1-7 火灾报警控制器故障
903 17 H1-10 火灾报警动作信号
905 18 H2-7 消防水泵启动
907 19 H2-10 消防水泵停止
20 H3-7 开入5
21 H3-10 开入6
22 H4-7 开入7
23 H4-10 开入8
24 H5-7 开入9
25 H5-10 开入10
26 H6-7 开入11
27 H6-10 开入12
28 H7-7 开入13
29 H7-10 开入14
30 H8-7 开入15
31 H8-10 开入16
32 H9-7 开入17
33 H9-10 开入18
34 H10-7 开入19
35 H10-10 开入20
36 H11-7 开入21
37 H11-10 开入22
38 H12-7 开入23
39 H12-10 开入24
1D-112
1D-111
10×2.5 至消防泵房控制屏
10×2.5 至火灾报警装置
1D部分
1D-1X (电源进线)
1D-13X (总告警)
L
N
N112
J102
4×4 至UPS电源柜
4×4 至交流电源屏
1061E 失电告警
1063E 电子围栏告警
1065E 红外对射告警
1067E 水浸告警
701E 公共端
1GY-120
10×2.5 至公用测控屏
TD
通信端子排
说明
1 1n-2X-A1 485 1+
2 1n-2X-B1 485 1-
3 1n-2X-A2 485 2+
4 1n-2X-B2 485 2-
5 1n-2X-A3 485 3+
6 1n-2X-B3 485 3-
7 1n-2X-A4 485 4+
8 1n-2X-B4 485 4-
9 1n-2X-A5 485 5+
10 1n-2X-B5 485 5-
11 1n-2X-A6 485 6+
12 1n-2X-B6 485 6-
GPS+ 15 1n-7X-CK+ B码对时+
GPS- 16 1n-7X-CK- B码对时-
18 1n-8X-NC 失电告警（常闭）
19 1n-8X-COM 失电告警公共端
20 1n-8X-NO 失电告警（常开）
ZNFZ-DS01
至时间同步屏（采用铠装屏蔽双绞线）

图 12－8　HE－110－A3－3－D0212－08　智能辅助控制系统屏端子排图

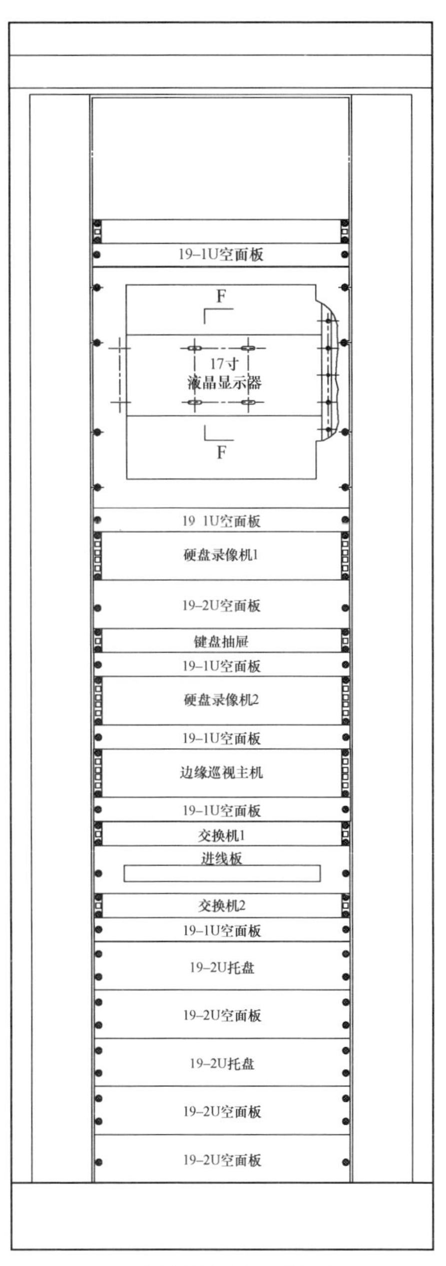

(边缘巡视主机柜正视图)

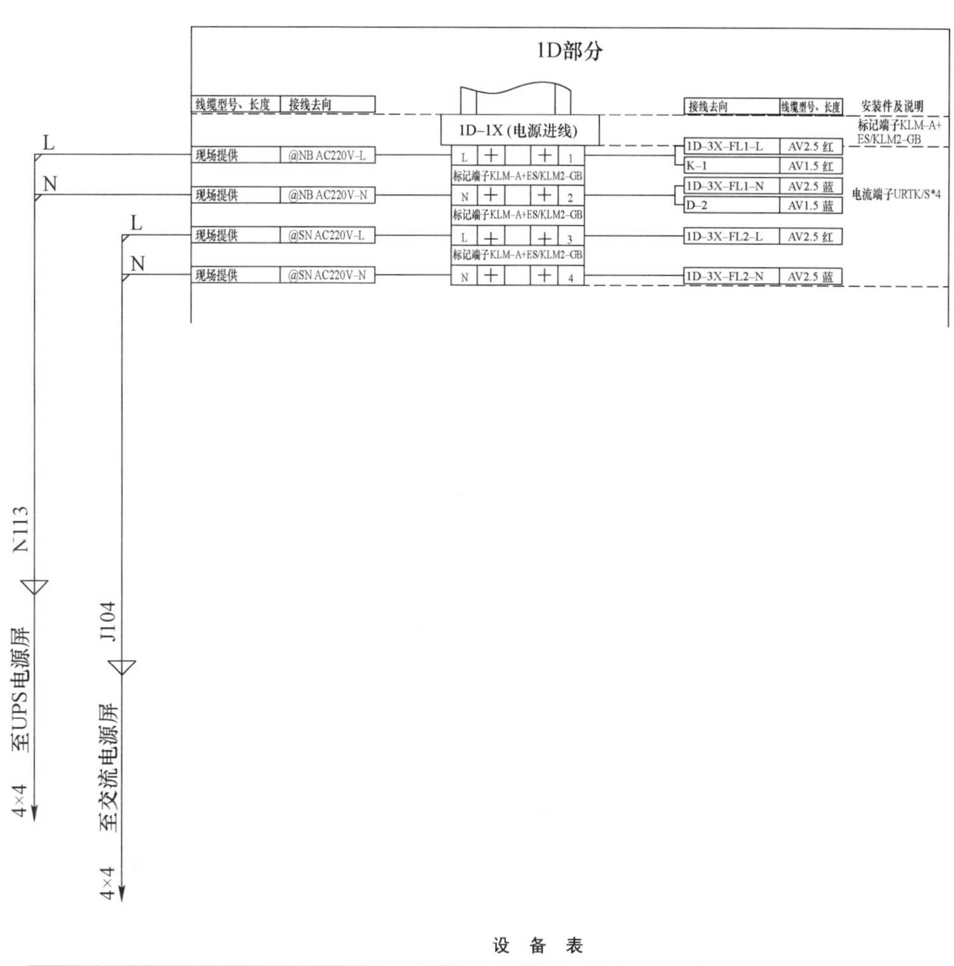

设 备 表

序号	符号	名称	型号	数量	备注
1		边缘巡视主机		1	
2		交换机		2	
3		硬盘录像机		2	

图 12－9 HE－110－A3－3－D0212－09 图像监视系统屏布置图

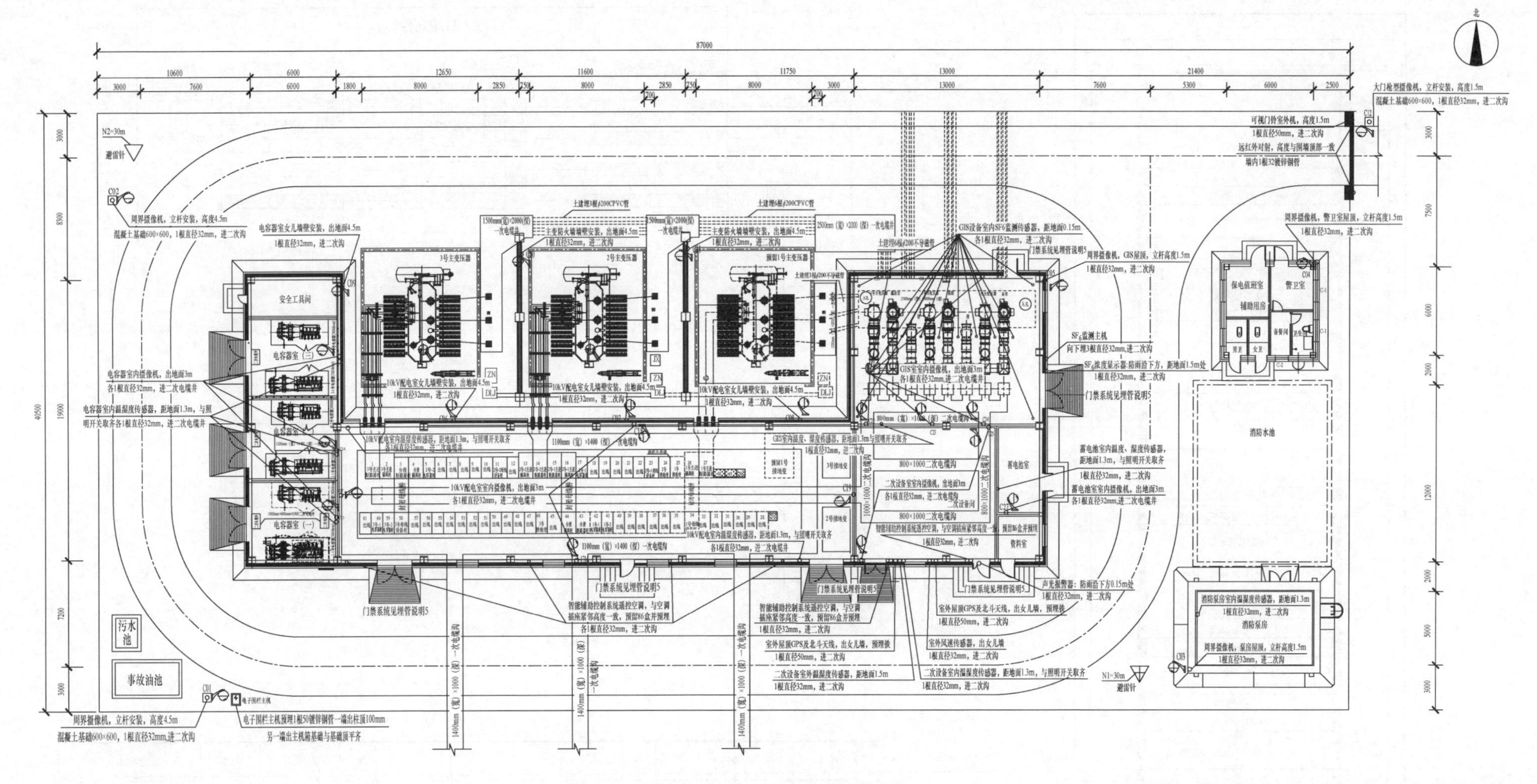

一、室外摄像机安装

（1）C01 室外快球：立杆安装，安装在变电站围墙边角，立杆基础中心线距围墙 1m，距油池壁 1.5m，安装高度距地面 4.5m，土建预埋直径$\phi32$钢管至就近二次电缆沟（或电缆井）。

（2）C02 室外快球：立杆安装，立杆基础中心线距北围墙 8m，立杆基础应与避雷针接地引下线地中距离不小于 3m，安装高度距地面 4.5m，土建预埋直径$\phi32$ 钢管至就近二次电缆电缆井）。

（3）C03 室外快球：消防泵房屋顶转角女儿墙立杆安装，立杆高 1.5m；土建预埋直径$\phi32$ 镀锌钢管至就近二次电缆沟或电缆井。

（4）C04 室外快球：辅助用房屋顶转角女儿墙立杆安装，立杆高 1.5m；土建预埋直径$\phi32$ 镀锌钢管至就近二次电缆沟或电缆井。

（5）C05 室外快球：GIS 设备区房顶墙立杆安装，立杆高 1.5m，具体位置如图所示；土建预埋直径$\phi32$ 镀锌钢管至就近二次电缆沟或电缆井。

（6）C06、C07、C08 室外快球：10kV 配电室女儿墙壁安装，安装处预留 86 盒，距地面高 4.5m；土建预埋直径$\phi32$ 镀锌钢管至就近二次电缆沟或电缆井。

（7）C09 室外快球：电容器室女儿墙壁安装，安装处预留 86 盒，距地面高 4.5m；土建预埋直径$\phi32$ 镀锌钢管至就近二次电缆沟或电缆井。

（8）C10、C11 室外快球：主变压器防火墙墙壁安装，安装处预留 86 盒，距地面高 4.5m；土建预埋直径$\phi32$ 镀锌钢管至就近二次电缆沟或电缆井。

（9）C12 室外枪机（枪型摄像头）：变电站大门立杆安装，安装处预留 86 盒，距地面高 1.5m；土建预埋直径$\phi32$ 镀锌钢管至就近二次电缆沟或电缆井。

二、室内球机安装

（1）C13～C26 室内快球：墙壁安装，安装处预留 86 盒，安装高度距地面 3m，安装时注意避让土建构架柱，土建预埋直径$\phi32$ 镀锌钢管至就近二次电缆沟或电缆井。

（2）C27 室内快球（防爆型）：墙壁安装，安装处预留 86 盒，安装高度距地面 3m，安装时注意避让土建构架柱，土建预埋直径$\phi32$ 镀锌钢管至就近二次电缆沟或电缆井。

图 12－10　HE－110－A3－3－D0212－10　智能辅助埋管图（一）

（3）遥视接地材料建议用扁铁；由土建统一做基础和接地。

三、电子围栏主机、红外对射安装

（1）电子围栏脉冲主机落地立式安装，放置于站内西南角的围墙底下，土建制作基础并预埋管，基础尺寸：500mm×300mm×600mm（长×宽×深），基础高出地面200mm，土建沿电子围栏主机箱基础内预埋1根$\phi 50$钢管引至就近二次电缆沟，并预留1根扁铁下方焊接预埋1根$\phi 25$钢管至地下1.5m做接地体，再沿电子围栏主机箱基础内预埋2根$\phi 25$镀锌钢管至转角墙柱。

（2）红外对射探测器：如图所示位置安装在大门两侧，在两个门柱内各预埋1根$\phi 32$镀锌钢管至柱顶破口出，另一端均埋至电缆沟。

（3）脉冲电子围栏系统的接地系统不能与任何其他的接地系统连接（如雷电保护系统或者通信接地系统），并应与其他接地系统保持相对的独立接地。接地体应至少埋深1.5m，并埋设在导电性良好的地方，可用接地摇表测量接地电阻值应不大于10Ω。该系统接地需满足GB/T 7946—2008标准。接地材料采用40×4的扁钢（见一次材料表）。

四、温湿度传感器、水浸传感器、红外双鉴探测器安装

（1）温湿度传感器墙壁安装，高度1.3～1.5m，与照明开关取齐，土建从安装处预埋1根DN32PVC管至最近二次电缆沟。

（2）风速探测器在女儿墙顶安装，土建单位预埋在安装位置处预埋1根直径$\phi 32$镀锌钢管至就近二次缆沟沟。

五、门禁安装

自出门开关处预埋1根$\phi 32$PVC管至最近二次电缆沟，再预埋1根$\phi 32$PVC管至门禁锁，再埋1根$\phi 32$PVC管至读卡器处，出门开关安装在室内高度1.3～1.5m，与照明开关取齐，门禁锁安装在门框上方中间处，门禁控制器安装在智能辅助系统柜内。

六、空调和除湿机控制器安装

在10kV配电室、110kV GIS设备室、二次设备室，与空调插座紧邻高度一致，预留86盒并预埋1根直径32mm管，进二次沟，用于辅控系统遥控空调。

七、风机控制安装

风机与环境量、消防系统、SF_6监测实现联动控制，需在风机控制回路中预留节点位置，以实现远程监测及启停控制，需要从风机控制箱和消防主机、SF_6监测装置主机安装处各预埋1根DN32镀锌钢管至就近二次电缆沟。在10kV配电室、GIS设备室、接地变室、电容器室风机控制箱旁边预留智能辅助系统控制箱，风机控制箱与智能控制箱之间预留1根DN32PVC管，再由智能控制箱预埋1根DN32PVC管至最近二次电缆沟，用于智能风机控制。土建负责预留智能辅助风机控制箱坑洞，预留洞距地面高度风机控制箱一致。

八、SF_6安装

SF_6监测主机：安装位置如图所示，墙壁安装，高度距地面1.5m，从安装处土建预埋3根$\phi 32$PVC管引至就近二次沟。

SF_6探测器：安装在GIS设备室，高度距地面0.15m，从安装处土建各预埋一根$\phi 32$PVC管引至就近二次缆沟。

SF_6浓度显示器：安装在GIS设备室门外，安装于防雨檐下，墙壁安装，高度距地面1.5m，从安装处土建预埋1根$\phi 32$PVC管引至就近二次缆沟；显示器处再垂直向上预埋一根$\phi 32$PVC管距地面2.5m，安装声光报警器。

SF_6浓度显示器及声光报警器应有防雨防尘措施。

九、照明安装

在10kV配电室、110kV GIS设备室、电容器室、接地变室、二次设备室照明开关盒旁边预留智能辅助系统灯控箱，照明开关盒与灯控箱之间预留1根DN32PVC管，再由智能辅助系统灯控箱预埋1根DN32PVC管至最近二次电缆沟，用于智能灯光控制。

在室外照明控制箱旁边预留智能辅助系统灯控箱，照明开关盒与灯控箱之间预留1根$\phi 32$PVC管，再由智能辅助系统灯控箱预埋1根DN32PVC管至最近二次电缆沟，用于智能灯光控制。

十、其他安装

（1）GIS室事故风机控制箱2路电源分别预埋1根$\phi 80$的镀锌钢管至就近二次电缆沟。

（2）在电容器室每组电容器刀闸机构各埋1根$\phi 80$管；在1－2号、2－2号、3－2号电容器组中性点各埋1根$\phi 80$管；在1－1号、2－1号、3－1号电容器组中性点各埋1根$\phi 80$管；所有埋管至各电容器室二次电缆井。

（3）事故照明箱：预埋1根$\phi 50$的镀锌钢管至就近二次电缆沟。

（4）火灾报警：1根$\phi 50$的镀锌钢管和1根$\phi 32$的镀锌钢管至就近二次电缆沟。

（5）消防水泵泵房埋管：2根$\phi 80$、1根$\phi 50$的镀锌钢管至就近二次电缆沟。

（6）生活水泵埋管：1根$\phi 80$的镀锌钢管至就近二次电缆沟。

（7）二次设备室、配电室土建动力箱电源用埋管：各1根$\phi 80$的镀锌钢管至就近二次电缆沟。

（8）1号、2号、3号接地变控制箱分别就地埋3根100管至最近二次电缆沟，用于敷设二次电缆。

（9）可视门铃：在变电站大门口，高度1.5m，预埋86盒并在盒内预埋1根50镀锌钢管至附近二次电缆沟；室内机安装于附属房间警卫室，高度1.5m，土建预埋86盒并在盒内预埋2根50镀锌钢管至附近二次电缆沟。

（10）二次设备室室外屋顶两侧女儿墙，预埋铁预埋2根直径50mm，进二次电缆沟用于敷设GPS及北斗天线。

（11）室外、屋顶埋管应注意做防水（雨）处理，预留埋管应进行封堵；所有预埋管内土建预留钢丝，便于日后安装。

（12）在蓄电池室内紧邻蓄电池架，出地面0.1m，预埋1根DN50和2根DN80的PVC管至就近二次电缆沟。

（13）二次设备埋管工程量详见土建专业。

图12－10　HE－110－A3－3－D0212－10　智能辅助埋管图（二）

13 系统调度自动化

13.1 系统调度自动化卷册目录

电气二次　　部分　第2卷　第13册　第　分册

卷册名称　系统调度自动化

图纸6张　本　　说明　本　　清册　本

项目经理　　　　　　专业审核人

主要设计人　　　　　卷册负责人

序号	图号	图名	张数	套用原工程名称及卷册检索号，图号
1	HE－110－A3－3－D0213－01	调度数据网柜柜面布置图	1	
2	HE－110－A3－3－D0213－02	调度数据网及二次系统安全防护设备接线图	1	
3	HE－110－A3－3－D0213－03	调度数据网柜电源接线图	1	
4	HE－110－A3－3－D0213－04	调度数据网1柜端子排图	1	
5	HE－110－A3－3－D0213－05	调度数据网2柜端子排图	1	

13.2　系统调度自动化标准化施工图

设　计　说　明

1. 调度关系

根据其建设规模和在系统中所处的位置，按照电网实行统一调度分级管理的原则，应由地调调度。本站分别向地调、备调的地县一体化系统传送远动信息，接受并执行调度下达的控制命令。

2. 远动通信装置

远动通信装置与站内监控系统统一考虑，根据 Q/GDW 10678—2018《智能变电站一体化监控系统技术规范》的要求，本期及远景如下：

（1）Ⅰ区数据通信网关机双套配置，兼做图形网关机；

（2）Ⅱ区数据通信网关机单套配置。

3. 调度数据网络接入设备

本变电站侧按照调度数据网双平面厂站双设备原则，配置 2 套独立的调度数据网络接入设备，即配置 2 台路由器、4 台交换机。调度数据网 1 柜配置 1 台容量为 2KVA 的 UPS 逆变电源，仅供调度数据网柜设备使用。

4. 二次系统安全防护设备

本工程配置纵向加密认证装置 4 台，3 台防火墙，1 台正向隔离装置，1 台反向隔离装置，以满足二次安全防护的相关要求。

5. 组屏原则

共组屏 2 面，每面含：1 台路由器、2 台交换机及 2 台纵向加密认证装置。

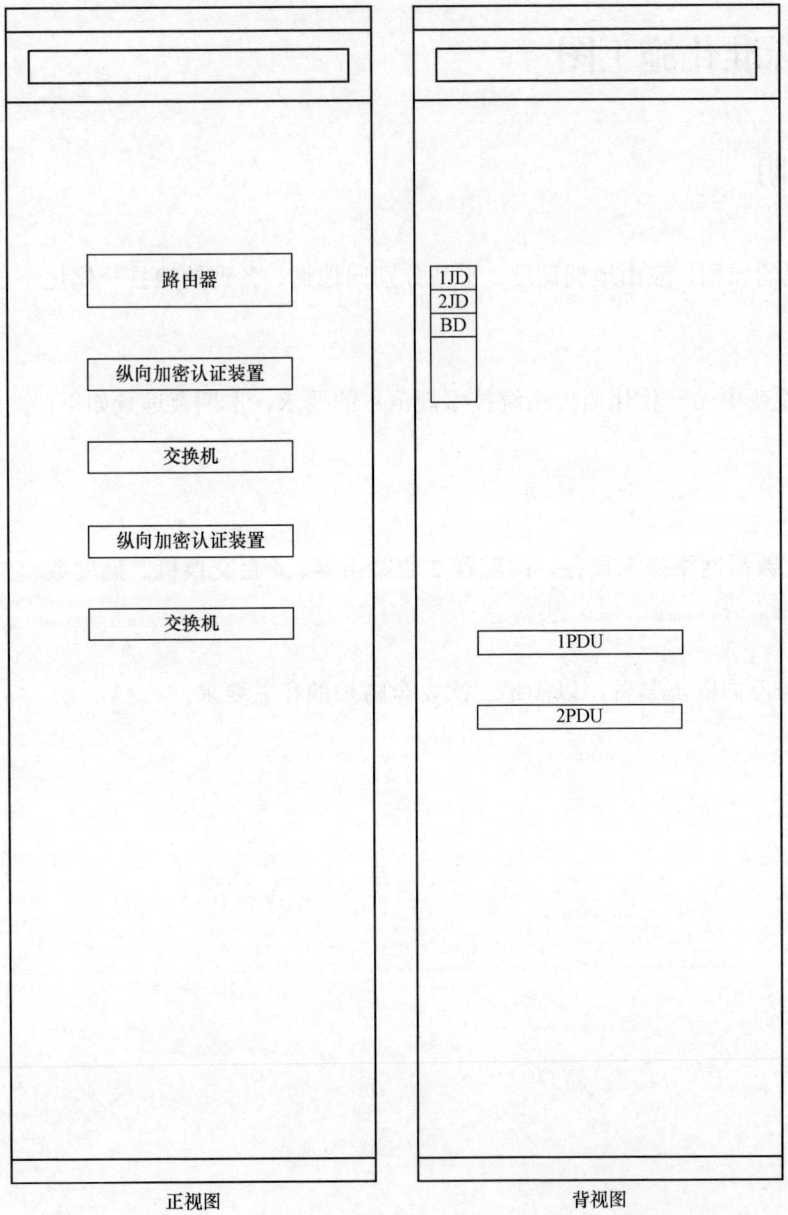

路由器

纵向加密认证装置

交换机

纵向加密认证装置

交换机

正视图

1JD
2JD
BD

1PDU

2PDU

背视图

序号	名称	数量	备注
1	路由器	1	
2	交换机	2	
3	纵向加密认证装置	2	
4	1PDU，2PDU 交流电源插座	2	

注：本期共组 2 面柜，另一面柜设备布置同本柜。

图 13－1　HE－110－A3－3－D0213－01　调度数据网柜柜面布置图

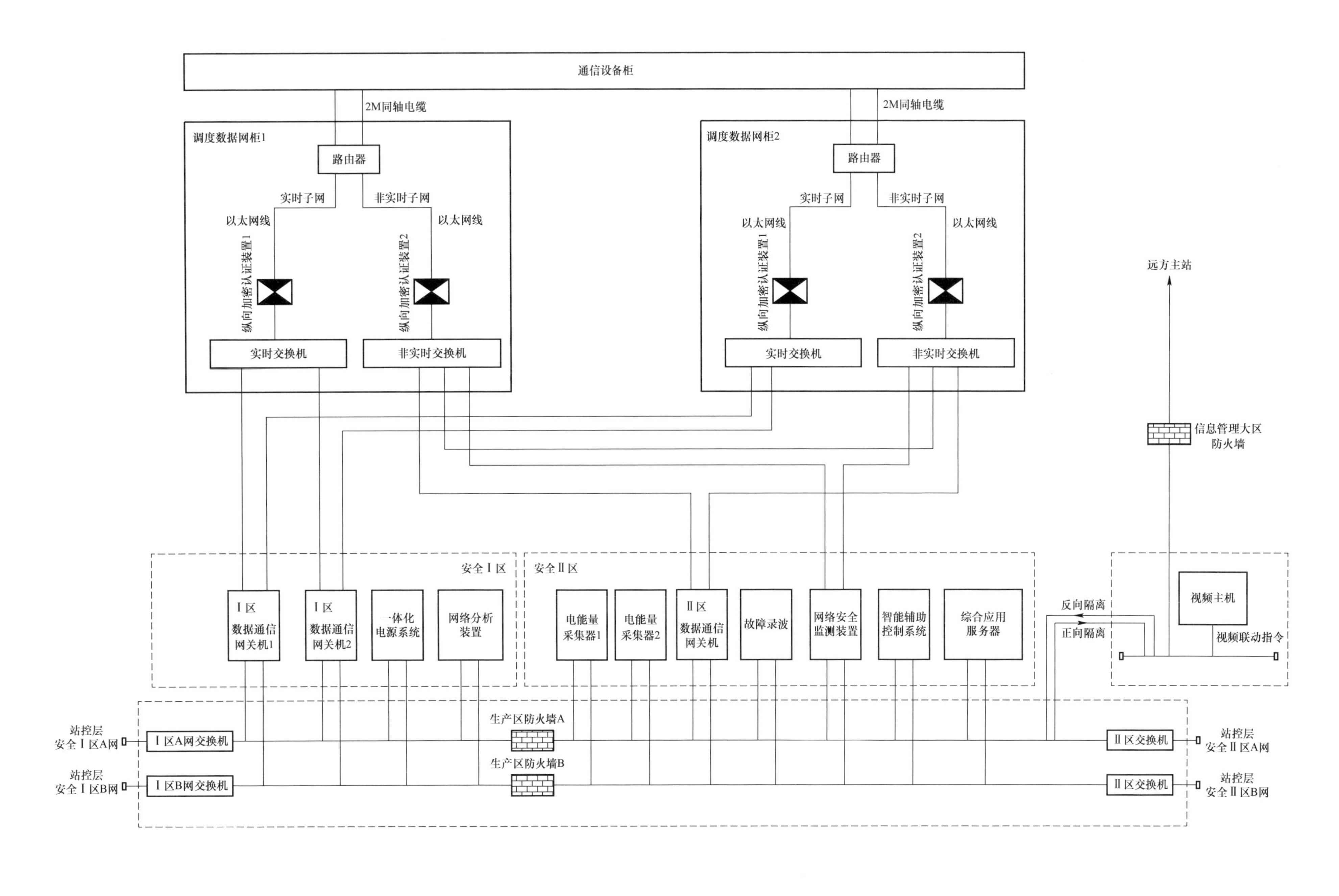

图 13－2　HE－110－A3－3－D0213－02　调度数据网及二次系统安全防护设备接线图

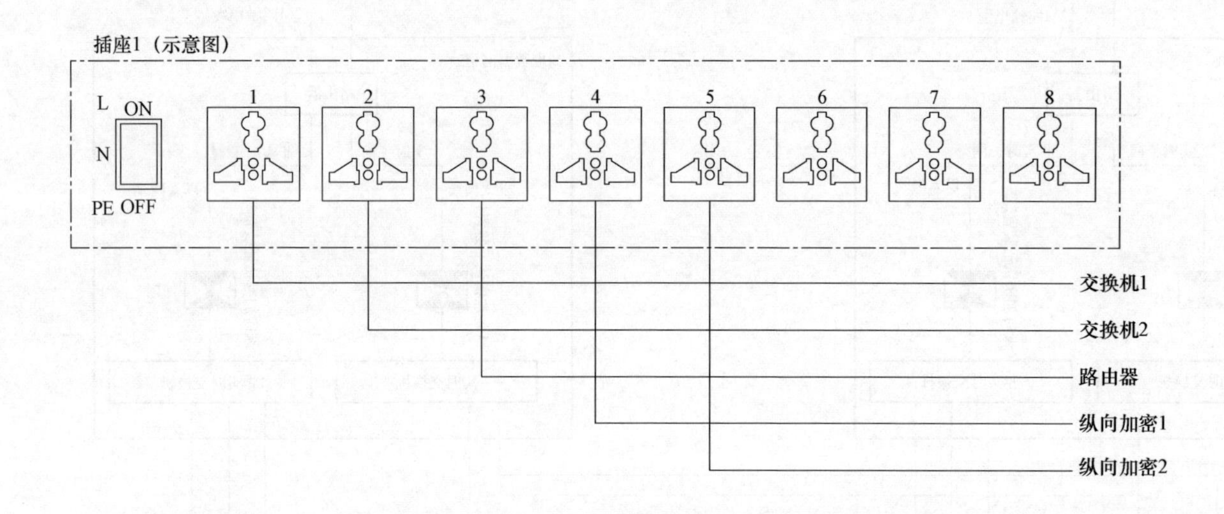

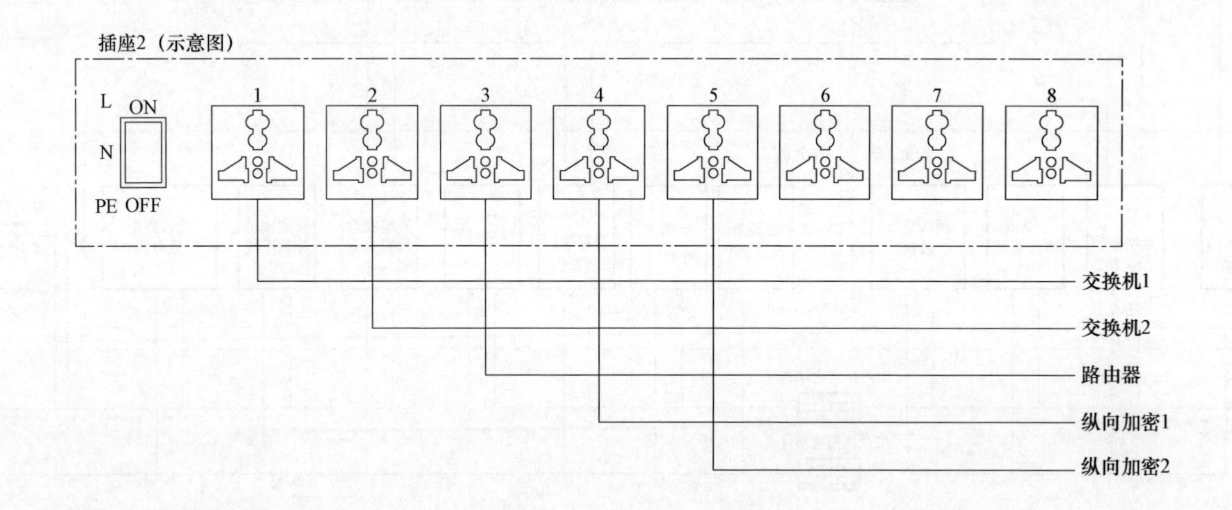

图 13-3　HE-110-A3-3-D0213-03　调度数据网柜电源接线图

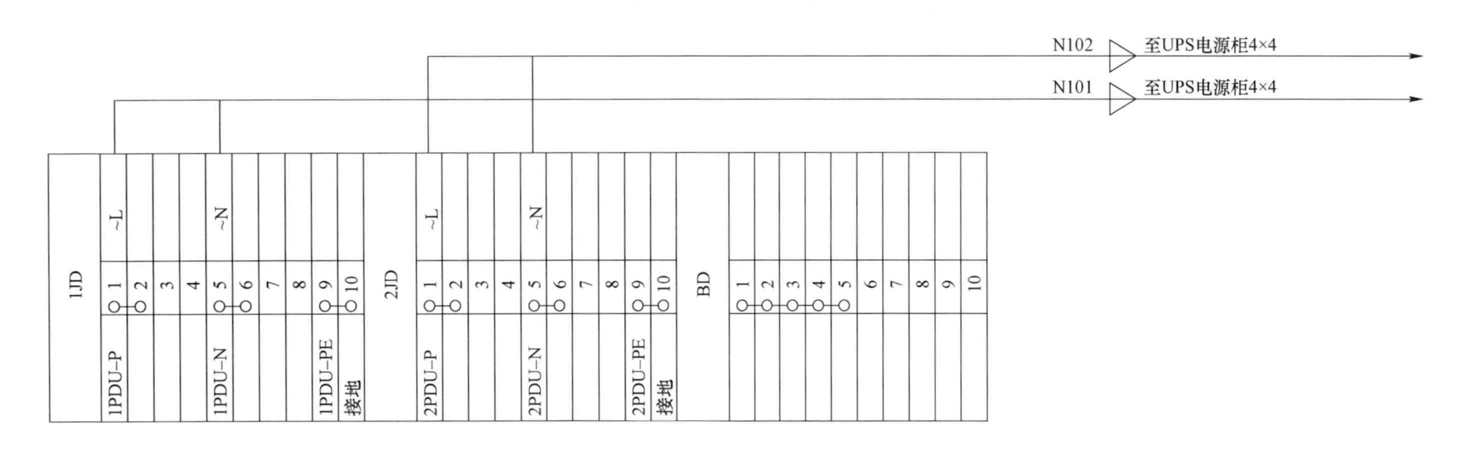

图 13-4　HE-110-A3-3-D0213-04　调度数据网 1 柜端子排图

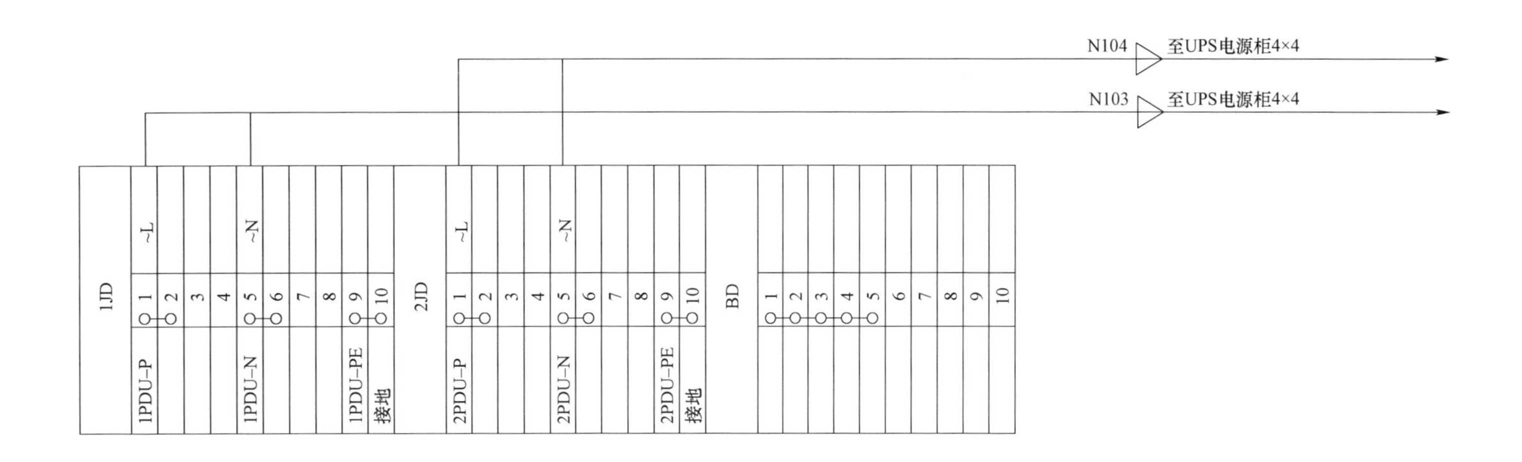

图 13-5　HE-110-A3-3-D0213-05　调度数据网 2 柜端子排图

14 火灾报警系统二次线

14.1 火灾报警系统二次线卷册目录

电气二次部分　第2卷　第14册　第　分册

卷册名称　火灾报警系统二次线

图纸5张　本　　说明　本　　清册　本

项目经理　　　　　专业审核人

主要设计人　　　　卷册负责人

序号	图号	图名	张数	套用原工程名称及卷册检索号，图号
1	HE－110－A3－3－D0214－01	火灾报警系统原理图	1	
2	HE－110－A3－3－D0214－02	火灾报警联动空调、风机控制图	1	
3	HE－110－A3－3－D0214－03	火灾报警系统布置图	1	
4	HE－110－A3－3－D0214－04	主变压器感温电缆敷设示意图	1	

14.2　火灾报警系统二次线标准化施工图

设　计　说　明

一、设计说明

1. 设计依据

（1）《火灾自动报警系统设计规范》（GB 50116—2013）。

（2）《火力发电厂与变电站设计防火标准》（GB 50229—2019）。

（3）《电力设备典型消防规程》（DL 5027—2015）。

（4）《火灾报警控制器通用技术协议》（GB 4717—2005）。

（5）《固定灭火系统驱动、控制装置通用技术协议》（XF 61—2010）。

（6）《建筑设计防火规范（2018 年版）》（GB 50016—2014）。

（7）《消防设施通用规范》（GB 55036—2022）。

2. 本工程以火灾报警控制器作为火灾自动报警系统的主控制器，配合智能感烟探测器，手动报警按钮使用，蓄电池室配有防爆探测器。火灾报警控制器安装于警卫室，壁装

3. 本火灾报警系统为区域报警系统，需要保护的区域为 110kV GIS 室、10kV 配电室、二次设备室、辅助用房等。每个保护区均采用感烟感温探测器和感温电缆保护，并设置手动报警按钮

4. 火灾报警系统的接地

（1）控制器应采用 25mm 带绝缘层的阻燃多芯铜导线穿管直接引至室外，并与室外接地网可靠焊接，焊接处应作防腐处理，接地电阻不应大于 1Ω。

（2）火灾报警系统接有交流电源的设备，其金属外壳均应与室外接地干线可靠连接。

5. 火灾报警系统控制器的电源引自交流电源和蓄电池备用电源

6. 火灾自动报警系统的所有导线采用耐火导线

二、施工说明

（1）施工单位应严格按照《火灾自动报警系统施工及验收标准》（GB 50166—2019）组织施工。

（2）火灾自动报警系统的传输线路应采用金属管，线路暗敷设时，应敷设在不燃烧体的结构层内，且保护层厚度不宜小于 30mm；线路明敷设时，应采用金属管或金属封闭线槽保护且外部刷防火涂料。

（3）所有导线裸露的部分必须作绝缘处理，所有设备接线均要求下进线，进线开口处必须作防水密封处理。

（4）所有管与各种箱，盒的连接，必须内外加装锁紧螺母，穿线前，必须修管口，倒圆并加装塑料护套，防止穿线时划破线皮。

（5）穿线后，应校通并测试其绝缘性，要求线对地及线间电阻大于 20MΩ，在完成上述测试前，所有导线不准接到设备上，所有接联动设备的导线在调试前均不得接到设备上，并做好线头的绝缘处理。

（6）所有导线校通后，接入设备端子前，必须套上号码管并做永久性标记，导线颜色应按用途区分明确，所有区域的导线颜色应该一致。

（7）屏蔽线的屏蔽层仅在主机处一点接地。

（8）火灾报警控制器进线预留长度大于 2m。

（9）主要设备安装方式及高度。

表 14－1　　主要设备安装方式及高度

设备	高度
火灾报警主控机（壁装）	底边距地 1.50m
手动报警按钮（壁装）	底边距地 1.30m
声光报警器（壁装）	底边距地 2.30m
模块箱（壁装）	底边距地 1.50m

点式感烟探测器（吸顶安装）：所有探测器安装时，其指示灯应朝向房间入口的方向，注意离空调送风口边的水平距离不应小于 1.5m 距离，并宜接近回风口安装。如有特殊要求应以详图为准，其他专业的设备，其安装位置及高度应以该专业的图纸为准。当梁突出顶棚高度超过 600mm 时，被梁隔断的每个区域至少应设置一只探测器。

（10）报警系统选用厂家配套电缆，穿 $\phi32$ 钢管暗线敷设。总线在室内采用耐火双绞线，缆芯截面积 1.5mm^2。

（11）所有预埋管线留孔，留洞，施工时请与电气、通信、水工、暖通等专业图纸核对，若与其他电气设备重叠，可适当调整。埋管所注直径均为内径，弯曲半径＞10*d*（*d* 为管径）。

（12）火灾报警系统宜与照明同时埋管敷线安装，但禁止与照明线合用同一根管。

（13）采用联合接地，用专用接线干线由控制器引至接地体，其线芯面积不应小于 $50mm^2$。

由控制器引至各消防设备的接地线，应选用铜芯绝缘软线，其线芯面积不小于 $4mm^2$。

（14）施工中如与其他设备，管道发生碰撞，施工单位可依据现场情况适当调整位置。

（15）本工程火灾报警系统具备与其他辅助子系统联动的功能：发生火灾情况，自动解锁房间门禁，自动切断风机、空调、照明电源，并向应急照明发出告警信号。

（16）火灾报警系统厂家必需跟踪土建施工，合理安排模块（箱）、探测器、手报按钮等设备及埋管的位置。

（17）控制模块集中安装在金属模块箱内。

三、GB 55036—2022《消防设施通用规范》强制性条文

12. 火灾自动报警系统

12.0.1　火灾自动报警系统应设置自动和手动触发报警装置，系统应具有火灾自动探测报警或人工辅助报警、控制相关系统设备应急启动并接收其动作反馈信号的功能。

12.0.2　火灾自动报警系统各设备之间应具有兼容的通信接口和通信协议。

12.0.3　火灾报警区域的划分应满足相关受控系统联动控制的工作要求，火灾探测区域的划分应满足确定火灾报警部位的工作要求。

12.0.4　火灾自动报警系统总线上应设置总线短路隔离器，每只总线短路隔离器保护的火灾探测器、手动火灾报警按钮和模块等设备的总数不应大于 32 点。总线在穿越防火分区处应设置总线短路隔离器。

12.0.5　火灾自动报警系统应设置火灾声、光警报器。火灾声、光警报器应符合下列规定：

（1）火灾声、光警报器的设置应满足人员及时接受火警信号的要求，每个报警区域内的火灾警报器的声压级应高于背景噪声 15dB，且不应低于 60dB。

（2）在确认火灾后，系统应能启动所有火灾声、光警报器。

（3）系统应同时启动、停止所有火灾声警报器工作。

（4）具有语音提示功能的火灾声警报器应具有语音同步的功能。

12.0.6　火灾探测器的选择应满足设置场所火灾初期特征参数的探测报警要求。

12.0.7　手动报警按钮的设置应满足人员快速报警的要求，每个防火分区或楼层应至少设置 1 个手动火灾报警按钮。

12.0.8　除消防控制室设置的火灾报警控制器和消防联动控制器外，每台控制器直接连接的火灾探测器、手动报警按钮和模块等设备不应跨越避难层。

12.0.11　消防联动控制应符合下列规定：

（1）需要火灾自动报警系统联动控制的消防设备，其联动触发信号应为两个独立的报警触发装置报警信号的“与”逻辑组合。

（2）消防联动控制器应能按设定的控制逻辑向各相关受控设备发出联动控制信号，并接受其联动反馈信号。

（3）受控设备接口的特性参数应与消防联动控制器发出的联动控制信号匹配。

12.0.12　联动控制模块严禁设置在配电柜（箱）内，一个报警区域内的模块不应控制其他报警区域的设备。

12.0.13　可燃气体探测报警系统应独立组成，可燃气体探测器不应直接接人火灾报警控制器的报警总线。

12.0.15　火灾自动报警系统应单独布线，相同用途的导线颜色应一致，且系统内不同电压等级、不同电流类别的线路应敷设在不同线管内或同一线槽的不同槽孔内。

12.0.16　火灾自动报警系统的供电线路、消防联动控制线路应采用燃烧性能不低于 B2 级的耐火铜芯电线电缆，报警总线、消防应急广播和消防专用电话等传输线路应采用燃烧性能不低于 B2 级的铜芯电线电缆。

12.0.17　火灾自动报警系统中控制与显示类设备的主电源应直接与消防电源连接，不应使用电源插头。

12.0.18　火灾自动报警系统设备的防护等级应满足在设置场所环境条件下正常工作的要求。

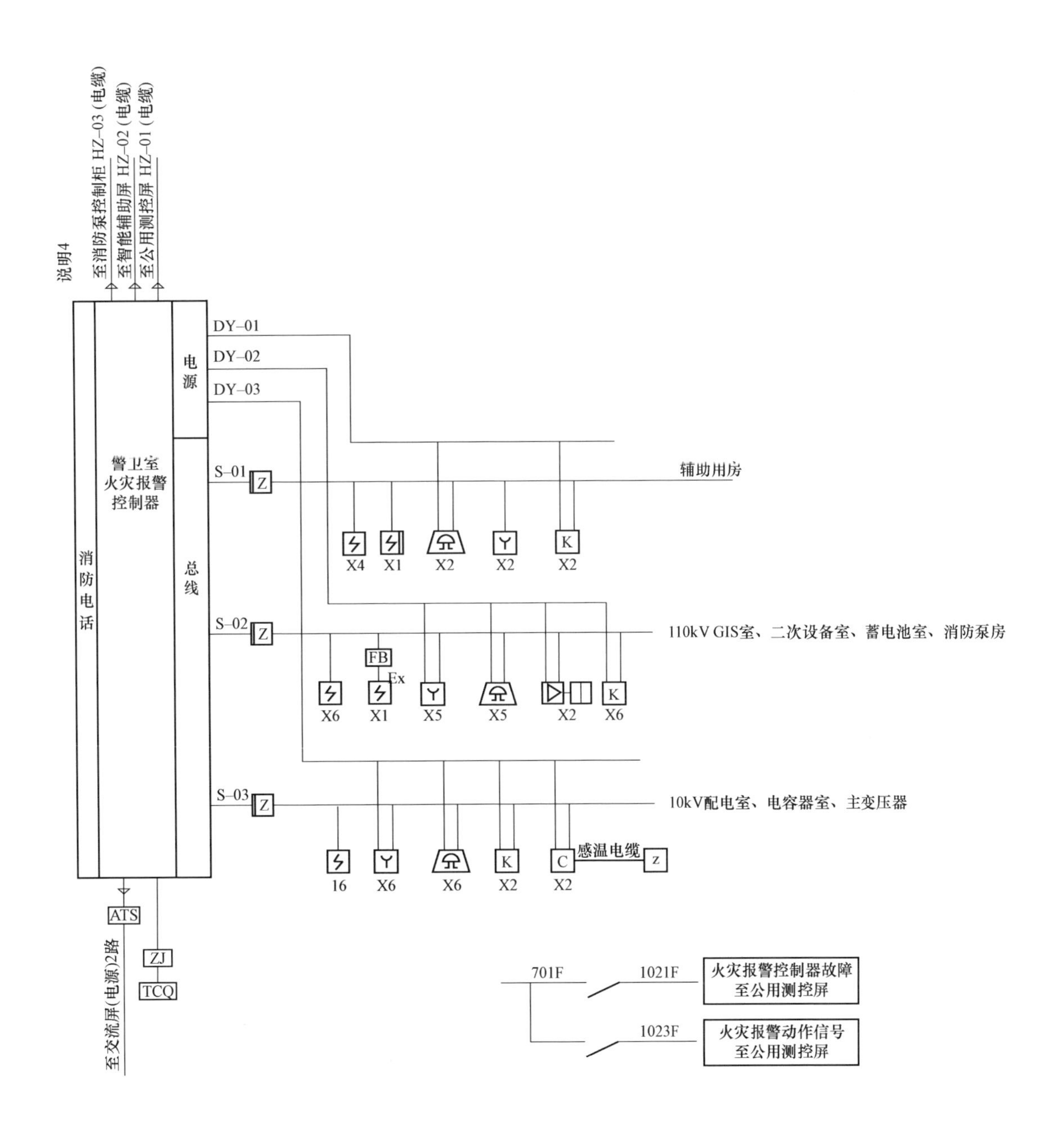

注：1. 探测器尽可能布置在房间的几何中心，若与其他电气设备重叠，其位置可做适当调整。

2. 手动报警按钮布置在门两边易见且便于操作的位置，一般高出地面1.3m。

3. 空调、风机动力箱交流电源回路串联火灾报警节点，实现火灾报警系统启动即切断风机、空调的电源。空调、风机等回路中需增加输入输出模块实现与火灾报警联动，所需模块统一置于该建筑物内的模块箱中。所需模块及模块箱均由火灾报警厂家提供。

4. 火灾报警控制器需提供 RS485 信号至智能辅助屏消防传输控制单元。

5. 设备表中联系电缆由厂家提供。

图 14－1　HE－110－A3－3－D0214－01　火灾报警系统原理图

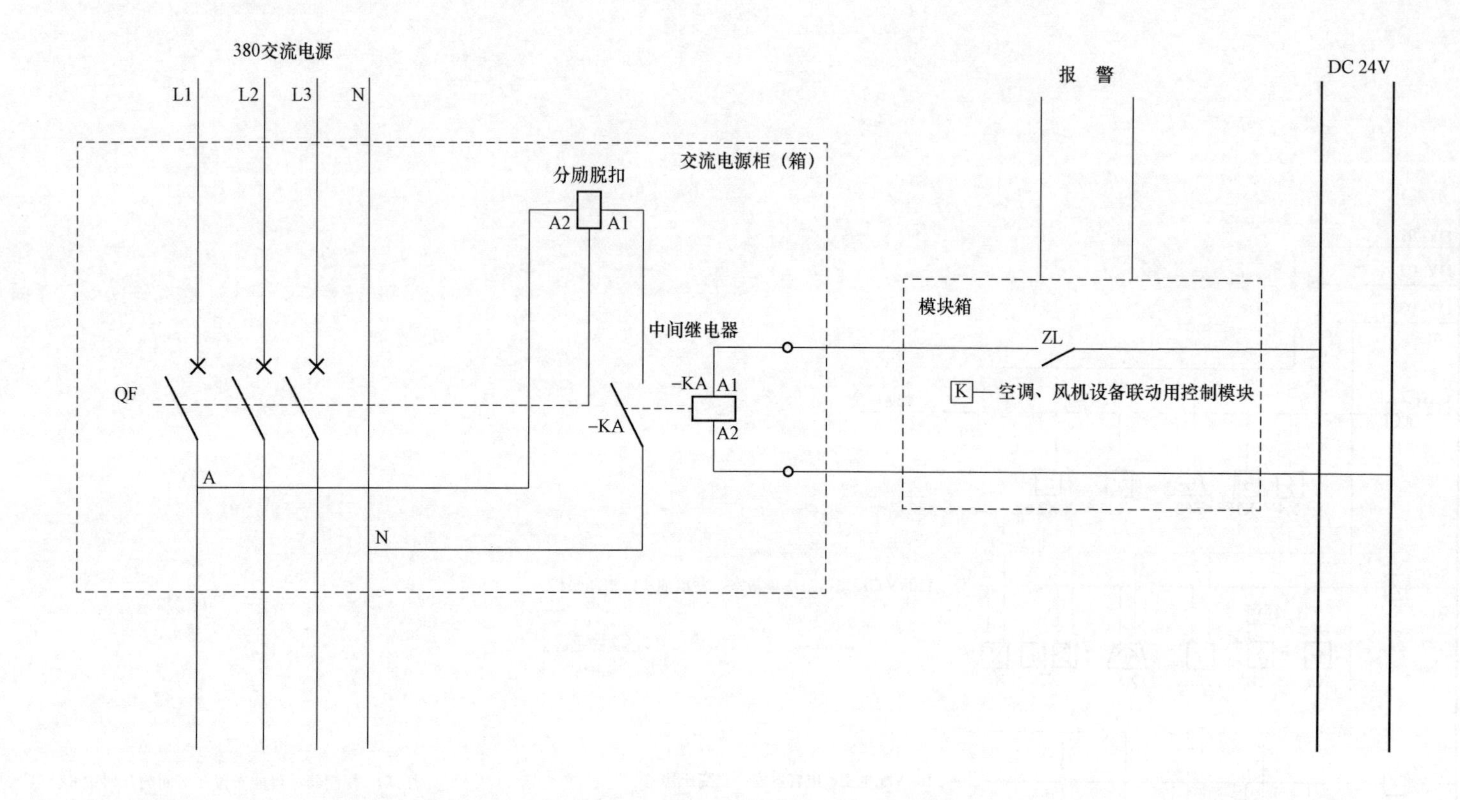

注：1. 模块箱内控制模块输出接点通过线缆至一次交流电源箱内，通过中间继电器接点启动风机和空调空气开关分励脱扣器，以切除风机和空调电源。

2. 一次交流电源箱中空调、风机用空开带分励脱扣器，每面交流电源箱中配置 2 个中间继电器，中间继电器带至少 4 付常开触点，接入空调、风机空开分励脱扣器中。

3. 交流电源箱中风机、空调占用空开位置见一次所用电图纸。

4. 分励脱扣器和中间继电器由交流箱厂家提供并安装。

图 14 – 2　HE – 110 – A3 – 3 – D0214 – 02　火灾报警联动空调、风机控制图

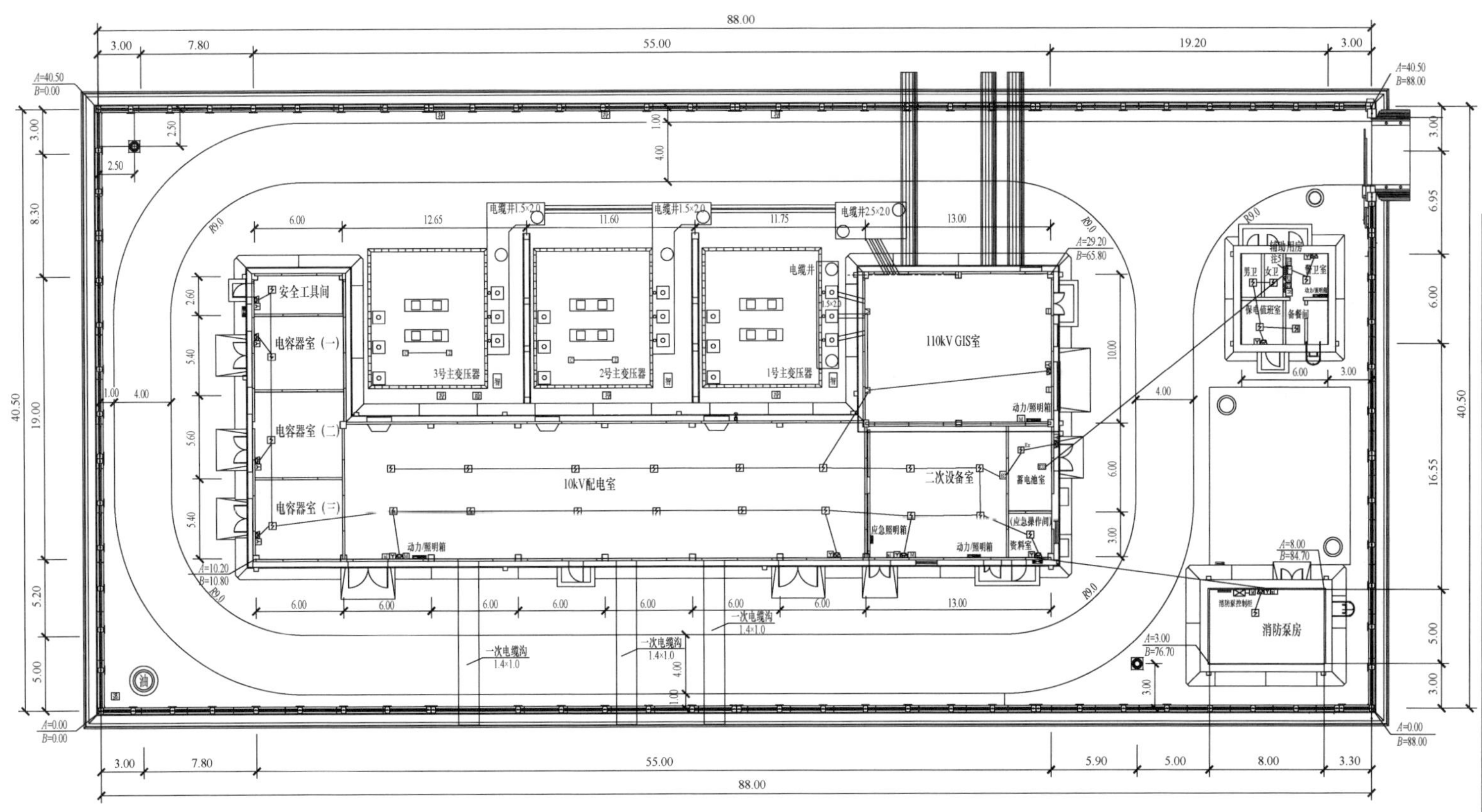

注：1. 手动报警按钮布置在门两边易见且便于操作的位置，一般高出地面 1.3m，预埋 2 根ϕ32 镀锌钢管，1 根至声光报警器，1 根至就近二次电缆沟。

2. 声光报警器距地面约 2.3m 处安装，并从报警器处预埋 1 根ϕ32 镀锌钢管至顶层探测器。

3. 在动力/照明电源箱、应急照明箱、风机控制箱（位置见一次、土建图纸）处预埋 1 根ϕ32 镀锌钢管至二次电缆沟。警卫室动力/照明箱预埋 1 根ϕ32 镀锌钢管至模块箱。

4. 控制模块安装于模块箱内，模块箱壁装，距地面 1.5m。从 GIS 室、二次设备室、配电室模块箱处预埋 3 根ϕ32 至就近二次电缆沟。警卫室模块箱预埋 2 根ϕ32 镀锌钢管至火灾报警控制器。消防泵房模块箱预埋 1 根ϕ32 镀锌钢管，一端至消防泵控制柜，另一端至屋顶与火灾报警系统相连。

5. 自火灾报警控制器预埋 4 根ϕ32 镀锌钢管至就近二次电缆沟；自火灾报警控制器埋 1 根ϕ32 镀锌钢管至本层屋顶，房顶内与火灾报警埋管相连。自火灾报警控制主机预埋 1 根ϕ32 镀锌钢管至消防泵房控制柜，敷设 1 根 NH－RVS6×1.5 电缆用于直接手动启动消防泵。

6. 智能感烟探测器安装避开设备正上方，周围 0.5m 内不应有遮挡物，距墙壁、梁的水平距离大于 0.5m，蓄电池室火灾探测器须经防爆隔离栅接入火灾报警系统。

7. 红外对射探测器向邻探测器水平距离小于 14m，距墙水平距离大于 0.5m 且小于 7m。在设备中心处顺墙预埋一根ϕ32 钢管至屋顶与火灾报警系统相连，两处探测器与反射器之间不能有遮挡，避开灯具、梁和母线桥，距屋顶垂直距离约 1m。

8. 消防电话主机壁装，位于火灾报警控制主机旁，距地 1.5m，自消防电话主机预埋 1 根ϕ32 钢管至二次电缆沟；电话分机分别安装于消防泵房、二次设备室、10kV 配电室手报按钮旁。

9. 蓄电池室可燃气体探测器吸顶安装，经可燃气体报警控制器主机接入火灾报警系统，主机壁装距地 1.5m，安装于警卫室火灾报警控制器旁，预埋 2 根ϕ32 钢管至火灾报警控制器。

10. 自消火栓按钮处至屋顶预埋 1 根ϕ32 镀锌钢管，与楼屋顶内火灾报警系统相连，消火栓位置详见土建卷册。

11. 感温电缆在变压器上，可直线缠绕，并可采用可靠的扎结，敷设长度不超过 200m。自主变压器本体处预埋 1 根ϕ32 镀锌钢管至就近二次电缆沟。

12. 水泵房内配置数字液位显示器，数字液位显示器采用壁装，安装高度 1.5m；消防水池内放置液位计，数字液位显示器预埋 1 根ϕ32 镀锌钢管至就近二次电缆沟。液位计至数字液位显示器之间预埋 1 根ϕ32 镀锌钢管，此钢管应高于最高水位，防止管内进水。

13. 所有预埋管由土建施工方负责施工，土建预埋管过程中，要求管内穿钢丝便于日后电缆敷设。

主 要 设 备 材 料 表

序号	图例	设备名称	单位	数量	备注
1	C	火灾报警控制器	台	1	
2		声光报警器	个	13	
3	Y	手动报警按钮	个	13	带电话插孔
4		智能感烟探测器	个	26	带底座
5	Ex	光电感烟探测器（防爆型）	个	1	带底座
6		感温探测器	个	1	
7		红外光束感烟探测器	套	2	
8	Z	总线短路隔离器	个	3	
9	K	控制模块	个	10	
10	M	金属模块箱	个	5	
11	FB	防爆隔离栅	个	1	
12	C—Z	感温电缆终端盒	套	2	
13	TEL	消防电话主机	套	1	
14	tel	消防电话分机	部	3	
15	ZJ	可燃气体探测主机	台	1	
16	TCQ	可燃气体探测器	台	1	安装于蓄电池室
17	ATS	交流双电源切换装置	套	1	
18		数字液位显示器	台	1	
19		液位计	台	1	
20		信号线 NH－RVS2×1.5	m	500	厂供，燃烧性能不低于B2级，耐火
21		信号线 NH－RVS6×1.5	m	150	厂供，燃烧性能不低于B2级，耐火
22		电源线 NH－RVS2×2.5	m	600	厂供，燃烧性能不低于B2级，耐火
23		电源线 KVVP2/224×4	m	200	厂供，燃烧性能不低于B2级，耐火
24		感温电缆	m	400	
25		镀锌钢管ϕ32	m	500	施工单位提供

图 14－3　HE－110－A3－3－D0214－03　火灾报警系统布置图

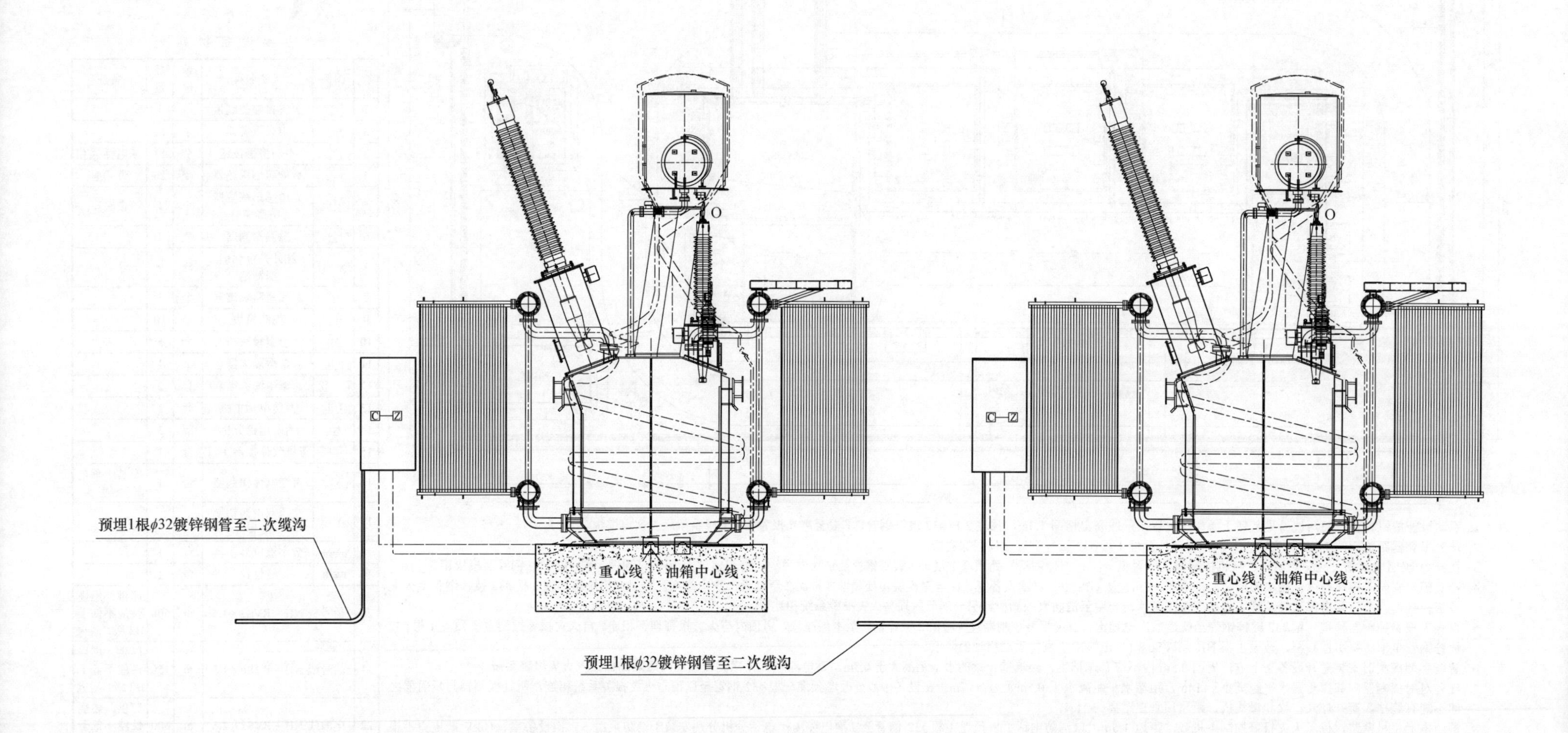

图 14－4　HE－110－A3－3－D0214－04　主变压器感温电缆敷设示意图